「114회~ 122회 기출문제 수록」

정보통신 기술사 기출문제 5

김기남 공학원 기술사 연구회

정보통신기술사 기출문제 분석표

정보통신기술사 과년도 최신 기출문제 해설

nt media

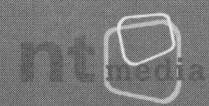

정보통신기술사 기출문제 (5)

초 판	2020년 08월 21일	

저 자	김기남 공학원 기술사 연구회
발 행 인	이재선
발 행 처	도서출판 nt media

주 소	서울 영등포구 영신로 17길 3, 경산빌딩
대 표 전 화	02) 836-3543~5
팩 스	02) 835-8928
홈 페 이 지	www.ucampus.ac

가 격	40,000원
I S B N	979-11-87180-47-0(93560)

이 책의 저작권은 도서출판 NT미디어에 있으며, 무단복제 할 수 없습니다.

상담전화 02) 836-3543~5
홈페이지 www.ucampus.ac

답안 목차 구성안

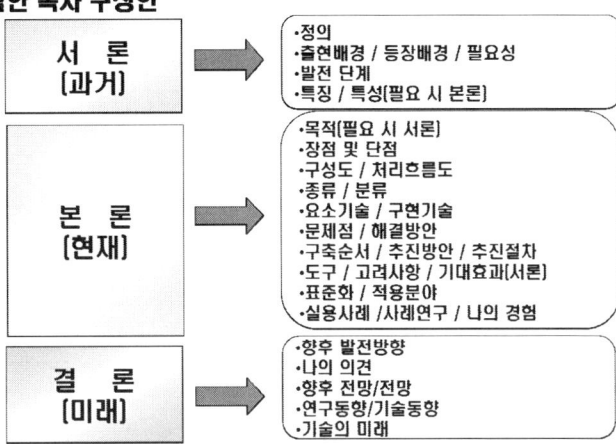

◆ 서론
  - 신 기 술: 등장배경
  - 성숙기술: 필요성, 중요성

| 1. 개요
가. 등장 배경
　-공급측면
　-수요측면
나. 정의 | 1. 개요
가. 정의
나. 필요성 | 1. 개요
가. 정의
나. 중요성 | 1. 개요
가. 정의
나. 종류 |

◆ 본론 - What

| 2. 구성
가.구성도/개념도
　/구조도
나.구성 요소 | 2. 특성
가.A의 특성
나.A와 B 특성 비교 | 2. 특징
가. A의 특징
나. B의 특징
다. A와 B 특징 비교 |

◆ 본론 - How

| 3. 구축방안
가. 구축절차
　Plan/Do/See
나. 구축 시 고려사항
　구축 전/시/후 | 3. 사례
가. 도입회사
나. 주요이슈
다. 적용 솔루션
라. 구축효과/도입효과 | 3. 사례
가. 도입 배경
나. 도입 솔루션
다. 도입 효과 |

◆ 결론
  - 성숙기술: 문제점/해결방안
  - 신 기 술: 활용분야/응용분야, 활성화 방안, 발전 방향
  - 공　　통: 기대효과, 기술동향

| 4. 문제점 및 해결방안
가. 문제점
나. 해결방안 | 4. 활성화 방안
가. 정부의 역할
나. 기업의 역할
다. 학계의 역할 |

Contents

2018년 114회 1교시
1. PLL 구성도와 원리 ········· 12
2. 잡음원의 종류 및 백색잡음의 정의 ········· 14
3. 링크계층에서 무선네트워크 전송로의 열화 요인 ········· 16
4. 안테나 편파(Polarization) ········· 17
5. MEC(Mobile Edge Computing) ········· 18
6. 블록체인의 종류 ········· 20
7. 개인인증과 사용자 식별의 차이 ········· 22
8. 방송 공동 수신 안테나 시설에 사용되는 설비의 종류와 용도 ········· 24
9. 정보통신설비의 설계진행 절차 ········· 26
10. 통신장비의 신뢰성 성능지표인 MTBF, MTF, MDT ········· 28
11. 스마트 Farm ········· 30
12. DWDM(Dense Wavelength Division Multiplexing) ········· 32
13. CBTC(Communication Based Train Control) ········· 34

2018년 114회 2교시
1. RF 송수신시스템의 구성요소와 기능에 대해 설명하시오. ········· 36
2. 통신시스템의 측정장비인 Oscilloscope, Spectrum Analyzer, Network Analyzer를 비교 설명하시오. ········· 38
3. IP-MPLS와 Carrier Ethernet 통신방식을 비교하고 장, 단점을 설명하시오. ········· 42
4. 망 분리 방식과 망 연계 방식을 각각 기술하고, 각 방식의 사이버 테러 대응방안에 대하여 설명하시오. ········· 46
5. 소물 인터넷과 산업인터넷에 대하여 설명하시오. ········· 51
6. 고주파 전력출력을 얻기 위한 합성(Combining)방법에 대하여 블록 다이어그램을 도시하고, 효율적인 설계방법에 대하여 설명하시오. ········· 54

2018년 114회 3교시
1. 정보통신 감리업무 범위와 배치기준에 대하여 설명하시오. ········· 58
2. Wi-Fi를 기반으로 하는 실내 측위방식의 종류와 장, 단점을 기술하고 신호 간섭 억제방안에 대하여 설명하시오. ········· 60
3. LPWA(Low Power Wide Area) 기지국 및 단말기 요구 사항과 LPWA 기술 진화 방향에 대하여 설명하시오. ········· 65
4. PS-LTE(Public Safety Long Term Evolution)기술의 응용서비스를 실현하기 위한 효율적인 망 구축 방안에 대하여 설명하시오. ········· 66
5. 방송설비 중 스피커의 배치방식과 스피커 간의 이격 거리 계산방법을 설명하시오. ········· 72
6. 스마트 빌딩에 대하여 정보통신기술의 적용 관점에서 설명하시오. ········· 77

2018년 114회 4교시
1. 분산센서 네트워크를 이용한 공공안전 서비스 분야의 적용방안에 대하여 설명하시오. ········· 79
2. 무인 RF 송출장치에 적용되고 있는 원격제어 기술의 종류와 장, 단점을 비교 설명하시오. ········· 83
3. FIDO(Fast Identity Online)의 사용자 인증(User Authentication) 수단으로 지문인식 채택 시 등록 및 인증 프로토콜의 절차를 설명하시오. ········· 86
4. 건축물 정보통신 설비의 접지 방식과 시공방식에 관하여 설명하시오. ········· 90
5. 열차무선설비방식에서 LTE-R과 TRS를 비교 설명하시오. ········· 93
6. 자율주행 자동차의 경로계획, 상황인지, 경로추종에서 요구되는 통신 요소기술과 상용화를 위한 기술적 선결과제에 대해 설명하시오. ········· 96

Contents

2018년 116회 1교시
1. 정보통신공사 설계변경의 종류와 절차 ……………………………………………… 100
2. 초고속 정보통신 건물 인증 시 동선로(Twisted Pair Cable)구내배선 성능 측정항목 ……… 102
3. NMS(Network Nanagement System) 주요 기능과 망관리 프로토콜 ………………… 103
4. 전송거리별 무선전력 전송기술 비교 …………………………………………………… 105
5. LTE의 eNB간 핸드오버 종류 ………………………………………………………… 107
6. RSRP(Reference Signal Received Power), RSRQ(Reference Signal Received Quality) 측정법 ……………………………………………………………………………… 109
7. 전리층과 대류권 페이딩의 발생 원인과 해결기술 …………………………………… 110
8. 정보통신 접지설비의 기술기준 ………………………………………………………… 113
9. ATSC3.0의 전송시스템 중 LDM(Layer Division Multiplexing) Combiner ………… 115
10. IPTV의 플랫폼 구성 및 주요기술 …………………………………………………… 118
11. 정보통신 네트워크 보안 방법과 Managed Security ………………………………… 121
12. SSL VPN의 구현원리 ………………………………………………………………… 123
13. 암호화폐 보안 취약점 및 대책 ………………………………………………………… 125

2018년 116회 2교시
1. 정보통신감리원의 배치기준, 업무범위, 검측절차, 감리결과의 통보내용과 정보통신감리 개선방안을 설명하시오. …………………………………………… 127
2. 지능형 건축물 설계절차와 고려사항 및 시스템통합(SI)에 대하여 설명하시오. ……… 130
3. 스마트시티와 연계된 IoT 기반의 스마트 홈 구축방안을 설명하시오. ……………… 133
4. PON, AON에 대한 비교와 광케이블망 설계시 링크버짓에 대해 설명하시오. ……… 139
5. MCPTT(Mission Critical Push To Talk)호처리 절차와 5G의 Mission Critical 서비스에 대하여 설명하시오. …………………………………………………… 141
6. Beamforming 및 MIMO 기술의 구현원리와 활용 분야를 설명하시오. ……………… 145

2018년 116회 3교시
1. 이동통신 기지국의 무선환경 최적화 방안을 설명하시오. …………………………… 149
2. 통합공공망용 무선설비 간 연동 방안 및 주파수 간섭 해소방안을 설명하시오. …… 152
3. LTE망의 구성을 설명하고, WCDMA와 비교(제어방식, 데이터전송, 전송망) 설명하시오. … 156
4. 자율주행차를 위한 네트워크 구성 시 통신기술(WAVE, LTE-V2X, e-V2X)의 성능에 대해서 비교 설명하시오. ……………………………………………………………… 160
5. 공동주택 신축 시 검토하기 위한 이동통신 구내선로설비 설치표준도와 기술기준을 설명하시오. …………………………………………………………… 165
6. 공공기관의 정보통신시스템 구축 시 보안성 검토 및 보안 적합성 검증에 대해 설명하시오. …………………………………………………………………… 168

2018년 116회 4교시
1. IoT(Internet of Things)를 적용한 스마트 팩토리 구축방안을 설명하시오. ………… 170
2. 공동주택신축공사에서 지능형 홈네트워크 설치기준 및 기술기준을 설명하시오. …… 174
3. WAVE(Wireless Access Vehicular Environment)를 이용한 다차로(多車路)Smart Tolling 시스템의 구성도와 핵심기술을 설명하시오. …………………………………… 179
4. 재난 시 골든타임 내 긴급복구용 통신망 구축방안에 대해서 설명하시오. ………… 183
5. 안전한 모바일 콘텐츠 유통관리 기술에 대해서 설명하시오. ………………………… 187
6. 실시간 제어가 가능한 차세대 교통관리센터 구축방안을 하드웨어와 소프트웨어 측면에서 설명하시오. ………………………………………………… 190

Contents

2019년 117회 1교시
1. EVM(Error Vector Magnitude) ··· 195
2. 5G 이동통신의 Network Slicing 기술 ·· 197
3. IEEE 802.11ax HEW(High Efficiency Wireless) ···································· 200
4. MPEG-H 3D 오디오 기술 ··· 203
5. P2P 멀티미디어 스트리밍(Multimedia Streaming) ···································· 205
6. PCM의 엘리어싱(Aliasing) 대책 ·· 208
7. PoE (Power of Ethernet) ··· 209
8. SD-WAN(Software defined-Wide Area Network) ··································· 211
9. 공동구 설계기준(통신분야) 및 점검 방법 ·· 213
10. 블록체인의 보안위협 ··· 215
11. 비디오 워터마킹(Water Marking)기술 ··· 217
12. 위치기반 서비스를 위한 위치 추적기술 ·· 219
13. 제한수신시스템(CAS, Conditional Access System) ································ 223

2019년 117회 2교시
1. BIS(Bus Information System)의 개념, 네트워크 구성, 주요 적용기술을 설명하시오. ····· 225
2. 공공 Wi-Fi 구축 시 주요기술과 물리적, 기술적 보안취약점에 대하여 설명하시오. ······· 227
3. 기하학적 모양에 따른 안테나 종류를 비교하고,
   능동 안테나 (AAS, Active Antenna System)의 주요 기술을 설명하시오. ············ 232
4. 디지털 트윈(Digital Twin)의 정의, 주요기술, 응용 분야를 설명하시오. ················ 237
5. 지능형 CCTV(Closed-Circuit TV) 영상보안시스템의 얼굴 검출 및
   얼굴 마스킹 기술에 대하여 설명하시오. ·· 239
6. 홈네트워크 건물인증 심사등급 구분 및 심사항목 중 '심사항목(1)'에 대한 기준을
   설명하시오. ··· 242

2019년 117회 3교시
1. Hyperledger Fabric 개념과 4가지 컴포넌트를 설명하시오. ···························· 244
2. OSI-7계층 중 물리계층 중복화 기술의 구성방법 및 고려사항을 설명하시오. ············ 247
3. 구내 네트워크 구축 시 FLB(Fire-Wall Load Balance), SLB(Server Load Balance)의
   참조모델과 각각의 구성장비에 대하여 설명하시오. ····································· 251
4. 드론(Drone)의 제어 및 통신을 위한 구성요소와 무선통신 기술에 대하여
   비교 설명하시오. ·· 256
5. 스마트시티 통합플랫폼의 기반구축 5대 연계 서비스를 정의하고 이를 구현하기 위한
   통신망 구성 시 고려사항에 대하여 설명하시오. ·· 260
6. 실감형 혼합현실(MR, Mixed Reality)의 개념과 주요기술에 대하여 설명하시오. ········ 263

2019년 117회 4교시
1. XG-PON, NG-PON2 기술동향과 2:N RN(Remote Node)을 활용한
   무중단 서비스 제공 방안을 설명하시오. ··· 265
2. 비상방송 시스템 구축을 위한 구내방송 시스템 연동방법 및 스피커 구성 시
   고려사항에 대하여 설명하시오. ·· 270
3. 엔지니어링 사업대가의 기준에 의한 실비정액 가산방식과
   공사비 요율에 의한 방식을 설명하시오. ··· 273
4. 초연결 지능형 네트워크를 구축하기 위한 네트워크 요구사항과 방안을 설명하시오. ······ 275

5. 지상파 방송망의 단일주파수 방송망(SFN, Single Frequency Network)과 다중주파수 방송망(MFN, Multi Frequency Network)의 원리 및 방식을 비교 설명하시오. ……… 280
6. 정보통신시스템 설계업무 수행에 따른 설계산출물 종류와 목적, 설계내역서 구성항목 및 적용기준에 대하여 설명하시오. ……… 284

2019년 119회 1교시
1. 전계에서의 발산정리 ……… 289
2. 샤논의 채널용량 ……… 291
3. IEEE802.11ad ……… 293
4. OTN 계위와 ASON(Automatically Switched Optical Network) ……… 295
5. 임피던스 정합여부를 확인하는 성능지표 ……… 297
6. 광 케이블 전송 특성 ……… 299
7. LDPC Code ……… 301
8. 실시간 객체 전송 프로토콜(ROUTE) ……… 303
9. WTP(Wireless Power Transfer) ……… 305
10. IOPS(Isolated E-UTRAN Operation for Public Safety) ……… 309
11. 정보통신공사의 착수단계 감리업무 ……… 311
12. PIA(Privacy Impact Assessment) 평가 절차 ……… 312
13. 표준품셈 및 일위대가 ……… 316

2019년 119회 2교시
1. 전파 환경에서 존재하는 전송로의 열화 요인과 대책을 설명하시오. ……… 317
2. H.323의 구성, 프로토콜 스택 및 동작과정을 설명하시오. ……… 324
3. 방송통신설비의 내진설계 유형과 대책을 설명하시오. ……… 327
4. 마이크로파의 특징과 이에 대한 안테나의 종류를 설명하시오. ……… 330
5. LBS(Location Based Service)의 위치 측위 기술을 실내와 실외로 구분하여 설명하시오. 337
6. 콘볼루션 코드(Convoultion Code) ……… 345

2019년 119회 3교시
1. IP 주소관리 방식(서브네팅, 슈퍼네팅, CIDR)에 대하여 설명하시오. ……… 347
2. 지상파 UHD기반 재난재해 경보방송서비스 제공방안에 대하여 설명하시오. ……… 351
3. 기존 이동통신망의 구조적 문제점과 5G 네트워크 구조의 진화방향에 대하여 설명하시오. 354
4. OFDMA와 SC-FDMA파형기술의 성능한계를 발생시키는 요인들을 열거하고 해결방안을 설명하시오. ……… 358
5. ICT융합 환경에서 콘텐츠, 플랫폼, 네트워크, 디바이스의 보안위협과 융합보안의 필요성을 설명하시오. ……… 366
6. Cross Modulation과 Intermodulation을 비교하고 억제방안에 대해서 설명하시오 ……… 370

2019년 119회 4교시
1. Wireless LAN의 보안 취약점과 대응기술을 설명하시오. ……… 373
2. MPEG-DASH와 MMT(MPEG Media Transport)를 비교 설명하시오. ……… 377
3. OFDM시스템 사용시 대역폭과 Sub-Carrier개수를 구하시오. ……… 381
4. 5G Dual Connectivity와 4G Carrier Aggregation을 비교 설명하시오. ……… 383
5. 자율 주행차의 주행환경 인지장치인 LIDAR와 RADAR를 비교 설명하시오 ……… 387
6. 위성지구국 시설구축을 위한 엔지니어링 설계용역을 수행하고자 할 때, 설계시 고려사항과 전파 간섭에 대한 대책에 대하여 설명하시오. ……… 390

정보통신기술사 기출문제 (5)

Contents

2020년 120회 1교시
1. 밀리미터파 전파의 특성. ········· 396
2. PSK와 QAM. ········· 398
3. WPT(Wireless Power Transfer)와 PoE(Power over Ethernet). ········· 400
4. 5G NSA(Non-Standalone)와 SA(Standalone)방식. ········· 404
5. Bluetooth 5. ········· 405
6. IEEE 802.11 MAC. ········· 407
7. 빅데이터 처리 과정. ········· 409
8. 폐쇄자막(Closed Caption). ········· 411
9. 메세지인증코드와 전자서명. ········· 412
10. 안티드론. ········· 415
11. IP-LPRS (Internet Protocol-License Plate Recognition System). ········· 418
12. DMR(Digital Mobile Radio). ········· 420
13. 실험국과 실용화 시험국. ········· 422

2020년 120회 2교시
1. 5G망의 eMBB, mMTC, URLLC특징을 설명하고, 이를 구현하는 방법을 기술하시오. ········· 423
2. TCP 혼잡제어 과정을 설명하고, TCP Tahoe기법과 TCP Reno기법을 비교하여 기술하시오. ········· 427
3. ATSC 1.0과 ATSC 3.0전송기술에 대해서 기술하시오. ········· 431
4. VR, AR, MR에 대해서 기술하고, 적용분야를 설명하시오. ········· 436
5. 공공건축물 BIM(Building Information Modeling) 설계 의무기준에 대해서 설명하고, BIM 설계 장점과 건축 공정별 BIM도입 효과에 대해서 기술하시오. ········· 439
6. 방송 공동 수신설비에서 종합 유선방송 구내 전송선로 설비에 사용되는 설비와 기술기준을 기술하시오. ········· 442

2020년 120회 3교시
1. 정보통신설비에 사용되는 전송매체의 종류별 장.단점과 활용분야에 대해서 설명하시오. ········· 447
2. OADM(Optical Add Drop Multiplexer) 과 ROADM(Reconfigurable Optical Add Drop Multiplexer)의 구조와 동작원리에 대해서 비교 설명하시오. ········· 451
3. 디지털 텔레비전 방송 프로그램 표준음량(Loudness)에 대해서 설명하시오. ········· 454
4. 집적 정보통신시설물의 가용성과 효율성을 확보하기 위한 TIA-942 등급에 대해서 설명하시오. ········· 458
5. 개인 신원 확인을 위한 생체인식기술의 종류를 설명하고, 장단점을 기술하시오. ········· 460
6. 정보통신 공사 시 설계 변경에 따른 계약금액 조정업무에 대해서 설명하시오. ········· 464

2020년 120회 4교시
1. 무선전력전송기술에서 자기유도방식과 자기공명방식을 비교하여 기술하시오. ········· 466
2. 스마트시티 통합 관제센터의 CCTV 시스템 구성에 대해서 설명하고, 옥외 장치의 IP 인증제도와 TTA 카메라 보안 인증제도에 대해서 기술하시오. ········· 469
3. 저궤도 위성을 이용한 인터넷 서비스를 설명하고, 저궤도 위성통신에서 해결해야 할 문제점에 대해서 기술하시오. ········· 473
4. 남북 통일 시 유.무선 통신망 연동 방법에 대해서 논하시오. ········· 478
5. RF 튜너가 내장된 UHD 수상기에 대해 개념도를 그려 설명하시오. ········· 481
6. 스마트 팩토리 보안위협 및 대응방안을 설명하시오. ········· 484

2020년 122회 1교시
1. dB 전송량 단위(dB, dBm, dBi). ………………………………………………………… 491
2. OTT(Over the Top). ……………………………………………………………………… 493
3. 데이터 댐(Data Dam). …………………………………………………………………… 495
4. Plenoptic. …………………………………………………………………………………… 497
5. 전자파 흡수율(SAR:Specific Absorption Ratio). ……………………………………… 500
6. 이동통신에서 핸드오프와 로밍. ………………………………………………………… 502
7. 전파의 회절이 무선통신에 미치는 영향. ……………………………………………… 505
8. 댁내 Wi-Fi 음영지역 해결 방안. ………………………………………………………… 507
9. 대칭키와 공개키 암호화방식 비교. …………………………………………………… 509
10. MQTT(Message Queuing Telemetry Transport) 프로토콜. ………………………… 511
11. MQTT(Message Queuing Telemetry Transport) 프로토콜. ………………………… 513
12. 네트워크 Untrust, DMZ, Trust 보안영역. …………………………………………… 515
13. 정보통신장비의 물리적 구성 시 End of Row,Top of Rack 방식비교. …………… 517

2020년 122회 2교시
1. 전자기파를 맥스웰방정식으로 설명하시오. …………………………………………… 519
2. 정보통신 측정기인 오실로스코프와 스펙트럼 아날라이저, 광섬유 시험기(OTDR)에
   대하여 기본 기능, 공통점과 차이점에 대하여 설명하시오. ……………………… 521
3. 위성기반 보강 시스템(SBAS)의 필요성과 기술을 3가지 이상 설명하시오. …… 526
4. 무선, 이동통신에서 발생하는 페이딩에 대하여 설명하고, 극복기술인
   다이버시티에 대하여 설명하시오. ……………………………………………………… 530
5. 국내 지상파 UHD 방송(ATSC 3.0)과 난시청 최소화 방안에 대해 설명하시오. … 537
6. 통합 공공망용 주파수 대역을 설명하고, 전파 간섭 이슈와 해결방안을 기술하시오. … 540

2020년 122회 3교시
1. 1차 다중화 계위에서 프레임, 타임슬롯, 채널, 속도, 시그널링에 대하여
   유럽방식(E1)과 북미 방식(T1)을 비교 설명하시오. ………………………………… 544
2. LTE와 5G 3GPP 표준 주요 기술을 비교 설명하시오. ……………………………… 547
3. 텔레프레전스(Telepresence)에 대하여 설명하시오. ………………………………… 550
4. 지능형 초연결망의 정의, 필요성, 구성, 구성별 기술에 대해 설명하시오. ……… 553
5. 정보통신공사업법 시행령 제2조 공사의 범위와 종류에 대해서 설명하시오. …… 559
6. 섹터 안테나, 야기 안테나, 옴니 안테나, 패치 안테나를 비교 설명하시오. ……… 561

2020년 122회 4교시
1. DHCP의 IP할당 방식을 설명하시오. …………………………………………………… 565
2. 데이터 네트워크 설계 시 장비용량 규모 산정과 장비 선정 시 고려해야 할 사항을
   기술하고, 웹 방화벽의 TCP Throughput을 계산하기 위한 공식을 서술하시오. … 568
3. 블록체인 기술과 블록체인 미들웨어를 통한 장점 및 구현 시
   고려사항에 대하여 기술하시오. ………………………………………………………… 571
4. 무선통신기술인 Wi-SUN에 대하여 기술하고, Zigbee와 비교하시오. …………… 575
5. Network구성을 위한 인라인(In-Line)과 원암(One-Arm)구성에 대하여 기술하시오. … 578
6. 디지털 헬스케어에 대해 설명하고, 보안 취약성과 이에 대한 대책에 대해 설명하시오. … 582

The information & Communication
Professional Engineers

www.ucampus.ac

제 1 장

2018년 1회
114회

국가기술자격 기술사시험문제

기술사		제 114 회				제 1 교시 (시험시간: 100분)	
분야	통신	자격종목	정보통신기술사	수험번호		성명	

※ 다음 문제 중 10문제를 선택하여 설명하시오. (각10점)

문제01) PLL 구성도와 원리

Ⅰ. PLL 구성도

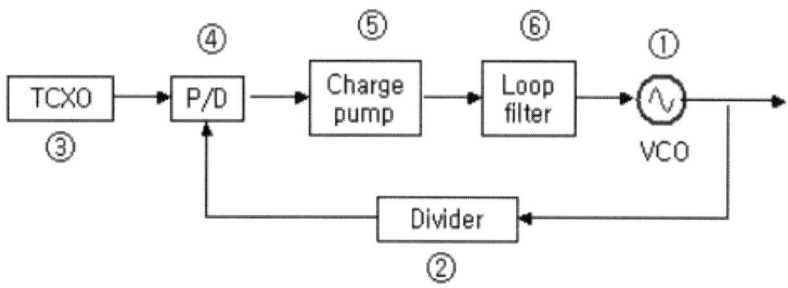

① VCO (Voltage Controlled Oscillator)
- 입력전압에 따라 특정한 주파수를 내보내는 PLL의 최고 핵심소자. 입력 전압에 따라 해당 주파수를 생성함. 온도나 주변전자파환경 등 주변영향에 민감함.
② Divider (또는 counter)
- VCO의 출력주파수를 가져와 적절한 비율로 나누어 비교하기 좋은 주파수로 만들어준다.
- 디지털 카운터 같은 구조로 되어 있으며, 이 분주비를 이용해 PLL 구조의 출력주파수 가변을 하는 역할도 함.
③ TCXO (Temperature Compensated X-tal Oscillator)
- 온도변화에 대해 흔들림 없이 안정적인 주파수를 생산하는 크리스탈 오실레이터. 이 변하지 않는 주파수를 기준주파수로 출력주파수와 비교함.
④ P/D (Phase Detector, PFD : Phase Frequency Detector)
- TCXO의 기준주파수와 divider를 통해 나뉘어져 들어온 출력주파수를 비교하여 그 차이에 해당하는 펄스열을 내보냄.
⑤ Charge Pump (C/P)

- P/D에서 나온 펄스폭에 비례하는 전류를 펄스 부호에 따라 밀거나 당겨줌. 펄스를 전류로 변환해주는 과정에서 전류이득이 존재하고, 이 양은 lock time을 비롯한 PLL의 성능에도 영향을 줌.

⑥ Loop Filter (LPF)
- 저역통과여파기(LPF)구조로 구성된 이 필터는 loop 동작 중에 발생하는 각종 주파수들을 걸러내고, capacitor를 이용하여 축적된 전하량 변화를 통해 VCO 조절단자의 전압을 가변하는 역할을 함.

Ⅱ. PLL 동작원리

① P/D에서 검출된 위상차는 LooP Filter를 거쳐 저주파 제어 전압으로 변환되어 VCO에 입력(입력 지터(위상 흔들림)의 높은 주파수 성분을 억제하고 낮은 주파수 성분 만 통과시킴)

② 제어 전압은 VCO 주파수를 입력 및 VCO 간의 위상차를 줄이려는 방향으로 변화됨

③ VCO에서는 바렉터(Varator)를 포함한 발진회로가 있어서, 그 위상차를 줄이려는 저주파 제어 전압이 입력되면서, 바렉터의 커패시터(Capacitor) 용량이 변하여 LC 공진회로에 의한 발진주파수 변화를 일으키게 됨

④ 위상 고정(Phase Locked)은 제어 전압이 VCO 평균 주파수를 입력 평균 주파수에 정확히 일치시켜 고정시킨다는 의미

문제02) 잡음원의 종류 및 백색잡음의 정의

[답]

I. 개요
- 통신시스템에서 잡음은 원하는 신호를 손상시키거나 왜곡시키는 원하지 않는 요소임.
- 잡음은 예측이 불가능한 불규칙 신호로서 확률, 통계적으로만 표현할 수 있음.
- 잡음을 분류하는 방법은 여러 가지가 있으나 잡음 발생 위치에 통신시스템 외부에서 발생하는 외부 잡음과 통신시스템 자체에서 발생하는 내부 잡음으로 분류할 수 있음.

II. 외부 잡음
- 대표적인 외부 잡음으로 자연잡음과 인공잡음이 있음.

가. 자연잡음
- 뇌방전 등으로 발생하는 대기잡음과 태양과 우주에서 오는 전자기파에 의해 자연적으로 발생하는 잡음 태양잡음 우주 잡음 등이 있음.

나. 인공 잡음
- 인간이 만든 문명의 이기로부터 인공적으로 발생하는 잡음
- 자동차 점화 플러그, 릴레이 접점 등에서 발생하는 불꽃 방전, 초고압 송전선에서 발생하는 코로나 방전, 형광등에서 발생하는 글로우 방전 등이 있음.

III. 내부 잡음
- 주요 내부 잡음으로는 증폭기 등에서 발생하는 열잡음, 산탄잡음, 플리커 잡음과 전원 장치 등에서 발생하는 험 잡음 등이 있음.

가. 열잡음
- 도체내의 자유전자가 열에너지에 의해 불규칙한 운동을 하여 발생하는 잡음

나. 산탄잡음
- 진공관이나 반도체에서 불규칙한 캐리어의 흐름으로 인하여 발생하는 잡음

다. 플리커 잡음
- $1/f$ 잡음이라 하며 그 크기가 주파수에 반비례해서 나타남. 낮은 주파수일수록 영향이 큼.

라. 험 잡음(Hum noise)
- 전선으로부터 접지선을 타고 혼입되는 잡음

IV. 백색 잡음

가. 정의
- 모든 주파수대역에서 균일한 전력밀도 스펙트럼을 갖는 잡음
- 백색이란 용어는 모든 파장에 대해서 균일한 전력분포를 갖는 백색광에서 유래함.
- 대표적으로 열잡음은 백색잡음의 일종임.

나. 백색잡음의 전력밀도 스펙트럼과 자기상관함수

(1) 백색잡음의 전력밀도 스펙트럼

$$G_{NN}(f) = \frac{N_0}{2}[W/Hz], -\infty < f < \infty$$

여기서, N_0 : 양(+)의 실정수

(2) 백색잡음의 자기상관함수

$$R_{NN}(\tau) = F^{-1}[G_{NN}(f)] = \frac{N_0}{2}\delta(\tau)$$

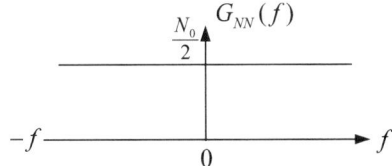

(a) 백색잡음의 전력밀도 스펙트럼

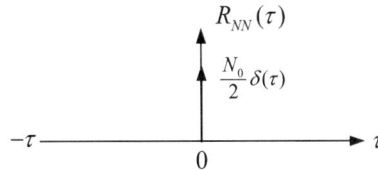

(b) 백색잡음의 자기상관함수

백색잡음의 전력밀도 스펙트럼과 자기상관함수

문제03) 링크계층에서 무선네트워크 전송선로의 열화 요인

I. 개요
- 무선네트워크 전송선로 주요 열화요인에는 대역폭 제한, 페이딩, 간섭, 잡음 등이 있음.
- 전송로 열화요인의 대책으로는 다이버시티, 등화기, OFDM방식 등을 이용하여 개선할 수 있음.

II. 무선네트워크 전송선로 열화요인

열화요인	내용	대책
대역폭제한	- 전송선로는 대역통과필터 특성을 가짐	등화기
간섭	- 동일/인접채널 간섭 - 심볼간 간섭	COMP ICIC OFDM
페이딩	수신신호의 세기가 시간에 따라 변동되는 현상	다이버시티, AGC, OFDM Rake 수신기
감쇄	- 전송신호가 거리에 따라 약해지는 현상	중계기
주파수왜곡	- 주파수 스펙트럼에 따라 감쇄정도가 불균일하여 신호가 변형되는 현상	등화기
지연왜곡	-신호구성 주파수 요소간 속도차이로 발생	등화기
잡음	- 수신 시 혼입되는 불규칙적이며 예측 불가한 전자기적인 신호 - 태양잡음, 공전잡음, 인공잡음 등	공전잡음(비접지 안테나 사용) 인공잡음(차폐, 전원회로 필터 사용 등)

문제04) 안테나 편파(Polarization)

Ⅰ. 개요
- 전자기파에서 편파는 전자기파 진행방향에 대해 어떤 고정점(대지)에서 전기장(E-field, 전계)성분 즉, 전기장 벡터의 끝이 그리는 궤적의 방향을 말함.
- 편파에는 직선편파, 원형편파, 타원편파가 있음.

Ⅱ. 편파의 분류

가. 직선편파
- 대지에 대해 전계 벡터의 궤적 변화가 수평/수직에 따라 수평편파, 수직편파로 구분
- 전계 벡터 방향이 항상 단일 방향으로만 향함.
- 수직편파 및 수평편파는 특정 지역내에 똑같은 주파수 대역에서 혼입되지 않고 분리가 가능하므로 주파수 재활용을 통한 활용도를 높일 수 있음.

나. 원편파
- 전계 벡터의 궤적이 좌,우 방향에 따라 좌선회 원편파, 우선회 원편파로 구분
- 원편파는 직선편파를 한쪽 전계 성분의 위상을 다른 쪽 전계 성분의 위상과 비교하여 90도 이동시켜 합성하면 원편파가 발생함.
- 주축대비 부축의 비율이 1이면 원형, 1 이상이면 타원편파, 무한이면 선형(직선편파)

다. 타원 편파
- 전자기파가 회전하면서 위상차가 변화할 때 발생

Ⅲ. 선형↔선형 보다 선형↔원형 선호이유
- 선형↔선형의 경우 : 두 선형 편파 정확히 일치 → 100%수신
- 두 선형 편파 90도 각도 차이 발생 → 0%수신
- 선형↔원형의 경우 선형↔선형에 비해 수신전력 3dB저하되나, 수신안테나에서 수신하는 두 선형 편파의 각도에 무관하게 항상 수신전력을 얻을 수 있음.

문제05) MEC(Mobile Edge Computing)

Ⅰ. 개요
- MEC는 무선 기지국에 분산 클라우드 컴퓨팅 기술을 적용하여 다양한 서비스와 캐싱 콘텐츠를 이용자 단말 근처에 위치시킴으로서 모바일 코어망의 혼잡을 완화하고 새로운 로컬 서비스를 창출하는 기술임.
- SDN, NFV와 함께 5G 네트워크의 주요 기술로 부상하고있음

Ⅱ. MEC의 구성 및 특징
(1) MEC의 구성

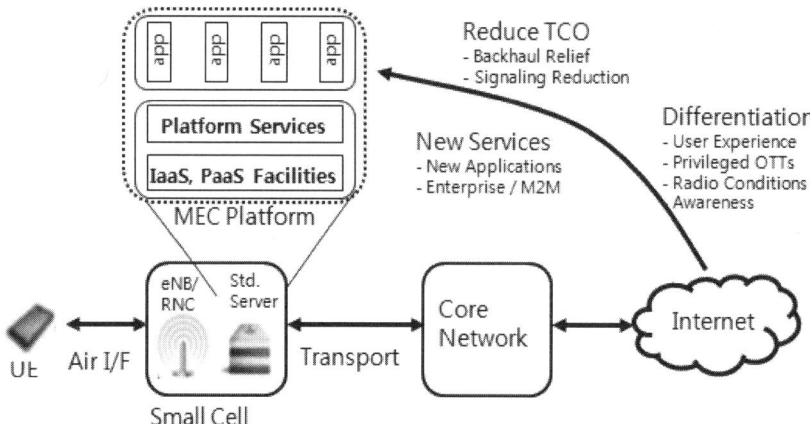

- MEC의 주요 구성 요소는 RAN과 결합하는 MEC 서버임
- MEC 서버는 컴퓨팅 자원, 저장 능력, 연결 능력, 이용자 트래픽과 무선 및 네트워크 정보로의 액세스 능력을 제공하고, eNode B(LTE)나 RNC(3G)에 위치함

(2) 특징
- 모바일 가입자나 기업, 산업들에 혁신적인 응용서비스를 유연하고 신속하게 도입함
- 근접성으로 인한 초저지연
- 대용량 대역폭 제공
- 실시간 네트워크 정보 접근이 가능

Ⅲ. MEC의 필수 기술
(1) 클라우드 및 가상화 기술
 - 가상화기술 : 하나의 하드웨어 자원을 복수의 가상머신으로 분리하여 하드웨어 자원을 효율적으로 유연하게 공유함.
 - 클라우드 솔루션 : 가상화 기술을 사용하여 컴퓨팅 및 스토리지 자원들을 ON-Demand 방식으로 사용하며, 네트워크 및 서비스 도입에 대한 유연성과 탄력성을 제공

(2) 대용량 표준 서버 기술
 - 대용량 IT자원은 대용량 패킷 처리와 서비스들이 효율적인 처리를 위해 필요함.
(3) 응용 및 서비스 생태계
 - 생태계 조성을 위해 레퍼런스 플랫폼, 개발도구, 개발된 응용 프로그램을 검증할 수 있는 시험 환경 제공 등이 필요함.

Ⅳ. MEC 서비스
(1) Intelligent Video Acceleration
(2) Video Stream Analysis
(3) Augmented Reality(AR)
(4) Intensive Computation Support
(5) Enterprise Depolyment
(6) Connected Vehicles
(7) IoT Gateway

문제06) 블록체인의 종류

I. 개요
- '공공 거래장부'라고도 부르며 가상 화폐로 거래할 때 발생할 수 있는 해킹을 막는 기술임.
- 기존 금융 회사의 경우 중앙 집중형 서버에 거래 기록을 보관하는 반면, 블록체인은 거래에 참여하는 모든 사용자에게 거래 내역을 보내 주며 거래 때마다 이를 대조해 데이터 위조를 막는 방식을 사용함.
- 블록체인은 대표적인 온라인 가상 화폐인 비트코인에 적용되어 있음.
- 비트코인은 누구나 열람할 수 있는 장부에 거래 내역을 투명하게 기록하며, 비트코인을 사용하는 여러 컴퓨터가 10분에 한 번씩 이 기록을 검증하여 해킹을 막을 수 있음.

II. 블록체인
가. 개념

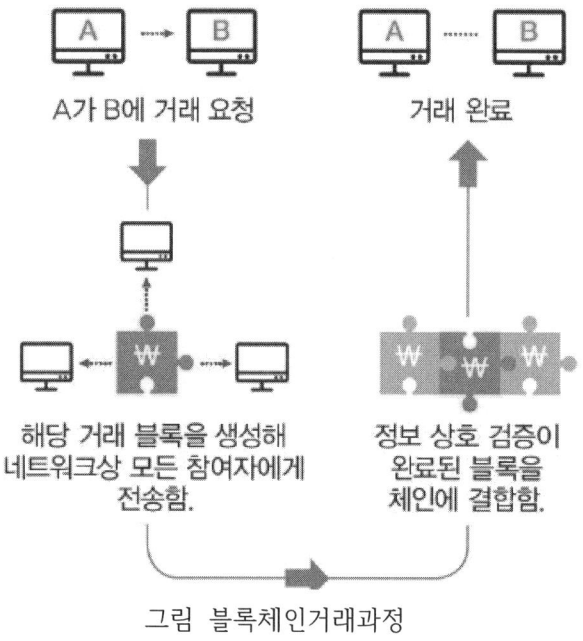

그림 블록체인거래과정

- 비트코인 거래 요청이 발생할 경우 해당 블록에 대한 검증을 거쳐 승인이 이루어져야 거래가 완성됨.
- 거래가 발생할 때마다 분산 저장된 데이터를 대조하기 때문에 안전성이 더 높아짐.
- 블록체인은 공공거래장부(원장)을 서로 비교하여 동일한 내용만 공공거래장부(원장)로 인정

- 즉, 네트워크 참여 인원이 모두 보안에 조금씩 기여하게 됨.

나. 블록체인의 특징
- 신용 기반이 아닌 네트워크 기반으로 구성되어 있음.
- 특정 기관이나 제3자가 거래를 보증하지 않고, 거래 당사자끼리 가치를 교환할 수 있음.
- 블록체인은 누적된 거래 내역 정보가 특정 금융회사의 서버에 집중되지 않고, 온라인 네트워크 참여자의 컴퓨터에 똑같이 저장된다는 점에서 '분산형'이라는 특징을 지님.
- 장부 자체가 인터넷 상에 개방돼 있고 수시로 검증이 이뤄지기 때문에 해킹이 어렵다는 것이 장점임.

Ⅲ. 블록체인의 종류
- 블록체인의 종류는 퍼블릭 블록체인(Public Blockchain), 컨소시엄블록체인(Consortium Blockchain), 프라이빗 블록체인(PrivateBlockchain)으로 나눌 수 있음.

가. 퍼블릭 블록체인(Public Blockchain)
- 가장 많이 사용되는 퍼블릭 블록체인(Public Blockchain)은 어느 누구나 이용할 수 있는 공개된 형태의 블록체인임.
- 모든 사람이 이용할 수 있는 블록체인은 다시 말하면 누구나 블록체인을 열람하고, 블록체인을 통해 송금이 가능하다는 걸 의미함.
- 즉, 사정상 비트코인과 이더리움은 누구나 블록체인상의 거래내역을 볼 수 있고 거래에 참여할 수 있는 대표적인 퍼블릭 블록체인임.

나. 컨소시엄 블록체인(Consortium Blockchain)
- 컨소시엄 블록체인은 미리 선정된 이용자에 의해서 통제되는 반 중앙형 블록체인
- 몇몇의 승인된 기관들만 참여가능하며, 이렇게 승인된 기관들이 동의가 일어나야 거래가 생성됨.
- 퍼블릭 블록체인은 모두에게 공개되었지만 컨소시엄 블록체인은 검증된 노드들만 참여가 가능 하다는 것이 퍼블릭 블록체인과 컨소시엄 블록체인의 가장 큰 차이임.
- 컨소시엄 블록체인의 대표적인 예로는 R3가 있음

다. 프라이빗 블록체인(Private Blockchain)
- 프라이빗 블록체인은 프라이빗(Private)이라는 이름에서 알 수 있듯이, 개인형 블록체인임.
- 개인, 즉 하나의 주체가 블록체인 시스템을 관리하는 블록체인으로 블록체인네트워크에 참여하기 위해서는 중앙기관의 승인을 받아야 함.
- 컨소시엄 블록체인은 여러 개의 주체가 모여서 블록체인을 관리했다면 프라이빗 블록체인은 주체가 단 한 개라는 것이 컨소시엄 블록체인과 프라이빗 블록체인의 차이점임.
- 프라이빗 블록체인의 예로는 Overstock이 있음.

문제07) 개인인증과 사용자 식별의 차이점

Ⅰ. 개요
- 사용자 식별(Identification)이란 주체가 누구라고 밝히는 것으로 user id처럼 반드시 유일한 것을 사용해야 함.
- 즉, 사용자 식별은 네트워크, 시스템에 접근하려는 사용자가 정당한 사용자인지를 판별하는 것을 말함.
- 개인인증이란 지문 등을 이용해서 개인을 인식하는 기술로, 개인 인증을 하기 위해서는 개인 고유의 특징이 필요한데 주 대상으로 형태학적 특징인 지문, 망막 혈관 패턴, 얼굴형태 등에서 실용적인 시스템이 개발되어 있음.
- 개인인증의 대부분은 한 사람의 등록된 특징과 입력된 특징을 비교함으로써 키(Key)나 패스워드(Password)대신 사용되는 용도로 사용되고 있음.

Ⅱ. 사용자 식별과 개인인증

가. 사용자 식별
- 회원가입 과정을 보면 User ID 중복 체크를 반드시 하여 중복되는 ID에 대한 사용을 금지함.
- 이유는 각 사용자들에 대한 권한이 시스템마다 다르게 설정되어 있기 때문에 사용자간의 식별을 위해서 중복을 피해야 함.
- 예전에는 영문과 숫자의 조합으로 아이디를 사용했지만 최근에는 이메일이나 휴대폰전화번호도 중복이 되지 않는 점을 착안하여 아이디로 사용되기도 함.

나. 개인 인증
- ID를 정상적으로 만들어 회원가입을 한 후 해당 사이트에 로그인을 하고자 할 때 ID를 입력하고, 비밀번호를 입력함.
- 이때 비밀번호로 나 자신이 해당 계정의 주인임을 인증하는 것임.
- 식별과 비슷한 이유로 사용자 간의 권한은 서로 다르기 때문에 해당 권한을 사용할 사람이 맞는지 입증을 할 필요가 있음.
- 사용자를 인증해야 하며 인증방법에는 지식기반인증, 소유기반 인증, 존재기반인증 등이 있음.

표 사용자 인증의 유형

유형	설명	예
Type1 (지식기반 인증)	주체가 알고 있는 것 (what you know)	패스워드, 핀(PIn)
Type2 (소유기반 인증)	주체가 가지고 있는 것 (what you have)	토큰, 스마트카드, ID카드, OTP, 공인인증서
Type3 (존재기반 인증)	주체를 나타내는 것 (what you are)	생체인증 (지문, 홍채, 얼굴)
Type4 (행위기반 인증)	주체가 하는 것 (what you do)	서명, 움직임, 음성
Two Factor	위 타입 중 2가지	예) ID/PW 입력 후 SMS인증 확인하는 것. 또는 패스워드와 생체인증을 확인하는 것
Multi Factor	가장 강한 인증으로 세 가지 이상의 인증 메커니즘	

- Type3와 Type4를 묶어 Type3 생체인증이라고 함.

Ⅲ. 개인인증과 사용자 식별의 차이점

가. 개념
- 대부분의 해킹사고는 식별과 인증과정에서 발생되고 있으며, 초 연결 사회인 IoT 환경에서 편리하고 안전한 식별/인증 기법의 도입은 큰 화두가 되고 있음.
- 개인인증에서 이슈는 신체의 특성을 이용한 지문인식, 홍채인식, 망막인식, 손 모양, 안면 인식 등이 있으며 많은 응용기술이 개발되고 있음.

나. 개인인증과 사용자 식별의 비교

	사용자식별	개인 인증
목적	정당한 사용자인지 판별	해당 계정의 주인임을 인증
종류	User ID, 이메일 계정, 전화번호	지식기반, 소유기반, 존재기반, 행위기반
특징	해당 사이트에서 중복이 허용되지 않음	존재기반 인증은 등록된 특징과 입력된 특징을 비교함으로써 키(Key)대신 사용
활용	각 사이트에서 유일한 사용자임을 식별할 때 사용	유일한 사용자임을 식별하고 그 사용자가 허가받은 사용자인지를 확인할 때 사용

문제08) 방송 공동 수신 안테나 시설에 사용되는 설비의 종류와 용도

Ⅰ. 방송 공동수신 안테나 시설의 개념
- 방송 공동수신설비란 방송 공동수신 안테나 시설과 종합유선방송 구내전송선로설비를 말함
- 방송 공동수신 안테나 시설이란 「방송법」에 따라 허가받은 지상파텔레비전방송, 에프엠(FM)라디오방송, 이동멀티미디어방송 및 위성방송을 공동으로 수신하기 위하여 설치하는 수신안테나·선로·관로·증폭기 및 분배기 등과 그 부속설비를 말함

Ⅱ. 방송 공동수신 안테나 시설에 사용하는 설비 종류 및 용도

가. 수신안테나
- 지상파 TV방송, 위성방송의 신호를 수신하기 위하여 건축물의 옥상 또는 옥외에 설치하는 안테나

나. 보호기
- 벼락이나 강전류 전선과의 접촉 등에 따라 발생하는 이상전류 또는 이상전압이 수신안테나 등으로 흘러들어오는 것을 제한하거나 차단하는 장치

다. 레벨조정기
- 수신안테나로부터 들어오는 각 채널별 지상파 TV방송 신호의 세기를 고르게 조정하는 장치

라. 증폭기
- 동축케이블·광케이블·분배기 및 분기기 등으로 인하여 발생한 신호의 손실을 회복하기 위하여 사용하는 장치

마. 분배기 및 분기기
- 분배기란 입력신호에너지를 둘 이상으로 분배하는 장치
- 분기기란 입력신호에너지를 간선에서 지선으로 나누는 장치

바. 신호처리기
- 지상파 TV방송, FM라디오방송, 이동멀티미디어방송의 신호를 수신하여 증폭하고, 불필요한 신호의 제거 등을 통하여 일정수준 이상으로 출력하여 주는 장치

사. 장치함
- 지상파 TV방송, 위성방송 및 종합유선방송의 신호를 각 세대별 또는 층별로 분배하기 위하여 증폭기와 분배기 등을 설치한 분배함

아. 층 장치함
- 방송 공동수신설비의의 출력신호의 분배 및 통신 선로 등에 공용하여 각 세대별 또는 지하주차장 등에 인입하기 위하여 각 층(지하층 포함)에 설치한 분배함

자. 세대단자함
- 세대 안으로 들어오는 통신선로 또는 방송 공동수신설비 등의 배선을 효율적으로 분배·접속하기 위하여 이용자의 전용공간에 설치하는 분배함

차. 직렬단자
- 선로와 직렬로 접속되어 지상파 TV방송, 위성방송 및 종합유선방송의 신호를 분배하거나 분기할 수 있으며, 그 내부에 텔레비전수상기 및 FM라디오수신기에 방송신호를 전달하여 주는 접속단자가 내장되어 있는 것

카. 성형배선
- 세대단자함에서 각각의 직렬단자까지 직접 배선되는 방식

문제09) 정보통신설비의 설계진행 절차

참조답안

Ⅰ. 개요
- 설계란 계획을 수반한 보이지 않는 이념적인 요소와 기술적인 요소가 포함된 계획을 세우는 일로서
  공사에 관한 계획서, 설계도면, 시방서, 공사내역서, 기술계산서 및 이와 관련된 서류를 작성하는 행위임
- 통신분야 설계의 단계적 분류는 착수단계, 준비단계, 설계단계 및 설계심의(자문 및 평가) 단계로 구분함

Ⅱ. 설계진행 절차
(1) 착수 단계
- 목표설정을 위한 단계
- 발주자와 처음 만나 발주자가 원하는 통신설계의 규모, 소요예산 등의 현장의 요구조건을 제시함과 동시에 설계 계약을 맺는 단계

(2) 준비 단계
- 발주자로부터 제시 받은 설계대상 통신설비에 대한 목표와 방향을 만족시키는 계획을 수립하고 설계를 수행하기 위해서 각종 정보를 조사하고 수집하여 분석하는 과정
- 통신설비설계에 필요한 건물운영계획, 통신설비 운영계획, 근무인원, 환경적 요소, 각종 법규 요소 등으로 분류하여 준비

(3) 설계 단계
- 기본설계와 실시설계를 동시에 시행하거나 분리하여 실시할 수 있음.
- 발주자가 통신설비의 규모를 대,소로 구분하거나 건축물 규모를 기준으로 일괄 발주할 때는 통신설비를 포함한 대형 프로젝트로 구분하여 기본설계와 실시설계를 별도로 발주하기도 함.

(4) 설계심의(자문, 평가)단계
- 설계종료 후 전문가를 구성하여 자문이나 평가를 받음.
- 기술기준에 벗어나거나 운영의 비효율성이 나타나거나 관련법령 위반이 있으면 지적하여 개선 조치토록 하여 보완, 수정의 절차를 거쳐 설계를 완료하게 됨.

Ⅲ. 설계의 종류
(1) 기본설계 개요
- 건축주가 의도하는 목적, 건축의 실현과 관련된 여러가지 조건을 종합하여 부합된 충분한 가치와 효용을 가진 정보통신설비를 설계도서의 형식으로 표현하여 설계지침서와 계략공사비를 제시하는 업무임

- 정보통신설비의 규모, 배치, 형태, 개략적 공사내역(방법, 기간, 공사비)등에 대한 기본적인 예비타당성 조사, 분석, 기술적 대안과 시스템 배치, 통신시스템의 비교검토, 공사비의 경제성 등 가장 좋은 방안을 선정함
- 선정안을 가지고 기본설계와 실시설계에 필요한 관련법규, 기술기준과 조건 등 기술자료를 작성함
- 그리고 설계지침서의 작성과 기본설계에 관한 세부 시행 기준을 작성하는 과정임

(2) 기본설계 개요
- 건축주가 의도하는 목적, 건축의 실현과 관련된 여러가지 조건을 종합하여 부합된 충분한 가치와 효용을 가진 정보통신설비를 설계도서의 형식으로 표현하여 설계지침서와 계략공사비를 제시하는 업무임
- 정보통신설비의 규모, 배치, 형태, 개략적 공사내역(방법, 기간, 공사비)등에 대한 기본적인 예비타당성 조사, 분석, 기술적 대안과 시스템 배치, 통신시스템의 비교검토, 공사비의 경제성 등 가장 좋은 방안을 선정함
- 선정안을 가지고 기본설계와 실시설계에 필요한 관련법규, 기술기준과 조건 등 기술자료를 작성함
- 그리고 설계지침서의 작성과 기본설계에 관한 세부 시행 기준을 작성하는 과정임.

문제10) 통신장비의 신뢰성 성능지표인 MTBF, MTF, MDT

Ⅰ. 개요
- 가용성(Availability)는 일정한 기간동안 기능을 유지하고 있는 시간의 비율을 나타냄.
- 시스템 설계의 지표로서 사용되는 가용성은 MTBF, MTTR, MDT로 나타냄
- 중요 시스템에 대해서는 Failure가 발생하더라도 시스템이 계속 동작하도록 하기 위해 이중화를 구축하여 고가용성(High Availability)을 유지함.

Ⅱ. 가용성 성능 지표
(1) 개념도

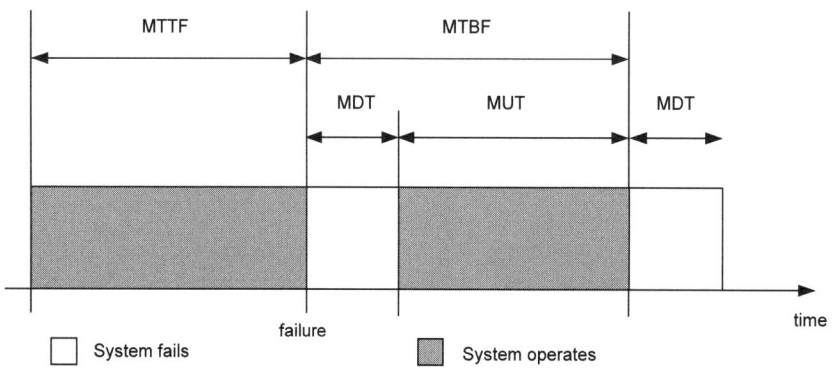

(2) 구성요소

구분	설명
BTBF	- Mean Time Between Failure - 평균 고장간격으로 고장으로부터 다음 고장이 일어날 때까지의 시간 합의 평균을 의미 - 즉, 정상적으로 작동한 시간들의 평균
MTTF	- Mean Time To Failure (평균고장수명) - 처음 사용으로부터 고장이 일어날 때까지의 시간 합의 평균
MTTR	- Mean Time To Repair (평균수리시간) - 수리한 시간 합의 평균
MDT	- Mean Down Time - 평균 정지시간으로 장치가 정지한 시간 합의 평균 - 초기고장기간과 우발고장기간에는 예방보전이 필요 없으므로 사후보전만 실행 (MTTR=MDT) - 마모고장기간에는 예방보전과 사후보전 모두 실행하므로 예방보전 정지시간을 포함해야 함 (MTTR≠MDT)

(3) 가용성 계산

$$A = \frac{MTBF}{MTBF + MDT(MTTR)}$$

- 시스템의 실제적 운용을 고려한 지표인 가용도는 위의 식으로 표시할 수 있으며, 고가용성 시스템일수록 MDT나 MTTR의 시간은 줄어듦

문제11) 스마트 Farm

Ⅰ. 협의의 스마트 팜
- 스마트 팜을 좁은 개념으로 한정하면 정보통신기술(ICT: Information and Communications Technologies)를 비닐하우스·축사·과수원 등에 접목하여 원격·자동으로 작물과 가축의 생육환경을 적정하게 유지·관리할 수 있는 농장을 의미함.
- 스마트 팜은 작물 생육정보와 환경정보 등에 대한 정확한 데이터를 기반으로 언제 어디서나 작물, 가축의 생육환경을 점검하고, 적기 처방을 함으로써 노동력·에너지·양분 등을 종전보다 덜 투입하고도 농산물의 생산성과 품질 제고 가능한 농업을 말함.
- 스마트 팜 운영원리는 첫째, 생육환경 유지·관리 SW로 온실·축사의 온습도, CO_2 수준 등 생육조건을 설정, 둘째, 온습도, 일사량, CO_2, 생육환경 등을 자동으로 수집해 환경정보를 모니터링, 셋째, 자동·원격으로 냉·난방기구동, 창문개폐, CO_2, 영양분·사료 공급 등 환경을 관리하는 것임.
- ICT를 접목한 스마트 팜이 보편적으로 확산되면 노동·에너지 등 투입 요소의 최적 사용을 통해 우리 농업의 경쟁력을 한층 높이고, 미래 성장산업으로 견인이 가능함.
- 단순한 노동력 절감 차원을 넘어서 농 작업의 시간적·공간적 구속으로부터 자유로워져 여유 시간도 늘고, 삶의 질도 개선되어 우수 신규인력의 농촌 유입 가능성도 증가할 것으로 예상됨.

Ⅱ. 광의의 스마트팜
- 농업과 ICT의 융합은 생산C분야 이외에 유통·소비 및 농촌생활에 이르기까지 현장의 혁신을 꾀할 수 있도록 다양한 형태로 적용될 수 있으며, 이를 광의의 스마트 팜이라 할 수 있음.
- 생산·유통·소비 등 농식품의 가치사슬(Value Chain)에 ICT를 융복합하여 생산의 정밀화, 유통의 지능화, 경영의 선진화 등 상품, 서비스, 공정 혁신 및 새로운 가치를 창출하는 것을 의미함.

Ⅲ. 스마트팜 전망
- 정보통신기술(ICT)을 농업에 접목한 '애그리컬처 4.0'이 전 세계 농촌에서 진행되고 있음.
- 애그리컬처 4.0을 이끌어 가는 기술은 주로 AI·사물인터넷(IoT)임.
- AI는 토양의 질과 온도, 기후 등 농작물에 영향을 미치는 데이터를 수집하고 이를 학습해 최적의 재배 환경을 유지할 수 있도록 함.
- IoT도 농지 곳곳에 통신 센서를 달아 원격으로 농작물을 관리할 수 있도록 하는 데 활용됨.
- 이와 함께 농약·비료 살포용 드론은 이미 출시됐고 자율주행 트랙터 기술도 개발되고 있음.
- 향후 농업과 ICT기술을 결합하는 기업들은 계속 증가될 전망임.

농업에 IT기술 결합하는 기업들

기업	내용
MS	파종 시기 예측하는 AI 개발해 인도에 적용
인텔	IoT 기반 가축 여물 배급 장치 개발
버라이즌	농장에 센서 꽂아 물 공급량 조절
존 디어	자율주행 트랙터 개발 중
후지쓰	반도체 공장의 농장 전환 프로젝트 진행
DJI	비료·농약 살포용 드론 출시
SK텔레콤	소에 IoT 센서 달아 질병 예방
KT	온실에 IoT 설비 달아 온도·습도 자동 조절

자료: 업계 취합

문제12) DWDM(Dense Wavelength Division Multiplexing)

Ⅰ. 개요
- WDM(Wavelength Division Multiplexing)은 광섬유의 넓은 대역폭 특성을 활용하여 서로 다른 파장을 갖는 다수의 광신호를 하나의 광섬유를 통해 전송하는 광섬유 다중화 기술
- 기간 전송망 구축에 사용되는 방식으로 다수의 광 파장간의 간격에 따라 Dense WDM방식과 Coarse WDM방식으로 구분
- DWDM기술은 CWDM보다 채널간격을 좁게하여 전송효율을 높이기 위한 고밀도 파장분할 다중화 기술임

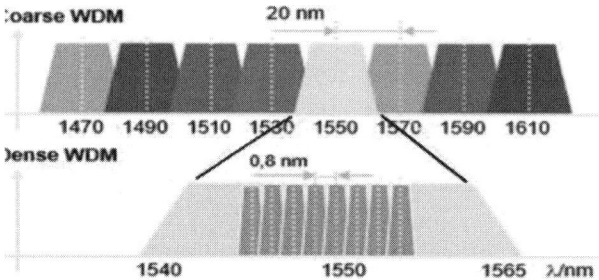

Ⅱ. DWDM 사용 효과
- 전송용량을 즉시 몇 배 이상으로 늘릴 수 있는 확장성을 가짐
- 새로운 광케이블의 추가 설치 없이 기존 망에 DWDM 장비만을 송수신 양단에 놓고 파장을 여러 개 사용함으로써 여러 개의 광라인을 포설한 것과 같은 효과를 얻을 수 있어 기존 방식에 비해 비용측면이 효율적임
- 높은 수준의 보안 및 가용성, 채널별 다양한 인터페이스 구성이 가능

Ⅲ. WDM 비교

구분	CWDM	DWDM	UDWDM
채널간격	10-20nm	0.4~1.6nm	0.1nm
사용파장	1.2um-1.6um	1.55um	1.55um
상용채널수	8-16채널	32채널이상	80채널이상
주요 적용구간	가입자망	메트로망	백본망
특징	파장간격이 넓어 uncooled laser를 사용할 수 있어 장비단가를 낮출 수 있음	1.55um대역을 사용해 광손실이 작아 장거리 전송이 가능	초광대역 장거리 전송이 가능하나 열에 민감하므로 쿨링 시스템 등이 필요해 장비단가가 고가

Ⅳ. 결론
- CWDM 기술은 비용이 저렴해 기존 가입자망에 적용되고 있으며, DWDM기술은 메트로 구간에는 주로 사용되고 있음.
- 폭증하는 인터넷 데이터 트래픽처리를 위하여 빠른시기내에 가입자망 영역까지 DWDM 기술을 확대할 필요성이 있음.
- 최근 백본구간에는 초광대성을 갖는 UWDM기술이 상용화되어 사용 중에 있음.

문제13) CBTC(Communcation Based Train Control)통신방식

I. 개요
- 무선통신열차제어시스템(CBTC)은 운전시격 단축을 통해 궤도의 효율적인 사용과 양방향 데이터 통신을 통한 유연한 열차운영 및 지상 장비의 단순화를 통한 열차운영 및 유지보수 비용을 절감하게 하는 최첨단 신호시스템

II. CBTC 구성도

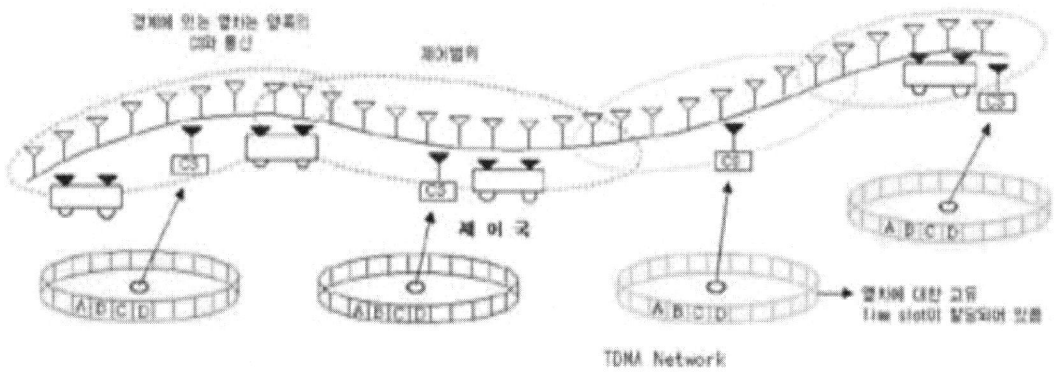

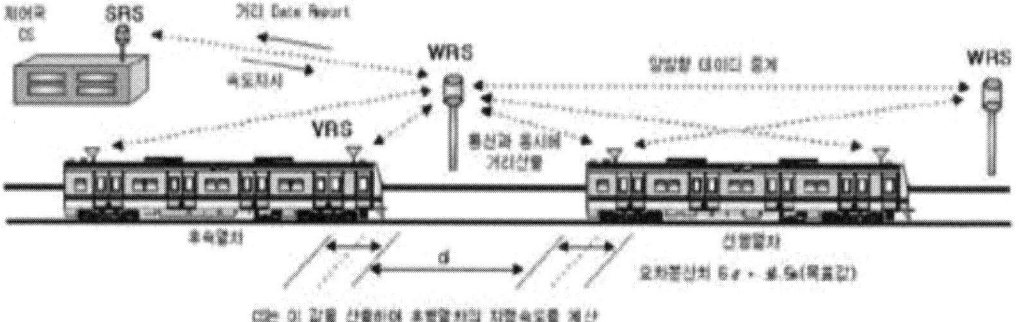

- 지상과 차량간 연속적인 양방향 무선통신으로 열차의 위치를 검지하고, 실시간으로 열차 간격을 연산하여 진로를 제어하는 방식
- 운전시격 단축으로 인한 높은 선로 이용률, 차상과 지상장비간 양방향 통신에 의한 유연한 열차운영, 지상설비의 고밀도화로 인한 유지보수 비용절감 등을 가능하게 함.

III. 특징
- 관제실에 의한 통합 모니터링과 모든 열차 운용의 제어 가능
- 실시간 기반의 열차 운용 정보 자동 표출
- 열차 타임 테이블에 따른 자동 열차 제어
- 열차운용의 데이터베이스를 통한 운영관리정보 제공

- 열차운용의 통합을 통한 열차운영 인력의 절감

Ⅳ. 장점
- 선로용량 증대
- 지상장비의 절감(축소)을 통한 건설, 운영 및 유지보수 비용의 절감
- 향상된 신뢰성과 가용성
- 다양한 열차 속도의 유연한 열차운용
- 열차 검지를 위해 궤도회로가 필요치 않음.

Ⅴ. 기대효과
- 열차운용에 대한 높은 수준의 안전성 확보
- 정확한 열차 검지 시스템
- 자동열차보호(ATP)를 통한 안전성 강화
- 바이탈 시스템 및 네트워크에 대한 이중계 시스템
- CENELEC 규정에 따른 안전검증
- 운송효율성의 극대화
- 이동 폐색을 통한 고밀도 열차운용
- 향상된 열차속도에 따른 운전시간 단축
- 열차 회차 시간의 단축을 위한 자동회차 기능
- 지연 회복을 위한 강력한 열차운영 조절기능
- 자가진단 기능 및 효율적인 유지보수(30분의 평균고장수리시간)
- 소프트웨어와 하드웨어 설계기반 모듈을 통해 유지보수성과 확장성을 제고

국가기술자격 기술사시험문제

기술사 제 114 회   제 2 교시 (시험시간: 100분)

분야	통신	자격종목	정보통신기술사	수험번호		성명	

※ 다음 문제 중 4문제를 선택하여 설명하시오. (각10점)

문제01) RF 송수신시스템의 구성요소와 기능에 대해 설명하시오.

Ⅰ. 개요
- 무선통신시스템을 간략화하여 표시하면 그림과 같음

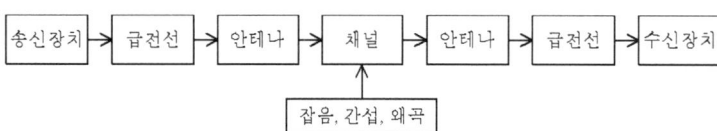

- 최근 널리 사용되고 있는 디지털 RF 송수신시스템 방식의 구성요소와 기능은 다음과 같음.

Ⅱ. 송신시스템의 구성요소와 기능

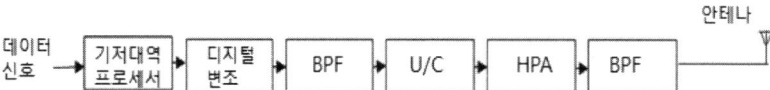

① 기저대역프로세서는 전송할 신호들을 적당한 디지털 신호로 가공하거나 배열하는 역할을 함.
② 디지털 변조는 전송속도, 에러율(BER) 등을 참조하여 선택한 PSK, QAM, OFDM 등으로 부반송파를 변조함.
③ BPF는 여러 가지 불필요한 신호를 제거하고 전송에 필요한 신호만을 선택하여 통과시킴.
④ U/C는 Up-Converter로서 IF(부반송파) 단에서 디지털 변조된 신호를 전송하고자 하는 주파수 대역(M/W대 등)으로 상향 시키는 역할. U/C는 LO(Local OSC)와 Mixer로 구성함.
⑤ HPA는 High Power Amplifier로서 필요한 전력을 만든다. 큰 출력이 필요한 경우에는 앞단에 구동증폭기(Driver Amp.)가 필요함.

ⓑ BPF는 출력에 포함된 불필요한 신호들을 제거하여 불요전파(Spurious)의 방사를 억제함. 안테나계와의 임피던스 정합기능도 포함되어야 함.
ⓒ FDD 방식인 경우에 duplexer의 구성 요소로서도 활용됨.

Ⅲ. 수신시스템의 구성요소와 기능
- 수신부 구성은 Heterodyne방식, Homodyne방식, Image-rejection방식 등이 있음.

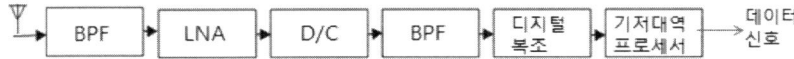

① BPF는 안테나로 수신한 신호 중에서 필요한 채널만을 선택하여 통과시키며 (Channel select filter 기능) 불필요한 잡음을 제거하고 임피던스 정합 기능도 갖도록 함. 송신측 BPF와 연동하여 duplexer의 구성 요소로서도 활용됨.
② LNA는 Low Noise Amplifier로서 수신한 미약한 신호를 저잡음으로 증폭하여 S/N를 개선함. Friis의 종합잡음지수 공식에 의하여 초단 증폭기의 저잡음 특성이 중요함.

$$NF = F_1 + \frac{F_2 - 1}{G_1} + \frac{F_3 - 1}{G_1 G_2} - - -$$

③ D/C는 Down-Converter로서 수신한 주파수를 IF(부반송파)대로 하향시키는 역할을 함. 따라서 LO(국부발진기)가 포함되어야 하고 주로 Frequency Synthesizer를 채택하며 마이크로 프로세서로 제어함.
④ IF단의 BPF는 IF 증폭기를 포함하여 필요한 대역만 통과시킴으로써 감도와 선택도를 높일 수 있음. SAW filter가 많이 사용되며, 차단특성과 평탄특성, 삽입손실 등의 특성이 중요함.
⑤ 디지털 복조부는 에러정정 기능을 포함하여 필요한 디지털 신호를 복구함.
⑥ 기저대역 프로세서에서는 원래의 디지털 신호 또는 아날로그 신호를 재생함.

Ⅳ. 결론
- RF 송수신기의 구성은 사용 목적, 통신방식, 요구 성능 등을 참조하여 매우 다양하게 구성할 수 있기 때문에 적절한 구성이 요구됨.
- 복신방식인 때는 FDD(Frequency Division Duplex)에서는 BPF를 이용한 duplexer, TDD(Time Division Duplex)에서는 Switching회로가 필요함.
- 최근 이동전화 수신기 등에서는 Zero IF 방식이 사용되는 경우도 있음.

문제02) 통신시스템의 측정정비인 Oscilloscope, Spectrum Analyzer, Network Analyzer를 비교 설명하시오.

Ⅰ. 개요
- 정보통신분야의 신호는 시간이나 주파수 함수로 표현할 수 있음.
- RF신호를 측정하고 분석하는 필수적인 측정기로 오실로 스코프, 스펙트럼 분석기, 네트워크 분석기 등이 사용됨.
- 이들 측정계기들은 측정파형을 직접 눈으로 보고 결과를 인지한다는 점에서 편리한 계기임.
- 시간영역에서 신호를 분석할 수 있는 계측기로는 오실로스코프가 있으며, 주파수영역에서 신호를 분석할 수 있는 스펙트럼분석기, 네트워크분석기가 있음.

Ⅱ. 오실로스코프

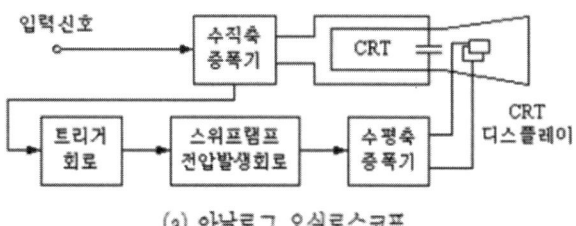

(a) 아날로그 오실로스코프

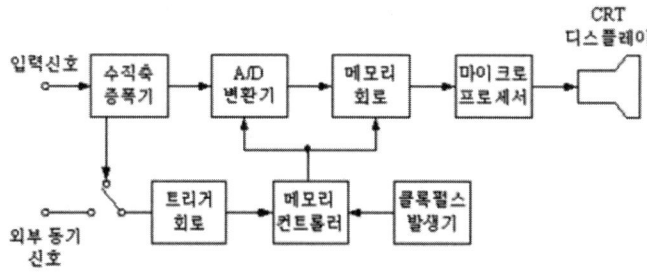

(b) 디지털 오실로스코프

- 오실로스코프는 시간에 따른 입력전압의 변화를 화면에 출력하는 장치로 전기진동이나 펄스처럼 시간적 변화가 빠른 신호를 관측함.
- 오실로스코프로는 관측하는 신호가 시간에 대하여 어떻게 변화하는가를 조사하는 것이 주 목적인데, 보통 브라운관의 수직축에 신호의 크기를, 수평축은 시간을 나타냄.
- 아날로그방식과 디지털방식이 있음.
- 아날로그방식은 입력 신호를 증폭하여 CRT의 수직 편향판에 전달하고, 그 전압에 따라 화면의 휘점을 편향시킴.
- 수평 스위프와 수직편향이 합해져서 화면에 신호가 그려지게 되는데 이 때 동기는 계속되

는 신호를 안정화시키는데 필요함.
- 디지털방식은 대부분 아날로그방식과 같고 데이터 처리시스템이 추가되어 여기에서 전체 파형의 데이터를 모아서 화면에 나타남.
- A/D 변환기에서 클럭 신호에 따라 신호를 샘플링한 후, 디지털로 변환하고, 얻어진 샘플 점들은 메모리에 파형점으로 저장되고, 파형점들이 모여서 한 개의 파형 레코드를 구성함.
- 파형 레코드를 구성하는 파형점들의 수를 레코드 길이라고 하고, 동기 시스템은 이 레코드의 시작과 끝의 점을 결정하는 것이며, 레코드 점들은 메모리에 저장된 후에 화면에 표시됨.

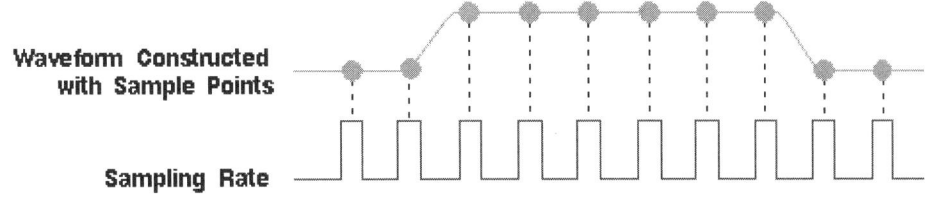

Ⅲ. 스펙트럼 분석기
1. Sweep Tuned 방식

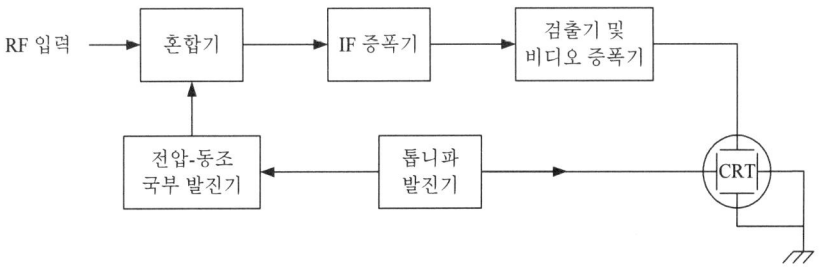

스펙트럼 분석기의 구성도

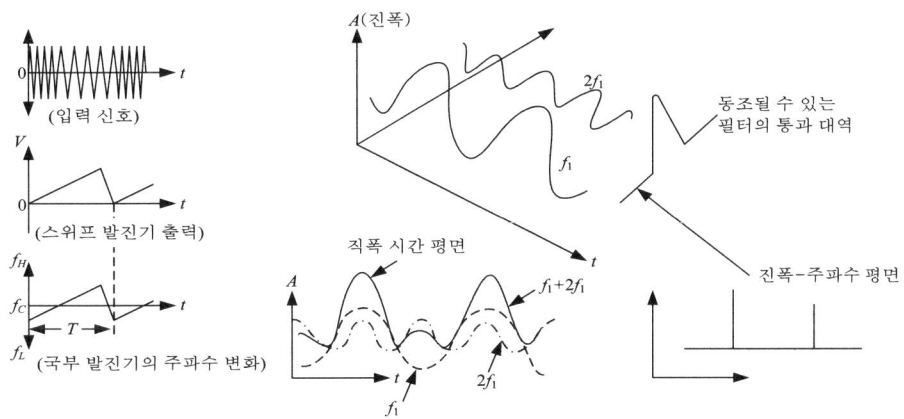

그림 진폭, 시간, 주파수의 3차원 표시

- 동작 원리는 발진기의 톱니파가 전압 동조 국부 발진기의 발진 주파수를 시간에 따라 변화시켜 주면 국부 발진기는 소인 발진기(Sweep Generator)로서 동작함.
- 여기에 관찰할 피측정 RF 신호가 Mixer의 입력단에 인가되면 국부 발진주파수와 입력 신호가 Beat된 중간 주파수(IF)를 만들게 함.
- IF 필터의 중심 주파수 f_o 는 고정이기 때문에 발생된 중간 주파수 f_o 가 일치할 때의 중간 주파수만이 검출기에 인도되고 앞의 그림에서 믹싱(Mixer) 후의 동작을 CRT상 표시(display)를 중심으로 해석하면 램프 전압을 전압 동조형 국부 발진기를 인가하여 주파수 스위프 신호를 만들고, 이 신호와 입력 신호를 믹서로 혼합시켜 중간 주파수를 만듦.
- 즉 IF 신호는 그에 해당되는 성분이 RF 입력 신호에 나타날 때만 생기며, 그 결과로 생긴 IF 신호는 증폭 및 검파된 후 CRT의 수직 편향판에 인가됨.
- 한편, 스위프 램프 전압은 CRT 수평축의 편향판에도 동시에 가해지고 있기 때문에, 수평축은 국부 발진기의 스위프 주파수와 대응한 값으로 눈금 표시됨. 그 결과 CRT상에는 주파수에 대한 진폭이 표시됨.
- LO를 변화시켜 입력 신호를 Sweep하는 방식으로 좌측 신호와 우측 신호의 시간 차이가 발생하여 Frequency Hopping 방식과 같이 주파수가 빠르게 변하는 신호는 측정하기 쉽지 않음.

2. FFT 방식

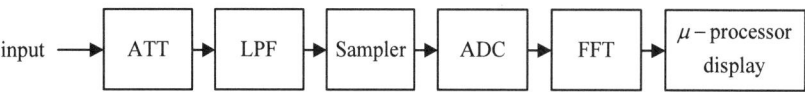

- FFT 알고리즘은 시간영역의 신호를 주파수영역의 신호로 표현하는 데 사용
- 적절한 입력 신호 레벨을 조정하기 위해 가변 감쇄기 통과
- 신호를 LPF를 통과시켜 고조파성분을 제거함.
- 시간 축에서 입력되는 신호를 고속 Sampling 후 ADC를 거쳐 디지털화 된 데이터를 FFT하여 주파수 영역의 데이터를 Display함.
- 입력신호를 샘플링 하여 한번에 FFT하므로 화면의 왼쪽 영역과 오른 쪽 영역이 시간차이가 없어 Frequency Hopping 방식과 같이 주파수가 빠르게 변하는 신호는 측정하기 용이하나 DSP 관련 비용 및 속도 문제로 광대역으로 제작하기 어려움.

Ⅳ. 네트워크 분석기
- 미리 알고 있는 기준신호를 고주파 시스템회로의 입력에 인가하여 그 응답특성을 주파수 영역에서 분석하는 측정기임.
- 고주파 시스템의 반사계수, 투과계수 등의 전달특성 측정이 가능함
- 네트워크 분석기는 측정방식에 따라 스칼라 네트워크분석기와 벡터 네트워크 분석기로 분류됨
- 벡터 네트워크 분석기는 미리 알고 있는 기준신호에 대한 상대 복소이득 및 복소 임피던스와 위상 측정이 가능

Ⅴ. 계측기 비교

구분	오실로스코프	스펙트럼분서기	네트워크분석기
측정 영역	시간영역	주파수 영역	주파수 영역
측정 형태	RF/Digital 신호분석(절대치 측정)	RF 신호 분석 (절대치 측정)	주파수 응답 분석 (상대치 측정)
측정 값	시간에 대한 크기 값	주파수별 크기 값	주파수에 대한 응답 특성(S-parameter)
특징	입력측에 인가되는 신호의 파형 및 진폭 측정	입력측에 인가되는 신호를 주파수 영역으로 분해하여 각 주파수에 대한 레벨측정	미리 알고 있는 기준신호에 대한 상대 복소이득 및 복소 임피던스와 위상 측정이 가능
측정 활용	-입력파형의 진폭,주기, 위상 측정 -Duty Cycle, Rising Time. -Eye Pattern/Jitter	-Modulation 특성 -Harmonics,, Inter mod -Noise, EMI, EMC	- Return Loss, VSWR - Impedance - Gain, Loss, Delay

Ⅵ. 두 영역에서의 신호를 연결하는 수학적인 방법
- 시간영역의 신호를 주파수 영역으로 변화하는 알고리즘인 푸리에변환임.
- 푸리에 변환은 알고리즘 구현의 복잡성 때문에 실제 구현 시에는 FFT알고리즘에 의해 시간영역의 신호를 주파수 영역의 신호로 표현됨.

문제03) IP-MPLS와 Carrier Ethernet 통신방식을 비교하고 장,단점을 설명하시오.

Ⅰ. 개요
- IPTV 확산, UCC 출현, 무선 인터넷 사용자 증가로 고속/고품질 멀티미디어 서비스를 위한 프리미엄 IP Traffic 급증하고 있음.
- 전송 진영에서는 IP 트래픽이 MSPP 수용트래픽의 대부분을 차지하면서, IP 트래픽 수용에 유리한 패킷 기반 전달망이 대두되고 있음.
- 캐리어 이더넷과 IP-MPLS는 기존 LAN 영역에서 사용되던 이더넷을 SONET/SDH와 같은 고신뢰성 전송망의 수준으로 개선하고, 패킷 기반의 전송망을 위한 고품질의 QoS를 가지게 함으로써 그 적용 영역을 MAN/WAN으로 확장할 수 있는 기술임.
- 기존 스위치의 데이터 처리 기능은 물론 회선 보호 기능까지 갖춘 패킷 전송시스템임.

Ⅱ. IP-MPLS
- LER(Edge Router)와 LSR(Switch Router)를 기반으로 하는 3계층(IP계층) 패킷 전달 구조임.

(1) 망구성도

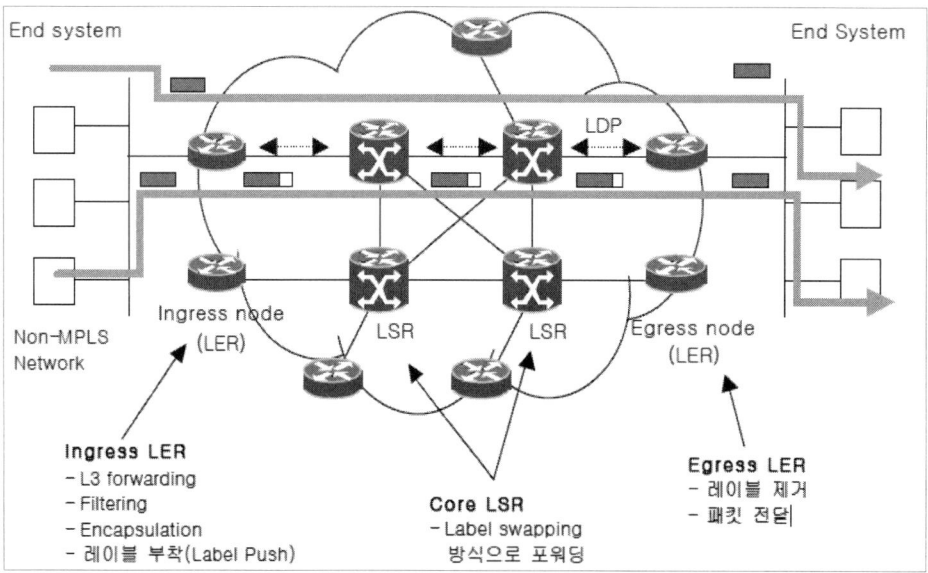

- LER에서 Label을 부착하여 LSR로 포워딩해줌
- LSR은 포워딩된 Label을 기반으로 스와핑방식으로 포워딩 해줌

(2) Label 패킷 절달 방법
① MPLS 도메인 내에서 각 노드들은 OSPF (Open Shortest Path First)나 BGP (Border Gateway Protocol)을 이용 LER과 LSR은 라우팅 테이블을 유지
② MPLS signaling Protocol의 하나인 LDP (Label Distribution Protocol)는 도메인 내

인접 라우터 간에 레이블을 설정하기 위한 정보를 주고 받거나 (FEC)스트림과 레이블 간 매핑 정보를 인접된 라우터 간에 공유하는데 이용

③ MPLS 도메인의 ingress LER에 패킷이 도착하면, LER은 착신지, QoS 등에 기반을 두고 패킷헤더에 레이블을 붙여, LSP를 설정하고 LSP를 통해 LSR로 패킷을 forwarding

④ 레이블을 부착한 패킷은 egress LER에 도착할 때까지 네트워크 계층의 패킷 헤더를 해석할 필요가 없으며, 레이블을 통해 forwarding. 즉, ingress와 egress LER에서만 L3 정보를 이용하고, LSR에서는 단순히 부착된 레이블에 따라 계층 2에서 패킷을 전달

⑤ 코어인 LSR에서는 각 패킷의 레이블을 읽고 자신이 유지하고 있는 라우팅 테이블의 목록에 따라 레이블을 새로운 레이블로 변환하여 패킷을 다음 노드로 전달.

⑥ 이와 같은 과정이 LSR간에 반복되며 LSR에서 forwarding된 패킷을 수신한 egress LER은 레이블을 제거한 후, 패킷의 헤더를 읽고 최종 착신지에 패킷을 전달

Ⅲ. Carrier Ethernet

- CE(캐리어 이더넷)는 이더넷 기술을 기반, 향상된 OAM(운영, 관리 및 유지 보수) 기능과 뛰어난 복원성을 가진 표준화된 서비스를 가짐

(1) 망구성도

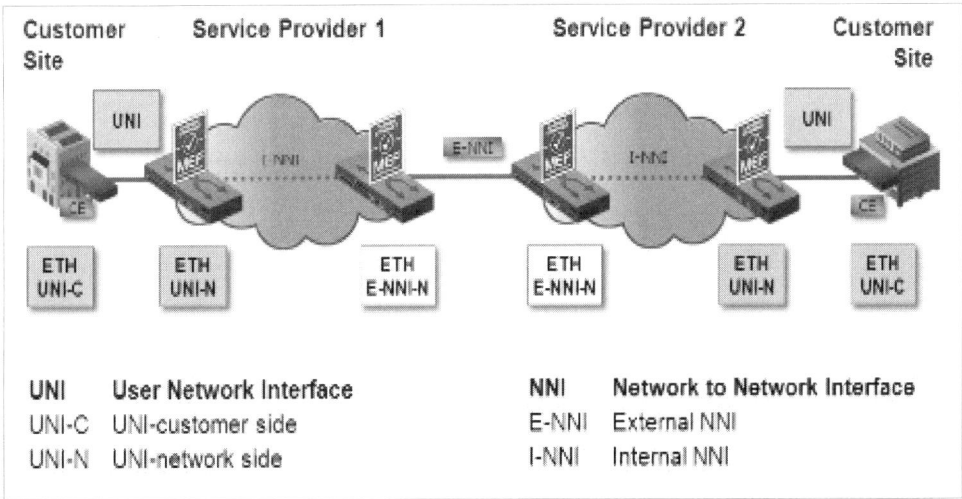

- UNI 와 NNI로 구성되어 고속/광대역전송이 가능한 구조임
- 다양한 OAM기능을 가지고 있어, SDH에 버금가는 신뢰성을 확보할 수 있음

(2) 주요특징

① 캡슐화 및 전송: 이더넷 서비스를 전송하기 위해 여러 기술에서 이더넷 프레임을 다양한 전송 인프라 유형으로 캡슐화 할 수 있음. 이를 통해 이더넷 사용자 데이터 및 헤더를 특정 인프라 프로토콜에 맞게 조정할 수 있음.

② 복원성 강화: 이더넷 프로토콜 데이터 단위는 클라이언트 프레임으로 매핑되고 투명하게 전송되어, 기본 보호 메커니즘에서 장애 시 신속하게 보호를 제공할 수 있음.

③ OAM 기능: OAM 기능은 오늘날의 네트워크에서 CE로 대체된 기존 TDM기반 서비스의 특징이 있음. 이는 WAN을 통과하는 이더넷 서비스가 수백 내지 수천 킬로미터에 걸쳐 제공될 수 있기 때문에 매우 중요함.
④ 서비스 품질: 서비스 수준의 계층 구조는 여러 서비스 및 애플리케이션에 적합한 리소스 전달을 지원하여, 고객은 종단 지연 또는 대역폭 용량에 대한 애플리케이션 수요를 기반으로 음성, 동영상 및 HTTP 트래픽 차별화 가능
⑤ 확장 : QinQ, PBB, 계층형 QoS 및 연결 지향 이더넷과 같은 기술은 견고하고 미래 경쟁력을 보장하는 접근법으로 프로토콜 수준에서 대부분의 확장성 문제를 해결할 수 있음

Ⅳ. IP-MPLS 와 Carrier Ethernet 의 장단점 비교

	IP-MPLS	Carrier Ethernet
장점	. 표준 이더넷기술에서 확장 . L2기반으로 고속전송 . 기존 IP라우팅의 저속문제 해결 . 헤더구조의 단순화	. 표준 이더넷기술에서 확장 . 전송망이 간략해져 이더넷 기반 광대역서비스 가능 . OPEx 및 CAPEx측면에서 매우 유리함
단점	. 별도 라우터 (LER/LSR)를 구성해야 함 . 데이터 맵핑, 라벨링 등의 과정 필요	. Ethernet Transport 를 실현하기 위한 기술필요 . 표준화된 플랫폼구현 복잡 . Micro coding이 가능한 고성능의 network processor 개발 필요
주요 특징	. Hop-by-Hop Forwarding . Best Effort Service . IP Header Processing	. 표준화된 서비스 . 확장성 및 신뢰성 확보 . 서비스품질 확보(QOS) . 서비스관리 제공
최근 동향	. 전용망, Site to Site 기반으로 구축됨	. 데이터센터 to 데이터센터 기반으로 구축되고 있음

V. 유사기술 비교

구분	Carrier Ethernet (P-OTS)	MSPP/MSSP	L2 / L3 스위치
기반 기술	Packet기반의 통합플랫폼	TDM기반의 SONET/SDH 계열	Ethernet 기반의 패킷 전송
망 형태	P2P, Ring, Star, Mesh, Full Mesh	P2P, Ring, Star, Mesh	P2P, Ring
전달계층	L2	L1	L2/L3
보호 절체 시간	50ms 이내	50ms	수백ms 이상
가상 회선 분할	VPLS-TE 로 유연한 VPN 구성	-	가능하나 자원소모가 많음
Ethernet 대역폭 분할단위	서비스 별 64K~1Mbps Step	2Mbps Step (EoS대역폭 손실 발생)	1Mbps Step (기종에 따라 다름)
SLA & QoS	서비스 별 대역폭 보장 기능	고정대역폭 지원	End to End 구간의 서비스 별 대역폭 보장이 어려움
PDH / SDH수용	PDH/SDH over CES	ALL	CES 서비스 불가
경로설정 및 운용방법	NMS, GMPLS	EMS경로설정 및 provisioning	운용자에 의한 경로 설정 및 대역폭 관리(전문지식필요)
결 론	다양한 형태 패킷 전송에 적합 E2E VPLS, CES 서비스 통합	TDM전송에 최적화 정적인 트래픽 전송에는 적합	단일망 형태의 이더넷 서비스만 가능하며 저비용 구축에 적합

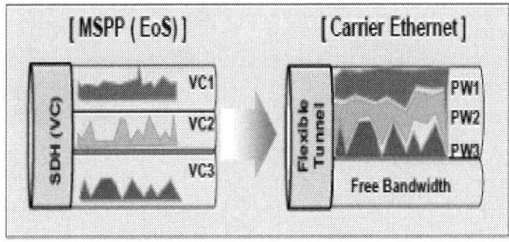
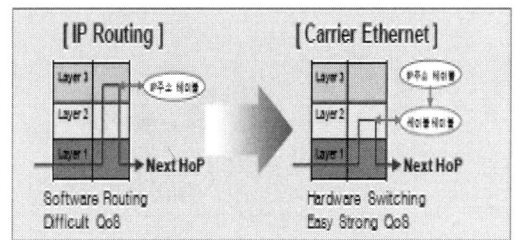

문제04) 망 분리 방식과 망 연계 방식을 각각 기술하고, 각 방식의 사이버 테러 대응방안에 대하여 설명하시오.

I. 개요
- 최근 공공기관과 금융기관을 중심으로 망분리 사업이 활발한 가운데 망연계 솔루션이 덩달아 관심을 모으고 있음.
- 금융위는 전산센터에 대해 내부업무망과 외부인터넷망을 원천적으로 차단하는 물리적 망분리를 의무화하고, 본점 및 영업점은 단계적, 선택적으로 추진하도록 하고 있음.
- 인터넷 망분리를 추진하기 위해 망연계는 반드시 구축이 동반돼야 하는 필수 기능임.

II. 망분리 방식

가. 구현 방법
- 망 분리가 물리적으로 분리되었는지 논리적으로 분리되었는지에 따라 망 연계 구축 방법이 달라짐.

망 분리 방식 비교

구분	물리적(H/W)망 분리	논리적(S/W) 망 분리	
	2 PC 방식	PC기반 가상화(CBC)	서버기반 가상화(VDI)
구성도	인터넷망, 업무망 / 인터넷PC, 업무PC (사용자 환경)	인터넷망, 업무망 / VPN 터널링, 인터넷 영역, 업무PC (사용자 환경)	인터넷망, 업무망 / 인터넷 VM, 인터넷VM, 업무PC (사용자 환경)
장점	명확한 망 분리 적용	PC 영역의 HDD를 분할하여 사용 기존 장비를 재활용하여 도입비용 최소화	중앙 집중 관리 용이 인터넷VM(가상화서버)중앙서버 통제 보안 강화를 위한 Zero Client 활용가능 장소, 접속 기기에 관계없이 동일한 업무 환경
단점	업무 효율성 저하 구축 비용 높음 업무공간 부족 현상 발생	다양한 PC환경의 호환성 부족 고사양의 Client PC필요 (노후 PC 활용불가) H/W장애 시 업무/인터넷 모두 사용 불가	서버 팜 구축으로 초기비용 높음 네트워크 트래픽을 고려한 설계 필요

나. 물리적 망분리
- 물리적 망 분리는 한 사람이 각각의 네트워크 카드를 탑재한 2대의 PC를 사용하는 것으로 전환 스위치로 망을 분리하는 방식임.
- 2대의 PC에 망 연계 어플리케이션을 설치하여 망간 자료 연계를 사용하는 방법이 물리적 망 연계임.

다. 논리적 망분리
- 논리적 망 분리는 서버 기반 컴퓨팅(SBC)으로 어플리케이션의 수행, 관리, 지원이 모두 서버에서 발생하는 방식으로 가상화 기술을 이용한 VDI를 사용해 가상 데스크탑 PC를 구현하는 방식임.
- 개인에게 물리적인 PC를 지급하는 대신 중앙서버에 가상의 PC를 구축하고 이에 접속해 사용자가 이용함.
- 하나의 PC에 두 개의 운영체제(OS)를 설치하는 OS 커널 분리 방식으로, 이 환경에 망간 자료 연계를 사용하는 방법이 논리적 망 연계이고 클라우드(Cloud) 컴퓨팅 환경에 적용할 수 있음.

Ⅲ. 망연계의 개념 구성 방식과 구현 방법
- 망 분리로 보안성은 강화 되었지만 사용자들의 자료(파일) 전송 및 업무 서비스 단절의 불편함이 증가했고, 이에 대한 해소 요구가 증가하면서 망간 자료(파일) 연계에 대한 요구가 생겨났음.

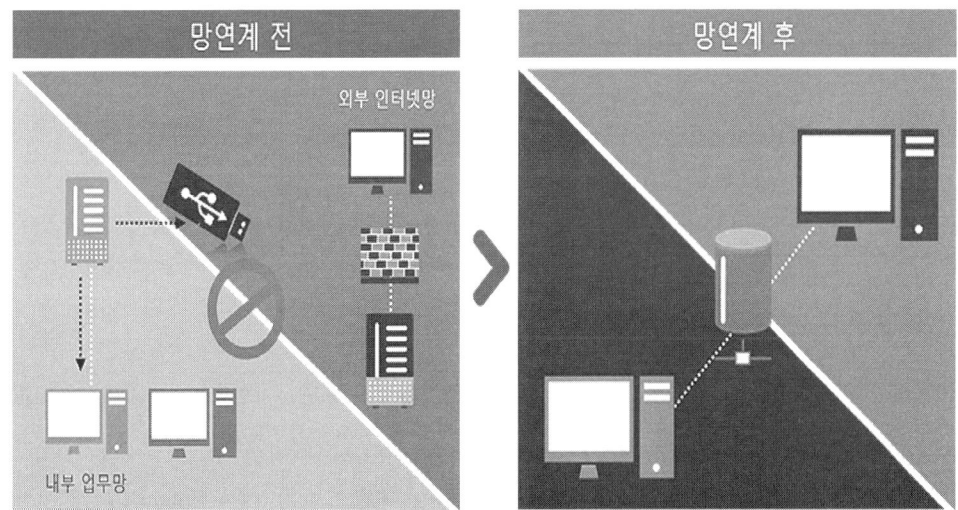

그림 망 분리에서 망 연계로의 진화

가. 공유 스토리지 연계 방식
- 스토리지 방식은 1세대 스토리지를 매개로 데이터를 고속으로 마이그레이션하는 것에서 근간이 된 기술로 FCP를 이용한 디스크 전송 방식임.
- 망분리에서 하지 못했던 실시간 파일 전송을 가능케 함.

- 스토리지 방식의 장점으로는 고속 양방향 대용량 자료 처리가 가능하고, 업계 표준기술인 만큼 응용프로그램의 개발 및 연계가 용이함.
- 단점으로는 연계서버나 스토리지 장비가 필수적으로 도입돼야 하는 부담과 하드웨어에 따라 상이한 성능차이가 있을 수 있음.

나. 소켓방식
- 소켓방식은 LAN과 단방향 보안 방어벽을 사용해 네트워크 통신을 차단한 상태에서 채널 포트 이외의 모든 접속을 차단하는 기술임.
- 소켓방식은 기존의 방화벽 차단정책을 통해 LAN을 이용함으로써 상대적으로 적은 비용으로 망연계를 구축할 수 있다는 장점이 있음.
- 단점으로는 LAN으로 내·외부망이 연결된다는 점에서 완벽한 물리적 분리가 아니라는 점이 걸림돌로 작용 할 수 있음

다. 시리얼 인터페이스 방식
- IEEE 1394 케이블을 이용하여 전송하는 방식으로써, 망분리 후에 실시간으로 데이터 및 파일을 주고받을 때 쓰임.
- LAN을 이용한 소켓방식과 유사하나 LAN구간 대신 IEEE 1394를 채택하고 메모리 버퍼 처리를 통해 내·외부 망의 단절을 유지시킴.
- 대용량 데이터 처리를 위해 고속 직렬 연결을 사용해 다른 망연계 솔루션보다 상대적으로 빠른 평가를 받고 있음.

표 망 연계 구현 방식 비교

구분	스토리지 방식	소켓방식	시리얼 인터페이스 방식
망간 연결 매체	SAN(Storage Area Network)	방화벽	IEEE 1394 카드/케이블
망간 자료 전송 기술	전송 파일을 업무망에서 접근할 수 있는 디스크 볼륨에 쓰고 볼륨 복제 기능에 의해 인터넷망에서 접근 가능한 디스크 볼륨을 읽는 방식	LAN을 이용해 방화벽을 거쳐 TCP 암호화 전송을 하는 방식	IEEE 1394 구간을 통한 단방향으로 암호화 전송을 하는 방식
네트워크 분리구간	스토리지 영역에서 네트워크 단절	모든 구간이 LAN연결 구간	IEEE 1398 구간에서 네트워크 단절
망간 중계 프로토콜	FCP	TCP 암호화 통신	IEEE 1398 커널

IV. 각 방식의 사이버테러 대응 방안

가. 사이버테러의 정의
- 사이버테러는 정보통신기술의 발전과 인터넷의 확산으로 인한 유비쿼터스 컴퓨팅 환경이 조성되면서 최근에 등장한 개념으로 주요 기관의 정보시스템을 파괴하여 국가 기능을 마비시키는 신종 테러임.

나. 망 분리를 이용한 사이버테러 대응
- 망 분리를 통해 별도의 인터넷 환경을 운용함으로써 악성코드가 유입되더라도 피해를 최소화 할 수 있고, 인터넷 환경에서 내부망의 접근이 차단돼 해킹에 의한 내부 서버 권한 탈취 시도가 근본적으로 무력화된다는 것임.

다. 망 연계를 이용한 사이버테러 대응
- 인터넷 망분리를 추진하기 위해 망 연계는 반드시 구축이 동반돼야 하는 필수 기능임.
- 특히 금융권의 경우 대고객 업무가 많기 때문에 인터넷을 통한 외부의 자료 수신이 빈번하고, 일부 부서에서는 업무의 대부분이 인터넷을 통한 자료교환인 경우도 많기 때문임.

Ⅴ 종합적인 사이버테러 대응방안

가. 공공·민간 공동협력을 통한 방어체계 구축
- 사이버테러의 효과적 대응을 위해서는 공공부문과 민간부문의 공동협력 체계가 구축되어야 함.

나. 국제적 협력 통한 신속 대응체계 구축
- 국내 유입 이전에 침해사고 이상 징후를 감지할 수 있도록 국가 간 네트워크를 연계하여 구축하고, 이를 통해 효과적이고 신속한 대응체계를 구축할 필요다.

다. 민간기업 방어체계 구축
- 정보통신부는 민간기관 중 정보통신기반보호법의 적용을 받는 금융·통신 등 주요 정보통신기반시설 관리기관 및 인터넷데이터센터(IDC) 시스템관리자에 대해 전문가 수준의 정보보호교육을 실시하기로 했음.

라. 개인 수준 방어체계 구축
- 네트워크의 발달로 인해 감염 후 순식간에 확산되어 대규모 피해를 유발하고 있는 상황에서 클라이언트 단계에서는 보안패치 등을 생활화하고 파일 공유 시 추측이 어려운 패스워드를 설정하는 것이 권장되며, 웜을 탐지하고 제거할 수 있는 백신프로그램을 반드시 설치하여야 함.

마. 국가적 사이버 안전 체계 확립과 법제도 정비
- 해킹 및 웜·바이러스 대응협력체계의 강화를 위해서 관련 기관인 국가정보원 국가사이버안전센터, 국방부, 정보통신부, 대검찰청인터넷범죄수사센터, 경찰청 사이버 테러대응센터 등이 협력을 통해 정보공유 체계를 강화해야 함.
- 법제도 개선을 통해 사이버테러에 효율적이고 신속하게 대응할 수 있는 국가전략을 체계화할 수 있음.

사. 정부·기업·개인 적극 협력 및 전 국민 보안수칙 준수
- 정부, 민간의 각급 기관, 기업들은 적절한 보안정책을 수립하여 실시하고, 기관 규모에 적정한 침해사고 대응팀을 운영하여야 하며, 피해확산과 규모 최소화를 위해 일반 PC 사용자들도 개인 보안수칙을 준수하는 총체적이고 유기적인 보안체계가 이루어져야 함.
- 특히, 모든 개인들은 자신이 보안수칙을 준수하지 않을 경우, 자신도 모르게 악의적인 해커에 의해 인터넷과 이웃의 컴퓨터 보안이 위협받을 수 있다는 인식을 분명히 해야 함.

Ⅵ. 맺음말
- 망분리, 망연계 모두 보안과 업무 효율성을 다 챙기기 위해서는 공공기관과 기업에서 모두 인지하고 있어야 할 개념임.
- 항상 보안 솔루션을 통해서 보안성을 유지해야 하고, 주기적으로 백신을 통해 악성코드를 검사해주는 것이 필요함.
- 망분리와 망연계 방식, 둘 중 어느 것 하나가 옳다고 단언하기 어려우므로 각각의 환경에 따라서 유동적으로 활용하는 것이 바람직함.

문제05) 소물 인터넷(Internet of Small Things)과 산업인터넷(Industrial Internet of Things)에 대하여 설명하시오.

Ⅰ. 개요
- IoT의 발전으로 다양한 분야에서 사물인터넷 서비스가 활성화 되고 있음
- 소물인터넷은 데이터의 양이 많지 않은 소물(Small Thing)에 인터넷을 접목시켜 활용하는 IoT개념임.
- 산업인터넷은 적용 대상 기업에게 데이터 분석 등을 통해 생산성향상 이라는 보다 구체적인 목적을 가진 IoT개념임.

Ⅱ. 소물인터넷
(1) 소물인터넷의 기술적 요구사항
- 소형의 배터리 와 저성능 컴퓨팅 기술 필요
- 저속 네트워크에 적합하고 저비용 저성능에 적합한 기술 필요
- 근거리에서 원거리로 서비스 범위의 확대 필요

(2) 소물인터넷 기술의 종류 및 특징
가. 기술적 종류

구분		LTE-M	NB-IoT	LoRa	SigFox
주요 기술	커버리지	~11Km	~15Km	~11Km	~13Km
	통신 속도	~1Mbps	~150Kbps	~10kbps	~100bps
	주파수 대역	면허 대역 (1.4MHz)	면허 대역 (200KHz)	비면허 대역 (900MHz)	비면허 대역 (900MHz)
	배터리 수명	~10년	~10년	~10년	~10년
시장 현황	사업자 참여 현황	Verizon, AT&T 등 미국 사업자 중심 적용	Huawei, Intel, Qualcomm 등 다양한 제조사 참여 Ericsson, Nokia Networks 등 다양한 사업자 참여. 중국 통신사 참여	Semtech가 칩셋 단독 제조, LoRa Alliance에 KPN, Swisscom, ZTE 등 참여	유럽 시장 중심 상용망 적용
	국내 도입 현황	2016년 3월 KT가 전국망 상용화	2017년 2분기 KT, LGU+ 상용화 예정	2016년 6월 SKT 전국망 상용화	도입 검토 중
주요 특징	장점	• 전국 서비스 가능 • 통신 품질의 안정성 • 기존 네트워크 활용	• 통신 품질의 안정성 • 실내 커버리지 가능	• 저전력 장거리 통신 • LTE-M 모듈 ¼가격 • 저렴한 구축 비용	• 저전력 장거리 통신
	단점	• 고가의 통신 모듈 가격	• 표준안 비확정 • LoRa에 비해 2배 비싼 통신 모듈 가격	• 원천 기술 보유 업체인 Semtech만 칩셋 제조 • 비면허 대역으로 네트워크 불안정	• 전 세계 700만 개 회선 확보에 그치며 사업성 저조

- 국내에서는 SKT가 주도하는 LoRa, KT와 LGU+가 주도하는 NB-IoT로 서비스가 확산되고 있음

나. 소물인터넷을 통한 서비스 종류
- 원격검침 및 POS (신용카드결재) 분야
- 센서네트워크 분야
- 원거리 무선제어 및 스마트 Farm분야

III. 산업인터넷
- 스마트빌딩이나 스마트 팩토리 분야에서 다양한 데이터분석을 통해 생산성 및 에너지 효율을 향상시키는 기술로 발전하고 있음

(1) 산업인터넷의 기술적 요구사항
- 대용량의 빅데이터 처리기술
- 다양한 프로토콜을 융합할 수 있는 데이터 처리기술
- 다양한 서비스를 하나의 플랫폼으로 구현할 수 있는 플랫폼 기술

(2) 산업인터넷 개념

- 산업인터넷은 다양한 산업분야에 응용되어, 데이터를 취합해 새로운 서비스를 창출하거나, 생산성을 높이는데 이바지 할 것으로 예상됨
- 현재까지는 가시적인 성과는 없지만, 4차 산업혁명의 핵심서비스가 될 것임.

IV. IoT분야의 최근동향 및 발전방향
- 모든 사물이 인터넷에 연결되어 실시간으로 모든 정보를 공유하고 분석할 수 있는 4차산업혁명의 시대가 도래함

- M2M이라는 개념에서 시작하여 소물인터넷, 사물인터넷, 촉각인터넷 등등 인터넷을 통한 서비스는 더욱더 다양화 되고 있음
- 이는, 생활의 편리성을 도모하고 기존에 찾지 못했던 새로운 분야로의 진출을 사업자 측면에서 확보할 수 있음
- 사용자 측면에서는 즉각적인 데이터 취합과 언제, 어디서나, 어떤 Device를 가지고도 인터넷에 연결할 수 있는 세상으로 변화되고 있음
- 소물인터넷은 국내의 이동통신 통신사업자를 기반으로 NB-IoT, LoRa기술로 발전하고 있음
- 소물인터넷을 통해 기존의 유선방식에서 어려움을 가졌던, OPEx/CAPEx 문제들을 획기적으로 낮출 수 있는 계기가 될 것임.
- 산업인터넷을 통해서 산업/의료/행정/물류 등등 의 분야에서 생산성을 높이고 에너지효율을 최적화함으로써 비용절감, 새로운 서비스 창출 등의 효과를 가져올 것으로 기대하고 있음.
- 단, 현재 4차산업혁명의 시작점에서 인력구조의 재편성, 정보보안의 취약점, 교육제도의 변화 등등 다양한 고민을 해야 할 시기임.

문제06) 고주파 전력출력을 얻기 위한 합성(Combining)방법에 대하여 블록 다이어그램을 도시하고, 효율적인 설계방법에 대하여 설명하시오.

I. 개요
- 고주파에서 송신기에 필요한 대출력을 얻는 방법으로 평형증폭기(Balanced Amp)가 사용됨.
- 구동증폭기 출력을 분배기를 통하여 대칭인 2개의 전력증폭기에 공급하고 그 출력을 합성하여 2배의 출력전력을 얻는 방식임.
- 분배기와 합성기는 Wilkinson 분배기나 Hybrid 분배기 등이 사용됨.

II. 분배기와 결합기
(1) Wilkinson 전력 결합기/분배기
- 출력 포트가 정합되면 무손실 특성을 가지며, 두 개의 출력 단자는 상호 격리(isolation)되어 서로 간섭이 아주 작은 특징이 있음.

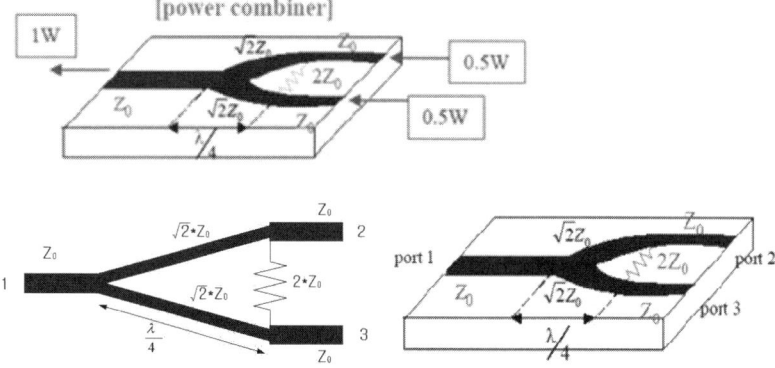

- 분배회로로 동작할 때는 P1이 입력, P2, P3가 출력이고, 결합기로 사용할 때는 P2, P3가 입력이고 P1이 출력단자가 됨.
- a와 b, c점 사이는 Q-matching을 사용한다. 즉, 길이는 λ/4이고 임피던스는 $Z = \sqrt{Z_1 \cdot Z_2}$가 되도록 함.
- 이때 각 port의 임피던스를 50[Ω]이 되도록 한다면 $Z = \sqrt{100 \times 50} = 70.7[\Omega]$의 λ/4 선로를 사용한다. a점에서 보면 100[Ω]가 병렬로 연결되어 50[Ω]이 됨.
- 각 port의 임피던스를 Z_o라고 하면 λ/4 선로의 특성 임피던스는 $Z = \sqrt{2Z_o \cdot Z_o}$가 되도록 즉, $Z = \sqrt{2} \cdot Z_o$로 하면 됨.
- P2로부터 신호가 입력되는 경우는 신호의 1/2은 b점과 a점을 지나 P1에서 출력되고, 나머지 1/2은 R쪽으로 간다.

- a를 거쳐서 c로 돌아온 신호는 경로의 길이가 λ/2가 되어 R을 거쳐서 온 신호와 역위상이 되므로 상쇄된다. 즉, c점에서는 출력이 나타나지 않음.
- 합성기를 역방향으로 사용하면 분배기가 됨.

(2) 90° 하이브리드 결합기/분배기
- 그림과 같은 구조는 통과단과 결합단에 같은 크기의 신호가 나올 수 있고, 3dB 결합기로 동작할 수 있다. 이와 같은 구조를 90° 하이브리드 결합기/분배기라고 함.
- 신호를 입력에 가했을 때 출력측인 결합단자와 통과단자는 위상차가 90°인 3dB 방향성 결합기로 동작.

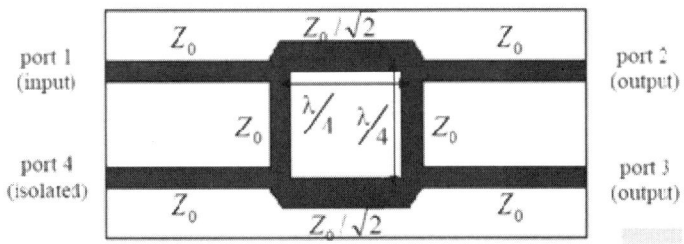

- 단자 1에 입력을 가하면 출력단자 2와 3 사이에는 크기가 같고 90° 위상차인 신호가 나오며, 단자 4는 격리됨
- 또한, 대칭적인 구조를 갖기 때문에 모든 단자가 입력단자로 쓰일 수 있으며, 입력 단자가 정해지면 언제나 출력은 그 반대편의 단자가 되고 격리단자는 입력단과 같은 쪽의 나머지 단자가 됨.
- Branch Line Hybrid Coupler는 Quadrature Hybrid Coupler라고도 하며 Quadrature는 90°를 의미하며, 출력에서 위상차가 90°라는 의미임.

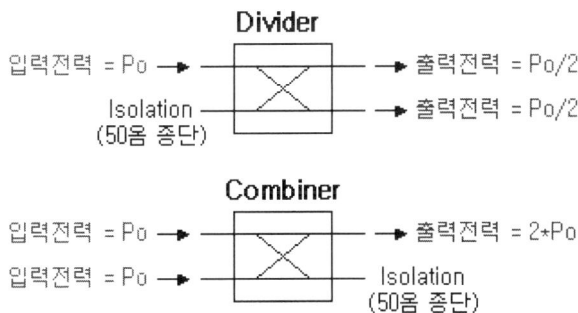

Ⅲ. 고주파 전력출력을 위한 합성
- Wilkinson 분배기 또는 Hybrid 분배기를 이용하여 분배하고 합성함.

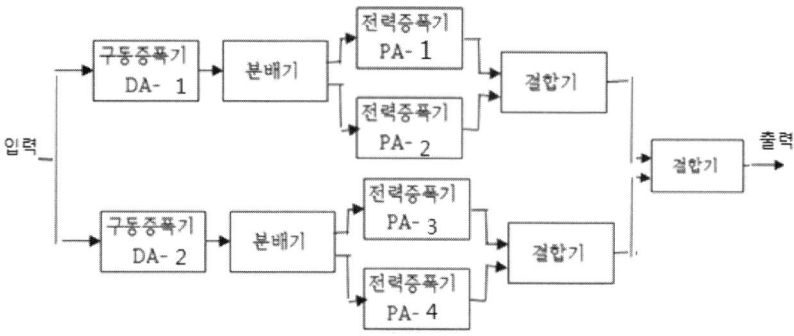

- 그림은 4개의 전력증폭기를 합성하는 경우임.
- 신호는 구동증폭기(Driver Amp.)에서 2분배되어(-3dB) 전력증폭기 PA-1과 PA-2에서 각각 증폭됨.
- 2개의 출력은 Wilkinson 분배기를 역방향으로 이용한 결합기에서 더해짐.
- 같은 방식으로 얻은 PA-3, PA-4의 합성출력과 다시 한번 결합하면 총 4배의 출력(6dB)을 얻을 수 있음.

Ⅳ. 효율적인 합성기 설계 방법

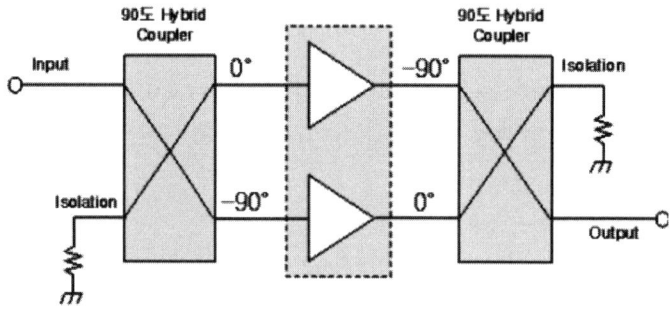

그림 90도 hybrid 평형 증폭기 구조

- 입출력 VSWR 특성과 격리도 성능이 우수한 90도 하이브리드 분배/합성기를 적용함.
- 증폭소자 각각에 들어가는 입력과 출력의 위상을 조정하여 출력 반사손실을 개선할 수 있음.
- 즉, 90도 위상차를 주어 인가하고 출력측에서 다시 동위상으로 하여 합성함.
- 증폭소자에서 반사됐을 때 각각 180° 위상 차이가 발생하여 최종 출력 단에서 상쇄되어 출력 쪽 반사손실이 개선됨.

- Branch Line Hybrid Coupler를 사용하거나 그림과 같이 Wilkinson 분배기와 합성기를 사용하는 경우는 선로의 길이를 조정함.

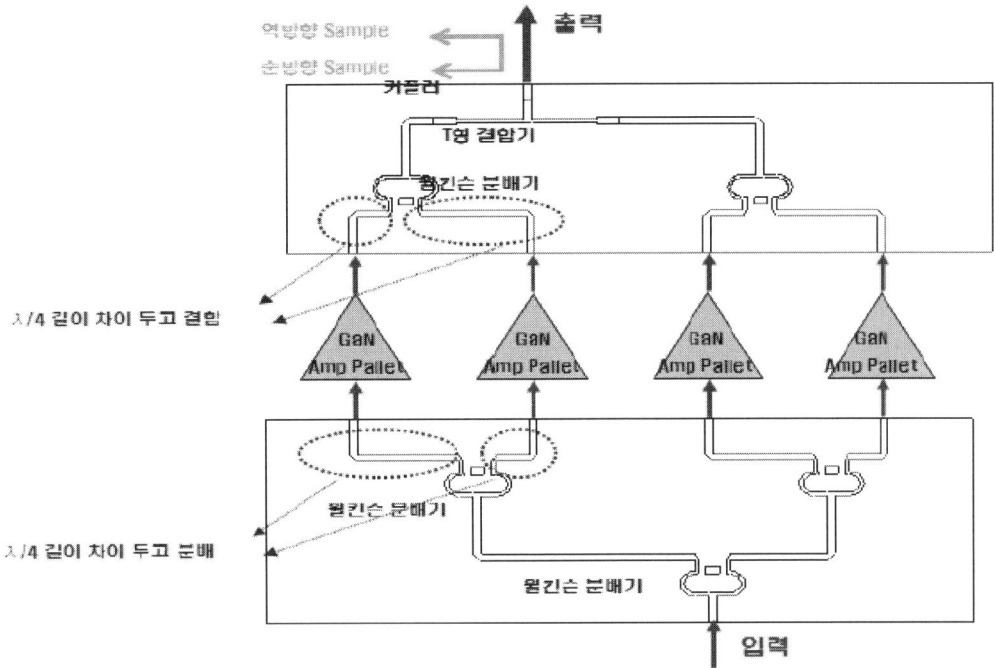

- 병렬 증폭기들 각각에 제공되는 상향 변환된 입력 신호의 위상을 최적화하는데 있어 디지털 신호 처리 기술을 이용함.

국가기술자격 기술사시험문제

기술사 제 114 회   제 3 교시 (시험시간: 100분)

분야	통신	자격종목	정보통신기술사	수험번호		성명	

※ 다음 문제 중 4문제를 선택하여 설명하시오. (각10점)

문제01) 정보통신 감리업무 범위와 배치기준에 대하여 설명하시오.

Ⅰ. 개요
 - "감리"라 함은 공사에 대하여 발주자의 위탁을 받은 용역업자가 설계도서 및 관련규정의 내용대로 시공되는 지 여부의 감독 및 품질 관리, 시공관리, 안전관리 및 환경관리에 대한 지도 등에 관한 발주자의 권한을 대행하는 것을 말함

Ⅱ. 감리 대상 공사의 범위
(1) 총 공사금액이 1억원 이상인 다음공사
 - 전기통신사업용 정보통신공사
 - 철도, 도시철도, 도로, 방송, 항공, 송유관, 가스관, 상하수도설비용 정보통신공사
(2) 6층 이상이거나 연면적 5천 제곱미터 이상인 건축물에 설치되는 정보통신설비의 설치공사 다만, 정보통신설비가 설치되지 아니하는 지하층, 축사, 창고, 차고 등은 건축물의 층수 및 연면적의 계산에 포함하지 않음

Ⅲ. 감리 및 비상주 감리원 업무의 범위
(1) 감리업무의 범위
 - 공사계획 및 공정표의 검토
 - 공사업자가 작성한 시공 상세도면의 검토,확인
 - 설계도서와 시공도면의 내용이 현장조건에 적합한지 여부와 시공가능성 등에 관한 사전 검토
 - 공사가 설계도서 및 관련규정에 적합하게 행하여지고 있는지에 대한 확인
 - 공사 진척 부분에 대한 조사 및 검사
 - 사용자재의 규격 및 적합성에 관한 검토, 확인
 - 재해예방대책 및 안전관리의 확인
 - 환경관리 지도 및 검토, 확인
 - 설계변경에 관한 사항의 검토, 확인

- 하도급에 대한 타당성 검토
- 기성 및 준공검사
- 공사 유관자 회의 및 인허가 업무 지원
- 품질관리시험의 입회, 지도 또는 시험성적표 검토
- 시공관리와 관련한 기술검토보고서 작성
- 민원사항에 대한 분석 및 지원

(2) 비상주 감리원의 업무범위
- 복잡한 현장조사 분석 또는 주요 정보통신설비의 기술적 검토에 대한 상주 감리원 지원
- 설계변경 및 계약금액 조정의 심사(계약금액 감액의 경우 포함)
- 정기적(월1회)으로 현장 시공 상태를 종합적으로 점검·확인·평가하고 지도
- 기타 감리업무 추진에 필요한 지원 업무

Ⅳ. 감리원 배치기준

- 용역업자는 당해 공사의 규모 및 공사의 종류에 적합하다고 인정되는 자로서 당해 공사전반에 관한 감리업무를 총괄하는 자를 감리원으로 현장에 상주시키되, 당해 공사 전반에 관한 감리업무를 총괄하는 자를 다음 각호의 기준에 의하여 배치하여야 함. 다만, 공사가 중단된 기간은 그러하지 아니함.
  1) 총공사금액 100억원 이상인 공사: 기술사
  2) 총공사금액 70억원 이상 100억원미만인 공사: 특급감리원
  3) 총공사금액 30억원 이상 70억원 미만인 공사: 고급감리원 이상의 감리원
  4) 총공사금액 5억원 이상 30억원 미만인 공사: 중급감리원 이상의 감리원
  5) 총공사금액 5억원미만의 공사: 초급감리원이상의 감리원
- 용역업자는 감리원을 배치한 때에는 그 배치내용을 당해 공사의 발주자에게 통지하여야 하며 배치된 감리원을 교체하고자 하는 때에는 미리 발주자의 승인을 얻어야 함
- 용역업자는 1인의 감리원으로 하여금 2이상의 공사를 감리하게 하여서는 안됨, 다만 다음 각
  호의 1에 해당하는 공사로서 발주자의 승낙을 얻은 경우에는 그러하지 아니함
  1) 총공사금액이 2억원 미만의 공사로서 동일한 시(특별시 및 광역시 포함),군에서 행하여지는 동일한 종류의 공사
  2) 이미 시공중에 있는 공사의 현장에서 새로이 행하여지는 동일한 종류의 공사

문제02) Wi-Fi를 기반으로 하는 실내 측위방식의 종류와 장, 단점을 기술하고 신호 간섭 억제방안에 대하여 설명하시오.

Ⅰ. 개요
- ICT 기술의 확산과 함께 내비케이션 등과 같이 실외공간을 대상으로 제공되던 서비스들이 점차 실내공간을 대상으로 확장하는 추세임.
- 실내공간에서 제공되는 다양한 위치 기반 서비스들이 성공적으로 구축 및 제공되기 위해서는 실내공간에 대한 지도, 이동경로, POI(Point of Interest) 및 영상 등과 같이 다양한 형태의 정보를 구축하는 것이 필수적임.
- Wi Fi이 경우, AP가 무분별하게 설치되어 있으면, 채널간 간섭을 받게 되고 간섭을 줄이기 위한 다양한 기법들이 요구됨.

Ⅱ. 실내측위기술 개발 동향
- 위치 정확도와 가용 서비스 영역을 기준으로 기지국, Wi Fi, 관성항법, 가감도 GNSS, UWB, RFID, 초음파, 적외선, 지자계, 카메라 등을 통해 서비스 가능함.
- 스마트폰의 발달과 함께, WiFi, 센서, 비콘 등의 주요 측위기술을 통해 정밀한 실내 측위를 제공하고 있음.

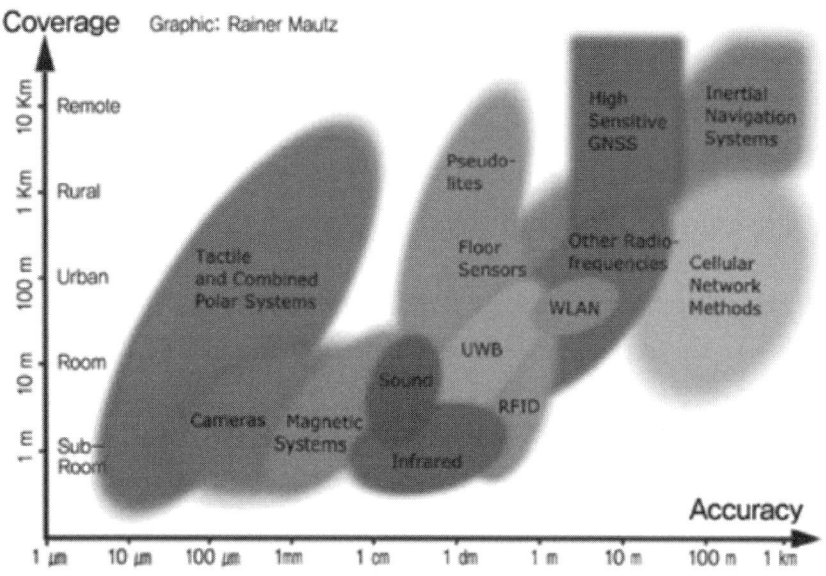

Ⅲ. WiFi 기반 측위 방식의 종류
- WiFi 기반 측위기술에는 기준점 측위, 지문인식 측위, 다변측위, 삼각측량법 등이 있음.
가. 기준점 측위(Cell ID)
- 무선 통신 기반 측위방식에서 모두 적용 가능한 측위방식

- 수신된 신호들 중 가장 신호가 센 WiFi 접속점의 위치로 단말 위치 결정
- 위치 정확도가 떨어짐

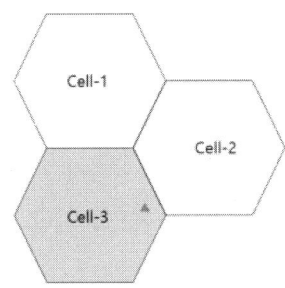

나. 지문인식방식(Fingerprinting)
- 특정위치에서 측정되는 모든 AP의 신호세기정보들을 비교하여 위치를 추정하는 방식
- 높은 정확도 제공
- 사전수집 단계로 인한 수집비용 증가
- Finger Printing 위치 측위 과정

단계	내용
트래이닝	-각 접속점에서 모든 AP로부터 수신되는 수신신호의 세기 패턴을 수집
노이즈제거	-수집된 데이터에서 노이즈를 제거
DB구축	-노이즈가 제거된 데이터를 finger Pirnt DB화시킴
트래킹	-임의의 위치에서 수집한 신호세기의 패턴과 수집단계에서 각 접속점에서 수집된 신호세기를 비교
위치추정	-가장 유사한 참조지점을 추정위치로 결정

다. 다변측위 기법
- 다변측위기법으로는 수신신호세기 기반, 도착시간 기반, 왕복이동시간 다변측위 기법 등이 있음

기법	내용
수신신호세기	-WiFi 수신신호의 세기를 신호 전파 모델링을 이용하여 다수의 WiFi 접속점의 거리 정보로부터 단말 위치를 계산 -간단한 수학적 모델링으로 계산가능하나, 실제 실내 환경내 예측이 어려운 factor들이 존재하므로 측정오차가 큼
도착시간 (ToA)	-위치가 알려진 다수의 AP와 단말 사이의 신호 전송시간을 측정함으로서 단말의 위치를 계산 -수신신호세기 기반에 비해 측정값이 안정됨 -WiFi 인터페이스상 제공되는 분해능의 한계로 측정오차 발생
왕복이동시간	-WiFi 접속점으로의 펄스 요청시간과 왕복 후 단말에서 펄스 도착시간의 시간 차이값으로 거리를 환산 -가시거리 확보시 3~5m의 위치 정확도 제공 -가기거리 미확보 시, 지연시간의 가변성으로 정확도 제공의 한계

라. 삼각 측량법
- 알려진 위치에 존재하는 최소 3개의 AP들로부터 RSSI를 수신받아 삼각 측량한 값을 거리로 변환하는 방법
- 각 AP들을 기준으로의 거리를 반지름으로 하여 원형으로 그린 다음, 서로 만나는 3개의 지점을 수신기의 추정위치로 결정
- 채널이 서로 다른 주파수를 사용할 경우, 거리에 따른 RSSI의 차이가 발생하지 않아 거리 오차가 적음

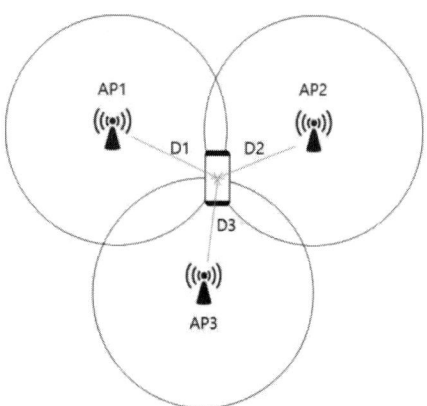

- 같은 주파수를 사용하는 AP가 근접할 경우, RSSI 세기가 더해져 거리 오차가 커짐.

IV. WiFi 실내측위 기술의 장·단점 비교

구분	Cell ID	Finger Print	다변측위(ToA)	삼각 측량
방식	수신된 신호들 중 가장 신호가 센 WiFi 접속점의 위치로 단말 위치 결정	특정위치에서 측정되는 모든 AP의 신호세기정보들을 비교하여 위치를 추정하는 방식	위치가 알려진 다수의 AP와 단말 사이의 신호 전송시간을 측정함으로서 단말의 위치를 계산	알려진 위치에 존재하는 최소 3개의 AP들로부터 RSSI를 수신 받아 삼각 측량한 값을 거리로 변환하는 방법
장점	구성이 간단	정확도가 높음	안정된 측정값	AP주파수가 다를 경우, RSSI가 안정적임
단점	정확도가 떨어짐	사전수집 단계로 인한 수집비용 증가	WiFi분해능의 한계 극복 필요	동일 주파수의 AP가 근접할 경우, 오차가 커짐

V. 신호간섭의 억제 방안
- 다수의 AP가 동일 채널을 사용하게 되면, AP 상호간 간섭이 서비스 링크 품질 저하와 네트워크 성능 저하를 초래함.
- 각 AP가 사용하고 있는 채널 상태와 상호 간섭을 파악하여 인접 AP간 간섭을 최소화하고, 효율적인 무선 랜 사용을 높이는 기술이 필요

가. 간섭회피 기술

방식	내용
CSMA/CA	-채널 사용전 채널을 센싱하고 랜덤 백오프를 통해 채널 사용을 시작함으로써 채널을 사용하고자 하는 무선랜 기기간 간섭 발생을 최소화 -송수신기기 간, RTS 및 CTS 제어 패킷을 교환하여 은닉노드와 노출노드 문제를 해결 -무선랜 밀도가 증가할 경우, 간섭의 효율적인 해결이 어려움
CCA/LBT	-에너지 센싱 및 캐리어 센싱을 통해 비무선랜 신호 및 무선랜 프리엠블을 검출하고, 채널 사용여부를 판단하여 간섭을 최소화 -송신자 스스로 데이터를 전송할 수 있는 상황인지에 대한 판단만 가능하며, 간섭 상황에 대한 정확한 판단이 어려움.
AP 디스커버리 및 AP간 정보 교환	-광범위한 채널 상태정보와 AP를 기준으로 다양한 종류의 트래픽의 통계적 특성을 파악하여 인접AP와 간섭회피

나. 간섭정렬 기술
-같은 대역을 사용하더라도 다른 사용자의 간섭을 적게 느끼며 통신하는 기술

- 다수의 AP와 다수의 사용자들이 다중 안테나를 사용하여 간섭을 제어하는 방식

그림 K 사용자 간섭채널환경

- 다수의 송신기와 다수의 수신기가 다중 안테나를 이용하여 동일 부공간(sub-space)으로 여러 송신기에서 수신되는 간섭 등을 정렬시킨 뒤, 이와 직교하는 간섭이 없는 공간으로 데이터를 송수신함으로써 간섭 없이 다수의 송신기와 수신기가 전송을 수행할 메트릭스(Decoding matrix)를 채널 상태정보(CSI)를 바탕으로 적절히 설정하면 각 수신 STA에서 원하는 신호를 간섭없이 분리해 낼 수 있음.

5. 맺음말
- GPS를 사용할 수 없는 실내 환경에서 WiFi 위치 측위를 통한 다양한 서비스가 제공되고 있음.
- User가 밀집한 공간에는 무선 AP가 집중되어 간섭을 받게 되게 되고, Wi Fi의 효율 및 서비스 품질을 떨어뜨리게 됨.
- 간섭회피기술과 간섭정렬기술은 각 AP가 사용하고 있는 채널 상태와 상호 간섭을 파악하여 인접 AP간 간섭을 최소화하기 위해 사용됨.

문제03) LPWA(Low Power Wide Area) 기지국 및 단말기 요구 사항과 LPWA 기술 진화 방향에 대하여 설명하시오.

문제04) PS-LTE(Public Safety Long Term Evolution)기술의 응용서비스를 실현하기 위한 효율적인 망 구축 방안에 대하여 설명하시오.

Ⅰ. 개요
- LTE는 3GPP Release 8 표준 기반으로 상용화를 시작하여 LTE-Advanced로 불리는 Release 10이 상용 서비스 중이며, 표준화 진행 중인 Release 12와 차기 Release 13에서는 PS-LTE 기술들을 정의하고 있음.
- 기존 재난안전통신망은 유럽 중심의 TETRA와 미국 중심의 APCO-P25를 통해 구축되어 있음.
- 최근 재난상황의 규모가 커지고 유관 기관의 입체적인 대응을 위해 음성통신 이외에 영상 등의 고속 데이터 통신이 가능한 LTE기술 기반의 PS-LTE 도입함.
- PS-LTE는 LTE 기술을 기반으로 공공안전 통신에 필요 한 기능들을 수용한 기술 방식으로서, 그룹통신, 단말간 직접 통화, 망 생존성 등의 요구기능을 지원하도록 정의하고 있음

Ⅱ. PS-LTE의 네트워크 구조
(1) LTE 와 PS-LTE 개념

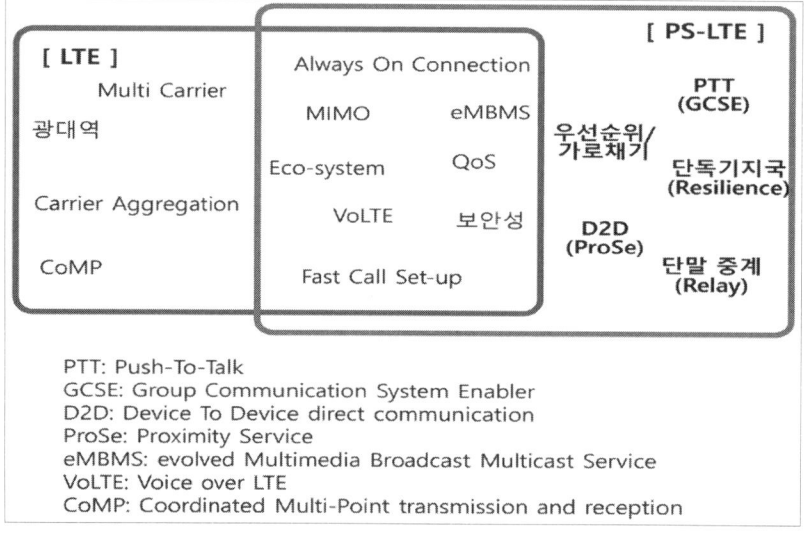

- PS-LTE는 PTT, 단독기지국, 단말중계, D2D와 같은 재난/재해서비스에 특화된 표준임
- LTE 네트워크상에서 대부분 구현되며 네트워크 슬라이싱 기술로 다양한 서비스를 하나의 장비에서 구현할 수 있음

(2) 구성도

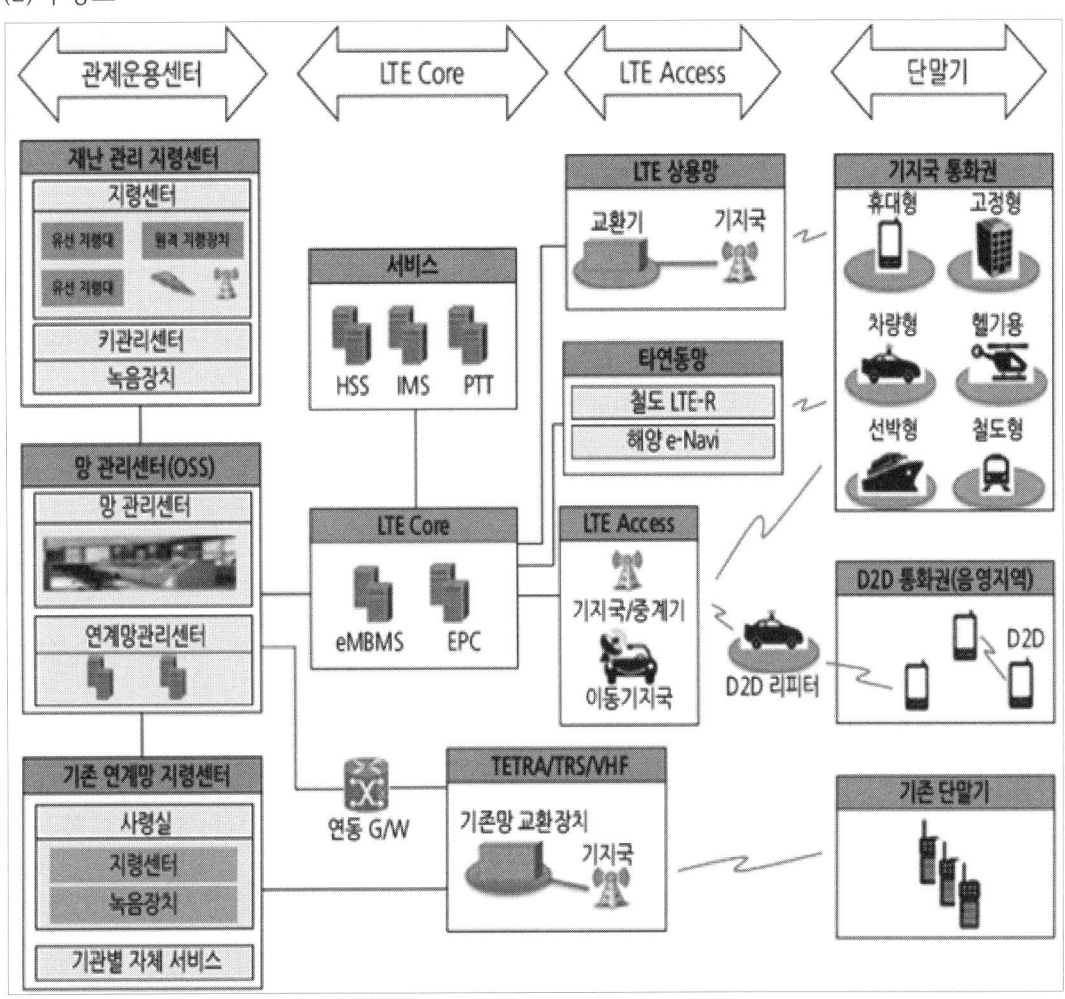

(2) 구성요소

구성요소	세부설명
관제운용센터	재난관리 지령센터, 망 관리센터, 기존 연계망 지령센터
LTE Core망	HSS (Home Subscriber System), IMS (IP Multimedia Subsystem) eMBMS, EPC, 연동 Gateway
LTE 가입자망	LTE상용망, 타 연동망(LTE-R, e-Navigation) LTE-D2D, TETRA/TRS/VHF 접속망
단말기	휴대형/고정형/선박형/철도형/기존단말기

(3) PS-LTE의 네트워크 아키텍처

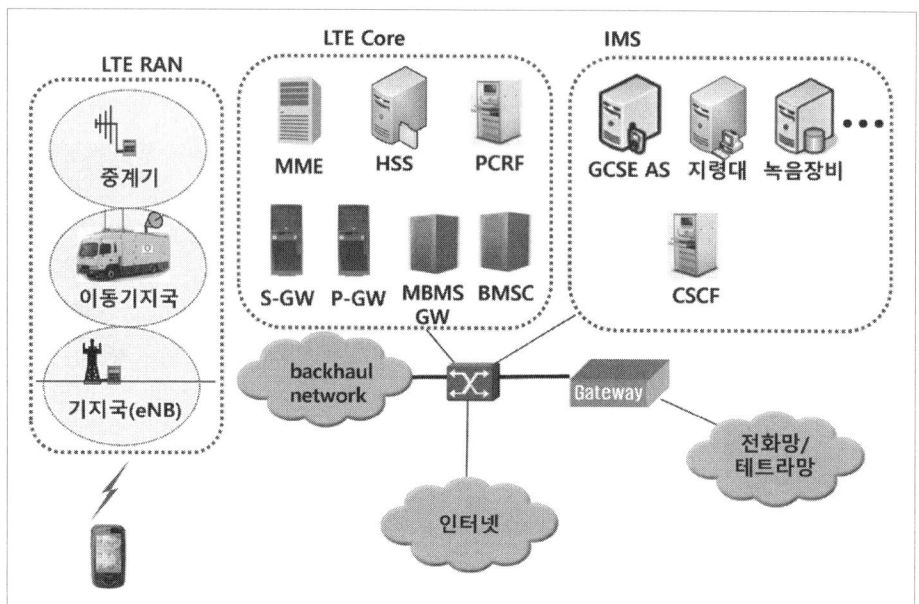

- PS - LTE 네트워크 아키텍처는 일반적으로 IMS(IP Multimedia Subsystem) 플랫폼을 기반으로 구성됨
- All-IP기반의 단일 LTE 망에서 기존의 음성 서비스와 광대역 데이터 서비스를 함께 제공하는 것이 목표
- IMS는 CSCF 기반으로 SIP제어 프로토콜을 사용하고 있음

(3) PS-LTE의 기술적 요구사항
 ① 재난 대응성: 빠른 접속 시간과 대용량 그룹통신을 지원하는 동적 그룹통신기술
 ② 생존 및 신뢰성 : 단말간 직접통신 및 중계 단독기지국운용, 통화 품질 등
 ③ 보안성 : 단말기 사용허가 및 금지, 암호화 등
 ④ 상호 운용성 : 타 네트워크와의 연동
 ⑤ 운용 및 효율성 : 망관리, 용량 확장 등

Ⅲ. PS-LTE기술의 응용서비스 구현방안
(1) PS-LTE기술의 응용서비스 종류
 ① 그룹 음성통화 및 개별 음성통화 서비스 (MCPTT 서비스)
 ② 그룹 영상서비스 (MCVideo 서비스)
 ③ 그룹 데이터서비스 (MCData 서비스)

(2) 응용서비스 구현을 위한 표준기술
1) Prose(Proximity Service)
- 망의 도움 없이 거리가 가까운 인접 단말끼리 직접 통신 채널(Side-link)을 통해 그룹통신을 수행하는 무선접속 기능으로, 재난 상황에서 망이 붕괴되거나 기지국의 커버리지가 도달하지 않는 시나리오에서 재난 그룹통화 서비스를 제공하는 것을 목적으로 함.

표준화 항목	주요 내용 및 표준화 현황	추진 단계
단말 간 직접통신 (D2D, ProSe 등)	- Rel. 12: 통신하고자 하는 단말들이 통신망 영역 내에 위치하는 경우를 고려하여 중점적으로 직접통신 표준화 추진 - Rel. 13: 단말들이 통신망 영역 외에 있을 때 및 단말중계기능까지 포함하여 직접통신 표준화 추진	Rel.12(3단계) Rel.13(2단계)
그룹통신 (GCSE)	- Rel. 12: 기본적인 그룹통화 호처리 절차, 통화 우선순위 처리 방안, 최대 그룹크기 등 표준화 추진 - Rel. 13: 지령대의 그룹통화 제어, 중계(Relay)기능 지원 시 그룹통화 방안 등이 추가적으로 표준화 될 예정	Rel.12(2단계) Rel.13(1단계)
푸쉬투토크 (MCPTT)	- Rel.13: 재난망의 기본기능인 단말의 푸쉬-투-토크가 LTE 망에서 지원 가능 하도록 표준화 추진 ※ LTE 기반 PTT 구현 목적의 애플리케이션 계층 표준화를 위한 SA WG6 MCPTT 그룹 신설	Rel.13(2단계)
단독기지국모드(IOPS)	- Rel.13: 기지국이 핵심망과의 접속이 끊겼을 경우에도 단독으로 동작하여 기지국 영역 내 단말들 간 지속적 통신을 유지하는 표준화를 추진(요구사항 개발 착수)	Rel.13(1단계)

2) GCSE(Group Communication System Enabler)
- 여러 사람이 하나의 발언을 수신하는 그룹통신을 효율적으로 수행하기 위한 시스템 구조 및 인터페이스 규격을 정의 하였으며, Unicasting과 eMBMS를 통한 멀티캐스팅 전송을 동시에 활용하는 것이 그 특징임.
3) MCPTT(Mission Critical Push to Talk)
- 그룹통신을 위한 어플리케이션 수준의 프로토콜 규격으로, 기지국 및 서버가 존재하는 on-network환경과 기지국 및 서버가 없는 off-network 환경에서의 그룹 호 설정과 그룹 관리, 발언권 제어 등을 정의
(4) IOPS(Isolated E-UTRAN Operation for Public Safety)
- 망이 붕괴된 재난상황에서 특정 기지국이 단독으로 재난 기능을 제공할 수 있도록 정의하는 것을 목적으로 함.

표준기술	응용기술
ProSe, D2D	- 기지국 영역 내/외에 있는 단말들에게 단말 간 직접통신이 가능하게 하는 기반기술
GCSE eMBMS	- 무선자원 및 네크워크 자원을 절약하여 효율적으로 지원하기 위한 기반기술
IOPS	- 기지국과 핵심 망과 연결이 끊겼을 경우 기지국 단독으로 MCPTT 등 재난안전 응용서비스를 가능케 하는 기반기술

(3) 효율적인 망 구축 방안

구분	국가 기반시설	도로	인구 밀집지역	산지	농어업 지역	실내/지하	해상	철도
① 고정기지국	○	○	○	○ (도로주변)	○ (도로주변)	○ (주요시설)		
② 상용망		○		○	○	○		
③ 이동기지국				○	○	○	○	
④ 기타망				○ (철도망)	○ (철도망)	○ (UHF,철도망)	○ (해상망)	○ (철도망TRS)

※ ● 주통신수단, ○ 보조 수단

- 기존의 상용망을 활용하고, 비용 효율적이고 안정적인 망구축이 우선시 되어야하며, 원활한 유지보수가 될 수 있도록 구축되어야 함
- 이동통신망에서 애플리케이션 레벨에서 구현되어 서비스되고 있는 PTT는 unicast 방식을 사용하고 있는데, unicast 방식으로는 재난 현장의 대규모 구호 인력이 동일 셀에서 그룹 통화 하는 것을 지원하기 어려움
- 따라서, multicast 방식이 필요하고 PS-LTE에서는 multicast 방식의 그룹통신을 위하여 eMBMS(evolved Multimedia Broadcast Multicast Service)와 IMS를 결합한 형태의 GCSE(Group Communication System Enabler)네트워크 아키텍처를 정의함.

Ⅳ. PS-LTE의 표준비교 및 기술동향

구 분	Rel-12/13(완료)	Rel-14(진행 중)	Rel-15(진행 중)
표준화 기간	'12.3월 ~ '15.3월 '14.2월 ~ '16.3월	'15.9월 ~ '17.6월	'16.6월 ~ '18.9월
주요 기반 기술	D2D/ProSe(직접통신) GCSE(그룹통신) eD2D/eProSe IOPS MBMS_ehn	-	FeD2D MBMS_MCservices MCSMI (MC시스템간 이동 및 연결) MCCI (MC 통신 인터워킹)
주요 서비스 기술	MCPTT (미션 크리티컬 음성통화)	eMCPTT (미션 크리티컬 음성통화 진화) MCVideo (미션 크리티컬 영상통화) MCData (미션 크리티컬 데이터통화)	enhMCPTT (미션 크리티컬 음성통화 추가 진화) eMCVideo (미션 크리티컬 영상통화 진화) eMCData (미션 크리티컬 데이터통화 진화)
표준화 의의	직접통신(D2D/ProSe)과 그룹통신 기술을 표준화하여 서비스 기술 표준화를 위한 기반 마련 기반 기술 진화 및 MCPTT를 표준화함으로써 재난안전통신망 요구기능 대부분 만족(PS-LTE 저변 확대)	기존 TETRA에서 없었던 영상 등 멀티미디어 서비스 가능 인간과 인간 통신 중심에서 인간과 사물 통신으로 확대	서로 다른 MC 시스템 간 상호 연결 및 이동 가능 MC 시스템과 기존 LMR 시스템(TETRA, P25 등)과의 음성 및 단문메시지 상호연동 가능 미션 크리티컬 음성/영상/데이터 서비스 기능의 진화

- PS-LTE 기술은 최근 5년에 걸쳐 진화해 왔고 당분간은 추가 진화 예정
- 기존 LMR(TETRA)에서 제공되었던 기능들은 대부분 3GPP Rel-13 PS-LTE 기술들에 의해 커버가 됨.
- Rel-14과 Rel-15 기술에서는 영상서비스 제공, MBMS 이용의 효율성 증대, 타 망간 연동 및 연결 등을 위한 진화
- 우리나라 국가재난안전통신망은 경우는 3GPP Rel-13 기술을 적용하여 망을 우선 구축할 계획이지만, 망 진화를 고려할 경우 Rel-14과 Rel-15 표준화 진행 상황도 관심을 가지고 지켜볼 필요가 있음.

문제05) 방송설비 중 스피커의 배치방식과 스피커 간의 이격 거리 계산방법을 설명하시오.

Ⅰ. 스피커 배치 개념
- 스피커의 배치방식은 실제음향을 재현하는 열쇠라고 할 수 있음.
- 스피커의 배치방식은 좌우대칭 구조를 갖추기 위해, 혹은 동일한 효과를 내기 위한 방법은 수많은 실험과 그에 따른 방식들이 소개되어 왔는데, 대표적인 몇 가지를 소개하면 다음과 같음.

Ⅱ. 스피커 배치방식
가. 청취 위치
- 4각형 방에서 전면 또는 후면 벽으로부터 38% 위치를 선택.
- 38% 규칙은 평평한 저주파 응답에서 이상적이나 최적의 조건은 주파수 응답 특성에 따라 수시로 이동 가능

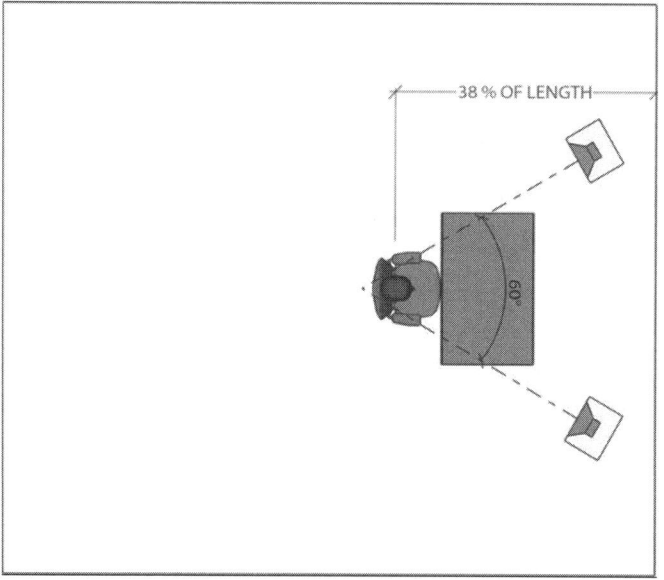

나. 스피커 또는 스튜디오 모니터 위치
- 스피커 종류(스테레오, 서라운드, 홈레코딩 스튜디오 등)에 따라 다르지만 위 그림과 같이 청취자 위치를 기준으로 60도 각도에 설치하는게 이상적임

Ⅲ. 스피커 배치 및 높이
가. 스테레오 스피커

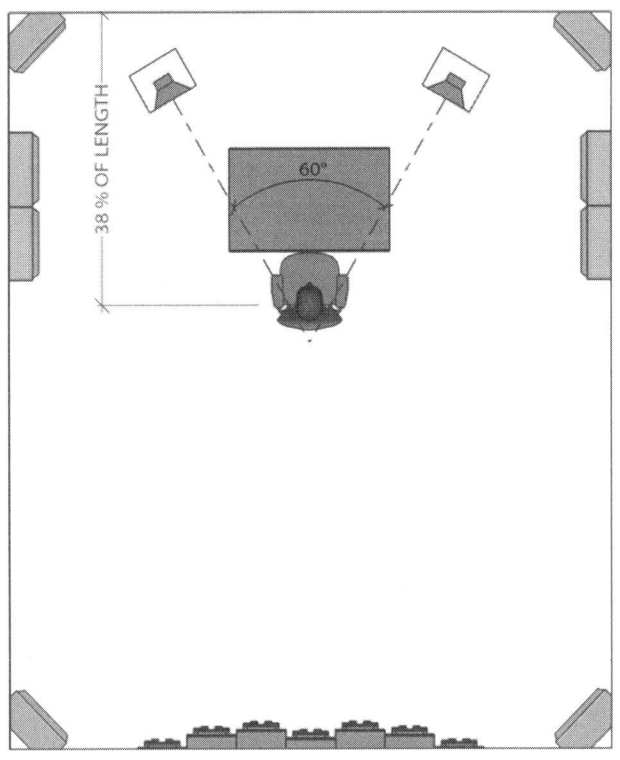

나. 서라운드 스피커(5.1 및 7.1 스피커 배치)

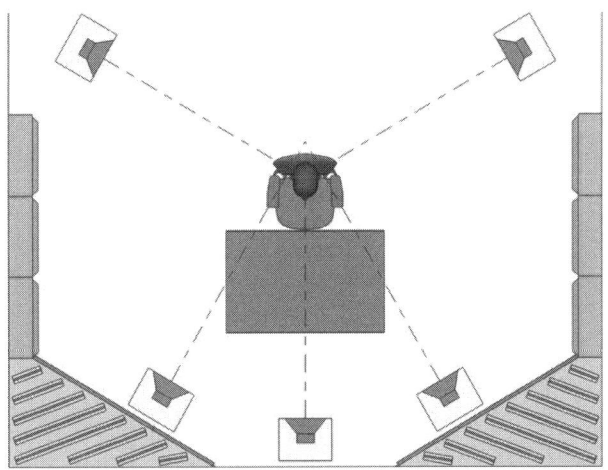

Ⅳ. 스피커와 전면 벽 및 후면 벽까지의 거리
가. 전면 벽과의 거리
- 스피커는 청취자 위치에서 30도 라인으로 배치하되 제조사의 가이드라인을 참고해야 함
- 벽과의 스피커 거리는 아래 그림과 같이 저음 중간주파수 파장의 1/4 지점에 위치토록 함
- 저주파 대역에서 스피커는 무지향성 즉 모든 방향으로 방사되어 벽을 맞은 반사파는 혼신을 줄 수 있는데 이 지점에서 반사파가 소거되어 제일 적합한 지점임

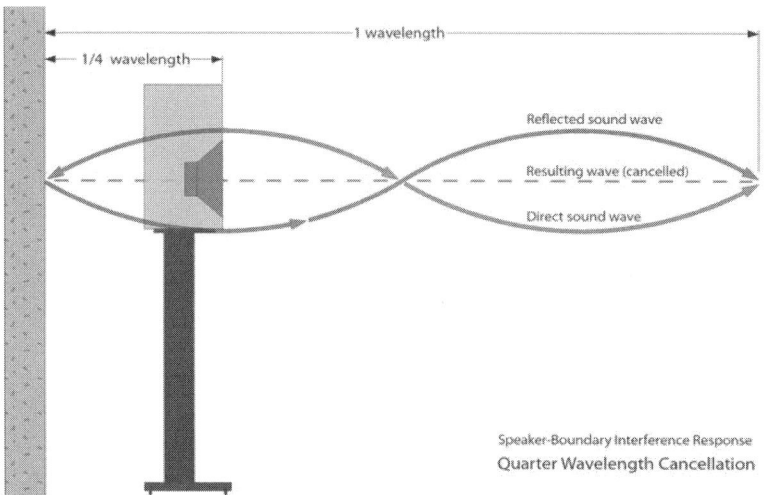

- 스튜디오 모니터는 매립형으로 하되, 가능한 전면벽과 밀착함

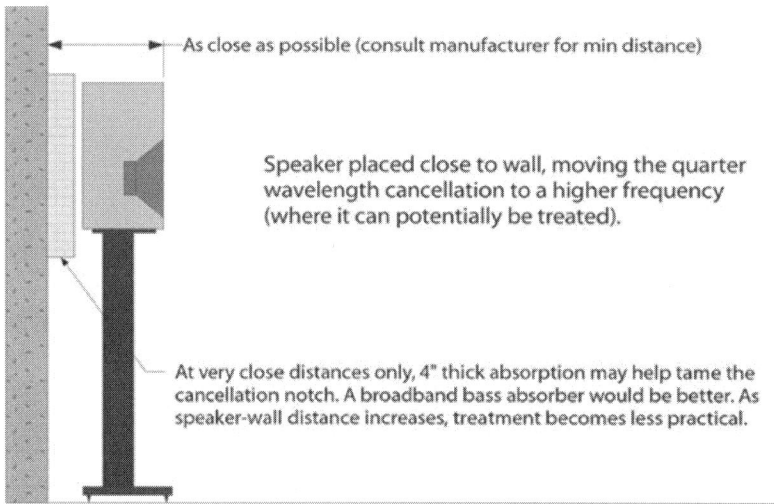

- 확성용 스피커는 위 그림 1/4파장 소거에 의거하여 공식 fc = c / 4 dfwall
 (※ fc,센터주파수, c는 음속 343 m/s, dfwall 스피커 뒤에있는 벽까지의 거리)
 Good : 매립형 또는 가능한 벽 가까이에 설치 (제조사 권고 참조)
 Okay : Up to 1 m
 Avoid : 1-2.2 m
 Good : Over 2.2 m

- 스피커에서 벽까지 최소거리(dmin) 공식
  dmin (meters) = 1.4(343) / 4f-3dB
  예) 스피커 -3 dB low cut-off at 55 Hz, dmin = 2.18미터

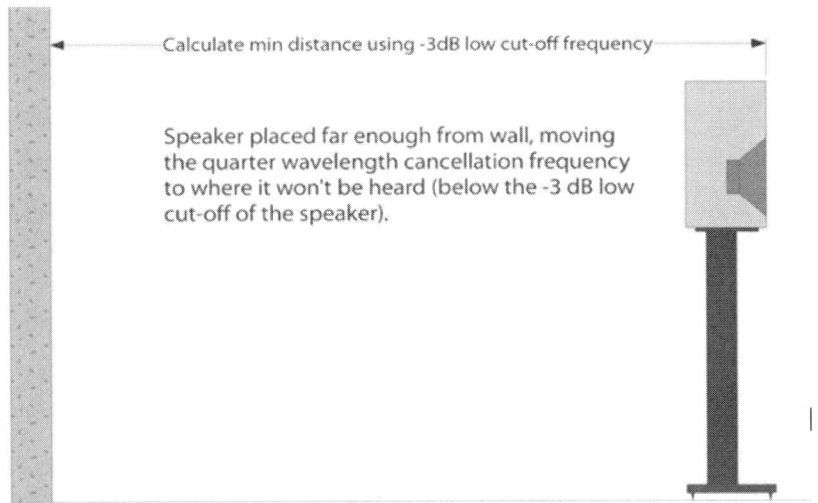

나. 스피커 높이 및 틸트
- 스튜디오 스피커 모니터 높이 : 바닥으로부터 약 120cm
- ITU 표준 높이 : 바닥으로부터 120~140cm, 틸트 15도 이하
- 주 모니터 높이 : 145~148cm, 틸트 없음
- 서라운드 스피커 높이 : 세 개 전면 스피커는 주 모니터 높이와 같이하되, 여의치 않을 경우 전면 스피커는 좌,우 스피커보다 5~6도 높거나 낮게 설치
- 후면 벽까지 이상적인 거리는 3미터 정도에서 배치(30Hz 이하 주파수)
- 다른 지점에서 반사파 소거 공식

fc = c / 2(dreflect-ddirect), (fc, 센터주파수, c는 음속 343 m/s), 1/2 파장 소거 주파수
dreflect, 스피커와 청취위치까지 반사 경로 거리, ddirect 스피커와 청취위치까지 거리

- 바닥과 천장 반사 계산식

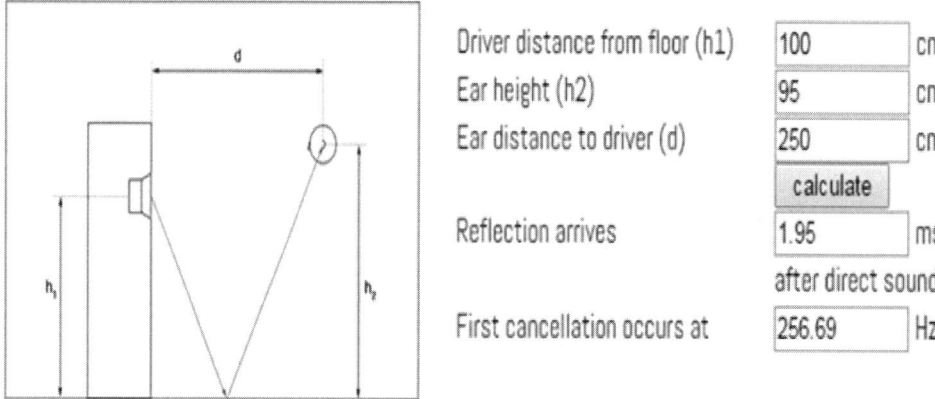

그림 스피커와 청취(귀) 높이 및 거리 계산식

V. 흡음처리 적용
- 실제로 스피커 배치를 완료하자마자 흡음 처리를 시작해야 함
- 첫 번째 우선 순위는 첫 번째 반사 지점을 처리하고 가능한 한 많은 코너에 저음 함정을 배치 함.
- 첫 번째 반향 지점은 스피커 배치에 따라 다르므로 조정 후 스피커 또는 청취 위치를 옮기는 경우에는 회복 지점을 확인해야 함

VI. 음향측정을 이용한 최적화
- Room EQ Wizard와 같은 음향 측정 소프트웨어를 사용하여 다른 스피커- 청취자 구성을 시험 할 때 룸을 시험함

문제06) 스마트 빌딩에 대하여 정보통신기술의 적용 관점에서 설명하시오.

Ⅰ. 스마트 빌딩의 정의
- 스마트빌딩(Smart Building)은 인텔리전트빌딩(Intelligent Building)으로도 불리며, 건물에 ICT 기술이 융합된 첨단 건물을 의미함.
- 전통적인 의미로는 건축, 통신(TC: Telecommunication), 빌딩자동화(BA: Building Automation), 사무자동화(OA: Office Automation) 등이 유기적으로 통합하여 첨단 서비스를 제공함으로써 경제성, 효율성, 기능성, 신뢰성, 안전성을 추구하는 빌딩을 일컬음.
- 최근에는 IoT 기술 확산에 따라 빌딩의 주요 설비에 IoT센서를 적용해 빌딩내 모든 상황을 모니터링하고 이를 기반으로 스스로 상태를 판단해 최적의 운영을 지원하는 것으로 의미가 진화.
- 스마트빌딩은 최근의 많은 국가들이 지향하는 스마트시티 생태계의 근간으로, 오너와 운영자들에게 효율성을 높여주고, 사용자들에게는 편의성과 안전성을 제공해 쾌적하고 안락한 삶을 제공해 줄 것으로 기대되고 있음.

Ⅱ. 스마트빌딩의 주요 기술
스마트빌딩은 기본적으로 아래와 같은 기술이 반영

가. 빌딩자동화(BA)
- 빌딩의 효율적 운영을 통해 에너지소비 및 제반 비용을 최소화하며 안전함과 편리함을 제공
- 빌딩관리시스템(BMS: Building Management System): 조명, 공조(HVAC: Heating Ventlation, Air Condition), 엘리베이터, 모바일 기반 시설관리시스템(FMS) 등
- 보안시스템(Security System): 출입통제, 지능형CCTV, 주차관제/주차유도 등
- 빌딩에너지관리시스템(BEMS: Building Energy Management System): 에너지의 사용/흐름을 시각화, 제어 기술을 통해 최적화하여 효율적으로 관리해주는 시스템

나. 사무자동화(OA)
- 첨단 네트워크 인프라를 바탕으로 사무 생산성 향상을 위한 최적의 근무환경을 제공

다. 정보통신(TC)
- 음성 뿐만 아니라, 화상, 데이터, 통신 및 부가 서비스가 가능한 초고속 정보통신환경을 제공

라. 시스템 통합(SI)
- 건물용도에 가장 적합하도록 건물내에 구성된 모든 시스템을 통합한 토탈 솔루션 제공

Ⅲ. 최근 스마트빌딩 기술 트렌드

가. 빌딩에너지관리시스템(BEMS)의 급격한 성장
- 2016년11월 파리기후 변화 협약 이후 온실가스 감축의무를 이행하기 위해 각국 정부는 나라별 전체에너지의 25~40%를 사용하는 빌딩의 에너지를 효율적으로 관리하려는 노력이 지속되고 있음.

- 최근에는 BEMS를 통한 단순히 에너지의 사용량을 계측하고 효율화하는 것에 지나지 않고 '제로에너지빌딩'단계까지 나아가고 있음
- 제로에너지 빌딩은 에너지 자립 건축물로, 고성능 단열재를 사용하여 열이 빠져나가는 것을 막아 난방 에너지를 절약하는 패시브공법과 태양광/태양열/지열 등의 기계장치를 빌딩에 활용해 신재생에너지를 자체 생산하여 공급하는 액티브공법으로 달성
- 우리나라는 2025년까지 제로에너지 빌딩 단계적 의무화 예정

나. 지능형 통합 보안으로 진화
- 정부 청사 공시생 침입 사건, 인천공항 밀입국 사건 등 이후 빌딩보안에 대한 관심도 높아지고 있음.
- 전통적으로 빌딩보안시스템은 별도의 하드웨어, 소프트웨어, 설치, 감시, 서비스, 유지보수 등이 개별적으로 구비되었으나 최근에는 통합되고 지능적으로 변모하고 있음
- Honeywell, AXIS, 하이크비전 등 글로벌 보안업체들은 방문객 얼굴인식 및 동선 추적, 멀티팩터 인증(MFA) 기반 출입통제, 지능형CCTV 솔루션 개발을 지속하고 있음.

Ⅳ. 스마트 빌딩 발전
- 4차 산업혁명을 선도하는 사물인터넷(IoT), 인공지능(AI), 로봇, 빅데이터 등 과학기술의 급속한 발전에 따라 4차 산업혁명의 파도가 거세게 밀려오고 있음
- 스마트시티는 도시 전반에 사물인터넷(IoT) 기술이 적용돼 사람과 차, 집, 사무실, 마을이 유기적으로 연계된 곳을 일컫는다. 차량·사물 연계 시스템(V2X:Vehicle to Everything)이 구축돼 완벽한 자율주행을 시연하는 데 적합.
- 사물인터넷(IoT)이 활성화되어 홈이나 도시 인프라에 접목됨으로써 스마트 홈, 스마트 빌딩, 스마트 시티에서 새로운 변화의 계기가 마련되었음.

국가기술자격 기술사시험문제

기술사   제 114 회   제 4 교시 (시험시간: 100분)

| 분야 | 통신 | 자격종목 | 정보통신기술사 | 수험번호 | | 성명 | |

※ 다음 문제 중 4문제를 선택하여 설명하시오. (각10점)

문제01) 분산센서 네트워크를 이용한 공공안전 서비스 분야의 적용방안에 대하여 설명하시오.

Ⅰ. 개요
- 센서 네트워크에서 센서노드의 구성은 연속적인 단일한 지역에 분포하기도 하지만 네트워크의 특성에 따라 여러 분리된 지역에 노드들이 분포하여 네트워크를 운영 할 수 있음.
- 여러 곳으로 분리된 지역 센서노드들의 데이터를 취합하기 위해서는 다양한 통신기술과 제어기술이 요구됨

Ⅱ. 분산센서네트워크의 구성 및 요구사항
(1) 센서네트워크 구성

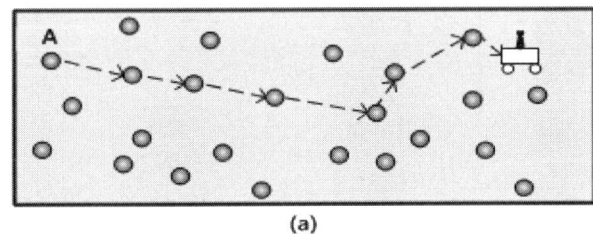

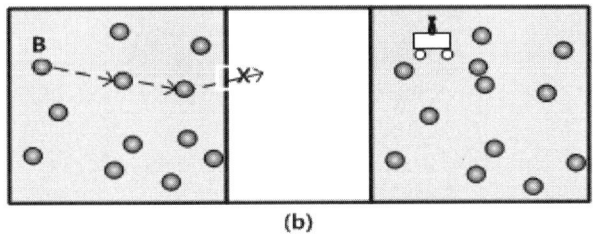

(a) 센서 네트워크   (b) 분산 센서네트워크

(a)는 센서노드들이 연속성을 가지고 있음
(b)는 센서노드들이 연속성을 가지고 있지 않음
(2) 분산 센서네트워크의 요구사항
① 센서노드 들은 다른 지역으로 데이터 전송이 가능해야함
② 데이터의 실시간성이 유지되어야 함
③ 비용 및 유지보수가 편리해야 함
④ 이중화된 센서네트워크 간 전송이 필요함
⑤ 센서네트워크 간에 데이터전송 방법에는 "이동 싱크노드" "고출력 싱크 노드" "원거리 싱크노드" "유선 싱크노드"등 다양한 방법으로 구현 가능함

Ⅲ. 분산 센서네트워크를 통한 공공안전 서비스 적용 방안
(1) 공공안전 서비스의 종류

분야	부문	응용 서비스
공공 안전	재난재해 관리	대규모 자연재해 감지, 예방 및 구조 활동 지원
	구조물 관리	안전성 관리, 내부환경 관리, 문화재 등의 보호 관리
	국방	군수물품 관리 및 보급, 위험상황 인지
	사회안전	부정침입, 도난방지, 위치 모니터링
	행정 서비스	전자정부 서비스

(2) 공공안전서비스 적용방안
가. 재난재해 관리분야

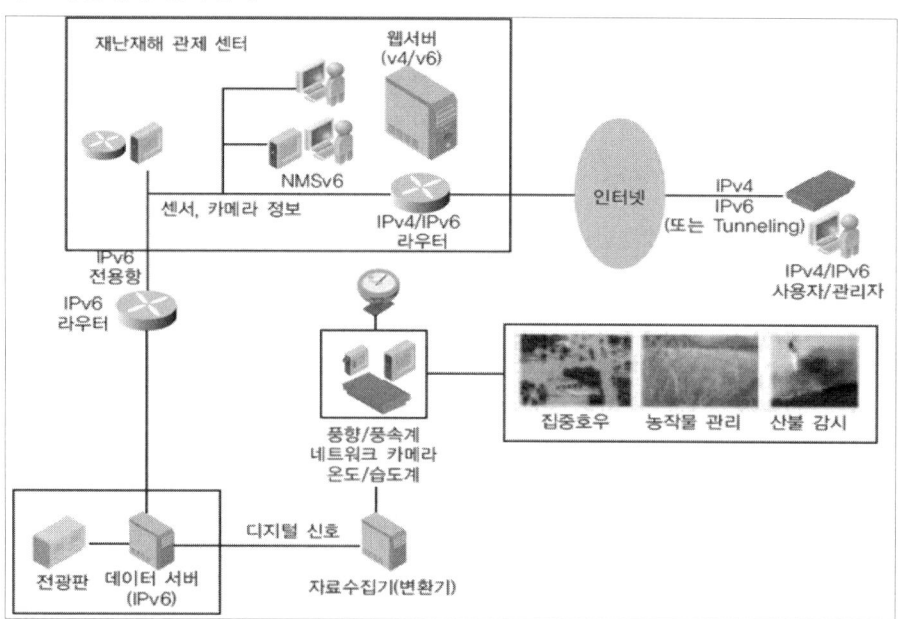

- 자연재해 발생 빈도가 높은 지역에 실시간 센서를 통한 모니터링 시스템과 경보 시스템을 설치, 센서에 의해 수집된 데이터 변화를 재난상황실에서 분석 하여 재난재해발생 가능성

을 예측하여 경보시스템을 통해 미리 대응할 수 있도록 알려주는 시스템
- 데이터 수집부는 다양한 지역에 분산된 분산센서 네트워크구조를 가지고 있어 안정적인 연동망이 요구됨.

나. 구조물 관리분야

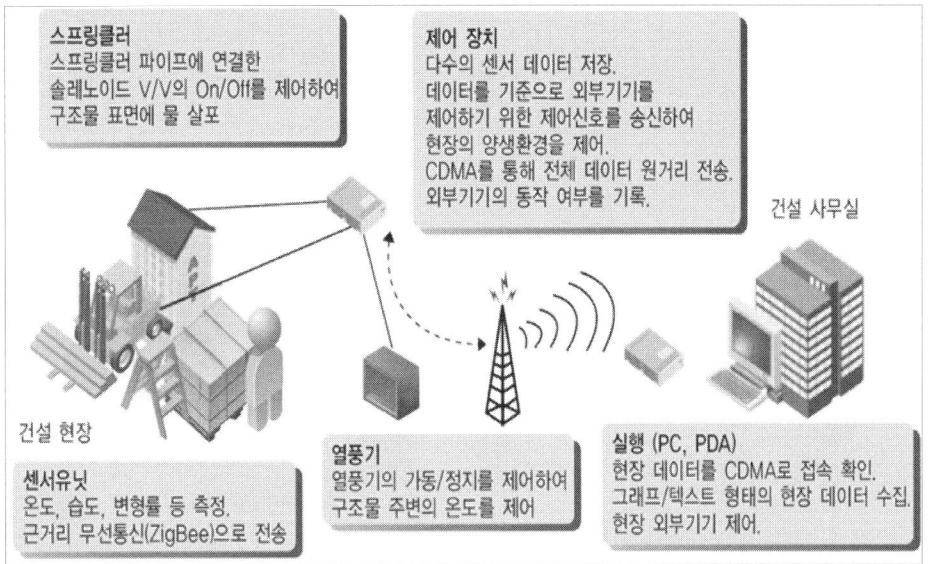

- 구조물은 물리적으로 큰 공간으로 둘러싸인 반면 제어 공간은 비교적 작은 특징을 가지고 있어, 관리자가 화면을 이용하여 물리적인 상태를 관찰하고 제어 할 수 있어야 함

다. 국방분야

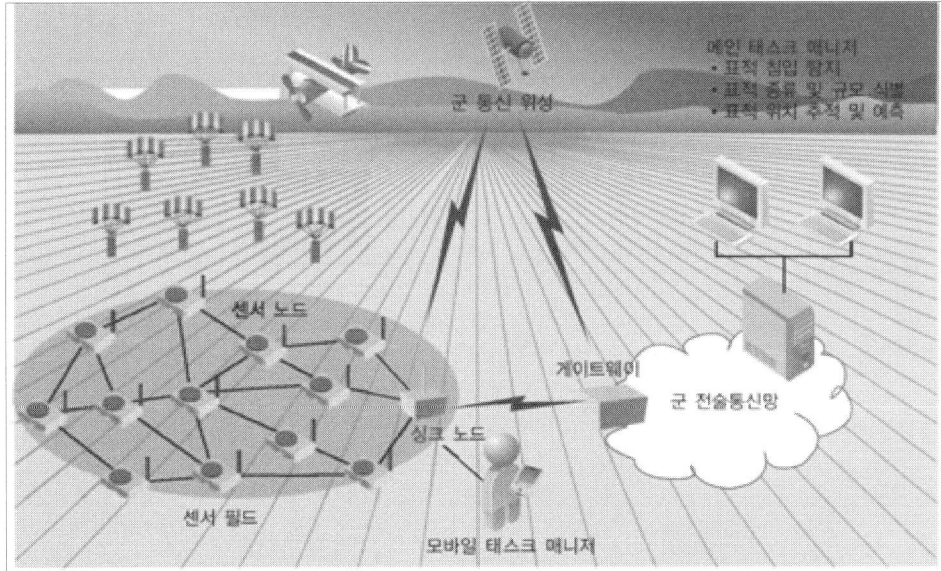

- 군수조달, 관리, 보안시설, 물체식별 등을 위하여 RFID시스템을 주로 사용
- 센서노드의 신뢰성이 매우 중요함

라. 행정 서비스분야
- 개인 신상에 대한 성명, 주소, 성별, 생년월일, 주민등록번호, 지문 등의 기본 정보를 기록한 주민등록증이나 건강보험증, 운전면허증, 여권 등을 RFID 카드화함으로써 본인 확인이 요구되는 행정서비스를 원스톱으로 제공 등

IV. 결론
- 센서네트워크는 고수명/저전력/저속도/저사양 이라는 다양한 변수들 가짐
- 분산 네트워크는 다양한 싱크노드를 통해 각기 다른 센서네트워크간에 통신이 안정적으로 이뤄져야 하는 해결과제를 가지고 있음.
- 최근 이슈기술인 LPWA(Low Power Wide Area)기술 중 LoRA, NB-IoT등 다양한 원거리 무선센서기술로 발전하고 있음.
- 5G LTE기술의 발전으로 공공안전 서비스 분야도 많은 변화를 가져올 것으로 예상됨.

문제02) 무인 RF 송출장치에 적용되고 있는 원격제어 기술의 종류와 장, 단점을 비교 설명하시오.

I. 개요
- 무인 RF 송출장치가 사용되는 대표적인 설비는 방송 송신소와 중계소, 이동통신 기지국, 인공위성 등이 있음.
- 무인 방송 송신소 및 중계소의 경우, 원격제어로 운영이 되는데, 보통 IP기반의 유/무선 제어 기술이 사용되어짐.

II. 무인 송신소 통합관제 시스템
(1) 구성도

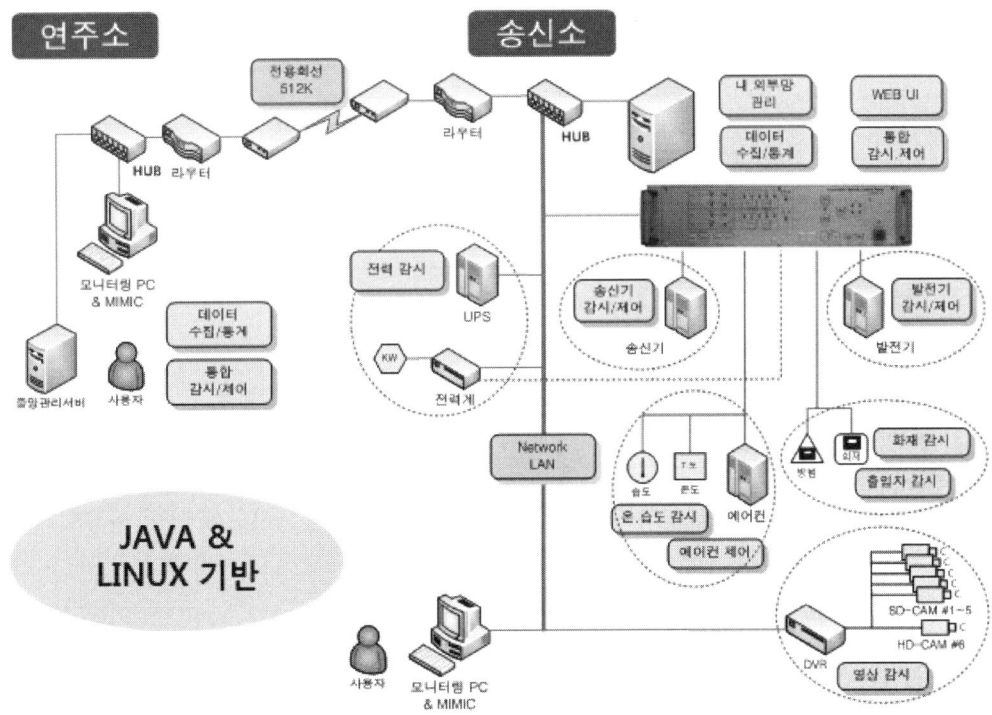

(2) 통합관제 역할

역할	설명
송신기 관제	송신기, U-Link, RF-MON, PIC, M/W
소방/방제 관제	화재, 방범, CCTV 영상
전력관제	UPS, 발전기, ATS(절체기), 전력 입력
환경관제	온/습도 감시, 에어컨 제어, 댐퍼

Ⅲ. 원격제어 기술의 종류
- SCADA, DCS, PLC 등은 산업부분 및 주요 하부구조에서 사용되는 제어 시스템으로 사용됨.

(1) SCADA(Supervisory Control and Data Acquisition)
- IEEE 표준 규격으로 주요기능 정의
- 통신 경로상의 아날로그 또는 디지털 신호를 사용하여 원격장치의 상태정보 데이터를 원격전송장치(RTU)를 통해 수집, 수신, 기록, 표시하여 중앙제어시스템이 원격장치를 감시 제어함.
- 거리상으로 원격에 위치한 곳에서 제어를 통한 감시 수행
- 실시간으로 대규모 측정 정보를 취득함.
- DCS에 비해 제어 처리는 낮으나, 자료 수집 및 이벤트 처리에 좋음

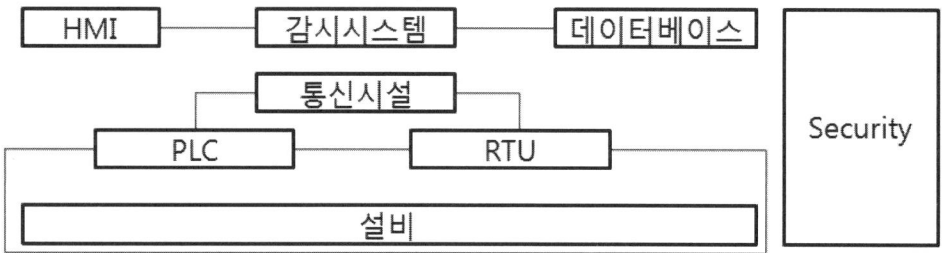

나. DCS(Distributed Control System)
- 자동제어 프로그램이 내장된 여러 개의 제어용 컴퓨터를 기능별로 분산시켜 위험을 최소화하고 전체관리는 중앙에서 집중감시 및 컨트롤 함.
- 아날로그 연속제어에 강한 시스템
- 하나의 현장에서 이루어지는 작업들을 처리하는 근거리 통신망에 많이 사용되며, 통신망 및 시스템 이중화 구성

다. PLC(Programmable Logic Controller)
- 소규모의 산업제어 시스템으로 단순한 제어, 단일설비/장비에 주로 사용

라. 원격제어 기술의 장/단점

구분	SCADA	DCS	PLC
장점	-실시간 대규모 측정정보를 획득 가능 -원거리 원격제어에 적당 -자료수집 및 이벤트 처리에 좋음	-고신뢰성 -근거리 원격제어에 적당 -제어처리시간이 빠름	-소규모 제어시스템으로 적당 -구성 비용이 저렴
단점	-DCS에 비해 제어처리시간이 느림	-이중화 구성으로 인한 비용 증가 -원거리 원격제어에 제약	-대규모 원격 제어에 한계 -신뢰성과 안전성 부족

- SCADA는 대규모 원거리 원격제어에 사용되고, DCS는 근거리 고신뢰성이 필요하는 곳에 이중화를 통신망과 시스템을 구성하며, PLC는 소규모 단일 설비의 제어에 사용되나 신뢰성이 떨어짐.

IV. 원격제어시스템의 주요 기술

주요기술	설명
센서기술	RTU, 아날로그, 디지털 센서
DB기술	이력 데이터 저장, 태그단위 저장, 대용량 데이터 처리, 이력데이터 압축
HMI기술	정보 모니터링 기술, 감시 목록 관리, GUI 인터페이스
Middleware 기술	SCADA, CEM
N/W기술	N/W 이중화, 유무선 N/W 기술

IV. 맺음말
- 원격제어시스템이 IP기반으로 동작하면서 보안 문제가 이슈가 됨.
- 보안 이슈를 해결하기 위한 고신뢰성을 제공하는 다양한 보안 연구가 필요
- 대량의 이력 데이터를 효율적으로 관리하고, 원격감시를 통해 수집한 데이터를 효율적으로 분석할 수 있는 기술의 고도화가 필요함.

문제03) FIDO(Fast Identity Online)의 사용자 인증(User Authentication) 수단으로 지문인식 채택 시 등록 및 인증 프로토콜의 절차를 설명하시오.

Ⅰ. 개요
- FIDO(Fast Identity Online)생체인증 기술은 현재의 아이디, 비밀번호 방식 대신 지문 인식, 홍채 인식 혹은 얼굴 인식 등 다양한 생체 인식 기반의 새로운 인증 시스템임.
- 인증 프로토콜과 인증수단을 분리하여 보안과 편리성이 높다는 평가를 받으며 스마트 모바일 환경에 적합한 인증기술이라는 점에서 주목 받고 있는 신기술임.
- FIDO(Fast Identity Online) 생체인증 기술은 최근 핀테크(Fin-Tech)영역에서 각광받고 있는 기술임.

Ⅱ. 사용자 인증 유형

가. 사용자 인증 유형의 종류

유형	설명	예
Type1 (지식기반 인증)	주체가 알고 있는 것 (what you know)	패스워드, 핀(PIn)
Type2 (소유기반 인증)	주체가 가지고 있는 것 (what you have)	토큰, 스마트카드, ID카드, OTP, 공인인증서
Type3 (존재기반 인증)	주체를 나타내는 것 (what you are)	생체인증(지문, 홍채, 얼굴)
Type4 (행위기반 인증)	주체가 하는 것 (what you do)	서명, 움직임, 음성
Two Factor	위 타입 중 2가지	예) ID/PW 입력 후 SMS인증 확인하는 것. 또는 패스워드와 생체인증을 확인하는 것
Multi Factor	가장 강한 인증으로 세 가지 이상의 인증 메커니즘	

표 사용자 인증의 유형

- Type3와 Type4를 묶어 Type3 생체인증이라고 함.

나. 존재기반인증(생체기반인증: what you are)
- 신체의 특성을 이용한 지문인식, 홍채인식, 망막인식, 손모양, 안면 인식 등이 있고 행위 특성으로는 음성인식과 서명이 있음.

(1) 지문인식
- 지문인식은 가장 보편화된 방식으로 영구적이고 비용이 저렴하고 간편하며 신뢰도와 안정도가 높다는 특징을 가지고 있음.
- 지문인식은 휴대폰과 출입문, 장금장치나 노트북 등에 이용이 됨.
- 지문인식은 0.5% 이내의 에러율에 따른 높은 인식률을 지니고 있고 1초 이내의 빠른 검증 속도 수용성과 편의성, 신뢰성을 지니고 있으며 작은 공간에서 최대의 효과를 얻을 수 있다는 장점을 지니고 있으나 지문이 손상될 경우는 사용이 불가능하다는 단점이 있음.
- 또한 스캐너에 묻은 지문의 추출이 가능하다는 문제점도 가지고 있음.

2) 안면인식
- 안면인식은 얼굴 전체가 아닌 눈, 코, 입, 턱 등 얼굴 골격이 변하는 50여 곳을 분석하여 인식하는 방법으로 비 접속 시 자연스러운 식별이 가능하다는 장점이 있으나 변장이나 노화, 머리카락길이 표정 조명의 방향등에 따라 변화가 심하여 인식이 어렵다는 단점을 지니고 있음.

3) 홍채 및 망막인식
- 홍채 및 망막은 일란성 쌍둥이라도 다르고 질병이 걸리지 않는 이상 영구적이며 생후 6개월 이내 형성되어 2~3세쯤에 완성이 됨.
- 동일인의 경우도 양쪽이 다르다고 하며 지문보다 약 7배의 식별 특징을 가지고 있어 그만큼 홍채나 망막인식은 복잡하고 정교함.
- 그렇기 때문에 생체 여부 확인 모듈로 영화처럼 눈 적출 사용이 불가능함.
- 이러한 특징 때문에 정확도는 우수하나 대용량 정보가 필요하다는 단점이 있음.

4) 음성인식
- 음성인식은 비접속식으로 사용자의 거부감이 적으나 음성 흉내, 감기. 후드염 등 음성의 변화에는 대처할 수 없음.

Ⅲ. FIDO 등장 배경

가. 개념
- 고전적인 패스워드기반의 인증방식에서 OTP나 생체인증 등을 추가하여 강력한 인증(Tow Factor 인증)을 구현하도록 하였지만, 2 factor 이상의 인증을 이용할 경우 여러 가지 이슈가 발생함.

나. 2 factor 이상의 인증의 문제점
- 첫 번째는 사용자의 불편함과 추가 단말기 구축비용을 들 수 있음.
- 간단하게 키보드/키패드를 통해 자신이 기억하는 패스워드 입력으로 인증을 받는 것과 달리 별도의 지문 인식이나 정맥인식 단말기 등 추가 센싱 단말기를 통해서만 인증 가능함.
- 두 번째는 생체정보를 데이터베이스화 하여 저장하는 것에 대한 거부감임.
- 자신의 지문 같은 고유 생체정보를 어딘가에 디지털 데이터화하여 저장할 경우 개인정보 유출 등에 대한 우려가 생김.

다. FIDO 생체인증 기술
- 이러한 부분들을 해소하고 손쉽고 간편하게 인증을 하기 위한 기술이 FIDO 생체인증 기술임.
- FIDO 인증은 개인의 인증정보를 중앙저장소가 아닌 개인이 보유한 휴대용 단말기에 저장하고 단말기에서 인증을 수행하며 단지 인증 여부만을 외부 시스템으로 전송하는 방식을 이용함.
- FIOD 기술관련 표준은 FIDO 얼라이언스가 가장 대표적임.

Ⅳ. FIDO 인증 표준
가. 개념
- FIDO 얼라이언스(Fast IDentity Online Alliance)는 온라인 환경에서 생체인식기술을 활용한 인증방식인 FIDO 대한 기술표준 단체임.
- FIDO 얼라이언스에서는 UAF와 U2F라는 두 가지 인증표준을 제시하고 있음.

나. UAF(Universal Authentication Framework)
- 비밀번호를 사용하지 않고 지문이나 음성, 얼굴 인식 등 사용자의 생체 정보를 통해 인증하는 인증 표준 방식임.
- 국내의 FIDO 인증을 받은 기업들의 대부분 인증 기술이 UAF에 해당함.

다. U2F(Universal 2nd Factor)
- 기존 아이디, 패스워드 인증 방식과 함께 추가의 보안 정보를 보관하는 USB 동글 및 스마트카드와 같은 별도의 인증 장치를 사용하는 이중 인증(2 Factor) 방식임.

Ⅴ. FIDO 프로토콜(protocol) 등록 및 인증 프로토콜 절차
- FIDO 프로토콜은 크게 등록과 인증 두 가지 절차로 분류된다.
- UAF(Universal Authentication Framework)를 기준으로 간략한 절차는 다음과 같다.

가. Registration(등록) 절차
- 등록은 사용자 인증정보와 개인키/비밀키를 생성 및 등록하는 절차이다.

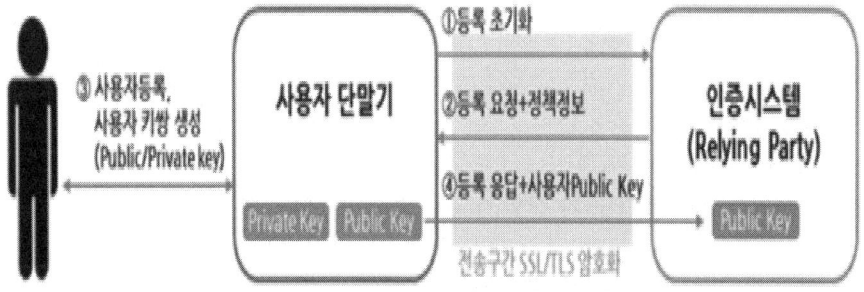

① 우선 사용자 단말기에서 Initiate Registration 메시지를 서버로 보낸다.
② 서버에서는 등록 요청 정보와 관련된 정책정보를 단말기에 보내게 된다.
③ 사용자는 단말기에 사용자 정보를 등록하고(지문 정보 등) 사용자 개인키/공개키를 생성한다.
④ 서버에 등록 응답 정보와 사용자 공개키를 전송한다.

- 이때 단말기와 서버간 주고받는 정보는 SSL 암호화가 수행되며, 사용자 지문 정보와 개인키는 사용자 단말기에만 저장된다.
- 서버로는 등록정보와 사용자 공개키만 전달된다.

나. Authentication(인증) 절차
- 인증은 실제로 어떤 서비스를 이용할 때 FIDO를 이용하여 사용자 인증을 받은 절차이다.

① 우선 사용자 단말기에서 Initiate Authentication 메시지를 서버로 보낸다.
② 서버에서는 인증 요청 정보와 관련된 정책정보, 서버에서 랜덤하게 생성한 데이터(Challenge)를 단말기에 보내게 된다.
③ 사용자는 단말기에 등록해둔 지문정보를 이용하여 사용자 검증(User verification)을 수행한다. 이 과정은 로컬 단말기에서 이루어진다.
④ 사용자 검증이 정상적으로 이루어지면 서버로부터 받은 Challenge 데이터에 대한 Reponse 정보를 만들고 사용자의 개인키로 암호화 하여 인증 응답데이터를 서버로 전송한다.
⑤ 서버는 '등록'과정에서 수신한 사용자 공개키를 이용해 인증응답 정보를 복호화 하여 사용자 인증을 수행한다.
- FIDO의 전체적인 등록, 인증절차는 공인인증체계와 유사하며 기본적으로 공개키 암호화를 이용하여 사용자 인증을 수행한다.
- 다만 FIDO의 컨셉은 사용자 검증(User Verification)과 사용자 인증(Authentication)을 분리하여 사용자 검증은 로컬에서 수행하고 인증은 온라인을 통해 수행한다는 점과, 사용자 검증 시 생체정보를 이용하지만 해당 생체정보는 사용자가 소유한 단말기에만 저장된다는 점이다.

VI. 맺음말
- 현재 모바일 기반 금융서비스 위주로 적용되고 있는 FIDO는 향후 PC를 포함한 다양한 운영환경에서 사용될 것으로 전망되고 있음.
- FIDO2.0은 PC의 웹브라우저를 통해 간편결제, 간편송금 등 금융서비스를 제공하여 사용자 편의성을 향상시킬 수 있을 것으로 예상됨.
- 플랫폼 기반의 FIDO 2.0은 MS, Google과 같은 플랫폼 업체가 주축이 되어 제공될 예정이며 외부 인증자를 위한 다양한 FIDO 기반의 외부 인증장치가 개발·보급될 것으로 전망되고 있음.

문제04) 건축물 정보통신 설비의 접지 방식과 시공방식에 관하여 설명하시오.

I. 접지 목적
- 낙뢰, 과도 전류, 과도 전압 등으로 부터 인명 및 시스템 보호
- 낙뢰 및 전원 개폐기로 부터 발생하는 Surge에 대한 방전로 제공
- 정전기(ESD : Electro-Static Discharge)로 부터 시스템 보호
- 랙 및 외부 함체로 부터 불요 전자파(EMI : Electro-Magnetic Interference)의 영향 감소
- 대지에 대한 회로 기준 전위의 안정화
- 접지를 용도별로 구분하면 통신용 접지는 장비 보호 관점이 강하고, 낙뢰 방지용 피뢰 접지와 수배전 시설 보안 접지는 인명 보호 관점이 강함

II. 접지 표준
- 접지 목적은 낙뢰, 과도 전류, 과도 전압 등으로부터 시스템과 인명을 보호하는데 있다.
- 이전에는 통신용 접지, 수배전 시설 보안 접지, 낙뢰 방지용 피뢰 접지 등을 분리하여 시공하였음.
- 2005년부터 국내에서도 통신 접지, 전원 접지, 피뢰 접지 등을 공통으로 묶어 접지하는 공통 접지로 국가 기술 기준을 바꾸었음.
- 독립 접지 방식인 KSC 9609 피뢰 설비 기준을 2004년 8월31일자로 폐지하고 통합 접지 방식인 KSC IEC로 개정하였음.
- 그러나 현장에서는 이제까지 전기는 가해자였고 통신은 피해자였던 관계를 여전히 기억함으로써 전원 접지와 통신 접지를 분리 시공하는 방식을 선호하고 있고, 실제로 아파트나 건축물 구내 접지를 독립 접지방식으로 시공하는 경우가 많음.

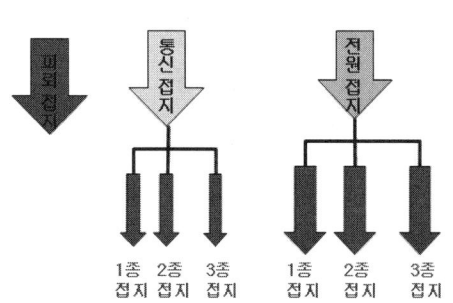 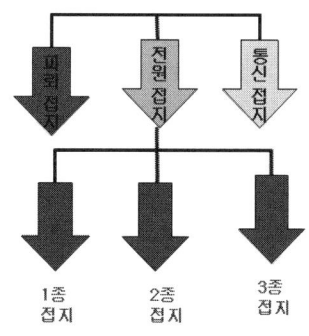

　　　(a)독립 접지 방식　　　　　　　　　b) 통합 접지 방식

III. 접지 규격
- 1종 접지(접지 저항=10 Ω): 특고압 및 고압의 금속제 기계기구, 외함 등의 접지, 피뢰기의 접지, 접지선 굵기=지름 2.6 mm 이상 연동선
- 2종 접지(접지 저항=150 Ω): 특고압 또는 고압전로와 저압전로를 결합하는 변압기의 저압

측 중성점 또는 1단자에 접지, 접지선 굵기=지름 4.0 mm 이상 연동선
- 3종 접지(접지 저항=100 Ω): 400V 이하의 저압용 전기기계 기구의 외함 등의 접지, 접지선 굵기=지름 1.6 mm 이상 연동선
- 특별3종 접지(접지 저항=10 Ω): 400V를 넘는 저압용 금속제 기계기구 외함 등의 접지

Ⅳ. 건축물의 정보통신 접지방식
(1) 심굴식 접지(지중 동판식 접지)
- 접지저항 : 10Ω 전후
- 용도 : 소전력국의 송신용 안테나 접지
- 안테나 근접 지점 동판 매설, 수분을 잘 흡수하게 목탄 넣어 접촉 저항 감소

(2) 방사상(지선망) 접지
- 지표변화(0.5~1m)에 동선으로 방사상 형태로 구성해 안테나에서 대지로 전류를 흐르게 함.
- 방사형태는 접지저항 감소에 용이
- 접지저항 : 5Ω
- 용도 : 중파 방송용 중전력국 송신용 안테나 접지.

(3) 다중접지
- 병렬접지를 사용해 접지저항을 감소시킴
- 접지저항 : 약 1~2Ω
- 용도 : 대전력 방송국 안테나 접지 →AM라디오 방송국

(4) 가상접지(=카운터 포이즈)
- 지상높이 2m이상에 도체망을 형성해 도체망과 대지사이에 변위전류 흐르게 해 접지하는 용량 접지 방식
- 도전율 적은 지역, 건조지대, 건물 옥상, 쩝지봉 매설이 어려운 지역

(5) 어스스크린
- 공중선 투영면적 아래 및 그 주위에 실효높이와 같은 폭의 면적에 스크린 묻어 접지.
- 눈금간격은 실효고의 $\frac{1}{10}$보다 작게 함.

Ⅴ. 시공방식
가. XIT 접지시스템
- 지반 진공해 시공, 효율적 안정적 낮은 접지저항 유지
- 일반 같은 낮은 접지저항 얻기 어려운 곳에 좋음.

나. 망상접지(Mesh 접지)
- 연결동선을 망상 형태 포설
- 대지저항률 높은 지역, 건물 밑바닥이나 넓은 면적에 시공

다. 동판접지(Copper Plate 접지)
- 사각형태 동판을 접지체로 이용, 판상접지라고 함.
- 넓은 면적 매설 시공. 시공 어렵고 유지보수 불가능

- 시공비 고가
- 발전소, 변전소, 플랜트 등에 시공.

라. 보링접지(Boring Grounding)
- 심타 접지, 수직으로 지반 천공해 접지전극 매설.
- 땅속 깊이 수분 많이 포함. 접지저항 작게 하는 성분을 포함해 접지저항 낮춤.

마. 화학 저감제 접지
- 접지저항 낮추기 위해 접지 전극 주위에 토양 화학적 처리.
- 화학약제를 사용해 저항율을 낮추는 방법
- 도전성 재료를 토양 중에 매설하는 방법
→ 도전성 콘크리트 전극 사용해 부식의 우려가 없고 경련 변화가 없음.

바. 건축 구조체 대용접지
- 철골, 철근 콘크리트 구조체나 건축구조물 지하 하부를 접지전극으로 활용
- 건물전체가 도체로 구성된 전기적 격자(Cage)구조로 입증된 경우사용

문제05) 열차무선설비방식에서 LTE-R(Long Term Evolution RailWay)과 TRS (Trunked Radio System)를 비교 설명하시오.

Ⅰ. 개요
- 열차무선설비 시스템은 사령원과 직원, 역무원 및 승객 간 무선통신을 위한 설비로 열차의 안전운행을 확 보하기 위하여 사령원, 순회요원, 안전요원, 역무원 등 도시철도 관련 업무 종사자간 쌍방향 통신뿐 아니라 경찰, 소방, 의료기관 등 외부재난관련 기관과의 쌍방향 통신이 가능한 시스템으로 구성함
- LTE-R은 4G 이동통신기술인 LTE를 철도에 접목해 기존의 음성서비스 뿐만 아니라 문자, 영상 및 열차제어까지 다양한 철도안전서비스를 제공할 수 있는 차세대 철도전용 무선통신망임.
- 기존 VHF 및 TRS(ASTRO 및 TETRA)는 LTE-R로 전환되는 추세임
- 현재 고속철도, 일반철도, 광역철도 및 지방자치단체의 도시철도에서 신규 노선에 도입예정임

Ⅱ. LTE-R
(1) 개요
 - LTE를 응용하여 철도에 특화시킨 기술이 LTE-R 임.
 - 현재 유럽, 중국 등에서 3G 기술을 기반으로 하는 GSM-R을 철도무선통신망에 사용중임.
 - 전세계적으로 LTE를 이용한 철도통합무선망, 즉 LTE-R 개발이 진행되고 있음.
(2) 구성도

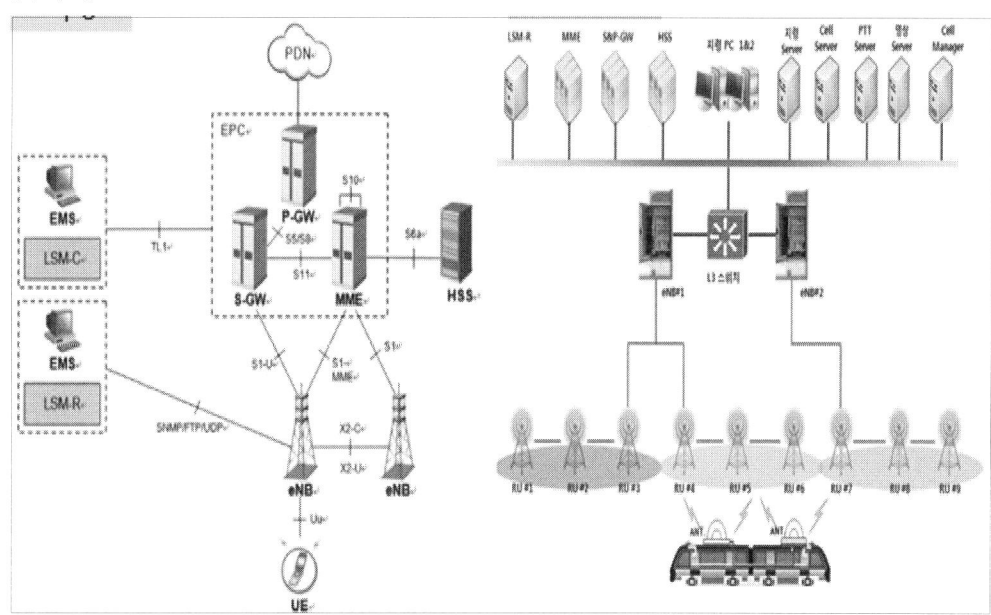

- 3GPP Rel.12를 기반으로 철도통신에 특화된 서비스를 표준화하여 반영시킴
- 일반 및 고속철도용 무선통신 및 제어시스템 실용화를 위해서 LTE-R 기술을 기반으로 열차제어를 하기위한 기술을 개발 중 임.

Ⅲ. TRS
1) 개요
 - 사용 용도별 필요 주파수를 공용으로 사용하며 통화요청이 있을 때마다 할당하는 방식임.
 - 사용하지 않는 무선채널은 전체 이용자가 공용하여 우선순위에 따라 순차적으로 할당되기 때문에 주파수 이용효율이 주파수 전용방식에 비해서 높음.
 - 대상 가입자 수가 많고 주파수 효율이 요구되는 통신 사업자용으로 요구되는 방식임.
2) 구성도

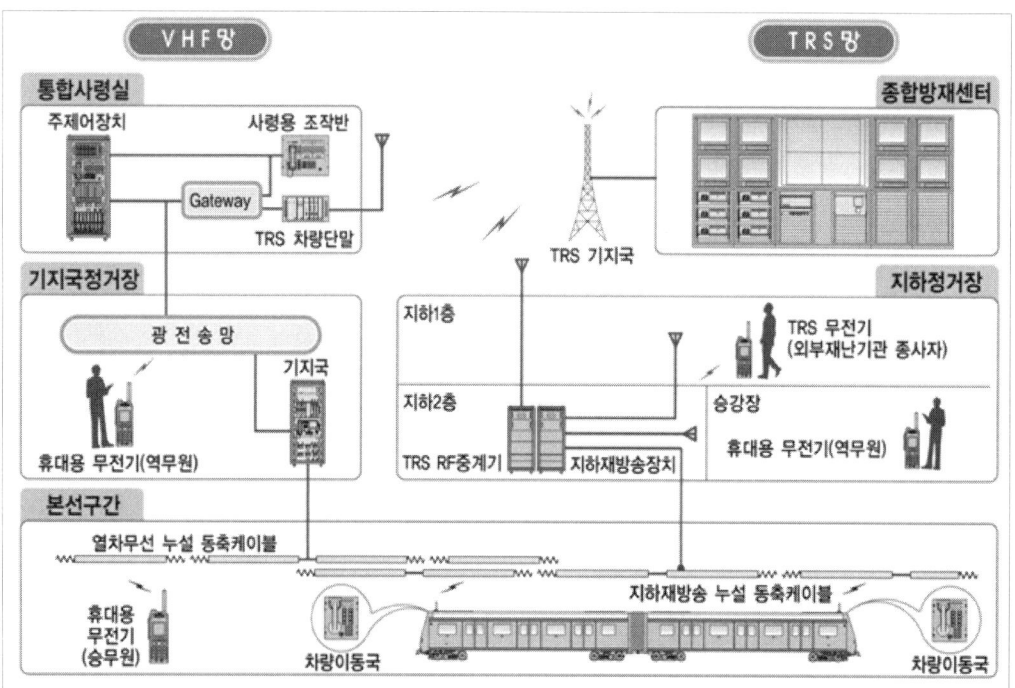

- TRS 주장치와 자장치간에는 전송망을 이용하여 접속하고, 무선망은 주로 RCX(방사형 동축케이블)을 이용하여 구축함.
- RCX 케이블은 거리에 따른 신호 손실을 감안하여 일정 간격으로 양방향증폭기(BDA - Bi-directional Amplifier)를 설치하고, RCX케이블 종단에는 임피던스 매칭을 위하여 종단저항을 설치함.

Ⅳ. 기술 비교
(1) 열차무선시스템 종류별 비교

	VHF	TRS		LTE-R
		ASTRO	TETRA	
표준화		APCO-25	ETSI	3GPP
전송기술	FM	FDMA	TDMA	OFDMA
주파수	160~170MHz		850MHz	700MHz
특징	-주파수 이용효율 저하 -혼신, 간섭 취약 -1대 1 통화방식	-이동통신과 무전기 -통화품질 우수 -그룹통화		-광대역 전송 -음성, 데이터, 영상
운용현황	도시철도	경부고속철도 (1단계)	국가재난망 고속철도 도시철도	고속철도, 일반철도 광역철도, 도시철도

(2) LTE와 LTE-R 비교

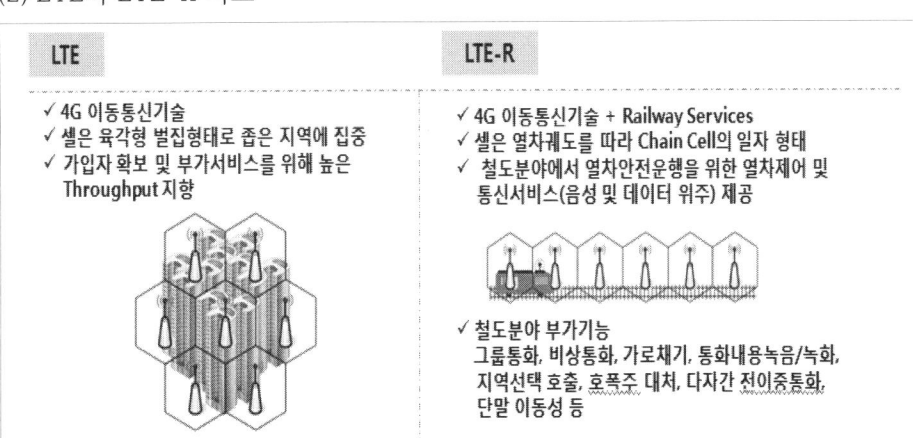

V. 발전방향
- KRTCS(한국형 무선통신기반 열차제어시스템)를 LTE-R기반으로 통합하고, 국제표준화를 주도할 목적 등으로 LTE-R 방식을 시험 중임.
- 현재 일반철도구간에 존재하는 열차무선관제통화권 음영지역이 LTE-R을 이용한 전국망 철도무선으로 해소되어 열차운영의 안정성을 증진할 수 있는 효과가 발생됨.
- LTE-R 도입으로 인해 신호분야 및 통신 분야 열차제어시스템 균형 발전을 기대할 수 있음.

문제06) 자율주행 자동차의 경로계획, 상황인지, 경로추종에서 요구되는 통신 요소기술과 상용화를 위한 기술적 선결과제에 대해 설명하시오.

Ⅰ. 개요
- 자율주행 자동차는 운전자가 차량을 조작하지 않아도 스스로 주행하는 자동차로 차세대 자동차산업으로 주목받고 있는 기술임.
- 2020년에 완전한 자율 주행차 출시, 2035년에 상용화를 목표로 삼고 있음.
- 자율주행 자동차를 구현하기 위해서는 SW 알고리즘을 통해 경로계획, 상황인지, 경로추종이 필요하며, 이를 위한 통신 기술이 요구됨.

Ⅱ. 자율주행 자동차
(1) 자율주행의 단계

미국 자동차 기술학회 (SAE)	Level 0	No Automation(비자동)	• 운전자가 전적으로 모든 조작을 제어, 인공지능 지원 전무	운전자
	Level 1	Driver Assistance(운전자 지원)	• 운전자 운전 상태에서 인공지능이 핸들의 조향이나 가·감속을 지원하는 수준	운전자
	Level 2	Partial Automation(부분 자동화)	• 운전자가 운전하는 상태에서 2가지 이상의 자동화 기능이 동시에 작동	운전자
	Level 3	Conditional Automation (조건부 자동화)	• 자동차 내 인공지능에 의한 제한적인 자율주행이 가능하나 특정 상황에 따라 운전자의 개입이 반드시 필요	시스템/ 운전자
	Level 4	High Automation(고도 자동화)	• 시내 주행을 포함한 도로 환경에서 주행 시 운전자 개입이나 모니터링이 필요하지 않은 상태	시스템/ 운전자
	Level 5	Full Automation(완전 자동화)	• 모든 환경 하에서 운전자의 개입이 불필요	시스템

(2) 요소 기술

적용기술	내용
지능형 순향제어 (ACC)	-레이더 가이드 기술에 기반을 두고 운전자가 페달을 조작하지 않아도 스스로 속도를 조절하여 앞차 또는 장애물과의 거리를 유지시켜주는 시스템
차선이탈 방지시스템	-내부에 달린 카메라가 차선을 감지해 의도하지 않은 이탈 정책을 운전자에게 알려주는 기술
주차보조 시스템	-자동차의 조향 장치를 조절하여 후진 일렬주차를 도와주는 시스템
자동주차 시스템	-자동차에 설치된 카메라에 의해 적정한 접근 경로를 계산하여 스스로 주차를 하는 기술
사각지대 정보안내 시스템	-자동차의 양측면에 장착된 센서가 Side mirror로 보이지 않는 사각지역에 다른 차량이 있는지를 판단하여 운전자에게 경고해 주는 시스템

III. 자율주행 자동차 시스템 및 요소 기술
(1) 자율주행 시스템

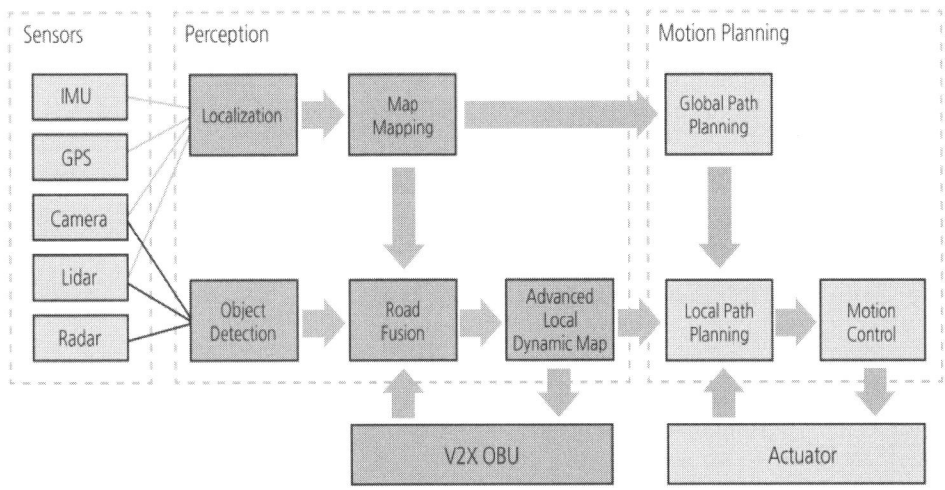

(2) 자율주행를 위한 프로세스

구분	설명
경로계획	-자율주행을 위해 최적의 경로를 가능한 빨리 찾아내는 기술 -경로 파일을 읽어 경로 DB를 생성하고 다양한 알고리즘에 목적지까지 경로를 검색함. -경로계획을 위한 알고리즘 : A*알고리즘, 경사법 등
상황인지	-레이더, 영상센서 기반 주행 상황인지, 헨, 증강현실, 블랙박스 등의 센서와 기기들로 상황을 인지해서 사람이 없이도 주행이 가능함. -차량에 장착된 카메라나 레이더, 라이더와 같은 센서로 주변환경을 파악하고, 스캐너로 정확한 정보를 습득해 인지함 -정학한 정보를 수집할 수 있는 능력이 중요
경로추종	-차량이 경로를 벗어나지 않도록 제어하는 것 -전방 장애물과의 거리나 경로상의 곡률반경, 조향각, 구심가속도 등을 고려하여 차량의 속도를 제어함.

(3) 자율주행차 요소기술
 - 자율주행차를 구성하는 요소기술은 크게 환경인식 센서, 위치인식 및 맵핑, 판단, 제어, HCI로 구성

주요기술	세부 내용
환경인식 센서	-레이더, 카메라 등의 센서 -정적장애물, 동적장애물, 도로표식, 신호 등을 인식
위치인식 및 맵핑	-GPS/INS/Encoder, 기타 맵핑을 위한 센서 사용 -자동차의 절대/상대적 위치 추정
판단	-목적지 이동, 장애물 회피 경로 계획 -주행상황별(차선유지/변경, 좌우회전, 추월, 유턴, 급정지, 추정차 등) 행동을 스스로 판단
제어	-운전자가 지정한 경로대로 주행하기 위해 조향, 속도변경, 기어 등 액츄에이터 제어
HCI	-HV(Human Vehicle Interface)를 통해 운전자에게 경고/정보 제공 운전의 명령 입력 -V2X 통신을 통해 인프라 및 주변차량과 주행정보 교환

IV. 상용화를 위한 선결과제

선결과제	세부 내용
운전보조 기술개발	-혼잡구간 주행지원 시스템(TJA) : 도심구간에서 앞차와의 거리를 유지시켜주는 기술 -원격 전자동 주차시스템 -주차조향보조 시스템
V2X 통신 기술 확보	-차량과 차량, 차량과 인프라간 교통상황 정보를 공유해 주변 환경을 더욱 정확히 인지할 수 있는 기술
돌발상황 대처	-데이터가 존재하지 않는 돌발상황에 대한 대처기술 필요
보안기술	-생체인식 기술을 통한 강화된 보완 기능 필요 -진화하는 해킹에 대한 대비
첨단도로 인프라구축	-1단계 ·쌍방향 지능형 교통시스템(C-ITS) 구축 ·자율주행차, 일반차 혼재력 -2단계 ·자율주행차 전용 유도표시 등 설치 ·자율주행전용차로 분리 -3단계 ·자율주행전용도로 건설
법/제도적 정비	-사고 시 책임 등 법적 이슈문제 해결 -운전자 데이터의 수립에 따른 프라이버시 침해

IV. 맺음말
- 자율주행 자동차는 2020년 출시, 2035년 상용화를 목표로 하고 있으며, 이에 따른 자동차 산업의 패러다임을 바꾸는 기술임.
- 이를 위한 기술 확보뿐만 아니라, 인프라 구축, 법적/제도적 보완 사항들이 남아 있음.

제2장

2018년 2회

116회

국가기술자격 기술사시험문제

기술사   제 116 회   **제 1 교시   (시험시간: 100분)**

분야	통신	자격종목	정보통신기술사	수험번호		성명	

※ 다음 문제 중 10문제를 선택하여 설명하시오. (각10점)

문제01) 정보통신공사 설계변경의 종류와 절차

Ⅰ. 개요
- 공사의 시공도중 예기치 못했던 사태의 발생이나 공사물량의 증감, 계획의 변경 등으로 당초의 설계내용을 변경시키는 것으로 설계변경은 성격상 당초계약의 목적, 본질을 바꿀 만큼의 변경이 되어서는 아니 되며, 이러한 경우에는 설계변경이 아니라 오히려 새로운 계약으로 보는 것이 타당함

Ⅱ. 설계 변경의 사유
1) 사업계획의 변경
 ① 규모의 변경: 당초 사업물량을 증가 또는 감소시키는 것
 ② 사용 재료의 변경
 ③ 구조의 변경
2) 설계서의 부적합
 ① 설계서의 오류, 누락, 상호모순
 ② 설계서와 현장상태의 불일치
3) 기술개발의 보상성격의 경우
   신기술, 신공법 등을 적용하여 동등 이상의 기능을 만족하면서 공사비의 절감, 시공기간의 단축 등에 효과가 현저할 경우(신기술 개발의욕 고취목적으로 도입)
4) 기타 발주기관이 설계서를 변경할 필요가 있다고 인정한 경우

Ⅲ. 설계변경 절차 및 방법
 1) 설계서의 내용이 불분명한 경우
  설계서만으로는 시공방법, 투입자재 등을 정확히 알 수 없는 경우에는 설계자의 의견 및 발주기관이 작성한 단가산출서 또는 수량산출서 등을 검토하여 시공방법 등을 확인한 후 이를 기준으로 설계변경여부를 결정
 2) 설계서에 누락, 오류가 있는 경우
  설계서에 누락 또는 오류가 있는 사실을 조사, 확인한 후 계약 목적물의 기능 및 안전을 확보할 수 있도록 함
 3) 설계도면 = 공사시방서 ≠ 물량내역서인 경우
  설계도면 및 공사 시방서에 물량 내역서를 일치시킨 후 필요시 계약금액 조정
 4) 설계도면 ≠ 공사시방서인 경우
  설계도면 및 공사 시방서를 확정하여 일치시킨 후 그 확정된 내용으로 다시 물량 내역서를 일치시킴
 5) 신기술, 신공법 사용 등 기술개발의 보상성격의 경우(절감액의 50%감액)
  발주기관이 설계한 내용에 대하여 계약상대자가 제시하는 신기술, 신공법 등을 적용하여 동등 이상의 기능을 만족하면서 공사비 절감과 시공기간의 단축 등의 효과가 현저할 경우 계약당사자가 다음의 서류를 첨부하여 서면으로 요청
  ① 제안사항에 대한 구체적인 설명서
  ② 제안사항에 대한 산출내역서
  ③ 당초 공사공정예정표에 대한 수정공정예정표
  ④ 공사비의 절감 및 시공기간의 단축효과
  ⑤ 기타 참고사항

문제02) 초고속 정보통신 건물 인증 시 동선로(Twisted Pair Cable)구내배선 성능 측정항목

Ⅰ. 개요
- 초고속정보통신 건물인증 시 구내배선 성능은 EIA/TIA 568B의 채널 측정방법을 적용
- 동(Twisted Pair Cable)선로의 구내 배선 성능 측정항목 및 기준은 다음과 같음

Ⅱ. 구내 배선 성능 시험 측정항목
- 선번 확인시험(와이어 맵): 각 구간의 정확한 배선 연결여부를 확인하는 시험으로서 배선의 단선이나 뒤바뀜이 없어야 한다.
- 배선구간의 길이 측정: 구내 배선 구간의 길이를 측정했을 때 패치 코드를 포함한 동선로 구간의 길이는 96m(양단 여장 2m를 포함하면 100m)를 초과하지 말아야 한다.
- 전기적 특성 시험: 다음의 채널 성능 시험에 적합해야 한다.

Ⅲ. 전기적 특성 측정항목
- 반사손실(Return Loss): 임피던스 부정합점에서 되돌아오는 신호에 의한 손실
- 최대삽입손실(Insertion Loss): 케이블 내에서 신호가 감쇄되는 손실
- 누화손실(NEXT): 인접 회선간 정전 결합과 전자 결합 등 전기적 결합으로 발생하는 유도 간섭신호에 의한 손실로 송단측에 나타나는 근단누화(NEXT: Near End Cross Talk)와 수단측에 나타나는 원단 누화(FEXT: Far End Cross Talk)가 있는데, dB로 표현한다.
- 보통 근단 누화는 원인측이 송신단에 가깝고, 피해측이 수신단에 가깝기 때문에 문제가 된다.
- 전력합 누화손실(PS NEXT: Power Sum Near End Cross Talk): 근단누화를 발생시키는 다수의 간섭신호가 동시에 영향을 미치는 경우, 누화는 전력합으로 작용한다.
- ACR(Attenuation to Crosstalk)-F(ELFEXT: Equal Level Far End Cross Talk)
- ACR-F(PSELFEXT: Power Sum Equal Level Far End Cross Talk)
- 전파지연(Propagation Delay) 및 지연왜곡(Delay Distortion)
- ACR-N(Attenuation to Crosstalk Ratio-NEXT)
- PS ACR-N(Power Sum Attenuation to Crosstalk Ratio-NEXT)

문제03) NMS(Network Nanagement System) 주요 기능과 망관리 프로토콜

Ⅰ. 개요
- NMS는 네트워크 관리 시스템을 의미함.
- 네트워크 상의 모든 장비들을 관리할 수 있는 중앙 감시 체계

Ⅱ. NMS의 주요 기능

구 분	설 명
장애관리	-장비 및 회선상에 발생한 문제점을 검색 또는 추출하고 해결방안을 제공하는 기능
구성관리	-네트워크의 장비와 물리적인 연결 구조를 구성하고 보여주는 기능
보안관리	-정보를 제어하고 보호하는 기능
성능관리	-가용성, 응답시간, 사용량, 에러량, 처리속도 등 성능 분석에 필요한 통계 데이터를 제공하는 기능
계정관리	-서비스 사용자에 대한 비용 및 요금을 정하는 역할

Ⅲ. 망관리 프로토콜
- 관리대상 장비와 관리 스테이션 간의 정보교환을 위해 사용하는 프로토콜
- SNMP, CMIP, RMON 등이 있음.
- 관리프로토콜에 의해 접근 가능한 정보를 관리 정보라고 하며, 에이전트가 설치되어 있는 장비에 존재하는 정보를 말함.
- 관리정보를 MIB(Managment Information Base)라고 부름
가) SNMP 프로코콜
1) 구성

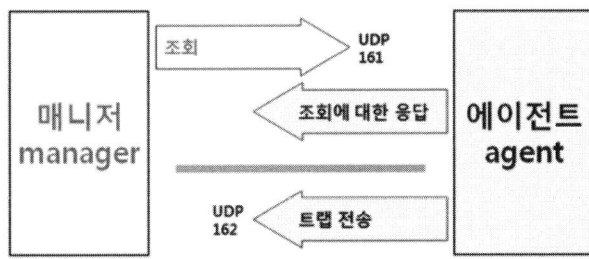

2) 특징
- Get Request : 관리 정보를 보내도록 지시하는 프로토콜 유닛
- Get Nest Request : 동일 Agent에게 다른 관리 정보를 연속으로 보내도록 지시
- Set Request : Management가 관리상 필요로 하는 Agnet 변수를 변경할 때 사용(즉, 어떤 정보가 필요한지를 설정)

- Response : Request에 대한 응답
- Trap : 긴급 상황 발생 시 통보 기능

3) 버전

구 분	설 명
SMNP v1	-Requst/Response의 종류가 적어서 단순 -Request/Response를 Agnet에 실장하기 위해 작은 메모리 필요
SMNP v2	-SNMP v1의 개량 프로코콜 -Get Request/Get Nest Request를 합친 Get Bulk Requset 기능과 Manage간의 관리정보 교환 추가 -하나의 관리시스템에서 여러 개의 관리시스템이 네트워크 통신망에 있는 관리 대상을 분리 관리하여 트래픽 량을 감소시킴
SMNP v3	-기존의 SNMP보다 성능 및 보안 기능 향상

나) RMON
-SNMP에 의해 관리되는 장비들을 보다 더 효율적으로 모니터링하기 위해 출현한 표준
- 원격지 네트워크 상에 흐르는 패킷 수집 및 성능에 관한 정보를 추출하는 기능

1) 구성도

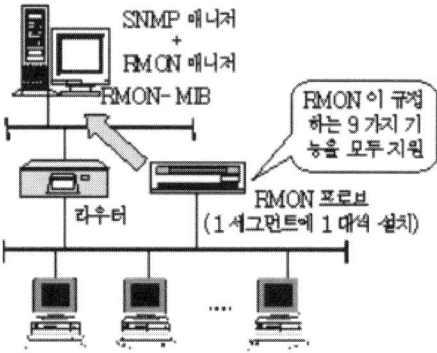

2) 특징
- RMON Agent는 단지 하나의 기기만이 아닌 하나의 세그먼트 전체에서 발생하는 트래픽을 파악하여 보여주게 됨
- RMON은 원격지 네트워크 세크먼트에 대한 성능 및 통계 데이터를 수집하기 위해 Probe 라는 장치를 둠
- 종류

구 분	설 명
RMON1	-데이터링크 계층(Layer2) 이하의 정보를 취급
RMON2	-망계층(Layer3) 이상의 정보를 취급하는 Enterprise급

문제04) 전송거리별 무선전력 전송기술 비교

I. 개요
- 무선전력전송기술은 자기장 및 전자파 공진 원리를 응용하여, 휴대폰, 전기자동차 등의 전기제품/시스템에 무선으로 에너지를 전송하여 충전하는 기술로써 국제적인 이용방안 마련이 중요함.
- 인체에 미치는 영향분석, 주파수 간섭문제, 소형화, 전송효율 극대화 등 제도적/기술적인 다수의 난제 해결을 위한 노력도 활발히 진행 중임.

II. 근거리 무선전력 전송 기술
 1) 유도결합방식(Inductive Coupling)

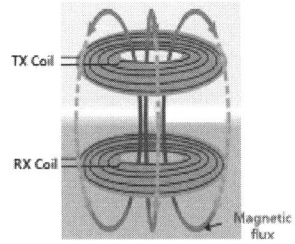

- 정의 : 코일의 상호유도결합을 이용
- 수신측에 유도되는 전압은 $v_2 ≒ j\omega M i_1$ 임.
- 따라서 전송효율을 높이기 위하여 코일 사이의 결합이 중요함.
- 문제점 : 거리가 가까워야 함
- 현재 기술 : 125kHz, 135kHz에서 많이 상용화

 2) 자기공명방식(Non-Radiative)

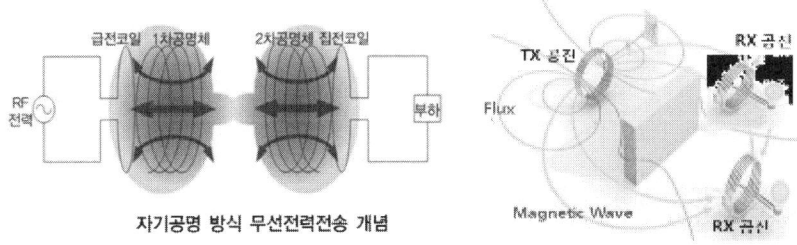

자기공명 방식 무선전력전송 개념

- 정의 : 두 매체가 같은 주파수로 공진하는 것을 이용
- 송수신 안테나간에 자기장 공진을 발생시켜 자기장 터널링 효과를 이용하여 에너지를 전송
- 송신부 코일에서 공진주파수로 진동하는 자기장을 생성해 동일한 공진주파수로 설계된 수신부 코일에만 에너지가 집중적으로 전달
- 자기유도방식에 비해 약 10^6배 가량 효율 향상

- 비접촉 상태로 1 : N 충전, 모든 제품에 호환 가능
- 문제점 : Q값이 커야 가능(*코일의 크기가 커짐*)
- 2007년 MIT에서 2m / 60W전송한 것이 최초

Ⅲ. 원거리 무선전력 전송 기술

1) 복사방식(Radiative)
   - 정의 : 안테나의 방사전자계의 방사전력을 이용하여 원거리에 전력을 전송
   - 문제점 : 직진성 및 인체영향 등으로 근거리 또는 특수 목적용으로만 이용 가능
   - 현재 기술 : UHF RFID, 마이크로파 ID 등

Ⅳ. 비교

구분	자기유도방식	자기공명방식	복사방식
동작원리	코일 간 전자기 유도현상	공진주파수가 동일한 코일 간 자기공명현상	안테나의 원역장 방사현상
전송거리	수 mm	수 m	수 km
주파수	110~205KHz(125 kHz, 135kHz)	수십 ~ 수백 MHz(6.78MHz)	수 GHz
전송전력	저출력	저출력	고출력
효 율	76% 이상	40~60%	매우 낮음
상용화	고	중	중
표준화	빠름	중간	느림
장 점	수cm이내 전송에 유리 코일 소형화에 유리	1m이내 전송에 유리 코일 간 정렬 자유도가 높음	1m이상의 원거리 에너지 전송이 가능함
단 점	전송거리가 짧음 코일 간 정렬에 민감	코일 설계가 어려움 전자파환경 극복 필요	전송효율이 매우 낮음 전자파환경 문제 발생
인체유해성	적음	중간	높음
적용 분야	휴대기기, 전기자동차	휴대기기, 전기자동차, 공공서비스 등	우주 태양광발전 무선전력전송 등
표준화	WPC 규격, PMA 규격	A4WP 규격	

Ⅴ. 결론
- 자기유도방식의 표준화는 일부 완성되었으나 계속 진행 중이며, 자기공명방식과 전자기파 방식은 기술 완성도를 높이기 위한 연구를 활발히 수행 중
- 10W이하의 소전력 분야는 스마트폰 무선 충전기에 집중하여 개발되고 있음.
- 무선 충전방식은 전기에너지를 자기유도, 전자기 공명 또는 전자기파의 형태로 변환하여 공간적으로 떨어진 전자기기의 배터리를 충전하는 기술임.
- 3.3kW이상의 전력을 송신하는 대전력 무선전력전송분야도 자기유도방식과 자기공명방식이 경쟁하여 개발되고 있음.

문제05) LTE의 eNB간 핸드오버 종류

I. 개요
- 핸드오버란 통화중인 단말기가 서비스 영역을 벗어나 다른 셀이나 섹터로 이동하더라도 통화가 계속 유지될 수 있도록 통화 채널을 자동적으로 변경시켜 주는 기술임.
- 핸드오버를 요청하는 파라미터에는 기지국과 이동국 사이의 수신 신호세기, 거리, BER 등이 있음.

II. 핸드오프 개념 및 전계강도 그래프

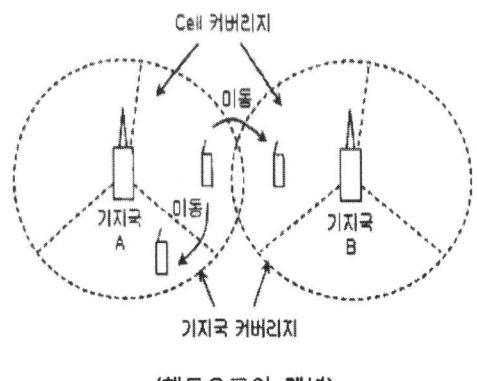
(핸드오프의 개념)

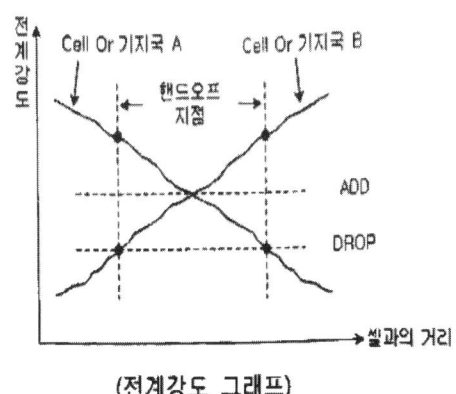
(전계강도 그래프)

III. 핸드오프 발생 원인
① 기지국과 이동국 사이의 신호 수신 강도
② 비트 에러 율(bit error rate)
③ 기지국과 이동국 사이의 거리
④ 기지국의 서비스 반경

IV 핸드오프의 종류
1) 소프트 핸드오프(Soft Hand off)
- 통화중인 단말기가 동일한 교환국의 기지국에서 다른 기지국으로 이동할 경우에 수행
- make and break 방식(이동 셀에 접속하고 이동전의 셀을 끊는 방식)의 핸드오프로 주로 CDMA 시스템에서 이용

2) 소프터 핸드오프(Softer Hand off)
- 단말기가 섹터 간 이동시에 수행하는 핸드오프
- 일반적으로 도심의 기지국은 3섹터로 구성되며 각 섹터의 안테나는 120°씩 커버
- 소프터 핸드오프는 Rake receiver에 의해 수행되는 기지국 내의 핸드오프

3) 하드 핸드오프(Hard Hand off)
- FDMA,TDMA 또는 CDMA 방식 등과 같이 서로 다른 교환국 사이를 이동하는 경우에 수행하는 break and make 방식의 핸드오프
- 주로 아날로그방식에서 사용하는 방식임.

V. LTE-Hand over 절차

절차	주 체	개 요
Measurement Configuration	eNB -> UE	○ eNB가 단말에게 주는 정보 ○ 단말이 어떤 측정 정보를 보고할지 알려줌.
Measurement Report	UE -> eNB	○ 단말에서 eNB로 측정값을 전송. ○ 주기적으로 전송하거나, 특정 조건이 만족될 때 측정값을 전송.
Hand over Decision	Source eNB	○ eNB에서 target Cell 및 어떤 종류의 핸드오버를 수행할지 결정.
Hand over Preparation	Hand over 종류에 따라 다름	○ Soouce eNB 와 Target eNB가 단말을 핸드오버하기위한 준비를 하는 단계.
Hand over Execution		○ 실제로 핸드오버를 실행하는 단계
Hand over Completion		○ 단말이 target eNB로 무선접속을 마친 단계. ○ 사용자 전달 경로를 target eNB로 변경

VI. LTE-Hand over 종류

1) EPC 변경 여부에 따른 분류

구 분	개 요
Intra LTE H/O	○ 핸드오버 전/후에 MME와 S-GW가 변경되지 않는 경우
Inter LTE H/O	○ 핸드오버 전/후에 MME 나 S-GW가 변경되는 경우
Inter-RAT H/O	○ LTE의 Access기술과 다른 radio access 기술(예 : 3G UMTS)을 갖는 망간의 핸드오버

2) EPC 개입 여부에 따른 분류

구 분	개 요
X2 Handover	○ X2 인터페이스는 eNB간 인터페이스 ○ 서빙셀과 타겟셀 사이에 X2 연결이 존재하는 경우 수행 ○ MME 개입 없이 핸드오버 수행
S1 Handover	○ S1 인터페이스는 eNB와 EPC 사이의 인터페이스 ○ X2 연결을 사용할 수 없을 때 수행. ○ 핸드오버 제어에 MME가 개입.

문제06) RSRP(Reference Signal Received Power), RSRQ(Reference Signal Received Quality)측정법

I. 개요
- 셀룰라 시스템에서 셀선택이나 핸드오버 시 이웃셀의 전파 세기/품질을 측정하여야 함.
- LTE 시스템에서는 전파세기/품질 측정을 측정하기 위하여 RSRP/RSPQ를 사용함.

II. LTE에서의 단말 신호세기/품질 측정

구 분	개 요
RSSI	○ Receiver Signal Strength Indicator ○ Carrier RSSI: carrier RSSI는 안테나 포트에서 reference 심볼을 포함하는 OFDM 심볼들(i.e. 한 슬롯내의 OFDM 심볼 0, 4) 의 평균 수신 전력을 측정함. ○ RSSI는 N개의 resource block에 대해서 측정. ○ Carrier RSSI는 동일 채널(주파수)에 있는 serving & non-serving cell의 신호 세기와 인접 채널 간섭, 열잡음 등을 포함.
RSRP	○ Reference Signal Received Power ○ RSRP는 광대역/협대역에서 측정된 LTE Reference Signal의 수신 임. ○ RSRP/RSRQ를 측정하기 위해서는 S-Synch 채널의 SINR이 최소 -20dB 이상이어야 함.
RSRQ	○ Reference Signal Received Quality ○ RSRQ는 RSSI와 사용된 resource block의 수도 고려함. ○ RSRQ는 C/I 형태의 측정으로 수신된 reference signal의 품질을 나타냄 ○ RSRQ는 RSRP만으로 안정적인 핸드오버나 cell reselection을 하기에 부족할 경우 추가적인 정보를 제공함.

II. 수식 계산
1) RSSI

 ○ $RSSI = noise + serving\ cell\ power + Interference\ power$

2) RSRP

 ○ $RSRP(dBm) = RSSI(dBm) - 10\log(12N)$

  - N : RSSI 측정 시 RB(Resource Block) 개수

3) RSRQ

 ○ $RSRQ = N\dfrac{RSRP}{RSSI}$

문제07) 전리층과 대류권 페이딩의 발생 원인과 해결기술

I. 개요
- 장애물이 없는 자유공간에서 전파는 송수신측간의 거리, 사용하는 주파수, 전파 매질에 따라 수신측에서 받는 신호의 세기가 시간적으로 변동하는데 이를 페이딩(fading)이라 함.
- 무선통신 페이딩은 크게 장중파대에서 발생 되는 전리층 페이딩과 초단파대 이상에서 문제가 되는 대류권 페이딩으로 대별됨

II. 전리층 페이딩
(1) 간섭성 fading
- 송신측에서 발사된 전파가 2개 이상의 다른 경로를 거쳐 수신되는 경우, 전리층을 거쳐 수신된 전파는 전리층 밀도의 시간적 변동 영향으로 전파의 간섭 상태가 변화되어 발생하는 fading
- 공간 diversity 또는 주파수 diversity로 해소
- 중파(방송파대)에서 지상파와 E층 반사파의 간섭에 의한 근거리 fading과 단파대 전리층파 상호간의 간섭에 의한 원거리 fading으로 분류됨

(2) 편파성 fading
- 전리층에서 전파가 반사될 때 지구자계의 영향으로 편파면이 시간적으로 회전하는 타원편파로 되어 수신 공중선에 유기될 때 발생하는 빠른 주기의 불규칙한 fading이 발생
- 서로 수직으로 놓인 공중선을 합성하는 편파 diversity로 경감할 수 있음.

(3) 흡수성 페이딩
- 전파가 전리층을 통과하거나 반사할 때 전자와 공기분자와의 충돌로 그 세력의 일부가 흡수되어 생기는 fading으로 주기는 비교적 완만함.
- 수신기에 AVC 또는 AGC 회로를 추가하여 방지함.

(4) 도약성 페이딩
- 도약거리 근처에서 전자밀도의 시간적 변화율이 큰 일출, 일몰시에 많이 발생하는 페이딩
- 주파수 diversity로 경감시킬 수 있음.

(5) 선택성페이딩
- 전리층에서의 전파가 받는 감쇠는 주파수에 밀접한 관계를 가지고 있으므로 반송파와 측파대가 받는 전리층내에서 받는 감쇠의 정도가 달라져서 발생하는 페이딩.
- 방지책으로는 주파수 diversity나 SSB통신방식을 사용하여 경감할 수 있음

III. 대류권 페이딩
(1) 신틸레이션(Scintillation) fading
- 대기상태의 변동에 의해 공간에 유전율이 다른 부분이 생길 때 그곳에서 산란한 전파와 직접파와의 간섭으로 발생하는 페이딩으로 주기가 짧아 실용통신에선 거의 문제가 되지 않음.

- AGC (AVC)로 해소할 수 있음.
(2) 라디오 덕트(Radio duct)형 fading
- Radio duct가 직접파의 전파통로나 송수신점 근처에 생성될 때 발생하는 페이딩
- 전계강도 변동이 심해 통신에 가장 치명적인 페이딩으로 diversity로 해소
(3) K형 fading
- 대기의 높이에 대한 등가지구반경의 변화에 기인하는 fading.
- AGC (AVC)로 해소
(4) 산란형 fading
- 다수 산란파의 간섭으로 진폭이 시시각각 변하는 짧은 주기의 fading임.
- diversity로 해소
(5) 감쇄형 fading
- 비, 구름, 안개 등의 흡수 또는 산란의 상태나 대지에서의 흡수, 감쇄 등의 상태가 변화하면서 발생하는 fading으로 주로 10GHz이상에서 문제가 됨.
- AGC(AVC)로 해소

Ⅳ. 페이딩 방지책
(1) 다이버시티(Diversity) 방식 이용
1) 공간 다이버시티
- 수신점에 따라 페이딩의 발생정도가 다르므로 적당한 거리를 두고 2개 이상의 안테나를 설치하여 각 안테나의 수신출력을 합성하는 방법으로 간섭성 페이딩의 경우 효과적임.
- 수신안테나를 분리하여 설치하기 위한 넓은 공간이 필요함.
2) 주파수 다이버시티
- 한 개의 신호를 2개 이상의 다른 주파수를 사용하여 동시에 송신하고 수신측에서는 각 주파수 별로 받아서 합성 수신하는 방법으로 도약성, 선택성, 간섭성 페이딩 감소에 효과적임.
- 여러 송신주파수를 사용함으로 넓은 주파수대가 필요.
3) 편파 다이버시티
- 편파면이 서로 다른 두 개의 수신안테나를 설치하여 수신한 출력을 합성하는 방법으로 편파성 페이딩에 효과적임.
4) 시간 다이버시티
- 동일정보를 약간의 시간 간격을 두고 중복 송출하고 수신측에서는 이를 일정 시간의 지연 후에 비교하여 사용하는 방법.
5) 각도 다이버시티
- 수신안테나의 각도를 다양하게 구성하여 설치하는 방법으로 다중파의 방향폭이 넓은 이동국 수신에 적합한 방식으로 빔폭이 좁고 첨예한 지향성 수신안테나가 필요함.
(2) AGC 회로 사용
- 수신기 자동이득제어 회로는 흡수성 페이딩에서 효과적임.

(3) MUSA(multiple unit steerable antenna system)방식 사용
- 지향성이 예민한 공중선을 사용하여 일정한 입사각의 전파만 수신하여 fading을 경감시키는 방법으로 간섭성 페이딩에 효과적임
(4) SSB, FM 등의 적당한 변조방식을 사용
(5) 리미터 사용

문제08) 정보통신 접지설비의 기술기준

참조답안

Ⅰ. 개요
 - 접지 목적은 낙뢰, 과도 전류, 과도 전압 등으로부터 시스템과 인명을 보호하는데 있다.
 - 이전에는 통신용 접지, 수배전 시설 보안 접지, 낙뢰 방지용 피뢰 접지 등을 분리하여 시공하였음.
 - 2005년부터 국내에서도 통신 접지, 전원 접지, 피뢰 접지 등을 공통으로 묶어 접지하는 공통 접지로 국가 기술 기준을 바꾸었음.
 - 독립 접지 방식인 KSC 9609 피뢰 설비 기준을 2004년 8월31일자로 폐지하고 통합 접지 방식인 KSC IEC로 개정하였음

Ⅱ. 접지설비의 기술기준
① 교환설비.전송설비 및 통신케이블과 금속으로 된 단자함(구내통신단자함, 옥외분배함 등).장치함 및 지지물 등이 사람이나 전기통신시설에 피해를 줄 우려가 있을 때에는 접지가 되어야 한다.
② 통신관련시설의 접지저항은 10Ω 이하를 기준으로 한다.
③ 5통신회선 이용자의 건축물, 전주 또는 맨홀 등의 시설에 설치된 통신설비로서 통신용 접지시공이 곤란한 경우에는 그 시설물의 접지를 이용할 수 있으며, 이 경우 접지저항은 해당 시설물의 접지기준에 따른다. 다만, 전파법시행령 제30조의 규정에 의하여 신고하지 아니하고 시설할 수 있는 소출력중계기 또는 무선국의 경우, 설치된 시설물의 접지를 이용할 수 없을 시 접지하지 아니할 수 있다.
④ 접지선은 직경 1.6㎜ 이상의 피.브이.씨 피복 동선 또는 그 이상의 절연효과가 있는 전선을 사용하고 접지극은 부식이나 토양오염 방지를 고려한 도전성 재료를 사용한다.
⑤ 접지체는 가스, 산 등에 의한 부식의 우려가 없는 곳에 매설하여야 하며, 접지체 상단이 지표로부터 수직 깊이 75cm 이상되도록 매설하되 동결 심도보다 깊도록 하여야 한다.
⑥ 사업용전기통신설비와 전기통신기본법 제20조의 규정에 의한 자가 전기통신설비 설치자는 접지저항을 정해진 기준치를 유지하도록 관리하여야 한다.

Ⅲ. 시공방식
가. XIT 접지시스템
 - 지반 진공해 시공, 효율적 안정적 낮은 접지저항 유지
 - 일반 같은 낮은 접지저항 얻기 어려운 곳에 좋음.
나. 망상접지(Mesh 접지)
 - 연결동선을 망상 형태 포설
 - 대지저항률 높은 지역, 건물 밑바닥이나 넓은 면적에 시공

다. 동판접지(Copper Plate 접지)
 - 사각형태 동판을 접지체로 이용, 판상접지라고 함.
 - 넓은 면적 매설 시공. 시공 어렵고 유지보수 불가능
 - 시공비 고가
 - 발전소, 변전소, 플랜트 등에 시공.
라. 보링접지(Boring Grounding)
 - 심타 접지, 수직으로 지반 천공해 접지전극 매설.
 - 땅속 깊이 수분 많이 포함. 접지저항 작게 하는 성분을 포함해 접지저항 낮춤.
마. 화학 저감제 접지
 - 접지저항 낮추기 위해 접지 전극 주위에 토양 화학적 처리.
 - 화학약제를 사용해 저항율을 낮추는 방법
 - 도전성 재료를 토양 중에 매설하는 방법
 → 도전성 콘크리트 전극 사용해 부식의 우려가 없고 경련 변화가 없음.
바. 건축 구조체 대용접지
 - 철골, 철근 콘크리트 구조체나 건축구조물 지하 하부를 접지전극으로 활용
 - 건물전체가 도체로 구성된 전기적 격자(Cage)구조로 입증된 경우사용

문제09) ATSC3.0의 전송시스템 중 LDM(Layer Division Multiplexing) Combiner

Ⅰ. 개요
- LDM은 서로 다른 수신 강인성을 제공하기 위한 전송 다중화 기술
- 기존의 TDM이나 FDM과는 달리 신호의 전력 수준(power level)과 오류정정기법, 변조방식이 각각 다른 여러 개의 신호를 중첩시켜서 하나의 신호형태로 전송하므로 Combiber가 필요
- 미래의 다양한 서비스에 대응하기 위한 각 계층에 전송 레이트를 유연하게 설정할 수 있는 계층전송 시스템으로 LDM을 적용하여 표준 제정
- 계층 전송을 사용하는 LDM은 SVC 서비스에 적합한 기술

Ⅱ. Divider와 Combiner의 기본 개념

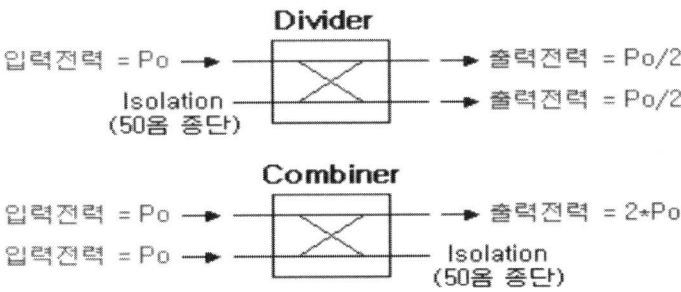

1) Divider: 전력을 균등하게 배분한다는 관점에서 사용되는 모든 소자를 통칭
2) Combiner: 두 개 이상의 신호전력을 하나로 합치는 소자를 통칭- Power Division Multiplexing이라고도 부름
3) 예시-입력 신호를 두 갈래로 정확히 나누고(divider), 각각 증폭시킨 다음 다시 각각 증폭된 신호를 하나의 경로로 합치는(combiner) 소자를 이용

Ⅲ. ATSC 3.0에서 LDM의 기능

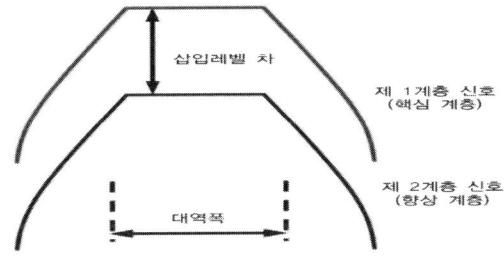

1) LDM 시스템은 2개 혹은 그 이상의 Physical Layer Pipe(PLP)를 결합하여 신호를 전송
 - 핵심 계층(core layer): 그림에서 전력 수준이 높은 신호를 제 1계층
 - 핵심 계층은 향상 계층과 같거나 더 강건한 변조방식과 오류정정기법을 사용
 - 향상 계층(enhanced layer): 전력 수준이 상대적으로 낮은 신호를 제2계층

2) LDM 기능을 위한 Combiner

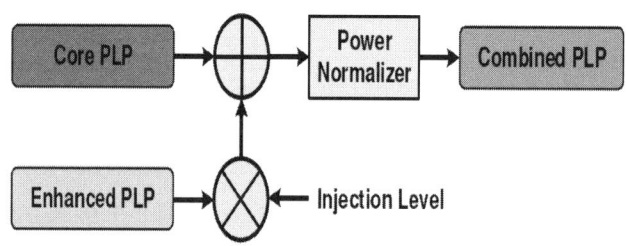

- 고주파 RF에서 완벽한 full-matching 전력배분을 위해 loss를 임의로 주어서 조절하는 형태의 Combiner(Divider)를 구현해서 각 포트간의 임피던스 변환계와 평형(balance)를 유지시켜주어야 한다.
- 이러한 여러 가지 고주파 RF 특성을 고려해서 만들어진 Combiner를 사용하여 LDM 신호를 생성한다.
- 2계층을 적용하는 경우 일반적으로 부호의 길이는 같지만 부호율과 성상은 다르게 적용하여 LDM System구조로 결합한다.
- 향상 계층의 전력 수준은 핵심 계층보다 0~25dB 낮게 변환된 상태에서 핵심 계층과 결합되며 power normalizer 블록에서 신호의 최종 전력을 정규화하여 전송한다.
- 수신기에서는 LDM 신호를 복조하기 위해 가장 강건한 신호인 핵심 계층 신호를 우선적으로 복조하며, 수신 신호로부터 복조된 신호를 제거한 후 향상 계층 신호를 복조한다.

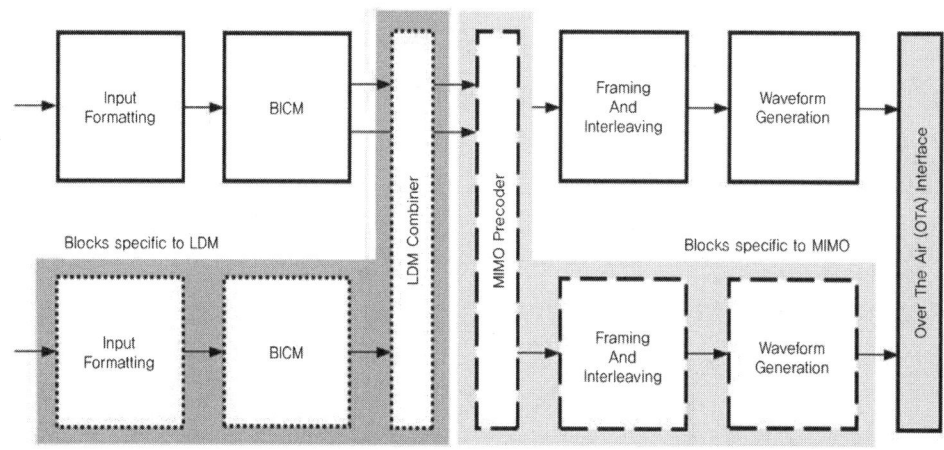

그림 ATSC 3.0 전송시스템 블록도

Ⅳ. 고주파용 Power Combiner에 필요한 기능
 - 손실(입력/출력)이 적어야 함
 - 입력/출력단자 각각의 임피던스 정합 필요(대전력에서 중요)
 - 신호 간의 balance(Level, 위상)의 조정이 필요
 - 전체 주파수 특성이 양호해야 함
 - 단자 간의 신호가 누설되지 않아야 함(Port간의 영향에 주의)
  (부하의 상태나 신호 간에 영향이 없도록 Isolation이 필요한 경우가 많음)

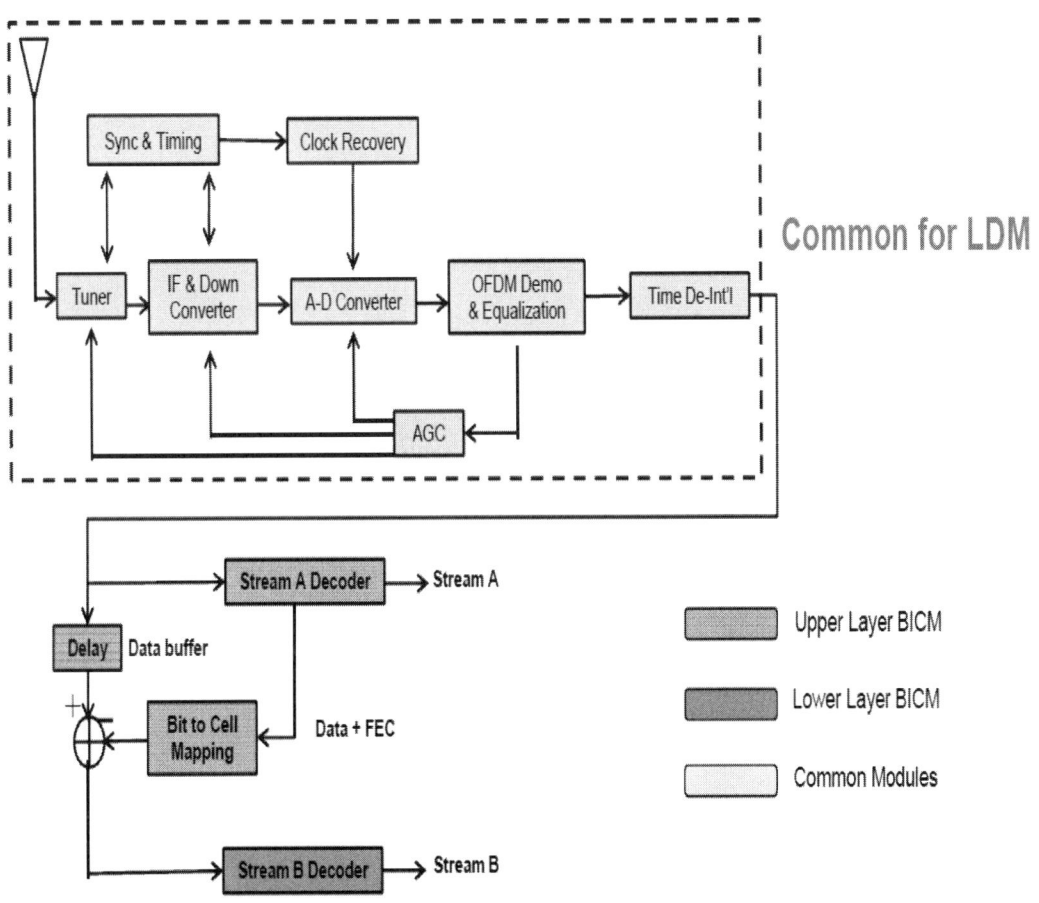

LDM Receiver 계통도

문제10) IPTV의 플랫폼 구성 및 주요기술

Ⅰ. IPTV의 개요
- IPTV는 요구되는 QoS/QoE, 보안, 양방향성, 신뢰성을 제공할 수 있는 관리된 IP망상에서 제공되는 TV, 화상, 음성, 데이터 등의 멀티미디어 서비스
- 초고속 인터넷망을 통해 양방향으로 실시간 방송콘텐츠, 주문형 비디오(VOD), 인터넷, T-커머스 등 다양한 미디어 콘텐츠를 제공하는 서비스
- 방송통신 융합서비스의 확장에 따라 다양한 플랫폼의 수용을 위해 Open 플랫폼의 적용이 확대되고 있음
- IP기반 Cloud Platform의 지원의 필요성 대두(IP 워크플로우 도입을 통한 복잡한 미디어 인프라의 간소화)

Ⅱ. IPTV의 플랫폼 구성
가. IPTV 서비스의 개념도

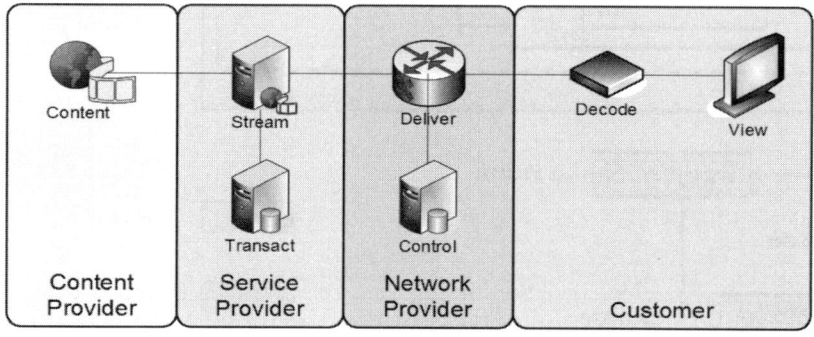

나. IPTV 플랫폼 구성과 종류

플랫폼	주요 기술	주요 내용
수신	베이스밴드	-지상파, PP, 위성 등의 프로그램 신호를 수신 -Routine Switch를 통해 방송신호들의 분배, 조작하고, 관제시스템을 통해 모니터링
가공 송출	압축다중화	-수신된 영상신호를 압축하고, Data신호와 다중화 한 후 스크램블링 및 IP패킷화하여 전송
보안	수신제한시스템(CAS)	-실시간 채널에 대한 암호화 및 팽 콘텐츠리 사전 암호화 수행 -시청 권한을 제어하여 인증된 사용자에 한해 채널 및 콘텐츠 이용
관리	MOC(Media Operation Core)	방송센터에서 각 시스템들과의 유기적인 결합을 통해 통합관리 시행 -프로그램 편선, 콘텐츠 및 미디어 관리, PP 및 CP와의 계약관리
부가 기능	부가서비스 시스템	-T-commerce, Game, VoD등의 각종 부가서비스 구현

Ⅲ. IPTV의 플랫폼 주요 기술

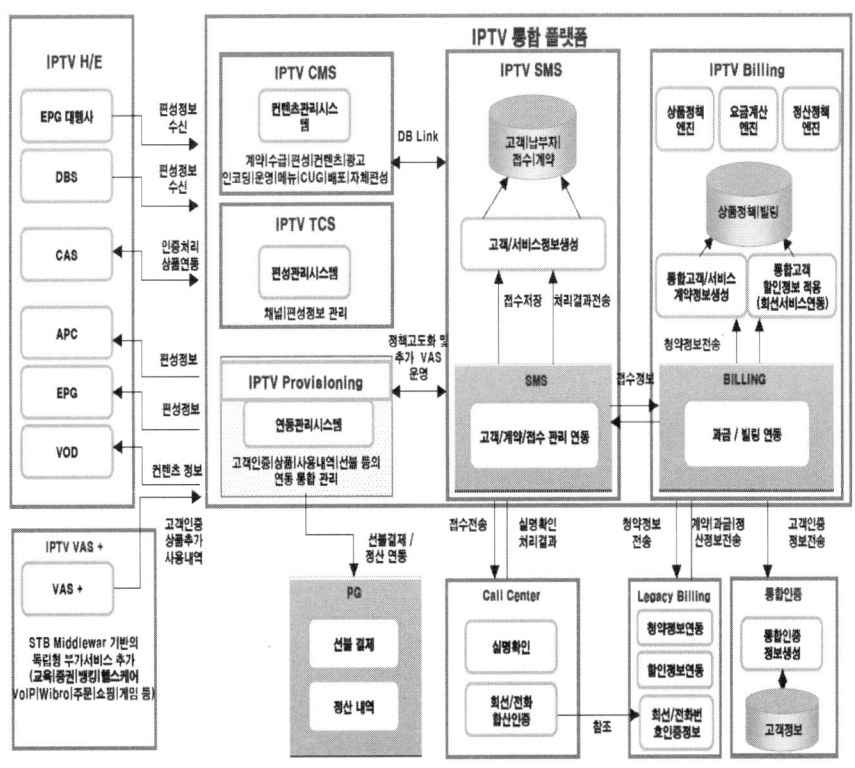

1) Middleware 기술: ACAP 기반의 기술로 VoD 카탈로그 생성 및 구매 프로세스를 처리하고, 사용자 및 STB을 관리하는 시스템기술
2) CAS(Conditional Access System): 특정방송 프로그램에 대한 수신 가능여부를 사용자의 STB에서 결정(디지털방송 상업화의 필수 기능)
 - 스크램블 기술, 암호화 기술, 사용자 서비스 지원기술
3) DRM(Digital Rights Management): 디지털 콘텐츠의 불법사용을 방지하기 위해 필요한 저작권자의 라이센스를 보장하는 기술로 mDRM 등 다양한 기술의 접목이 시도되고 있음
4) 서버 응용관리기술 : 각종 서비스 및 관리서버에 대한 관리기술
 - CMS, Billing System, Vod Server, Provisioning Server 등
5) 단말기술 : 제공되는 서비스 수시 기능에서 기능의 다양화가 접목되어 Home Gate Hub로서 자리 매김할 수 있는 기술들이 적용
 - Cloud 방식으로 STB의 제어기술이 발달되어 이기종과의 상호 호환성의 확보도 가능
6) 네트워크 관리기술: 제공되는 서비스에 맞는 충분한 대역폭을 제공하고 QoS, QoE, Multicast 기술이 활용
 - PIM-SM, PIM-DM, PIM-SSM, 멀티캐스트, HTTP, MPLS, CDN등

문제11) 정보통신 네트워크 보안 방법과 Managed Security

Ⅰ. 정보통신 네트워크 보안 방법
- 네트워크 보안(Network Security)이란 권한 밖의 네트워크와 네트워크로 접속 가능한 자원에 접근하려 할 때, 네트워크 관리자가 사용하는 컴퓨터 네트워크 하부 구조에서의 기본적인 설비 또는 방책이다.
- 네트워크 보안 방법은 다음과 같다.

구분	종류	주요기능
침입차단	방화벽	인증되지 않는 트래픽을 막는다
침입탐지	IDS	웜바이러스,내/외부 해킹방지,내부감시자 역할
침입방지	IPS	내부보안 감시 및 능동적 유해 트래픽 차단
원격통합 제어	ESM	다양한 이기종간 보안장비 통합,각 기업이 도입하는 보안솔루션에 대한 중앙집중적인 통합관리 서비스
통합위협 관리	UTM	여러 보안 제품의 기능을 통합한 보안 관리 솔루션

Ⅱ. Managed Security Service 서비스인 ESM
- Managed Security Service는 원격에서 IT자원 및 보안시스템에 대한 운영 및 관리를 대신해주는 보안관리 대행 서비스이다.

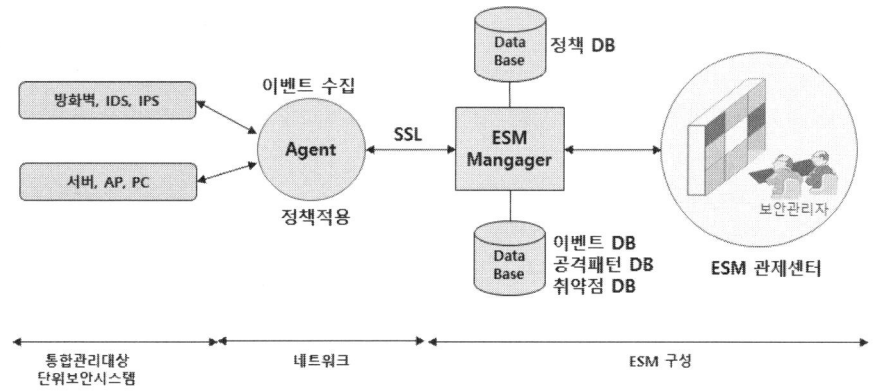

그림 ESM 구성

단위보안시스템: 방화벽 IDS, IPS 기타 보안 솔루션 등
ESM Agent: 단위보안시스템의 이벤트를 수집, ESM Manager에게 전달
ESM Manager: 보안 이벤트 모니터링, 수집, 분석, 위협패턴 저장
ESM 콘솔: ESM관리를 위한 이벤트 콘솔, 위협대응, 지휘통제, 대쉬 보드 기능제공
정책DB/이벤트DB: 통합 보안 정책 적용을 위한 정책DB 및 각종 이벤트 저장 DB

Ⅲ. ESM 도입효과
- 각종 보안 솔루션의 알람 및 로그 정보를 중앙 집중화된 시스템에서 통합관제 및 관리하여, 보안 시스템 관리의 효율성 증대
- 소수의 특정 관리 인원을 할당하여 관리를 담당하게 할 수 있어 비용 효율적인 보안 관리 가능
- 보안 관리자의 교육 시간과 숙달 시간을 최소화
- 각종 로그 정보에 대한 통합 관리를 통해 사전 예방책 마련 가능
- 통계 처리 기능을 이용하여 주기적인 시스템 상태 분석 가능

Ⅳ. 맺음말
- 많은 기업들이 자신들의 전산자원을 보호하기 위해 보안 솔루션을 적극 도입했고, 이들 단위 보안 솔루션들에 대한 중앙 집중적인 통합 관리의 중요성과 필요성이 대두되고 있는 상황임.
- 향후 관리대상시스템이 기하급수적으로 늘어날 것으로 예상돼 안정성·확장성·비밀·편의성을 기반으로 한 통합보안관리 기능을 강화하는 유형으로 발전될 전망.

문제12) SSL VPN의 구현원리

Ⅰ. SSL VPN 개념
- SSL(Secure Socket Layer)은 웹 브라우저와 웹 서버 간에 안전한 정보 전송을 위해 사용되는 암호화 방법이다.
- VPN(Virtual Private Network)은 우리말로 가상사설망이다. 즉 인터넷망과 같은 공중망을 사설망처럼 이용해 회선비용을 크게 절감할 수 있는 기업통신 서비스를 이르는 말이다.
- SSL VPN이란 SSL을 이용해 구현된 VPN을 말한다.
Ⅱ. SSL(Secure Sockets Layer)
- SSL(Secure Sockets Layer)란 웹서버 인증, 서버 인증이라고도 함.
- 브라우저와 서버간의 통신에서 정보를 암호화함으로써, 도중에 해킹을 통해 정보가 유출되더라도 정보의 내용을 보호할 수 있게 해 주는 보안 솔루션이다.
- 웹서버에 SSL(Secure Sockets Layer) 인증서를 설치할 경우 이 기술이 적용된 전자문서는 별도의 암호화 과정을 거쳐 상대방에게 전달되므로 정보 송신자(웹브라우저에 정보를 입력하는 사용자)와 정보 수신자(해당 사이트의 웹서버 관리자)외에는 그 내용을 해독할 수 없게 된다.
Ⅲ. VPN 구성
가. 개념

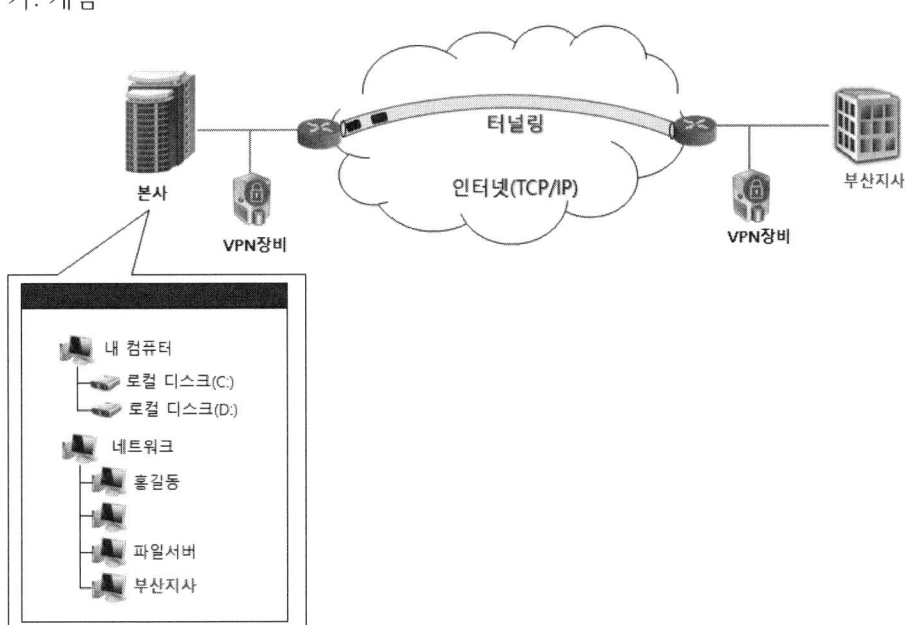

- VPN 서비스를 이용하면 본사와 지사간에 터널링 기술이 적용되어 마치 동일 LAN상에 위치하고 있는 것처럼 동작하여 거리제한을 극복하고 업무효율성을 높일 수 있다.

나. VPN 특징
- 공중망을 이용하여 사설망과 같은 효과를 얻기 위한 기술로서, 별도의 전용선을 사용하는 사설망에 비해 구축비용이 저렴하다.
- 사용자들 간의 안전한 통신을 위하여 기밀성, 무결성, 사용자 인증의 보안 기능을 제공
- VPN은 네트워크 종단점 사이에 가상터널이 형성되도록 하는 터널링 기능은 SSH와 같은 OSI 응용계층의 보안 프로토콜로 구현해야 한다.
- 인터넷과 같은 공공 네트워크를 통해서 기업의 재택 근무자나 이동 중인 직원이 안전하게 회사 시스템에 접근할 수 있도록 해준다.

IV. SSL VPN의 구현원리
가. 개념
- SSL VPN이란 VPN에서 사용하는 프로토콜로 SSL을 사용하는 것이다.
- VPN에서 제공되는 네트워크 종단점 사이에 가상터널이 형성되도록 하는 터널링기능과 암호화 기능에 응용계층과 전송계층에서 동작하는 SSL을 이용해 구현하는 것으로 확장성과 편리성이 높은 장점이 있다.

나. SSL VPN이 제공하는 보안 서비스
① 데이터암호화 기술(대칭키 사용)
데이터의 기밀성을 보장하기 위한 암호화, 복호화 기술이다.
② 무결성 보장
무결성을 확인하기 위해서 MAC(Massage Detection Code: 메시지인증코드)을 사용
③ 터널링 기술
공중망에서 전용선과 같은 보안효과를 얻기 위한 기술
VPN기술 중 터널링 기술은 VPN의 기본이 되는 기술로서 터미널이 형성되는 양 호스트 사이에 전송되는 패킷을 추가헤더 값으로 캡슐화하는 기술이다.
④ 인증 기술
접속요청자의 적합성을 판단하기 위한 인증기술이다.
⑤ 접근제어 기술
적절한 권한을 가진 인가자만 특정 시스템이나 정보에 접근할 수 있도록 통제하는 것이다.

라. IPSec VPN 과 SSL VPN의 비교

	IPSec VPN	SSL VPN
적용계층	TCP/IP의 3계층	TCP/IP의 4계층
지원성	별도의 소프트웨어 설치 필요	웹 브라우저 자체 지원
적합성	Site to Site	Site to Remote
접근제어	어플리케이션 차원의 정교한 접근제어 미흡	어플리케이션 차원의 정교한 접근제어 가능
장점	단대단 부안 기능 종단 부하 없음	접속 및 관리의 편리성
단점	운영과 관리가 복잡함	방화벽 443 포트 오픈 종단 부하 발생 가능

문제13) 암호화폐 보안 취약점 및 대책

Ⅰ. 암호화폐
- 암호화폐(가상화폐)는 컴퓨터 등에 정보 형태로 남아 실물 없이 사이버상으로만 거래되는 전자화폐의 일종으로, 각국 정부나 중앙은행이 발행하는 일반 화폐와 달리 처음 고안한 사람이 정한 규칙에 따라 가치가 매겨진다.
- 대표적인 암호화폐로는 비트코인을 비롯해 이더리움, 비트코인 골드, 비트코인 캐시, 리플, 대시, 라이트코인, 모네로 등이 있다.
- 암호화폐는 블록체인 기술을 활용하는 분산형 시스템 방식으로 처리된다.

Ⅱ. 보안 취약점
가. 개념
- 최근 암호화폐 거래소와 개인투자자에게 사이버공격이 집중되고 있다.
- 암호화폐 거래소는 사용자들이 비트코인 등 가상화폐를 교환할 수 있는 서비스 이다.
- 거래 시간이 정해져 있지 않고 24시간 거래가 이루어지며, 발행기관과 관리 주체가 탈 중앙화 되어 있어 시장 규제가 없는 것이 특징이다.
- 암호화폐 투자자는 암호화폐를 사고 팔아 수익을 내는 것을 목적으로 거래하는 사람을 말한다.

나. 암호화폐 거래소 보안취약점
- 중앙집중형 거래소 방식의 보안취약점은 은행계좌와 달리 암호화폐 지갑은 보안키 값 하나만 알면 탈취가 가능하므로 해커들은 거액의 암호화폐가 보관된 지갑을 해킹 대상으로 삼고 있다.
- 허술한 규제로 인해 일정한 기준 적합 시 설립 가능한 가상화폐 거래소 규정과 가상화폐의 급격한 성장으로 별도의 보안장치 없는 거래소 다수 설립되어 전체적인 보안 취약점이 있다.
- 거래소 공격방법으로는 APT, 개인키를 탈취해 코인 출금, 전자지갑서버에 랜섬을 걸고 합의를 유도, 시스템에 직접 침입해 거래 원장을 위·변조하여 출금 시도, 개인정보를 탈취해 피싱, 사이트 파밍 공격 등 일반적인 해킹 기법으로 해킹 등이 있다.

다. 개인 투자자 보안 취약점
- 악성코드를 개인 투자자 컴퓨터에 감염시켜 암호화폐를 탈취하거나, 스피어피싱, 피싱·파밍, 개인 사용자 PC 리소스를 이용해 암호화폐를 채굴하는 채굴봇도 유행하고 있다.

Ⅲ. 대책
- 거래소는 사용자들의 금융자산을 책임지고 있는 만큼, 금융권 수준의 보안을 갖춰야 하며, 망분리, 중요 시스템에 대한 강력한 접근제어, 중요정보와 고객정보 암호화 등의 시스템과 보안 체계를 갖춰야 한다.

- 탈중앙집중형 거래소 방식(DEX, Decentralised Exchange)을 추구하여 P2P(개인간 직거래) 방식으로, 거래를 위한 암호화폐와 법정화폐를 거래소가 한꺼번에 일괄 관리 하지 않고, 필요한 만큼만 판매하고, 구매자에게 바로 입금 받는 안전한 플랫폼을 구축하는 것도 방법이 될 수 있다.
- 관리적 방법으로는 보안 취약점과 관련된 ISMS - P 인증을 취득한다.
- 다중 서명 방법인 멀티시그 (Multisig)도입한다. 멀티시그란 전자지갑의 열쇠를 여러개 만들어 신뢰할 수 있는 다수의 관계자들이 나눠갖는 개념이다. 기존 하나의 개인키에 두 개의 키를 더한 총3 개의키를 만들어 서로 다른 곳에 보관해두고, 3 개 중 2 개키의 승인을 받아야만 지갑이 열리는 형태이다.

국가기술자격 기술사시험문제

기술사   제 116 회   제 2 교시 (시험시간: 100분)

분야	통신	자격종목	정보통신기술사	수험번호		성명	

※ 다음 문제 중 4문제를 선택하여 설명하시오. (각10점)

문제01) 정보통신감리원의 배치기준, 업무범위, 검측절차, 감리결과의 통보내용과 정보통신감리 개선방안을 설명하시오.

Ⅰ. 개요
- 감리란 공사(「건축사법」 제4조에 따른 건축물의 건축 등은 제외한다)에 대하여 발주자의 위탁을 받은 용역업자가 설계도서 및 관련 규정의 내용대로 시공되는지를 감독하고, 품질관리·시공관리 및 안전관리에 대한 지도 등에 관한 발주자의 권한을 대행하는 것을 말한다.

Ⅱ. 감리원 배치기준
- 용역업자는 당해 공사의 규모 및 공사의 종류에 적합하다고 인정되는 자로서 당해 공사전반에 관한 감리업무를 총괄하는 자를 감리원으로 현장에 상주시키되, 당해 공사 전반에 관한 감리업무를 총괄하는 자를 다음 각호의 기준에 의하여 배치하여야 함. 다만, 공사가 중단된 기간은 그러하지 아니함
    ① 총공사금액 100억원 이상인 공사: 기술사
    ② 총공사금액 70억원 이상 100억원미만인 공사: 특급감리원
    ③ 총공사금액 30억원 이상 70억원 미만인 공사: 고급감리원 이상의 감리원
    ④ 총공사금액 5억원 이상 30억원 미만인 공사: 중급감리원 이상의 감리원
    ⑤ 총공사금액 5억원미만의 공사: 초급감리원이상의 감리원
- 용역업자는 감리원을 배치한 때에는 그 배치내용을 당해 공사의 발주자에게 통지하여야 하며 배치된 감리원을 교체하고자 하는 때에는 미리 발주자의 승인을 얻어야 함
- 용역업자는 1인의 감리원으로 하여금 2이상의 공사를 감리하게 하여서는 안됨, 다만 다음 각호의 1에 해당하는 공사로서 발주자의 승낙을 얻은 경우에는 그러하지 아니함
    ① 총 공사금액이 2억원 미만의 공사로서 동일한 시(특별시 및 광역시 포함),군에서 행하여 지는 동일한 종류의 공사
    ② 이미 시공 중에 있는 공사의 현장에서 새로이 행하여지는 동일한 종류의 공사

Ⅲ. 감리원의 업무범위
 - 공사계획 및 공정표의 검토
 - 공사업자가 작성한 시공상세도면의 검토, 확인
 - 설계도서와 시공도면의 내용이 현장조건에 적합한지 여부와 시공가능성 등에 관한 사전 검토
 - 공사가 설계도서 및 관련규정에 적합하게 행하여지고 있는지에 대한 확인
 - 공사진척부분에 대한 조사 및 검사
 - 사용자재의 규격 및 적합성에 관한 검토, 확인
 - 재해예방대책 및 안전관리의 확인
 - 설계변경에 관한 사항의 검토, 확인
 - 하도급에 대한 타당성 검토
 - 준공도서의 검토 및 준공확인

Ⅳ. 검측절차
- 감리원은 시공계획서에 의한 일정단계의 작업이 완료되면 시공자로부터 검측요청서(별지 제5호서식)를 제출받아 그 시공상태를 확인하여야 한다.
- 감리원은 다음 검측절차에 따라 검측업무를 수행하여야 한다.
 ① 검측체크리스트에 의한 검측은 1차적으로 시공자의 담당기술자가 점검하여 합격된 것으로 확인한 후, 그 확인한 검측체크리스트를 첨부하여 검측요청서를 감리원에게 제출하면 감리원은 1차 점검내용을 검토한후, 현장 확인 검측을 실시하고, 그 결과를 서면으로 통보.
 ② 검측결과 불합격인 경우는 그 불합격된 내용을 시공자가 명확히 이해할 수 있도록 상세하게 첨부하여 통보하고 보완시공 후 재검측 받도록 조치

〈검 측 절 차〉

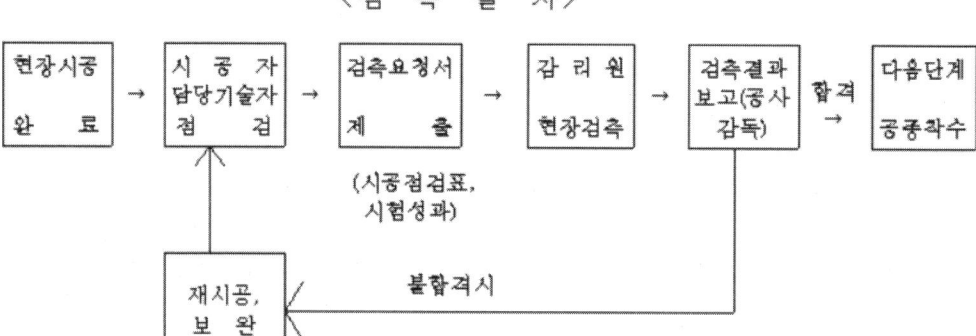

Ⅴ. 감리결과의 통보내용
 - 공사의 공정(工程)이 정하는 진도에 다다른 경우에는 감리중간보고서를, 공사를 완료한 경우에는 감리완료보고서를 각각 작성하여 제출하여야 한다.
1) 공사개요
 o 일반사항 : 공사명, 공사의 목적, 공사 기간, 설계 업체명, 감리 업체명, 시공 업체명
 o 공사 구간 : 공사 현장의 지리적 위치 및 포함 될 구간
 o 공사 내역
 o 시스템 구성 : 주요 시설 설비 구성
2) 감리 업무 개요
 o 감리 일반 사항
 o 감리원 운영 계획
 o 감리 대상 업무의 범위 및 업무 분장
3) 감리 업무 수행 실적
 o 공정 관리   o 자재 관리   o 품질 관리
 o 안전 관리   o 설계 변경 검토   o 준공 검사 지원
4) 종합 평가
 o 각종 측정 및 성능 시험
 o 시공 상태 확인
 o 주요 품질 및 공사 목적 확보 확인
 o 공사 감리 평가

Ⅵ. 정보통신감리 개선방안
- 정보통신의 발전 현상은 각각의 설계단계와 시공단계에서 뿐만 아니라 품질의 최종확보를 담보케 하는 감리단계에서 그 중요성이 더욱 높아지므로, 체계적이고 지속적인 감리교육이 필요하다.
- 현재의 정보통신 감리제도는 정보통신공사업법을 통하여 본격적으로 도입, 운용되고 있으나 제도의 운영과 관리 주체가 이원화 되어 있는 등 급속히 발전하고 있는 정보통신의 시대적 요구에 부응하지 못하고 있는 실정으로 개선이 필요하다.

문제02) 지능형 건축물 설계절차와 고려사항 및 시스템통합(SI)에 대하여 설명하시오.

I. 지능형 건축물 발전 트렌드
- 지능형 건축물은 4차 산업혁명 트렌드로 인해 스마트 건축물, IoT 건축물로 불리워지고 있다
- 지능형 건축물은 다양하게 추진되고 있는데, 여기서는 과기 정보통신부에서 시행하는 홈네트워크 인증제도 관점에서 살펴본다.
- 2017년 미래부(현 과기 정보통신부)에서 홈네트워크 인증 등급 중 AAA급을 7월 1일 부터 추가해서 시행한다.
- 종전에는 AA, A, 준A 등 3개 등급이 있었는데, 7월 1일 부터 최상위로 AAA등급이 신설되었다. 그 배경은 다음과 같다.
① IoT가 건물 내부에 적용되므로 사물인터넷+건물 융합(홈IoT) 촉진
② 스마트홈용 앱 활성화
③ 아파트 단지 홈네트워크 Security 강화로 해킹 사전 방지
④ 음성인식 AI 비서 도입 활성화: 아마존 AI 비서 '에코'나 KT의 AI스피커 '기가지니'와 SKT의 AI스피커
- 'NUGU'가 아파트 건설회사와의 협력체계로 스마트홈사업으로 추진되고 있다.
- 그러므로 2017년 7월 이후에 건축 허가받은 아파트나 공동주택의 경우, 홈네트워크 인증 등급을 AAA로 신청하게 유도하는게 건축물이 스마트홈, 스마트빌딩으로 발전해나가는 트렌드에 적절하게 대응할 수 있다.
- 잠실 뉴롯데빌딩 123층 건축물에 IoT가 5천개나 Embedded 되었다.

표 홈네트워크 등급 비교

등급	AAA(홈IoT) (신설)	AA	A	준A
주요내용	AA + 모바일앱, 기기확장성, 보안	준A + 홈네트워크 기기 9개 이상	준A + 홈네트워크 기기 6개 이상	통신배관실 + 가스, 조명, 난방제어기 등

II. 설계 절차와 고려사항
- 4차 산업혁명 트렌드로 인해 지능형 건축물은 스마트 홈/빌딩 또는 IoT 홈/빌딩이라고 부른다.
- 지능형 건축물은 설계시에 4차 산업혁명의 핵심 기술을 구체적으로 어떻게 적용할 것인지를 먼저 결정해야 한다.

- 지능형 건축물은 건물 구조체나 사람이 거주하거나 활동하는 환경속에 사물인터넷(IoT) 센서를 내장(Embeddd)하는 것에서 출발한다.
- IoT만 있어서 되는 것은 아니다. IoT가 센싱하는 각종 데이터를 빅데이터로 처리 저장하는 클라우드, 빅데이터를 용도에 맞게 분석 최적화하여 적용 활용할 수 있게 해주는 AI가 필요하다.
- 물론 이 구성 요소간을 연결해주는 Mobile, 즉 4G, 5G, LPWA 등이 필요하다
- IoT, Big Data, Cloud, AI, Mobile 등은 4차 산업혁명의 핵심기술이다.
① AI(인공 지능)
② IoT(사물인터넷)
③ Cloud(클라우드)
④ Big data(빅데이터)
⑤ Mobile(모바일)
- 건축 구조체속이나 생활 환경속의 IoT센서는 센싱을 통해 다양한 데이터를 생성하여, 이 데이터를 센터에 위치하는 클라우드로 보내면, 그곳에서 소위 말하는 빅데이터가 형성된다.
- 이 빅데이터는 AI에 의해 분석 처리되어 유익한 정보로 최적화 되어 건물 구조체의 이상여부 진단, 건물 관리의 효율화, 거주자나 근무자들에게 최적의 환경을 제공한다.

Ⅲ. 시스템 통합(SI)
- 공동 주택이나 일반 건축물 방재실(상황실)에는 다양한 용도의 서버들이 TCP/IP로 인터워킹 되는 구내 백본 네트워크에 연결되어 있다.
- 다양한 용도의 서버들을 서비스 시나리오에 따라 연동시키는 기능을 수행하는 서버가 통합서버인데, 이중화되어있다.
- 아파트 방재실에는 통합SI서버, 단지 서버, 위치인식 서버(원패스용), SIP서버(인터폰 서비스용), 커뮤니티 관리서버, 출입통제 서버, 차량관제 서버, 엘리베이트 관리 서버, Web서버, WAP서버 등 다양한 종류가 있다.

Ⅳ. 통합 서비스 시나리오
- 건물 관리업무 자동화를 위한 기계설비, 조명, CCTV, 출입통제, 주차 관제, 빌딩 안내, 원격검침, FMS(Facility Management System) 등 개별 시스템을 통합네트워크로 연동하여 감시, 제어를 실시하며, 다른 시스템간의 정보 공유, 연동제어 등을 통하여 보다 효율석이고 합리적인 건물 운영을 할수 있도록 지원하고 통합 모니터링 환경을 구축하여 효율적인 시스템 구축을 목적으로 한다.
- 다양한 용도의 서버들을 서비스 시나리오에 따라 연동시키는 기능을 수행하는 서버가 통합서버인데, 이중화 되어있다. 아파트의 통합 SI 서비스 시나리오는 다음 3가지가 기본적으로 제공된다.

(1) 화재 발생 시
- 화재 발생 시 적절하게 대응할 수 있도록 냉난방 공조설비(화재 공조 모드), 팬, 조명 설비(비상 조명 점등), CCTV(화재 구역 표출), 출입 통제(출입문 개방) 등 관련 설비들을 화재 발생 대응 서비스 시나리오에 맞게 연동시킨다.

(2) 도난 침입 시
- 도난 사고 발생 시 적절하게 대응할 수 있도록 조명(조명 점등), CCTV(카메라 감시), 출입 통제(출입 신호, 상태, 순찰 관리), 주차 관리(주차 현황) 등 관련 설비들을 도난 발생 대응 서비스 시나리오에 맞게 연동시킨다.

(3) 전력 피크치(계약분) 초과 시
- 아파트 단지 전체 전력 소비량이 무더위시 에어컨 사용 등으로 급증하는 경우 비싼 전력요금 체계가 적용되므로 전력 계약치를 초과하는 경우, 전력 소비량을 떨어뜨리기 위해 사전에 동의한 소비자의 소비 전력을 초과 대응 서비스 시나리오에 맞게 제어(에어컨 off) 하거나, 냉난방 공조설비(온도 조정), 조명(밝기 조정) 등 관련 설비들을 서비스 시나리오에 맞게 연동시킨다.

문제03) 스마트시티와 연계된 IoT 기반의 스마트 홈 구축방안을 설명하시오.

Ⅰ. 개요
- 스마트시티란 도시의 경쟁력과 삶의 질 향상을 위하여 스마트시티 기술을 활용하여 건설된 스마트시티 기반시설 등을 통하여 언제 어디서나 스마트시티 서비스를 제공하는 시티임
- 즉, 첨단 정보통신기술(ICT)를 이용해 도시의 모든 인프라를 네트워크화한 미래형 첨단 도시임.
- 스마트홈은 주거 환경에 IT를 융합하여 국민의 편익과 복지증진, 안전한 생활이 가능하도록 하는 인간 중심적인 스마트 라이프 환경
- 스마트 홈은 IoT를 기반으로 하는 새로운 홈 서비스 주거형태이며, 기술의 발달과 편리함을 추구하는 생활 패턴으로 인해 스마트 홈 시장이 매년 확대됨.

Ⅱ. 스마트 시티의 구성
가. 구성도

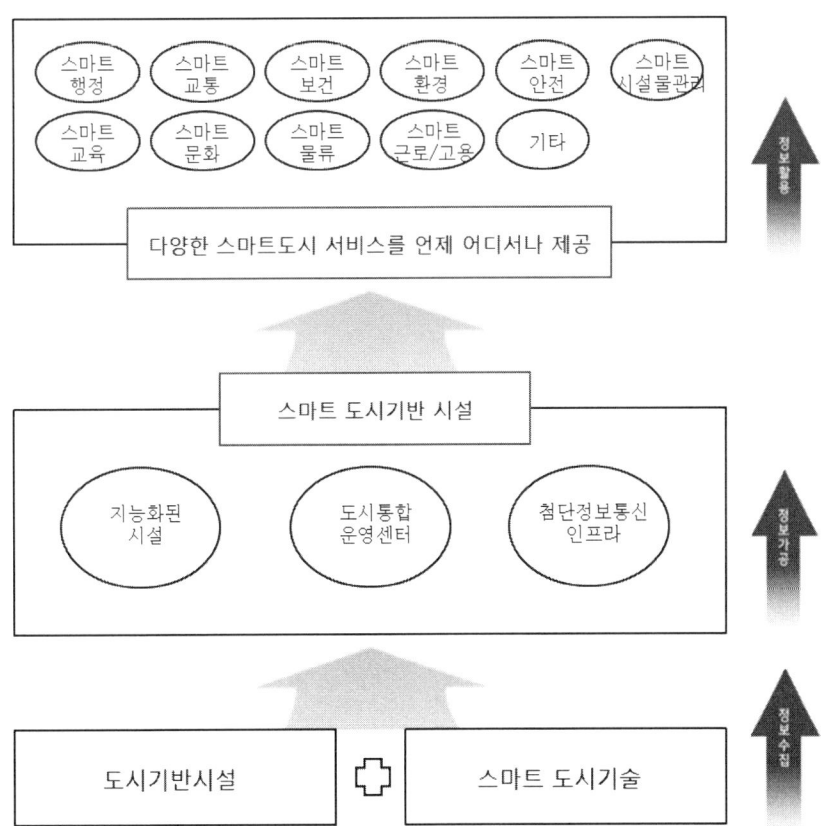

나. 구성요소

구분		주요 내용
인프라	도시인프라	-스마트시티는 기본적으로 소프트웨어적이지만 도시 하드웨어 발전이 필요
	ICT 인프라	-유/무선 통신 인프라의 도서 전체 연결
	공간정보 인프라	-현실공간과 사이버공간 융합을 위해 공간정보의 핵심 플랫폼 등장 -공간정보 이용자가 사람에게 사물로 변화 -지도정보, 3D지도, GPS 등 위치측정 인프라, 인공위성, Geotagging
데이터	IoT	-도시 내 각종 인프라와 사물을 센서 기반으로 네트워크에 연결 -스마트시티 전체 시장 규모에서 가장 큰 시장을 형성하며 투자 역시 가장 필요
	데이터 공유	-좁은 의미의 스마트시티 플랫폼 -데이터의 자유로운 공유 및 활용 지원 -도시내 스마트시티 리더들의 주도적 역할 필요
서비스	알고리즘 & 서비스	-실제 활용 가능한 품질 및 신뢰도의 지능서비스 개발 계층 -데이터의 처리 분석 등 활용능력 중요
	도시 혁신	-도시문제 해결을 위한 아이디어 및 서비스가 가능한 환경 조성 -정치적 리더십 및 사회신뢰 등의 사회적 자본이 작용하는 영역 -중앙정부의 법제도 혁신 기능 필요

III. 스마트 홈

가. 개념

- 기술 시스템, 자동화 프로세스, 원격 제어 기기 등을 아파트나 주택에서 사용하는 것을 말함.
- 가정에서 삶의 질과 편의성을 높이고, 보안을 향사시키며, 연결된 원격 기기를 사용하여 에너지 효율을 높임.
- 스마트홈은 궁극적으로 개인 주거에 필요한 전 일상용품/기기에 사물인터넷(IoT)을 융합하는 것이기 때문에 개인 소비와 관련된 대부분의 영역에 방대하게 걸쳐있는 사업임.

나. 구성도

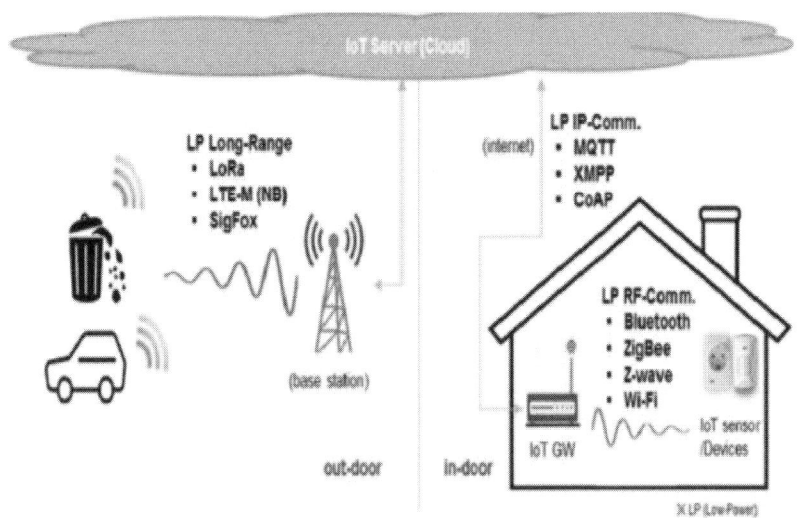

-스마트홈은 IoT에서 사용되는 통신기술들을 그대로 사용하며, 옥외에서 사용되는 저전력 장거리 통신기술과 옥내에서 사용되는 저전력 IP/RF 통신기술로 나뉘어 짐.

다. 스마트 홈 통신 기술
(1) 저전력 장거리 통신 기술

구분	LTE-M	NB-IoT	SIGFOX	LoRa
커버리지	~11Km	~15Km	~12Km	~10Km
주파수대역	면허대역 (LTE주파수)	면허대역 (LTE주파수)	비면허대역 (RFID-USN 대역)	비면허대역 (RFID-USN 대역)
통신속도	~10Mbps	~100kbps	~100bps	~10kbps
로밍	가능	가능	불가능	불가능
표준화	3GPP Rel.8	3GPP Rel.13	비표준	비표준
배터리수명	~10년	~10년	~10년	~10년
서비스 시기	가능	가능	국내 미정	가능

-저전력 통신기술은 LPWA(Low Power Wide Area) 기술로 다루어지며, LTE-M, Sigfox, NB-IoT, LoRa 등이 있음.

나. 저전력 RF 통신 기술

구분	Bluetooth	Zigbee	Z-Wave
사용주파수	2.4GHz	2.4GHz	900MHz
전송률	2Mbps이하	960kbps이하	40kbps이하
전송거리	30m	20m	30m
특징	음성, 데이터	데이터	데이터
응용	오디오 전송	센서 네트워크	센서 네트워크
회절	낮음	낮음	우수
간섭	높음	높음	낮음

- 스마트홈 G/W와 디바이스 간에는 Bluetooth, Zigbee, Z-Wave 등과 같은 저전력 RF 통신 프로토콜이 주로 사용됨.

나. 저전력 IP 통신 기술

Protocol	CoAP	XMPP	MQTT
Transport	UDP	TCP	TCP
Messaging	Request/Response	Publish/Subscribe Request/Response	Publish/Subscribe Request/Response
2G/3G/5G Suitability	Excellent	Excellent	Excellent
LLN Suitability	Excellent	Fair	Fair
Compute Resources	10Ks RAM/Flash	10Ks RAM/Flash	10Ks RAM/Flash
Success Stories	Utility Field Area Network	Smart energy Profile2 (premise energy management, hone services)	Extending enterprise messaging into IoT applications

- 사물인터넷을 활용하기 위해서는 실기간 커뮤니케이션 기술이 필수적인 요소이며, IoT 기기들 간 커뮤니케이션을 위한 실시간 프로토콜로는 CoAP, XMPP, MQTT 등이 있음.

Ⅳ. IoT 기반의 스마트 홈 구축 방안

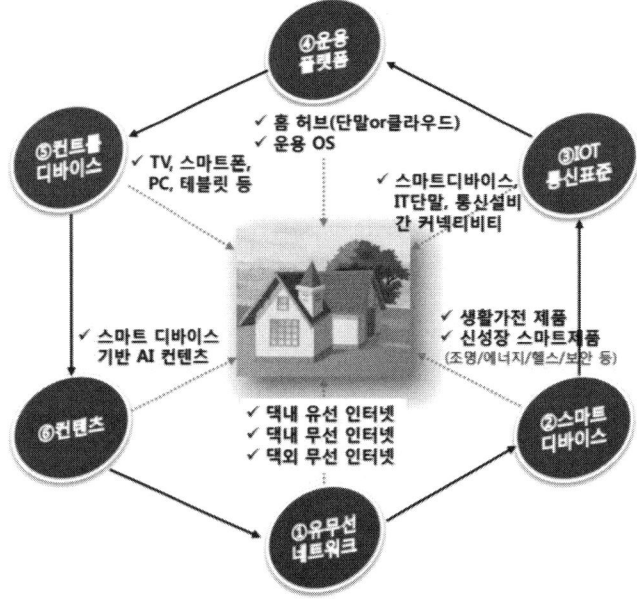

가. 스마트 홈 생태계의 구성 요소

구성 요소	내용
유무선 네트워크	-댁내 유/무선/센서 네트워크 -댁외 무선 네트워크
스마트 디바이스	-IoT 통신이 가능한 스마트 디바이스
IoT 통신 표준	-수없이 많은 스마트 디바이스간의 Connectivity -표준화를 통한 원활한 통신 기반 확보 요구
운영 플랫폼	-인프라 시설을 운영/컨트롤할 수 있는 홈허브 역활
컨트롤 디바이스	-홈허브를 이용자 편의성에 맞게 컨트롤할 수 있는 디바이스를 갖춰야 함.
컨텐츠	-이용자의 니즈에 맞는 킬러 컨텐츠 확보

나. 스마트 홈 구축 시 고려사항

구분	내용
범위	-스마트 기기의 제어 범위 -전기/전자기기, 조명
통신방식	-Zigbee, Z-Wave -CoAP, XMPP, MQTT -LoRa, NB-IoT
호환성	-통신방식, 주파수, 디바이스
보안성	-All Connectivity로 인한 개인정보 노출
표준화	-IoT 표준 확보를 통한 비용절감, 경쟁력 강화
Business Model	-회사마다 다른 BM으로 인한 호환성 부족 -서비스 활성화에 대한 걸림돌
네트워크 기술	-네트워크 인프라 확대 필요

다. 스마트 홈 진화 시나리오

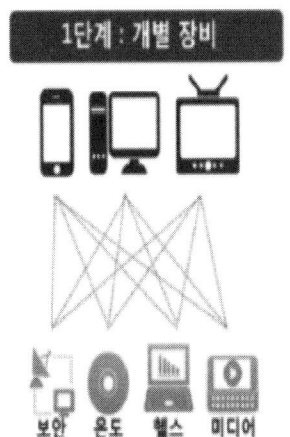
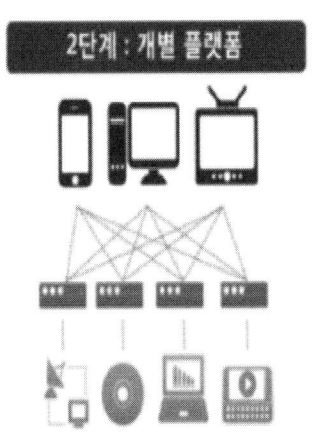
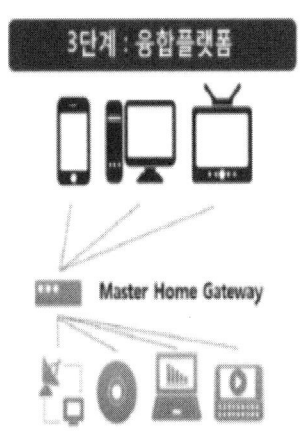

- 단계별로 스마트 홈은 진화하고 있으며, 표준화가 완료되면, Master G/W에 의해 모든 기기들이 융합하여 결합하는 구조로 발전할 것임.

IV. 맺음말
- 스마트 홈은 4차 산업혁명의 핵심기술 중에 하나인 IoT 기술의 응용 서비스로 가정의 모든 전기/전자 기기들을 인터넷에 연결하는 기술임.
- 생활의 편의를 증대시키나, 보안, 표준화 부재 및 개별 Business Model 진행으로 인한 제약이 있는 상황임.

문제04) PON, AON에 대한 비교와 광케이블망 설계시 링크버짓에 대해 설명하시오.

Ⅰ. 개요
- 초고속 정보통신건물인증제도에서 1등급은 AON방식으로, 특등급은 PON 방식으로 구축된다.
- AON은 핵심 구성 시스템인 L2스위치가 전원이 필요한 Active Device이므로 AON의 "A" =Active라는 수식어가 붙었고, PON은 Optical Splitter가 전원이 필요 없는 Passive Device이므로 "P" =Passive라는 수식어가 붙었다.

Ⅱ. AON방식
- 1등급 아파트의 초고속인터넷은 TPS실까지는 광케이블을, TPS실에서 세대단자함까지는 UTP케이블을 이용하여 AON(Active Optical Network)방식으로 구축한다.
- AON방식은 전화국이나 세대 단자함내에 특별한 장치가 없고 TPS실에 L2스위치만 설치된다. 그러므로 고장 발생비율이 낮은 장점이 있다.
- L2스위치: TPS실에 설치, 광케이블 1코어를 분기해서 다수(24세대) 세대의 초고속인터넷 회선을 구축한다.

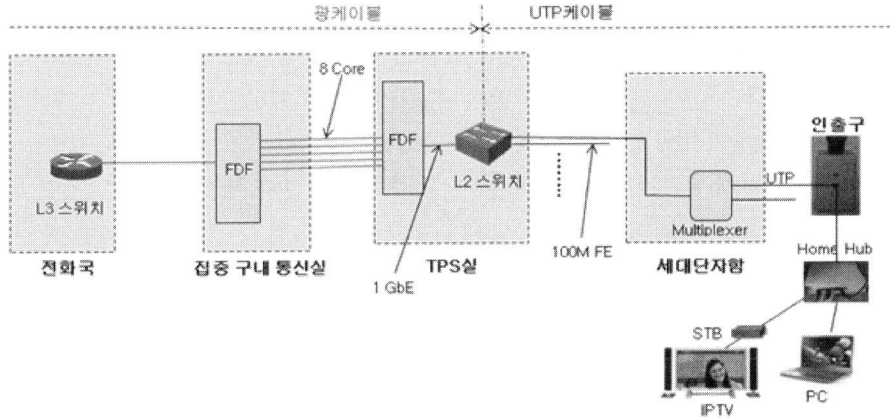

그림 초고속인터넷 AON방식

Ⅲ. PON방식
- 특등급 아파트의 초고속인터넷은 전체 구간에서 광케이블을 이용하여 PON(Passive Optical Network)방식으로 구축한다.
- OLT: 전화국 설치하거나 아파트 단지통신실에 전진 배치 가능
- Optical Splitter: TPS실 설치, 광케이블 1코어를 분기하여 다수(32~64분기) 세대의 초고속 인터넷회선을 구축토록 한다.
- ONT: 세대단자함 내부 설치 가능

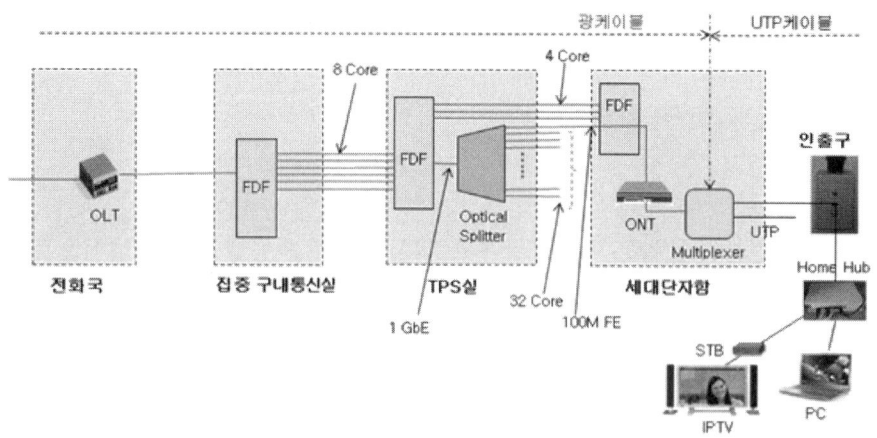

그림 초고속 인터넷 PON방식

IV. 광 링크 버짓(Optical Link Budget)
- 링크 버짓이란 통신시스템의 링크 설계에서 송수신이 완벽하게 이루어지도록 규격을 정하거나 조정하는 작업 또는 그 계산 결과를 가리킨다.
- 송신단의 각종 요소들과 전송 매체, 그리고 수신단의 감도(Receiver Sensitivity), 이득(Gain), 잡음 지수(Noise Figure), 마진(Margin) 등을 예측하고, 계산하여 전체적으로 목표치 이내의 안정된 회선 품질을 얻을 수 있도록 방식을 설계하는 모든 작업을 의미한다.
- FTTH를 위한 광케이블 전송 구간에서 광링크 버짓은 다음과 같이 계산된다.
  광송신기 출력 - 광케이블 손실(0.3 dB/km)- 광 융착 접속점 손실(1개소당 0.1dB)
- 광케넥터 접속점 손실(1개소당 0.5dB) -분기기 손실(4분기기는 7dB, 8분기기는 10.4dB, 16분기기는 13.8dB) - Margin = LB
- LB값이 광수신기의 수신 레벨 규격 보다 높아야 양호한 수신이 가능하다.

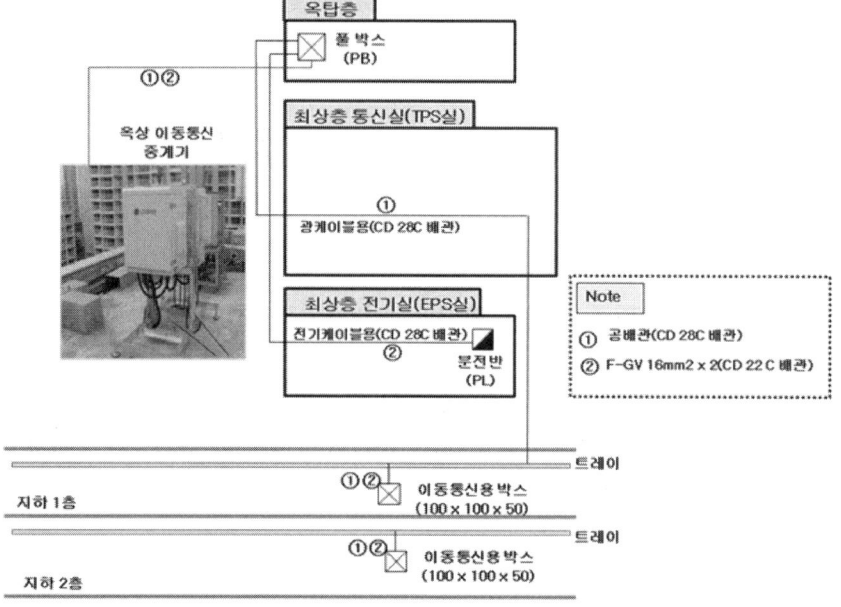

문제05) MCPTT(Mission Critical Push To Talk)호처리 절차와 5G의 Mission Critical 서비스에 대하여 설명하시오.

Ⅰ. 개요
- 기존 재난안전통신망은 유럽 중심의 TETRA와 미국 중심의 APCO-P25를 통해 구축
- 최근 재난상황의 규모가 커지고 유관 기관의 입체적인 대응을 위해 음성통신 이외에 영상 등의 고속 데이터 통신이 가능한 LTE 기술 기반의 PS-LTE 도입

Ⅱ. 재난안전통신망의 구성 및 특징
가. 재난안전통신망 구성

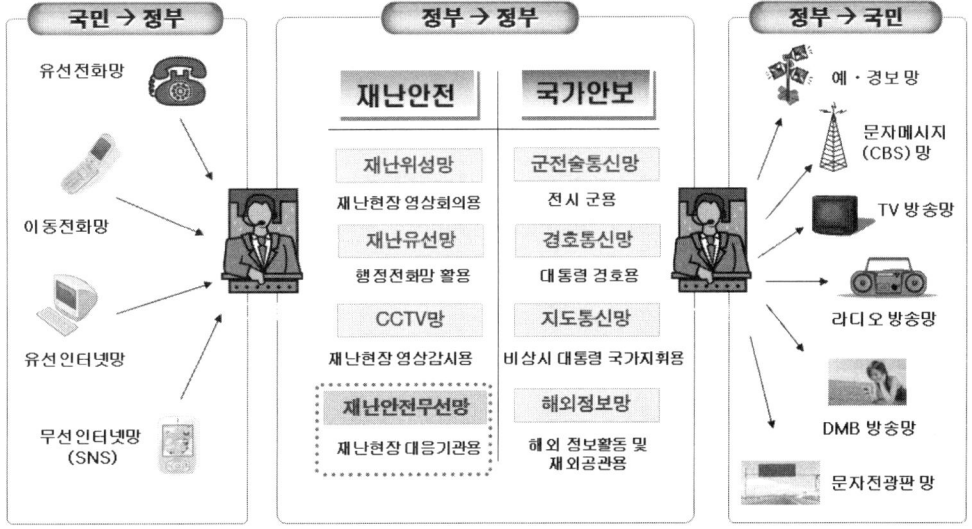

나. 재난안전통신망의 일반적인 조건
- 극한 상황에서도 통신 기능을 유지할 수 있는 생존·신뢰성

- 유효한 사용자에게만 의미 있는 정보가 전달될 수 있는 보안성

- 사용자의 등급에 따라 통신 권한을 부여할 수 있는 우선순위성

- 재난의 다양한 상황에서 효과적으로 대응할 수 있는 재난대응성

- 이종 통신기술방식과 자유롭게 연동이 가능한 상호운용성

- 다양한 통신기능 및 서비스를 유연하게 확장할 수 있는 확장성

- 비용대비 투자효과 측면이 높은 경제성

Ⅲ. 재난안전통신망 기술
가. 이동통신망과 재난망의 발전추세

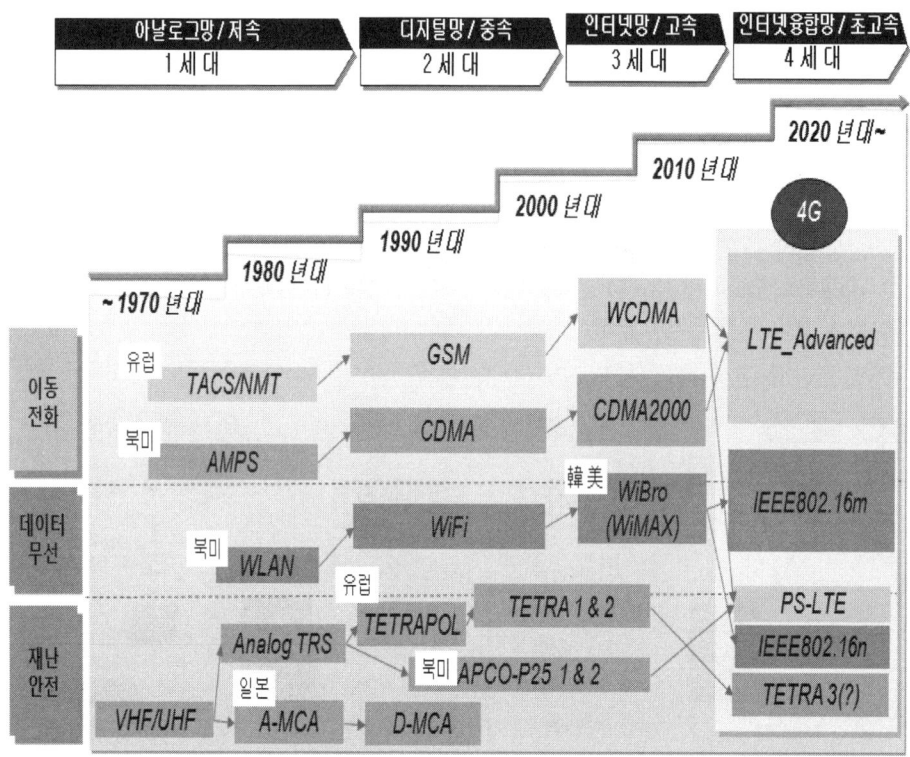

Ⅳ. PS-LTE 서비스
① MCPTT(Mission Critical Push to Talk) : 단말기간 통화 시 지연 없이 0.3초 이내에 응답하는 기능, 단체 통화 기능
② D2D(Device To Device) : 기지국을 거치지 않고 단말기간 직접통신이 가능한 기능
   기지국 Data Off loading 기능
③ 단독기지국 (IOPS) : 망 운영센터↔기지국간 단절 시 기지국이 운영센터의 역할을 하는 기능, 단절 상태 복귀 시 자동 연결 기능
④ eMBMS(evolved Multimedia Broadcast Service) : 방송서비스 기술을 이용한 그룹통신 서비스 기능 Multiuser에게 동영상, 음성 방송 기능

V. 주요표준화 동향

표준화 항목	주요 내용 및 표준화 현황	추진 단계
단말 간 직접통신 (D2D, ProSe 등)	- Rel. 12: 통신하고자 하는 단말들이 통신망 영역 내에 위치하는 경우를 고려하여 중점적으로 직접통신 표준화 추진 - Rel. 13: 단말들이 통신망 영역 외에 있을 때 및 단말중계기능까지 포함하여 직접통신 표준화 추진	Rel.12(3단계) Rel.13(2단계)
그룹통신 (GCSE)	- Rel. 12: 기본적인 그룹통화 호처리 절차, 통화 우선순위 처리 방안, 최대 그룹크기 등 표준화 추진 - Rel. 13: 지령대의 그룹통화 제어, 중계(Relay)기능 지원 시 그룹통화 방안 등이 추가적으로 표준화 될 예정	Rel.12(2단계) Rel.13(1단계)
푸쉬투토크 (MCPTT)	- Rel.13: 재난망의 기본기능인 단말의 푸쉬-투-토크가 LTE 망에서 지원 가능 하도록 표준화 추진 ※ LTE 기반 PTT 구현 목적의 애플리케이션 계층 표준화를 위한 SA WG6 MCPTT 그룹 신설	Rel.13(2단계)
단독기지국모드(IOPS)	- Rel.13: 기지국이 핵심망과의 접속이 끊겼을 경우에도 단독으로 동작하여 기지국 영역 내 단말들 간 지속적 통신을 유지하는 표준화를 추진(요구사항 개발 착수)	Rel.13(1단계)

VI. MCPTT 호처리절차

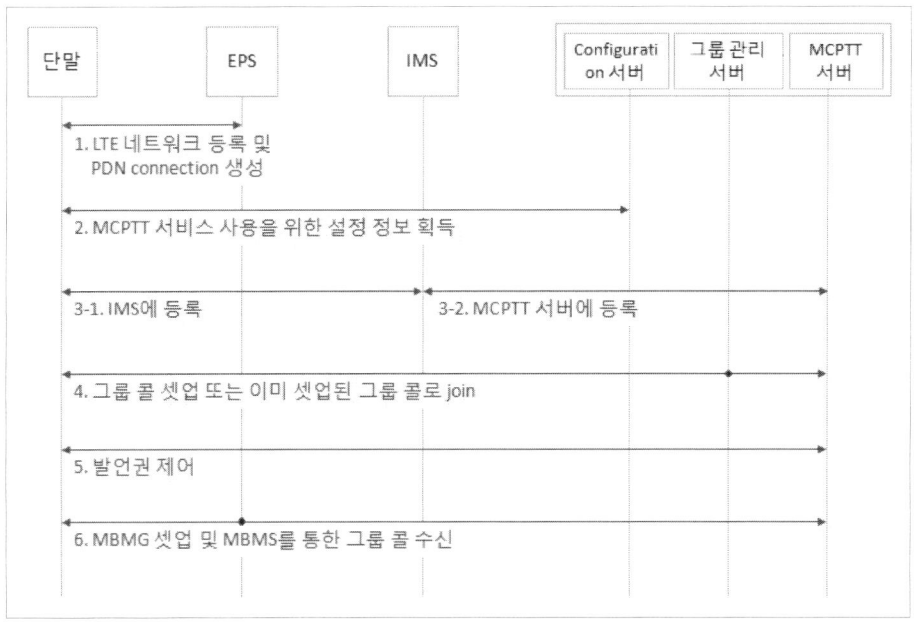

그림 MCPTT 송수신 절차

① LTE 네트워크 등록 및 packet data network (PDN) connection 생성
② MCPTT 서비스 사용을 위한 설정 정보 획득
③ IP multimedia subsystem (IMS) 및 MCPTT 서버로의 등록
④ 그룹 콜 셋업 또는 이미 셋업된 그룹콜로 join
⑤ 발언권 제어

⑥ MBMS 셋업 및 MBMS를 통한 그룹 콜 수신

Ⅶ. 5G의 Mission Critical 서비스 use case

구분	설명
고신뢰 저지연	○ 공장자동화, 공정 자동화, 고신뢰 통신, 가상현실 및 증강현실의 음성/영상 전송, 무인비행체 군집 주행
고신뢰, 고가용성 및 저지연	○ 산업체어, 응급의료 서비스
저지연	○ 촉감 인터넷 등에서 사용
고정밀 측위	○ V2X 통신 적용 차량 제어, 무인 비행체 제어, Massive IoT 서비스
고가용성	○ 2차 연결 확보, 재난 및 응급 반응
높은 순위의 Mission Critical 서비스	○ 다른 종류의 서비스를 중단시키고 해당 서비스를 전송하는 것이 필요한 높은 순위의 서비스

- 3GPP SA WG1(service and system aspects working group 1)에서 수행하여 향후 5G의 Mission-Critical 서비스의 use case를 분류 함.

문제06) Beamforming 및 MIMO 기술의 구현원리와 활용 분야를 설명하시오.

【참조답안】

Ⅰ. 개요
- 최근의 무선 멀티미디어 서비스들은 고품질의 높은 데이터 전송률 및 뛰어난 오류성능을 요구하고 있으며 이러한 요구사항을 만족시킬 수 있는 핵심 기술 중 한 가지가 MIMO기술임
- MIMO기술은 이동통신 단말과 광 중계기 등에 폭넓게 사용할 수 있는 차세대 이동통신 기술로 MIMO 방식에서 5G의 Massive MIMO방식으로 발전함.
- MIMO 기술 구현을 위해 안테나 방사패턴을 조정할 수 있는 Beamforming 기술을 사용

Ⅱ. 다중 안테나기술과 발전방향

전송률 증대
- 전송률: 정지중 1Gbps, 이동중 100Mbps
- Bandwidth: 100MHz
- 최대 전송률 요구량: 10bps/Hz 이상

수신 성능 향상
- 전송률증대에 따른 High Order 변조기술
- Required SNR 증가
- 수신 성능 향상 기술 필요

간섭완화
- 셀룰라 환경에서 간섭은 필연적
- 간섭완화 기술 필요
- Beamforming, SDMA, 간섭제거

Ⅲ. Beamforming의 원리
- Beamorming은 RF신호의 환경변화에 따라 적응적으로 빔패턴을 제어하는 방식을 이용하여 사용자에게 더 나은 전파환경을 제공하는 기술.
- 배열 안테나의 지향성적의 원리를 이용한 안테나로 지향성 빔을 방사하여 수신신호품질을 개선.

1) 배열 안테나(Array Antenna)

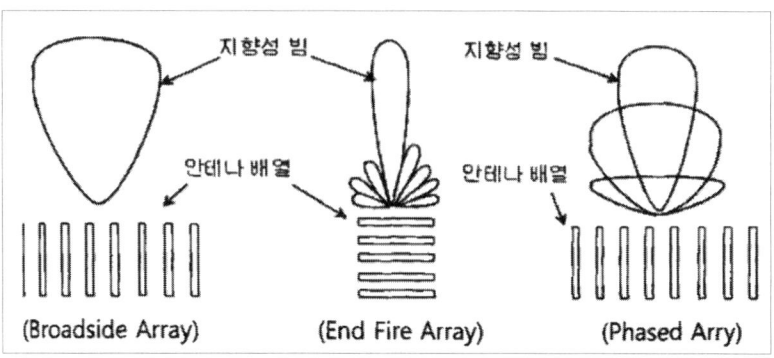

그림 Array Antenna
- 다수의 안테나를 배열 지향성적의 원리를 이용하여 빔의 형태를 변경

2) 배열 안테나의 종류

종류	설명
Broad Side Array	○ 안테나 소자 배열축의 수직 방향으로 날카로운 지향성을 가지는 안테나.
End Fire Array	○ 안테나 소자의 배열축 방향으로 날카로운 지향성을 가지는 안테나
Phased Array	○ 배열소자의 위상차를 조절하여 최대 복사방향의 각을 변화시킬 수 있는 안테나.

Ⅳ. MIMO 기술 설명
- 최근의 무선 멀티미디어 서비스들은 고품질의 높은 데이터 전송률 및 뛰어난 오류성능을 요구하고 있으며 이러한 요구사항을 만족시킬 수 있는 핵심 기술 중 한 가지가 MIMO기술임
- MIMO기술은 이동통신 단말과 광 중계기 등에 폭넓게 사용할 수 있는 차세대 이동통신 기술로 스마트폰 사용 확대 등으로 인해 한계 상황에 다다른 이동통신의 전송량 한계를 극복할 수 있는 차세대 기술로 관심을 모으고 있음

Ⅳ. MIMO 기술 설명

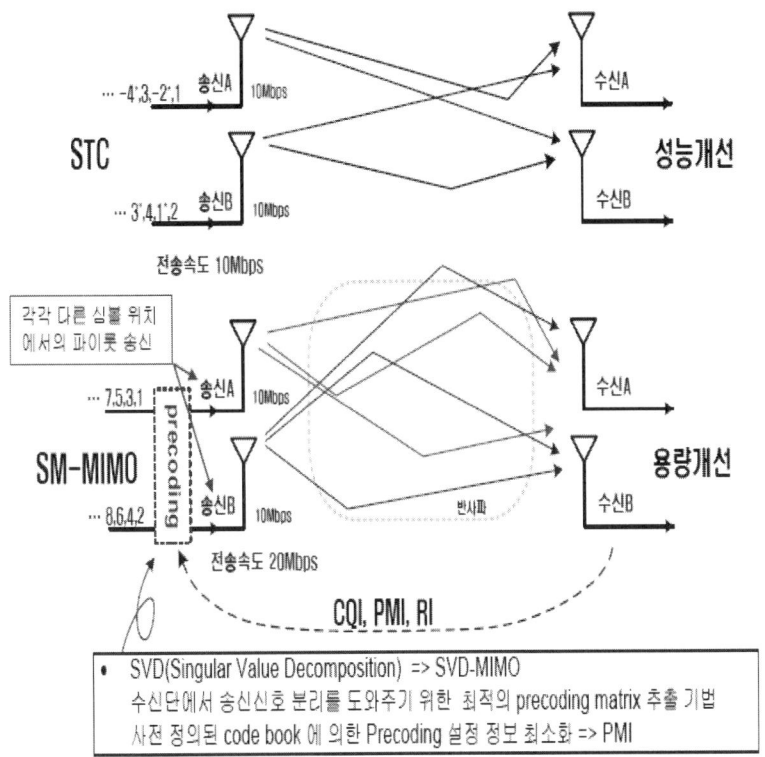

- 스마트 안테나 시스템이 안테나로 수신된 신호간의 높은 상관성이 존재하는 특성을 이용하는 반면에 MIMO기술은 전송다이버시티기술과 같이 무선 채널 상의 산란체들에 따라 공간적으로 다른 페이딩을 겪게 되어 각 안테나로 수신되는 신호들의 낮은 상관성을 이용하는 기술임.
- MIMO가 동작하기 위해서는 충분한 반사파가 존재하는 환경이어야 함.
- MIMO기술은 채널에서 발생하는 페이딩 등을 적극적으로 활용하는 기술임

Ⅴ. MIMO 기술 분류
- MIMO기술은 송신기에서 채널 정보를 알지 못하는 개루프 전송기술과 송신기에서 채널 정보를 알고 있는 폐루프 전송기술로 분류됨.
- 개루프 전송기술은 각 송신 안테나가 독립적인 심볼을 전송하는 공간 다중화 기술과 각 송신 안테나가 동일한 심볼을 전송하는 다이버시티 기술이 있으며 두 기술의 단점을 보완한 하이브리드 기술이 있음.
- 폐루프 전송기술은 송신단이 수신단에서 추정한 채널 정보를 피드백 받아 그 정보를 이용하여 데이터를 전송하는 기법으로 폐루프 빔성형 기술과 폐루프 공간다중화 기술이 있음.
- 폐루프 빔성형 기술은 수신기 SNR향상과 간섭 경감을 통하여 셀커버리지 확대와 통화용량 증대 효과를 거둘 수 있음.

VI. MIMO기술 비교
- MIMO 기술은 다음과 같이 3가지 기술로 대별될 수 있음
① 공간 다중화를 통한 채널 용량 증대
② 전송 다이버시티를 통한 오차율 감소
③ 안테나 빔성형 기술을 이용한 수신 SNR 향상과 간섭 경감

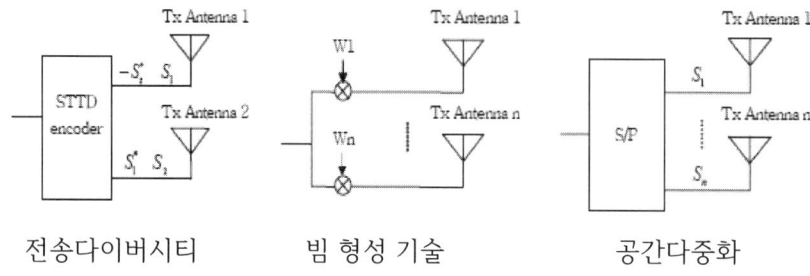

전송다이버시티   빔 형성 기술   공간다중화

	스마트 안테나	전송다이버시티	공간 다중화
스펙트럼효율	안테나 개수에 로그함수적 비례	안테나 개수에 로그함수적 비례	안테나개수에 비례
채널 용량	$C = W\log_2(1 + M\frac{S}{N})$	$C = W\log_2(1 + M\frac{S}{N})$	$C = MW\log_2(1 + \cdots)$
전력 효율	안테나 개수에 비례하여 전력효율 감소	안테나 개수에 비례하여 전력효율 감소	관계없다
커버리지 증대	안테나 개수에 로그함수적 비례	안테나 개수에 로그 함수적 비례	관계없다

국가기술자격 기술사시험문제

기술사   제 116 회   제 3 교시 (시험시간: 100분)

분야	통신	자격종목	정보통신기술사	수험번호		성명	

※ 다음 문제 중 4문제를 선택하여 설명하시오. (각10점)

문제01) 이동통신 기지국의 무선환경 최적화 방안을 설명하시오.

Ⅰ. 개요
- 무선망 설계에서 제시된 품질과 성능을 만족시키기 위해, 전파환경을 분석하고 각 기지국에 운용되는 무선 구간(지역, 범위), 파라미터, 안테나 등을 조정하여 기지국별 통화량을 적절히 분산하고 잠재 수용용량을 최대로 확보하는 일련의 작업
- 지속적으로 무선환경 측정데이터와 통화량 통계 데이터, 호 절단 원인 및 장애분석 데이터를 분석하여 단계적이며 체계적으로 최적화 수행

Ⅱ. 무선망 최적화
(1) 수행사항

구 분	수 행 사 항
커버리지 확보	음영지역 및 통화지역 해소방안 강구
Drop율 향상	호절단, 호실패 등의 최소화 방안 강구
옥내 커버리지 확보	통화량 밀집지역의 옥내 커버리지 확보방안 강구
트래픽 균등분배	기지국별 및 섹터별 통화량 균등배분 수행

(2) 수행방법

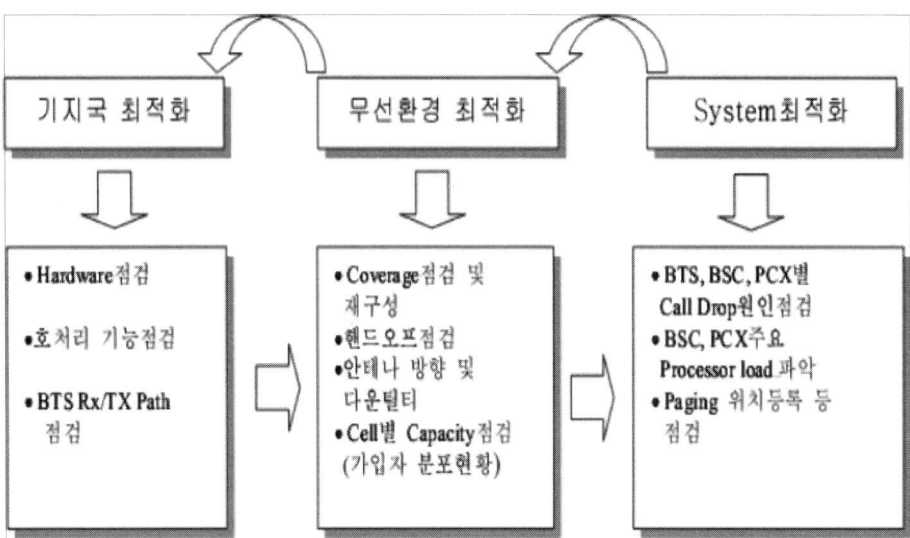

1) 기지국 최적화
 가. 기지국 별 출력 확인 및 조정
 나. 기지국 별 파라미터 확인 및 조정 (PN offset, 이웃 목록 확인)
2) 무선환경 최적화
 가. 기지국 호 시험
  - 도심지역의 기지국 호 시험
  - 국도변이나 산간지역의 기지국 호 시험
  - 소프트 핸드오프 기능의 확인
 나. 기지국 안테나 조정
  - 커버리지 시나리오에 따라 안테나의 방위각 조정
  - 최대 커버리지를 얻기 위한 안테나 틸트 조정
  - 간섭을 최대한 억제하기 위한 안테나 틸트 조정
 다. 기지국 통화량 분산
  - 각 기지국의 통화량이 증가하면 통화채널에 할당되는 전력이 늘어나 전체 기지국 출력이 증가하면서 상대적으로 파일롯 채널이 차지하는 전력비가 작아져서 그만큼 모든 커버리지 영역에서 Eb/No가 감소
  - 섹터간 커버리지 조정 및 인접 셀간 커버리지 조정
3) 시스템 최적화
  - Call Drop 원인 점검 및 주요 프로세서 오버로드 파악 및 조치
  - 위치 등록 루트의 적정성 확인 과 핸드오프가 점검

Ⅲ. HetNet(LTE-A)의 Node-B 최적화, SON (Self-Organizing Network)
- 기지국의 초기 설치와 유지를 기지국 스스로 할 수 있게 하여 비용 부담을 획기적으로 감소시키는 기술
- 이름 그대로 '스스로' 네트워크를 구성하기 위한 것으로, LTE(Rel.8)에서 처음으로 도입되었지만, Rel.9와 LTE-A인 Rel.10에서 계속해서 추가되고 완성되면서 LTE-A 세대의 기술로 불리는 경우가 많음
- SON은 크게 세가지로 자가 설정, 자가 최적화, 그리고 자가 치유가 있음

SON 기능

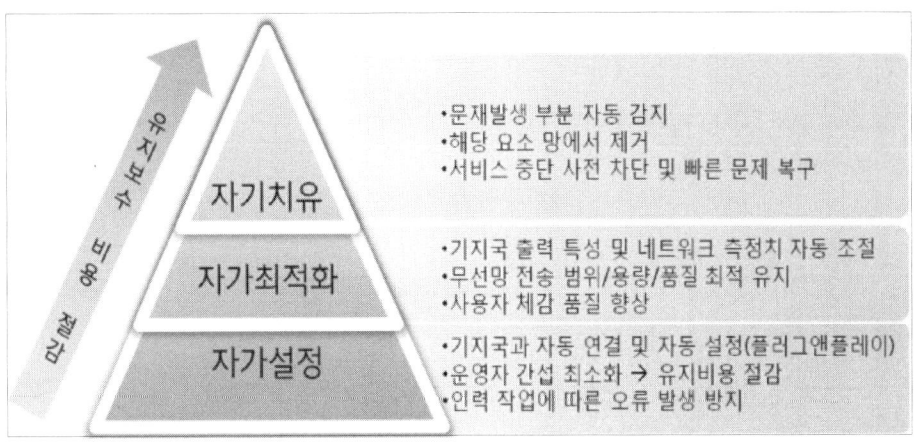

Ⅳ. 무선망 최적화 최근동향
- 4.5G 확산과 5G 도입으로 초고속 초저지연 서비스 등장이 예상됨에 따라, 사용자 체감품질 향상을 위한 네트워크 최적화는 운용자 개입 없이도 실시간으로 실행되기를 원함
- 운용자가 관여하던 방식에서 운용자 개입 없이 사용자 체감 품질을 향상시키기 위한 방법
① 첫째, 네트워크에서 발생하는 빅데이터를 실시간으로 모니터링하고 분석하여 네트워크 문제 상황을 유연하게 조정하는 단계가 있고,
② 둘째, <네트워크의 동작패턴과 이상상황> 및 <사용자의 서비스 품질 지수와 이용 패턴>을 지속적으로 분석/학습/예측하여 실시간으로 네트워크 자원을 최적 할당하고 사용자 맞춤형 서비스를 제공하는 단계가 있음
- 빅데이터 분석을 통해 10m x 10m 단위로 전국에서 생성되는 빅데이터를 분석하여 안테나 방향, 커버리지 등 통신품질을 실시간으로 최적화화는 기술을 적용하고 있음

문제02) 통합공공망용 무선설비 간 연동 방안 및 주파수 간섭 해소방안을 설명하시오.

I. 개요
- 정부는 2015년 7월27일 주파수심의위원회를 개최하고 미래창조과학부가 상정한 700MHz 대역 주파수 분배안을 심의확정
- 지상파 방송의 선도적 도입 및 광대역 주파수 공급을 통한 이동통신 경쟁력을 강화하기 위하여 700MHz 대역 주파수를 방송에 30MHz(5개 채널), 이동통신 40MHz폭을 분배하기로 결정
- 또한, 통합공공분야(재난안전통신망, 철도통합무선통신망, 해상초고속무선망)에 20MHz 대역을 분배함

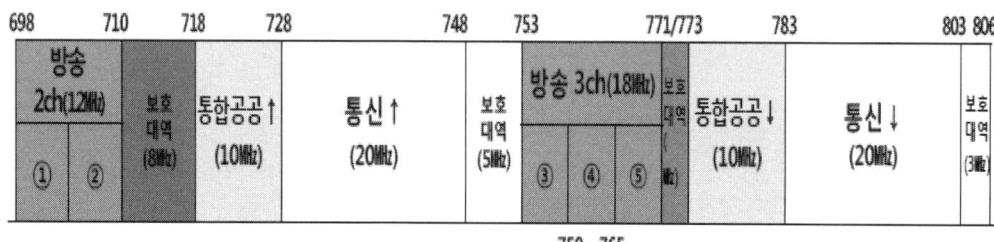

700MHz 분배현황

II. 통합공공망용 무선설비 및 설비 간 연동방안
- "통합공공망용 무선설비"란 재난안전통신망, 철도통합무선통신망 및 해상초고속무선통신망 등 공공기관에서 운영하는 통합공공망 전용주파수를 사용하는 무선국용 무선설비를 말한다. (국립전파연구원 고시 제 2015-1호)

(1) 통합공공망용 무선설비의 종류

1) 재난 안전통신망
- 재난안전통신망은 평시에는 재난·안전 관련 일상 업무용도로 활용하고, 재난시에는 현장에서 재난기관 간에 통합적인 대응이 가능하도록 구축한 통신 인프라임
- 재난시의 재난구조와 평시의 공공안전을 위하여, 치안, 구급 등 위기상황에서 신속·일사불란하고 능동적·협력적으로 대처할 수 있도록 현장 협력지휘·상황전파체계를 구축하기 위한 통신인프라임
- 2018년 현재 LTE기반의 PS-LTE시스템으로 구축되고 있음

2) 철도 통합무선통신망
- LTE-R은 350Km 이상의 속도로 달리는 기차에서도 영상통화를 비롯한 데이터통신이 가능함
- 국가재난안전통신망(재난망)이 요구하는 37개 사항을 대부분 수용해 향후 재난망과 연계

도 용이함
- 2018년 현재 LTE기반의 LTE-R시스템으로 구축되고 있음

3) 해상 초고속무선통신망
- 사고 취약선박 모니터링과 최적항로 지원서비스 등 "e-내비게이션" 기술을 개발하고 연안 100km 이내 해역에 초고속 무선통신망 구축
- 2018년 현재 LTE기반의 LTE-M 시스템으로 구축되고 있음

(2) 통합공공망용 무선설비 간 연동방안

구분	국가 기반시설	도로	인구 밀집지역	산지	농어업 지역	실내/지하	해상	철도
① 고정기지국	○	○	○	○ (도로주변)	○ (도로주변)	○ (주요시설)		
② 상용망		○		○	○	○		
③ 이동기지국				○	○	○	○	
④ 기타망				○ (철도망)	○ (철도망)	○ (UHF,철도망)	○ (해상망)	○ (철도망TRS)

※ ◎ 주통신수단, ○ 보조 수단

All-4-One 전략

1) 망 연동의 목적
- 시스템간 망 연동을 통해 간섭을 최소화하고 망 구축비용을 절감 할 수 있음

2) 망 연동 방안
- 기본적으로 PS-LTE를 전국망으로 고정기지국 형태로 구축하고, 산지, 농어촌, 해상, 터널 지역은 보조망(LTE-R, LTE-M)과 연동을 함

Ⅲ. 통합공공망용 무선설비 간 주파수간섭 해소방안

(1) 주파수간섭 이슈 (동일채널 간섭)
- PS-LTE 단말(UE)는 LTE-R 의 eNB-C로부터 간섭이 발생
- LTE-R 단말(UE)는 PS-LTE의 eNB-A로부터 간섭이 발생

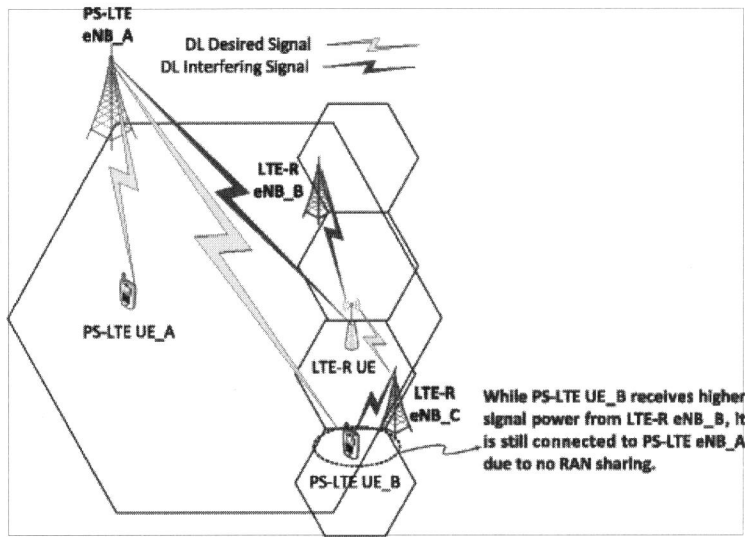

(2) 주파수 간섭해소방안
1) RAN Sharing
- Node-B의 공유를 통해 동일 Site의 구축비용을 절감하는 기술
- 강한신호를 잡게되면 간섭이 아닌 핸드오버처리를 할 수 있음
- 무선주파수자원까지 공유하는RAN Sharing은 간섭신호에 자유로운 장점은 있지만 안전 및 보안 관련 이슈가 존재함 (우선순위 정책 필요)

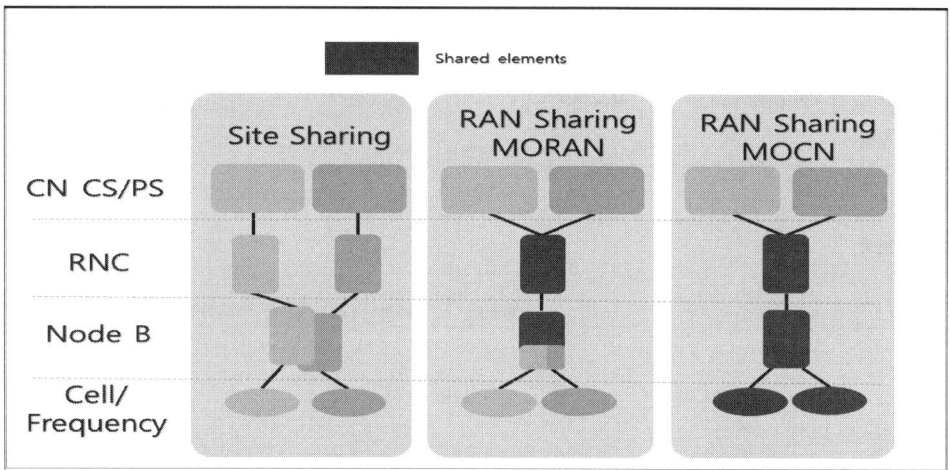

2) ICIC
- ICIC는 인접셀 간의 간섭신호를 제어하는 기술로 3GPP LTE Rel-10 정의
- 인접한 기지국간 전체 주파수자원을 3개로 배타적으로 분할하여 사용함으로 써 간섭을 줄일 수 있는 기술
- 기지국환경, 사용자분포, 트래픽부하에 따라 적응적으로 경계설정, 무선자원배분 등을 적용하게 되면 효과적임.

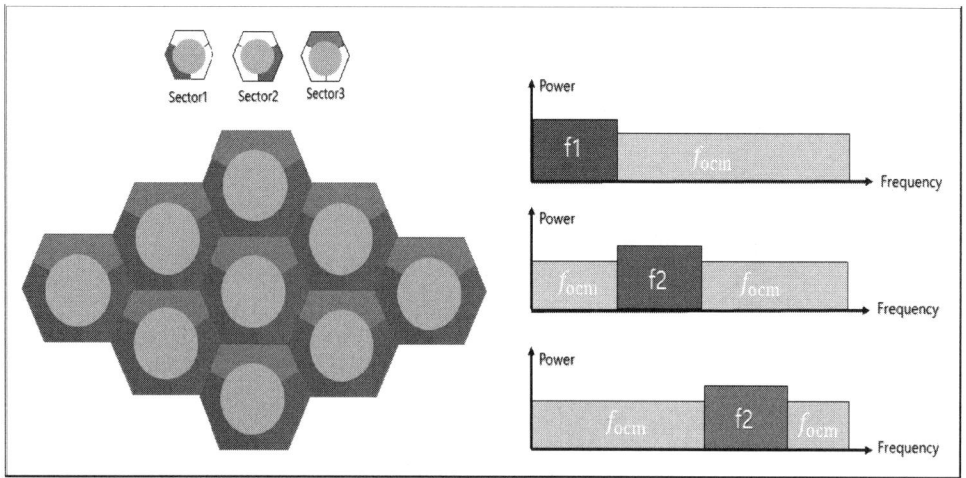

3) CoMP - CB (Coordinated Scheduling/Beamforming)
- CoMP는 3GPP LTE Rel-11의 표준기술로서 eNB간 정보공유 와 협력을 통해 간섭을 제어하는 기술
- CoMP CB는 그림과 같이 협력셀 간 scheduling 정보를 교환해 간섭을 회피
- 협력기지국간 scheduling map 정보만 공유하면 되므로 구현이 간단 함
- 단점으로는 셀 부하가 높아 주파수자원의 여유가 충분치 못할 때 효과에 한계가 있을 수 있음

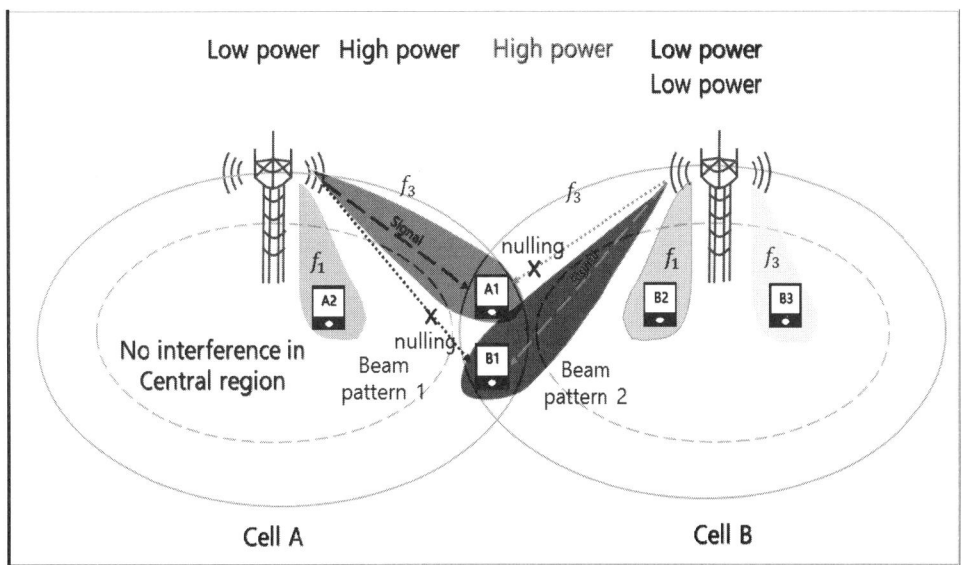

Ⅳ. 결론 및 최근동향
- 재난안전통신망(PS-LTE)와 철도무선통신망(LTE-R)의 700MHz대역 공동구축에 따른 전파간섭은 매우 중요 함
- PS-LTE 와 LTE-R간의 협력적 간섭 제어를 수행하지 않는 경우 셀 외곽에 위치한 사용자에게서 심각한 throughput 성능열화 예상됨
- 철도변에 위치한 PS-LTE 사용자의 경우 성능 열화가 두드러 질수 있음
- 이를 해결하기 위해, RAN-Sharing, ICIC, CoMP CB를 적용
- 실제 네트워크에 적용하기 위해서는 협력적인 beamforming 결정을 위하여 연산 복잡도의증가, 제어신호의 부하증가등 종합적인 고려가 선행 되어야 함

문제03) LTE망의 구성을 설명하고, WCDMA와 비교(제어방식, 데이터전송, 전송망) 설명하시오.

I. 개요
- 이동통신망은 제1세대 이동통신망이 도입된 이래 1980년대부터 약 10년 간격으로 새로운 기술이 발전하여 현재의 4세대 LTE 시스템이 도입됨.
- WCDMA기술을 사용한 3세대에서는 데이터 서비스의 기반을 제공하였으며, 4세대 LTE에서는 All-IP 기반을 제공하여 고속데이터서비스를 가능하게 함.
- 동영상 위주의 다양한 서비스의 요구가 증대됨에 따라 새로운 기술이 접목된 5G 이동통신망으로 발전 중임.

II. 이동통신의 발전

세대	시스템	Multiple access	Peak data rate*	Spectral efficiency* (bps/Hz)	Mobility	표준기관 및 년도
1세대	AMPS	FDMA	-	-	주로 차량 전화 (120km/h)	ANSI EIA/TIA/IS-3 1981년
2세대	IS-95	CDMA	9600 bps	0.24(=9600 bps * 32 channels / 1.25 MHz)	3 km/h 120 km/h	ANSI TIA-EIA-95 1993년
	GSM	TDMA	0.104 Mbps	0.17	3 km/h 120 km/h	ETSI 1991년
3세대	W-CDMA	CDMA	0.384 Mbps	0.51	3 km/h 120 km/h	3GPP 1999년
	cdma2000	CDMA	0.153 Mbps	0.1720	3 km/h 120 km/h	3GPP2 2000년
3.5세대	EV-DO	CDMA/TDMA	3.072 Mbps	1.3	3 km/h 120 km/h	3GPP2 2002년
	HSPA	W-CDMA based	14.4 Mbps	2.88	3 km/h 120 km/h	3GPP 2006년
	WiBro	OFDMA	DL: 128 Mbps UL: 56 Mbps	3.7	3 km/h 120 km/h	IEEE 802.16e 2004년
4세대	LTE	DL: OFDMA UL: SC-FDMA	DL: 100 Mbps UL: 50 Mbps	2.67	3 km/h 120 km/h 350 km/h	3GPP 2008년
	LTE-A	DL: OFDMA UL: SC-FDMA	DL: 1 Gbps UL: 500 Mbps	3.7	3 km/h 120 km/h 350 km/h	3GPP 2010년
5세대	-	-	10 ~ 50Gbps	5 times IMT-Advanced	3 km/h 120 km/h 500 km/h	-

*Peak data rate와 Spectral efficiency는 3km/h에서의 값들을 나타내고 있음

III. LTE 개요
- LTE는 데이터 전송효율 향상, 효율적인 주파수 자원이용, 이동성 제공, 낮은 지연, 패킷 데이터 전송에 최적화되고, 서비스 품질 보장 등을 제공하는 이동통신 기술을 의미함.
- 현재 이슈가 되는 이동통신 기술은 LTE와 Wibro Evolution이 있으나, 규모의 경제성 차원에서 GSM/WCDMA를 기반으로 한 LTE기술이 시장을 점유할 것으로 전망됨.

VI. LTE 기술 특징
- 하향링크 : OFDMA
- 상향링크 : PARR감소를 위한 SC-FDMA(Single Carrier FDMA)
- 최대 20MHz의 가변적인 대역폭 사용(1.4/3/5/10/15/20MHz)
- FDD와 TDD 동시 지원
- 변조 QPSK,16QAM,64QAM , Frame 10ms PHY frame, 1ms TTI.
- 접속망에서 노드의 수를 최소화하기 위하여 HSPA의 RNC제거
- 2x2, 4x4 MIMO, 빔포밍(Beamforming), STC 안테나 다이버시티
  등의 다양한 다중 안테나 기술 사용
- 셀간 간섭제거를 위한 기술사용(FFR, ICIC, CoMP)

가. 3GPP 아키텍쳐 Evolution

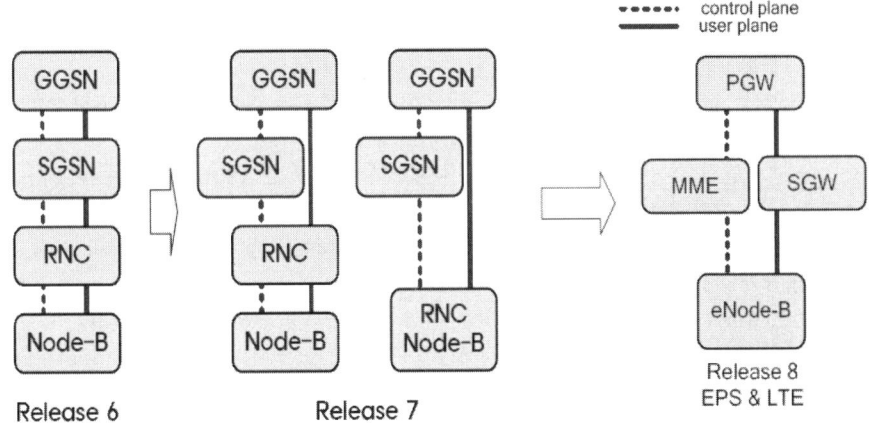

나. LTE망 주요 기능

장치	특징	기존 wcdma 와의 기능 비교
MME	위치등록 및 호처리	SGSN 의 control plane 기능
S-GW	IP 유저 트래픽의 전달	SGSN 의 user plane 기능
P-GW	외부 IP 망과의 연동	GGSN 에 와이맥스 및 와이파이 연동

GGSN : Gateway GPRS Support Node   SGSN : Serving GPRS Support Node
MME : Mobility Management Entity   S-GW : Serving Gateway
GERAN : GSM EDGE Radio Access Network   PCRF : Policy and Charging Resource Function
EPC : Evolved Packet Core Network (P-GW, S-GW, HSS, MME, PCRF)
E-UTRAN : Evolved UMTS Terrestrial Radio Access Network
P-GW : Packet Data Network Gateway, PDN-GW

Ⅴ. 초고속 전송을 위한 LTE 시스템(Down link 기준)
- LTE시스템은 효율적인 패킷데이터 전송에 적합하고 방송서비스 등 멀티미디어 서비스의 최적화를 추구하며, 효율적인 주파수 자원의 이용, 이동성, 서비스 품질보장 등을 목표로 하는 비동기 방식 무선접속기술임.

Ⅵ. 핵심기술

기 술	내 용
OFDMA	- 주파수 대역을 수백 개로 쪼개어 주파수 간 간섭을 최소화해 대용량 데이터를 동시에 고속으로 보내는 기술 - 직교 반송파의 주파수 성분은 중첩되어도 상관없기 때문에 더 많은 반송파의 다중화가 가능해 주파수 이용효율을 높일 수 있음 - 시간과 주파수 영역의 2차원으로 자원을 할당할 수 있어 자원 할당의 자유도가 증가해 버스트 성향을 갖는 데이터통신에 적합
MIMO	- 이동통신 환경에서 다수의 안테나를 사용, 데이터를 송수신하는 다중안테나 기술로 LTE의 요구사항인 최대 전송속도 향상에 핵심이 되는 기술 - 여러 개의 안테나를 사용해 동일한 무선 채널에서 두 개 이상의 데이터 신호를 전송함으로써 무선통신의 범위를 넓히고 속도도 크게 향상 - 송신단과 수신단에 N개의 안테나를 배열해 신호를 보내면 N배의 전송률 증가
SC-FDMA	- LTE 상향링크에서는 PAPR(Peak To Average Power Ratio)을 줄임으로써 휴대단말기의 전력 소모를 줄일 수 있는 SC-FDMA(Single Carrier-FDMA)를 사용함.
Femto cell	- 이동통신 기지국(AP)을 댁내 사용 가능한 수준으로 소형화하고 가격을 무선LAN AP 수준으로 낮춘 시스템 - 셀 용량 증대 측면에서 4G의 핵심기술 - 저렴한 비용으로 실내 공간으로 커버리지 확대에 기여

Ⅶ. WCDMA 설명
1) 구성도

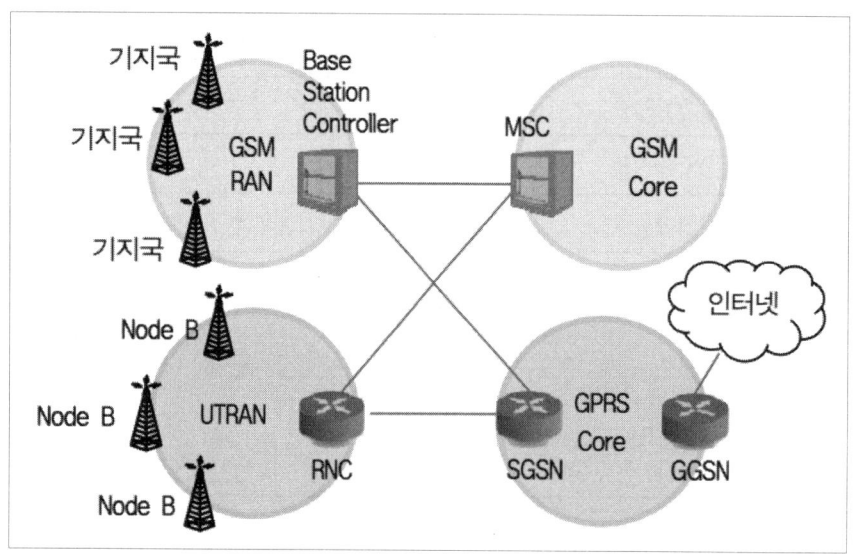

2) 특징
① 비동기 방식으로 GPS 필요 없음.
② DS-CDMA, MC-CDMA의 다중접속방식
③ FDD 및 TDD 방식의 Duplexing 방식 사용.
④ 주파수 대역폭 : 3.84Mhz
⑤ QPSK의 변조방식 사용.
⑥ 프레임 길이 : 10mS

Ⅷ. WCDMA vs LTE

		3G(WCDMA)	LTE
최대 전송 속도	하향	14.4Mbps	300Mbps
	상향	5.7Mbps	150Mbps
사용 대역폭		5MHz	1.4M~20MHz
무선접속	하향	CDMA	OFDMA
	상향	CDMA	SCFDMA
변조방식		QPSK/16QAM	QPSK 16QAM/64QMA
RAN내 지연		수십ms	5ms 이하

문제04) 자율주행차를 위한 네트워크 구성 시 통신기술(WAVE, LTE-V2X, e-V2X)의 성능에 대해서 비교 설명하시오.

I. 개요
- 자율주행 자동차는 운전자가 차량을 조작하지 않아도 스스로 주행하는 자동차로 차세대 자동차산업으로 주목받고 있는 기술임.
- 자율주행 관련 더욱더 정밀한 자율주행을 지원이 필요하며, 자율주행을 위해서는 통신이 매우 중요한 기술 중 하나임.
- 자율주행을 위한 통신기술은 DSRC에서 WAVE, LTE-V2X, e-V2X로 발전함.

II. 자율주행 자동차
(1) 자율주행의 단계

미국 자동차 기술학회 (SAE)	Level 0	No Automation(비자동)	• 운전자가 전적으로 모든 조작을 제어, 인공지능 지원 전무	운전자
	Level 1	Driver Assistance(운전자 지원)	• 운전자 운전 상태에서 인공지능이 핸들의 조향이나 가·감속을 지원하는 수준	운전자
	Level 2	Partial Automation(부분 자동화)	• 운전자가 운전하는 상태에서 2가지 이상의 자동화 기능이 동시에 작동	운전자
	Level 3	Conditional Automation (조건부 자동화)	• 자동차 내 인공지능에 의한 제한적인 자율주행이 가능하나 특정 상황에 따라 운전자의 개입이 반드시 필요	시스템/ 운전자
	Level 4	High Automation(고도 자동화)	• 시내 주행을 포함한 도로 환경에서 주행 시 운전자 개입이나 모니터링이 필요하지 않는 상태	시스템/ 운전자
	Level 5	Full Automation(완전 자동화)	• 모든 환경 하에서 운전자의 개입이 불필요	시스템

(2) 요소기술

적용기술	내용
지능형 순향제어 (ACC)	-레이더 가이드 기술에 기반을 두고 운전자가 페달을 조작하지 않아도 스스로 속도를 조절하여 앞차 또는 장애물과의 거리를 유지시켜주는 시스템
차선이탈 방지시스템	-내부에 달린 카메라가 차선을 감지해 의도하지 않은 이탈 정책을 운전자에게 알려주는 기술
주차보조시 스템	-자동차의 조향 장치를 조절하여 후진 일렬주차를 도와주는 시스템
자동주차 시스템	-자동차에 설치된 카메라에 의해 적정한 접근 경로를 계산하여 스스로 주차를 하는 기술
사각지대 정보안내 시스템	-자동차의 양측면에 장착된 센서가 Side mirror로 보이지 않는 사각지역에 다른 차량이 있는지를 판단하여 운전자에게 경고해 주는 시스템

III. C-ITS와 WAVE시스템
1) ITS와 차세대 ITS 시스템

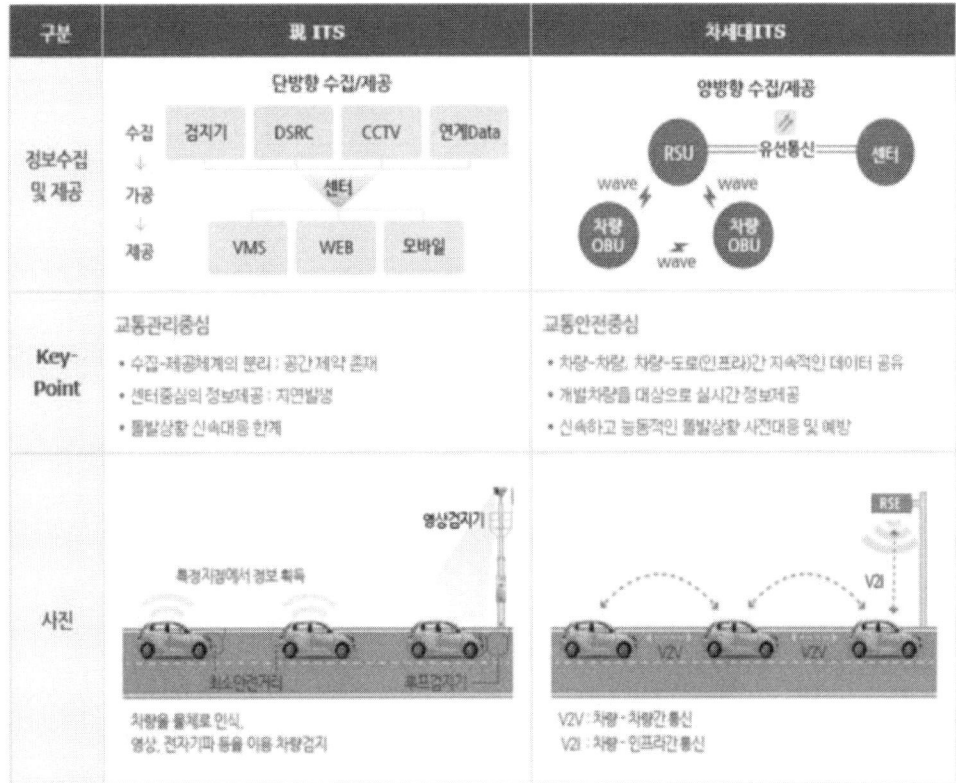

2) V2X 적용 개념도

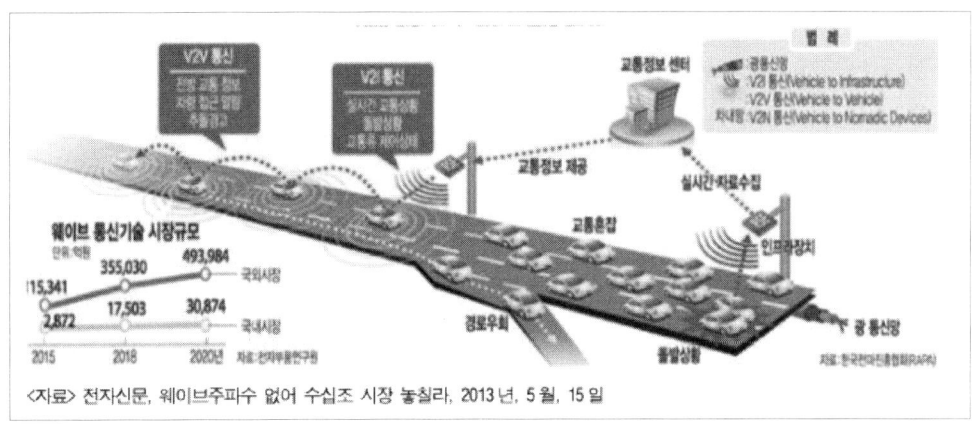

VI. WAVE 시스템
- 차량간 통신이나 차량과 노변 기지국과의 통신을 5.9GHz 주파수 대역에서 7개 채널로 운영하도록 규정한 미국 IEEE 표준안.
1) WAVE 규격

규격	내용
주파수	5.9GHz
통신채널 수	7개 통신 채널
대역폭	10MHz
전송 속도	최고 27Mbps
전송 거리	최대 1Km
이동 속도	최대 200Km
변조 방식	OFMD 방식

- WAVE는 고속 이동 환경에서 사용하므로 주변 건물 및 지형의 영향을 고려한 구조를 채택함.
- 무선랜에서 사용되는 방식과는 다른 전기적 사양과 전력조절 방식, 메시지 폭풍 회피 기술 등을 갖추고 있음.
- WAVE 표준은 무선랜의 IEEE802.11a를 기반으로 802.11p와 IEEE1609로 구성됨.

2) WAVE의 문제점
① 보안성의 문제
② 채널수 부족 : 7개
③ 전송거리 짧음 : 약 1km
④ 전송속도가 느림 : 멀티미디어 서비스 어려움.
⑤ 기지국이 없으므로 중요신호에 대한 우선순위 배정 어려움.

V. eV2X
- 향후 대두될 자율주행 차량은 주변차량, 보행자, 도로인프라, 응용서버와 보다 많은 데이터를 보다 신속하면서도 높은 신뢰성으로 교환할 필요가 있으며, 또한 정밀한 차량 위치 파악을 위한 고성능 측위 기술을 요구함.
- 기존 V2X 기술로는 한계가 있어 이를 극복할 수 있는 eV2X 기술이 필요함.
- eV2X 기술은 현재 표준화가 진행 중인 5G 기술의 일부로서 구현될 것으로 예상함.

1) 3GPP에서 정의 한 eV2X 요구사항.

	데이터 전송률[1,2]	시간 지연	통신 신뢰성
군집 주행	70Kbps~65Mbps	10~25ms	90~99.99%
고도 주행	60Kbps~53Mbps	3~100ms	90~99.999%
센서 확장	120Kbps~1000Mbps	3~100ms	90~99.999%
원격 주행	상향링크: 25Mbps 하향링크: 1Mbps	5ms	99.999%

2) 자율주행서비스를 위한 eV2X 기술

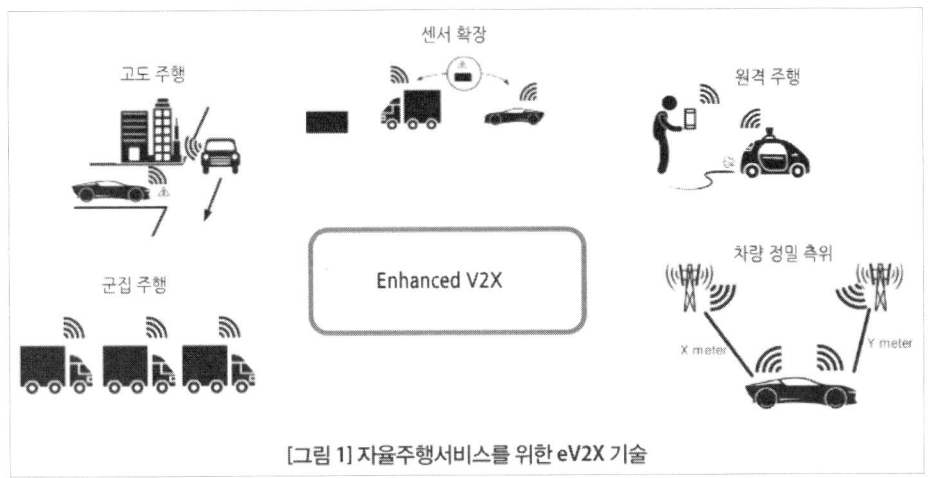

[그림 1] 자율주행서비스를 위한 eV2X 기술

3) 3GPP의 eV2X 표준화 진행

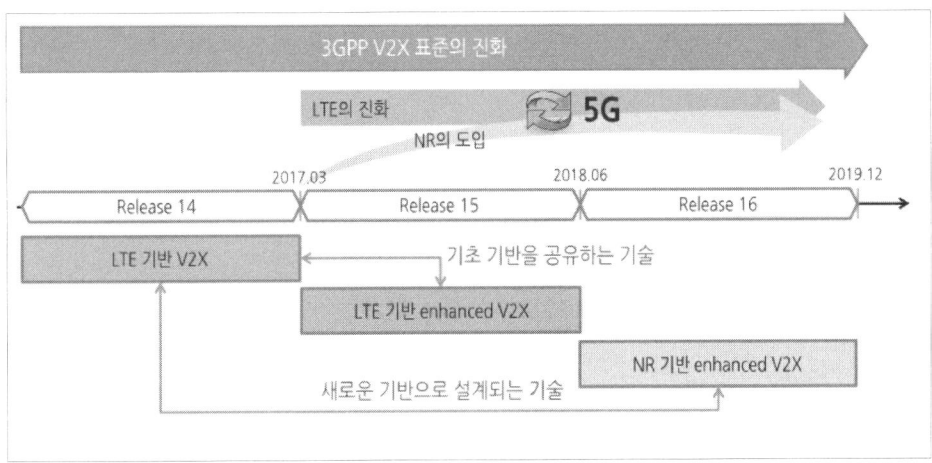

Ⅷ. 기술비교
1) WAVE/LTE-V2X

구분	WAVE	LTE V2X
개요	무선랜 기술을 차량통신에 적합하도록 커버리지 및 접속시간 개선	LTE를 차량통신에 적합하도록 직접 통신 및 자원할당 방식 개선
표준화	완료(2012년)	V2V 완료, V2I 진행 중
필드 시험	2012년부터 유럽/미국/일본 주도	2015년부터 화웨이, 노키아 등 통신장비 업체 진행
대역폭	최대 27Mbps(10Mhz 기준)	최대 75Mbps(10MHz 기준)
무선 지연	10ms 내외	20~30ms
커버리지	별도 기지국 구축 최대 1km	LTE 기지국 1~5km(전국망)
Ecosystem	교통 인프라, 무선랜 제조사	기존 LTE 통신장비, 단말 제조사, 이통사

2) WAVE/LTE-V2X/eV2X

	WAVE	LTE-V2X	eV2X
주파수	비면허:5.9Ghz	면허:LTE 대역	면허:5G NR
Coverage	1Km	1~5Km(기지국)	1~5kM(기지국)
전송속도	27Mbps	75Mbps (10M대역기준)	최대 20bps
지연	10mS 이내	20 ~30mS	1mS 이내
채널수	7개	$2500/km^2$	$10^6/km^2$
ECO 시스템	교통인프라 무선랜	이통사 단말제조사	이통사 단말제조사

문제05) 공동주택 신축 시 검토하기 위한 이동통신 구내선로설비 설치표준도와 기술기준을 설명하시오.

Ⅰ. 개요
- 과기정통부는 국민안전 보장과 재난관리를 위하여 대규모 건축물에 구내이동통신의 설치를 지하 뿐 아니라 지상층까지 의무화하였다. 종전까지는 지하층에만 규정하였다.
- 개정된 관련법은 다음과 같다. '전기통신사업법'(2016.1.27 개정 공포, 2016.7.28 시행), '방송통신설비의 기술 기준에 관한 규정'(2017. 4. 25 개정 공포, 2017. 5. 26 시행) 등과 같은 관련법 개정으로 지상 중계기 설치 동 위치 까지 결정해서 실시설계 도면에 반영이 되어야 한다.

Ⅱ. 관련법 개정 이전
- 기존 법에서는 지하층에 대해서만 이동통신 구내선로 설비 설치가 의무화되어 있었다.

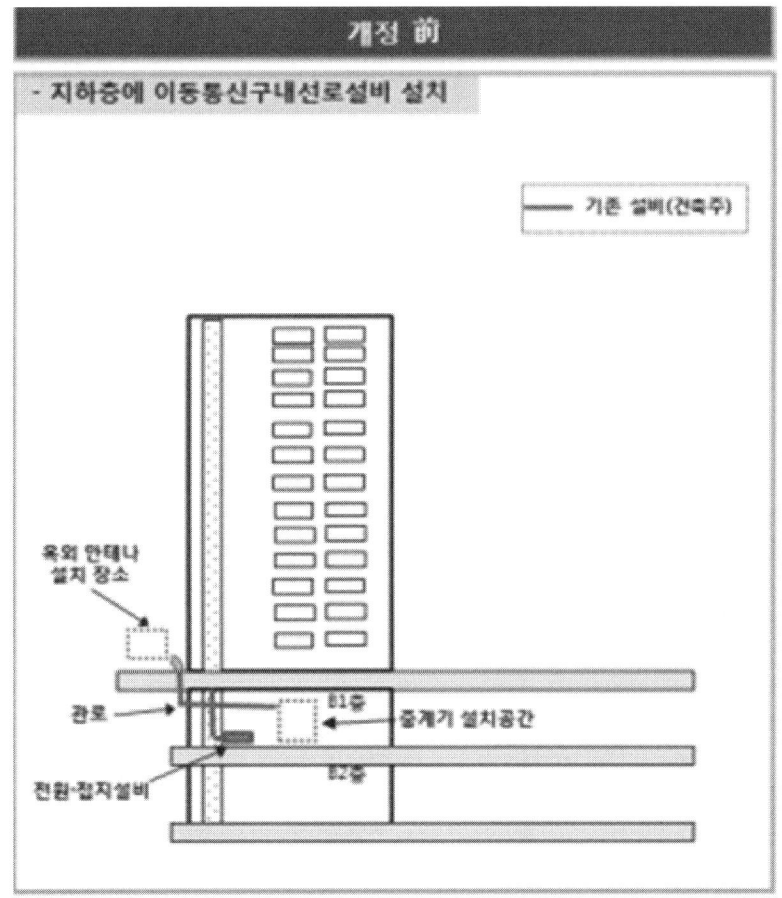

그림 관련법 개정 이전 공동주택 이동통신 구내선로 설비 설치

- 따라서 관련법 개정 이전에는 허가 관청에 제출되는 설계 도서에 그림과 같은 수준의 이동통신 중계기 설비만 반영하는게 일반적이었다.

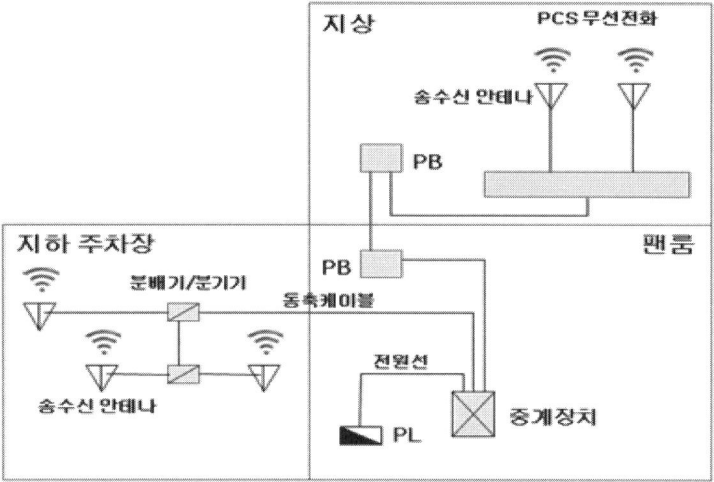

그림 관련법 개정 이전 아파트 지하층 이동통신 수신 설비 설계 개략도

Ⅲ. 관련법 개정
- 이동통신 안테나가 혐오기피 시설로 인식됨에 따라 NIMBY Syndrome으로 중계기가 자리 잡지 못하고 이동 저동으로 떠돌아 다니는 문제를 해결하기 위해 관련법을 개정하였다.
- 관련법이 시행되므로써 옥상이동통신 안테나를 블록방식이 아닌 공동 수신 방송안테나 처럼 패드 방식으로 시공해도 민원 문제에 대처할 수 있다.

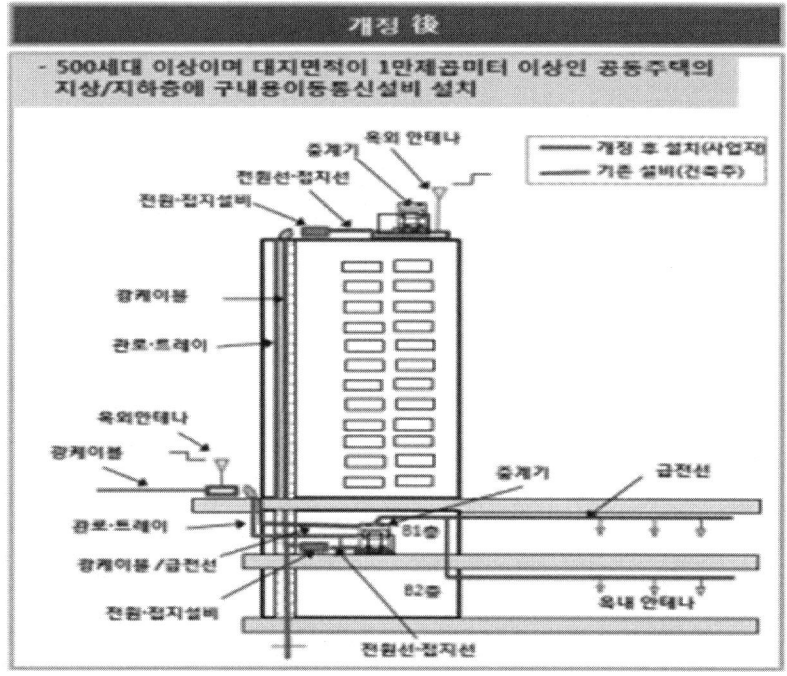

그림 개정후 이동통신 구내선로설비 설치표준도

- 개정된 법에 의한 이동통신 지하층/옥상층 수신 설비 설계 개략도는 그림과 같다

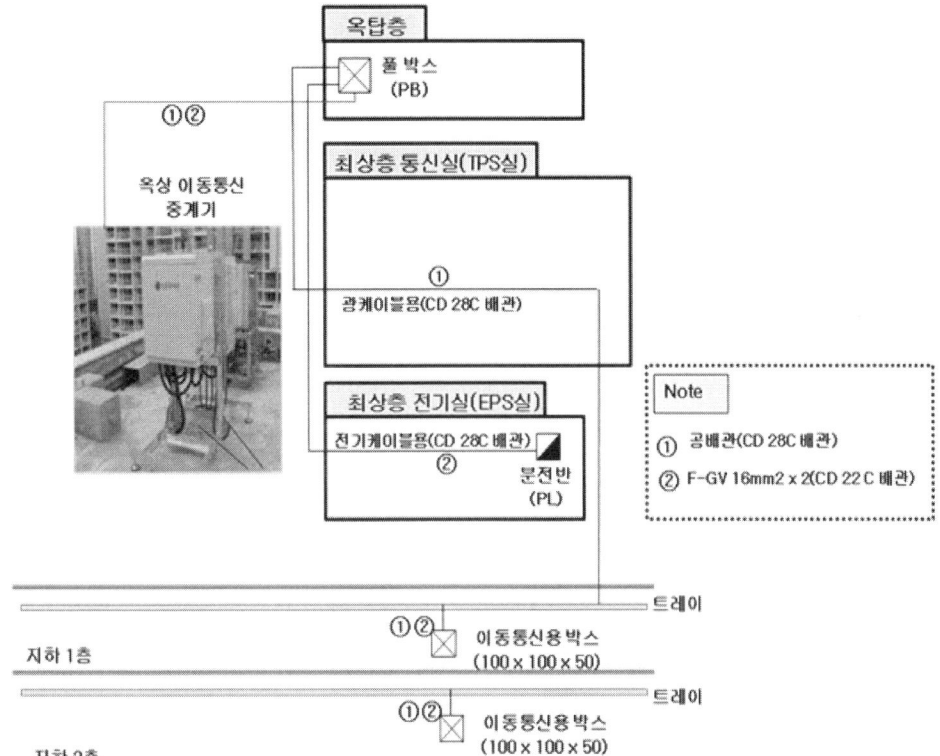

그림 개정된 법에 의한 이동통신 지하층/옥상층 수신 설비 설계 개략도

문제06) 공공기관의 정보통신시스템 구축 시 보안성 검토 및 보안 적합성 검증에 대해 설명하시오.

Ⅰ. 개요
- 지자체에서 CCTV, ITS 등 정보통신 시스템을 이용한 사회안전 서비스를 제공하기 위해 통합 관제센터의 구축 및 증축이 활발히 일어나고 있다.
- 공공기관에서 정보통신 시스템을 활발히 구축함에 따라 보안취약점이 증가되고 있다.
- 보안 취약점을 사전에 확인하여 대책을 마련하고, 보안피해를 최소화하기 위해 보안성 검토 및 보안 적합성 검증에 대한 필요성이 커지고 있다.
- 보안성 검토 및 보안 적합성 검증의 목표는 각종 전자적 수단에 의한 국가안보 및 국가이익과 관련된 정보의 기밀성·무결성·가용성을 확보하고 정보통신망 및 정보시스템을 보호하는데 있다.

Ⅱ. 공공기관의 정보통신 시스템 구축
가. 개념
- 정보통신시스템이란 부호, 문자, 음향, 영상 등으로 나타내는 모든 데이터들을 광이나 혹은 전자적 방식으로 수집, 가공, 저장, 전송하기 위한 기기 및 소프트웨어의 조직화된 일련의 체제를 말한다.

나. 보안성 검토와 적합성 검증의 필요성 증대
- 지역주민에게 생활안전, 사회안전, 시설물 관리등의 서비스를 제공하기 위해 각 지자체에서 활발히 정보통신 시스템을 구축하고 있다.
- 이러한 서비스를 제공하기 위해서 필연적으로 민감정보의 처리가 필요하게 되며, 보안위협으로 부터 보호하기 위해 보안성 검토와 적합성 검증의 필요성이 증대되었다.

Ⅲ. 보안성 검토
가. 개념
- 행정기관 등의 장은 개인정보를 수집·처리·활용하여 시스템의 구축 또는 운영, 유지보수 등의 사업을 추진할 경우에는 개인정보가 분실·도난·누출·변조 또는 훼손되지 않도록 안전성 확보에 필요한 조치를 강구하여야 한다.

나. 서버 보안
- 해커의 침입을 막기 위한 환경설정, 보안 업데이트, 각종 솔루션의 설치 및 운영, 백업, 무결성 검사 등

다. 응용프로그램 보안
- 개발 전 표준 개발 보안가이드(KISA 소프트웨어 개발보안 가이드 참고)를 통해 사전 적용하여 개발
- 소스 코드 진단 툴로 분석하거나 시큐어 코딩 가이드에 맞게 개발 됐는지 확인.
- 형상 관리 시스템에 올리기 전에 미리 팀장이나 개발 리더의 결제 필요.

- 운영 및 이관 전에 테스트서버에서 진단
- 이관 담당자가 형상에서 추출하여 배포시스템에서 컴파일한 뒤 운영시스템에서 이관하기 전 파트장이나 팀장 결제 받고 이관
- 직무 분리에 따라 개발자와 운영자의 분리가 이루어 졌는지 여부

라. 네트워크 보안
- 권한 밖의 네트워크와 네트워크로 접속 가능한 자원에 접근하려 할 때, 네트워크 관리자가 사용하는 컴퓨터 네트워크 하부 구조에서의 기본적인 설비 또는 방책

마. 관리적 보안
- 인원보안, 개발 장소 보안, 단말기 보안, 자료제공, 산출물 등 보안

아. 상시 운영 계획

IV. 보안 적합성 검증

가. 개념
- 보안 적합성 검증이란 보안 수준 제고 및 사이버 위협에 대응하기 위해 국가 및 공공기관이 도입하는 IT 제품의 보안 기능에 대한 안정성을 검토하는 제도이다.
- 공공 기관에 공급되는 보안 제품에 대해 국가 기관이 보안 적합성을 검증해 수준이 낮은 제품은 불합격시키거나 부족한 점을 보완하도록 하여, 제품의 질을 일정 수준 이상으로 유지해 보안 수준을 높이기 위해 도입한 제도다.
- 공통 평가 기준(CC: Common Criteria)은 민간에서 사용하는 정보 보호 시스템에 대한 인증이고, 보안 적합성 검증은 국가나 공공 기관에서 사용하는 정보 보호 시스템에 대한 보안 기능을 검증하는 것으로 차이가 있다.

나. 인증을 받아야 하는 정보보호시스템
- 국가ㆍ공공기관은 보안기능이 포함된 IT제품 도입 시 국가정보원에 보안적합성 검증을 신청해야 하며 검증결과 발견된 취약점을 제거한 후에 운용해야 한다.
- 정보보호 시스템에는 방화벽, IDS, IPS, VPN, IPSec 등을 지원하는 장비
- 네트워크장비 검증 대상은 L3 이상 스위치 및 라우터
- 그외 스팸메일차단, 바이러스 백신, 콘텐츠 보안, 패치관리시스템 등

다. 제출하는 서류
- '네트워크장비 보안기능 요구사항 점검표'
- '네트워크장비 보안적합성 검증 신청서'

V. 맺음말

- 공공기관에서 정보시스템 구축 시 보안성 검토 및 보안 적합성 검증을 실시해야 한다.
- 현 시스템의 가용성을 유지하면서 보안수준을 높이는 대표적인 방법이 바로 '보안성 검토 프로세스'이다.
- 일반적으로 보안성 검토는 금융권이나 공공기관에서는 강제화하고 있어 시스템 도입이나 개발 시 의무적으로 보안성 검토를 수행해야 한다.

국가기술자격 기술사시험문제

기술사 제 116 회   제 4 교시 (시험시간: 100분)

분야	통신	자격종목	정보통신기술사	수험번호		성명	

※ 다음 문제 중 4문제를 선택하여 설명하시오. (각10점)

문제01) IoT(Internet of Things)를 적용한 스마트 팩토리 구축방안을 설명하시오.

Ⅰ. 개요
- 4차 산업혁명과 산업 경쟁력 강화를 위해 스마트 팩토리에 대한 관심이 증대되고 있음.
- 스마트 팩토리는 공장자동화(FA)가 진화한 형태로 ICT와 제조업 기술이 융합하여 IoT, Big Data, Cloud, CPS 등을 통해 공장내의 장비, 부품들이 연결 및 상호 소통하게 하는 생산 체계임.
- 인터넷 망분리를 추진하기 위해 망연계는 반드시 구축이 동반돼야 하는 필수 기능임.

Ⅱ. 스마트 팩토리
- 공장설비에 설치된 IoT 센서를 통해 다른 설비들과 작업자와 실시간 커뮤니케이션하고, 기기의 불량 및 제조 과정에서의 비효율적인 부분을 예측하여 미리 개선할 수 있는 형태를 말함.

가. 스마트 팩토리 개념도

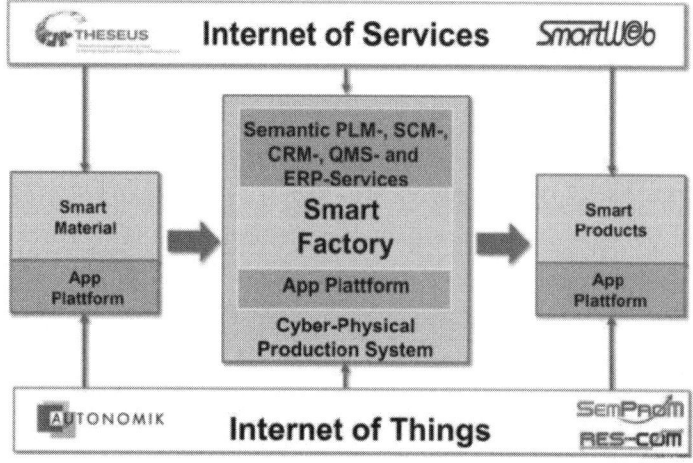

- 스마트 팩토리는 사이버-물리 시스템(CPS)과 사물인터넷(IoT)를 구반으로 구성됨.

나. 스마트 팩토리의 기능

- 스마트 팩토리는 다양한 현장 상황에 대한 관련정보를 감지 및 관리하고, 감지된 정보에 의거 의사결정을 하며, 판단결과를 생산 현장에 반영하는 기능을 제공함.

다. 스마트 팩토리의 핵심기술

기술 범위	내용
생산설비 및 공정모델링	-가상화된 공장 자원 모델을 기반으로 설비 운영 환경, 작업 인력, 재고 상황 등에 따른 사용자 맞춤형 제조 설비/공정 모델링
공정 최적화 시뮬레이션	-유휴 설비, 고장 설비 등 실시간 공장 상황을 고려한 최적 시나리오 도출을 위한 공장 자원 연동형 시뮬레이션
통합관제 기술	-모든 환경 및 유틸리티 설비들에 대한 실시간 모니터링 및 제어로 생산장비가 최적의 조건에서 운영
제조설비 플랫폼	-실시간 설비 데이터 수집 및 제어를 지원하는 기술
PC기반 제조 설비 제어	-모델링 및 시뮬레이션 기술을 활용하여 PC에 기반하여 다양한 설비를 쉽게 제어하기 위한 기술
Semantic Product Memory	-제품의 일반 정보뿐만 아니라 이동경로 등 이벤트를 기록해 제조 공정에 활용할 수 있는 디바이스 기술

Ⅲ. 스마트 팩토리 구축 방안
가. 스마트 팩토리를 위한 기술적 Architecture.

- 스마트 팩토리는 기술적으로 제어 시스템, 표준화 시스템, 모니터링 체계로 분류할 수 있음.
- 각각의 분류 체계에 따라, 스마트 팩토리를 위한 적용 기술을 활용하여 스마트 팩토리를 구축함.

나. 제조공장의 시스템 체계 및 스마트 팩토리를 위한 적용 기술 영역

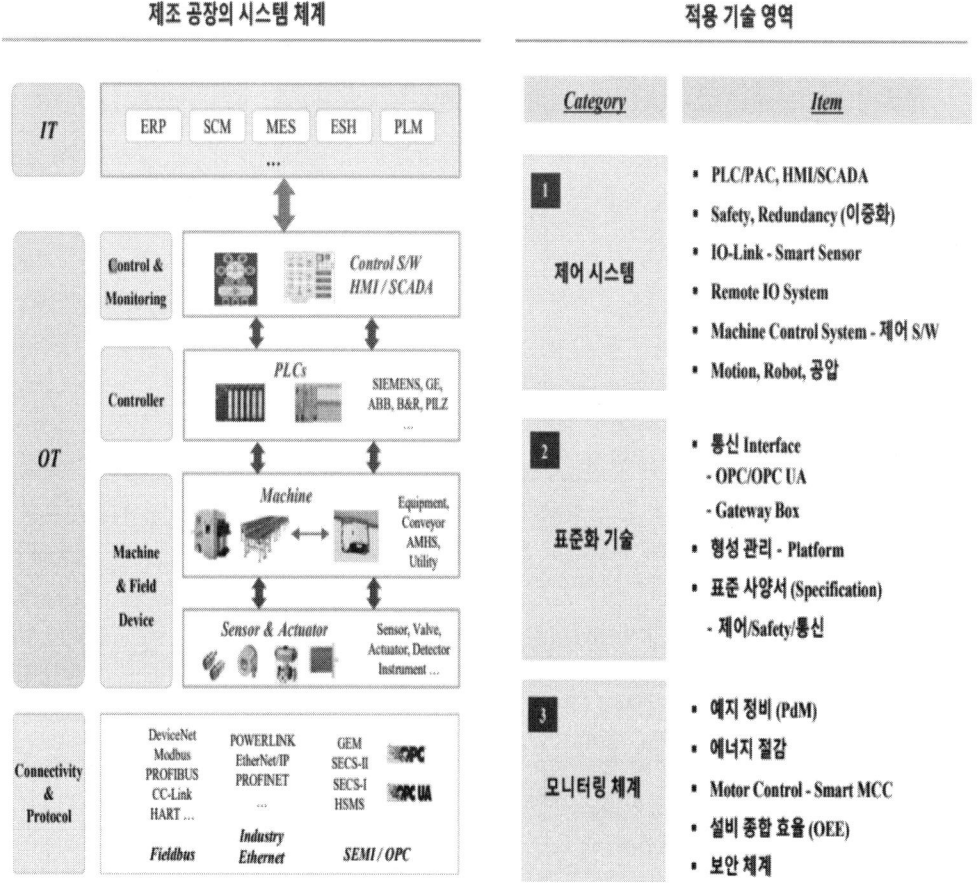

다. 스마트 팩토리를 위한 IT 기술 요구사항
① 모든 레벨에 대한 하나의 통합된 시스템
② 수직적/수평적 시스템의 통합
③ 탈집중화(Decentralized) - CPS(Cyber Physical System)
④ 개방형 표준
⑤ Real-Time Data
⑥ Cloud로부터 정보를 획득
⑦ 전체 Supply Chain에 대한 접속

Ⅳ. 스마트 팩토리 진화 방향

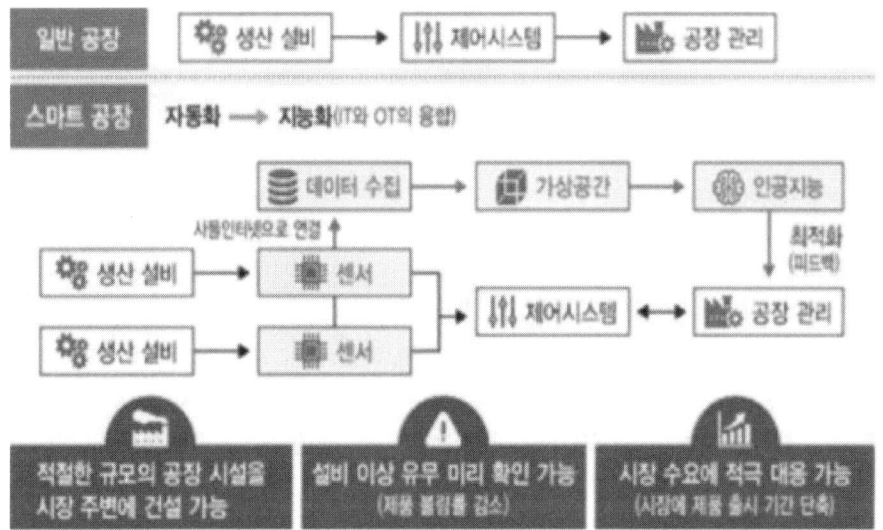

- 스마트 팩토리는 산업현장의 다양한 센서와 기술이 스스로 정보를 취합하고 취합된 정보를 바탕으로 생산성을 최대로 끌어 올릴 수 있는 인공지능이 결합된 생산 시스템으로 진화할 것으로 예상됨.
- 설계, 개발, 제조, 유통, 물류 등 생산의 전 과정에서 ICT 기술을 적용하여 생산성, 품질, 고객 만족도 등 전략 목표를 향상시킬 수 있는 지능형 시스템으로 발전할 것임.

Ⅴ. 맺음말
- 스마트 팩토리는 2021년까지 연평균 5.4%의 고성장이 전망되는 산업으로, 국내는 이제 시작단계로 대기업을 중심으로 ICT를 제조현장에 적용하려는 혁신이 시작되고 있음
- 현재는 산업자동화 업체 솔루션이 스마트 팩토리 플랫폼 시장을 주도하고 있으나, 향후, 국내외 스마트 팩토리 플랫폼 주도권 경쟁이 시작될 것임.

문제02) 공동주택신축공사에서 지능형 홈네트워크 설치기준 및 기술기준을 설명하시오.

I. 개요
- 홈네트워크망이란 홈네트워크 설비를 연결하는 것을 말하며 단자망과 세대망으로 구분한다.
  가. 단지망 : 집중구내통신실에서 세대까지를 연결하는 망
  나. 세대망 : 전유부분(각 세대내)을 연결하는 망
- 홈 네트워킹(Home Networking)은 가정 내 다양한 정보기기들 상호 간에 네트워크를 구축하는 것으로 가정 내부에서는 정보 가전 기기들이 유·무선 네트워크를 통해 상호 커뮤니케이션하고 외부에서는 인터넷을 통해 상호 접속이 가능한 환경을 구축하는 것을 의미한다.

II. 전유부분 홈네트워크 설치기준
가. 홈게이트웨이
① 홈게이트웨이는 세대단자함 또는 세대통합관리반에 설치할 수 있다.
② 세대단자함 또는 세대통합관리반에 설치되는 홈게이트웨이는 벽에 부착할 수 있어야 하며 동작에 필요한 전원이 공급되어야 한다.
③ 홈게이트웨이는 이상전원 발생 시 제품을 보호할 수 있는 기능을 내장하여야 하며, 동작상태와 케이블의 연결상태를 쉽게 확인할 수 있는 구조로 설치하여야 한다.
나. 월패드
① 월패드에는 조작을 위한 전원이 공급되어야 하며, 이상전원 발생 시 제품을 보호할 수 있는 기능을 내장하여야 한다.
② 월패드는 사용자의 조작을 고려한 위치 및 높이에 설치하여야 한다.
③ 월패드에서 원격제어 되는 조명제어기, 난방제어기 등 모든 원격제어기기에는 수동으로 조작하는 스위치를 설치하여야 한다.
다. 원격제어기기
① 취사용 가스밸브는 원격제어가 가능한 가스밸브제어기를 설치하여야 한다. 단 취사용 가스밸브제어기가 여러개인 경우에는 이를 통합 제어할 수 있어야 한다.
② 원격제어가 가능한 조명제어기를 세대안에 1구 이상 설치하여야 한다.
③ 디지털 도어락은 월패드와 유선 또는 무선으로 연동시켜 설치하여야 한다. 이 때 유선인 경우는 배관·배선으로 하여야 한다.

라. 감지기
① 감지기에는 동작에 필요한 전원이 공급되어야 한다.
② 가스감지기는 사용하는 가스가 LNG인 경우에는 천장 쪽에, LPG인 경우에는 바닥 쪽에 설치하여야 한다.
③ 개폐 감지지는 현관출입문 상단에 설치하며 단독 배선하여야 한다.
④ 동체감지기는 유효감지반경을 고려하여 설치하여야 한다.

마. 세대단자함
① 세대단자함은 골조공사 시 변형이 생기지 않도록 세대단자함의 재질 및 보강방법을 고려하여 설치하여야 한다.
② 세대단자함에는 전원 공급용 배관 및 배선을 설치하여야 하고, 내부발열 및 기기소음에 대한 사항을 고려하여야 한다.
③ 세대단자함은 유지보수를 고려한 위치에 설치하여야 한다.
④ 세대단자함은 500㎜×400㎜×80㎜(깊이) 크기로 설치할 것을 권장한다.

바. 세대 통합관리반
① 세대 통합관리반은 실 형태나 캐비넷 형태로 설치하고, 실 형태로 설치하는 경우에는 유지관리를 고려한 위치에 설치하여야 한다.
② 세대 통합관리반에는 전원을 공급하여야 하며, 내부발열 및 기기소음에 대한 사항을 고려하여야 한다.

사. 예비전원장치
① 세대내 홈네트워크설비에는 정전 시 예비전원이 공급될 수 있도록 하여야 한다.
② 예비전원장치는 진동 및 발열로 인한 성능 저하 등을 고려하여 설치하여야 한다.

Ⅲ. 공용부분 홈네트워크설비의 설치기준
가. 단지 네트워크장비
① 단지 네트워크장비는 집중구내통신실 또는 통신배관실에 설치하여야 한다.
② 단지 네트워크장비에는 전원 공급을 위한 배관 및 배선을 설치하여야 한다.
③ 단지 네트워크장비는 외부인으로부터 직접적인 접촉이 되지 않도록 별도의 함체나 랙(rack)으로 설치하며, 함체나 랙에는 외부인의 조작을 막기 위한 잠금장치를 하여야 한다.

나. 단지서버
① 단지서버는 단지서버실에 설치할 것을 권장하나 집중구내통신실 또는 방재실에 설치할 수 있다. 다만 집중구내통신실에 설치하는 때에는 보안을 고려하여 폐쇄회로텔레비전 등을 설치하여야 한다.
② 단지서버는 랙 시스템의 보관장치에 설치하는 것을 권장한다.
③ 단지서버는 외부인의 조작을 막기 위한 잠금장치를 하여야 한다.
④ 단지서버는 상온·상습인 곳에 설치하여야 한다.

다. 폐쇄회로텔레비전장비
① 폐쇄회로텔레비전장비의 카메라는 주차장, 주동출입구, 어린이놀이터, 엘리베이터 등에 설치할 것을 권장한다.
② 제1항의 규정에 의하여 폐쇄회로텔레비전장비를 설치하는 때에는, 설치되는 대상시설의 주요부분 등이 조망될 수 있게 설치하여야 한다.
③ 폐쇄회로텔레비전의 영상은 필요시 거주자에게 제공될 수 있도록 관련 설비를 설치하여야 한다.
④ 렌즈를 포함한 폐쇄회로텔레비전장비는 결로되거나 빗물이 스며들지 않도록 설치하여야 한다.

라. 예비전원장치
① 집중구내통신실, 통신배관실, 단지 서버실 및 방재실, 주동출입시스템, 전자경비시스템 등에 설치하는 공용부분 홈네트워크설비에는 정전 시 예비전원이 공급될 수 있도록 하여야 한다.
② 예비전원장치는 진동 및 발열로 인한 성능 저하 등을 고려하여 설치하여야 한다.

마. 주동출입시스템
① 주동출입시스템은 지상의 주동 현관과 지하주차장과 주동을 연결하는 출입구에 설치하여야 한다.
② 주동출입시스템은 화재발생 등 비상시 소방시스템과 연동되어 주동 현관이나 지하주차장의 자동문의 잠김 상태가 자동으로 풀려야 한다.
③ 주동출입시스템은 매립형으로 설치하고 주동설계 시 강우를 고려하여 설계하거나 강우에 대비한 차단설비(날개벽, 차양 등)를 설치하여야 한다.
④ 자동문의 경우 프레임 내부에 접지단자를 설치하여야 한다.
⑤ 주동출입시스템과 세대의 월패드 사이에는 통신이 가능하도록 해야 한다.

바. 원격검침시스템
① 각 세대별 원격검침장치는 운용시스템의 동작 불능시에도 계속 동작이 가능하도록 하여야 한다.
② 세대별 원격검침장치의 전원은 정전시에도 동작이 가능하게 구성하여야 하고, 그렇지 못한 경우를 대비하여 정전시 각 세대별 원격검침장치는 데이터 값을 저장 및 기억할 수 있도록 하여야 한다.

사. 차량출입시스템
① 차량출입시스템은 단지 주출입구에 설치하되 차량의 진·출입에 지장이 없도록 하여야 한다.
② 등록차량 확인과 문제발생시 관리자와 통화할 수 있는 설비(폐쇄회로텔 레비전장비와 인터폰 등)를 설치하여야 한다.
③ 차량출입시스템 서버와 단지서버간 통신배선을 연결하여야 한다.

아. 무인택배시스템
① 무인택배시스템은 휴대폰·이메일을 통한 문자서비스(SMS) 및 월패드 알림서비스를 제공하는 제어부와 무인택배함으로 구성하여야 한다.
② 무인택배함의 설치수량은 소형주택의 경우 세대수의 약 10~15%, 중형주택 이상은 세대수의 15~20%로 정도 설치할 것을 권장한다.

자. 통신배관실
① 통신배관실은 유지관리를 용이하게 할 수 있도록 하여야 하며 통신배관을 위한 공간을 확보하여야 한다.
② 통신배관실내의 트레이(tray) 설치용 개구부는 화재시 층간 확대를 방지하도록 방화처리제를 사용하여야 한다.
③ 통신배관실은 외부인으로부터의 보안을 위하여 출입문은 최소 폭 0.7미터, 높이 1.8미터 이상(문틀의 외측치수)의 잠금장치가 있는 출입문으로 설치하여야 하며, 관계자외 출입통제 표시를 부착하여야 한다.
④ 통신배관실은 외부의 청소 등에 의한 먼지, 물 등이 들어오지 않도록 50밀리미터이상의 문턱을 설치하여야 한다. 다만 차수판 또는 차수막을 설치하는 때에는 그러하지 아니하다.

차. 집중구내통신실
① 집중구내통신실은 「전기통신설비의 기술기준에 관한 규정」제19조에 따라 설치하여야 한다.
② 집중구내통신실은 독립적인 출입구를 설치하여야 한다.
③ 집중구내통신실에는 보안을 위한 잠금장치를 설치하여야 한다.
④ 집중구내통신실에는 적정온도의 유지를 위한 냉방시설 및 냉방기 고장 시 실내온도 상승을 억제하기 위한 흡배기용 환풍기를 설치하여야 한다.

카. 단지서버실
① 단지서버실은 3제곱미터 이상으로 한다.
② 단지서버실의 바닥은 이중바닥방식으로 설치하여야 한다.
③ 단지서버실은 단지서버의 성능을 위한 항온·항습장치를 설치하여야 한다.
④ 출입문은 폭 0.9미터, 높이 2미터 이상(문틀의 외측치수)의 잠금장치가 있는 출입문으로 설치하며, 관계자 외 출입통제 표시를 부착하여야 한다.

타. 방재실
① 방재실에는 홈네트워크 관련 설비를 설치하기 위한 공간을 확보하여야 한다.
② 방재실 바닥은 이중바닥방식으로 설치하여야 한다.
③ 방재실은 공동주택의 각 세대 및 경비실 등과 유·무선통화를 할 수 있도록 하여야 한다.
④ 방재실에는 보안을 위한 잠금장치를 설치하여야 한다.
⑤ 방재실에는 방재실내 장비들의 성능을 위한 항온·항습장치를 설치하여야 한다.

파. 단지네트워크센터
　　단지네트워크센터는 통합관리가 가능하도록 집중구내통신실, 단지서버실과 방재실을 인접시켜 설치하여야 한다.

Ⅳ. 홈네트워크설비의 기술기준
가. 기기인증 등
① 홈네트워크 기기는 산업통상자원부의 인증규정에 따른 기기인증을 받은 제품이거나 이와 동등한 성능의 적합성 평가 또는 시험성적서를 받은 제품을 설치하여야 한다.
② 기기인증 관련 기술기준이 없는 기기의 경우 인증 및 시험을 위한 규격은 산업표준화법에 따른 한국산업표준(KS)을 우선 적용하며, 필요에 따라 정보통신단체표준 등과 같은 관련 단체 표준을 따른다.
③ 홈네트워크 기기 중 홈게이트웨이는 세대내의 홈네트워크 기기들 및 단지서버간의 상호 연동이 가능한 기능(한국산업표준 KS X 4501에 적합한 기능)을 갖추어야 한다.

나. 기기의 호환 등
① 홈네트워크 기기 중 원격제어기기, 감지기는 기기간의 호환이 가능하도록 구성하여야 한다.
② 홈네트워크기기는 하자담보기간과 내구연한을 표시하여야 한다.
③ 홈네트워크기기의 예비부품은 5%이상 5년간 확보할 것을 권장하며, 이 경우 제2항의 규정에 따른 내구연한을 고려하여야 한다.

문제03) WAVE(Wireless Access Vehicular Environment)를 이용한 다차로
(多車路)Smart Tolling 시스템의 구성도와 핵심기술을 설명하시오.

I. 개요
- "스마트톨링 시스템"은 단차로를 2차로 이상으로 확대하여 설치하는 것으로서 하이패스 통과 시 본선과 같은 속도로 주행할 수 있는 시스템을 말함
- 하이패스 또는 영상인식기술을 활용해 통행권을 받거나 통행요금을 납부하기 위해 정차할 필요가 없는 무인 자동 요금수납 시스템임
- 기존 하이패스시스템은 차폭이 3m~3.5m로 최고 30km/h로 속도를 제한하고 있으나, 잘 지켜지지 않고 사고가 다수 발생함

II. 스마트톨링 시스템
(1) 구축목적
- 주행속도 유지로 통행시간을 단축하여 사고위험을 줄이고, 요금정산을 위해 가감속을 할 필요가 없어 환경오염을 줄이며, 톨게이트 만성적인 지/정체도 해소시켜 주어 전반적인 운영비용을 절감할 수 있음

(2) 구성도

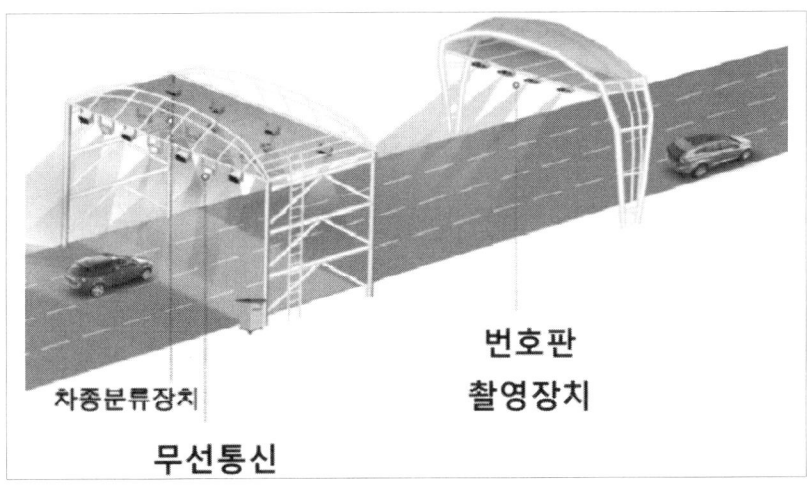

- 스마트톨링 시스템은 차종분류장치, 무선통신장치, 번호판 촬영장치로 구성되어 있음
- 스마트톨링 시스템은 최고주행속도를 80km/h로 구성할 수 있음

III. 스마트톨링 시스템의 핵심기술
(1) 차종분류장치(CTM)
- 광센서와 차폭감지기를 이용해 국내의 차량분류기준 6종에 대해서 검지하는 기능을 수행함
- 스마트톨링(자동요금징수)을 위해서 경차, 중형, 대형등 정확하게 검지가 가능해야 함

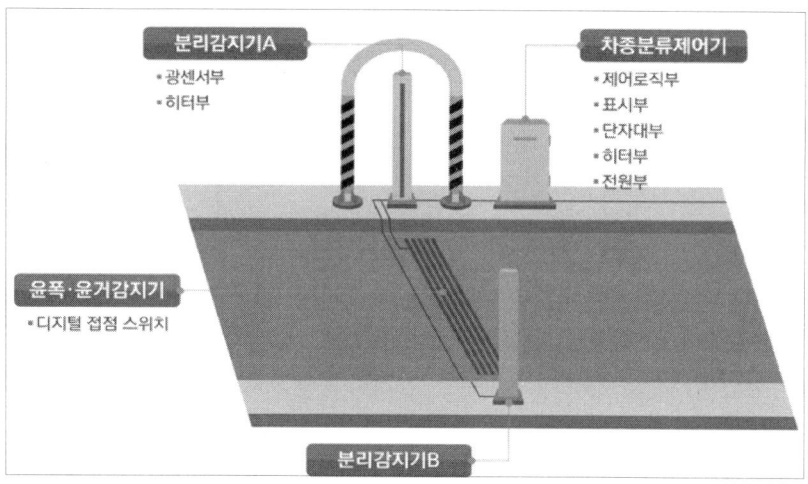

(2) 무선통신기술 WAVE (IEEE802.11p)
- IEEE 802.11p WAVE는 최대 200 km/h로 이동하는 차량에서 최대 54 Mbps급의 전송속도를 지원한다.
- IEEE 802.11p는 10 MHz를 사용, 채널 대역폭을 줄임으로써 고속 이동, 실외 환경에서 많이 발생되는 주파수 선택적 페이딩의 영향을 줄이고자 함에 있다.

1) WAVE시스템 구성도

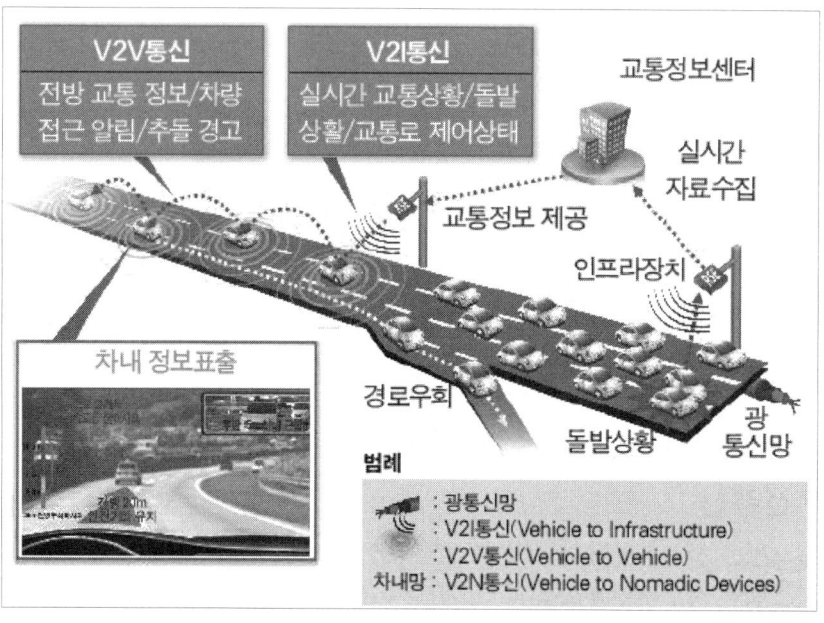

2) WAVE시스템 주요특징

주요 특징	내용
통신 대역폭	5.850 ~ 5.925 GHz
채널 수	7개
채널 대역폭	10 MHz (가용 : 20 MHz)
최대 전송 속도	54 Mbps
전송 범위	최대 1 km
지원 가능한 차량 이동 속도	최대 200 km/h

- 기존의 통신방식으로는 차량에서의 무선 인터넷을 포함하는 ITS에서 요구하는 다양한 서비스 및 높은 전송속도를 수용하는데 한계에 도달, 이를 해결하기 위해 출현한 기술임
- IEEE 802.11p의 PHY는 5GHz 대역에서 동작하는 IEEE 802.11a PHY로부터 최소한의 변경만을 고려함
- 최대 200km/h 속도의 차량 주행 환경을 지원하고, 안전 운행의 경우 1km까지이 전송거리를 제공할 수 있음
- 차량간(V2V) 통신 및 차량과 노변(V2I, Vehicle to Infrastructure) 통신을 최대 54Mbps 제공함
- DSRC가 없는 차량간 Ad-hoc 네트워크를 지원하고, 사용채널은 7개를   사용, 긴급구조 및 차량 안전을 위한 전용채널을 별도로 할당할 수 있음

(3) 번호판 촬영장치
- 고성능 카메라 와 IR-LED(야간 불빛)를 이용해 차량의 번호판을 정확하게 인식하는 장치로, 차량번호를 인지하여 요금을 직접 징수 할 수 있음
- 스마트롤링 시스템이 설치되면 개인의 프라이버시 침해가 문제가 될 수 있다.

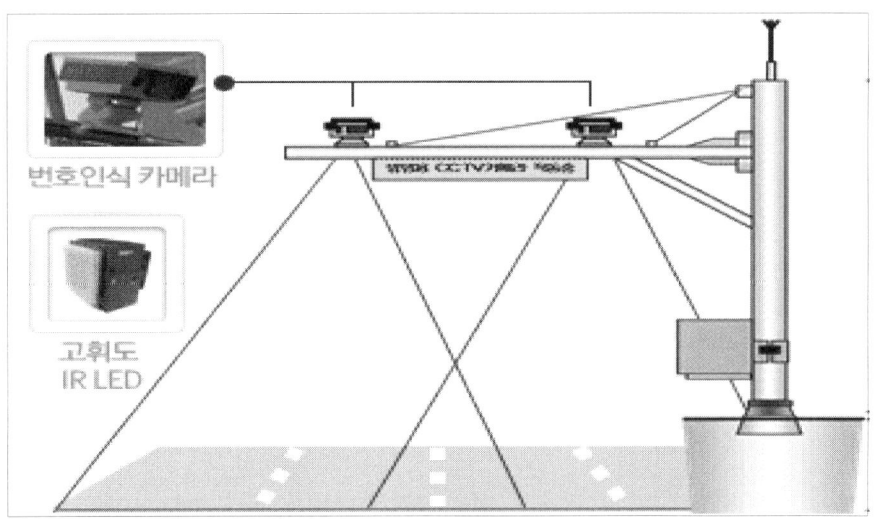

Ⅳ. 최근동향
- 국토부는 교통 흐름 개선 등 도입 효과가 큰 요금소부터 다차로 하이패스를 단계적으로 도입할 계획으로 2017년 제2경인고속도로의 남인천, 남해고속 도로의 서영암과 남순천, 경부고속도로의 북대구 톨게이트 등이 대상 지역을 시범서비스 함

유 형	노 선	영업소	수 량	개요도
본선설치	남해선	서영암 남순천 (양방향)	4식	
본 선 광장부형	제2경인선	남인천 (양방향)	2식	
나들목 설치	경부선	북대구 (출구)	1식	

- 2018년~2019년에는 교통량이 많은 3차로 이상의 수도권 고속도로 중심으로 다차로 하이패스가 구축된다. 대상지역으로는 서울·서서울·동서울·인천·대동·북부산·서대구·군자·서부산·부산·남대구·동광주·광주 등 총 13개소 이다.
- 2020년까지는 주행 중 자동으로 통행료가 부과되는 스마트톨링(Smart Tolling) 시스템도 구축될 계획이다.

문제04) 재난 시 골든타임 내 긴급복구용 통신망 구축방안에 대해서 설명하시오.

I. 개요
- DR(Disaster Recovery)란 미래에 발생할 수 있는 장애나 재난에 대비하여 컴퓨터에 저장된 데이터를 안전하게 보호하고 업무의 연속성을 주려는 목적을 가지고 도입되는 하드웨어나 소프트웨어 시스템
- 긴급복구용 통신망으로는 TETRA, PS-LTE 등이 있으며, 우리나라의 경우, 평창동계올림픽 기간동안 PS-LTE 시범사업을 진행하였으며, 전국망 구축을 계획하고 있음.
- PS-LTE는 LTE 기술을 기반으로 공공안전 통신에 필요 한 기능들을 수용한 기술 방식으로서, 그룹통신, 단말간 직접 통화, 망 생존성 등의 요구기능을 지원하도록 정의하고 있음

II. PS-LTE
가. 구성도

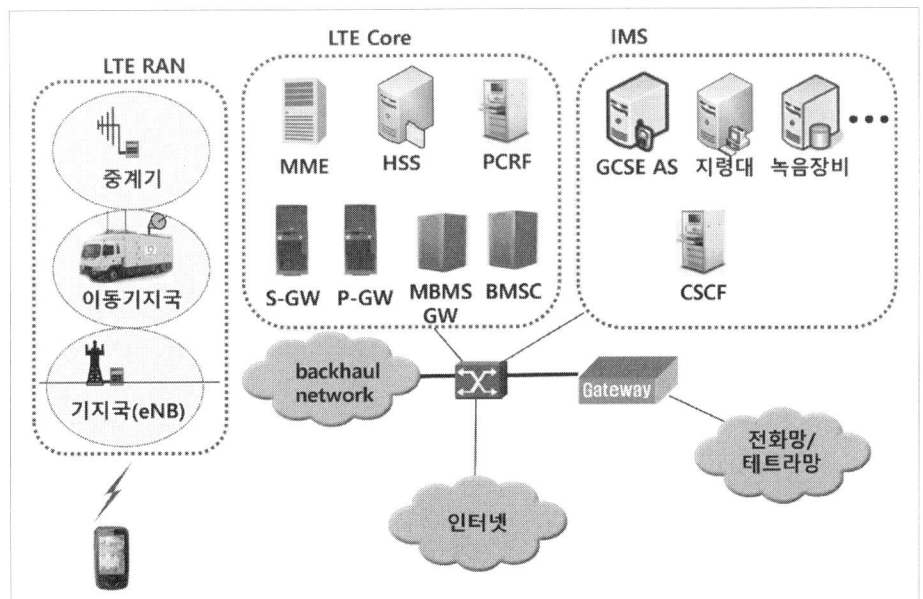

- PS-LTE 네트워크 아키텍처는 일반적으로 IMS 플랫폼을 기반으로 구성됨.
- All-IP 기반의 단일 LTE 망에서 기존의 음성 서비스와 광대역 데이터 서비스를 함께 제공하는 것이 목표
- IMS는 CSCF 기반으로 SIP 제어 프로토콜을 사용하고 있음.

나. PS-LTE의 기술적 요구사항
① 재난 대응성: 빠른 접속 시간과 대용량 그룹통신을 지원하는 동적 그룹통신기술
② 생존 및 신뢰성 : 단말간 직접통신 및 중계 단독기지국운용, 통화 품질 등
③ 보안성 : 단말기 사용허가 및 금지, 암호화 등
④ 상호 운용성 : 타 네트워크와의 연동
⑤ 운용 및 효율성 : 망관리, 용량 확장 등

Ⅲ. DR 구축시 고려사항
가. 고려사항

구분	내용
RSO	Recovery Scope Objective : 복구 요구 대상 - 원격지 단순 데이터 백업 - 재해 대비 시스템 복구를 위한 백업
RTO	Recovery Time Objective : 복구 요구 시간 - 특정 백업 시점 데이터 복구 - 재해 발생시 비즈니스 가동까지 소요되는 시간 - RTO가 낮을수록 재해에 대한 내성은 감소되나 비즈니스 운영비용은 증가
RPO	Recovery Point Objective : 복구 요구 지점 - 재해 발생시 데이터 손실을 수용할 수 있는 시간 - 운영중단이 발생할 경우, 데이터 손실에 근거하여 데이터를 복구하기 위해 수용할 수 있는 최소한의 시간
RCO	Recovery Communications Objective - 네트워크 복구 수준 - 지역 지점, 주요 영업점, 전 영업점
BCO	Backup Center Objective - 자체 2nd 센터에 재해복구시스템 구축

나. 재해복구 수준별 유형 비교
(1) Mirror site
- 주요 데이터 및 시스템과 어플리케이션 환경을 실시간으로 복제하는 형태
- Active-Active 상태로 실시간 동시 서비스 제공
(2) Hot site
- 주 전산센터 규모의 전산환경을 원격지에 유지(Active-Standby)
- 재해 발생시, 원장 관련 데이터를 복구하는 형태
(3) Warm site
- 주요 업무처리를 위한 일부 장비를 구비하고, 재해 발생시 주요 업무만 복구하여 운영하는 형태
- 데이터는 주기적(수시간~1일)으로 백업
(4) Cold site

- 평상시 주기적으로 주요 데이터를 테이프/디스크에 백업
- Network을 이용하여 원격지 VTL(Virtual Tape Library)에 저장
- 재해 발생시, 시스템을 도입/설치/운영 시스템을 운영하는 형태
- 주센터의 데이터는 주기적(수일~수주)으로 원격지에 백업

(5) 장/단점 비교

구분	장점	단점	복구목표 시간(RTO)
Mirror	-즉각적인 업무 대행 -데이터 유실없이 복구 가능	-비싼 구축비용 -업데이터가 많을 경우, 과부하 초래	즉시
Hot	-Mirror site보다 저렴 -데이터의 최신성 유지	-복구작업에 시간 소요	4시간 이내
Warm	-구축비용 저렴	-데이터 다소 손실 발생 -복구소요시간이 비교적 김	수일~수주
Cold	-비용이 최소	-데이터 손실 발생 -복구시간 많이 필요 -복구 신뢰성이 낮음	수주~수개월

IV. PS-LTE 구축 방안

가. PS-LTE기술의 응용서비스 종류

① 그룹 음성통화 및 개별 음성통화 서비스 (MCPTT 서비스)
② 그룹 영상서비스 (MCVideo 서비스)
③ 그룹 데이터서비스 (MCData 서비스)

나. 응용서비스 구현을 위한 표준기술

표준기술	응용기술
ProSe, D2D	- 기지국 영역 내/외에 있는 단말들에게 단말 간 직접통신이 가능하게 하는 기반기술
GCSE eMBMS	- 무선자원 및 네크워크 자원을 절약하여 효율적으로 지원하기 위한 기반기술
IOPS	- 기지국과 핵심 망과 연결이 끊겼을 경우 기지국 단독으로 MCPTT등 재난안전 응용서비스를 기능케 하는 기반기술

구분	국가기반시설	도로	인구밀집지역	산지	농어업지역	실내/지하	해상	철도
① 고정기지국	●	●	●	○(도로주변)	○(도로주변)	○(주요시설)		
② 상용망		●		○	○	○		
③ 이동기지국				○	○	○	○	
④ 기타망				○(철도망)	○(철도망)	○(UHF,철도망)	○(해상망)	○(철도망TRS)

※ ● 主통신수단, ○ 보조 수단

- 기존의 상용망을 활용하고, 비용 효율적이고 안정적인 망구축이 우선 시 되어야하며, 원활한 유지보수가 될 수 있도록 구축되어야 함
- 이동통신망에서 애플리케이션 레벨에서 구현되어 서비스되고 있는 PTT는 unicast 방식을 사용하고 있는데, unicast 방식으로는 재난 현장의 대규모 구호 인력이 동일 셀에서 그룹 통화 하는 것을 지원하기 어려움
- 따라서, multicast 방식이 필요하고 PS-LTE에서는 multicast 방식의 그룹통신을 위하여 eMBMS(evolved Multimedia Broadcast Multicast Service) 와 IMS를 결합한 형태의 GCSE(Group Communication System Enabler) 네트워크 아키텍처를 정의함.

문제05) 안전한 모바일 콘텐츠 유통관리 기술에 대해서 설명하시오.

참조답안

Ⅰ. 콘텐츠의 보호/관리기술의 개념
- 디지털 콘텐츠 보호/관리 기술은 음악, 동영상, 게임, 소프트웨어, 문서정보 등 다양한 디지털 콘텐츠 유통 시 발생할 수 있는 불법 복제 및 유통 등의 문제를 방지하기 위한 기술을 총칭함

Ⅱ. 모바일 디지털 콘텐츠 관리기술
(1) 디지털 콘텐츠 관리기술

구분	설명	적용 방식
수신제한 기술	TV 방송의 수신 시스템에서 서비스 가입자를 인식하여 자동으로 서비스 제공 여부를 판단, 허가된 가입자에게만 수신을 허용	유료 TV 서비스(케이블, 위성, IPTV 등)의 가입자 인식 시스템 등
저작권 관리 기술	디지털 콘텐츠의 생성에서 이용까지 유통 전 과정에 걸쳐 콘텐츠의 올바른 사용을 관리제어	콘텐츠 복제방지, 사용자/단말 인증을 통한 제한된 환경에서의 콘텐츠 사용 허가 등
워터마킹/포렌식 마킹 기술	콘텐츠에 식별 불가능한 마크를 삽입하여 저작권 정보 및 유통 정보를 기록하여 향후 분쟁 발생 시 활용	저작권 핑거프린팅, 방송 모니터링, 유통 추적 등

- 디지털 저작권 관리 기술(Digital Rights Management)은 디지털 콘텐츠의 불법복제방지 및 저작권 보호를 위한 기술로, 대부분의 디지털 콘텐츠에 폭넓게 적용되고 있는 핵심 보안 기술로 꼽힘

(2) 디지털 콘텐츠의 유통

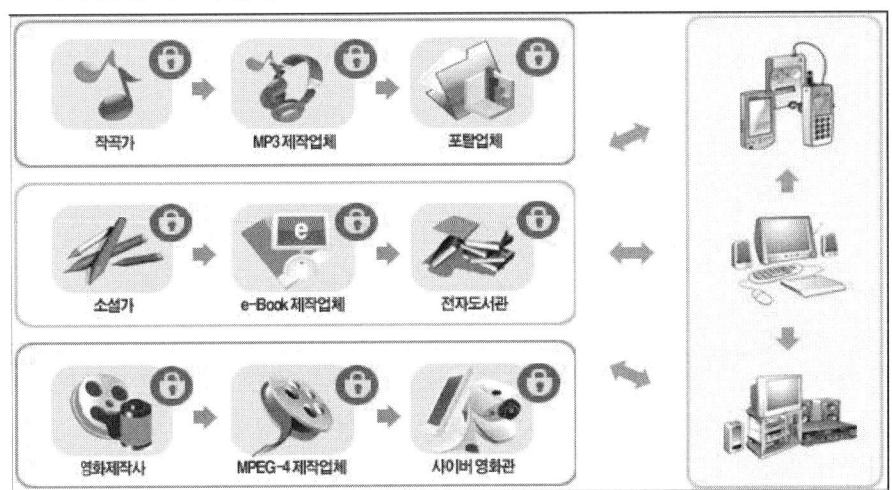

- 디지털 콘텐츠의 유통경로가 인터넷에서 무선망, 방송망, 위성망 등 새로운 경로로 확대되고 있어 더욱 빠르게 디지털 콘텐츠가 배포되고 활용되고 있음
- 과거에는 인터넷으로 연결된 PC에서만 디지털 콘텐츠를 이용할 수 있었지만 이제는 디지털 방송 및 디지털 홈 네트워킹을 통해 가전기기나 모바일기기에서도 디지털 콘텐츠를 이용할 수 있음

(3) 디지털 콘텐츠 별 대응기술 현황

구분	경로	방법	대응기술
음악	오프라인	•CD/DVD 뮤직스토어를 통한 판매	
		•CD/DVD 복제를 통한 영리목적 판매	
	온라인	•스트리밍서비스	DRM, 포렌식마킹
		•다운로드서비스	DRM, 포렌식마킹
영화	오프라인	•영화관을 통한 상영	포렌식마킹, CSS, AACS
		•CD/DVD 매장을 통한 판매(2차시장)	
		•영화관내 비디오 촬영 후 CD제작(캠·TS버전)판매	포렌식마킹
		•CD/DVD 복제를 통한 영리목적 판매	
	온라인	•스트리밍서비스	DRM, 포렌식마킹
		•다운로드서비스	DRM, 포렌식마킹, 필터링
		•IPTV	DRM/CAS, 포렌식마킹
		•디지털시네마	DRM, 포렌식마킹
방송	오프라인	•CD/DVD 매장을 통한 판매(2차시장)	포렌식마킹, CSS, AACS
		•방송녹화 후 CD제작(캠버전, TS버전)판매	
		•CD/DVD 복제를 통한 영리목적 판매	
	온라인	•스트리밍서비스	DRM, CAS, 포렌식마킹, 필터링
		•다운로드서비스	DRM, 포렌식마킹, 필터링
		•IPTV	DRM, CAS, 포렌식마킹
		•지상파 방송	-
		•위성 방송	CAS
		•케이블 방송	CAS

Ⅲ. 모바일 콘텐츠 유통 관리기술

(1) 유통 플랫폼의 문제점

① 유통 플랫폼의 난립
- 특히 Google의 경우는 통신 사업자나 기기 제조사가 별도의 유통 플랫폼을 개설하는 것을 권장하는 입장을 보여 왔기 때문에, Android 관련 유통 플랫폼의 수는 현재도 증가하고 있는 추세임

② 모바일 어플리케이션에 대한 취약점 존재
- 애플리케이션에 대한 객관적인 평가가 이루어지고 않고 있음

③ 악성코드의 확산
- 악의적인 개발자들은 이러한 악성코드가 담긴 apk 파일을 블로그나 인터넷 게시판을 통해 좋은 애플리케이션인 것처럼 배포하여, 이를 설치한 이용자들의 단말에 악성코드를 침투시키는 방법을 사용하기도 함

④ 광고시스템
- 운영에 많은 시간과 노력이 요구되는 애플리케이션 내 과금 방식을 선택하지 않고서도, 수익을 높일 수 있다는 점에서 1인 개발자나 소규모 개발사의 인기를 끌고 있음

(2) 유통 플랫폼의 개선방안

① 보안인식 제고
- 모바일 악성코드의 범람으로부터 이용자들이 자신의 단말을 보호하는 일차 적인 방안은 모바일 백신을 사용하는 것
- 또한 믿을 수 있는 개발자나 개발사가 만든 애플리케이션을 사용하고, 필요 이상의 권한을 요구하는 애플리케이션은 설치하지 않는 것도 필요
- 무엇보다도 인터넷 상에서 무분별하게 유통되는 apk 파일을 다운로드하여 설치하는 것을 삼가는 것이 바람직

② 디지털 콘텐츠 관리기술 탑재

구분	내용	기술
디지털 콘텐츠 추적 기술	원 저작자 또는 소유권자 입증	워터마킹, 핑거프린팅
디지털 콘텐츠 관리 기술	사용권한, 규칙동체, 과금 수행	DRM, MPEG-21, SRM
디지털 콘텐츠 식별기술	콘텐츠 식별 구문구조, 메타데이터관리, 권리표현 사양, 메타데이터	DOI, Indecs, XrML, ODRL

Ⅳ. 결론 및 최근동향
- 디지털 콘텐츠 보호 기술은 크게 호환성, 고도화, 신기술이라는 3가지 요구 사항을 충족시키는 방향으로 발전하면서 PC, 스마트폰, PMP, 가전기기 등 디바이스에서 구현되도록 호환성을 갖춰야 한다.
- 콘텐츠 보호 기술이 개발된다 해도 끊임없이 이를 뚫는 공격기술도 더불어 나오기 때문에 기술의 고도화는 항상 필요하며 암호화를 무력화시키는 기술이 있다면 이보다 더 뛰어난 기술로 새로운 방어를 하는 기술도 나와야 한다.
- 기존의 기술을 고도화하는 데 한계가 있고 새로운 요구사항들을 충족시키기 위해서 필요한 신기술을 개발해야 한다.

문제06) 실시간 제어가 가능한 차세대 교통관리센터 구축방안을 하드웨어와 소프트웨어 측면에서 설명하시오.

Ⅰ. 개요
- 교통관리센터(Transportation Management Center, TMC)는 특정 지역의 ITS 운영과 관련하여 중추적인 역할을 수행하는 센터
- 관리 대상 영역에 대한 파악과 유고 처리, 차량의 경로안내, 적절한 교통신호의 변화, 교통수요제어기법 등을 통하여 교통류를 연계 제어함
- 또한 자동적으로 혹은 제보원에 의해 교통정보를 수집하여 업데이트된 교통 상황 및 날씨 등의 정보를 대중교통운영 또는 여행자 정보서비스에 제공하여 교통운영센터라고도 함

Ⅱ. 교통관리센터 구축방안
(1) 센터 설계 시 포함사항
① 센터건축 : 입지선정계획, 규모산정, 공간배치, 건축설계, 기타 전기설비, 통신설비, 소방설비, 공조설비 등 센터 운영 및 유지관리를 위한 부대설비 설계
② 하드웨어 : ITS를 구성하는 물리적 요소
③ 네트워크 : ITS의 물리적 구성요소간 정보교환과 정보처리를 위하여 구성 요소들을 상호 연결하는 통신구조
④ 상용소프트웨어 : 시스템을 구동하고 제어하는 프로그램으로 공통된 기능 실행을 위하여 시판되는 소프트웨어
⑤ 응용소프트웨어 : 시스템을 구동하고 제어하는 프로그램으로 교통정보 수집, 가공, 제공관리, 교통정보연계관리, 현장장치 관리, 데이터관리 등 특정한 기능의 실행을 목적으로 개발되는 소프트웨어

⑥ 데이터베이스 : 다수의 사람에 의해 공유되어 사용될 목적으로 시스템내의 정보를 통합하여 저장, 관리하는 데이터파일의 체계적인 조직

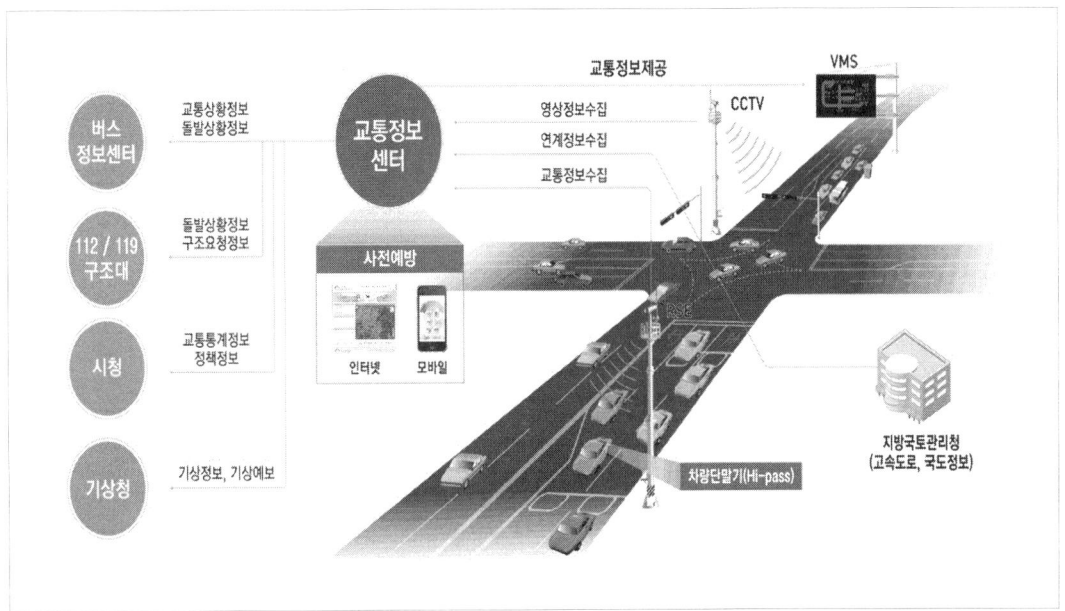

(2) 하드웨어 측면 구축방안
1) 설계 고려사항
- 장비별 용량산정 및 최신 기술의 고성능 하드웨어 도입
- 센터 내 서버와 현장 장비간의 고속의 통신속도 와 안정된 통신환경 제공
- 센터시스템의 모든 장비는 중앙에서 집중관리
- 타 시스템과 연계 가능한 시스템으로 설계
- 센터장비 설계시 고려사항은 크게 시스템의 안정성 및 확장성, 신기술 동향, 시스템의 적정성으로 구분해 각 항목별 고려할 중점사항을 바탕으로 설계함

2) 하드웨어 구성종류
- 교통정보를 가공,생성,처리하기 위한 중앙서버
- 정보수집서버, 정보제공서버, 정보연계서버,웹서버 등 교통정보 수집 및 제공을 위한 운영서버
- 통신서버, 백업서버, GIS서버, 상황판관리서버, 시설물관리서버, 동영상스트리밍서버 등 센터 운영을 위해 필요한 기타서버
- 데이터 저장, 데이터 백업 등을 위한 데이터 저장장치
- 상황판, 모니터, 운영단말기(PC), 프린터, 랙 등 센터운영을 위한 부가장치

3) 하드웨어 시스템 선정방법

절차		내용
요구사항 분석		- 요구사항과 일반적인 고려사항 분석 - 현장시스템과의 안정적 연계를 위한 센터장비 요구사항 분석
통합방안 검토		- 시스템간 연계 및 통합방안 검토 및 타 시스템과 연계방안 검토 - 시스템의 안정적인 운영과 장애발생시 처리기능 - 향후 시스템의 확장에 대한 확장성, 장비에 대한 유지보수 지원의 적정성
운영환경		- 시스템의 전체적인 운영흐름의 파악, 기본 트랜잭션 산출을 위한 환경분석
용량산정	CPU	- 한국전산원 용량산정 기준을 근거로 하며, 분당 트랜잭션 산출(tpmc) - 향후 사용자 및 트랜잭션 증가율을 감안한 여유율 확보 - 산정된 하드웨어의 CPU 처리능력, 각 시스템 소프트웨어의 CPU 사용부하 고려
	Memory	- 메모리 소요량 산정 - 향후 사용자 및 트랜잭션 증가율을 감안한 여유율 확보 - 운영소프트웨어, DBMS, 기타 S/W, 어플리케이션 등의 메모리 요구량 산정 - 최적의 메모리 크기 결정
	Disk	- 디스크 소요량 산정 - 시스템 디스크와 데이터 디스크의 크기를 고려한 디스크 사이징 - 데이터 안정성을 위한 디스크 구성과 데이터 증가 여유율 확보

(3) 소프트웨어 측면 구축방안 [상용소프트웨어]

1) 설계 고려사항
- 상용소프트웨어 설치가 필요한 하드웨어 장비를 파악하고 응용소프트웨어 개발과 데이터베이스의 설계방향을 반영
- 상용소프트웨어는 기 보유하고 있는 상용소프트웨어의 활용가능여부를 검토하여 활용할 수 있도록 하며 2개 이상의 상용 제품에 대하여 안정성, 경제성, 효율성 측면에서 만족도를 비교, 검토하여 최적 제품을 선정함

2) 상용소프트웨어 종류
- 데이터베이스관리시스템(DBMS) : 데이터의 추가,변경,삭제,검색 등의 기능
- 시스템관리시스템(SMS) : 분산되어 있는 물리적 구성요소 및 소프트웨어 자원을 유기적으로 연결하여 응용소프트웨어, 네트워크 등의 교통정보시스템 환경을 통합적으로 관리해 주는 시스템
- 네트워크관리시스템(NMS) : 네트워크 구성요소들의 중앙감시체제를 구축하여 네트워크 장애 및 성능을 체계적으로 관리하는 시스템
- 백업관리시스템 : 데이터를 주기적으로 백업하고 손상시 자동으로 복구하여 시스템을 보호하는 시스템
- 지리정보시스템(GIS) : 도로 및 교통상황을 육안으로 확인할 수 있도록 지도상에 정보를 표출하고 조회, 입력, 수정, 삭제 등의 기능을 하는 시스템
- 보안관리시스템 : 정보유출을 방지하고 시스템의 보안을 유지하는 시스템

(4) 소프트웨어 측면 구축방안 [응용소프트웨어]
1) 설계 고려사항
- ITS시스템 운영관리를 위해 필요한 응용소프트웨어의 구성도
- 응용소프트웨어 목록 및 기능 정의
- 응용소프트웨어 이중화 정책
- 정보연계를 위한 통신프로토콜 및 정보 구성
- 장애대응 방법 및 절차
2) 응용소프트웨어 종류
- ITS 정보수집 및 ITS 정보 가공.분석.관리 소프트웨어
- ITS 정보제공 및 ITS 정보연계 소프트웨어
- 센터장치, 현장시설물, 상황판 등 시스템 운영관리 소프트웨어(SI)

Ⅲ. ITS 교통관리센터 시스템 동향
- 센터시스템은 현장장비로부터 수집되는 자료의 가공처리와 이를 현장 또는 외부기관에 연계하는 등의 다양한 기능이 원활하게 이루어질 수 있도록 설계하여야 함
- 국가 ITS 아키텍처 및 기술기준의 준수를 통한 타 지자체 ITS센터 및 유관기관과의 연계성 고려
- 센터 운영자 측면에서 쉽게 접근할 수 있도록 단순하고 편리하도록 설계
- 정보의 정확성 및 시스템의 안정성이 보장되어야 하며, 센터 내부 네트워크 시스템이 외부의 침입으로부터 보호되도록 설계함
- 센터시스템은 운영시간 내에서는 무정지 운영이 가능하도록 구성되어야 하며, 장애에 대한 백업 및 장애대책 전략이 수립되어야 함

www.ucampus.ac

제3장

2019년 1회
117회

국가기술자격 기술사시험문제

기술사	제 117 회			제 1 교시 (시험시간: 100분)		
분야	통신	자격종목	정보통신기술사	수험번호		성명

※ 다음 문제 중 10문제를 선택하여 설명하시오. (각10점)

문제01) EVM(Error Vector Magnitude)

Ⅰ. EVM의 정의
- 디지털 라디오 송신기 또는 수신기의 성능을 정량화 하는데 사용하는 측정값.
- 성상도상의 이상적인 I,Q 위치와 실제 측정한 I,Q 위치사이의 차이를 표시
- QAM, OFDM 등의 디지털 변조 방식에서 시그널 분석 기법임

Ⅱ. EVM 개념도

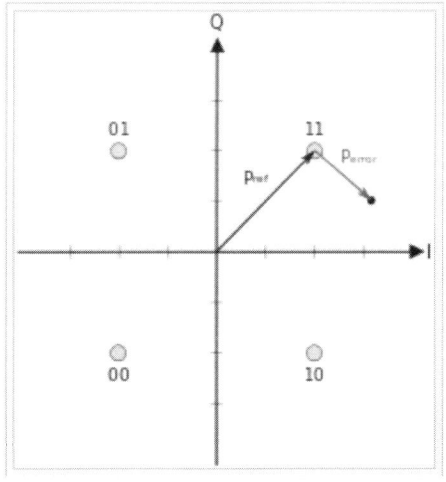

그림 EVM 개념
- Noise, Distortion, Spurious 및 Phase Noise가 모두 EVM에 영향을 미치므로 EVM은 무선 송신 및 수신기의 종합적 성능에 대한 측정치를 제공함.

III. EVM 수식
- EVM은 dB 혹은 %의 형태로 표시함.

$$EVM(\%) = \sqrt{\frac{P_{error}}{P_{reference}}} \times 100\%$$

$$EVM(dB) = 10\log_{10}(\frac{P_{error}}{P_{reference}})$$

- P_{error} : Error vector의 RMS(root mean square) 값
- $P_{reference}$: Reference signal 피크 상태 전압 값

IV. EVM 특징
- QAM 시그널에서 진폭에러와 위상에러의 정보를 모두 포함함.
- Noise, Distortion, Spurious, Phase Noise 등의 영향을 하나의 수치로 표시

V. 적용 사례

표 802.11ax의 EVM 요구 사항

구분	16QAM	64QAM	256QAM	1024QAM
EVM 요구 사항(dB)	-19	-27	-32	-35

- 802.11ax에서는 1024-QAM 지원이 필수적이지만 부반송파 간격이 78.125kHz에 불과하기 때문에 802.11ax 장비는 낮은 위상 Noise와 선형성이 우수한 RF Front-end단이 요구됨.

문제02) 5G 이동통신의 Network Slicing 기술

I. 정의
- 물리적으로 하나의 네트워크를 통해 Device, Access, Transport, Core를 포함하여 End-to-End로 논리적으로 분리된 네트워크를 만들어 서로 다른 특성을 갖는 다양한 서비스들에 대해 그 서비스에 특화된 전용네트워크를 제공해주는 기술
- **Network Slicing 기술은** 네트워크 기능과 서비스에 대한 유연성(flexibility)을 달성하기 위한 수단으로서의 중요 기술임

II. 도입 배경 및 필요성
(1) 개념도

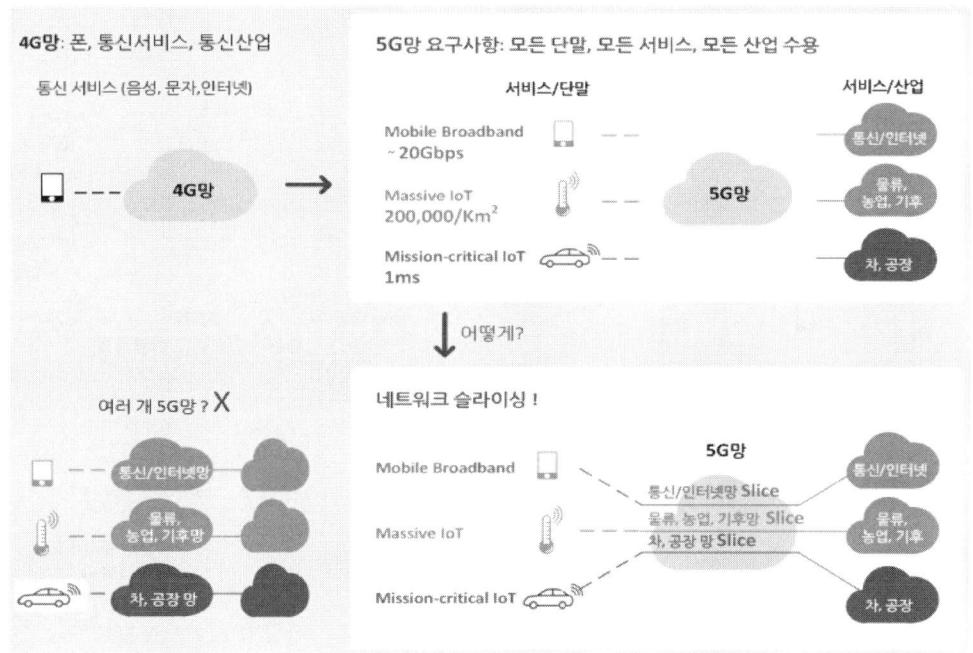

(2) 필요성
1) 4G 이통망 처리 단말 : 휴대폰에 최적화된 망 구조 요구됨.
2) 5G : 서로 다른 속성을 갖는 다양한 단말들을 대상으로 서비스 제공 필요
- Mobile Broadband, Massive IoT, Mission-critical IoT 등은 Mobility, Charging, Security, Police Control, Latency, Reliability 등의 측면에서 속성과 망 요구사항이 상이함.

(3) 5G에서 추가적으로 지원해야 하는 주요 서비스
1) Massive IoT 서비스(온도, 습도, 강우량 등 측정하는 고정형 센서)
- Hand over나 Locate update 같은 기능 불필요

2) Mission-critical IoT 서비스(자율주행, 원격 산업용 로봇제어)
- 수 ms 이내의 낮은 latency 요구

Ⅲ. 네트워크 슬라이싱 구성
(1) 구성도

❶ **현재망** (전용 장비)

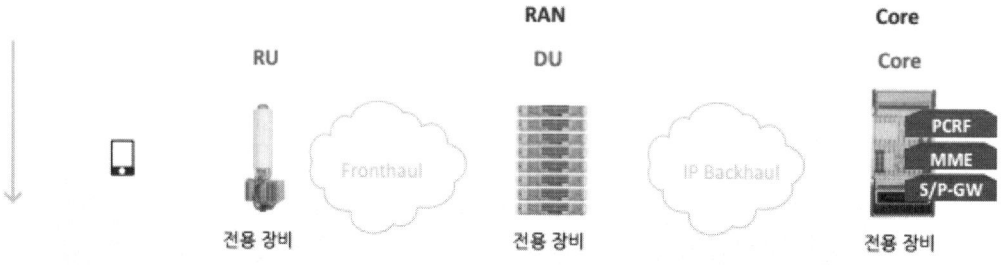

❷ **가상망 생성**
　NFV (상용서버에 DU, Core 등의 Network Function을 가상화하여 올림)
　SDN (네트워크 연결 제공)

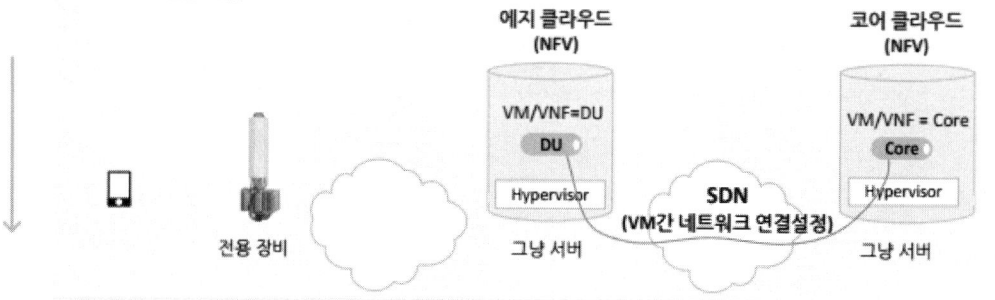

❸ **네트워크 슬라이싱**: 여러 개의 가상망 생성 (망을 가로로 자름)

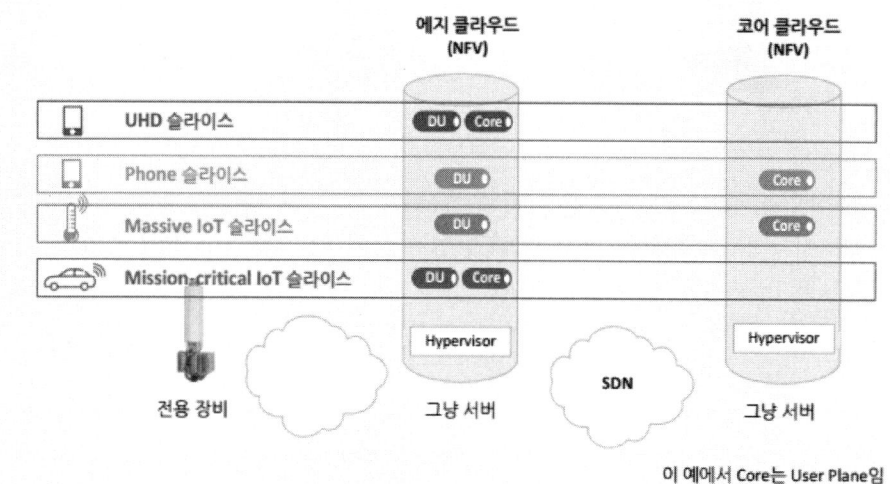

(2) 구성요소기술
① NFV
② SDN
③ Cloud 기술

Ⅳ. 네트워크슬라이싱 요구조건
① 네트워크 슬라이스를 생성(create), 수정(modify), 및 삭제(delete) 가능해야함.
② 디바이스와 가입자를 하나 이상의 네트워크 슬라이스에 연관(associate)할 수 있도록 해야 함.
③ 하나의 네트워크 슬라이스에서 지원되는 서비스 집합을 정의할 수 있도록 해야 함.
④ 가입, 디바이스 타입 및 서비스 기반의 네트워크 슬라이스에 디바이스를 할당할 수 있도록 해야 함.
⑤ 단말을 네트워크 슬라이스에 할당(assign), 단말을 하나의 네트워크 슬라이스로부터 다른 네트워크 슬라이스로 이동(move), 단말을 네트워크 슬라이스로부터 제거(remove)할 수 있도록 해야 함.
⑥ 요구되는 서비스를 가진 네트워크 슬라이스에, HPLMN (Home Public Land Mobile Network)에 의해서 인증된 네트워크 슬라이스에 또는 기본(default) 네트워크 슬라이스에 단말을 할당하도록 VPLMN (Visited Public Land Mobile Network)을 위한 메커니즘을 지원할 수 있어야 함.

문제03) IEEE 802.11ax HEW(High Efficiency Wireless)

Ⅰ. 802.11 ax 설명
- HEW는 다중 접속 환경에 최적화되어 공공 와이파이 환경에서도 최상의 인터넷 품질은 제공하는 것을 목표로 IEEE에서 개발 중인 Wi-Fi 규격
- 최대 10Gbps의 속도를 지원하며 여러 단말기가 접속을 해도 최상의 속도를 보장하고 더 넓은 커버리지와 유선망에 근접한 최단의 레이턴시를 보장하는 것이 목표.
- 2012년 이후에 표준화된 802.11ac 규격에 대하여 꾸준하게 지적받고 있는 문제점을 개선하기 위해 등장하였으며, 취약한 커버리지와 물리적 속도를 극복하기 위하여 5Ghz와 더불어 2.4Ghz 대역을 지원하며 MU-MIMO, OFDMA 등의 기술이 사용됨.

Ⅱ. 802.11ax (무선랜 발전의 역사)

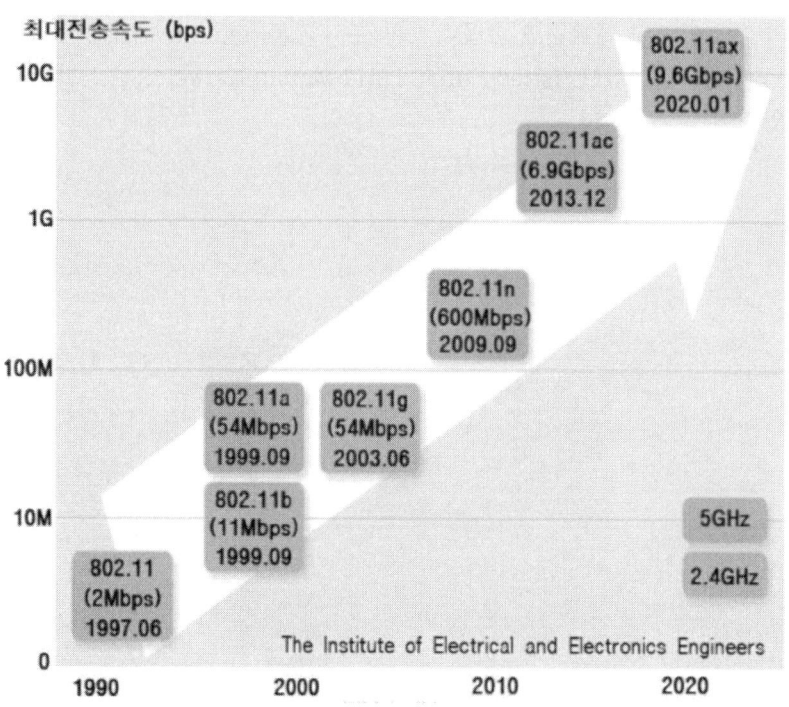

그림 무선랜 발전의 역사

- 무선랜의 첫 번째 규격인 IEEE 802.11이 제정된 후 20여 년이 지나면서 무선랜의 속도는 극적으로 빨라짐.
- IEEE 802.11 ax는 9.6Gbps의 전송속도로 6.9Gbps인 802.11ac 대비 1.4배, 802.11대비 5000배 정도 빨라짐.

Ⅲ. 무선랜의 진화 방향

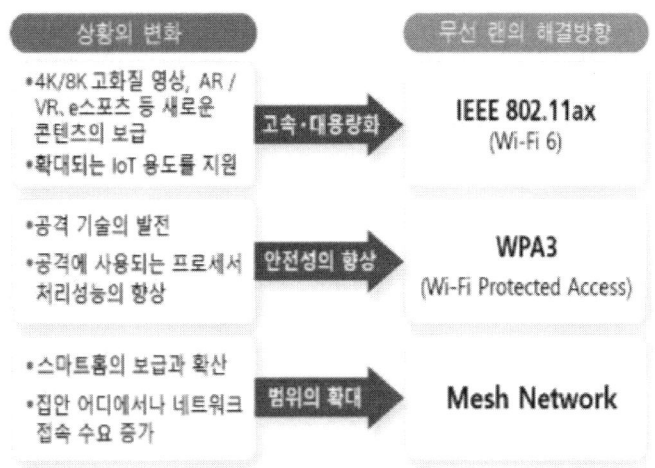

그림 차세대 무선랜 규격의 등장 배경

- 무선랜은 앞으로 '보다 빨리', '보다 안전하게', '보다 사용하기 편하게' 등의 방향으로 목표를 두고 진화해 나갈 예정이며 802.11ax는 '더 빨리'를 달성하려는 IEEE의 발전방향을 대표 하며 최대 전송속도보다는 사용자가 체감할 수 있는 실효 전송 속도 향상이 목표임.
- 802.11ax는 소위 '와이파이 6'로도 불리며 IEEE 위원회에서 초안이 승인되어 기술사양은 거의 확정되었음.

Ⅳ. 802.11ax의 주요 기술

기술	설명
MU-MIMO	· 처리량 향상을 위한 필수 기술 · 송신측과 수신측에 여러개의 안테나를 제공하여 전송용량을 향상 · 802.11ac 다운로드에서만 적용 -> 802.11ax는 업로드에서도 사용 · MU-MIMO를 위하여 802.11ax에서는 Trigger Frame 사용
OFDMA	· 802.11ac에서는 OFDM을 사용 하였으나 802.11ax 에서는 OFDMA를 사용함. · OFDM은 부반송파를 기본적으로 하나의 단말이 점유하나 OFDMA는 부반송파를 여러 사용자가 분할하여 사용 · OFDMA는 낭비되고 있던 부분에 다른 단말의 데이터를 실어 보낼 수 있어 전송 효율을 향상 시킴.
공간 재이용 (Spacial Reuse)	· 데이터 송신을 대기중인 상태에서도 다른 통신에 방해가 되지 않으면 송신을 하는 기술. · CSMA/CA에서는 액세스 포인트가 다른 단말과 통신중일때는 통신을 하지 않음. · 공간 재사용은 단말과 액세스 포인트 사이에 정보 교환을 사용하는 다른 단말의 통신을 방해하지 않는 다고 판단되면 통신을 진행.

Ⅴ. 802.11ax의 특징
- 802.11a/b/g/n/ac와 하위 호환이 가능
- 기차역, 공항, 경기장 등 밀집도가 높은 시나리오에서 사용자당 스루풋 개선.

- MU-MIMO 및 OFDMA 기술을 통해 다운링크 및 업링크 다중 사용자 작업에 맞게 지정됨.
- 보다 큰 OFDMA FFT 크기(4배 큼), 보다 좁은 부반송파 간격(밀집도 4배), 보다 긴 심볼기간(4배)으로 다중 경로 페이딩 환경 및 실외에서 견고함과 성능을 향상시킴.
- 보다 효과적인 전력 관리로 배터리 수명이 증가됨.

VI. 기술 비교

	802.11ac	802.11ax
대역	5 GHz	2.4 GHz 및 5 GHz
채널 대역폭	20 MHz, 40 MHz, 80 MHz, 80+80 MHz & 160 MHz	20 MHz, 40 MHz, 80 MHz, 80+80 MHz & 160 MHz
FFT 크기	64, 128, 256, 512	256, 512, 1024, 2048
부반송파 간격	312.5 kHz	78.125 kHz
OFDM 심볼 기간	3.2 us + 0.8/0.4 us CP	12.8 us + 0.8/1.6/3.2 us CP
최고 변조	256-QAM	1024-QAM
데이터 속도	433 Mbps (80 MHz, 1 SS)	600.4 Mbps (80 MHz, 1 SS)
	6933 Mbps (160 MHz, 8 SS)	9607.8 Mbps (160 MHz, 8 SS)

표 802.11 ac와 802.11ax의 비교

- 802.11ax 는 802.11ac 대비 FFT가 4배 크므로 부반송파의 수가 증가하나 부반송파 간격이 1/4로 줄어들어 기존 대역 채널폭을 유지함.

VII. 진행 방향

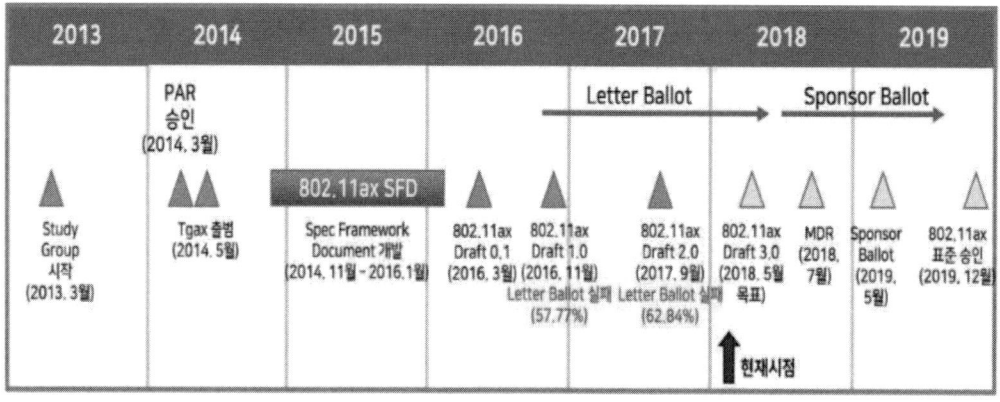

그림 802.11ax 타임 라인

- 2013년 3월 HEW 스터디 그룹이 생성 표준화 논의가 시작됨.
- 2014년 5월부터 TGax 태스크 그룹으로 전환되어 본격적으로 표준 개발시작.
- 2016년 1월까지 주요 기술 항목을 정의 하는 스펙 프레임워크 문서 개발 진행.
- 2016년 3월 802.11ax 드래프트 0.1 공개
- 802.11ax 최종 표준 승인 시점은 2019년 12월 목표

문제04) MPEG-H 3D 오디오 기술

Ⅰ. 개요
- ATSC 3.0에서는 돌비 AC-4와 MPEG-H 3D 오디오 기술을 표준으로 채택
- 국내에서는 압축 성능, 오디오 품질 등 다양한 서비스 제공 가능성 등을 검토하여 MPEG-H 3D 오디오를 오디오 표준으로 채택
- MPEG-H 3D 오디오 기술을 통해 기존의 HDTV에서는 경험하지 못했던 다양한 서비스를 시청자에게 제공할 수 있을 것으로 기대됨

Ⅱ. MPEG-H 3D 오디오 기술
- 대화면 고해상도로 대변되는 UHDTV 방송 서비스를 고려하여 MPEG에서는 몰입감/현장감 극대화한 개인 맞춤형 오디오 서비스를 제공하기 위해서 채널, 객체, 그리고 오디오 장면 신호까지 처리할 수 있는 MPEG-H 3D 오디오 기술에 대한 표준화 진행
- 다양한 형태의 입력신호를 처리하기 위해 그림과 같이 USAC(Unified Speech & Audio Coding), MPS(MPEG-Surround), 그리고 SAOC(Spatial Audio Object Coding) 기술 등을 활용하고 오디오 장면 처리를 위한 고차 엠비소닉스(HOA, High Order Ambisonics)와 다양한 재현환경에 최적화된 오디오 재생을 위한 렌더링 기술을 새로 개발하여 MPEG-H 3D 오디오 기술을 표준화하였음

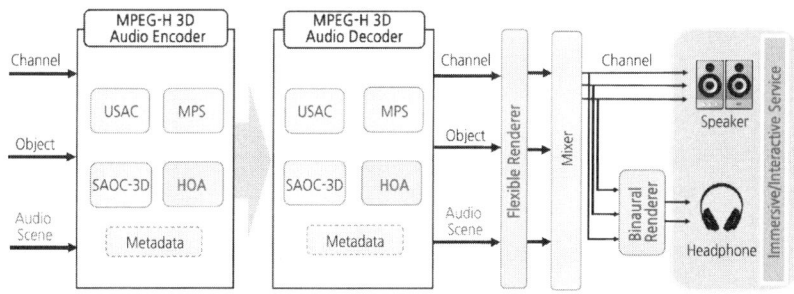

그림 MPEG-H 3D 오디오 기술 개요

가. MPEG-H 3D 오디오 핵심 기술
- MPEG-H 3D 오디오 코덱은 22.2 채널까지 지원
- 음성과 음악 신호 모두에서 고른 성능을 나타내고 압축 효율이 뛰어난 USAC를 핵심기술로 채택.
- 객체신호는 오디오 장면을 구성하는 각각의 음원들을 의미하며 객체신호는 채널신호로 간주하여 USAC로 압축하거나 SAOC-3D로 압축하여 전송할 수 있음.
- 오디오 장면 신호는 MPEG-H 3D 오디오에 새롭게 소개된 신호형태로 기존의 MPEG 오디오 표준기술로는 처리할 수 없기 때문에 HOA기술 개발

- MPEG-H 3D 오디오 코덱은 시청자가 채널 또는 콘텐츠별 인지하는 음량이 달라서 TV 시청시에 오디오 볼륨을 상시 조절해야 하는 번거로움을 배제하기 위한 DRC(Dynamic Range Control) 기술 포함

나. MPEG-H 3D 오디오 렌더링 기술
- 다양한 스피커 배치환경과 헤드폰에서도 최적화된 3D 오디오를 재현할 수 있는 렌더링 기술
- 그림의 플렉서블 렌더러에는 채널, 객체, 오디오 장면신호 각각을 렌더링하는 모듈 포함
- 포맷변환기는 입력채널과 출력 채널 간의 변환장치로 원래 콘텐츠의 효과를 최대한 반영하기 위한 능동적 믹싱을 지원
- 객체신호는 객체 렌더러를 통해 특정 스피커 재생환경에 맞게 렌더링 되고, 오디오 장면신호는 디코딩된 PCM 신호와 HOA 메타데이터를 사용하여 HOA 렌더러를 통해 특정 스피커 재생 환경에 맞게 생성됨
- 헤드폰을 통해 오디오 신호를 재현할 경우에는 바이노럴 렌더러를 통해 원 콘텐츠의 효과를 최대 반영하는 스테레오 신호 생성.

Ⅲ. MPEG-H 3D 오디오 서비스
- 사용자를 중심으로 3차원의 모든 방향에서 오디오가 둘러싸는 입체적 공간감 제공.
- MPEG-H 3D 오디오의 객체신호 처리 기술을 사용하면 시청자의 취향이나 선택에 따라 특정 오디오 신호를 제어하는 서비스 제공
- MPEG-H 3D 오디오 코덱 기술을 사요하면 기존에 제공하던 다중언어와 화면해설 서비스를 효율적으로 제공할 수 있을 뿐만 아니라 새로운 서비스 제공 가능
- 특정 객체신호의 재생 위치 제어 가능

문제05) P2P 멀티미디어 스트리밍(Multimedia Streaming)

Ⅰ. 멀티미디어 스트리밍의 개요
- 최근의 영상 시청 형태의 다양화에 따라 P2P(Peer-to-Peer) 기술을 이용한 스트리밍 방송에 관심이 높아지고 있다.
- 스마트폰의 작은 화면은 화면의 크기도 제한적이며 정보 공유를 위해 불편함
- 사용자 주변의 디스플레이 장치를 통해 화면과 오디오를 공유해 주는 기술 필요

Ⅱ. P2P 멀티미디어 스트리밍의 개념도
가. P2P 멀티미디어 스트리밍의 개념도
- P2P 스트리밍 방송에서 영상을 재생하는 단말기(피어)는 영상 재생에 필요한 데이터를 다른 여러 피어로부터 수신한다. 수신한 데이터를 시계열에 따라 처음부터 차례로 재생함으로써 사용자들은 영상을 처음부터 시청할 수 있다.
- 기존의 방법은 부하 분산을 위해 데이터를 수신하는 피어를 랜덤으로 선택하고 있었지만, 선택된 피어의 대역폭이 작을 경우 수신 완료까지 시간이 걸린다는 문제가 있어 대기 시간을 가능한 한 단축한다.

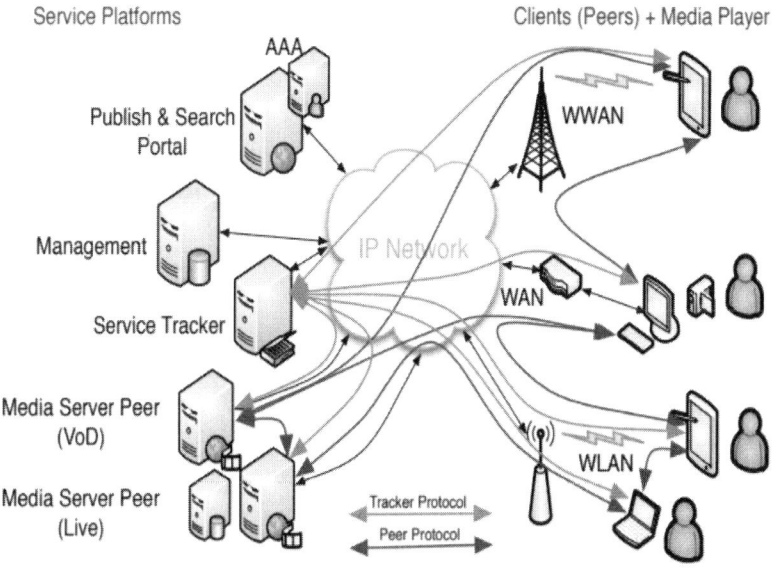

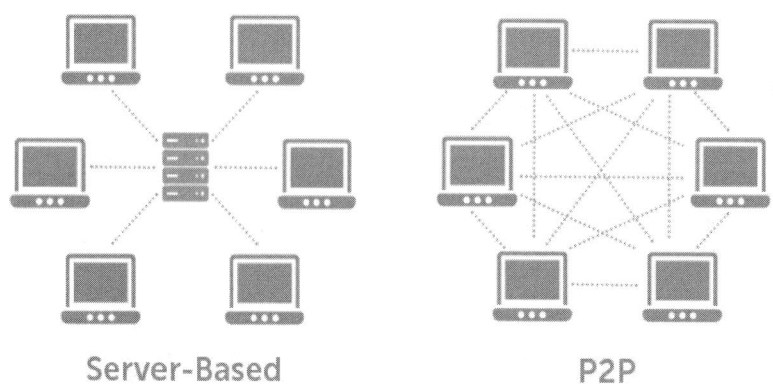

Server-Based   P2P

Ⅲ. 프로토콜의 종류
　가. 브라우저 표준 대응 프로토콜
　(1) HTTP Live Streaming(HLS)
　- 애플에 의한 HTTP 베이스의 스트리밍·프로토콜.
　- IETF 표준화를 목표로 사양이 공개되어 있어 많은 서버나 클라이언트가 대응
　(2) MPEG-DASH (Dynamic Adaptive Streaming over HTTP)
　- MPEG에 의해 개발된 HTTP 기반의 스트리밍 기술
　나. 브라우저 재생에 플러그인이 필요한 프로토콜
　(1) RTSP (Real Time Streaming Protocol)
　　- IETF에서 표준화된 RealMedia / Quick Time / Windows Media / GStreamer를 포함한 많은 플레이어에서 재생
　(2) MMS (Microsoft Media Server)
　- Windows Media의 스트리밍 전달에 사용
　(3) Microsoft Smooth Streaming
　- Microsoft에 의한 Siverlight용 스트리밍 프로토콜. HTTP 프로그레시브 다운로드 기술을 이용
　(4) RTMP (Real Time Messaging Protocol)
　- Adobe Systems에 의한 Flash Video용 스트리밍 프로토콜.
　- 리버스 엔지니어링에 의해서 사양이 해석되고 있기 때문에 많은 오픈 소스 S/W가 이 재생 및 송출에 대응
　(5) Adobe HTTP Dynamic Streaming(HDS)
　- Adobe Systems에 의한 HTTP 베이스의 Flash Video용 스트리밍 프로토콜
　- 파일을 분할해 fragment 마다 다운로드하는 방법을 사용

Ⅳ. 영상 P2P 무선 전송 주요 기술

종류	동작방식 및 활용분야
DLNA (Digital Living Network Alliance)	. 동일 로컬네트워크에서 각종 기기들 사이에 영상 및 음성데이터를 전송및 공유하는 기술 . 시스템 구성은 휴대장치 <-> 유무선공유기(중간연결장비) -> TV로 구성
WiDi (Wireless Display)	. 인텔에서 주도하고 있는 무선전송기술로 WiDi 지원이 되는 Intel 전용 무선랜 칩이 내장된 기기간 무선전송이 이루어 짐

Miracast (미러링)	. WiFi Alliance에 의해 가장 많이 사용되고 있는 무선전송기술
	  1) WiFi 다이렉트 : 중간에 인터넷이 연결된 무선랜 장비가 없어도 무선전송이 가능**(폰-TV)**
	  2) WiFi 인프라 : 중간에 무선랜 공유기로 연결되어 무선 전송이 가능 **(폰-공유기-STB)**

AirPlay	. 애플 고유의 무선전송 기술 방식입니다. iOS기기의 화면을 무선으로 Apple TV를 통하여 TV나 모니터에 미러링이 가능 . 시스템은 iOS 기기 <-> Apple TV -> TV, 모니터로 구성됩니다. 이때 iOS기기와 Apple TV는 로컬 무선랜 망에 연결
Casting (캐스팅, 구글 Chromecast)	. 구글에서 지원하는 무선전송기술임과 동시에 장치고유명으로 사용하고 있음 . 시스템은 Chromecast 지원App 또는 크롬브라우저설치된 PC, Notebook <-> 구글Chromecast -> TV,모니터로 구성됨. 이때 미라캐스트 방식과 달리 인터넷이 되는 무선랜이 꼭 필요하다는 특징이 있음

문제06) PCM의 엘리어싱(Aliasing) 대책

Ⅰ. 엘리어싱(Aliasing)현상 원인
- 표본화율이 Nyquist 표본화주파수보다 낮으면 ($f_s < 2f_m$) 주파수 영역에서 spectrum 이 겹쳐 나타나며(spectrum folding 또는 spectrum overlap) 이런 경우를 엘리어싱 (aliasing)이라 함.

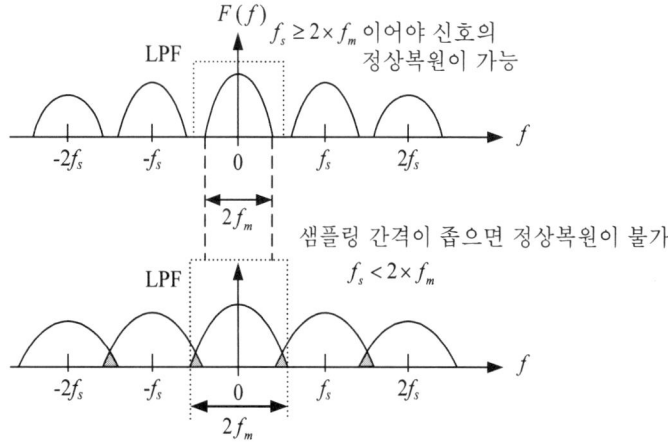

엘리어싱(Aliasing)

Ⅱ. 엘리어싱(Aliasing)현상 대책
- aliasing을 억제하기 위해서는 Nyquist 표본화 주기보다 짧게 표본화함.

$$T_s < \frac{1}{2f_m}$$

- 신호 $f(t)$를 표본화하기 전에 f_m보다 높은 주파수 성분이 들어오지 못하도록 표본화 전단에 Anti-aliasing filter(LPF)를 설치해서 엘리어싱을 방지할 수 있음.

문제07) PoE (Power of Ethernet)

Ⅰ. 개요
- 이더넷 전원 장치(PoE)는 IEEE 802.3af 및 802.3at 표준에 의해 정의됨
- PoE를 사용하면 기존 데이터 연결 상에서 이더넷 케이블을 통해 네트워크 장치에 전원을 공급할 수 있음

Ⅱ. PoE 장치 특성
1) PoE RJ-45 커넥터 구성 (EIA/TIA 568B 기준)

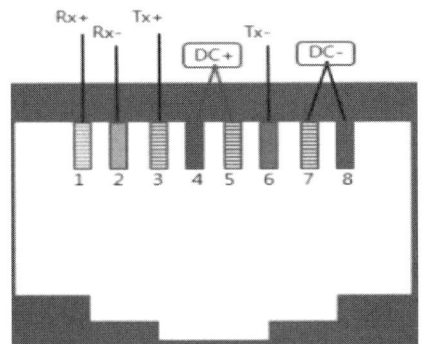

- 1,2,3,6번은 신호선으로 사용하고 4,5,7,8,번 DC전원으로 사용함

2) PoE 네트워크 구성도

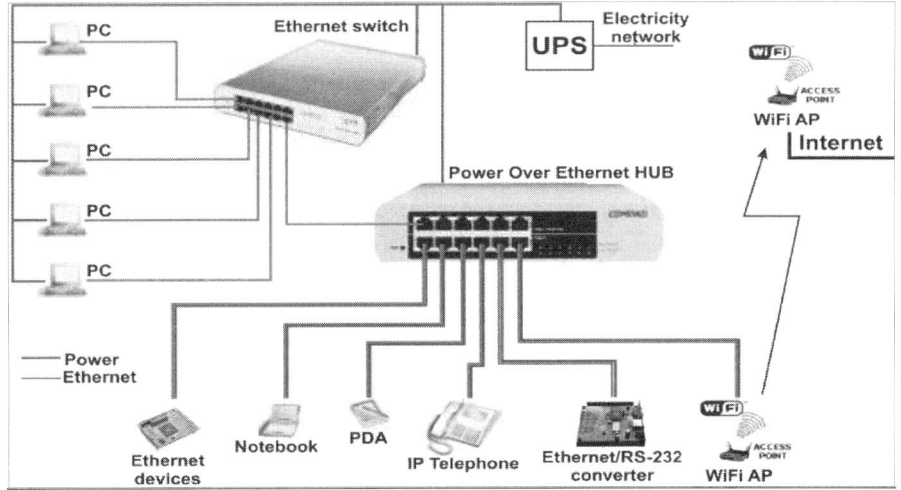

- PoE스위치는 L2스위치 + 전원공급모듈로 구성됨

3) PoE 표준

Attribute	POE	POE+
Standard	IEEE 802.3af	IEEE 802.3at
Type	Type 1	Type 2
Max Power to powered device	12.95 Watts	25.50 Watts
Max Power delivered to switch	15.40 Watts	34.20 Watts
Voltage range to PD	37.0 – 57.0 V	42.5 – 57.0 V
Power Management	Class 0 Class 1,2,3	Class 4
Cabling	Cat 3 & Cat 5	Cat 5

Ⅲ. PoE의 장점 과 단점

1) 장 점
- PoE는 전력과 데이터 전송에 하나의 케이블만 사용하므로 네트워킹 장비와 VoIP 전화를 위한 케이블을 구입하고 관리하는 데 소요되는 비용을 절약 가능
- 너무 비싸거나 불편해서 새 전선을 설치하기 어려운 건물의 경우 PoE를 사용하면 네트워크 설치와 확장이 간편하고 저렴해짐
- PoE를 사용하면 전원을 설치하기에 적합하지 않은 장소, 예를 들면 달아 맨 천장(drop ceiling)과 같은 곳에 장치를 장착할 수 있음
- 복잡한 장비실 또는 배선실에 필요한 케이블과 전기 콘센트 수가 줄어듬

2) 단 점
- 기존의 스위칭 허브(PoE 미지원) 환경에서 PoE 시스템으로 전환할 경우 PoE 스위치로 교체 하거나 Mid-Span 장비(허브와 장비 중간에 놓여 전원을 함께 공급하는 장치)를 추가하여야 하므로 초기 투자 비용이 커짐
- 케이블의 특성으로 인해 최대 100m 까지만 사용이 가능하며 직류 48V 전원공급 만이 가능하므로 IP 카메라, IP 전화기, 무선 AP (엑세스 포인트) 등의 소형 기기에는 사용이 가능하지만 소비전력이 비교적 높은 데스크탑 PC등 일반적인 장치에는 사용이 어려움

문제08) SD-WAN(Software defined-Wide Area Network)

Ⅰ. 정의
- 소프트웨어 정의 네트워크(SDN)를 사용하여 엔터프라이즈 WAN(Wide Area Network)을 설계 및 배포하는 방법임.

Ⅱ. 개념도

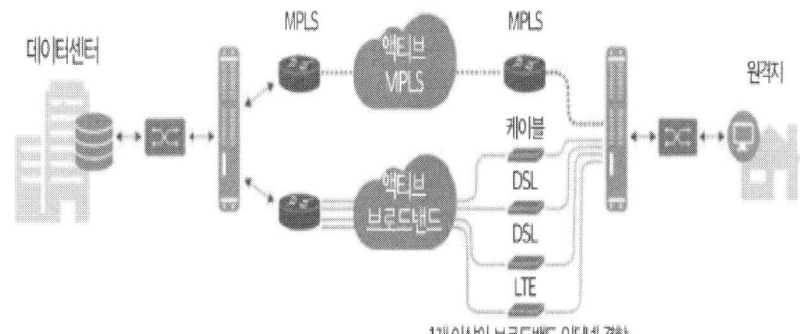

그림 SD-WAN의 개념도

- 그림은 SD-WAN의 기본적인 구성임. 기업의 MPLS망과 인터넷으로 구성된 Public망이 결합되는 형태임.
- 하이브리드 WAN으로 MPLS와 인터넷 회선을 모아 대역폭 비용을 줄이고 성능을 높임.

Ⅲ. 특징
- 중앙화된 컨트롤러라는 SDN 개념을 적용하여 네트워크 관리자는 컨트롤러 아키텍처를 이용하여 트래픽을 효율적으로 원격으로 처리, 관리
- SDN의 유연성과 민첩성을 활용하여 트래픽 모니터링 및 관리를 물리적 장치에서 애플리케이션 자체로 전환
- 개인 및 공공 연결을 안전하게 통합하고 여러 링크에서 자동화,중앙 집중식 네트워크 제어와 민첩한 실시간 트래픽 관리를 허용
- 네트워크 관리자는 중앙 컨트롤러로 어플라이언스를 원격 프로그래밍 할 수 있어 구축 시간을 줄이고 수동적으로 기존 라우터를 구성하는 것을 최소화하거나 제거가능
- 대부분 임대형 MPLS 링크 및 광대역 LTE 또는 무선과 같은 사설, 공용 링크를 통한 하이브리드 WAN 동적 라우팅 트래픽을 지원
- 관리자가 저렴한 공용 인터넷 연결을 통하여 우선순위가 낮고 민감하지 않은 데이터를 전송

- VoIP와 같이 업무상 중요하고 지연 시간에 민감한 트래픽에 대해서는 사설 링크를 통하여 전송. 이를 통해서 고가 전용 MPLS 회선에 대한 의존도를 낮추거나 없앰.
- 다양한 보안 기능까지 지원돼고 전반적인 WAN 비용을 절감.

Ⅳ. SD-WAN과 전용선기반 WAN 비교

표 SD-WAN과 전용선기반 WAN 비교

항목	SD-WAN	전용선기반 WAN
구성	전용망+공중망	전용망
구축비용	저렴	고가
관리의 용이성	편리함	어려움
구축기간	짧음	오래 걸림
트래픽 모니터링과 관리	애플리케이션에서 처리	물리적 장치에서 처리

- SD-WAN은 기존 전용선기반 WAN에 비해서 구축비용이
- 저렴하고 관리가 용이함.

Ⅴ. SD-WAN의 활용
- SD-WAN은 그동안 은행과 리테일 업계가 선호하는 기술. 미국 10대 은행 '캐피탈 원(Capital One)'이 대표적이다. 미 전역에 700개 이상의 지점을 운영하고 있다.
- SD-WAN을 이용한 모바일 백업

Ⅵ. 향후 전망
- 2018년 WAN 시장에서 SD-WAN이 주류 기술로 부상함. 하이브리드 방식으로 소프트웨어 정의 WAN(SD-WAN) 기술이 전 산업으로 빠르게 확산하고 있다.
- 2017년에는 주목받는 신기술 중 하나였다면 2018년에는 주류 기술로 올라설 전망임.
- 최근에는 적용 범위가 더 넓어지고 있고, 대전환점을 통과하고 있는 것임.
- 또한, SD-WAN 적용이 지사와 원격지 사무실 등 기업내 다양한 형태로 확산해 상당한 변화를 촉발할 것으로 전망한다.
- 이를 SD-WAN 1.0에서 2.0으로의 전환으로 표현하기도 함.

문제09) 공동구 설계기준(통신분야) 및 점검 방법

Ⅰ. 공동구 설계 기준
- 공동구는 도시 지하에 콘크리트 통로를 설치하여 전선로, 가스관, 수도관, 하수도관, 통신선로, 전기통신회선설비, 열수송관 등의 배관을 위해 공동으로 사용하는 콘크리트 구조물을 말한다.
- 공동구 내 통신시설은 관련 규정과 다음 각 호의 기준에 따라 적합하게 설계되어야 한다.
- 통신케이블은 케이블 받침대, 케이블 걸이를 사용하여 견고하게 설치할 것
- 케이블 받침대 및 케이블 걸이는 통신케이블의 설치 및 유지보수 작업 시 작업원이 지지철물에 부딪히지 않고 소형 기자재를 들고 다니는데 불편하지 않으며, 공동구 천정에 설치된 조명등, 분전반 등에서 적당히 떨어진 위치에 설치할 것
- 케이블 받침대의 설치 시 케이블 접속에 지장이 없어야 하며, 공동구 천정에서 최상단 케이블걸이 사이 및 공동구 바닥에서 최하단 수평지지대 사이에 250mm이상의 공간을 확보할 것
- 통로의 폭은 유지보수 작업에 지장이 없도록 여유 있게 확보할 것

Ⅱ. 공동구 점검방법
- 공동구 안으로 침투 가능성이 있는 출입구와 환기구 등에는 감지장치 또는 폐쇄회로 TV 카메라 등 원격감시장비를 설치하여야 한다.
- 공동구관리자는 다음 각 호의 사항들을 고려하여 정기적인 점검계획을 수립하고, 이에 따라 적절히 점검하여야 한다.
- 시설물의 종류, 범위, 항목, 방법 및 장비
- 점검대상 부위의 설계자료, 과거이력
- 시설물의 구조적 특성 및 특별한 문제점
- 시설물의 규모 및 점검의 난이도
- 점검당시의 주변여건
- 점검표의 작성
- 그 밖의 관련 사항

Ⅲ. 점검의 종류
1) 정기점검
- 경험과 기술을 갖춘 사람이 시설물의 기능적 상태와 시설물이 현재의 사용 요건을 계속 만족시키고 있는지를 판단하기 위하여 세심한 외관조사 수준으로 실시하는 점검
2) 정밀점검
- 시설물의 현 상태를 정확히 판단하고 최초 또는 이전에 기록된 상태로부터의 변화를 확인하며 구조물이 현재의 사용요건을 계속 만족시키고 있는지 확인하기 위하여 면밀한 육안검사와 간단한 측정.시험장비로 필요한 측정 및 시험을 실시하는 점검
3) 긴급점검
- 태풍, 집중호우, 폭설 등의 재해가 발생하여 긴급한 손상이 발견되거나 공동구관리자가 필요하다고 판단하는 경우에 실시하는 모든 점검.(필요한 경우에는 장비나 기계 기구를 사용하여 실시한다)
4) 정밀안전진단
- 정밀한 외관조사와 시험·측정장비 및 기기를 사용하여 시설물의 물리적·기능적 결함을 발견하고 그에 대한 신속하고 적절하게 조치하기 위하여 구조적 안전성 및 결함의 원인 등을 검토·분석·평가하고 보수·보강방법을 제시하는 점검

문제10) 블록체인의 보안위협

Ⅰ. 개요
- 블록체인은 동료들과 공유되는 트랜잭션이나 계약(contracts) 목록이다
- 블록체인을 사용하면 고객의 데이터베이스를 유지 보수와 보안에 따른 엄청난 비용을 절약할 수 있다.
- 블록체인 보안 위협 유형은 블록체인 자체 시스템 보안, 생태계 보안, 사용자 보안 등 으로 나뉜다.

Ⅱ. 블록체인 보안위협
(1) 블록체인 자체 시스템 보안
1) 블록체인 트랜잭션을 입력할 때 사람의 실수
- 분산화로 중앙 권한이 없는 블록체인의 특징으로 인해 암호화폐 거래를 실수했을 때, 이를 취소할 수 없다. 즉 코인 지갑의 비밀번호를 잊어버리면 영원히 사라지게 된다.
- 또한 신뢰할 수 있는 당사자가 해킹을 당하는 경우로, 이럴 경우 블록체인 보안은 사라진다.

2) 51% 공격
- 네트워크 대부분이 해킹 당하는 경우로 적은 수의 참여자로 이루어진 블록체인의 경우 발생할 수 있다.

3) 블록체인 구현 오류
- 블록체인 기술이 너무 새로워 구현오류가 발생하기 쉽다.
- 블록체인의 원천기술인 해심함수에서 해시함수의 보안 요구사항인 역상 저항성, 제2역상 저항성, 충돌 저항성 등의 오류가 발생하기 쉽다.

4) 스마트 컨트랙트 해킹
- 스마트 컨트랙트는 전자등기 개념으로 계약을 컴퓨터가 자동으로 처리하는 방식을 말한다.
- 스마트 컨트랙트 오너쉽이 탈취되어 전자화폐가 잠기는 사고가 발생할 수 있다.

5) 탐지되지 않은 블록체인 취약점 사용
- 블록체인 기술은 초기상태로 아직 다양한 위협 및 사고에 대한 경험이 충분히 쌓이지 않았다.
- 블록체인 취약점을 발견하고 보고할 수 있는 플랫폼조차 없는 실정이다.

(2) 생태계 보안
- 블록체인 보안 위협의 대부분은 실물 환경에 적용될 때 생긴다.
- 블록체인 프로토콜은 보안에 강할지 몰라도 이를 기반으로 서비스가 돌아가면 구멍이 생길 수 있다.
- 즉 기업과 서비스들이 더 많아질 텐데, 그 기업이나 서비스가 해킹을 당할 수 있다.

(3) 사용자 보안
- 아무리 블록체인이 보안에 강한 솔루션이라고 해도 식별 및 인증단계에서 해킹을 당하면 무용지물이다.
- 사용자가 패스워드를 '1234'로 하거나 모니터에 적어놓으면 아무리 훌륭한 보안체계도 소용없게 된다.

Ⅲ. 맺음말
- 앞으로 양자 컴퓨터의 발전이 블록체인의 위협으로 부상할 수 있다.
- 양자 컴퓨터의 위협에 대응하기 위해 유럽과 미국은 최근 "양자안전"이라는 로드맵을 제정해, 양자컴퓨터를 개발하기 전에 새롭게 신뢰할 수 있는 인터넷을 만들고, 인류사회가 안정적으로 인터넷을 사용하기 위한 신뢰의 연결고리를 다시 재구성하는데 노력을 기울이고 있다.

문제11) 비디오 워터마킹(Water Marking)기술

I. 개요
- 영상 콘텐츠의 화질의 향상과 디지털화되면서 비교적 손쉬운 불법 복제가 가능하여 컨텐츠 보호의 방법으로서, 비디오 워터 마킹(VWM:Video WaterMark)이 주목되고 있다.
- 화상, 영상, 음성 등의 컨텐츠 그 자체에, 사람을 식별할 수 없는 정도의 미소한 변화를 주어, 정보를 채워 넣는 기술.
- 컨텐츠에 항상 부가되어 눈에 보이지 않고, 어디에 숨겨 있는지는 알기 어렵게 하여 콘텐츠의 유통을 보호한다.

II. 개념도

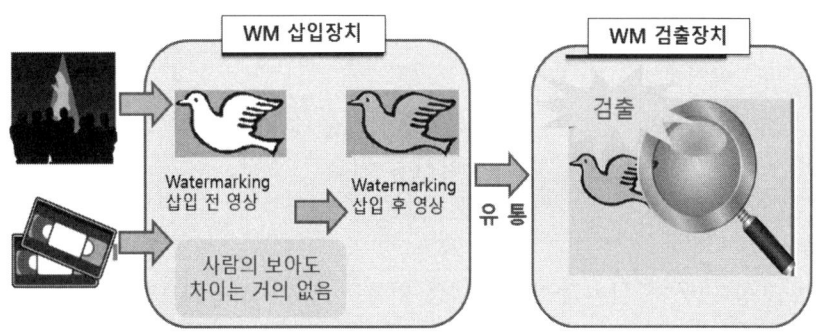

(1) 공간영역 삽입법
- 영상을 구성하는 픽셀 값을 직접 변경하여 워터마크를 삽입
- 시간적으로 영향이 적은 픽셀의 하위비트에 워터마크를 삽입하는 방식으로 장점은 계산량이 적어 빠르고, 단순한 알고리즘이고, 단점은 잡음과 신호처리에 약함

(2) 주파수 영역 삽입법
- 영상을 구성하는 픽셀 값을 직접 변경하여 워터마크를 삽입
- Data 변환 방법 : DCT, FFT, Wavelet transform.
- 장점은 압축이나 잡음에 강하고 단점은 추가적인 연산이 필요함

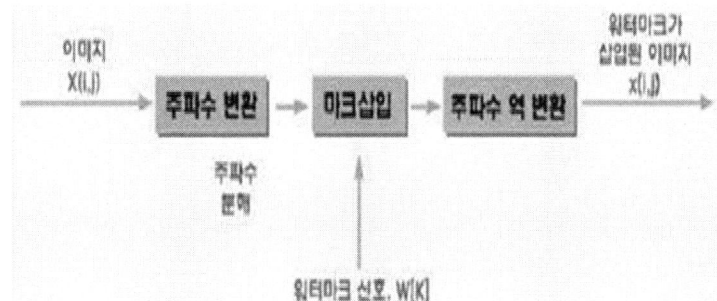

Ⅲ. 비디오 워터마킹의 요구 조건
　(1) 한정된 사람만이 워터마크를 삽입, 삭제를 할 수 있어야 한다.
　　- 알고리즘을 비공개로 한 영상용 워터마크의 경우는 화면상의 삽입 위치를 알면, 파괴할 우려가 있으므로, 삽입 위치를 분산시키기 위해 해시 키를 삽입측과 검출 측에서 미리 약속 필요
　(2) 컨텐츠 자체에 저장할 것
　　- 컨텐츠 전역에 걸쳐 분산 배치되거나 컨텐츠 중 중요하다고 여겨지는 영역 등에 집중 배치되어 컨텐츠와 일체화할 필요가 있다.
　(3) 컨텐츠 자체의 품질(화질이나 음질)에 영향이 최소한일 것.
　　- 워터마킹을 부가할 때 컨텐츠가 워터마킹에 의해 손상되어 가치가 저하되어 버리면, 워터마킹으로 보호하는 의미가 없다.
　(4) 컨텐츠의 편집·가공 및 악의적 공격에 대해서 내성이 있는 것
　　- 저작권 보호의 목적에서는 어떠한 편집이나 압축, 변환을 하더라도 콘텐츠에 가치가 있는 한 전자투구가 효과적일 필요가 있다.
　(5) 많은 정보량들을 워터마킹으로 저장할 것
　　- 이용목적에 맞는 정보량이 필요하며, 법적인 증거력을 높이기 위하여 단순한 플래그와 같은 정보가 아닌 의미 있는 정보를 포함시킬 필요가 있다.

Ⅳ. 기술의 응용분야
　- 저작권 주장: 부정 이용의 심리적 억제, 부정 이용의 감시, 저작권 명시 및 샘플화상의 배포
　- 원본 확인 모델: 사진 화상의 조작 검지, 디지털 화상의 조작 위치 검출, 홈페이지 진정성 확인, 정보 복원
　- 부속정보 부가: 촬영정보, 설명, 자막, 더빙소리, CM 첨가, 입체정보, 의사록 발언, 개인정보 부가 등
　- 미디어 링크: 상품의 판매 촉진
　- 기기 제어 모델: Copy Protection, 유해 컨텐츠의 필터링, 메타 Digital Watermarking
　- 차세대 콘텐츠 산업으로 주목받는 가상현실(VR) 분야에서도 향후 저작권 보호 이슈가 발생할 수 있어 워터마킹 기술의 부활이 점쳐짐.

Ⅴ. 유사기술의 비교

항 목	핑거 프린팅	워터 마킹
공통점	정보 은닉 기술 기반으로 저작권 보호 기술	
차이점	- 구매자 관점(구매자 정보) - 하나의 콘텐츠에 여러 개 핑거프린팅 존재 - 불법 복제 추적 가능	- 저작권 관점(저작권자 정보) - 하나의 콘텐츠에 하나의 워터마크 삽입 - 저작권자 자신이 저작권을 보호

문제12) 위치기반 서비스를 위한 위치 추적기술

Ⅰ. 개요
- 최근 스마트폰 확산되면서 위치기반 서비스(LBS)가 부상하고 있음.
- LBS(Location Based Service:위치기반서비스)란 GPS, WiFi망 등을 통해 위치정보를 활용하여 업무생산성 개선 및 다양한 생활 편의를 제공하는 서비스임.

Ⅱ. 측위기술(Location Detection Technology: LDT)
- 모바일 단말의 위치를 측정하기 위한 기술로서 통신망의 기지국 수신신호를 이용하는 네트워크기반(network-based)방식과 단말기에 장착된 GPS수신기 등을 이용하는 단말기기반 (handset- based)방식으로 구분할 수 있으며, 이들을 혼합하여 사용하는 hybrid방식으로 분류할 수 있음.
- 네트워크기반 방식은 위치 정확도가 통신망의 기지국 셀 크기와 측정방식에 따라 차이가 많으며, 일반적으로 500미터에서 수 킬로미터의 측정오차
- 단말기기반 방식은 단말기에 GPS 수신기 등을 추가로 장착하여야 하며, 네트워크기반 방식에 비해 위치 정확도는 높으나 높은 빌딩이 많은 도심지역, 산림 숲, 실내에서는 정확한 GPS 신호를 수신하지 못하여 위치를 결정하지 못하는 문제가 있음.
- 이 두 방식의 문제를 해결하기 위하여 각 기술을 혼합하여 사용하는 혼합방식인 A-GPS와 DGPS 기술이 있음.
- 단말의 위치를 결정하기 위한 측위기술은 LBS의 기반 기술로서 기술개발의 두 축으로 위치측정에 소요되는 시간과 위치 정확도를 높이기 위한 다양한 방법들을 위주로 연구되고 있음.

가. GPS 기반
- 사용하기 쉽고 정확도가 높아 이동통신을 위한 무선측위에 적합
- 전력소모량과 워밍업 시간이 길다.
- 다중경로(multipath)와 가시 위성 부족으로 인하여 도심에서의 위치 결정 능력이 제한을 받을 수 있음.

1) A-GPS
- A-GPS(Assisted-GPS)는 인공위성에서 보내는 위치정보를 단말기 내에 내장된 칩이 읽어 기지국에 알려주는 방법
- GPS 위성을 사용할 경우라도 도심지역이나 실내에서는 정확도와 사용성이 떨어지기 때문에 이러한 단점을 보완하기 위하여, 기존의 네트워크 방식과 결합한 방식
- 즉, 단말기는 위성과 무선 네트워크 기지국으로부터 측위를 위한 측정치를 수집하여 위치를 측정하거나 수집된 정보를 위치측위시스템인 PDE에 보내고 PDE에서는 단말기에서 보낸 정보와 기지국에서 생성된 정보를 혼합하여 단말기 위치를 측정함.

2) DGPS
- DGPS(Differential GPS) 방식은 기존의 GPS가 갖는 위성의 위치에 따른 오차를 보정하여 정확도를 높이기 위한 것으로, 지상에 위치를 정확히 알고 있는 기준 수신기를 설치하고 이 수신기로부터 보정신호를 받아 위성으로부터 수신된 위치신호의 오차를 보정하는 방식

3) E-OTD
- E-OTD(Enhanced Observed Time Difference)는 네트워크와 단말기 기반 측위기술을 혼합한 기술로서 2개 이상의 기지국에서 단말기로 전파를 보내고 다시 이 전파가 되돌아오는 시간의 차이를 측정하는 방식
- 거리가 먼 교외나 거리가 짧은 도심이나 정확도의 편차가 크지 않다.
- GPS를 지원하는 단말기가 필요하며 약 75~150m의 위치 정확도를 제공함.

나. Cell ID
- 이용자가 속한 기지국의 서비스 셀 ID를 통해 이용자의 위치를 3초 이내에 파악하는 방식
- 네트워크의 수정 없이도 휴대폰 위치를 알아 낼 수 있는 장점이 있으나 셀 반경에 따라 측위 결과의 정확도가 달라지므로 정확도 수준에 많은 오차가 발생하는 단점이 있음.
- 별도의 단말기 및 네트워크의 변경이 필요 없는 가장 단순한 네트워크기반의 위치측위 기술

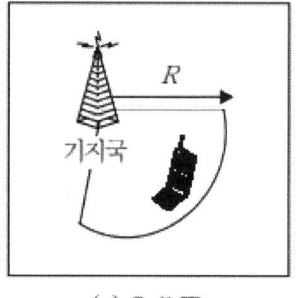 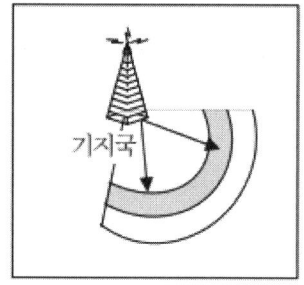

(a) Cell ID   (b) Enhanced Cell ID

그림 Cell ID와 Enhanced Cell ID

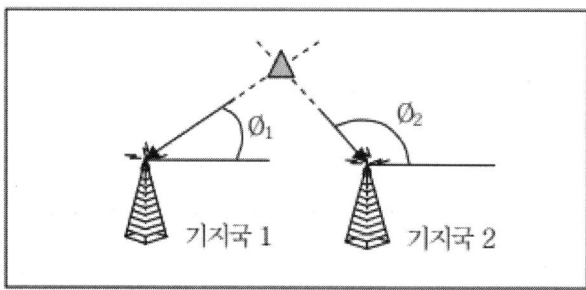

그림 AoA 개념도

1) AoA
- AoA(Angle of Arrival)기술은 단말기의 신호를 수신한 3개의 기지국에서 신호 수신 각도의 차이를 이용하여 위치정보를 제공
- 이론상으로는 50~150m의 정확도를 보장하지만, 실제로는 150~200m의 정확도를 보장하는 것으로 알려져 있음.

2) ToA
- ToA(Time of Arrival)기술은 단말기의 신호를 수신한 한 개의 서비스 기지국과 2개의 주변 기지국들 사이의 신호 도달시간의 차이를 이용하여 위치정보를 획득하는 기술이
- 즉, 각 기지국에서는 신호도달 시간 값에 따른 원이 생기게 되고, 이 원들의 교점을 단말기의 위치로 추정하는 방식이며, 약 125m의 정확도를 보임

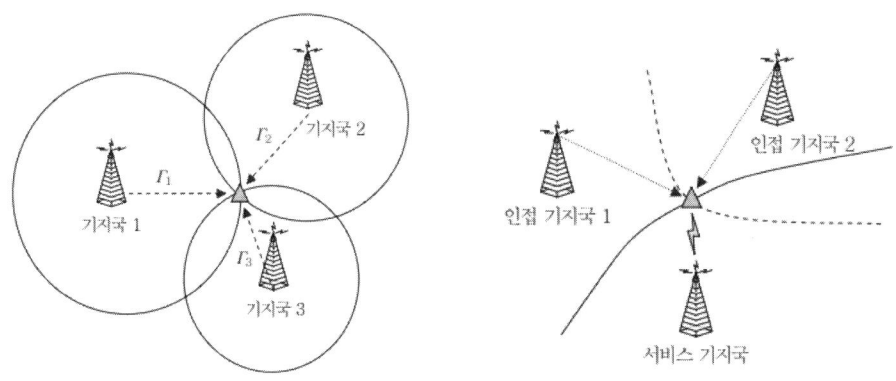

그림　TOA 개념도　　　　　　그림　TDoA 개념도

3) TDoA
- TDoA(Time Difference of Arrival)의 측정 원리는 서비스 기지국 신호를 기준으로 인접 기지국들의 신호지연을 측정
- 서비스 기지국 신호와 인접 기지국 신호의 신호 도달 시간차를 측정한 값으로 여러 개의 쌍곡선이 생기게 되고, 이 쌍곡선들의 교점을 단말기의 위치로 추정하는 원리
- 일반적으로 50~200m 위치 정확도를 보장하는 것으로 알려져 있음.

다. 기타
- 유비쿼터스 컴퓨팅 환경은 더욱 다양한 측위 기술을 제공할 수 있는데, RFID, 무선랜 등을 이용한 측위기술이 있음
- 현재 국내·외적으로 실내에서의 측위기술(indoor positioning technology)에 대해 많은 연구를 진행하고 있음.

표 측위기술의 장단점 및 정확도 비교

번호	기술	정확도(m)	장점	단점
1	GPS	5-10	·높은 정확도 ·통신 네트워크 공급자에 대한 비의존성	·고전력 필요 ·시골 지역에서 늦은 속도
2	A-GPS	5-10	·GPS보다 빠름 ·높은 정확도 ·GPS신호가 낮은 시골지역에서도 동작	·모바일 네트워크 공급자에 대한 의존성 ·모바일 네트워크가 가능할 때만 작동
3	Cell-ID	150-1000	·경제적임 ·설치가 용이 ·추가 장비 불필요	·매우 낮은 정확도 ·추가적인 전력 소모
4	Angle of arrival	50-150	·Cell-ID기술보다 정확 ·GPS 수신기 불필요	·모바일서비스공급자에 대한 높은 의존성 ·개인정보문제
5	Time of arrival	50-150	·Cell-ID기술보다 정확	·모바일서비스공급자에 대한 높은 의존성 ·모바일네트워크 필요
6	Wi-Fi	10-20	·다른 기술보다 빠름 ·높은 정확도 ·전력소모가 낮음	·Wi-Fi 핫스팟 접근도에 대한 의존성

출처:Technavio Research(2015)

문제13) 제한수신시스템(CAS, Conditional Access System)

Ⅰ. 개요
- 방송 시스템에 가입자 개념을 도입하여 수신 자격이 있는 시청자만 특정 프로그램을 수신할 수 있도록 하는 시스템임
- 송신기에서 스크램블된 신호를 수신 측의 수신 인가를 받은 가입자만이 디스크램블링 하여 프로그램을 시청할 수 있도록 함
- 유료방송(케이블/위성/IPTV)에서 채널 및 프로그램에 대한 접근 제어 기술임

Ⅱ. 개념도

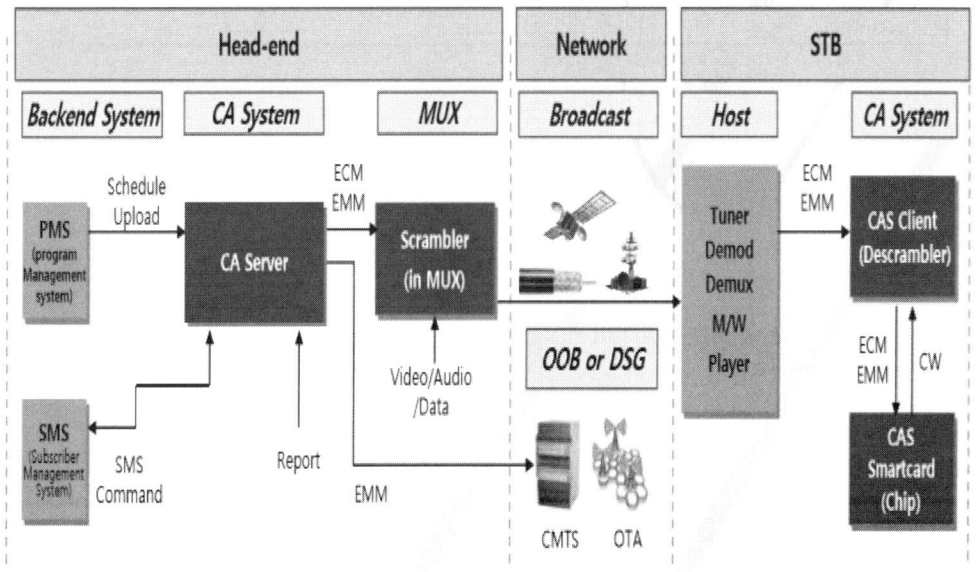

1) CAS의 동작 과정
① 가입자가 유료서비스 요구
② STB의 스마트 카드내 EMM을 통해 해당 가입자가 구입한 서비스인지 확인
③ SMS로 부터 서비스 가입이 확인되면 ECM의 Control Word를 통해 복호화

2) 특징
- 자격제어: CW(Control word)를 인증키로 암호화하고 이를 ECM (Entitlement Control Message)에 실어서 수신자에게 전송
- 자격 관리 : 수신기에 자격을 부여/갱신/관리하는 기능으로, 인증키를 분배키로 암호화 하여 EMM(Entitlement management Message)을 생성하고 암호화 하여 TS(Transport Stream)패킷을 이용하여 수신측으로 전송함
- 최종적으로 방송 수신기에서 수신가능여부를 판단토록 함

ECM (Entitlement Control Message)	▪ Program-related CA Message
	▪ Protected Control Word + Access Criteria
	  • Control Word는 방송 콘텐츠 암호화 키
	  • AC는 방송 시청 조건 정보 (구매해야 하는 상품, 지역 조건, 나이 조건 등)
		ECM/EMM 메시지 포맷 및 보호 방식, 전달 방식은 각 CAS 벤더마다 다름

EMM (Entitlement Management Message)	▪ Subscriber-related CA Message ▪ Entitlement, Keys Info 등을 전달 ▪ EMM 자체도 보호되어 있음	

Ⅲ. 주요 기능
1) 주요 기능
- 신분확인(Authentication), 접근제어(Access Control)
- 실시간 스크램블링
- HW기반(Smart card)의 보안, 암호화 기능
  * 셋톱박스(STB) 또는 텔레비전 내장형 디코더에 설치되며 전자장치의 형태로 사용

Ⅳ. CAS와 DRM 비교

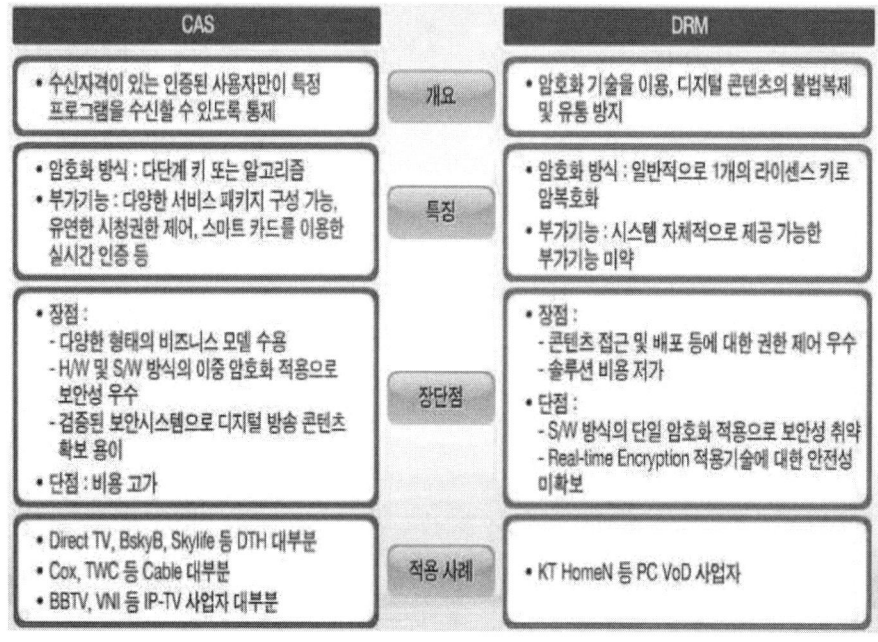

국가기술자격 기술사시험문제

기술사	제 117 회			제 2 교시 (시험시간: 100분)		
분야	통신	자격종목	정보통신기술사	수험번호		성명

※ 다음 문제 중 4문제를 선택하여 설명하시오. (각10점)

문제01) BIS(Bus Information System)의 개념, 네트워크 구성, 주요 적용기술을 설명하시오

Ⅰ. 개념
- 각 버스에 GPS 장치를 설치하여 네트워크망을 거쳐 교통정보센터에 전송된 데이터를 인터넷 홈페이지, 휴대 전화의 SMS 서비스, 정류장에 설치된 전광판이나 버스 정보 단말기(Bus Information Terminal, BIT) 등으로 다시 전송하여 제공하는 방식으로 이루어져 있음
- 버스정보시스템(BIS, Bus Information System)버스에 GPS 수신기와 무선통신 장치를 설치해 버스의 운행상황을 실시간으로 파악하여 버스위치, 운행상태, 배차간격, 도착예정 시간 등의 정보를 운수회사와 시민에게 제공하는 시스템임

Ⅱ. BIS 시스템 네트워크 구성 및 적용기술
- 버스차량위치를 검지한 후 수집된 원시버스 DB(버스위치 및 시각)을 지자체 버스정보센터의 중앙관제시스템으로 신속하게 전달하기 위해서는 많은 양을 자료를 신속, 정확하게 송신할 수 있는 통신방식이 필요함

1) 무선데이터 방식
- 무선데이터 통신은 전송로의 일부를 무선화하여 이동 중 혹은 정지 중에서 사용 가능한 양방향 공중통신 서비스를 말하며, 패킷 단위로 제공하는 전용 패킷교환방식을 채택함
- 동작원리는 무선 데이터용 휴대용 단말기와 무선모뎀을 이용하여 데이터를 통신하는 방식을 취하고 일정영역을 담당하는 기지국의 영역내에서 양방향 통신을 함

2) 통신비콘 방식
- 노변에 설치된 교통정보수집 전용의 비콘을 통해 버스와 무선통신하여 정보를 전달하는 방식으로서 비콘은 유선으로 교통정보센터와 연결되어 차량의 운행정보를 교통정보센터로 전달함

3) 이동통신 방식
 - 이동통신 기지국과 교환기, 유선케이블과 전파를 통해 동작되고 차량 내에 이동 통신 단말기 또는 무선모델을 설치하여 무선통신을 함
- 타 망과 연계하여 데이터 서비스를 제공할 수 있음
4) DSRC 방식
 - RSE(노변기지국)에서 송수신을 병행하여 버스내 단말기와 정보를 주고받는 방식으로서 양방향 통신의 특성을 가지 있는 장점이 있으나, 일정 영역 내에서만 통신이 가능하다는 단점이 있음
5) 무선 LAN 방식
 - 전파를 매개로 하여 단말기간에 정보를 송수신 하는 방식으로서 네트워크 구축 시 HUB에서 클라이언트까지 유선 대신 전파(RF)나 빛 등을 이용하여 구축하는 방식

Ⅲ. 기술비교

구 분		무선데이터	비 콘	이동통신(PCS) CDMA	DSRC	무선랜
구 성		•차량단말기 •기지국(범용)	•차량단말기 •노드비콘 •기지국(전용)	•차량단말기 •기지국(범용)	•차량단말기 •기지국(전용)	•차량단말기 •AP
기술측면	통신속도	•8000~9600bps	•2400bps	•14.4-144Kbps	•1Mbps	•3Mbps 이상
	통신반경	•1.5Km-수Km	•노드비콘 : 50m •기지국 : 300m	•2Km-수Km	•30~100m	•150m
	구축사례	•있음	•있음	•있음	•있음	•있음
경제적측면	경제성 (구축비용)	•신규확장설치 (고비용) •임대망	•신규확장설치 (고비용) •전용망	•기존통신망활용 (저비용) •임대망	•신규설치 (고비용) •전용망	•신규설치 (고비용) •임대망
	경제성 (운영비용)	•회선당 10,000~15,000 원/월 정도의 비용	•신규설치 비콘개수에 따라 연결비용 발생	•회선당 15,000~20,000 원/월 정도의 비용	•신규설치 전용 기지국 개수에 따라 비용 발생	•신규설치 액세스 포인트 개수에 따라 비용 발생

문제02) 공공 Wi-Fi 구축 시 주요기술과 물리적, 기술적 보안취약점에 대하여 설명하시오.

I. 개요
- 공공 와이파이(Public Wi-Fi)는 계층, 지역, 세대 사이의 디지털 정보 격차의 해소, 결제 개발, 공공 안전을 포함한 여러 목적으로 서비스가 이루어진다.
- 개방형 와이파이에서는 누구나 접속 및 관리자 페이지로의 접근을 할 수가 있으며, 관리자 페이지에 기본 패스워드나 접근제어, 복잡한 패스워드를 사용하지 않을 경우 쉽게 관리자 페이지로 접근을 할 수가 있다.

II. 공공 Wi-Fi 구축 시 주요기술
(1) 개념
- 무선랜이라고 말하는 대부분의 제품들은 IEEE에서 제정한 IEEE 802.11b, IEEE802.11g, IEEE802.11a 규격을 따르고 있음
- 데이터링크 계층에서의 프로토콜은 IEEE802.11을 따르고 있으며, 인증 및 보안 규격 역시 IEEE802.11규격을 따름

(2) 규격별 주파수 대역 및 속도
1) 무선랜 규격

구분	802.11b	802.11g	802.11a	고속성 추가 802.11n	802.11ac	802.11ad
주파수	2.4GHz	2.4GHz	5GHz	2.4/5GHz	5GHz	60GHz
속도	5.5/11 Mbps	54Mbps	54Mbps	540Mbps	1Gbps	1~7Gbps
커버리지	100m 이내				집 전체	방안 (10~20m)
기타	DS-SS	OFDM	OFDM	OFDM	기가비트 무선랜	최신 무선랜

표 무선랜 규격 특징

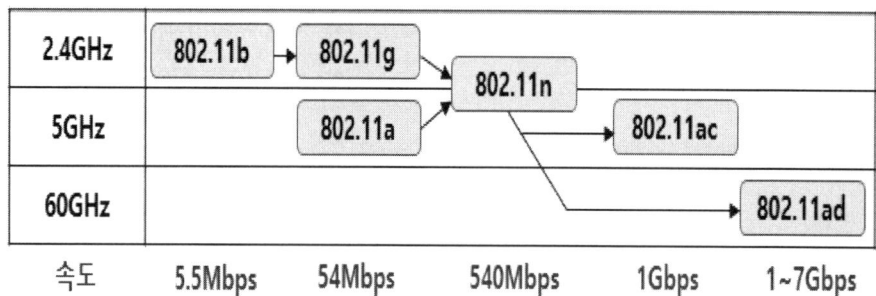

그림 규격별 주파수 대역 및 속도

(3) 주요기술
1) IEEE 802.11n에 적용된 주요 기술
가. OFDM 방식
- OFDM방식은 다중경로에 의해 발생하는 심각한 주파수 선택적 페이딩에 용이하게 대처 가능
- 병렬 전송 직교 부반송파를 사용하여 주파수 효율성 증대
나. MIMO 기술
- 독립적인 페이딩 채널에서 다수 안테나를 사용하여 다이버시티 이득과 높은 전송속도를 얻을 수 있음
다. 채널 본딩(Bonding)기술
- 현재 무선랜 1채널 대역폭이 20MHz이나, 802.11n은 채널대역폭을 40MHz로 하여 108Mbps 전송속도를 실현함.
라. MAC 고속화 기술
- 잦은 ACK 응답의 빈도가 데이터 전송속도를 떨어뜨리므로 복수 프레임을 수신한 뒤에 합쳐서 1번만 ACK를 보내는 방법을 사용하여 높은 데이터 전송속도를 얻을 수 있음
2) IEEE 802.11ac에 적용된 주요 기술
- IEEE 802.11ac는 무선 전송 속도를 Gbps 이상으로 제공하기 위하여 사용 대역폭의 대역폭 확장 및 downlink multi-user MIMO 기술 등을 도입하였음.
- 최근 Wi-Fi를 채용한 스마트폰에 대한 수요가 폭발적으로 증가하고 있어 802.11ac는 스마트폰을 위한 핵심 기술이라고 할 수 있음.
- IEEE 802.11ac는 기존의 5GHz 밴드를 사용하는 초고속 무선랜 기술이며 IEEE 802.11ad는 60GHz 밴드를 사용하는 무선랜 기술임.
- 기존의 무선랜보다 거리적으로 광역 전송을 가능하게 하기 위해 1GHz 미만의 주파수 밴드를 활용하는 광역 무선랜 기술로 TVWS 대역을 활용하는 IEEE 802.11af와 900MHz 대역을 활용하는 IEEE 802.11ah가 있음.

Ⅲ. 물리적, 기술적 보안 취약점 및 대책
(1) 개념
- 무선랜은 AP(Access Point)와 무선랜 네트워크 어댑터(WNIC)로 구성됨
- 최근 들어 무선랜의 사용이 급증하면서 새로운 형태의 다양한 공격들이 나타나고 있음
- AP는 유선 네트워크에 접속되어 무선 사용자들의 트래픽을 중계하며 WNIC은 AP로 접속하기 위한 네트워크 인터페이스를 담당함
- 보안상의 문제점은 AP와 WNIC간에 주로 발생하며, AP와 WNIC간 통신은 무선 구간을 이용하므로 전파 도달 거리에 있는 모든 무선랜 장치들은 해당 전파를 수신할 수 있음

(2) 물리적 보안취약점 및 대책
1) 무선랜 하드웨어 장비 분실
- 장비 분실 시 허가된 사용자들은 더 이상 MAC 주소나 WEP키를 이용하여 접근 권한을 얻지 못함
- 의도되지 않은 사용자들이 무선랜에 접근할 수 있기 때문에 관리자들이 보안 위험을 탐지가 어려움
2) AP의 잘못된 설치
- 합법적인 사용자의 하이재킹에 의해 서비스 거부 공격이 발생할 수 있음
- 클라이언트와 인증 서버간의 상호 인증 방식 필요
3) 대책
- 장비 분실 시 반드시 관리자에게 통보
- 서비스를 제공하는 관제세터의 보안 관리를 고도화 함
- WEP키와 MAC 주소를 더 이상 사용하지 못하도록 보안 정책을 수정해야 함

(3) 기술적 보안취약점 및 대책
1) WEP의 문제점
- 무선랜 초기 보안 규격인 WEP(Wirelss equivalent Privacy)알고리즘의 취약성 발표
- 정적인 WEP키를 이용함.
- 네트워크 트래픽의 분석을 통해서 키 스트림을 알 수 있고 이를 통해 암호문의 해독이 가능함
- RC4 스케줄링의 약점으로 인해 패킷 내 24비트 키를 알기 위해 적은 양의 패킷을 가로채서 분석하는 것만으로도 키의 복구가 가능함
- 암호화 키 길이를 증가시킨다 하더라도 WEP 키를 복구하는 데 소요하는 시간도 길어지므로 실질적으로 보안을 강화시키지 못함
2) 대책
- 현재 무선랜의 보안을 위한 보안 매커니즘으로 SSID(Service Set Identifier), WEP(Wired Equivalent Privacy), 암호화 방법을 이용한 VPN 등이 있음

가. SSID
- 도메인 이름을 처리하는 기능으로 접근 제어의 기본적인 수준을 제공함
- SSID는 보통 유선랜 장치들에 대한 네트워크 이름으로 네트워크를 세그멘트로 분리하여 사용할 때 활용됨

나. WEP
- WEP은 유선랜에서 제공하는 것과 유사한 수준의 보안 및 기밀보호를 무선랜에서 제공
- 무선랜을 통해 전송되는 데이터를 암호화
- 암호화 알고리즘으로는 RC4 Stream 암호화 알고리즘, 데이터 무결성 대책으로는 CRC-32방식을 이용함.

다. IPsec을 이용한 VPN
- AP의 역할이 단순한 허브로 제한되며 클라이언트와 VPN Concentrator 간 단대 단 암호화 통신
- 이 방식의 경우 데이터 링크 계층에서의 보완 취약점이 존재하여 IPsec으로 암호화되지 않은 패킷들은 공개되어 있어, 데이터링크계층에서의 공격들은 방어하기 어려움
- AP간의 로밍이나 접속 제한, 권한 제한 등을 위해 별도의 접근 제어기가 필요함

(4) 기술적 관리적 물리적 취약점 유형 및 내용

구분	유형	내용
기술적 취약점	도청 서비스 거부(DoS) 불법 AP(Rouge AP) 무선 암호화 방식 비인가 접근	무선 AP 전파의 강도와 지형에 따라 필요 범위 이상 전달 무선 AP에 대량 무선 패킷 전송하여 서비스 거부 공격 불법적 무선 AP 설치하여 사용자들의 전송 데이터를 수집 WEP < WPA/WPA2 사용하여 긴 길이의 비밀키 설정 및 운영 SSID 노출 / MAC 주소 노출
관리적 취약점	무선랜 장비 관리 미흡 무선랜 사용자의 보안의식 결여 전파관리 미흡	기관에서 사용하는 무선랜 장비인 AP와 무선랜 카드 운영/사용자관리 보안 정책 및 장비를 관리자뿐만 아니라 사용자 보안 의식이 중요 기관 내부와 외부에서 전파 출력을 측정하여, 적절한 서비스 영역 제공
물리적 취약점	도난 및 파손 구성설정 초기화 전원 차단 LAN 차단	외부 노출된 무선 AP의 도난 및 파손 무선 AP의 리셋버튼을 통한 초기화 장애 무선 AP의 전원 케이블의 분리로 인한 장애 무선 AP에 연결된 내부 케이블 절체 장애

표 기술적, 관리적, 물리적 취약점 유형 및 내용

Ⅳ. 결론
- 공공 Wi-Fi는 서민 칭 취약계층의 정보격차 해소와 관광 활성화 등을 위해 누구나 무료로 무선인터넷을 쉽게 이용할 수 있도록 서비스를 제공한다.
- 그러나 무선 전파를 이용하므로 무선랜 데이터에 대한 도청과 감청의 위험이 더 높아질 수 있다.
- 따라서 무선랜 AP 접속 시 되도록 인증 알고리즘을 적용하고, 적용 시 반드시 양방향 인증을 수행해야 한다.
- 또한 데이터 암호화와 사용자 인증 기능을 제공해야 한다.
- 공공 Wi-Fi를 제공하는 관제 센터에서 무선 장비 관련 패스워드를 주기적으로 변경하는 등의 관리를 수행해야 한다.

문제03) 기하학적 모양에 따른 안테나 종류를 비교하고, 능동 안테나 (AAS, Active Antenna System)의 주요 기술을 설명하시오.

Ⅰ. 기하학적 모양에 따른 안테나 종류
가. 선형(wire) 안테나 : UHF대 이하에서 주로 사용하는 안테나
- 직선형 : 반파장 다이폴, $\lambda/4$ monopole, 역L형, Single turnstile, Rhombic 안테나, Braun 안테나 등
- loop형 : 미소 loop, 1파장 loop, Bellini-Tosi 안테나 등
- 나선형 : End-fire helical, Broadside helical
나. 개구면 안테나 : 주로 마이크로파대 이상에서 사용하는 입체형 안테나
- 전자나팔(Horn), 전파 렌즈, Slot 안테나 등
다. 판상(板狀) 안테나 : 평면형 안테나
- 마이크로스트립 패치(microstrip patch), 평면 다이폴, 환상slot 안테나, Super turnstile 안테나 등이 있다.
라. 반사기 부착 안테나 : 반사기 또는 반사경이 있는 안테나로서 고이득을 얻기 위하여 사용한다.
- 반사기 부착 : 야기 안테나
- 반사판 부착 : Corner Reflector 안테나, Beam 안테나, Super gain 안테나 등
- 반사경 부착 : Parabola 안테나, Cassegrain 안테나, Horn reflector 안테나, Gregorian 안테나 등
마. 배열(array) 안테나 : 여러 개의 안테나를 배열하여 필요한 지향성과 이득을 얻는 안테나로서, 배열 방식에 따라 Broadside array, End-fire array, Phased array로 구분되고, 설치방식에 따라 수직 stack, 수평 stack이 있다.
- Beam 안테나, Collinear array 안테나, Slot array 안테나 등이 있다.

Ⅱ. 능동 안테나(AAS, Active Antenna System)
가. 개요
- 넓은 의미에서의 능동안테나란 전력원이나 증폭기 등과 방사체 또는 수신 소자가 직접 결합된 형태로서 능동 소자가 전송선로 등을 사용하지 않고 직접 방사체나 수신 소자에 결합된 것이다.
- 그러나 근래의 능동 안테나의 개념은 능동 안테나를 배열하여 사용하는 Phased array 안테나를 활용한 AESA 레이더, 5G에서 중요한 기능을 하는 Beam forming 등을 의미한다.
- 능동 배열 안테나는 수동 배열 안테나에서 생기는 안테나의 성능 저하를 줄일 뿐만 아니라 안테나의 소형화 및 신뢰성을 높이는 장점이 있다.

- 능동 안테나 시스템 (Active Antenna System; AAS)은 능동 위상배열 안테나(APAA: Active Phased Array Antenna)를 말한다.

나. Phased array 안테나
(1) 배열(array) 안테나
- 단일 안테나 소자로는 얻을 수 없는 방사 패턴이 요구될 때에 2 이상의 안테나 소자들을 배열하여 전계를 중첩하면 원하는 지향성(방사 패턴)을 얻을 수 있다.
- 이때 각 소자들의 간격이나 위상을 변화 시키면 여러 형태의 지향성을 얻을 수 있다.
(2) Phased array 안테나
- Phased array 안테나는 배열된 각 방사소자의 급전 신호(전류)의 진폭 및 위상을 조정하여 원하는 방향으로 지향성을 조정할 수 있다.
- 이때 능동소자를 이용하여 위상을 조정하는 위상 변환기(Phase Shifter), 진폭을 조정하는 감쇠기(Attenuator)를 사용하면 목표 방향으로 빔을 향하게(조향) 하거나 주사(scanning) 할 수 있다.
- 이를 이용한 것이 AESA(Active Electronically Scanned Array) 레이더이다.

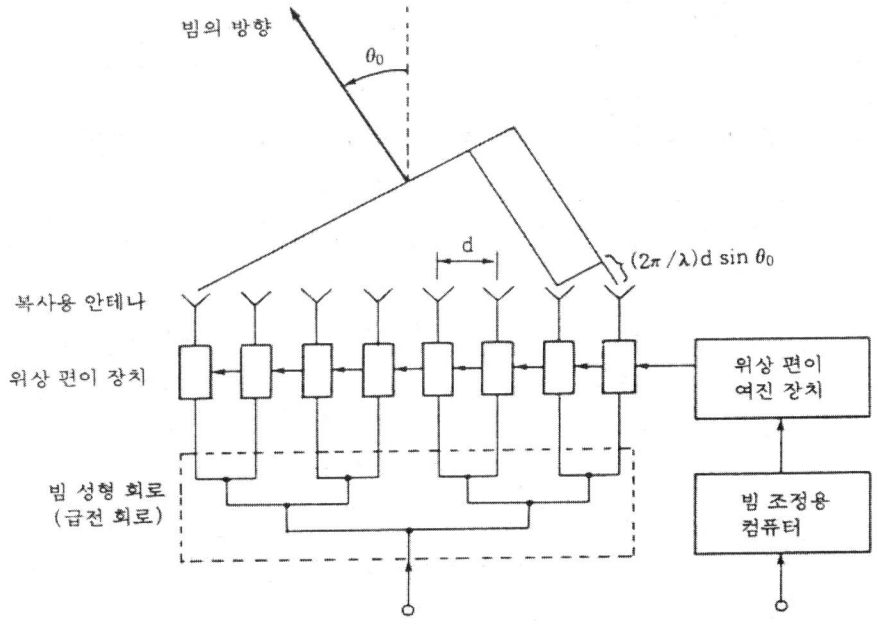

- 위상배열 안테나의 설계인자에는 위상배열 안테나의 빔 형상과 빔 방향을 결정하는 인자로서 각 배열요소에 인가되는 계수의 크기와 위상, 배열 요소의 배열 형상, 배열 요소간의 간격 등이 있다.
(3) Phased array 안테나의 특징
1) 장점
- 마이크로파대에서 고 이득이면서도 빔 조작이 가능하다.

- 높은 신뢰성, 넓은 대역폭, 뛰어난 부엽 제어 특성을 얻을 수 있다.
- 예민한 지향성 안테나 : 실제 안테나 크기를 늘리지 않더라도, 그 크기가 커진 것과 같은 효과 가능
- 전기적으로 주사(scanning)가 가능 : 방사패턴이 회전되도록, 각 배열 소자의 위상(시간지연)을 조절
 - 다수 사용자(목표물)들을 추적 가능 : 여러 개의 주 빔을 동시에 형성할 수 있다.
 2) 단점
- 급전회로가 복잡해짐
- 대역폭 제한(급전회로 때문)
- 가격이 높음

다. Beam forming
- 안테나에서 전파를 원하는 때, 원하는 특정 방향으로만 방사/수신하는 지향성을 갖도록 array 안테나에 의해 전파 빔을 만들어 내는 기술로서 송신 안테나별로 정밀한 위상제어(phase calibration)가 필요하다.
- 아날로그 빔 포밍, 디지털 빔 포밍, 하이브리드 빔 포밍이 있다.
(1) Analog Beamforming
- 아날로그 빔 포밍은 1개의 RF 체인과 다수의 위상 천이기(phase shifter) 및 신호 감쇠기로 구성되는 송신 및 수신 시스템 구조
- 개별 안테나마다 연결되어 있는 위상 천이기와 신호 감쇠기의 위상 및 진폭 값을 각각 변화시켜 빔의 방향과 모양을 형성하는 방식
- 위상 천이기의 제한적인 해상도 특성과 부품 가격 측면에서 불리하다.
- 다중 빔을 형성하기에는 복잡도와 유연성에서 매우 불리하다.

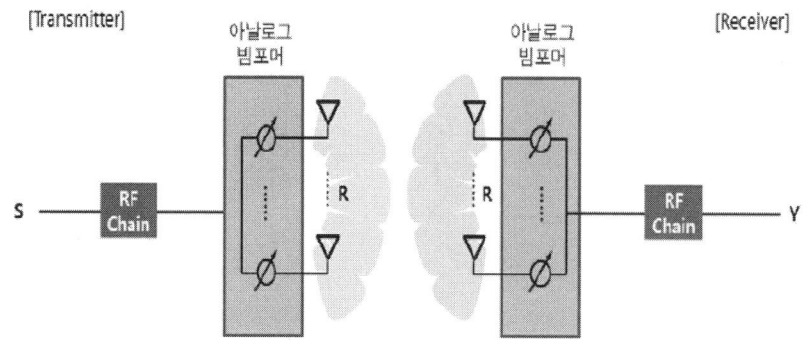

<자료> https://www.bell-labs.com/our-research/publications/297773/,
https://www.research.manchester.ac.uk/portal/files/60832506/FULL_TEXT.PDF

아날로그 빔포밍 시스템 개념도

(2) Digital Beamforming(DBF)
- 디지털 빔포밍은 개별 안테나 마다 RF 체인이 연결되고, 위상 천이기, 신호 감쇠기와 같은 RF 회로들이 없다.

- RF 단에서 신호의 위상과 진폭을 변화시키는 것이 아니라 기저대역에서 디지털 신호 처리를 통해 신호의 위상 및 진폭을 변화 시킨다.
- DBF 안테나는 개개의 안테나 신호는 그대로(주파수는 변환되지만 정보는 보존된 상태) 디지털 신호로 변환되어 수집되고 각각 가중치를 주어 합성할 때 다른 조합을 병렬 처리에 의해 몇 개라도 만들어 낼 수 있기 때문에 안테나 한 개에서 여러 가지로 변환되는 여러 개의 패턴을 가질 수 있다.
- 디지털부에서 모든 안테나로 가는 각각의 신호들에 대한 위상과 진폭을 개별적으로 세밀하게 제어할 수 있어 이론적으로는 안테나 수와 같은 수의 빔을 동신에 만들 수 있다.
- 그러나 각각의 안테나 마다 DAC-LPF-mixer로 구성되는 RF 체인이 필요한 것은 단점이다.

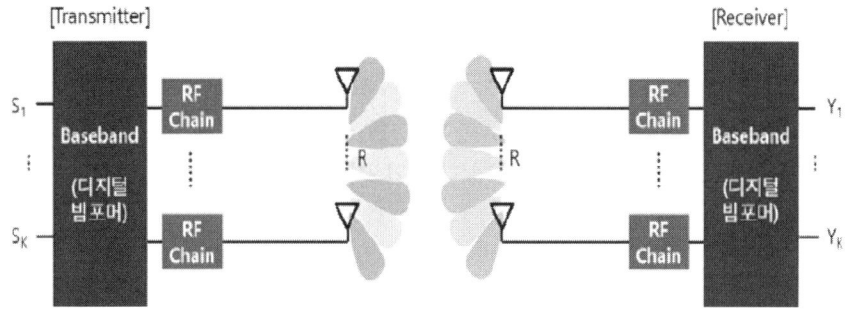

<자료> https://www.bell-labs.com/our-research/publications/297773/,
https://www.research.manchester.ac.uk/portal/files/60832506/FULL_TEXT.PDF

디지털 빔포밍 시스템 개념도

(3) Hybrid Beamforming
- 하이브리드 빔 포밍은 안테나 수 보다 적은 수의 RF 체인을 사용하고 디지털 빔 포머와 아날로그 빔 포머를 같이 활용하는 방식
- 아날로그 방식과 디지털 방식을 혼합하여 장단점을 절충하는 형태

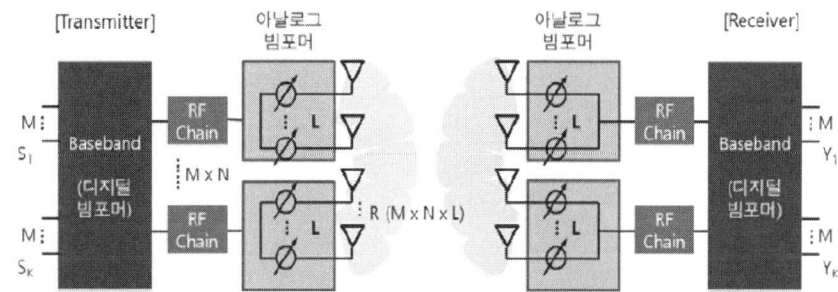

<자료> https://www.bell-labs.com/our-research/publications/297773/,
https://www.research.manchester.ac.uk/portal/files/60832506/FULL_TEXT.PDF

하이브리드 빔포밍 시스템 개념도

라. 활용분야
(1) AESA(Active Electronically Scanned Array) 레이더
- 레이더 안테나를 기계적으로 회전하지 않고 전자적으로 주사
- 전자 빔 주사방식에는 전자적으로 위상변환기를 제어하여 배열소자에 인가되는 여기계수의 위상을 조절하는 위상 주사방식, 급전선로의 주파수 특성을 이용하여 배열소자 사이의 위상을 변화시키는 주파수 주사방식, 급전점과 빔 방향을 1대 1로 대응시키고 급전점을 전기적인 스위치로 변화시키는 급전점 변환방식 등이 있다.
- 배열소자에 인가되는 여기계수의 크기를 최적화하여 side lobe를 줄일 수 있다.
(2) 5G Smart 안테나 시스템
- 5G에서 능동 안테나 시스템(Active Antenna System ; AAS)은 기지국용 안테나의 각 소자마다 RF 능동 모듈이 결합되어 배열 소자 간 진폭과 위상을 원하는 대로 조정할 수 있는 시스템으로 Dolph-Chebyshev, Cosecant squared beam, Null filling 등 다양한 빔 패턴을 만들어 낼 수 있는 장점이 있다
- 디지털 빔포밍을 통해 셀 환경에 적합한 다양한 빔 패턴을 구현
- 수직적 섹터 구분을 통해 동일한 주파수 자원을 활용하기 때문에 주파수 효율을 증대
- 다수의 빔 기반으로 이용하여 동시에 다수의 기지국을 지원할 수 있는 기술 등을 통하여 무선 백홀의 용량을 획기적으로 증대할 수 있음

문제04) 디지털 트윈(Digital Twin)의 정의, 주요기술, 응용 분야를 설명하시오.

I. 개념
- 물리적인 사물과 컴퓨터에 동일하게 표현되는 가상 모델을 말하며, 현실 속 사물을 디지털 복제해 시뮬레이션함으로써 사물의 정확한 특성을 파악하는 기술임.

II. 개념도

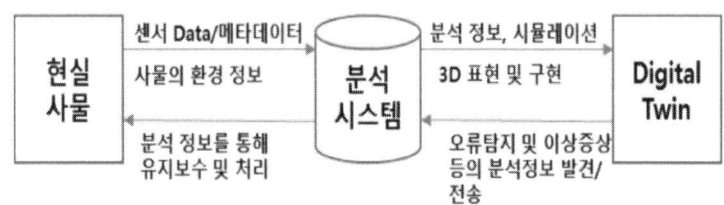

그림 디지털 트윈의 개념도
- 그림은 디지털 트윈의 개념도로 실제 모델을 바탕으로 가상화 모델을 구성하고, 가상화 모델 분석을 통하여 오류를 탐지하게 된다.

III. 디지털 트윈의 구성요소
- 디지털 트윈은 크게 3가지의 구성. **현실의 사물**, 이를 바탕으로 분석과 처리를 수행할 수 있는 **시스템**과 3D의 가상세계를 구현하는 **Digital Twin**이 구성되어야 한다.

상세 구성요소	내용
센싱기술	센싱을 위한 IoT, ZigBee, NFC 등의 기술
Big Data와 AI 기술	환경의 정보를 취합할 수 있는 온/습도 정보, 적외선 센서, 분석을 처리함
3D 영상 기술	시뮬레이션을 진행 가능하게 함

IV. 특징:
가. 물리대상과 동일한 정보를 디지털에 구현해서 물리대상에서 발생하는 조건을 설계에 반영해서 평가가능
나. 센서데이터, 메타데이터 등의 실시간 데이터를 분석
다. 4차 산업혁명의 핵심기술임.
라. 디지털 트윈을 통해서 최적화된 설계는 즉각 3D프린트로 구체화 가능

V. 활용분야

구분	내용
가상 제조	Virtual Manufacturing 디지털 협업 도구를 활용하여 아날로그 작업을 줄일수 있음. 진화하는 3D제품 모델을 신속하고 반복적으로 만들어 낼 수 있음
첨단 기술	Advanced Technologies 레이저를 활용한 3D 프린터로 새로운 솔루션의 시작품을 빠르게 제작 가능
센서를 활용한 자동화	Sensor-Enabled Automation 공장 전체의 장비에 장착된 센서가 데이터를 수집하고, 돌발적인 가동중지를 예방하고 생산성을 제고
공장 최적화	Factory Optimization 생산성과 효율성의 극대화를 위해 데이터를 기반으로 사람의 작업 프로세스, 로봇을 활용한 업무, 기타 작업 등을 실시간으로 최적화 수행
공급망 최적화	Supply Chain Optimization 사업부문을 넘나드는 통합도구로 공급망과 공장 운영을 재구성

VI. 향후전망:

- 디지털트윈은 디지털트랜스포메이션을 통한 전산업적변혁의 핵심기술로 Gartner의 예측에 따르면 3~5년 안에 수백만 개의 사물(Things)이 Digital Twin으로 표시될 것이며 기업들은 Digital Twin을 통해 장비 서비스에 대한 능동적인 수리 및 계획 수립 및 공장 가동, 장비 고장예측, 운영 효율성 향상이 가능해지며, CPS와 함께 Industry 4.0의 핵심 기술이 될 것이라고 예상함.

문제05) 지능형 CCTV(Closed-Circuit TV) 영상보안시스템의 얼굴 검출 및 얼굴 마스킹 기술에 대하여 설명하시오.

I. 개요
- 영상보안시스템은 범죄예방, 교통감시, 시설관리 및 재난관리 등을 주요 목적으로 공공기관 및 민간 기업에서 설치와 활용이 증가하고 있음
- 영상보안시스템 + 지능형영상분석 기술이 결합하면서 방범 및 감시영역을 넘어 소방, 국방, 교육 등 다양한 영역에서 국민보호 및 생활안전향상에 기여하고 있음

II. 지능형 영상 보안시스템 구성도

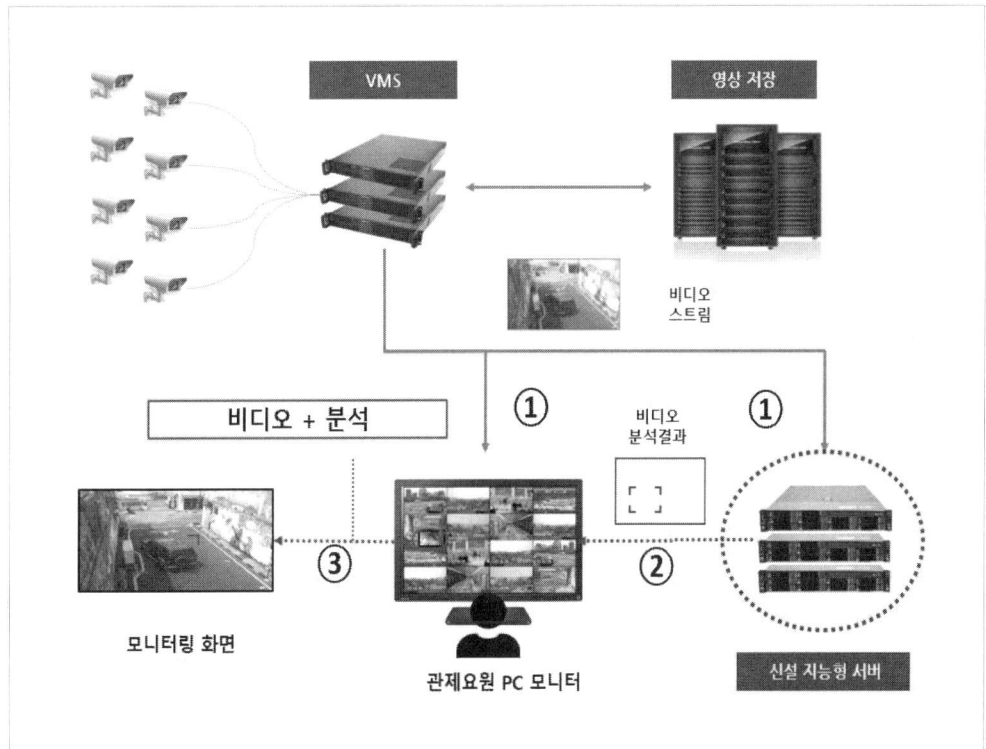

- CCTV를 포함한 전송장치와 저장장치
- 영상을 분석하기 위한 영상 분석장치 (지능형서버)
- 관리자에게 다수의 영상을 표출/제어하는 VMS(영상 관리시스템)

III. 영상보안시스템의 얼굴 검출 및 얼굴 마스킹 기술

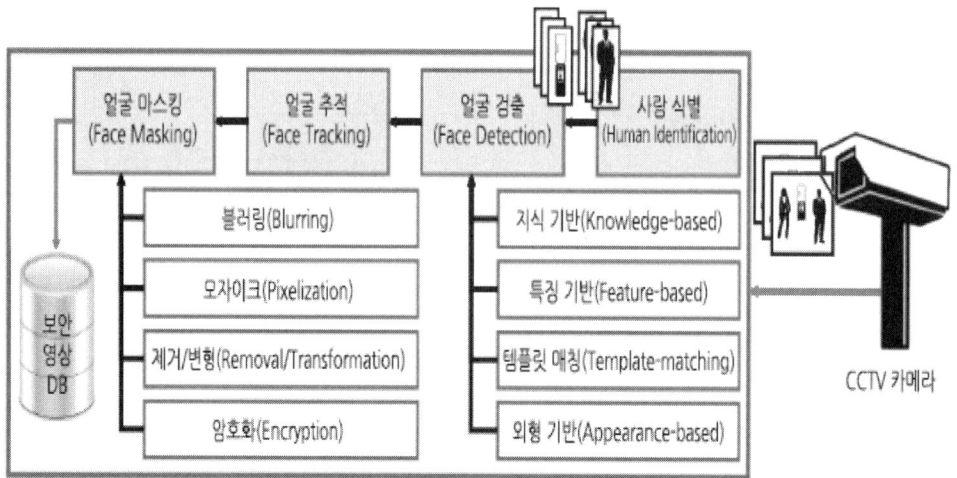

(1) 영상검출기술
- 얼굴 검출 기술은 얼굴 마스킹 이전에 실행되어야 하는 핵심과정으로 CCTV영상에서 얼굴이 있는 영역을 찾아내는 기술임
- 영상검출기법에는 4가지 방식이 있음

1) 지식기반기법
- 사람의 얼굴을 구성하는 눈, 코, 입 등을 특징 요소로 인식
- 각 특징요소간의 거리와 위치 관계를 규칙 기반으로 분석하여 얼굴을 검출하는 방법임

2) 특징기반기법
- 얼굴의 특징요소, 피부색, 질감, 외곽선 정보와 이들 성분의 조합된 형태의 정보와 이들 성분의 조합된 형태의 정보를 이용해서 얼굴영역을 검출
- 검출시간이 짧고 쉽게 얼굴을 찾을 수 있으나, 오류가 많음

3) 템플릿 매칭기법
- 얼굴 영상의 부분 영역이나 외곽선을 기반으로 미리 정의된 규칙에 따라 표준 템플릿을 생성한 후, 입력영상과 유사상관도를 비교하여 얼굴영역을 검출
- 복잡한 환경에서도 얼굴검출이 가능하나, 템플릿을 정의하기기 어려움

4) 외형기반기법
- 영상학습을 통해 학습된 모델을 이용해서 입력 영상으로부터 얼굴영역을 검출하는 방법
- 외형기반기법은 현재 가장 많이 활용되고 있는 분야로 다양한 학습을 통해 인식율을 높이는 방법임
- 단, 비용과 많은 시간이 필요한 단점이 있음

(2) 얼굴 마스킹 기술
- CCTV로부터 취득되는 영상이나, 이미 취득되어 저장된 영상에서 개인의 프라이버시를 침해할 수 있는 소지가 있는 얼굴을 육안으로나 컴퓨터로 식별되지 못하도록 하는 기술임
- 얼굴마스킹 기술에는 블러링, 모자이크, 제거 및 변형, 암호화 기법이 있음

1) 블러링 기법
- 입력영상에서 얼굴영역을 흐리게 만들어 얼굴을 식별하기 어렵게 하는 기법
- 비교적 구현이 쉽고, 한번 마스킹을 하면 추가적인 유출에 따른 프라이버시 피해가 없음
- 블러링 기법은 원본영상을 복원해야할 필요성이 있는 경우 복구가 불가능함

2) 모자이크 기법
- 블록사이즈(BxB)에 대해 블록의 평균값을 이용하여 같은 밝기 값으로 대체하는 기법임
- 시간 경과에 따른 픽셀을 통합하면 은폐된 정보를 부분적으로 복구할 수 있음

3) 제거 및 변형 기법
- 얼굴 영역을 영상에서 완전히 제거하거나 변형하는 기법

4) 암호화 기법
- 사후에 원 영상으로 복원하여 얼굴을 식별해야 하는 상황이 있음
- 스크램블링된 영상에서 암호키를 통해 암호화하고 허가된 관리자만 복호키를 이용하여 원 영상을 복원하는 기술

Ⅳ. 결론 및 동향
- 지능형 영상보안시스템은 사회질서유지, 범죄예방 등을 위해 공공기관 및 민간기업에서 설치 및 활용이 급증하고 있음
- CCTV카메라로부터 획득한 개인영상이 무분별하게 유출 및 배포되어 프라이버시 침해라는 새로운 문제점을 야기하고 있음
- 지능형 영상보안시스템에서 CCTV카메라로 부터 취득되는 영상이나, 이미 취득되어 저장된 영상에서 개인의 프라이버시를 침해할 수 있는 가장 높은 얼굴영상을 식별할 수 없게 하기 위한 얼굴 마스킹 기술이 있음

문제06) 홈네트워크 건물인증 심사등급 구분 및 심사항목 중 '심사항목(1)'에 대한 기준을 설명하시오.

Ⅰ. 개요
- 2017년에 미래창조과학부에서 홈네트워크 인증 등급 중 AAA급을 7월 1일 부터 추가해서 시행하였다.
- 종전에는 AA, A, 준A 등 3개 등급이 있었는데, 7월 1일 부터 최상위로 AAA등급이 신설되면서 준A등급은 폐지되었다.

Ⅱ. 변경 배경
- IoT가 건물 내부에 적용되므로 사물인터넷 + 건물 융합(홈IoT) 촉진
- 스마트홈용 앱 활성화
- 아파트 단지 홈네트워크 Security 강화로 해킹 사전 방지
- 음성인식 AI 비서 도입 활성화

Ⅲ. 홈네트워크 등급
- 2017년 7월 이후에 건축을 허가받은 아파트나 공동주택의 경우, 홈네트워크 인증 등급을 AAA로 신청하도록 유도하므로써 건축물이 스마트홈, 스마트빌딩으로 발전해나가는 트렌드에 적절하게 대응할 수 있다.
- 아래 표는 홈네트워크 등급을 비교한 내용이다.

표 홈네트워크 등급 비교

등급	AAA 등급 (홈 IoT)	AA 등급	A 등급
등급구분 기준	심사항목(1) + 심사항목(2) 중 9개 이상 + 심사항목(3)	심사항목(1) + 심사항목(2) 중 9개 이상	심사항목(1) + 심사항목(2) 중 6개 이상
주요 내용	AA 등급 + 모바일 앱, 기기 확장성, 보안	A 등급 + 홈네트워크 기기 6개 이상	통신배관실 + 가스, 조명, 난방제어기 등

Ⅳ. 심사항목(1) 기준
- 심사항목(1), (2)는 '초고속 정보통신 건물인증 업무처리 지침'의 홈네트워크 건물인증 심사기준 내역임
- 심사항목(1)은 세대단자함과 월패드간 배선과 예비배관, 블로킹 필터, 집중구내통신실 면적, 통신배관실(TPS실)과 단지서버실의 조건, CCTV장비, 가스밸브 제어기, 조명제어기, 난방제어기, 현관방범 감지기, 주동현관통제기, 원격검침 전송장치, 침입탐지기, 환경감지기, 차량통제기 등의 배선과 기기설치에 관해 기준이 설정되어 있음.

국가기술자격 기술사시험문제

기술사 제 117 회   제 3 교시 (시험시간: 100분)

분야	통신	자격종목	정보통신기술사	수험번호		성명	

※ 다음 문제 중 4문제를 선택하여 설명하시오. (각10점)

문제01) Hyperledger Fabric 개념과 4가지 컴포넌트를 설명하시오.

I. Hyperledger Fabric 개념
- Hyperledger Fabric은 고도의 기밀성, 탄력성, 유연성 및 확장성을 제공하는 모듈러 아키텍처를 기반으로 하는 분산원장 솔루션을 위한 플랫폼임
- 블록체인 네트워크의 중심에는 네트워크에서 발생하는 모든 트랙잭션(거래)를 기록하는 분산원장이 있음
- 블록체인 원장 (Blockchain Ledger)은 여러 네트워크 참여자간에 복제되기 때문에 종종 분산화된 것으로 설명됨
- 블록 체인에 기록 된 정보는 트랜잭션이 원장에 추가되면 수정할 수 없도록 보장하는 암호화 기술을 사용함

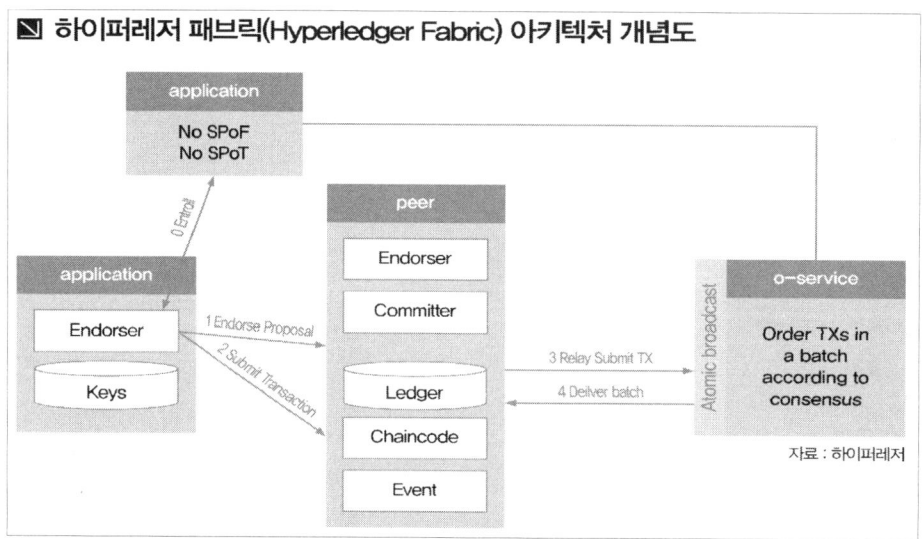

- R3의 코다와 어깨를 맞대는 하이퍼레저는 IBM과 리눅스재단을 주축으로 여러 금융기관이 동참하는 대규모 오픈소스 개발 프로젝트임
- 스마트계약의 기능은 계약 내용을 분산원장에 저장해 제3의 공증기관 없이도 다자간 인증으로 효력을 얻을 수 있음
- 그러나, 아직 성능을 비롯해 개인정보보호, 보안, 분산 시스템 구축 등 다양한 요소를 극복해야 하는 과제를 안고 있지만, 다양한 리더 그룹에서 기술적 제도적 문제를 고민하고 해결책을 모색하려 하고 있음.
- Hyperledger(기술중심), R3(금융사 중심), DAH(거래소 중심) 등이 있음

II. Hyperledger Fabric의 컴포넌트

1) 블록체인의 유형
- 블록체인은 총 3가지의 유형으로 나눌 수 있음
- 첫 번째는 우리가 이미 가상화폐 (비트코인, 이더리움, 퀀텀 등)를 통해 알고 있는 퍼블릭 블록체인(Public Blockchain)망
- 두 번째는 목적을 가지고 회원관리를 통한 폐쇄형 컨소시엄 블록체인(Consortium Blockchain)망
- 세 번째는 기업이나 기관에 특화된 서비스를 접목한 프라이빗 블록체인(Private Blockchain)망

2) Hyperledger Fabric의 컴포넌트

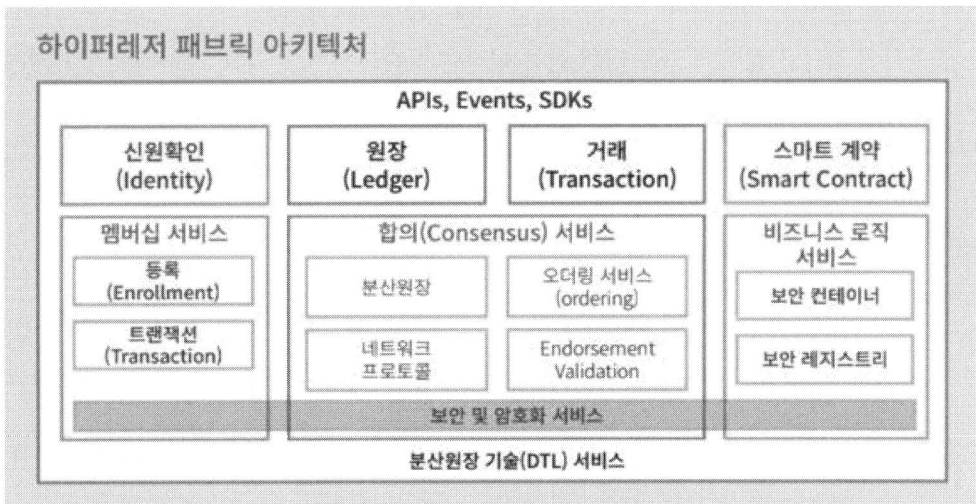

1) 신원확인(Identity)
- 프라이빗 블록체인은 참여 권한이 있는 참여자만이 참여할 수 있는 폐쇄형 구조임
- 그래서 참여자들이 분산원장에 데이터를 기록, 수정, 삭제할 수 있는 인증서를 발급받기 위한 기능이 필요함

2) 원장(Ledger)
- 분산원장은 프라이빗 블록체인의 기본 구성요소로 블록체인에 저장하기 위한 데이터를 관리하는 분산원장 데이터베이스며, 이를 관리 및 처리하기 위한 기능으로 구성돼 있음

3) 거래(Transaction)
- 프라이빗 블록체인에서 서비스나 처리에서 생성되는 트랜잭션을 관리하는 기능임
- 거래에서는 트랜잭션을 처리하는 부분이 기본으로 대용량 트랜잭션을 처리하기 위해 새로운 아키텍처를 제공하고 있음
- 이외 보증피어 기능이라는 'Endorsement Validation'과 트랜잭션을 배치처리 하고 블록을 생성해 프라이빗 블록체인망에 참여하고 있는 모든 노드들에 분기하는 역할을 하는 오더링(Ordering) 서비스가 있음

4) 스마트계약(Smart Contract)
- 프라이빗 블록체인에서 서비스나 처리에서 생성되는 트랜잭션을 관리하는 기능임
- 분산원장 기술의 핵심이라 할 수 있는 스마트계약은 계약 이행 조건을 사전에 명시해 두었다가 조건이 충족되면 자동으로 계약이 이행되는 방식으로, 현금, 증권 등 각종 권리가 투명하게 거래될 수 있는 기술적 방법을 프로그램언어 형태로 제시하고 있음

Ⅲ. 블록체인 동향
- 블록체인은 정보의 위변조가 불가능하며 인터넷상에서 중개인 없이 당사자 간의 직접적 가치 전송을 가능하게 함으로써 기존의 비즈니스 방식을 근본적으로 바꾸는 파급력이 큰 기술임
- 이런, 블록체인 기술은 모든 종류의 자산들을 등록, 보관하는데 적용가능하며, 전세계 4차 산업혁명의 핵심 패러다임으로 인식되고 있음
- 블록체인 기술은 짧은 역사를 거친 만큼 아직은 성숙되지 않고 계속 진화하고 있는 기술임

문제02) OSI-7계층 중 물리계층 중복화 기술의 구성방법 및 고려사항을 설명하시오.

Ⅰ. 개요
- 고가용성 설계에서는 시스템 중복화에 대한 규칙을 정의함
- 예를 들어 "서버 사이트"는 핵심 업무를 수행하는 미션 크리티컬한 경우가 대부분이며, 시스템이 멈추는 일은 결코 허용되지 않음
- 어디서, 어떠한 장애가 일어나도 반드시 대응할 수 있도록 모든 부분에서 중복화를 도모해야 함

Ⅱ. 물리계층 중복화 기술의 구성방법 및 고려사항

(1) 물리계층 중복화의 필요성
- 물리계층은 그 단독으로 표준화되어 있지 않음
- 인터넷 표준을 주도하는 IEEE802 위원회는 주로 물리계층과 데이터링크 계층을 표준화 하고 있음
- 물리계층은 다양한 전송매체(케이블)를 가지고, 전기적신호 또는 빛신호를 전달하고 있음

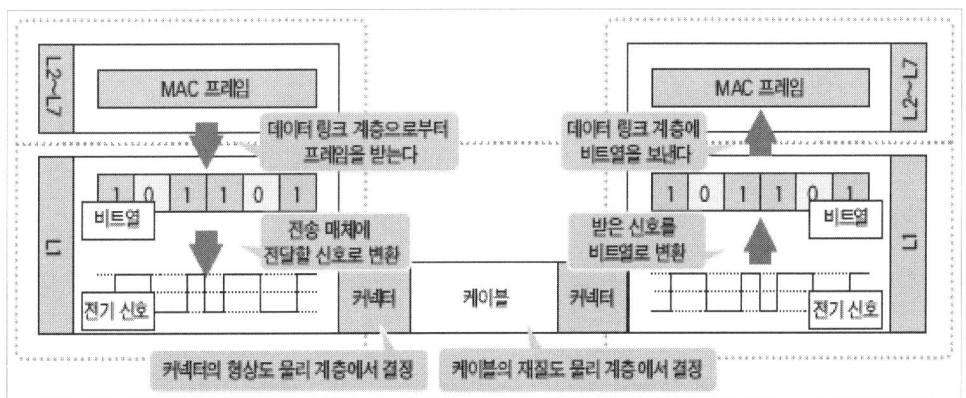

(2) 물리계층 중복화 기술의 구성방법

비교 항목	인라인 구성	원암 구성
구성 이해의 용이성	○	△
트러블 슈팅의 용이성	○	△
구성의 유연성	△	○
확장성	△	○
중복성 및 가용성	○	○
채용의 규모	소규모~중규모	대규모

1) 인라인 구성방법 (In-Line)
- 통신 경로상에 기기를 배치하기 때문에 인라인 구성이라고 함
- 네트워크 기기의 배치가 위에서부터 사각 그리고 다시 사각, 계속해서 사각형으로 된 이 스퀘어 구성은 인라인 구성의 기본 중의 기본임

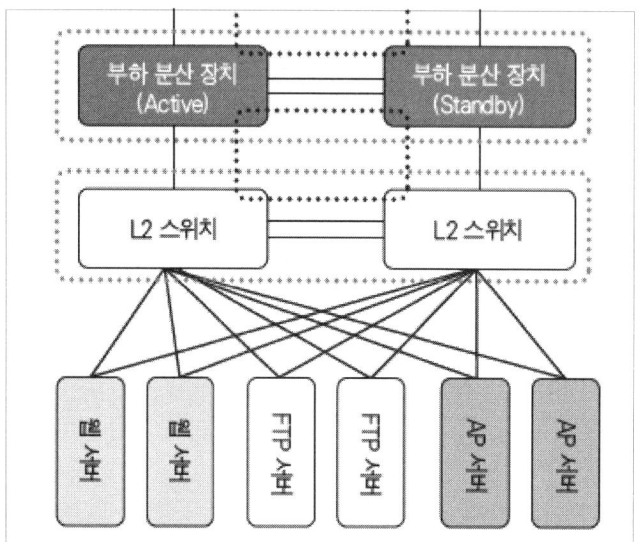

- 같은 장비를 병렬로 배치하여 중복화를 도모하고, 장비 사이를 여러 케이블로 접속함
- 복수의 케이블은 중복 구성을 하기 위한 관리 패킷을 교환하거나 장애 시의 우회 경로가 되도록 위아래로 한 개의 케이블로 접속함
- 이 부분은 트래픽 양에 따라서 늘릴 수도 있어야 하며, 이 구성은 각각의 기기가 기능별로 역할 분담되어 있어, 어딘가가 고장이 났을 경우 다른 기기에 미치는 영향을 최소화하면서 경로를 전환할 수 있는 매우 단순한 구성으로 해야 함

2) 원암 구성방법 (One-Arm)
- 코어 스위치의 팔 같은 식으로 기기를 배치하기 때문에, 원암 구성이라고 함
- 사이트 중심부에 위치한 코어 스위치가 여러 역할을 갖게 되므로 인라인 구성보다 구성을 이해하기 어려움
- 하지만, 다양한 요구 사항에 부응할 수 있는 유연성과 확장성을 가지고 있어 데이터 센터와 멀티 테넌트(multi-tenant) 환경 등 비교적 큰 사이트에서 채용하고 있음

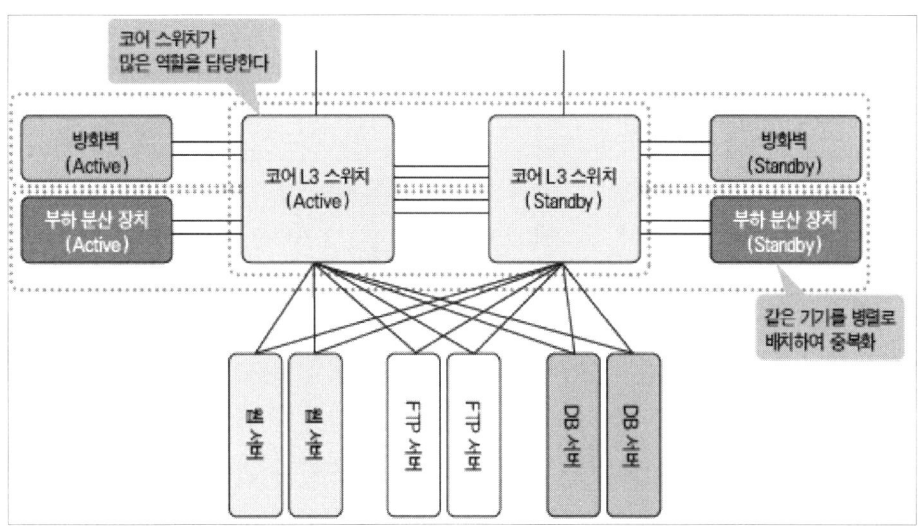

- 코어 스위치의 팔 같은 느낌으로 방화벽 및 부하 분산 장치를 함께 구성함
- 시스템의 중심에 있는 코어 스위치가 많은 역할을 담당하고 있어, 거의 모든 트래픽이 코어 스위치를 경유하도록 구성해야 함

3) 중복화 방법을 보완하기 위한 기술

보완기술	기 능
블레이드 기술	물리적으로 서버를 이중화 하는 기술
가상화 기술	하나의 서버를 논리적으로 이중화 하는 기술
스택와이즈 기술	하나의 스위치(L2)를 논리적으로 이중화 하는 기술
VSS 기술	하나의 스위치(L2)를 논리적으로 이중화 하는 기술

- 서버는 '블레이드 서버'와 '가상화'로 집약 효율성과 확장성을 높이고, 스위치는 '스택와이즈 테크놀로지, VSS'로 운영 관리의 효율화 및 단순화를 높임

(3) 물리계층 중복화 기술 구성 시 고려사항
1) 장비 설정 시 가장 커다란 값으로 기종 결정하기
- 어느 기종을 선택할지는 사용하는 기능이나 비용, 처리량, 커넥션 수, 실적 등 많은 요소를 바탕으로 결정해야 함
- 장기적 또는 단기적으로 액세스(access) 패턴을 분석하여 이 중 가장 큰 값을 사용해서 기종 선정을 해야 함
2) 어플리케이션에 따라 필요한 처리량을 고려하여 설계하기
- 처리량에는 애플리케이션에 대한 다양한 처리 지연이 포함되어 있으며, 규격상의 이론 값인 전송 속도보다 반드시 작음
- 서버 사이트에 있어서 필요한 처리량은 상정하고 있는 최대 동시 사용자 수 및 사용하는 애플리케이션의 트래픽 패턴 등 다양한 요구 사항에 따라 다르므로, 각각을 확실히 파악한 후에 필요한 처리량을 산출해야 함

3) 안정된 버전의 장비를 설치하기
- 네트워크 기기도 서버와 마찬가지로 OS상에서 동작하므로, 네트워크 기기의 OS 버전도 서버의 OS 버전만큼이나 중요함
- 최근의 네트워크 기기의 기반으로서 리눅스(Linux) OS를 탑재하고 그 위에 올려지는 서비스에서 기능을 제공하는 경우도 있으므로 더욱더 고려해야 함
- 불안정한 버전을 인스톨하거나 시스템 내에서 OS 버전에 차이가 있는 경우, 향후 운용에 차질을 빚지 않도록 제대로 OS의 버전을 결정해야 함

4) 장비배치와 목적에 따라 전송케이블 선택하기
- 트위스트 페어 케이블을 사용할 시 카테고리와 종류를 결정하고, 최대 100m 이내에서 동작하도록 함
- 광대역, 고신뢰성을 추구한다면 광파이버를 사용하는 것이 좋음

Ⅲ. 결 론
- 물리계층 중복화 기술은 네트워크의 고가용성을 확보하기 위해 매우 중요한 기술임
- 인라인, 원암 구성방식으로 물리계층의 중복화를 확보 할 수 있음

문제03) 구내 네트워크 구축 시 FLB(Fire-Wall Load Balance), SLB(Server Load Balance)의 참조모델과 각각의 구성장비에 대하여 설명하시오.

Ⅰ. 개요
- 인터넷의 역기능으로 개인프라이버시 침해, 정보유출, 해킹 등을 막기 위해 네트워크 보안 장비가 필요함.
- 방화벽은 침입차단시스템으로 외부망으로 부터 내부망을 보호하는 기법임.

Ⅱ. FLB(Fire-Wall Load Balancing)
(1) Fire-Wall(방화벽)
- 내부 네트워크와 외부 네트워크 사이에 위치하여 외부에서의 침입을 1차로 방어해 주며 불법 사용자의 침입차단을 위한 정책과 이를 지원하는 소프트웨어 및 하드웨어를 제공한다.

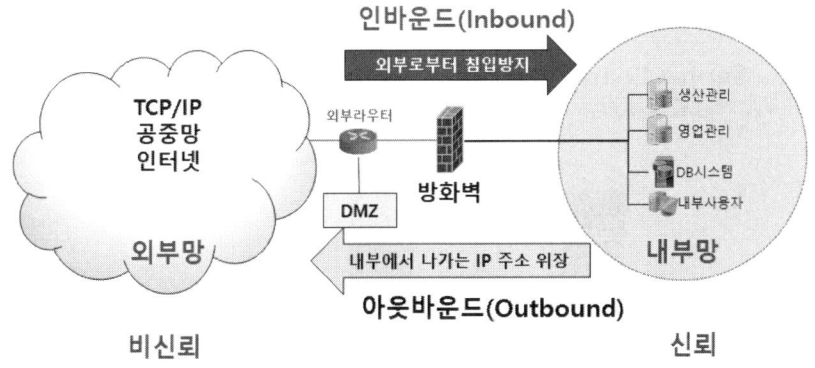

그림   방화벽 개념

(2) FLB(Fire-Wall Load Balancing)
- FLB(Fire-Wall Load Balancing)는 동일 세션을 동일 방화벽으로 분산시키는 것이다.
- Private Network과 Public Network을 구분하고 보안을 위해 Firewall을 설치하는데 Firewall의 부하를 줄이거나 상황에 맞추어 Load Balancing을 할 필요가 생긴다.
- Firewall Load Balancing을 사용하는 것은 DMZ구간을 만들기 위해 사용되는 경우가 많이 있다.
- Firewall의 Traffic 부하가 생기면 Traffic감소에 목적이 있고, Network특성과 상황에 따라 Load Balancing을 해야 하는 경우에 FLB를 설치해 이용한다.

(3) FLB 목적
- 하나 이상의 방화벽을 추가하여 가용성 및 성능을 향상시킨다.
- 동적인 로드 분산을 통해 응답속도를 향상시킨다.
- 시스템 변경 없이 방화벽 확장 및 관리가 쉽도록 한다.

Ⅲ. SLB(Server Load Balance)
(1) 개념
- SLB(Server Load Balance) 기능은 여러 대의 서버를 마치 하나의 서버처럼 동작시킴으로써 성능을 쉽게 확장하고, 서버의 장애 발생 시에도 타 서버로 운영이 가능하게 함으로써 신뢰성을 향상키기 위한 방법이다.
- 여러 개의 서버 사용 시 서버로 가는 부하를 분산 시키고, 이중화로 인한 장애를 대비하는 기능을 수행한다.
- 즉 SLB는 서버의 부하를 분산 시키는 역할을 한다.

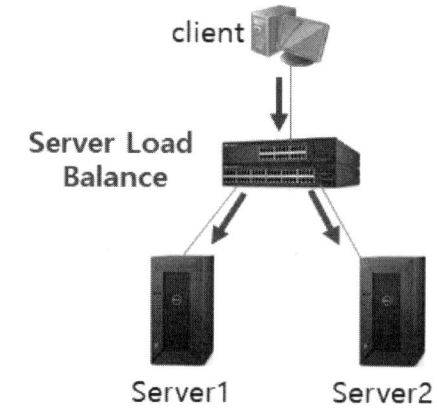

그림 SLB

(2) SLB 기능
- Server load balancing는 한 종류의 서버를 부하분산을 통해 트래픽이 몰리는 현상을 방지해주는 기능이다.
- 예로 하나의 웹서버를 운영하다가 사용자의 수가 많아지거나 트래픽의 크기가 커지게 되면 서버의 부하가 커지기 마련이다.
- 이를 같은 종류의 프로토콜 서버 2개로 돌리면 일정량의 트래픽이 두 서버로 나뉘어 흐르기 때문에 하나의 서버에게 가해지는 부하가 적어져 서버를 운영하는데 있어 효율적일 수 있다.

Ⅳ. FLB, SLB 참조모델
(1) 참조모델
- 참조모델은 아키텍쳐에 대한 간단한 표현 및 설명. 특히, 시스템 요소간의 상호관계에 대한 분석 및 이해를 용이하게 하기 위하여 설계된 모델이다.

- FLB는 방화벽을 분산시키는 역할을 한다.
- Firewall에서 L4 Switch 구성은 L4에서 구성된 하나의 Network과 동일 Network에 존재하는 여러 개의 Firewall을 구성하기 위함이다.
- FLB를 구성하기 위해 외부망과 내부망 사이에 2~4대의 L4스위치(상위 L4스위치, 하위 L4 스위치)를 배치한다.
- 하위 L4스위치는 내부망에서 외부망으로 나가는 패킷에 대한 부하 분산을 담당한다.

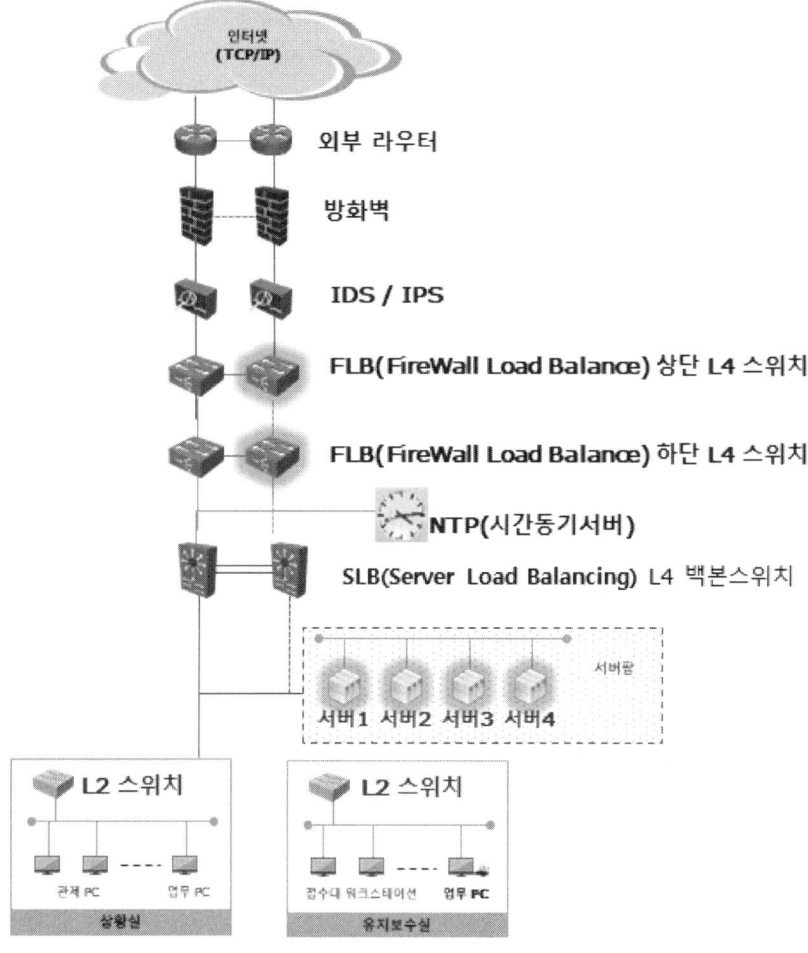

FLB, SLB 참조모델

V. 네트워크 구축 시 구성 장비
- 네트워크장비는 기능에 따라 L2, L3, L4, L5 또는 L7장비로 구분된다.

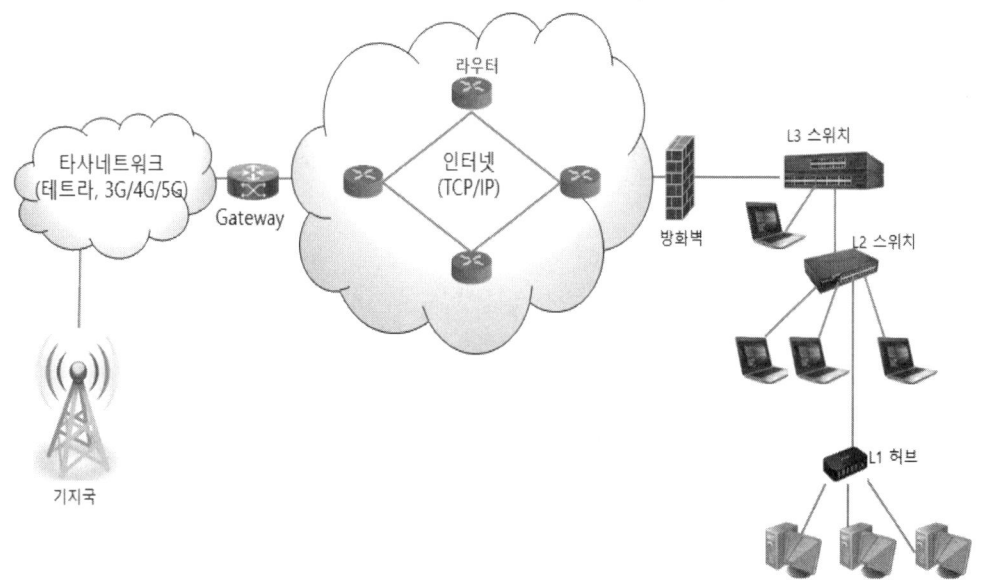

네트워크 구축 시 구성장비

(1) L2스위치
- L2스위치는 스위칭을 하는 역활을 주로 수행한다.
- 사용자 PC나 서버에 직접 연결되는 장비로 동일 L2스위치에 있는 PC나 서버의 MAC Address(컴퓨터의 네트워크 카드 고유주소)를 기억했다가 ARP프로토콜을 이용하여 통신을 한다.

(2) L3스위치
- L3스위치는 스위칭과 라우팅을 주로 수행한다.
- 초기에는 라우터 장비라고 별도로 있었는데 최근에는 L2스위치 기능과 동시에 수행하여 L3스위치라고 부른다.
- 동일 L2 스위치 장비에서 찾고자하는 컴퓨터를 찾지 못한 경우 목적지 IP를 분석하여 라우팅테이블에 의해 인접해 있는 네트워크 장비로 연결한다.

(3) SLB와 FLB역할을 수행하는 L4스위치
- L4스위치는 SLB와 FLB 역활을 주로 수행한다.
- SLB는 서버의 부하를 분산 시키는 이중화 역활도 수행한다.
- 많은 유저들이 이용하는 경우 서버 한대로 서비스 제공이 불가능 하게 되는데 이때, 서버를 2대 이상 확장하여 동일한 기능을 제공하게 된다.
- L4 네트워크 장비는 VIP(Virtual Internet Protocol)를 가지게 되고 실제 서버에는 실제 IP를 가진다.

- 유저들은 VIP로 통신을 요구하고 L4장비에서 실제 서버로 분산시켜 접속시켜 준다.
- 실제 서버로 분산 접속 시켜주는 방식으로 Round Robin, Hash등이 있다.
- FLB(FireWall Load Balance)는 FireWall장비(방화벽)를 분산시키는 것을 말한다.

(4) L5 or L7장비
- L5 or L7장비는 HTTP URL기반의 패킷까지 분석하여 스위칭 하는 역활을 한다.

Ⅵ. 결론
- Load Balance 기능은 여러 대의 서버를 마치 하나의 서버처럼 동작시킴으로써 성능을 쉽게 확장시키고, 서버의 장애 발생 시에도 타 서버로 운영이 가능하게 함으로써 신뢰성을 향상시키기 위해 사용한다.
- 네트워크 구축 시 구성장비를 도입함에 있어 서비스의 종류, 서비스 기간, 예상 트래픽 증가량, 각 장비별 필요한 기능 등을 면밀히 검토 후 도입해야 예산의 낭비를 막을 수 있다.

문제04) 드론(Drone)의 제어 및 통신을 위한 구성요소와 무선통신 기술에 대하여 비교 설명하시오.

I. Drone 개요
- 드론은 무선 전파의 유도에 의해서 비행하는 비행기나 헬리콥터 모양의 무인항공기(UAV: unmanned aerial vehicle)를 총칭함.
- 드론은 원격 조정이나 자율비행으로 시계 밖 비행이 가능하며, 승객이나 승무원을 운송하지 않는 이동체임
- 드론의 통신 방식으로는 블루투스, Wi-Fi, 위성통신, 셀룰러 통신 등을 사용함.

II. 드론의 목적
- 근래 드론은 레져, 배송, 촬영등의 다양한 방면에서 활용중임.

구분	설명
항공 정보(Aerial Intelligence)	드론을 통한 항공 정보 수집
감시(Surveillance)	대상에 대한 무인 감시 기능
대상 수집(Target acquisition)	목표 대상에 대한 정보 수집
정찰(Reconnaissance)	항공 촬영을 통한 정찰 수행

III. 드론의 구성도 및 구성요소
1) 드론의 구성도

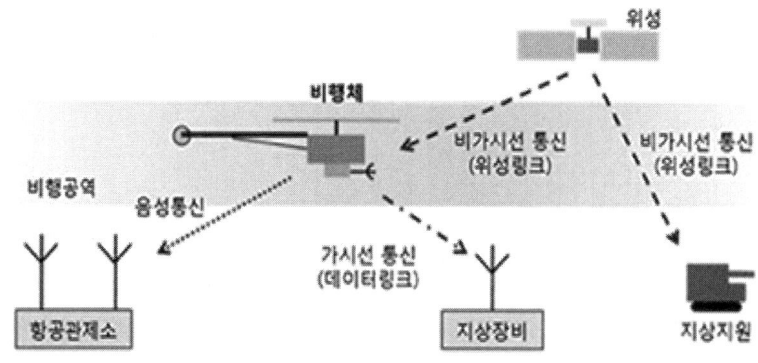

〈무인 항공기 운영 시스템의 구성요소〉

- 통신은 지상장비와 무인비행체를 직접 연결하는 가시선통신과 장애물에 막혀서 가시선 통신이 불가능할 경우 위성 등을 이용하는 비가시선 통신으로 구분

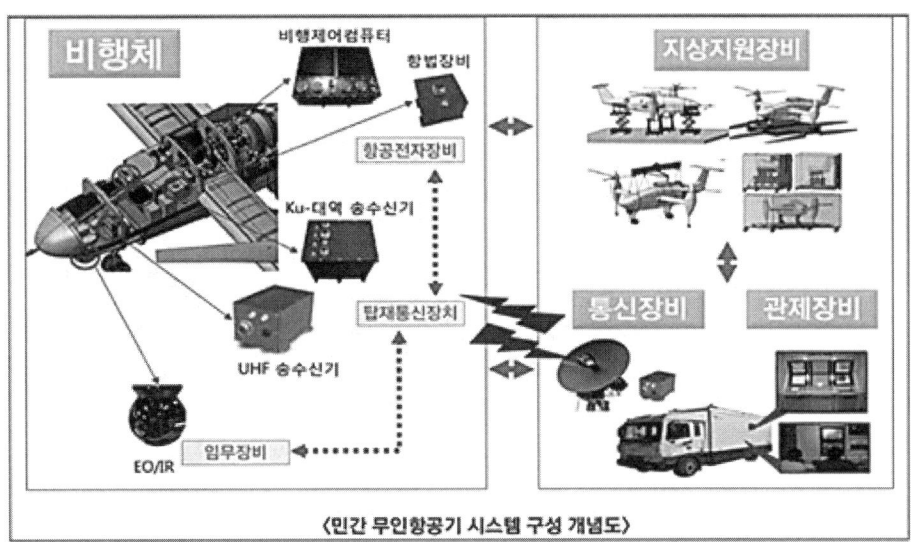

〈민간 무인항공기 시스템 구성 개념도〉

자료: 기획재정부, KB투자증권

2) 구성요소

구성 요소	내용
비행체	- 무인항공기의 기체(platform)를 말하며 기체에 실리는 추진 장치, 연료 장치, 전기 장치, 항법 전자 장치, 전기 장치 및 통신 장비 등을 포함
지상 통제 장치	- 임무 계획 수립과 비행체 및 임무 탑재체의 조종 명령, 통제 그리고 영상 및 데이터의 수신 등 무인항공기 운용을 위한 주 통제 장치
임무 탑재체	- 카메라, 합성구경 레이더(SAR), 통신 중계기, 무장 등의 임무 수행을 위해 비행체에 탑재되는 임무 장비
데이터 링크	- 비행체 상태의 정보, 비행체의 조종 통제, 임무 탑재체가 획득하거나 수행한 정보 등의 전달에 요구되는 비행체와 지상간의 무선 통신 요소
이착륙 장치	- 무인항공기가 지상으로부터 발사 및 이륙하고 착륙 및 회수하는 데 필요한 장치
지상 지원	- 무인항공기 시스템의 운용과 유지를 위해 소요되는 일련의 지상 지원 설비 및 인력 등을 총칭하는 말이며 무인항공기의 효율적인 운용에 필요한 분석, 정비, 교육 장비 시스템을 포함

표 드론의 구성요소

IV. 드론의 기반 기술

구 분	설 명
위성 항법 장치 (GPS)	드론의 정확한 위치 파악을 위한 인공위성을 활용한 위치 추적 기술
영상 기술	무선 조종 시 이착륙 조정을 위한 영상 촬영/전송에 대한 기술
무인, 원격 제어	무인 조종을 위한 인공지능 기능과 원격제어를 위한 제반 알고리즘
스텔스 (Stealth)	군사용 목적의 드론에 대해서 레이더 탐지를 어렵게 하기 위한 형상·재료·도장 등을 통한 레이더 회피 기술.

V. 드론의 무선통신 방식
- 드론의 무선 통신 방식으로 블루투스, Wi-Fi, 위성통신, 셀룰러시스템이 사용되고 있으며, 최근 LTE와 5G 이동통신이 부각되고 있음.
(1) 블루투스: 단거리 저전력 무선통신으로 가장 보편적으로 드론에서 사용
(2) Wi-Fi: 스마트 폰을 이용하여 드론을 원격으로 조종하는 사례가 급증하고 있음
(3) 위성통신: 인공위성을 활용하는 장거리 통신방식으로 여러 가지 문제가 발생하여 많이 사용되지 않음.
(4) 이동통신: 넓은 지역을 셀 구역으로 나누어 통신 서비스를 제공

[표 1] 드론 통신방식 특성 비교

구분	내용	장점	단점
블루투스	단거리 저전력 무선통신으로 가장 보편적으로 드론에 적용 2,400~2,483MHz, 총 79 개 채널을 사용하나 주파수 간섭을 피하기 위해 주파수 호핑 기법을 이용	간섭현상이 상대적으로 낮고, 저전력통신을 제공해 많은 데이터 통신이 필요하지 않은 드론 제어에 적합	Wi-Fi 에 비해 전송속도가 느리기 때문에 임무수행에 있어 사진, 동영상 등의 고용량 자료 전송이 곤란
Wi-Fi	Hi-Fi 에 무선기술을 접목해 LAN 을 무선화한 것으로, 스마트폰을 이용하여 드론을 원격 조종하는 사례가 급증하고 있음 드론 조정용 앱 설치, Wi-Fi 나 USB 로 스마트폰을 원격조정기에 연결하여 드론을 조종 주로 레저용 드론에 사용	고속의 데이터 전송이 가능하고, 노트북 PC 나 스마트폰과 직접 연결이 가능	출력이 제한되어 드론 제어에 통신제약이 존재함 비허가 대역인 ISM 대역을 사용하여 통신범위가 넓어지면 간섭현상 발생
위성통신	인공위성을 활용하는 장거리 통신방식으로 여러 가지 문제점이 발생해 별로 사용되지 않음	지상에 많이 구축되는 셀룰러, Wi-Fi 환경과 다르게 재해, 전시에서도 사용이 가능	위성발사 및 기지국 건설에 막대한 자금이 필요하고, 위성수명이 짧아 경제성이 부족하며, 지상교신 시 시간지연 발생
셀룰러시스템	이동 무선통신에서 기지국이 넓은 영역을 셀 구역으로 나누어 통신 서비스 제공 3G 부터 GSM 을 발전시킨 W-CDMA 와 CDMA 2000 사용	문자, 음성, 영상, 인터넷 등을 모두 보낼 수 있고, 어느 곳에서나 통신이 끊기지 않음	제조사는 통신사와 연계해야 하고 사용자에 매달 통신료가 청구됨 양 사용에 고도 제한이 있음
LTE	대단위로 많이 구축되어 있어 무인택배 같은 서비스에 드론을 접목하는데 적용 인텔과 AT&T, 페이스북이 LTE 이용 드론을 개발, KT 와 LG 유플러스도 LTE 기반 서비스 제공 시연	비행거리가 무제한으로 늘어나 먼 거리 사고 현장에도 즉각 투입할 수 있음 실시간 영상 스트리밍, 고용량 데이터 송수신이 가능해 높은 고도에서 영상을 중계	사고 위험과 테러나 범죄에 악용될 수 있음 미연방항공국은 장거리 드론 비행을 규제하고 있어 상용화 되기 전에 법안이 먼저 개정되어야 함
5G 이동통신	드론은 5G 이동통신을 대표하는 기술의 집합체 구글의 스카이벤더, 인텔의 5G 용 집단 시연, 차이나모바일의 5G 드론 필드 테스트 등	빠른 속도 등 5G 통신의 이점을 살리고 여러 사물과 실시간으로 통신할 수 있음	아직 5G 이동통신 표준이 확정되지 않아 상용화에 장기간의 시일이 소요

VI. 드론의 장점

장 점	설 명
활동의 무제약성	인간의 능력으로 한계가 있거나 방사선 등으로 접근이 어려운 곳에 접근하여 역할 수행가능
감지능력 (Sensing)	조종사 없이 비행체 스스로 주위 환경을 인식하고 판단해 운행
이동성 (Mobility)	감지능력과 더불어서 이동성의 제약이 없으므로, 다양한 분야에서 활용이 가능
대기 과학 연구	대기권의 항공 과학연구를 위한 자료 수집가능
군용 활용	대상 정보 수집을 통한 지상군 지원 등 국방목적의 활용 가능

VI. 드론의 상용화 시 문제점

문제점	설명	해결책 제안
법적 규제	미국의 경우 리모컨 기반 드론을 400피트 상공에서만 비행하도록 제한하고 있음 국내의 경우 일부(산림, 측량, 농업 및 대여업)에만 사용을 허가하고 있음	가이드라인 마련 전용 주파수 분할
충돌, 추락	드론의 충돌 및 추락에 따른 위험성 존재함	TCAS 의무탑재
사생활 침해	항공 촬영을 통한 사생활 및 주요 정보 유출의 2차 피해 사례 속출	공역 규정 법적 장치 마련
해킹, 보안	드론의 GPS를 조작하여 악의적 목적에 사용될 보안 위험 존재	특화된 보안기술 적용

* TCAS : Traffic Collision Avoidance System

VII. 드론의 활용사례

구 분	설명
물류	• 아마존 16km범위내 30분 이내 배달서비스 상용화예정 • 도미노피자, 라지크기 피자 2개 시험배달 성공 • DHL, '파켓콥터'로 3kg가량의 물건 시험 배송에 성공
정보통신	• 페이스북, 무인기를 와이파이 공유기처럼 사용해 오지에 인터넷 연결구상
재난현장	• '글로벌호크' 후쿠시마 원전 내 발전소 내부 등 정보수집 • '글로벌호크' 아이티 대지진, 필리핀 태풍 피해복구 등 지원
치안	• 미국 시애틀 경찰, 범죄차량 추적 및 마약수사 등에 활용
교통정보	• 르노, 교통 정체 정보 및 도로 위 장애물에 드론 활용 자동차 선보임
영화 및 방송	• '멀티콥터'로 영화촬영, 스포츠 중계 등에 활용

VIII. 맺음말

- 드론은 물류, 재난현장 및 영화, 방송 등 다양한 분야에서 활용되고 있음.
- 드론은 다양한 통신 방식이 사용가능하며 근래 드론의 통신방식으로는 LTE와 5G 이동통신이 부각되고 있음.
- 그러나 사고 위협과 테러나 범죄에 악용될 우려가 있으며, 국내/외에서 장거리 드론 비행을 규제하고 있어 법안이 먼저 개정되어야 상용화가 가능함.

문제05) 스마트시티 통합플랫폼의 기반구축 5대 연계 서비스를 정의하고 이를 구현하기 위한 통신망 구성 시 고려사항에 대하여 설명하시오.

I. 개요
- 스마트시티란 첨단 정보통신기술(ICT)로 이용해 도시의 모든 인프라를 네트워크화한 미래형 첨단 도시임
- 스마트 기술로 도시의 각종 문제를 해결하여 도시민의 삶의 질 개선, 친환경도시, 지속가능도시, 관리효율제고, 도시재생, 지역특색개발을 구현함
- 핵심구성요소는 스마트에너지, 스마트환경, 스마트교통, 스마트안전, 스마트의료, 스마트교육, 스마트행정, 스마트워크, 스마트문화/관광, 스마트커뮤니티 등이 있음

II. 기반구축 5대 연계서비스
(1) 플랫폼기술
- 스마트시티 기술은 플랫폼 기술과 5대 중점분야별 기술로 구분됨
- 플랫폼 기술은 분야별 기술(디바이스)을 통합하여 관리 및 제어하는 기술로 하드웨어, 운영체제 및 인터페이스 등을 의미하며 이를 정의하는 규약, 규칙 등의 기술표준을 포함함

(2) 스마트 도시 안전망(5대 연계서비스) 구축
- 스마트도시 연계서비스 구축은 IoT, 빅데이터 등 스마트시티 기술을 활용하여 재난구호, 범죄예방, 사회적 약자 지원 등 5대 국민안전 서비스 구축
- 국민의 생명, 재산 보호 관련 긴급상황 발생 시 골든타임 확보를 위하여 112, 119, 재난, 아동보호 등 안전체계의 연계 운용 필요
- 스마트 시티센터를 중심으로 112, 110 센터 등을 연계하는 스마트 도시 안전망 구축을 위하여 국토부와 경찰청, 국토부와 안전처가 연계필요

(3) 5대 연계서비스 내용
1) 112센터 긴급영상 지원
 . 납치, 강도, 폭행 등 신고 시 신고자 인근의 CCTV 영상을 112센터로 실시간 제공하여 신속한 상황파악과 대응 지원

현 행	개 선
납치, 강도 등 위급한 상황에서 피해자가 112 신고를 하더라도 범죄현장을 볼 수 있는 CCTV 망(지자체 소유)과 경찰청 112센터가 미 연계	112센터와 U-City센터 간 정보시스템 연계로 112 신고를 접수한 경찰관이 즉시 U-City센터에 신고된 위치 주변의 CCTV 영상을 요청, 현장상황을 보면서 신속한 피해자 구조 가능

2) 112 긴급 출동지원
 - 사건, 사고현장에 출동하는 경찰관에게 스마트 시티 센터에서 현장 사진(영상) 및 범인 도주경로 정보 등을 제공
3) 119 긴급출동 지원
 - 화재, 구조, 구급 등 상황시 소방관들이 실시간 화재현장 영상, 교통정보 등을 제공받아 골든타임 확보
4) 재난상황 긴급대응 지원
 - 재난, 재해 시 재난안전상황실은 스마트 시티 센터에서 제공한 현장 영상 등을 통해 상황파악, 전파, 피해복구
5) 사회적약자 지원
 - 아동, 치매 환자 등 위급상활 발생 시 스타트 시티 센터가 통신사에서 사진, 위치정보 등을 제공받아 CCTV를 활용해서 소재 및 현장상황 파악 후 경찰, 소방기관 연락 등 조치

현 행	개 선
위급상황 알람 시 보호자가 휴대폰 등으로 위급상황 인지 후 경찰서·소방서에 신고	알람 시 스마트시티 센터가 통신사에서 신고자 위치정보, 사진 등을 실시간 제공받아 CCTV로 상황파악 후 경찰서·소방서에 신고 또는 상황정보 제공

III. 스마트시티 구성요소
- 스마트시티는 인프라, 데이터, 서비스 및 제도부문으로 구분할 수 있으며 각 부문별 7개의 세부요소가 포함됨

구분		주요내용	추진체계
인프라	도시 인프라	▪ 스마트시티는 소프트웨어 중심의 사업이지만 도시 하드웨어 발전도 필요	도시개발사업자 등
	ICT 인프라	▪ 스마트시티에서는 사물간 연결이 핵심 ▪ 도시전체를 연결할 수 있는 유·무선 통신인프라	ICT산업
	공간 정보 인프라	▪ 현실공간과 사이버공간 융합을 위해 공간정보가 핵심플랫폼으로 등장 ▪ 공간정보 이용자가 사람에서 사물로 변화 ▪ 지리정보, 3D지도, GPS 등 위치측정 인프라, 인공위성, Geotagging(디지털 컨텐츠의 공간정보화) 등	공공주도 GIS (지리정보시스템)에서 민간주도로 변경
데이터	IoT	▪ 도시내 각종 인프라와 사물을 센서기반으로 네트워크 연결 ▪ 스마트시티 구축 사업에서 가장 시장규모가 크고 많은 투자가 필요한 영역 ▪ 특정 부문에 대해 개별적으로 사업을 추진할 수 있어 점진적 투자확대 가능	교통, 에너지, 안전 등 각종 도시운영주체가 주도
	데이터 공유	▪ 좁은 의미의 스마트시티 플랫폼 ▪ 데이터의 자유로운 공유와 활용 지원 ▪ 도시내 스마트시티 리더들의 주도적 역할 필요	초기 공공주도에서 데이터 시장 형성 후 민간 주도
서비스	알고리즘 &서비스	▪ 실제활용 가능한 품질 및 신뢰도의 지능서비스 개발 계층 ▪ 데이터의 처리분석 등 활용능력 중요 ▪ 유럽 Living Lab 등에서 다양한 시범사업 전개	공공 및 민간의 다양한 주체 등장 도시의 역할은 신뢰성 관리
	도시 혁신	▪ 도시문제 해결을 위한 아이디어 및 서비스가 가능한 환경 조성 ▪ 정치적 리더쉽 및 사회신뢰 등의 사회적 자본이 작용하는 영역 ▪ 중앙정부의 법제도 혁신 기능 필요	시민이 주도하고 정치권 지원

IV. 통신망 구성 시 고려사항
- 스마트시티가 인프라, 장치 및 인력을 연결하고 데이터를 수집하여 무수히 많은 엔드 포인트 서비스를 제공할 수 있게 해주는 결정적인 기술은 네트워킹 및 통신 인프라 임
- 스마트시티가 BLE(Bluetooth Low Energy), Zigbee 등과 같은 저 대역폭(low bandwidth) 무선 기술에서부터 백본 구축을 위한 전용 광섬유까지 다양한 기술을 포함을 것을 요구하고 있음

문제06) 실감형 혼합현실(MR, Mixed Reality)의 개념과 주요기술에 대하여 설명하시오.

I. 개념
- 현실 세계(real world)와 가상 세계(virtual world)가 혼합된 상태
- 혼합 현실은 현실을 기반으로 가상 정보를 부가하는 증강 현실(AR: Augmented Reality)과 가상 환경에 현실 정보를 부가하는 증강 가상(AV: Augmented Virtuality)의 의미를 포함한다.

II. 개념도

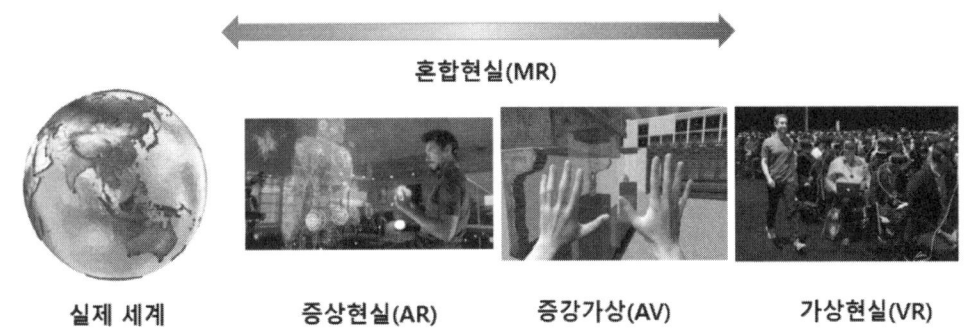

그림 혼합현실의 개념도

- 혼합현실은 현실과 가상인 혼합된 것이며 증강현실과 증강가상현실이 있음.

III. 혼합현실 영상제작기술

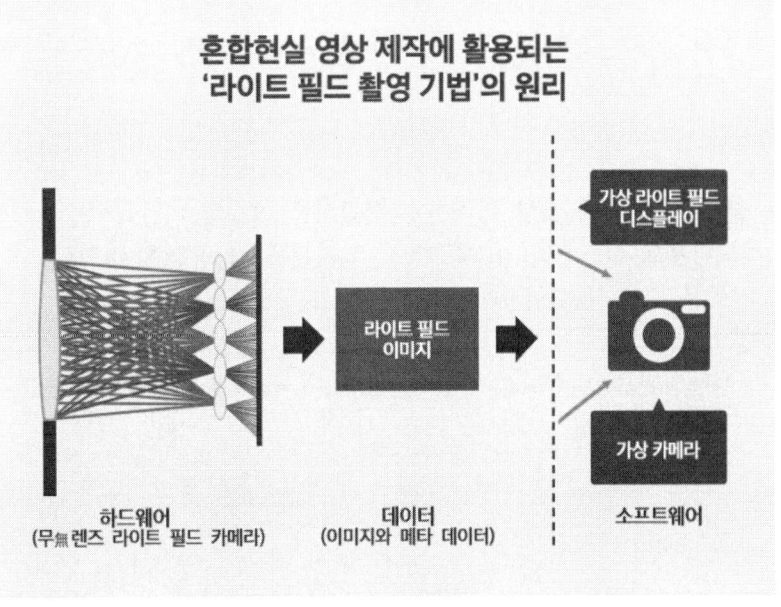

그림 혼합현실 영상제작 기술

- 그림은 혼합현실 영상제작에 활용되는 라이트 필드 촬영기법의 원리임.
- 종전처럼 카메라로 피사체를 찍는 기법이 아니라 수많은 마이크로 렌즈를 통해 피사체가 내는 빛을 포착, 사용자 눈에 투사하는 '라이트필드 촬영 기술'임.

IV. 혼합현실 기술

CP서버	·3D그래픽, GIS정보, 문자/이미지/영상/AR 콘텐츠
인식	·컴퓨터 비전, 추적센서, 카메라 API
가시화	·컴퓨터 그래픽 API, 비디오 구성, 깊이 구성 ·HMD, HUD 디스플레이
상호작용	·UI, 제스처 인식, 영상, 촉각, 음성인식

표 혼합현실 기술

V. 비교

구분	혼합현실	가상현실
구현기반	현실+가상정보	가상공간
현실감	높음	낮음
몰입감	높음	매우 높음
휴대성	높음	낮음
활용	교육,의료,시뮬레이션	3D게임,애니메이션

표 혼합현실, 가상현실의 비교

- 표는 혼합현실과 가상현실의 비교로 혼합현실은 현실감이 높아서 실제현장에 있는 것과 같이 느낄 수 있음.

VI. 활용
- MR는 실제 환경 위에 가상 이미지를 덧입히는 기술임.
- 주로 헤드마운트 디스플레이(HMD)에서 적외선을 쏴 공간을 파악함.
- VR에 가까운 것은 '몰입형 MR'로 불림.
- 포켓몬고, '마인크래프트' '토이크래쉬' 같은 MR관련 게임이 있음.
- 교육, 엔터테인먼트, 비즈니스 컨설팅, 건축, 토목, 물류, 에너지와 환경 관리, 의료, 군사 등 다방면에서 활용

국가기술자격 기술사시험문제

기술사	제 117 회			제 4 교시	(시험시간: 100분)
분야	통신	자격종목	정보통신기술사	수험번호		성명	

※ 다음 문제 중 4문제를 선택하여 설명하시오. (각10점)

문제01) XG-PON, NG-PON2 기술동향과 2:N RN(Remote Node)을 활용한 무중단 서비스 제공 방안을 설명하시오.

Ⅰ. 개요
- 최근 고속 가입자 망에 대한 요구가 확산됨에 따라 FTTH(Fiber To The Home) 솔루션으로서의 PON(Passive Optical Network)이 급속히 확산되고 있다.
- 현재 PON 기술은 전송 프로토콜 유형에 따라서 ITU-T의 G-PON과 IEEE802.3의 E-PON으로 구분된다.
- G-PON 표준을 담당하고 있는 FSAN에서는 10Gbps XG-PON(NG-PON)을 마치고 최근 NG-PON2에 대한 표준을 시작하여 다양한 요구사항과 이를 지원하기 위한 기술에 대한 논의를 시작하였다.

Ⅱ FSAN
(1) FSAN(Full Service Access Network)
- 1995년에 시작된 ITU-T 산하 표준화 단체로서 광 기반의 장비 표준에 대한 빠른 표준화 진행을 위해 결성된 단체이다.
(2) FSAN 표준화 동향
- ITU-T에서의 PON 기술은 프로토콜에 따라 BPON(또는 APON), G-PON, XG-PON 순으로 발전되어 표준화가 진행되어 왔다.

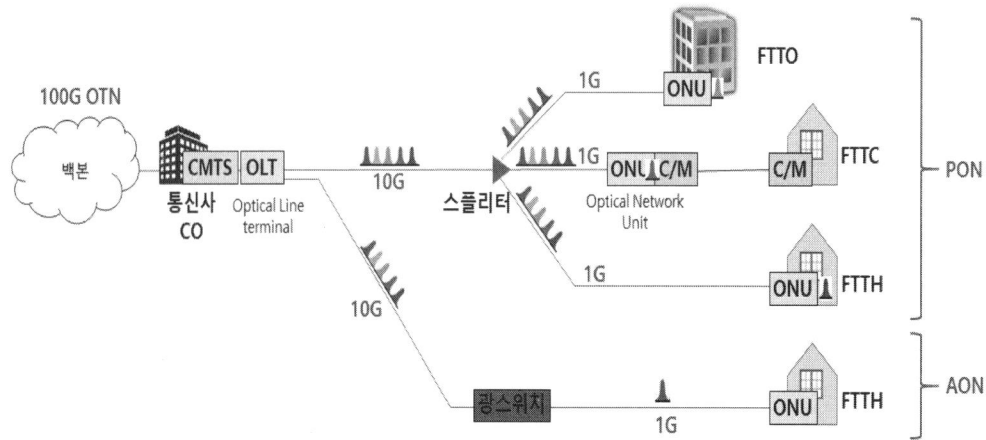

그림 FTTH를 위한 PON방식과 AON방식

1) AON
- Ethernet Switch나 Router와 같은 Active Equipment로 광 신호를 분기시켜 광 통신 네트워크를 구성하는 것이 바로 AON 이다.
- 이처럼 AON의 경우에는 광신호를 분기시키는데 Ethernet Switch나 Router같은 고가의 장비가 필요하다.
- 이것은 통신 사업자로 하여금 가입자망을 구축하는데 상당한 부담감을 준다.

2) PON
- 광신호를 분기시키는데 저가의 Splitter만 있으면 되므로 확장성 및 관리를 하는데 있어 AON보다 유리하다.
- 따라서, 통신 사업자들은 광가입자망(Optical Access Network)를 구축하는데 PON 방식을 사용한다.
- PON은 상향 다중화 방식에 따라 TDM(Time Division Multiplexing)-PON과 WDM(Wavelength Division Multiplexing)-PON 그리고 TWDM(Time and Wavelength Division Multiplexing)-PON 등으로 분류한다.

3) TDM-PON
- TDM-PON은 Downstream, Upstream은 각각 1 파장씩 사용하고, Downstream은 Broadcasting 방식으로 Upstream은 TDMA 방식으로 정보를 전달한다.
- 현재 국내 통신사들의 광가입자망인 G-PON, E-PON, XG-PON, 10G-PON이 TDM-PON 방식이다.

4) WDM-PON
- WDM-PON은 각 가입자별로 별도의 파장을 할당한다.

5) TWDM-PON
- TWDM-PON은 TDM-PON과 WDM-PON이 혼합된 방식으로 다수의 파장을 TDM으로 분할하여 사용자에게 할당하여 통신하는 방식이다.
- 해당 표준으로는 SK가 표준화 작업을 하고 있는 NG-PON2가 있다.

PON종류	다중화 방식	관련 표준화 기술
TDM-PON	TDMA	G-PON, XG-PON, 10G-EPON
WDM-PON	WDMA	ITU-T G.698.3
TWDM-PON	TWDMA	NG-PON2

표 PON 종류와 표준화 기술

Ⅲ. 광 가입자망 기술 표준
(1) 각 표준의 특징

구분	하향 1G급		하향 10G급		하향 40G급
	G-PON	E-PON	XG-PON	10G - EPON	NG-PON2
속도 (하향/상향)	2.5G/ 1.25G	1.25G/1G	10G/2.5G	10G/10G 10G/1G	40G/10G 40G/40G
국제표준	ITU-T G.984	IEEE 802.3ah	ITU-T G.987	IEEE 802.3av	ITU-T G.989
상향 접속 방식	TDMA	TDMA	TDMA	TDMA	TWDMA
분기수	128	32	128	64	속도, 거리에 따라 다름
사업자	SK	SK,KT,LG	SK	SK,KT,LG	SK

(2) XG-PON
1) 개념
- ITU-T가 제정한 표준으로 G-PON, XG-PON, NG-PON2 순으로 만들어졌다.
2) 특징
- XG-PON은 다중화 방식으로 TDMA 접속방식을 사용한다.
- 저가의 Splitter만 있으면 되므로 확장성 및 관리에 유리하다.

(3) NG-PON2
1) 개념
- ITU-T에서 만든 하향 40G를 지원하는 광가입자망 기술 표준이다.
- NG-PON2의 정확한 명칭은 40Gigabit Capable Passive Optical Network(NG-PON2) 이다.

2) 특징
- NG-PON2의 가장 특징은 Multiple Wavelength Channel TWDM 이다.
- TWDM에 할당된 파장은 모두 8개 이다.

IV. 기술동향
(1) 하향 10G급(XG-PON, 10G-EPON) 기술 동향
- 하향 10G급 PON기술로는 ITU-T에서 만든 XG-PON(10Gigabit Capable - Passive Optical Network)과 IEEE에서 만든 10G-EPON(10Gigabit - Ethernet Passive Optical Network)이 있다.
- 현재는 XG-PON1, XG-PON2의 용어를 사용하지 않고, XG-PON이라는 용어만 사용한다.
- KT는 아직까지 E-PON과 G-PON이 주력으로 XG-PON 개발을 하였으나 IOP Test가 계속 지연이 되고 있다.

(2) 하향 40G급(NG-PON2, NG-EPON) 기술 동향
- ITU-T에서 정식 표준화 이름은 "40 Gigabit Capable Passive Optical Networks(NG-PON2)" 이다.
- 보통 NG-PON2(Next Generation-PON) 라고 부른다.
- NG-PON(Next Generation-PON)은 이름 그대로 (XG-PON 이후의) 차세대 Optical Access Network를 일컫는 용어이다.
- 초창기에는 NG-PON를 NG-PON1, NG-PON2로 구분하였다.
- 지금은 NG-PON1의 용어는 더 이상 사용하지 않고 NG-PON2만 사용하고 있다.
- Huawei, Alu, ZTE가 NG-PON2 표준을 따르는 NG-PON2 System을 개발하였다.
- ETRI와 함께 순수 국산 기술로 XG-PON Chip을 만들었던 SK telecom은 현재 NG-PON2의 표준화 작업에도 참가하고 있으며, ETRI, 텔리언과 함께 NG-PON2 Chip과 System을 개발하고 있다.

V. 2:N RN(Remote Node)를 활용한 무중단 서비스 제공방안
(1) Remote Node를 활용한 무중단 서비스
- 통신망의 이중화와 더불어 기존 네트워크를 개방화, 가상화, 프로그램화 등을 통해 보다 유연하게 제어, 설정, 관리를 제공해주는 새로운 네트워킹 개념으로 Remote Node를 활용한다.
(2) 신뢰성 향상
- 백본을 기가비트와 패스트 이더넷 이중 링크로 구성하여 신뢰성 및 안정성 극대화 한다.
- 방화벽 필터링을 통한 외부 침입시도 차단으로 통신망을 보호한다.
(3) 가상화 기술 도입
1) 호스트 가상화
- 하나의 호스트에서 가상화 소프트웨어를 이용하여 다양한 OS 및 관련 응용 프로그램을 실

행시킬 수 있게 하는 기술이다.
2) 링크 가상화
- 하나의 물리적인 네트워크 디바이스(예:10G 이더넷 디바이스)에서 다수의 가상 네트워크 인터페이스(VNIC) 기능을 지원해 주는 기술이다.
3) 유지보수 용이성
- 원격으로 Remote Node를 실시간으로 모니터링
- 통신망 점검 및 유지보수 비용 감소

(4) 해킹공격으로 방어
- PON은 통신정보의 분기점에서 가입자 방향으로는 전화국에서 가입자에게 수동의 광분배기를 사용하여 분배전달하며, 전화국 방향으로는 각 가입자로부터의 광신호들을 수동의 광결합기를 사용하여 전화국으로 결합 전달하는 역할을 한다.
- 이 때 전화국으로부터 가입자로의 신호는 모든 가입자에게 반송되므로 가입자신호의 보안 방안 및 다중접속방안이 필수적이다
- 다양한 해킹공격으로 부터 안전한 네트워크를 구축하기 위한 방안이 필요하다.

(5) SDN 기술도입
- SDN 기술은 현재의 인터넷이 가지고 있는 문제점인 네트워크의 속도와 안정성, 에너지 효율, 보안 등을 획기적으로 개선시킬 수 있는 기술임.
- SDN은 관리의 복잡성을 해소하기 위하여 제어 기능을 기존 하드웨어에서 분리시켜 소프트웨어적으로 구현하는 기술로 기존의 하드웨어 중심의 네트워크를 소프트웨어 기반으로 전환시키는 미래인터넷의 핵심기술임.

VI. 결론
- 급증하는 대용량 트래픽을 가입자까지 원활히 제공해 주기 위해 가입자망 용량 증설이 통신 사업자의 큰 이슈가 되고 있다.
- 우리나라의 PON을 중심으로 한 가입자 망은 전세계 Top 수준임에도 불구하고, 기술 리더십은 그렇지 못하여 새로 시작되는 NG-PON2 표준에 적극 참여하여 국내 기술을 기반으로 관련 IPR을 확보하고, 국제 표준화를 주도하여 세계 PON 시장에서 기술 경쟁력을 확보할 필요가 있다.

문제02) 비상방송 시스템 구축을 위한 구내방송 시스템 연동방법 및 스피커 구성 시 고려사항에 대하여 설명하시오.

I. 구내방송 시스템 연동방법
- 평상시에 전관방송으로 운영하다가 화재 등 재난 발생 시 비상방송으로 전환시키는 방식에는 그림(a)와 같은 RX단자반 방식과 (b)와 같은 소화전 R형 중계기 절체방식이 있다.
- 전자는 대단지 아파트에 주로 적용되고, 후자는 소규모 아파트에 적용된다.

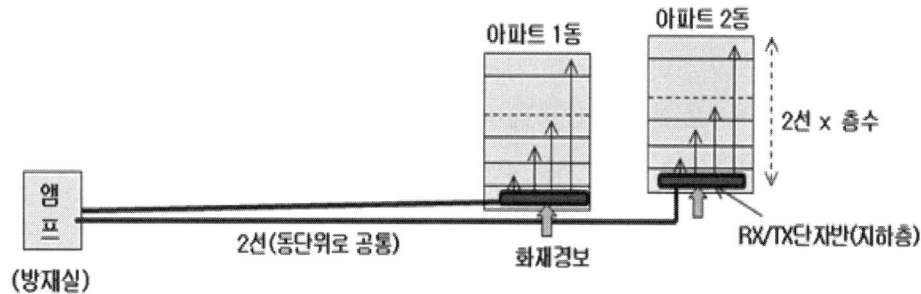

(a) RX단자반 방식

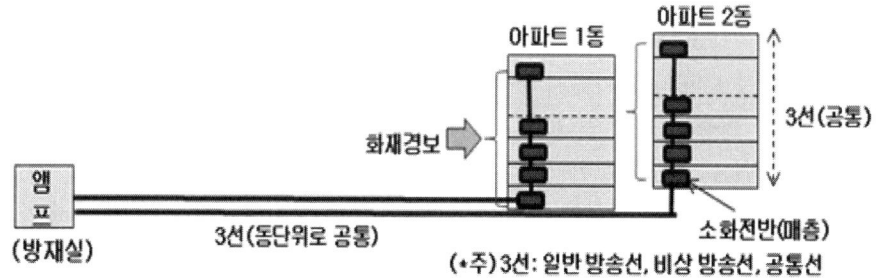

(b) 소화전 R형 중계기 절체 방식
그림 전관방송에서 비상방송으로 전환방식

- 소화전 R형 중계기 절체 방식의 세부적인 연결 구성은 아래 그림과 같이 공통선, 일반선, 비상선 등 3개 선으로 회선이 구성된다.
- 전관방송 메시지는 일반선-공통선을 통해, 비상방송 메시지는 비상선-공통선을 통해 전달된다.
- R형 화재 수신반에서 화재 발생 정보가 아파트 층 소환전에 위치하는 R형 중계기로 전달되면 전관방송에서 비상방송으로 절체가 이루어진다.

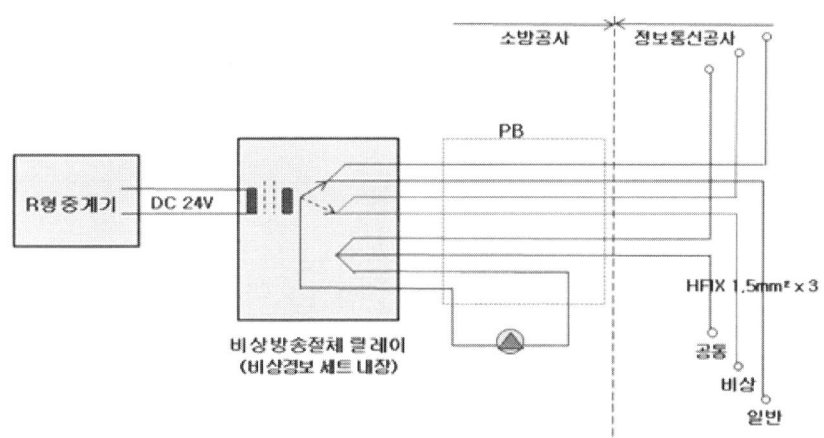

그림 R형 중계기 절체 릴레이 방식

Ⅱ. 스피커 구성 시 고려사항
(1) 스피커 케이블 단락 시 대처
- 기존에 시공되는 전관방송/비상방송설비는 다음과 같은 기준을 충족시키지 못하고 있는게 현실이다.
- '화재안전기준 202'(National Fire Safety Codes: NFSC 202)에 따르면, 제5조(배선) "1. 화재로 인하여 하나의 층의 확성기(스피커) 또는 배선이 단락 또는 단선되어도 다른 층의 화재 통보에 지장이 없도록 할 것 "으로 규정되어 있다.
- 스피커 선로 고장, 특히 단락 고장 시 단락이 발생한 층을 제외한 다른 층에는 그 영향이 미치지 않아야 하는데, 기존 설비들은 전층에 영향을 주어 비상방송이 불가능하게 되는 경우가 있다.
- 동작상태에서 앰프에 병렬로 연결된 스피커 중에 하나라도 단락이 되면, 앰프가 타버린다. 특히 디지털 앰프가 더 취약하다.
- 현장 스피커 공사 중에 부주의로 단락이 되어 앰프가 손상되는 경우가 있다.
- 그러므로 단락이 발생한 층을 전기적으로 분리시키는 것이 유일한 대책이다.
- 고급 앰프에는 스피커 선로 단락으로 인한 앰프 손상을 방지하는 Protection회로가 있다.
- 스피커 선로 단락으로 출력 부하가 0가 되면, 출력 전류가 증가하고 그리고 열이 나서 Heat sink 온도가 상승하는 걸 검출해서 앰프와 부하를 분리한다.
- 이런 조치를 취하지 않으면 아날로그 앰프는 수 10분을 견디다가 소손되지만 디지털 앰프는 얼마 견디지 못하고 타버린다.
- 결과적으로 스피커 선로 시험기능을 RX단자반에 내장시키면, 스피커 선로가 단락되는 경우 해당 층을 분리시키므로 해당층만 빼고 모든 층에 비상 메시지가 전달될 수 있다.
- 그러나 이 기능이 없으면 앰프 손상이나 앰프 Protection회로 동작으로 비상방송이 모든 층에 전달되지 않는 문제가 발생한다.
- 이런 케이블 선로 시험기를 내장한 RX단자반이 이미 출시되어 있는데, 가격이 기존 RX단자반에 비해 1.5배이다.

(2) 스피커 임피던스 정합
- 증폭기와 부하간의 보편적인 임피던스 정합 방식은 공액 임피던스 정합(Conjugate Impedance Matching)방식을 적용하는 게 일반적이다.
- 증폭기 내부 임피던스와 부하 임피던스간에 다음과 같은 공액 관계가 성립하면 증폭기에서 부하로 최대 전력이 공급되는 것이다.

$$R_S + jX_S = R_L - jX_L$$

- 그러나 전관방송설비의 증폭기에는 100대 이상의 스피커가 병렬로 연결되므로 공액 임피던스 정합방식을 적용하기 어렵다.
- 전관방송의 Source와 Load간의 임피던스 정합방식은 "임피던스 브리지"방식을 적용한다.
- 임피던스 브리지방식은 Wheatstone브리지를 이용하여 Source임피던스는 적고, Load 임피던스는 큰 분야에 사용되는데, 전력보다는 전압전송을 극대화 한다.
- 그러므로 전관방송 앰프 출력은 High Voltage, Low Current방식으로, 100V앰프 출력이 스피커로 전달된다.

(3) 전관방송과 CCTV카메라간 간섭
- 전관방송의 앰프가 디지털(D급 증폭기 또는 S급 증폭기)방식이면 간섭을 신경써야 한다.
- 디지털방식 앰프는 D급 증폭기를 채택하므로 고조파(Harminics)가 발생해서 간섭을 이르킨다.
- 그리고 전관방송의 앰프와 스피커간의 임피던스 정합방식은 "임피던스 브리지"방식을 적용한다.
- 임피던스 브리지방식은 Wheatstone브리지를 이용하여 Source 임피던스는 작고, Load임피던스는 큰 분야에 사용되는데, 전력보다는 전압 전송을 극대화한다.
- 그러므로 전관방송 앰프 출력은 High Voltage방식으로 100V 앰프출력이 스피커로 전달된다. 그러므로 스피커를 연결하는 케이블은 전력케이블인 F-FR-3 코어를 사용한다.
- 만약 지하 트레이상에서 전관방송용 케이블과 CCTV카메라를 연결하는 UTP케이블이 근접되어 있으면, 차폐되지 않은 F-FR-3와 CCTV연결용 UTP 케이블간의 간섭에 의해 CCTV설비가 손상을 입거나, CCTV영상 품질이 떨어질 우려가 있다.
- 앰프 출력이 100V로 높은 레벨이고, D급 증폭기로 인한 고조파(Harmonics)에 의해 큰 간섭 신호가 문제가 된다.
- 그러므로 전관방송에서 디지털 앰프를 사용하고, CCTV 네트워킹방식이 UTP케이블을 사용하는 IP네트워크 방식이면, 지하 트레이상 케이블 풀링 시 근접하지 않도록 잘 관리해야 한다.

문제03) 엔지니어링 사업대가의 기준에 의한 실비정액 가산방식과 공사비 요율에 의한 방식을 설명하시오.

Ⅰ. 개요
- 엔지니어링 사업대가의 산출 기본 방식은 엔지니어링산업진흥법에서 정하는 엔지니어링 사업대가 중 실비정액가산 방식에 의하여 산출함을 원칙으로 함
- 단, 건설부문, 정보통신분야, 소방설비분야의 기본설계. 실시설계, 공사감리(비상주감리)의 경우에는 공사비 요율방식을 적용함

Ⅱ. 사업대가의 산출
(1) 설계비
- 통신부문의 요율표에 의거 요율방식으로 산정
(2) 감리비
- 통신부문의 요율표상의 감리요율은 비상주 형태로 자문감리를 수행하는 감리비를 정하는 것 이어서 상주 감리비 산출에는 적용할 수 없으며 따라서 상주 감리비는 실비정액가산방식을 적용하여 산출해야 함

Ⅲ. 실비정액가산방식
- 실비정액가산방식이란 직접인건비, 직접경비, 제경비, 기술료, 부가가치세 및 보험(공제)료를 합산하여 산출하는 방식임
- 직접인건비란 당해 업무에 종사하는 감리원의 급료, 제수당, 상여금, 퇴직적립금, 산재보험금 등을 포함한 금액을 말하며, 매년 한국엔지니어링진흥협회가 통계법에 의하여 조사 공표하는 엔지니어링기술자 노임단가를 적용함
- 제경비란 직접비(직접인건비 및 직접경비)에 포함되지 아니하는 비용으로서 간접비를 말하며, 임원, 서무, 경리직원 등의 급여, 사무실비(현장사무실 제외), 광열 수도비, 사무용 소모품비. 기계기구의 수선 및 상각비, 통신 운반비, 회의비, 공과금, 영업활동비 등을 포함한 것으로서 직접인건비의 110~120%로 함
- 기술료란 용역업자가 개발 보유한 기술의 사용 및 축적을 위한 대가로서 조사연구비, 기술개발비(해외훈련비 제외), 및 이윤 등을 포함한 것으로서 직접인건비에 제경비를 합한 금액의 20~40%로 함
- 직접경비는 감리원의 여비, 인쇄비, 현지사무원 급료, 특수자료(특허, 노하우 등의 사용료), 제출도서의 인쇄 및 청사진비, 실험비 또는 조사비, 모형제작비, 타전문 기술자에 대한 자문비 또는 위탁비와 현장운영경비 등 감리업무에 필요한 비용을 포함하여 실비를 계산함

- 임금단가의 적용기준은 당해 업무에 종사하는 감리원 등 기술자에 대한 노임단가의 적용기준을 1일 8시간으로 하며 1개월의 일수는 근로기준법 및 통계법에 따라 한국엔지니어링협회가 조사 공표하는 임금실태조사보고서에 따름
- 품의 할증율에 대해서는 업무별 적용공량기준에서 정하는 바에 의함
- 천재지변이 아닌 공사작업상 또는 발주처의 사정으로 부득이 공사가 연장되는 경우에는 계약기간에 대한 연장기간의 비율만큼 감리비를 추가 지급하고 중단된 경우에는 감리원의 최소배치기준에 의하여 배치되는 감리원에 대한 대가를 추가 지급함

IV. 공사비 요율에 의한 방식
- 각 부문별 정해진 요율표에 따라 기본 설계, 실시 설계, 공사 감리 업무 단위별 적용
- 공사비 도급액의 직선 보간법을 적용

$$Y = y_1 - \frac{(X - x_2)(y_1 - y_2)}{(x_1 - x_2)}$$

Y : 당해 공사비 요율, X : 당해 금액, x_1: 큰 금액, x_2 : 작은 금액
y_1: 작은 금액 요율 y_2 : 큰 금액 요율

표 공사비 요율

공사비 \ 요율	업무별 요율(%)			
	기본설계	실시설계	공사감리 (비상주 감리)	계
5천만원 이하	4.06	12.28	2.70	19.07
1억원 이하	3.84	11.55	2.53	17.92
5억원 이하	2.54	7.59	1.68	11.81
10억원 이하	2.24	6.71	1.48	10.43
100억원 이하	1.89	5.70	1.25	8.84
500억원 이하	1.80	5.37	1.18	8.35
1,000억원 이하	1.76	5.30	1.16	8.22
5,000억원 이하	1.70	5.05	1.11	7.86

- 5,000억원 초과의 경우 공식에 의해 산출된 요율은 소수점 셋째자리에서 반올림함

V. 대가의 조정
- 계약 체결 후 60일 이상 경과하고 물가의 변동으로 당초의 대가에 비하여 100분의 5이상 증감되었다고 인정될 경우
- 발주자의 요구에 의한 업무변경이 있는 경우
- 계약 당자간에 합의하여 특별히 정한 경우

문제04) 초연결 지능형 네트워크를 구축하기 위한 네트워크 요구사항과 방안을 설명하시오.

I. 개요
- 4차 산업혁명 시대는 모든 사람 사물이 네트워크에 연결되어 데이터가 끊임없이 수집 축적되고(초연결), 이러한 데이터를 인공지능이 스스로 분석 활용하여(초지능) 부가가치를 창출.
- 4차 산업혁명 시대의 네트워크 인프라는 모든 사람·사물의 데이터가 교환·소통되는 사회시스템의 '신경망' 역할을 수행
- 네트워크를 기반으로 데이터와 AI가 융합하여 자율주행차, 스마트시티, 스마트 제조, AR/VR 등 혁신적인 융합서비스가 출현

II. 초연결 지능형 네트워크를 구축하기 위한 네트워크 요구사항
① 4차 산업혁명 시대에는 다양한 사물(센서·단말기, 자율이동체 등)이 네트워크에 연결되어 방대한 데이터가 수집·전송될 것으로 예상되며 기하급수적으로 증가하는 네트워크 연결 수요('25년 1조개)와 모바일트래픽('21년: '16년 대비 7배)을 훨씬 낮은 비용으로 처리할 필요
→ 만물과 효율적으로 연결되어 현실 세계의 모든 정보를 자동 수집
② 초고속·초광대역 전송 요구에 더하여 빠른 반응속도로 즉각적인 처리를 요구하는 새로운 융합서비스의 등장이 예상
- 이를 위해 현실-가상세계, 원격지-근거리에서 촉각(1ms)수준의 동시반응을 구현하고, 인공지능으로 된 정보를 신속하게 적용 필요
→ 사람의 신경과 같이 즉각 반응할 수 있도록 전달
③ 인터넷 망 이외에도 IoT, 기업통신 등 다양한 네트워크들이 통합 운영됨에 따라 네트워크 복잡도와 운영비용 증가, 융합 네트워크가 실시간으로 다양한 기능을 동시에 수행함에 따라, 개별·수동 제어방식에서 자율성 기반으로 자동 운용되도록 변화 필요
→ 서비스 수요에 따라 신경세포처럼 네트워킹 구조를 효율적인 형태로 자율 구성

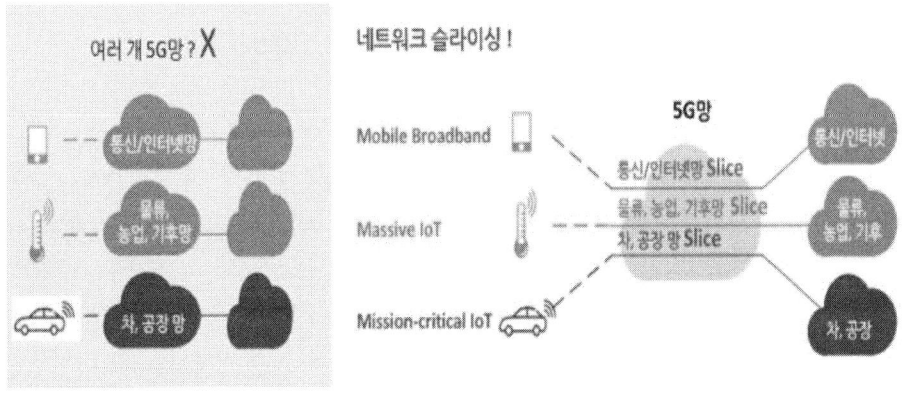

④ 4차 산업혁명의 핵심 인프라인 네트워크의 장애·마비는 인체 신경손상과 같이 사회의 혼란으로 이어지는 중대한 위협요인으로 부각

< 네트워크에 연결된 사물에서 발생한 최근 보안 위협 >

보안 위협	내용
홈 IP카메라	가정에 설치된 7,500개의 IP카메라를 해킹, 사생활을 불법 촬영·유포
IP CCTV	CCTV 카메라업체 S社가 설치한 수 개국의 CCTV가 특정 웹사이트에 실시간 노출

- 국민의 일상과 사회시스템 전반이 네트워크에 연결됨에 따라 사이버위협이 현실의 위협으로 확대·전환되는 것을 방지하는 대응 필요
→ 외부 위협을 원천 차단하고, 어떤 상황에서도 안전하게 전달

Ⅲ. 4차 산업혁명 대비 초연결 지능형 네트워크구축목표

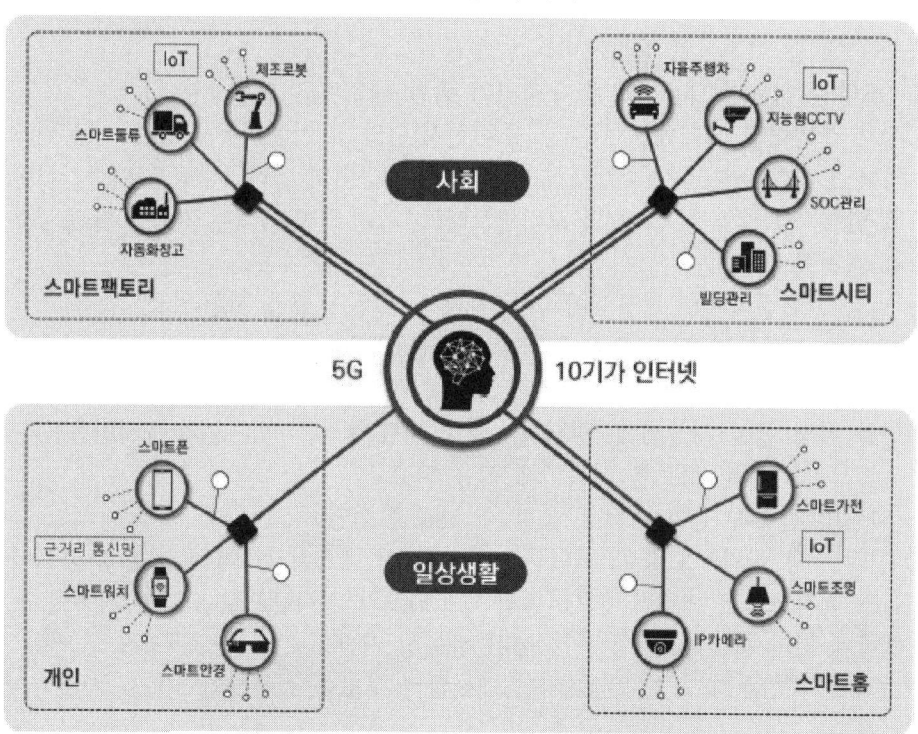

Ⅳ. 초연결 지능형 네트워크 구축 방안

(1) 이동통신 : 4G LTE → 5G 추진 방안 (민간 주도)

① 신규 광대역 주파수를 활용한 5G 기지국·교환기를 별도로 구축하고, 기존 3G·4G 네트워크와 연동

- (기지국) 4G 기지국과 동일한 곳에 5G 기지국을 구축하고 트래픽증가에 대응하여 5G 기지국을 추가 구축
- (교환기) 초기에 5G 기지국을 4G 교환기와 연동하되, 점차적으로 SW기반의 운영 효율

성이 높은 5G 교환기를 구축·연동
- (지연시간 단축) 4G 망에 지연시간을 단축하는 기술표준(V2X)을 적용하고, 5G 망과 연계해 지연시간을 1/10로 단축
② 장기적으로 기존 3G·4G 망을 5G 망으로 교체 구축

< 5G 네트워크 구축방안 >

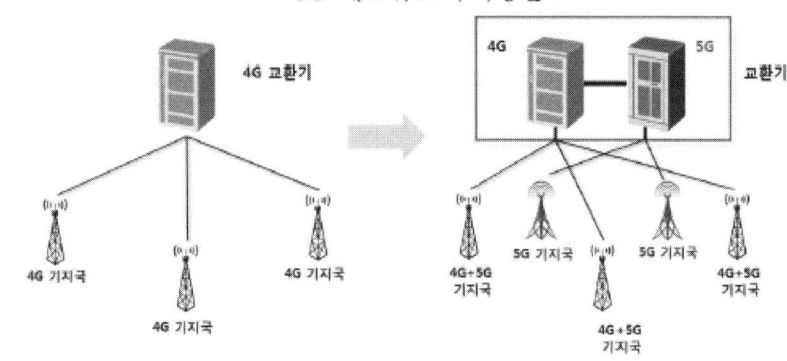

< 5G 네트워크 주요특징 >

성능지표		4G	5G
초고속	최대 전송속도	1 Gbps	20 Gbps
	이용자 체감 전송속도	10 Mbps	100 Mbps
저지연	전송지연	10 ms	1 ms

(2) 유선인터넷 : 기가 인터넷 → 10기가 인터넷 추진 방안 (민간 주도)
① (가입자망) 광케이블(FTTH, 36.0%), 광랜(LAN, 40.2%), 동축케이블(HFC, 19.1%), 전화선(xDSL, 4.7%) 등 기 구축된 선로·장비 환경에 따라 네트워크 구축 방법이 상이 ('17.9월 기준)
- 10기가 인터넷 제공을 위해 통신국사(전송장비)·아파트 통신실 (분배기)·가입자 셋탑박스 등의 관련 장비를 교체
- 동축케이블과 전화선 방식에서 광케이블, 광랜방식으로 전환
② (백본망) 통신국사 간을 연결하는 대용량 전송장비를 100기가 기반으로 교체
- 기존 장비 교체 시 운영 효율성이 높은 SW기반 방식을 적용하여 네트워크 구조 효율화를 단계적으로 추진

< 10기가 인터넷 네트워크 구성도 >

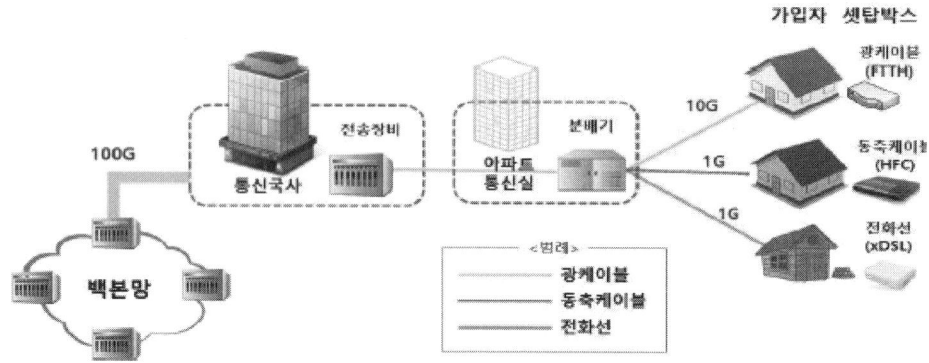

(3) IoT : 별도의 전용망 → 이동통신 망과 연계 및 통합 추진 방안 (민간 주도)
① '17년 말까지 4G 이동통신 망을 활용한 IoT 전국 망 구축
② '19년 5G도입 시 대규모 IoT 기기를 수용* 가능한 형태로 구축
* 최대 기기 연결 수: $10^5/km^2$ → $10^6/km^2$
- 저속 서비스는 4G IoT 망, 고속/저지연 서비스는 5G IoT 망 활용

< IoT 네트워크 구축 계획(안) >

구분	~ 2016년	2017년	2019년~
전용 주파수 기반 IoT 네트워크	LoRA	지속적 망 업그레이드 및 이동통신 망과 연계 운영	
이동통신 주파수 기반 IoT 네트워크	LTE-M	4G IoT 전국 망	5G IoT 상용 망 개시

< IoT 네트워크 구성도 >

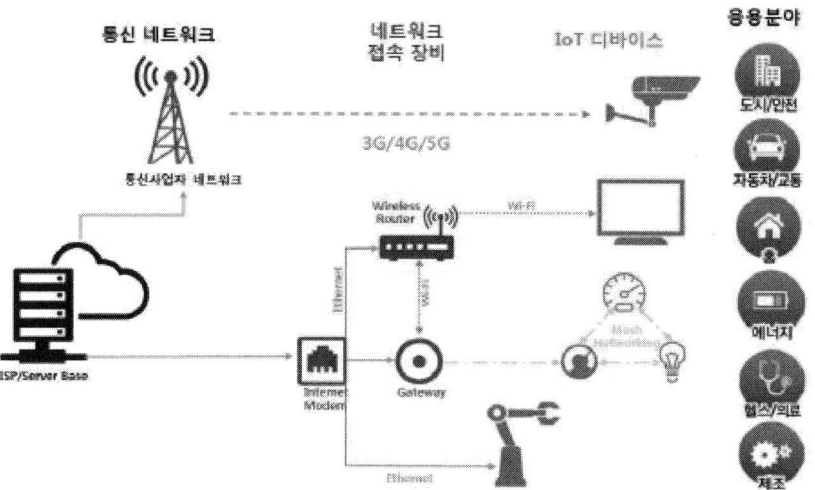

V. 초연결 지능형 네트워크 구축 위한 주요과제

구분	주요과제
초연결 지능형 네트워크 구축 지원	**1. 5G 전국 망 조기·효율적 구축 지원** ① 세계 최초 5G 상용화를 위한 주파수 조기 할당 ② 효율적 구축지원을 위한 공동구축·활용 제도 개선 ③ 5G기반 융합서비스 확산을 위한 시범사업 추진 **2. 촘촘한 사물인터넷 네트워크 구축 지원** ① 누구나 IoT 서비스를 제공할 수 있도록 규제 개선 및 주파수 공급 ② 공공수요 기반의 IoT 서비스 확산 ③ 민간 및 산업분야 IoT 활성화 촉진 **3. 안전하고 똑똑한 미래 네트워크 개발·도입 지원** ① 보안강화를 위한 제도 개선, 고신뢰 네트워크 구축 ② 양자암호통신 기술개발 및 공공분야 선도 적용 ③ SW기반 인공지능 네트워크 개발 지원
통신 복지 확대	**4. 네트워크 접근권 확대를 위한 제도 개선 및 네트워크 확충** ① 초고속인터넷의 보편적 역무 지정을 통한 커버리지 확대 ② 새로운 요금제 도입, Wi-Fi 확대 등 네트워크 접근성 향상 ③ 농어촌 마을과 공공임대 주택에 Wi-Fi 구축 확대
장비 산업 육성	**5. 네트워크 장비 산업 육성** ① 5G, 10기가 인터넷, IoT 네트워크 관련 기술 지원 강화 ② 통신사의 중소기업 기술개발 제품구매 확대 기반 마련 ③ 네트워크 장비 공공시장 제도 개선을 통한 중소기업 지원

문제05) 지상파 방송망의 단일주파수 방송망(SFN, Single Frequency Network)과 다중주파수 방송망(MFN, Multi Frequency Network)의 원리 및 방식을 비교 설명하시오.

Ⅰ. 개요
- 지상파 TV방송은 넓은 방송구역에 신호를 제공하는 송신소와 난시청 지역해소 및 방송구역 확장을 위한 중계기로 구성
- 송신기와 중계기가 사용하는 주파수에 따라 MFN, SFN으로 구분된다.
- 국내 UHDTV의 표준인 ATSC3.0에서는 전국을 단일망으로 구축할 수 있는 SFN이 가능하다.

Ⅱ. MFN(Multi Frequency Network: 복수주파수네트워크)
1) MFN의 개요
 - MFN은 가시청 구역 마다 채널을 바꾸어 방송하는 구조를 말함.
 - 전국적인 방송서비스 제공을 위해 많은 송신소가 필요함.
 - MFN의 경우에 수신기는 하나의 전파만을 수신해 프로그램을 재생하는데 여기서 수신 품질은 원하는 수신해야 할 전파의 크기에 의해 거의 정해짐.
 - 지상파 DMB는 쉽게 기술 구현이 가능하고 지역별 특성을 살릴 수 있는 MFN 방식 구현이 적합함.
2) 개념도

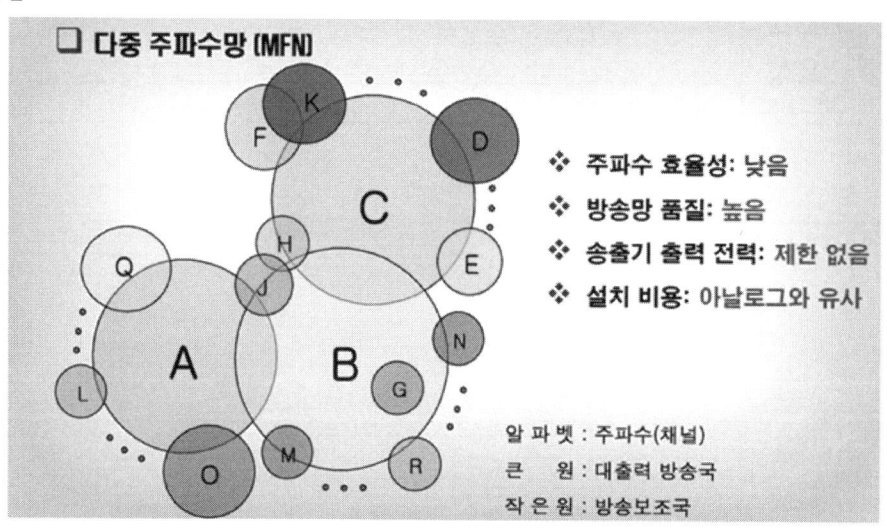

3) MFN의 특징
 ① 주파수 재사용 거리가 길어 주파수 이용효율 낮음
 ② 송/중계기에 의한 동일채널 간섭신호가 없어 고품질의 방송망
 ③ 출력 제한이 없어 중계기 설치가 용이

④ 현재 아날로그 방송망에서 주로 이용하는 방식

Ⅲ. SFN(Single Frequency Network : 단일주파수네트워크)

1) SFN의 개요
- SFN은 하나의 주파를 이용하여 방송하는 구조를 말함.
- SFN의 수신 품질은 수신해야 할 전파와 방해하는 주파수의 전파 사이의 상호비율과 지연 시간에 영향
- SFN은 OFDM 기술을 이용하여 구현 가능하나 경계구간에서의 송신소간 동기 문제를 해결해야 함.

2) SFN의 개념도

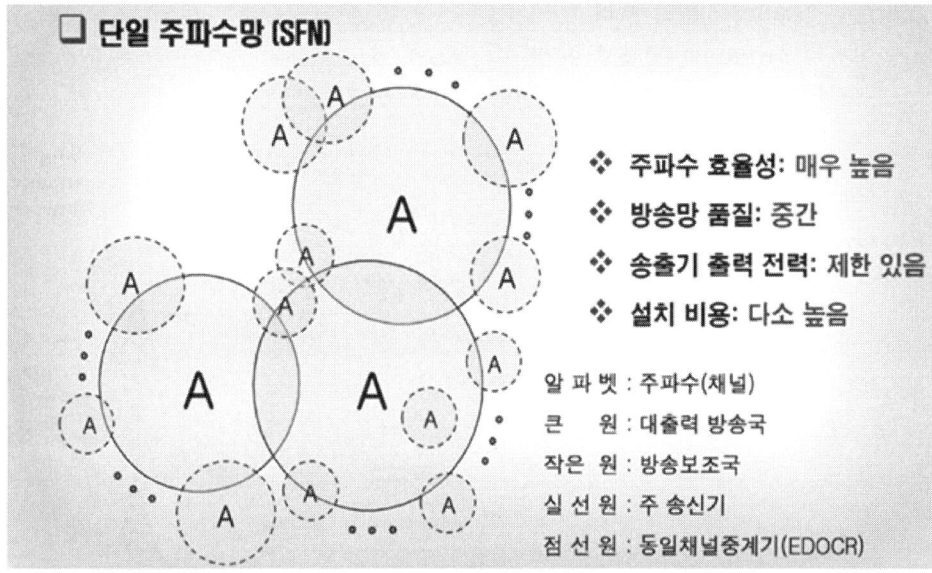

3) SFN의 원리
- 다수의 송신신호를 다중경로 신호로 인식함
- 최고 수신레벨의 신호를 Desired Signal로 인식함
- ST Link Delay 차이 : 수 마이크로 초의 정밀도가 요구됨

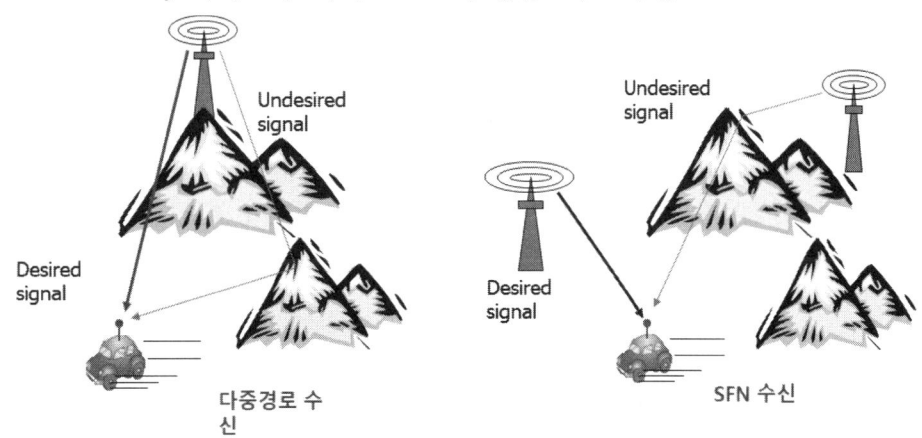

4) SFN의 구성 요건
① 송신적 측면
  - Same Data, Same Time, Same Frequency
  - ST Link : MUX(ETI)와 Modulator사이의 링크(Microwave Link 또는 유선링크)
  - 송신기의 구성
    • COFDM Modulation
    • High Power Amplification
    • Radiation by antenna system
② 수신적 측면
  - 강한 Static 고스트 처리
  - 고속의 Dynamic 고스트 처리
  - 송신네트워크에 따른 최장 지연의 고스트 처리

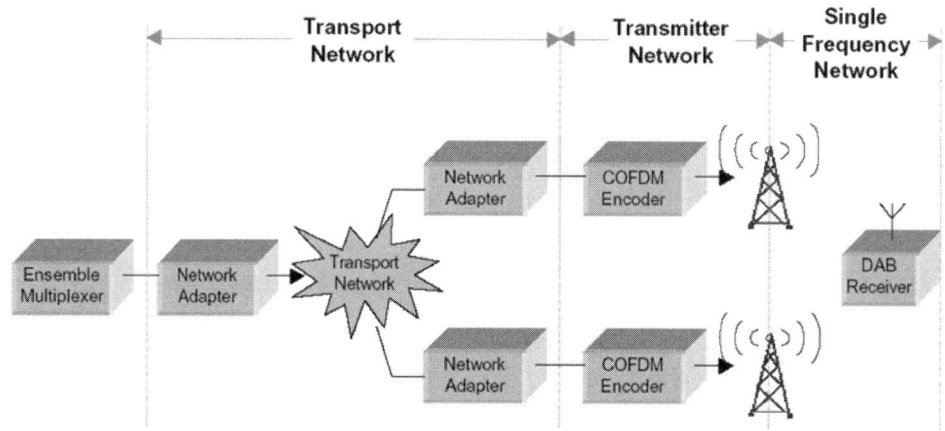

5) SFN 송신소 구성 시 고려사항
 - 다수 송신소의 지리적인 위치 관계
 - 각 송신소의 송신 전력의 크기
 - 수신 품질 열화가 큰 지역이나 빌딩사이지역 등 음영지역을 커버하기 위한 재송신기 (Repeater)설치
6) SFN의 특징
① 하나의 주파수 사용으로 주파수 이용효율이 높음
② 수신기에 다중경로 신호 인식으로 등화기 조정이 어려워 방송망 설계가 어려움
③ 송신기간 별도의 동기장치가 필요하고 유지보수 비용이 높음

IV. ATSC3.0의 SFN 방송망 구성

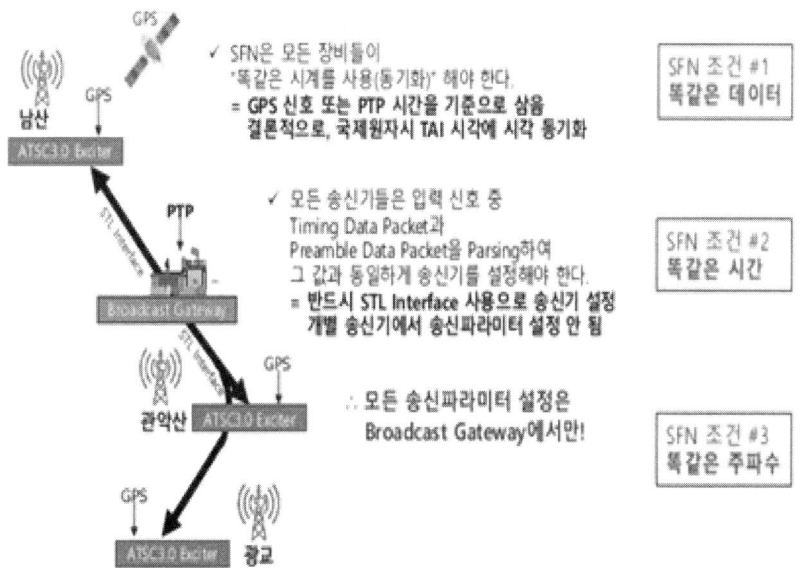

- 송신시설 구축 완료 후 필드테스트를 통해 광역권 커버리지를 고려한 전송 파라미터의 최적화가 필요함
- UHD방송 주조 내 장비들, Broadcasting Gateway는 PTP 동기장치에 송신소 Exciter 장치는 GPS신호에 정확히 연결하여 정상동작을 확인 필요

V. MFN과 SFN의 방식 비교

구 분	MFN	SFN
주파수 효율성	낮음	매우 높음
기존 송출시설 활용	높음	보통
방송망 품질	높음	중간
출력 전력	제한없음	보통

VI. 결론
- 지상파 UHD 본방송의 시행에 따라 효과적인 난시청 해소를 통해 전국적인 방송망의 원활한 구축과 주파수 이용효율 극대화를 위해 SFN망의 활용이 필요
- UHDTV가 직접 수신 외에는 시청할 수 있는 방법이 제한되어 있는 만큼 원활한 방송의 보급을 위하여 공동주택 내 재전송 설비에 대한 정책적인 방안이 마련되어 UHDTV 방송망의 난시청 문제가 해결될 것으로 사료됨
- 주파수 및 비용 효율적인 지상파 UHDTV 방송망 구축 기술을 통한 관련 산업의 활성화와 수출증대 예상됨

문제06) 정보통신시스템 설계업무 수행에 따른 설계산출물 종류와 목적, 설계내역서 구성항목 및 적용기준에 대하여 설명하시오.

Ⅰ. 개요
- 설계란 계획을 수반한 보이지 않는 이념적인 요소와 기술적인 요소가 포함된 계획을 세우는 일로서 공사에 관한 계획서. 설계도면, 시방서, 공사내역서, 기술계산서 및 이와 관련된 서류를 작성하는 행위임
- 정보통신설비란 유선, 무선, 광선 그 밖의 전자적 방식에 의하여 부호, 문자, 음향 또는 영상 등의 정보를 저장, 제어, 처리하거나 송,수신하기 위한 기계, 기구, 선로 및 그 밖에 필요한 설비를 말함

Ⅱ. 통신설계의 단계적 분류
(1) 착수단계
- 목표설정을 위한 단계
- 발주자와 처음 만나 발주자가 원하는 통신설계의 규모, 소요예산 등의 현장의 요구조건을 제시함과 동시에 설계 계약을 맺는 단계

(2) 준비단계
- 발주자로부터 제시 받은 설계대상 통신설비에 대한 목표와 방향을 만족시키는 계획을 수립하고 설계를 수행하기 위해서 각종 정보를 조사하고 수집하여 분석하는 과정
- 통신설비설계에 필요한 건물운영계획, 통신설비 운영계획, 근무인원, 환경적 요소, 각종 법규 요소 등으로 분류하여 준비

(3) 설계단계
- 기본설계와 실시설계를 동시에 시행하거나 분리하여 실시할 수 있음
- 발주자가 통신설비의 규모를 대,소로 구분하거나 건축물 규모를 기준으로 일괄 발주할 때는 통신설비를 포함한 대형 프로젝트로 구분하여 기본설계와 실시설계를 별도로 발주하기도 함

(4) 설계심의(자문,평가)단계
- 설계종료 후 전문가를 구성하여 자문이나 평가를 받음
- 기술기준에 벗어나거나 운영의 비효율성이 나타나거나 관련법령 위반이 있으면 지적하여 개선 조치토록 하여 보완, 수정의 절차를 거쳐 설계를 완료하게 됨

Ⅲ. 설계 산출물의 종류와 목적
(1) 설계단계

계획	타당성조사	• 투자에 대한 타당성조사 • 설계조건의 설정
	기본계획	• 설비등급결정 • 계획(안) 작성
설계	기본설계	• 기본설계도서의 작성 • 개략공사비의 파악
	실시설계	• 실시설계도서의 작성 • 공사비의 적산

(2) 기본설계

가. 개요
- 건축주가 의도하는 목적, 건축의 실현과 관련된 여러가지 조건을 종합하여 부합된 충분한 가치와 효용을 가진 정보통신설비를 설계도서의 형식으로 표현하여 설계지침서와 개략공사비를 제시하는 업무임
- 정보통신설비의 규모, 배치, 형태, 개략적 공사내역(방법, 기간, 공사비)등에 대한 기본적인 예비타당성 조사, 분석, 기술적 대안과 시스템 배치, 통신시스템의 비교검토, 공사비의 경제성 등 가장 좋은 방안을 선정함
- 선정안을 가지고 기본설계와 실시설계에 필요한 관련법규, 기술기준과 조건 등 기술자료를 작성함
- 그리고 설계지침서의 작성과 기본설계에 관한 세부 시행 기준을 작성하는 과정임

나. 기본설계의 목적 및 과업내용
- 설계 방향 및 법령 등 제 기준의 검토
- 타당성 조사와 기본 계획 결과의 검토
- 운영중인 시스템과의 연계성 검토
- 현장조사 및 확인
- 기술적 대안 비교 검토
- 정보통신설비의 운영기능 및 배치검토
- 주요자재, 사용 장비 검토
- 공사비 및 공사기간 산정(연차별 투자계획 포함)

- 과업내용
  . 기본계획에 의한 설비의 계획적 규모와 개략공사비를 산출
  . 설계지침을 작성
  . 산출물

구 분	표시하여야 할 사항
설계 설명서	-공사개요: 위치, 설비규모, 공사기간, 공종별 개략공사비 등 -주요 설비사항: 각종 설비에 대한 필요성(통신설비, 비상전원 등) 설명, 비교표, 검토서 -본 설계에 적용된 기술기준과 정보통신설비에 대한 설명
설비계산서	-각 실별 소요 용량 기준, 개략공사비 산출 -부하 산출서(단말기 산출 등): 세부 설비별로 작성 -계측 및 측정 기준치 산출서
내역서	공사비 내역서, 공사비 산출내역서
시방서	-제품의 규격서 -시공에 필요한 일반시방서, 특별시방서

(3) 실시설계

가. 개요
- 기본설계 결과를 토대로 구체화하여 시공에 필요한 내용(규모, 배치, 형태, 방법, 기간, 공사비, 유지관리 등)을 설계자의 창의성을 바탕으로 작성하여 실제 시공에 필요한 정보를 제공하기 위한 설계도서를 작성하는 업무임
- 작성시 건축설비(전기, 소방, 기계 등)와 충분히 상호 협의하여 설계에 반영
- 기본설계를 바탕으로 관계법령 및 기준 등에 적합하고 공사업자가 시공에 필요한 시공도면 및 시방서 등의 설계도서를 작성함

나. 실시설계의 목적 및 과업내용
- 설계개요 및 법령 등 제 기준 검토, 적용
- 기본설계 결과의 검토 적용
- 자문 및 권고사항 검토 및 적용
- 설비의 배치 및 기능 할당 결정
- 공사비 및 공사기간 산정
- 설계 성과품(산출물)
  . 실시설계보고서
  . 계산서
  . 설계도면
  . 설계예산서(설계설명서, 설계내역서, 수량산출서, 단가산출서)
  . 공사시방서
  . 지장물 도면 및 조서
  . 자재사양서
  . 기타 실시설계자

Ⅳ. 설계내역서 구성항목

구 분	표시하여야 할 사항
설계 설명서	-공사개요: 위치, 설비규모, 공사기간, 공종별 공사비 -주요 설비사항 -정보통신설비 구성과 설비방식 설명

설비계산서	-정보통신 설비의 각종 계산에 적용한 계산 기준
	-부하 계산서
	  *스피커(음향), 전화기 설치시 트래픽 산출
	  *데이터통신을 하는 경우 데이터 트래픽 산출
	-비상전원(배터리,발전기) 등 충전시설에 관한 용량 산출서
	-계측 및 측정에 관한 산출서
	-손실계산서
	  *TV공동시청, 소형기지국설치, CCTV, 방송설비, LAN설비

설계 도면	-시공상세도 -부근 안내도 -범례 -정보통신기기 배치도 -각종 간선도, 계통도 -각종 결선도 -정보통신설비의 평면도, 단면도, 구조물도, 입면도, 기타 상세도 (자재길이를 산출한 후 숫자로 기록한 평면도) -기기 제작은 제작 상세도
내역서	-자재비 -인건비 -자재 및 인력 소요산출서, 원가 계산서

구 분	표시하여야 할 사항
조사서	-단말기 설치수량 조사서 -각종 자재의 소요량 조사서 -현장의 문제점 조사서 -단가의 조사서(자재단가,인건비 단가 조사) -단가 비교표
시방서	-자재 시방서 -일반 시방서 -특별 시방서

www.ucampus.ac

제4장

2019년 2회
119회

국가기술자격 기술사시험문제

기술사 제 119 회   제 1 교시 (시험시간: 100분)

| 분야 | 통신 | 자격종목 | 정보통신기술사 | 수험번호 | | 성명 | |

※ 다음 문제 중 10문제를 선택하여 설명하시오. (각10점)

문제01) 전계에서의 발산정리

Ⅰ. 발산의 정리
- 벡터들의 생성과 소멸을 방사선 형태로 분석하는 도구가 발산 연산자임.
- 폐곡면에서 벡터의 표면 적분은 그 벡터의 발산을 체적 적분한 것과 같음. 벡터의 체적 적분과 면 적분과의 변환 관계를 나타냄.

$$\oint_s D \cdot dS = \int_V (\nabla \cdot D) dV$$

- 발산은 벡터에 대해서 행하는 연산으로 결과는 스칼라임.
- 발산 연산자를 체적 적분에 적용하면 발산 정리(divergence theorem)를 얻을 수 있음.

Ⅱ. 전계(전기장)에서의 발산의 정리
- 전계(전기장)에서의 발산(divergence)의 정리는 그 점에 들어가는 전계(전기장)와 나오는 전계(전기장)의 변화율을 의미함.
- 발산의 정리(divergence theorem) 또는 가우스 정리(Gauss' divergence theorem)는 벡터장의 선속이 그 발산의 삼중 적분과 같다는 정리임.
- 가우스법칙은 전속(electric flux)의 개념을 이용하여 쉽게 전계(전기장)의 세기를 구함.
- 전속밀도는 $\vec{D} = \epsilon \vec{E}$
- 가우스의 전기장법칙(전속에 관한 Gauss 법칙)은 전속밀도를 폐곡면에 대해서 표면 적분하면

$$\Phi_E = \oint_s \epsilon \vec{E} \cdot d\vec{S} = \oint_S \vec{D} \cdot d\vec{S} = Q[C]$$

- 이식의 의미는 폐곡면과 이를 통과하는 전기장의 내적의 합은 폐곡면 내부에 있는 전하량에 비례한다는 의미가 됨.
- 이는 전기장을 발생시키는 근원은 전하라는 뜻임.
- 즉, 어느 한 점에 전하밀도가 존재하면 그 점에서 전속의 발산이 존재함.

- 가우스법칙은 미분 형태와 적분 형태가 있음.
- 가우스법칙의 적분형은 <어떤 폐곡면을 통과하는 총 전속은 그 곡면내에 둘러싸인 총 전하량과 같다>는 형식으로 전속밀도의 발산은 단위 체적당 전속 즉 전속밀도임.

$$\text{div } \vec{D} = \lim_{\Delta V \to 0} \frac{\oint_S \vec{D} \cdot d\vec{S}}{\Delta V} = \lim_{\Delta V \to 0} \frac{Q}{\Delta V} = \rho_V$$

$$\text{div}\vec{D} = \nabla \cdot \vec{D} = \frac{\partial \vec{D_x}}{\partial x} + \frac{\partial \vec{D_y}}{\partial y} + \frac{\partial \vec{D_z}}{\partial z}$$

- 미분형은 $\nabla \cdot \vec{D} = \rho$, $(\nabla \cdot \boldsymbol{D} = \rho)$

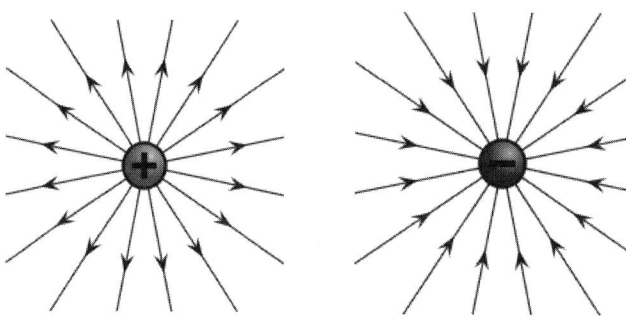

전기장의 발산

- 전기장의 발산은 스칼라양이기 때문에 (+)와 (-)값을 가질 수 있음.
- 양전하의 전기력선은 원점에서 방사선 형태로 뻗어 나오고, 음전하의 전기력선은 원점으로 사라지는 형태임.
- 벡터 함수에 발산 연산자를 적용하면 원천 검출기로 동작하여 그림과 같은 방사선 형태의 생성(+)과 소멸(-)을 계산할 수 있음.
- 전속밀도의 발산이 0보다 크면 전기력선이 생성됨.
- 즉 양전하가 존재한다는 뜻이고, 0보다 작은 경우는 전기력선이 흡수되고 있음(음전하가 존재한다는 뜻임)
- 0인 경우는 전하가 존재하지 않은 경우임.
- 자기장에서는 $\nabla \cdot \vec{H} = 0$가 되어 발산이 없음.

문제02) 샤논의 채널용량

I. 개요
- 샤논의 채널용량은 통신채널이 주어지면 이 채널을 통해서 전송할 수 있는 정보 최대 전송율 C가 있음을 증명한 수식으로 이 전송율을 통신용량이라 함.
- 2진 통신 시스템을 설계하는 경우 통신 채널의 대역폭, 최대 신호 전력과 잡음 전력 밀도를 고려하여 통신 용량 (최대 정보율) C 를 산출한 후 표본화주파수, 부호화비트수를 고려하여 정보 전송율 R 결정 함.
- 채널 용량 > 정보율이면 부호화 기술을 사용하여 오류를 피할 수 있으나 채널 용량 < 정보율인 경우는 부호화 기술을 사용하여도 오류를 피할 수 없음.

II. Shannon 채널용량
- 부가적 잡음(채널에 백색 잡음이 존재한다고 가정)이 존재하는 대역 제한된 채널에서 통신용량 $C\,[bps]$는 $C = W\log_2(1 + S/N)\,[bps]$
  여기서, W : 채널의 대역폭, S/N : 송신 신호의 신호대 잡음비
- 백색 잡음($N = N_o W$, 여기서 N_o는 대역 당 잡음 전력밀도)이 존재하는 경우 통신용량은 대역폭을 확대해도 잡음전력 N도 증가하므로 증가할 수 있는 용량의 한계가 있음.
- 대역폭 W가 무한대로 증가 시 통신용량의 한계는 다음과 같음.

$$C = \lim_{W \to \infty} W\log_2\left(1 + \frac{S}{N}\right)$$
$$= \lim_{W \to \infty} \frac{S}{N_0} \log_2\left(1 + \frac{S}{N_0 W}\right)^{\frac{N_0 W}{S}}$$
$$\approx (S/N_0)\log_2 e \approx 1.44(S/N_0)\,[bps]$$

- 전송 비트율(R)과 채널용량(C)이 같은 경우, $R = C$

$$\frac{S}{N_0} = \frac{E_b R}{N_0} = \frac{E_b C}{N_0} \text{ 이므로 } C \approx 1.44\left(\frac{S}{N_0}\right) = 1.44\left(\frac{E_b C}{N_0}\right)\,[bps]$$

$$\frac{E_b}{N_0} = \frac{1}{1.44} \quad \Rightarrow \quad \therefore \frac{E_b}{N_0}[dB] = -1.6\,[dB]$$

- 이 값은 AWGN채널에서 임의의 낮은 오류 확률로 통신을 하기위한 최소의 $\frac{E_b}{N_0}$값임.
- 적절한 부호화기술을 사용한다면 이 한계값까지 줄여도 통신이 가능하게 됨.

Ⅲ. 물리적 의미
- 채널의 대역폭이 증가하면 정보신호가 더 빠르게 변화할 수 있으며, 이로 인하여 정보율이 증가함.
- S/N을 증가시키면 잡음 때문에 발생하는 에러를 방지할 수 있으므로 정보율도 증가시킬 수 있음.
- 대역폭이 무한대에 접근하게 되면 통신용량 또한 무한대에 접근하게 되나 채널 내에 백색 잡음이 존재하므로 잡음 영향 때문에 대역폭이 넓어지면 넓어질수록 잡음도 함께 증가하게 되며 SNR은 감소하게 되어 통신용량은 일정한 한치인 $C ≒ 1.44(S/N_0)\ [bps]$가 됨.

Ⅳ. 통신용량을 증가시키기 위한 방안
(1) 전송 채널의 대역폭 증가
- 대역폭을 증가시키는 것은 통신용량을 증가시키는 가장 효율적인 방안이지만 선로의 구축 비용 상승으로 신중하게 고려해야 함.
- 그러므로 망을 구축할 때부터 미래 늘어날 통신용량을 고려하여 망을 설계하여야 함.

(2) 신호 전력 증가
- 송신 신호의 전력을 증가 시키면 통신용량이 증가됨.
- 그러나 송신신호 전력을 증가시키는 것은 송신기의 설계와 관계되므로 이 방법은 적합하지 않음.

(3) 잡음 전력 감소
- 통신선로의 차폐를 효과적으로 하여 외부에서 유입되는 잡음을 억제하면 통신용량이 향상됨.
- 그러나 차폐를 하는 것은 선로의 비용이 향상되므로 신중하게 고려해야 함.

문제03) IEEE802.11ad

Ⅰ. 개요
- IEEE802.11는 60GHz 비면허대역 기반의 밀리미터파 기술을 이용한 무선LAN 기술임.
- 와이기그 (WiGig, Wireless Gigabit Alliance)는 비 허가된 60 GHz 이상의 주파수 대역으로 동작하는 멀티 기가비트 속도의 무선 통신 기술의 채택을 제고하는 단체이자 802.11ad를 대표하는 명칭임.

Ⅱ. 와이기그 구성도 및 특징
가. 와이기그 구성사례

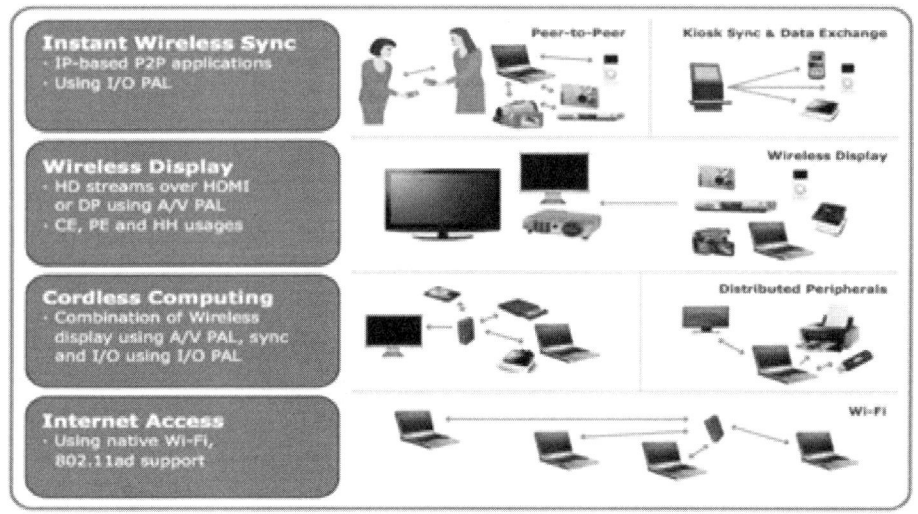

나. 사용주파수 대역 및 특징

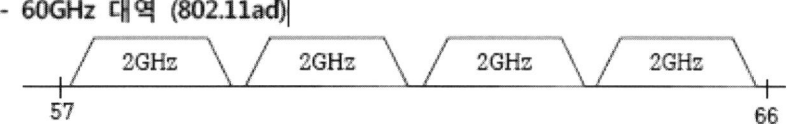

- ISM대역사용 (60GHz 비면허대역, 51GHz ~ 66GHz대 4개채널 (2GHz/CH))
- 비교적 짧은거리에서 빔포밍기술을 이용하여 대용량 데이터 전송
- 채널본딩없이 단일 안테나기술 및 64QAM 변조방식 적용으로 7Gbps 구현
- 광대역이므로 채널 본딩 불필요
- 초고주파수 사용으로 직진성이 강하여 장애물과 회절에 약함.
- LOS환경에서 사용 가능함.

III. IEEE802.11 무선랜기술 비교

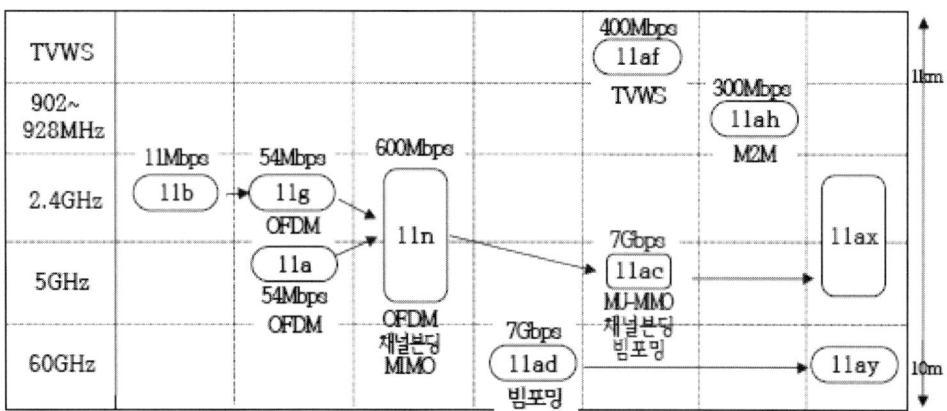

구분	IEEE802.11ac	IEEE802.11ad
주파수	5GHz	60GHz
변조방식	256QAM	64QAM
전송속도	1Gbps	7Gbps
전송거리	100m	10m
차기버전	IEEE802.11ax	IEEE802.11ay

- Full HD급 영상을 TV등에 비압축 전송, Cordless Computing (컴퓨터 주변기기간 연결)에 응용 가능

문제04) OTN 계위와 ASON(Automatically Switched Optical Network)

Ⅰ. 개 요
- OTN은 전기적 신호 단위가 아닌 광 파장 단위로 전달하는 광 네트워크임.
- 기존의 다양한 트래픽과 새로운 서비스 등장에 따른 트래픽 수용 및 전송을 위해 새로운 광 전송계위가 등장함.

Ⅱ. ASON(Automatically Switched Optical Network)
- 광 채널로 이뤄진 전달망에서 자동 스위칭 광 네트워크 개념을 가진 네트워크로 제어평면을 위주로 표준화 됨.

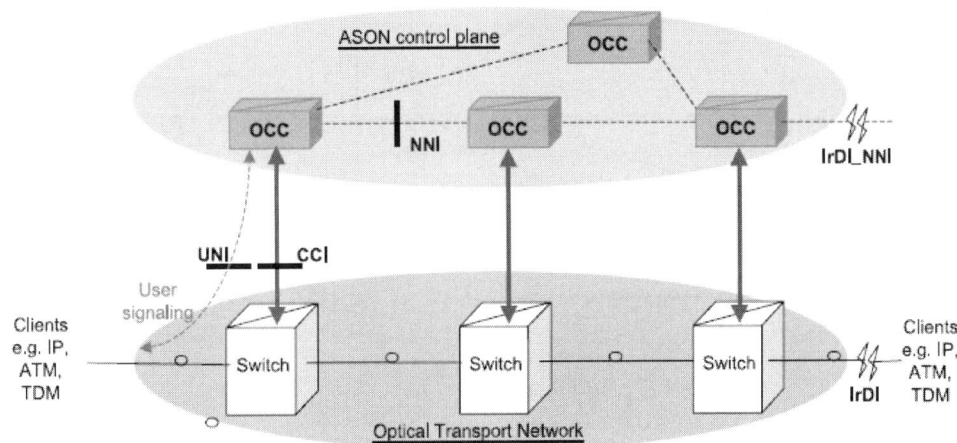

OCC : Optical connection Control
CCI : Connection Control Interface
NNI : ASON Control Node Interface

그림 ASON의 논리적 구조

Ⅲ. OTN 네트워크 특징
- 제어평면과 전송평면이 완벽하게 분리됨
- OTN은 다양한 종속신호 (STM, ATM, GFP)등 수용이 가능함.
- 광채널당 전송속도는 2.5G, 10G, 40G, 100G 로 동작함.
- 다양한 보호 및 복구기능을 제공함.

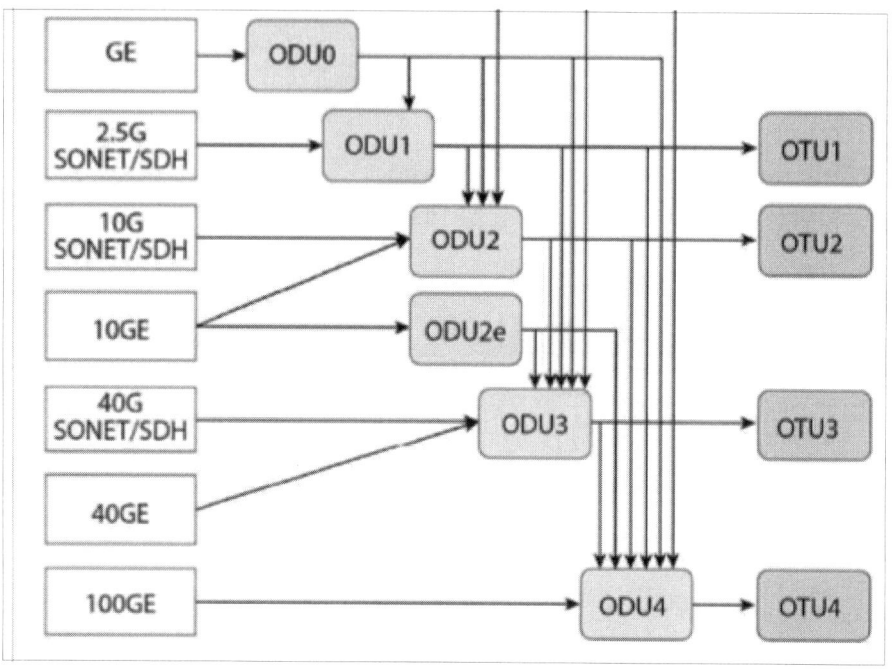

그림 OTN 다중화 계위

Ⅳ. OTN 전송속도 비교

SONET	SDH	OTN	전송속도
STS-1(OC-1)			51.84Mbps
STS-3	STM-1		155Mbps
STS-12	STM-4		622Mbps
STS-48	STM-16	ODU-1	2.5Gbps
STS-192	STM-64	ODU-2	10Gbps
	STM-256	ODU-3	40Gbps
		ODU-4	100Gbps

- IEEE802.3에서는 향후 100G 이후에 등장할 400G 및 1T급 전송방식에 대한 ODU5 프레임의 전송속도 표준화를 진행하고 있음.

문제05) 임피던스 정합여부를 확인하는 성능지표

I. 개요
- 안테나와 급전선을 결합할 때 급전선 출력단의 임피던스와 안테나 입력단의 임피던스를 갖게 맞추는 것을 정합이라 함.
- 임피던스 정합은 입력 전원측의 전력이 출력단 부하로 최대의 전력이 전달되도록 하는 기술임.
- 최대의 전력이 되려면 전원측과 부하측의 임피던스가 공액상태가 되어야 함.
- 임피던스 정합 여부를 나타내는 지표로서는 반사계수, VSWR, 반사손실 등이 활용됨.

II. 정합이론과 정합조건
- 최대전력 전달의 조건이 바로 정합조건이며 아래 수식과 같음.
- 전원, 부하가 저항(R)만의 회로인 경우

- $P_L = I^2 R_L = \left(\dfrac{V}{R}\right)^2 \cdot R_L = \left(\dfrac{V}{R_0 + R_L}\right)^2 \cdot R_L$ 이므로 최대전력이 전달되기 위한 정합조건을 구하려면 P_L을 R_L에 대해서 미분한 값이 0이 되어야 함.

$$\dfrac{dP_L}{dR_L} = \dfrac{d}{dR_L}\left\{\dfrac{V^2 \cdot R_L}{(R_0+R_L)^2}\right\} = V^2 \cdot \dfrac{1 \cdot (R_0+R_L)^2 - 2 \cdot (R_0+R_L)R_L}{(R_0+R_L)^4}$$

$$= V^2 \cdot \dfrac{R_0 - R_L}{(R_0+R_L)^3} = 0$$

- 위식에서 정합조건(최대전력 전달 조건)은 $R_0 = R_L$ 가 됨.
- 이때 부하에 전달되는 최대 전력 P_m은 $P_m = \dfrac{V^2}{4R_0} = \dfrac{V^2}{4R_L}$ 이 됨.

Ⅲ. 반사계수와 VSWR
가. 반사계수
- 반사 계수는 입력되어지는 성분에 대하여 반사정도를 나타내는 복소수 값으로 다음과 같이 정의됨.

$$\Gamma = \frac{|V_r|}{|V_f|} = \sqrt{\frac{P_r}{P_f}} = \left|\frac{Z_L - Z_0}{Z_L + Z_0}\right|$$

- V_f는 입사파 전압, V_r는 반사파 전압, P_f는 입사파 전력, P_r는 반사파 전력이고, Z_L은 부하 임피던스, Z_O는 선로의 특성임피던스임.
- 수동소자에서 반사계수는 1보다 작으나 능동소자에서는 1보다 클 수 있다. (부성저항)
- 반사계수는 $0 \leq |\Gamma| \leq 1$의 범위에 있고, 0에 가까울수록(무반사) 정합이 잘 이루어진 경우임.

나. VSWR
- VSWR(전압정재파비)는 선로에 나타난 정재파 전압의 최소치와 최대치의 비
- 즉, $S = \dfrac{V_{max}}{V_{min}} = \dfrac{V_f + V_r}{V_f - V_r} = \dfrac{1 + \dfrac{V_r}{V_f}}{1 - \dfrac{V_r}{V_f}} = \dfrac{1 + |\Gamma|}{1 - |\Gamma|}$

- 1 ~ ∞ 의 범위에 있으며, 1에 가까울수록(무반사) 정합이 잘 이루어진 상태임.

Ⅳ. 반사손실
- 반사손실은 특성 임피던스와 부하 임피던스가 정합되어 있지 않은 경우, 전원으로부터의 전력이 모두 부하로 전달되지 않고 입사단 측으로 되돌아오는 전력으로 인한 손실을 말함.
- 반사손실은 입사전력과 반사전력의 비로서 dB로 표현하면

$$L[dB] = 10\log\frac{P_f}{P_r} = 10\log\frac{1}{|\Gamma|^2} = -20\log|\Gamma|$$

- 무반사란 완전정합상태의 경우로 $\Gamma=0$ 되므로 반사손실 L은 $L[dB] = \infty$가 됨
- 전반사란 입사파가 모두 반사파로 되돌아 오는 경우로, $\Gamma=1$이 되므로 반사손실 L은 $L[dB] = 0$가 됨

Ⅴ. 맺음말
- 손실이 적은 비동조 급전방식을 사용하려면 급전선의 특성임피던스와 안테나의 급전점 임피던스가 같아야 함.
- 임피던스정합이 되지 않았을 때는 반사파가 발생하고 입사파와 간섭을 일으켜 정재파가 발생하여 손실이 발생함.
- 그 정도를 알 수 있는 것으로 반사손실, 반사계수, VSWR 등이 있음.
- 정합이 잘 이루어질수록 반사손실은 ∞에 가깝게 크게 나타나고, 반사계수는 0에 가까워지고, VSWR는 1에 가까워짐.
- 그러나 급전선의 특성 임피던스는 급전선의 구조에 따라서 다르므로 대부분의 경우 급전선과 안테나사이에 정합회로를 설치하여 정합을 취해 주어야 함.

문제06) 광 케이블 전송 특성

Ⅰ. 개요
- 광케이블은 코어 와 클래드, 외피로 구성되어 입력되는 빛 신호를 원거리로 안정적인 전송이 가능한 전송 선로임.

Ⅱ. 광케이블의 전송특성
(1) 구 조

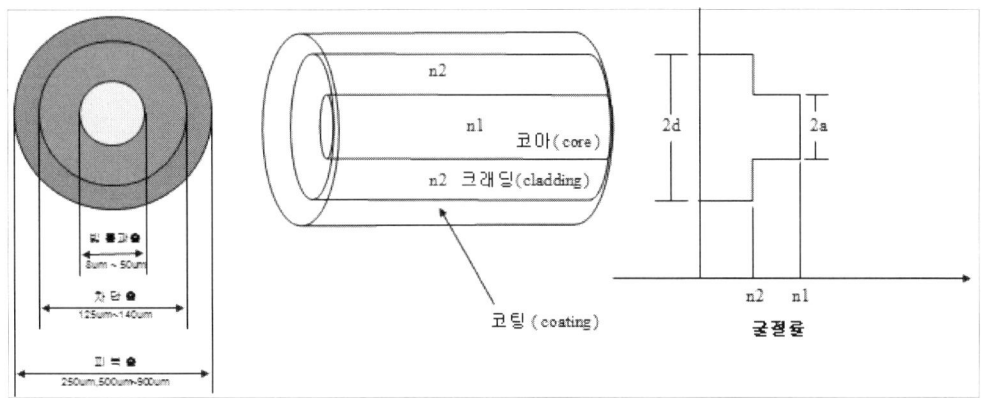

- 빛이 코어내를 전반사 하면서 진행하도록 하기 위해 코어의 굴절률이 클래드의 굴절률보다 약간 큰 1.463 ~ 1.467, 클래드의 굴절률은 1.45 ~ 1.46 정도임
- 빛을 코어와 클래드 경계 면에 입사시킬 때 각도가 임계각보다 큰 각으로 입사 되면 광은 전반사 되어 클래드 층으로 누설되지 않고 코어 내에 국한되어 멀리까지 전파 됨.

(2) 광케이블 전송특성
1) 광섬유의 손실특성

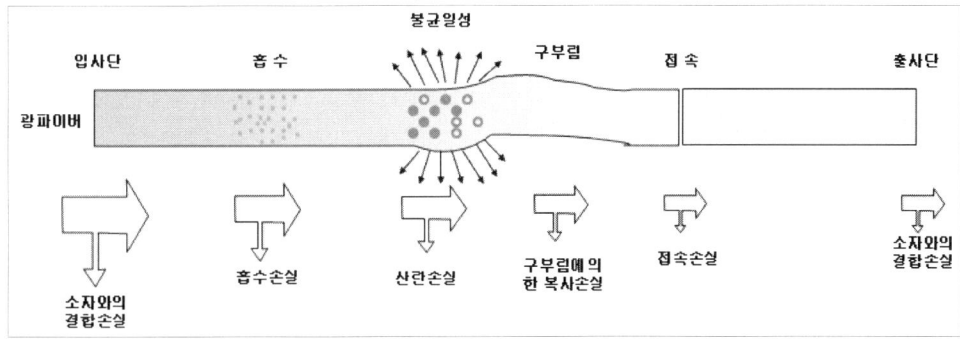

- 광케이블 자체의 손실은 흡수손실과 산란손실이 발생됨.
- 광케이블 주 손실은 접속손실(융착, 커넥터)이 대부분을 차지함.

2) 광섬유의 분산특성
- 광펄스가 광섬유 내를 전파하는 과정에서 입사된 광펄스의 시간적인 퍼짐이 발생되는데 이 현상을 분산이라고 함.
- 분산크기가 모드분산, 재료분산, 구조분산의 순으로 나타남.
- 모드분산은 광원과는 상관없이 광섬유의 종류에 따라 결정됨.
- 단일 모드 광섬유의 경우 모드분산은 없음.

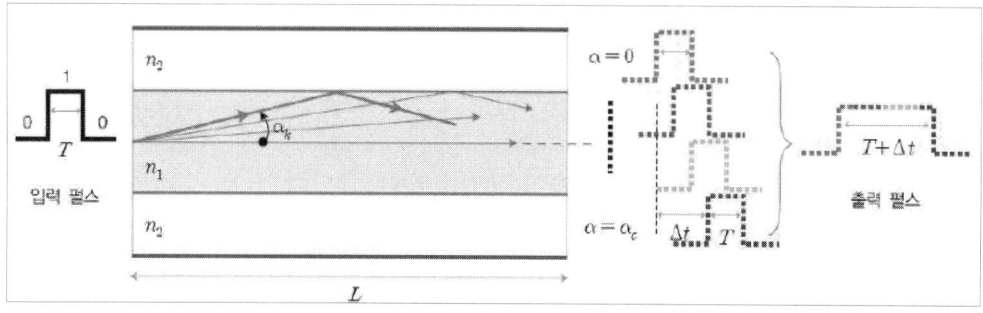

- 색분산은 재료분산과 구조분산으로 구분됨.
- 재료분산: 광섬유를 구성하는 재료의 굴절률이 파장에 따라 달라 생기는 분산
- 구조분산: 광섬유의 구조변화로 인해 생기는 분산

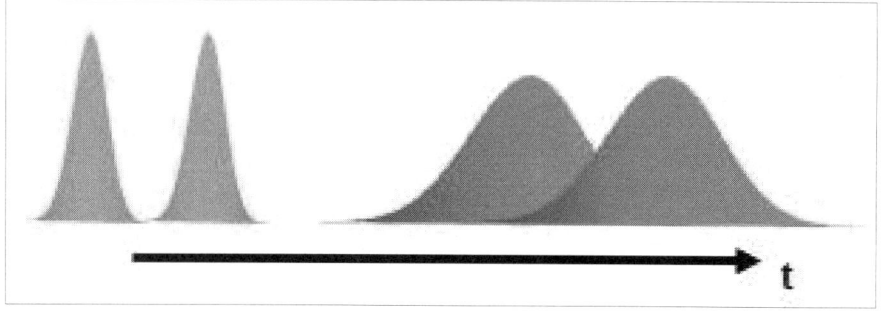

문제07) LDPC Code

Ⅰ. 개요
- LDPC 코드는 Shannon의 한계에 근접하는 매우 우수한 오류정정 능력을 가지고 있어서 4세대 이동통신 시스템에 적용되고 있는 부호임.

Ⅱ. 주요 특성
- Turbo부호는 높은 복잡도와 큰 block length의 순차적인 계산방식에 의해 긴 복호지연을 가지는 단점이 있으나 LDPC부호는 같은 성능을 가지는 Turbo부호와 비교할 때, 복잡도와 계산량이 절반정도 밖에 되지 않으며, 병렬구조로 동작할 수 있어서 복호지연을 줄일 수 있음.
- LDPC부호는 일종의 블록부호로서 parity check matrix에 따라서 어떠한 부호화율을 가진 부호도 쉽게 생성할 수 있음.

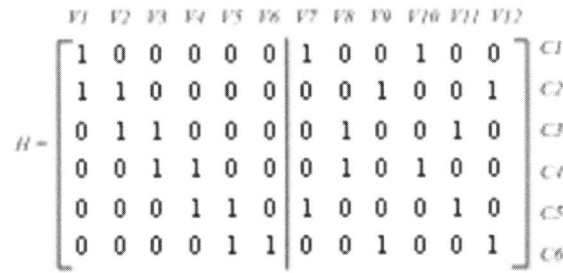

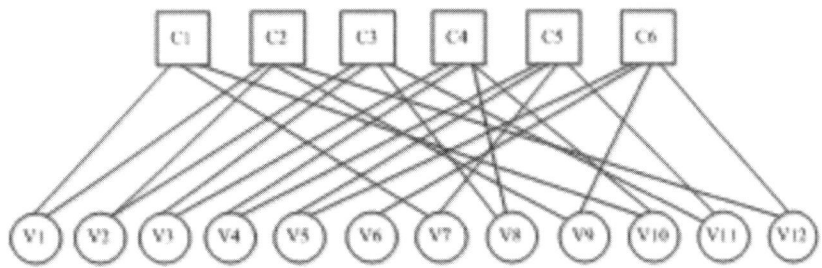

Parity check matrix 및 Bit node와 Check node 관계

- LDPC부호는 안테나의 수에 따라서 다양하게 변하는 시-공간 부호화된 시스템의 데이터 전송율에 적절하게 대처할 수 있음
- LDPC부호의 parity check matrix는 랜덤하고 균등한 weight를 갖음.
- 생성행렬을 거친 코드블록은 인터리빙된 효과를 가지고 있어 LDPC부호를 적용하면 부가적인 인터리버가 필요치 않게 됨.
- LDPC 부호화기는 디코더의 구조가 간단해 고속처리가 가능함.

III. 주요 특성 비교

	터보 코드	LDPC 코드
블록길이	작은 블럭일 때 사용	1000 이상의 큰 블록일 때 사용
Error Floor	최소거리 특성에 의해 발생	발생하지 않음
유연성	인터리버 파라미터 추출 용이	인터리버 파라미터 추출 어려움
처리속도	병렬화가 곤란해 속도 향상이 어려움	병렬화 용이해 속도 향상이 용이

문제08) 실시간 객체 전송 프로토콜(ROUTE)

I. 개요
- 통신 기술의 발전과 방송 시장의 변화로 기존 DTV에서 사용되고 있는 전송 표준 MPEG-2 TS(Transport Stream)를 대체할 차세대 멀티미디어 방송서비스 전송 표준인 ROUTE(Real-Time Object Delivery over Unidirectional Transport)와 MMT(MPEG Media Transport)가 등장
- ROUTE는 IP상에서의 파일전송을 위해 개발된 기술인 FLUTE (File Delivery over Unidirectional Transport protocol)를 실시간 처리에 맞도록 개량한 기술임.
- 방송과 인터넷 서비스가 융합된 IP 프로토콜 기반 차세대 UHDTV 방송에 적합한 기술
- 현재 국내는 UHD방송 서비스 시 ROUTE와 MMT 중의 하나를 선택하여 실시간 방송을 UDP/IP를 통하여 제공하고 있음.

II. ROUTE 기술
(1) 구성
- ATSC 송신시스템은 HDR/WCG를 지원하는 4K HEVC 인코더, 입체음향를 지원하는 MPEG-H 3D 인코더, 전송을 위한 ROUTE/DASH Packager. UHD와 HD를 동시에 지원하기 위한 ROUTE 다중화기 (MUX) 및 시그널링 서버, 다중화된 ROUTE 패킷을 방송망으로 송출하기 위한 ATSC 3.0 송신기로 구성
- ROUTE와 MMT는 MPEG-2 TS와 달리 방송통신 융합과 부가서비스 등 다양한 방면을 고려하여 설계
- ROUTE는 미디어 전송 포맷인 DASH를 이용하여 미디어데이터를 전송
- DASH는 미디어 데이터를 ISOBMFF(ISO Base Media File Format) 기반의 DASH 세그먼트로 포맷하는데 하나의 ISOBMFF 파일은 미디어 데이터와 그 미디어 데이터에 관련된 다양한 메타데이터 컨테이너들로 구성됨.

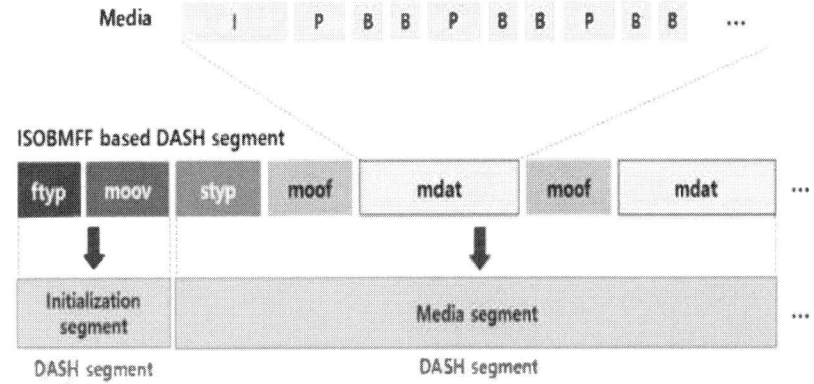

그림 ISOBMFF 기반 DASH 세그먼트 생성 과정

(2) 주요 기능
- 오브젝트 기반 미디어 데이터의 실시간 전송
- 유연한 패킷화 방식 제공 (미디어 기반 패킷화 및 전송 기반 패킷화)
- 파일과 전송 오브젝트의 독립적 구성 (전승 오브젝트는 파일의 일부나 복수의 파일을 포함할 수 있음)

Ⅲ. MMT와 ROUTE의 비교

항목		MMT	ROUTE
전송 프로토콜	방송	MMTP	ROUTE
	Broadband Streaming	HTTP	HTTP
	NRT 서비스	ROUTE	ROUTE
미디어 캡슐화	방송 포맷	MPU	DASH 세그먼트
	Broadband 포맷	DASH 세그먼트	DASH 세그먼트
	NRT 포맷	파일	파일

- MMT와 ROUTE는 Broadband 서비스를 위해 사용하는 기술은 동일하고, 방송 서비스를 위한 기술에서 차이가 있음
- 방송서비스를 위해 MMT는 MMTP(MPEG Media Transport Protocol)를 사용하고 ROUTE는 ROUTE 프로토콜을 사용
- MMT와 ROUTE 모두 방송과 인터넷 서비스가 융합된 IP 프로토콜 기반 차세대 UHDTV 방송에 적합한 기술

문제09) WTP(Wireless Power Transfer)

I. 개요
- WTP(Wireless Power Transfer : 무선전력전송)기술이란 전기에너지를 무선으로 전달하여 이격된 전자기기의 배터리를 무접점으로 충전하는 기술
- 무선전력전송기술은 자기장 및 전자파 공진 원리를 응용하여, 휴대폰, 전기자동차 등의 전기제품/시스템에 무선으로 에너지를 전송하여 충전하는 기술로써 국제적인 이용방안 마련이 중요함.
- 인체에 미치는 영향분석, 주파수 간섭문제, 소형화, 전송효율 극대화 등 제도적/기술적인 다수의 난제 해결을 위한 노력도 활발히 진행 중임.

II. WPT 기술
(1) 유도결합방식(Inductive Coupling)
1) 정의 : 코일의 상호유도결합을 이용
2) 문제점 : 거리가 가까워야 함
3) 현재 기술 : 125kHz, 135kHz에서 많이 상용화

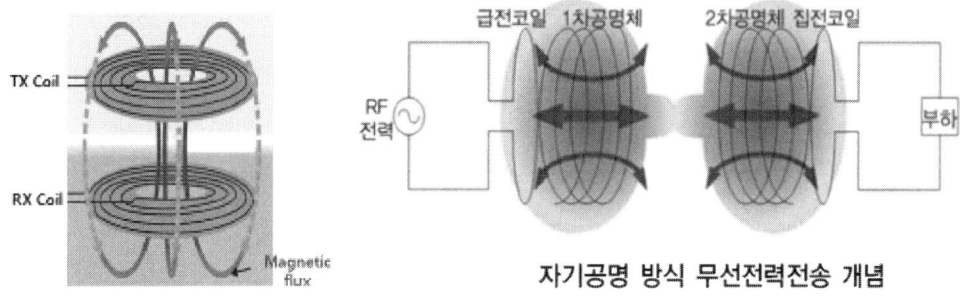

자기공명 방식 무선전력전송 개념

(2) 자기공명방식(Non-Radiative)
1) 정의

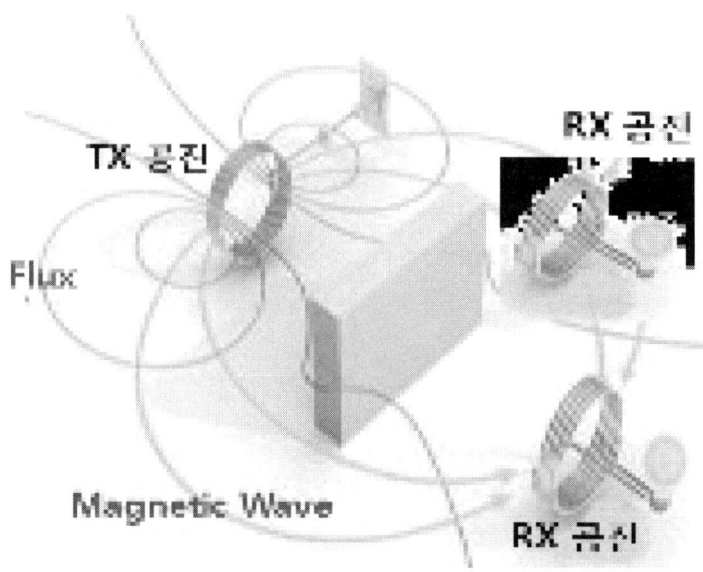

- 두 매체가 같은 주파수로 공진하는 것을 이용
- 송수신 안테나간에 자기장 공진을 발생시켜 자기장 터널링효과를 이용하여 에너지를 전송
- 송신부 코일에서 공진주파수로 진동하는 자기장을 생성해 동일한 공진주파수로 설계된 수신부 코일에만 에너지가 집중적으로 전달
- 자기유도방식에 비해 약 10^6배 가량 효율 향상
- 비접촉 상태로 1 : N 충전, 모든 제품에 호환 가능

2) 문제점 : Q값이 커야 가능(코일의 크기가 커짐)
3) 현재기술 : 2007년 MIT에서 2m / 60W전송한 것이 최초

(3) 복사방식(Radiative)
1) 정의 : 안테나의 방사전자계의 방사전력을 이용하여 원거리에 전력을 전송
2) 문제점 : 직진성 및 인체영향 등으로 근거리 또는 특수 목적용으로만 이용 가능
3) 현재 기술 : UHF RFID, 마이크로파 ID 등

Ⅲ. 비교

구분	자기유도방식	자기공명방식	복사방식
동작원리	코일 간 전자기 유도현상	공진주파수가 동일한 코일 간 자기공명현상	안테나의 원역장 방사현상
전송거리	수 mm	수 m	수 km
주파수	110~205KHz(125kHz, 135kHz)	수십 ~ 수백 MHz(6.78MHz)	수 GHz
전송전력	저출력	저출력	고출력
효 율	76% 이상	40~60%	매우 낮음
상용화	고	중	중
표준화	빠름	중간	느림
장 점	수cm이내 전송에 유리 코일 소형화에 유리	1m이내 전송에 유리 코일 간 정렬 자유도가 높음	1m이상의 원거리 에너지 전송이 가능함
단 점	전송거리가 짧음 코일 간 정렬에 민감	코일 설계가 어려움 전자파환경 극복 필요	전송효율이 매우 낮음 전자파환경 문제 발생
인체유해성	적음	중간	높음
적용 분야	휴대기기, 전기자동차	휴대기기, 전기자동차, 공공서비스 등	우주 태양광발전 무선전력전송 등
표준화	WPC 규격, PMA 규격	A4WP 규격	

Ⅳ. 표준화 동향
- 자기유도방식의 표준화는 일부 완성되었으나 계속 진행 중이며, 자기공명방식과 전자기파 방식은 기술 완성도를 높이기 위한 연구를 활발히 수행 중
- 11년 6월 삼성전자, 필립스 등 전자제품 제조사 위주 86개 회원사로 구성된 WPC(Wireless Power Consortium, 무선전력위원회)는 자기유도방식을 저전력 휴대 전자기기의 국제기술표준으로 선정, 무선충전 기술표준 WPC1.0을 제정 발표
- 자기장통신에 의한 무선충전방식은 2009년 6월 일본에서 열린 ISO/JTC1 WG1에 MFN(Magnetic Field Area Network)이란 주제로 NP(New-work-item proposal)를 제안하여 2009년 12월에 NP로 채택되었음.
- 국내 자기장통신에 의한 무선충전 방식의 연구는 전자부품연구원/한국건설기술연구원이 기술 표준원/TTA등의 국가표준기관과 포럼을 조직하여 기술표준화를 진행 중에 있음.
- 2008년 10월에 자기장통신포럼은 운영 위원회와 3개의 분과위원회(기술/표준/응용)로 구성되어 2009년 1월 자기장통신관련 PHY계층 요구사항과 MAC 계층 요구사항에 대한 표준기술개발을 완료하고 2009년 12월에 KS 표준2건이 제정함.

IV. 최근 동향
- 10W이하의 소전력분야는 스마트폰 무선 충전기에 집중하여 개발되고 있음.
- 무선 충전방식은 전기에너지를 자기유도, 전자기 공명 또는 전자기파의 형태로 변환하여 공간적으로 떨어진 전자기기의 배터리를 충전하는 기술임.
- 전기자동차 등에 사용할 3.3kW이상의 전력을 송신하는 대전력 무선전력전송분야도 자기유도방식과 자기공명방식이 경쟁하여 개발되고 있다.
- 그 밖에 적외선방식, 초음파방식 등 다양한 기술들이 연구되고 있음.

표1 XLPE 케이블 AC 내전압시험 기준(IEC)

구 분	근거리		원거리	
	자기유도 방식	자기공명 방식	마이크로파 방식	레이저 방식
개 념	가까운 코일에 유도 전류를 일으켜 전송	송신부와 수신부의 공진 주파수를 일치시켜 전송	전력을 마이크로파로 바꿔 전송	전력을 광선(적외선)으로 바꾸어 전송
주파수	<수십 kHz	수십 kHz ~ 수 MHz	수 GHz	가시광선, 적외선
송수신 수단	자기 코일	코일, 공진기	패러볼릭, 위상배열 안테나	레이저, 광(PV)전지
전송전력	수십 W	~수십 kW	고출력	고출력
전송거리/ 전송효율	수mm 내외 (~85%, ~mm)	~수m (~90%, ~0.2m)	~km (낮음)	〉km (낮음)
인체 유해성	거의 무해	일부 유해하나, 회피*가능		
기술 성숙도	상용화	개발초기	기초연구	기초연구
응용분야	휴대폰, 면도기, 가전기기	가전, 조명기기, EV충전	UAV, 우주 태양광 발전	UAV, 우주 태양광 발전
Player	LG, 삼성전자, Powermat, Qi 등	Witricity, Qualcomm, Toyota, A4WP 등	NASA(JPL), JAXA(일)	NASA(JPL), JAXA(일), Lasermotive

※ 방사 전자기파의 밀도에 관계되므로 유해수준 이하로 조절(회피) 가능

문제10) IOPS(Isolated E-UTRAN Operation for Public Safety)

Ⅰ. IOPS 개념도

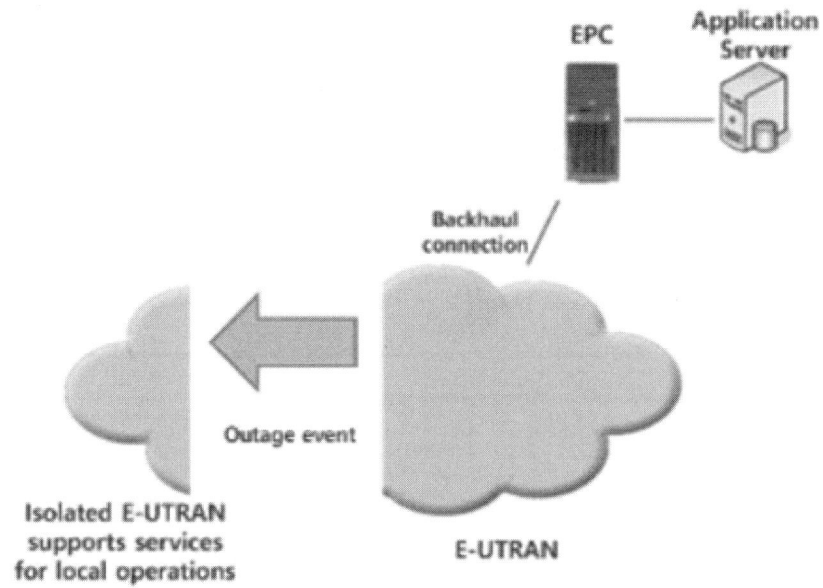

- PS-LTE에서는 백홀(Backhaul)망 장애가 발생 했을 때의 단독기지국 운용(IOPS)에 대해 정의 하고 있음.
- 기지국 단독 동작 요구사항은 Release13에서 표준화 됨.
- IOPS는 백홀 콘넥션이 중앙 Macro core와 끊어졌을 때도 Local 서비스를 제공함.

(2) IOPS의 동작
- 기존 Backhaul과의 연결이 끊어진 경우 eNB에서 IOPS기능을 활성화하여 Local Service를 제공.

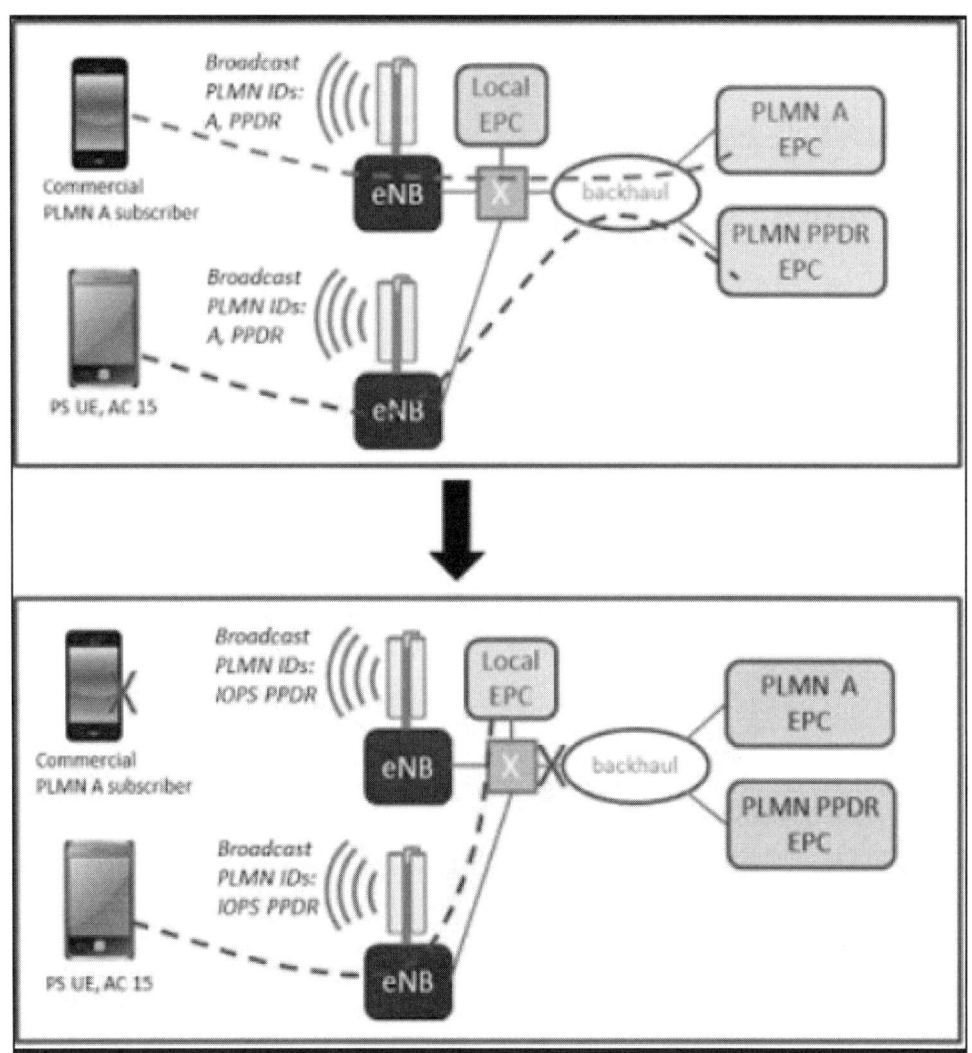

문제11) 정보통신공사의 착수단계 감리업무

Ⅰ. 개요

- 감리란 함은 공사에 대하여 발주자의 위탁을 받은 용역업자가 설계도서 및 관련규정의 내용대로 시공되는지 여부의 감독 및 품질 관리, 시공관리, 안전관리 및 환경관리에 대한 지도 등에 관한 발주자의 권한을 대행하는 것을 말함

Ⅱ. 공사시행단계별 감리업무
- 공사착공 단계
- 공사시공 단계의 감리업무는 일반행정업무, 품질관리, 시공관리, 설계변경 및 계약금액의 조정, 공정관리, 안전관리, 환경관리로 구분함
- 기성부분 및 준공검사 단계
- 인수인계 단계

Ⅲ. 공사착공 단계의 감리업무
- 감리계약체결
- 감리업무 착수 및 업무연락처 등 보고
- 설계도서 검토
- 감리사무실 설치 및 설계도서 관리
- 착공서류 관리 및 공사표지판 설치
- 유관자 합동회의
- 하도급관련 사항
- 현장사무소 공사용도로 및 작업장 부지 등의 선정
- 현지 여건 조사
- 인·허가 업무
- 공사 착공 회의
- 품질관리계획

문제12) PIA(Privacy Impact Assessment) 평가 절차

I. 개요
- 개인정보를 활용하는 새로운 정보시스템의 도입이나 개인정보 취급이 수반되는 기존 정보시스템의 중대한 변경 시 동 시스템의 구축, 운영, 변경이 개인 프라이버시에 미치는 영향에 대하여 사전에 조사, 예측, 검토하여 개선방안을 도출하는 체계적인 절차를 말함.
- 기존 마케팅 중심의 사고로 볼 때는 우선 사업을 추진해 성과를 극대화하는 데 전력을 다하고, 만약의 경우 개인정보와 관련한 보안사고가 발생할 경우 수익을 손해배상 비용으로 지출한다는 사후 대응 개념이었다면, 개인정보영향평가는 사전 예방으로 사후 비용을 절감한다는 보다 적극적인 예방 중심의 활동이라고 할 수 있음.

II. PIA 평가절차

```
[평가계획 수립] → [영향평가의 실시] → [평가결과의 정리]
```

| 영향평가 필요성 검토 | 영향평가 수행주체 선정 | 평가수행 계획수립 | 평가자료 수집 | 개인정보 흐름분석 | 개인정보 침해요인 분석 | 개선계획 수립 | 영향평가서 작성 |

PIA 평가절차

(1) 평가계획 수립
1) 영향평가 필요성 검토

목표	구축 또는 변경하고자 하는 정보화사업(정보시스템)에 대해 개인정보 영향평가 필요성 여부 판단
개요	정보화 사업을 추진하는 과정에서 개인정보의 신규 수집·이용·연계 또는 취급 절차상 변경 등이 발생하는지에 대해 '영향평가 필요성 검토'를 활용하여 판단함.
수행주체	대상사업 주관 부서
참고자료	사업계획서, 제안요청서(RFP) 등
산출물	영향평가 필요성 검토 질문서

2) 영향평가 수행 주체 선정

목표	기관 내의 유관 부서, 외부 유관 기관 등과 협조를 통해 평가 수행을 위한 영향 평가팀 구성·운영
개요	영향평가팀에 참여하는 팀원 간의 역할구분 및 업무 분장을 실시하고 평가일정, 소요예산 등을 포함한 영향평가팀 운영계획을 수립함
수행주체	사업주관분서(영향평가 주관부서)
참고자료	각 기관 업무분장
산출물	영향평가팀 구성 및 운영계획서

3) 평가수행 계획수립

목표	효율적인 평가 수행을 위해 계획 수립
개요	사업 주관 부서가 영향평가 수행계획을 수립하고, 수립한 계획서는 평가 착수 회의를 통하여 평가팀은 물론 당해 사업과 관련되어 협조가 필요한 유관 부서, 외부 기관, 외부 전무가 등과 공유
수행주체	사업 주관 부서
산출물	개인정보 영향평가 수행계획서

(2) 영향평가의 실시

1) 평가자료 수집

목표	대상 사업 및 개인정보 보호 관련 기관 내·외부 정책 환경 분석을 위한 자료 수집
개요	개인정보 보호 관련 법규 및 상위기관의 지침과 해당기간 내부규정 현황을 파악하고 당해 사업을 이해하고 분석하기 위해 필요한 자료 등 취합·분석
수행주체	영향평가팀
참고자료	내부관리계획, 개인정보 보호 관련 법률·규정 목록, 사업개요서 등
산출물	가칭 수집자료집

2) 개인정보 흐름분석

목표	대상사업에서 취급되는 개인정보 흐름에 대한 파악을 위해 정보시스템 내 개인 정보 흐름 분석
개요	1. 대상사업 중 개인정보 취급이 수반되는 사업에 대해 개인정보 취급업무표 작성 2. 취급업무표를 기반으로 개인정보 흐름표 작성 3. 개인정보 흐름표를 기반으로 개인정보 흐름도 작성 4. 기관 내 네트워크 구조 등을 분석하여 시스템 구조도 작성
수행주체	영향평가팀
참고자료	개발 관련 산출, 해당 업무 매뉴얼
산출물	개인정보 취급업무표, 개인정보 흐름표, 개인정보 흐름도, 정보시스템 구조도

3) 개인정보 침해요인 분석

목표	개인 정보의 흐름에 따른 개인정보 보호 조치사항 및 계획 등을 파악하고 개인정보 침해 위험성 도출
개요	1. 평가기준 수립 및 개인정보 보호 조치사항 파악을 위한 평가항목 작성 2. 자료 분석, 현장 실사, 담당자 인터뷰 등을 통해 개인정보 보호조치 현황 파악 3. 파악한 조치 현황을 기반으로 개인정보 침해위험요소 도출 4. 도출된 개인정보 침해요소에 대한 위험도 산정 5. 침해요소에 대한 위험관리방안 수립
수행주체	영향평가팀
참고자료	내부 정책자료, 외부 정책자료, 개인정보 흐름표 또는 개인정보 흐름도, 정보시스템 구조도
산출물	평가항목, 위험요소 목록, 위험도 산정결과, 개선방안 목록

(3) 평가결과의 정리
1) 개선계획 수립

목표	도출된 개선 방안에 대한 개선 계획 수립
개요	도출된 개인정보 침해요소 및 개선방안에 대해 기관 내 인력 및 예산 등 자원을 고려하고 유관업무 담당자와의 협의를 거쳐 체계적으로 정비한 개선 계획을 수립함
수행주체	영향평가팀
참고자료	개선방안표, 위험도 산정표
산출물	개선 계획

2) 영향 평가서 작성

목표	개인정보 영향평가의 모든 과정 및 산출물을 정리하여 영향평가서 작성
개요	영향평가 추진경과 및 중간 산출물 등의 내용을 정리하고 도출된 위험요소 및 개선계획 등 최종 산출물들을 모두 취합하여 영향평가서를 작성함
수행주체	영향평가팀
참고자료	평가팀구성표, 운영계획서, 사업개요서, 평가계획서, 업무흐름도, 개인정보흐름표, 개인정보흐름도, 시스템구조도, 침해요인도출, 위험평가표, 개선계획표, 영향평가항목 점검표
산출물	개인정보 영향평가서

문제13) 표준품셈 및 일위대가

I. 개요
- 표준품셈의 목적은 정보통신공사업법의 적용을 받는 공사의 질적인 향상과 공사비의 적정 산정 및 시공 현대화를 위하여 각종사업의 설계에 대한 일반적인 방침을 제공하는 데 있음.

II 표준품셈과 일위대가

(1) 표준품셈
- 어떤 일에 소요되는 재료의 수량과 노무 공량을 셈하는 기준으로 공사예정가격 산출시 활용됨.
- 표준품셈의 인력품을 정부노임단가에 곱하여 노무비를 산정함.

(2) 일위대가
- 해당 공사의 공종별로 단위당 소요되는 재료비와 노무비 및 경비를 산출하기 위하여 표준품셈에서 정하는 재료할증 및 노무량 등에 각각의 단가를 곱하여 산출된 단위당 공사비임.
- 품셈에 의하여 산출된 노무비에 자재소모량을 물가정보지의 단가를 곱하고 경비를 추가하면 일위대가표가 만들어 짐.

III. 문제점
- 발주기관은 표준품셈을 기준으로 낙찰 예정가를 결정하고, 시공사도 이를 기준으로 응찰가를 산출해 내지만, 수시로 변하는 시장가격을 제대로 반영하지 못할뿐 아니라 신기술 및 신공법의 수용에도 한계가 있어 적정 공사비를 산출해 내는데 부적절하다는 비판을 받아 왔음.

2019년 119회

국가기술자격 기술사시험문제

기술사   제 119 회   제 2 교시 (시험시간: 100분)

| 분야 | 통신 | 자격종목 | 정보통신기술사 | 수험번호 | | 성명 | |

※ 다음 문제 중 4문제를 선택하여 설명하시오. (각10점)

문제01) 전파 환경에서 존재하는 전송로의 열화 요인과 대책을 설명하시오.

Ⅰ. 개요
- 전파가 공간을 전파하는 과정에서 발생하는 전송품질 열화 요인은 잡음, 간섭, fading, 감쇠 등이 있음.

Ⅱ. 잡음
(1) 잡음 개요
- 무선전파의 전송과정에서 발생하는 잡음이란 송신 안테나에서 복사된 전파가 수신안테나에 도달할 때 수신안테나에 원치 않게 혼입되는 불규칙적이며 예측할 수 없는 전자기적인 신호임.
- 잡음은 원천적으로 제거가 불가능하며 크게 인공적인 잡음과 자연적인 잡음으로 나눌 수 있음.

(2) 잡음의 분류

```
                         ┌ 우주 잡음 ┌ 태양 잡음
            ┌ 자연 잡음 ┤           └ 은하 잡음
전파 잡음 ┤           └ 공    전
            └ 인공 잡음
```

가. 자연 잡음(Natural Noise) : 자연적 현상에 의해 발생
  - 지구내 잡음 : 대기(공전)잡음 등
  - 지구외 잡음 : 태양계 잡음, 은하잡음 등
  1) 태양잡음
  - 태양 활동에 수반해서 발생하여 지구에 도달하는 잡음 전파로 Corona와 같은 고온부에서의 열교란에 기인 함.

2) 은하잡음
- 태양이외의 항성에서 발생하는 잡음으로써 이 잡음 전파의 강도는 방향과 파장에 따라서 다르나 은하의 중심 방향에서 가장 강함.

3) 공전잡음
- 대기의 천둥 등의 방전에 의해 발생하며 클릭(Click)잡음, 그라인더(Grinder),히싱(Hissing)자음등이 있으며 그라인더 잡음이 통신에 가장 큰 영향을 줌

나. 인공 잡음(Man-made Noise)
- 불꽃방전, 코로나방전, 글로우방전, 지속전동 등
- 인간이 사용하는 기계 기구에 의해 발생하는 일체의 잡음으로 전자기기로부터 발생되는 잡음

(3) 잡음방해의 일반적인 개선 방법
- 송신전력을 크게 함
- 안테나의 지향성을 예민하게 하여 이득을 높임으로서 수신전력을 크게 함.
- 내부잡음이 적도록 수신기의 설계를 적절히 함.
- 수신기의 실효대역폭을 좁게 함.
- 전원회로에 필터를 삽입하거나 차폐를 수행함.
- 적절한 통신방식을 선택 함.
- 동축 급전선을 사용하고 수신기에는 잡음억제회로를 채택 함.

구축방법		설 명	경 감 책
자연잡음	우주잡음	○태양잡음-태양활동에 수반해서 발생하여 지구에 도달하는 잡음전파 ○은하잡음-태양외의 다른 항성에서 발생하며 이 잡음 전파의 강도는 방향과 파장에 따라 다름	○태양잡음-초단파 통신에만 방해요인으로 작용되므로 가급적 주파수를 낮춤 ○은하잡음-초단파 통신에 장해를 주며 200MHz를 넘으면 거의 문제가 되지 않음
	공전잡음	대기 상에 천둥 등의 방전에 의해 발생 ○종류-클릭. 그라인더, 힛싱	○ 지향성 안테나 사용 ○ 수신대역폭을 좁게 하여 선택도를 높임 ○ 송신출력을 증대시켜 수신점의 S/N비를 크게 함 ○ 비접지 공중선을 사용 ○ 짧은 파장을 사용 ○ 수신기에 잡음억압회로, 리미터 등을 사용

구축방법		설 명	경 감 책
인공잡음	불꽃방전	○ 불꽃방전을 발생시키는 부분을 가진 기계에서 발생 ○ 예-고주파용접, 항공기 내연기관, 계전기 등	【일반적인 개선 방법】 ○ 송신전력을 크게 하거나 안테나의 지향성을 예민하게 하여 이득을 높임으로서 수신 전력을 크게 함 ○ 내부 잡음이 적도록 수신기의 설계를 적절히 함 ○ 수신기의 실효대역폭을 좁게 함 ○ 전원회로에 필터를 삽입하거나 차폐를 잘함 ○ 적절한 통신방식을 선택 ○ 동축 급전선을 사용하고 수신기에는 잡음억제회로를 채택
	취동접속	○ 전기회로의 취동접촉부가 불완전 접촉이나 단속 때문에 잡음을 발생 ○ 예-전기드릴, 전동기의 브러시 등	
	코로나방전	○ 고압 송전선이나 오존발생기 등이 원인	
	글로우방전	○ 네온사인, 수은등, 형광등 등의 글로우 방전에 의해 생김	
	지속진동	○ 고주파 가열, 고주파 의료기, 기타 수신기 등에 의해 생김	
	도시잡음	○ 이상에서 설명한 여러 가지 인공잡음이 동시에 일어나서 이것들의 총합으로서 잡음이 존재	

Ⅲ. 간섭

- 무선 통신에서의 간섭은 희망신호 이외의 신호가 외부 방해파로서 신호에 중첩되어 나타나는 교란현상을 말함.
- 무선통신 전송분야의 간섭은 크게 부호간 간섭과 주파수 간섭으로 나눌 수 있음.

(1) 간섭의 종류

가. 부호간 간섭 (ISI)
- 부호간 간섭은 시간축상에서 희망 신호 자체의 파형이 대역제한 등으로 인하여 퍼짐 현상을 일으켜 이웃하는 비트에 간섭을 일으키는 현상

나. 주파수 간섭 (ICI)
- 동일 채널 간섭(Co-channel Interference, CCI)
- 인접 채널 간섭(Adjacent Channel Interference, ACI)
- 다중 채널 간섭(Multipath Interference)

(2) 간섭 개선방안

- 주어진 간섭 형태에 덜 민감한 변조/복조나 채널코딩 방식을 채택하거나, 외부 간섭원을 제거하는 등의 방법으로 간섭의 영향을 최소화할 수 있음.
- 동일 채널 간섭, 인접 채널 간 간섭은 초기 시스템 설계 시 잘 계획하거나 수신기 쪽에서 선택적 필터링 등을 이용하여 해결할 수 있음.

Ⅳ. 페이딩
(1) 종류
- 장애물이 없는 자유공간에서 전파는 송수신측간의 거리, 사용하는 주파수, 전파 매질에 따라 수신측에서 받는 신호의 세기가 시간적으로 변동하는데 이를 페이딩(fading)이라 함.
- 무선통신 페이딩은 크게 장중파대에서 발생 되는 전리층 페이딩과 초단파대 이상에서 문제가 되는 대류권 페이딩으로 대별됨.

가. 대류권 페이딩
 1) 신틸레이션(Scintillation) fading
  - 대기상태의 변동에 의해 공간에 유전율이 다른 부분이 생길 때 그곳에서 산란한 전파와 직접파와의 간섭으로 발생하는 페이딩으로 주기가 짧아 실용통신에선 거의 문제가 되지 않음.
  - AGC (AVC)로 해소할 수 있음.
 2) 라디오 덕트(Radio duct)형 fading
  - Radio duct가 직접파의 전파통로나 송수신점 근처에 생성될 때 발생하는 페이딩
  - 전계강도 변동이 심해 통신에 가장 치명적인 페이딩으로 diversity로 해소
 3) K형 fading
  - 대기의 높이에 대한 등가지구반경의 변화에 기인하는 fading.
  - AGC (AVC)로 해소
 4) 산란형 fading
  - 다수 산란파의 간섭으로 진폭이 시시각각 변하는 짧은 주기의 fading임.
  - diversity로 해소
 5) 감쇄형 fading
  - 비, 구름, 안개 등의 흡수 또는 산란의 상태나 대지에서의 흡수, 감쇄 등의 상태가 변화하면서 발생하는 fading으로 주로 10GHz이상에서 문제가 됨.
  - AGC(AVC)로 해소

나. 전리층 페이딩
 1) 간섭성 fading
- 송신측에서 발사된 전파가 2개 이상의 다른 경로를 거쳐 수신되는 경우, 전리층을 거쳐 수신된 전파는 전리층 밀도의 시간적 변동 영향으로 전파의 간섭 상태가 변화되어 발생하는 fading
- 공간 diversity 또는 주파수 diversity로 해소
- 중파(방송파대)에서 지상파와 E층 반사파의 간섭에 의한 근거리 fading과 단파대 전리층파 상호간의 간섭에 의한 원거리 fading으로 분류됨.
 2) 편파성 fading
- 전리층에서 전파가 반사될 때 지구자계의 영향으로 편파면이 시간적으로 회전하는 타원편파로 되어 수신 공중선에 유기될 때 발생하는 빠른주기의 불규칙한 fading이 발생
- 서로 수직으로 놓인 공중선을 합성하는 편파 diversity로 경감할 수 있음.

3) 흡수성 페이딩
- 전파가 전리층을 통과하거나 반사할 때 전자와 공기분자와의 충돌로 그 세력의 일부가 흡수되어 생기는 fading으로 주기는 비교적 완만함.
- 수신기에 AVC 또는 AGC 회로를 추가하여 방지함.
 4) 도약성 페이딩
- 도약거리 근처에서 전자밀도의 시간적 변화율이 큰 일출, 일몰시에 많이 발생하는 페이딩
- 주파수 diversity로 경감시킬 수 있음.
 5) 선택성페이딩
- 전리층에서의 전파가 받는 감쇠는 주파수에 밀접한 관계를 가지고 있으므로반송파와 측파대가 받는 전리층내에서 받는 감쇠의 정도가 달라져서 발생하는 페이딩.
- 방지책으로는 주파수 diversity나 SSB통신방식을 사용하여 경감할 수 있음

다. 다중경로 페이딩
 - 육상 이동통신환경에서 주로 발생하는 페이딩
 - 이동통신서비스에서 단말기는 기지국으로부터 다중경로를 통해 수신 받으며 도심에서는 다중경로가 심함
 - RF신호를 다중경로로 받을 때는 서로 진폭과 위상이 다르고 특히 경로지연특성이 다르므로 이로 인해 합성된 신호는 왜곡을 가져오고 신호 품질에 영향을 미침.
 - 전계강도의 변동 :중앙값 변동과 순시값 변동으로 구분할 수 있음.
 - 이동국의 안테나 높이가 주변 지물보다 낮고 사용 파장이 지물의 크기보다 작을수록 심하게 발생함.
 1) long term fading
   - 표본구간내의 중앙값 변동 분포형 페이딩임.
   - 시가지 중에서도 대상구역이 넓지 않은 경우 좁은 구간의 중앙값이 변동함.
   - 신호강도는 log normal 분포함수로 되고, 기지국과 이동국 사이의 신호 감쇠에 의한 것임.
 2) short term fading
   - 좁은 구간의 순시값 변동 분포형 페이딩임.
   - 불규칙 정재파성인 전자계내를 이동체가 고속으로 주행하기 때문에 발생함.
   - 신호강도는 Rayleigh분포로 나타나고, 다중경로에 의한 페이딩임.
   - 좁은 구간내의 누적밀도를 구해서 변동 분포형을 조사함.

(2) 페이딩 방지책

가. 다이버시티(Diversity) 방식 이용

1) 공간 다이버시티
- 수신점에 따라 페이딩의 발생정도가 다르므로 적당한 거리를 두고 2개 이상의 안테나를 설치하여 각 안테나의 수신출력을 합성하는 방법으로 간섭성 페이딩의 경우 효과적임.
- 수신안테나를 분리하여 설치하기 위한 넓은 공간이 필요함.

2) 주파수 다이버시티
- 한 개의 신호를 2개 이상의 다른 주파수를 사용하여 동시에 송신하고 수신측에서는 각 주파수 별로 받아서 합성 수신하는 방법으로 도약성, 선택성, 간섭성 페이딩 감소에 효과적임.
- 여러 송신주파수를 사용함으로 넓은 주파수대가 필요.

3) 편파 다이버시티
- 편파면이 서로 다른 두 개의 수신안테나를 설치하여 수신한 출력을 합성하는 방법으로 편파성 페이딩에 효과적임.

4) 시간 다이버시티
- 동일정보를 약간의 시간 간격을 두고 중복 송출하고 수신측에서는 이를 일정 시간의 지연 후에 비교하여 사용하는 방법.

5) 각도 다이버시티
- 수신안테나의 각도를 다양하게 구성하여 설치하는 방법으로 다중파의 방향폭이 넓은 이동국 수신에 적합한 방식으로 빔폭이 좁고 첨예한 지향성 수신안테나가 필요함.

나. AGC 회로 사용
- 수신기 자동이득제어 회로는 흡수성 페이딩에서 효과적임.

다. MUSA(multiple unit steerable antenna system)방식 사용
- 지향성이 예민한 공중선을 사용하여 일정한 입사각의 전파만 수신하여 fading을 경감시키는 방법으로 간섭성 페이딩에 효과적임

라. SSB, FM 등의 적당한 변조방식을 사용

마. 리미터 사용

Ⅴ. 감쇠
(1) 개요
- 전송신호가 거리에 따라 약해지는 현상

- 자유공간에서는 기본 전파손실은 $\Gamma = \left(\dfrac{4\pi d}{\lambda}\right)^2$ 로서 거리에 따라 감쇠가 커짐.

- 주파수가 높아지면 비, 구름, 눈 등에 의하여 전파의 에너지가 흡수되거나 산란되어 감쇠가 발생한다.
- HF대 이하에서는 없고, VHF대 이상에서 파장이 짧을수록 문제가 됨.
- 전리층파를 사용하는 경우에는 투과하거나(제1종 감쇠) 반사될 때(제2종 감쇠) 감쇠가 발생함.

(2) 대책
 - 전송 선로 중간에 리피터(중계기) 사용
 - 전송거리를 최소화함으로써 손실감쇠 최소화
 - 보상회로 사용

Ⅵ. 왜곡
(1) 감쇠 왜곡
 - 주파수 스펙트럼에 따라 감쇠의 정도가 균일하지 못해 신호가 변형되는 현상
 - 주파수에 따라 감쇠 정도가 다름
(2) 지연왜곡
 - 신호를 구성하는 여러 주파수 요소 간 전파속도 차이로 신호가 지연되는 현상
 - Fading 으로 인한 전파지연
(3) 대책
- 등화기 사용
- 사용주파수 대역을 낮춤
- 전파경로에 외적인 요인 제거

문제02) H.323의 구성, 프로토콜 스택 및 동작과정을 설명하시오.

I. 개 요
- 서비스 품질이 보장되지 않는 LAN상에서의 오디오, 비디오 및 데이터를 포함하는 멀티미디어 회의 시스템 구현에 필요한 제반 프로토콜들을 정의하고 있는 표준임.
- H.323 시스템은 터미널, 게이트웨이, 게이트키퍼, MCU, MC, MP 등의 요소들로 구성되어 상호 연동하는 시스템임.
- call setup 제어와 미디어 전송이 분리되어 있지 않은 구조임.
- H.323 프로토콜 복잡, 확장성 한계, 대규모사용자 불가

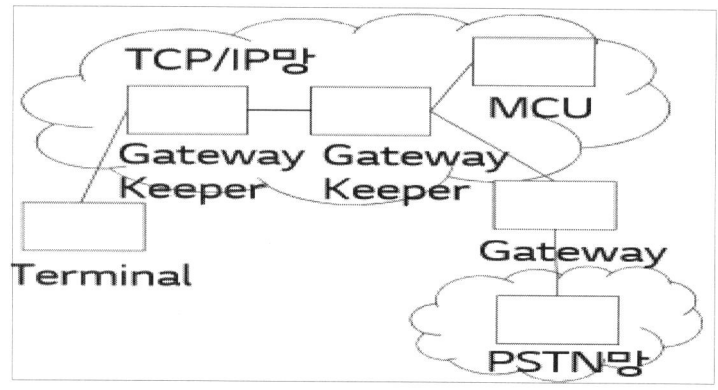

H.323 시스템 구성도

II. H.323의 구성
(1) Terminal
- 점대점 또는 점대 다자간서비스 제공단말
- H.323 터미널은 TCP 프로토콜을 이용한 Q.931 시그널링 절차에 따라 호 설정을 수행하고 호가 설정되면 H.245 제어 채널을 확립하여 채널의 능력을 협상한 후 협상된 채널의 능력에 따라 데이터 전송을 위한 논리 채널들을 확립하여 RTP/RTCP/UDP 프로토콜을 이용해서 오디오 및 비디오 통신을 수행하고 TCP 프로토콜을 이용해서 데이터 통신을 수행
- 부가적으로 H.323 터미널은 터미널의 등록과 인증, 대역폭 관리 등을 수행하는 게이트키퍼와 UDP 프로토콜을 이용해서 RAS(Registration/Admission/Status) 신호를 주고 받을 수도 있음.

(2) Gateway
- LAN상의 H.323 터미널과 WAN상의 다른 ITU-T 호환 터미널들 또는 H.323 게이트웨이들 간에 실시간 양방향 통신을 지원 장치
- 각 터미널들간에 존재하는 전송 형식, 통신 절차, 그리고 오디오, 비디오와 같은 매체들의 형식상의 불일치점을 해결 할 수 있음.

(3) Gateway Keeper
- 게이트키퍼는 터미널의 등록과 인증, 그리고 대역폭 관리를 주 기능으로 함
- 터미널, 게이트웨이, 또는 MCU에 그 기능을 구현할 수도 있음.
- 게이트키퍼는 선택 사양이지만 선택되었을 경우 H.323 시스템은 반드시 게이트키퍼가 제공하는 서비스를 이용해야만 하며 또한 게이트웨이를 포함하는 H.323 시스템의 경우에도 네트웍간의 주소 변환(E.164 - IP)을 위해 게이트키퍼가 필요하게 됨.
- 하나의 게이트키퍼에 의해 관리되는 모든 터미널, 게이트웨이, 그리고 MCU들의 집합을 H.323 Zone이라 부름.

(4) MCU
- MCU는 터미널들이 이용하고 있는 오디오 및 비디오 장치들의 공통 능력을 결정하기 위한 H.245 협상 프로토콜을 처리하고 멀티캐스트될 오디오 및 비디오 스트림이 있을 경우에 그 활성화 여부를 결정함으로써 회의 자원들을 제어

Ⅲ. H.323의 프로토콜 스택

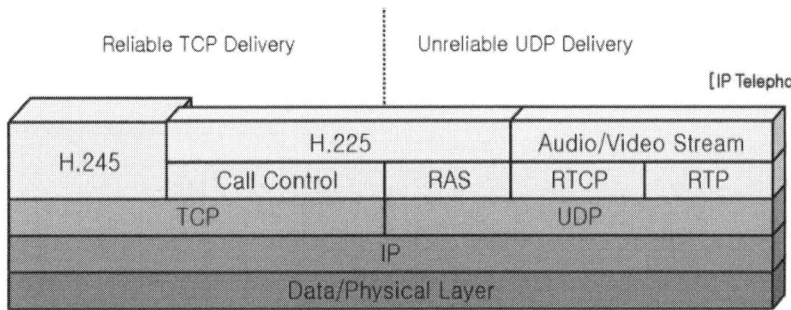

- 대부분 H.323 구현 방식은 시그널 전송방식으로 TCP를 사용하고 있으나, H.323v2 에서는 UDP전송도 가능

(1) RAS 시그널링
- 사전 호 제어 및 단말기와 게이트 키퍼간 RAS채널을 설정함.
- 이 채널을 통해 등록, 수락, 대역폭 변경, 상태정보 업데이트 등을 수행함.

(2) 호제어 시그널링
- H.225 표준을 기초로 하여 신뢰성 있는 호 제어 채널을 수립함.
- 전화 호 연결, 유지 및 끊기관련 제어 메시지를 초기화 할 수 있음.

(3) 미디어 제어 및 전송
- H.245를 통해 H.323 요소들 간의 미디어 제어 메시지를 교환하며, 음성, 비디오, 데이터 및 제어채널정보를 전송하기 위해 Logical들을 만듦.

IV. H.323 동작과정

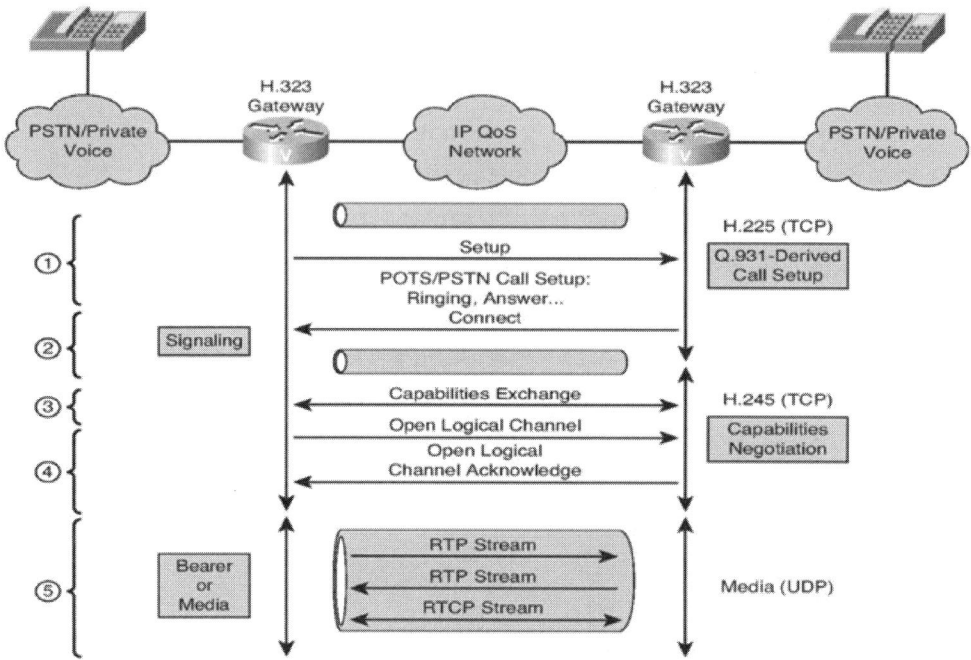

① H.225 에서 Call의 셋업이 이루어지도록 지원
② Gateway에서는 전화번호에 해당되는 IP 주소를 가지고 있어 통신 지원
③ 전화번호 관련된 내용의 총괄 및 Gateway와의 동기화는 Gatekeeper가 수행
④ 실제 멀티미디어 Data는 RTP/RTCP Protocol을 이용하여 전송

V. H.323 과 SIP 비교

	H.323	SIP
프로토콜 구성	복잡하다. - 수백개의 구성요소 정의 - 바이너리 메시지 전송 - 구현이 어려움	단순하다 - 37개의 헤더 구성요소 정의 - 텍스트 메시지 전송 - 몇 개의 메소드 만으로 IP 텔레포니 구현 : 구현이 용이
확장성	낮음 - 스펙에 포함된 코덱만 지원 - 모듈화가 떨어짐	높음 - 다양한 코덱 지원 - 기존의 프로토콜 사용가능 - 모듈화 지원
Scalability	낮음 - 단일 LAN 환경에 적합	높음 - 글로벌 인터넷 환경에 적합

VI. 맺음말
- ALL-IP 네트워크에서 단말간 연동제어는 IMS기반의 SIP프로토콜이 핵심기술로 부상하고 있음

문제03) 방송통신설비의 내진설계 유형과 대책을 설명하시오

I. 개요
- 최근 국내에서의 잦은 지진(경주 규모 최대 5.8, 포항 5.3) 발생 등으로 지진에 대한 관심이 커졌고, 범정부 차원의 지진 피해방지 개선대책 마련을 요구하고 있는 실정임.
- 방송통신설비는 지진 등 재난 시 서비스 기능 유지가 중요하기 때문이며 이를 위하여 설계 당시부터 내진설계를 반영하는 것이 중요함.
- 내진설계는 방송통신설비의 설치 상태가 지녀야 할 지진에 의한 진동에 대한 내력의 정도를 정하고 방송통신 서비스의 유지 조건에 부합되도록 방송통신설비의 구체적 설치 강도를 정하는 것임.

II. 방송통신설비의 내진설계 유형
- 교환망의 경우 두개의 중요통신국사 간을 연결하는 접속계통의 고장 등에 대비하여 이를 대체할 수 있는 다른 통신국사를 경유한 우회 접속계통을 마련한다.
- 중요통신국사간을 연결하는 전송로설비(전송설비 및 선로설비가 일체로 설치된 방송통신설비)는 고장 및 장애에 대비하여 다른 전송매체 또는 다른 지리적 경로에 의한 복수 전송로를 구성한다. 다만, 다른 소통수단이 확보된 경우에는 그러하지 아니하다.
- 중요통신국사간을 연결하는 방송통신회선은 복수의 전송로설비로 분산 수용한다.
- 전체 가입자의 통신 트래픽이 한 개의 통신국사에 집중되지 않도록 다수의 통신국사에 분산하여 장애 시에도 일정 수준의 서비스가 유지되도록 하여야 한다.
- 중요한 전송로설비의 동작상황을 감시하고 설비고장 또는 품질 저하 시 이를 신속하게 검출 통보하는 감시기능을 구비한다. 다만, 이에 준하는 기능을 보유한 경우에는 그러하지 아니하다.
- 상기 설비에 대해 고장 등을 검출한 경우에는 상황에 따라 예비설비로 전환하거나 고장 등을 수리한다.
- 교환설비는 트래픽 소통상황을 감시하고 천재지변 등에 의해 특정통신국사에 트래픽의 이상폭주가 발생할 경우 이를 운용자에게 신속히 검출 통보하는 기능을 구비한다. 다만, 통신이 동시에 집중하는 일이 없도록 이것을 제어하는 기능을 보유한 경우에는 그러하지 아니하다.
- 교환설비에는 이상폭주가 발생할 경우 이용자호의 불접속에 의한 재호출호가 악화되는 것을 방지하기 위해 이용자에게 이상폭주를 통지하는 기능을 구비한다. 다만, 통신이 동시에 집중하는 일이 없도록 이것을 제어하는 기능을 구비한 경우에는 그러하지 아니하다.
- 교환설비는 트래픽 소통능력을 현저히 저하시키는 이상폭주 또는 특정교환설비등에 발생된 이상 트래픽이 전체망에 파급되는 것을 방지하기 위해 통신의 접속을 규제하는 기능 또는 이와 동등한 기능을 구비한다. 다만, 통신이 동시에 집중하는 일이 없도록 이것을 제어하는 기능을 구비한 경우에는 그러하지 아니하다.

- 이용자의 식별 확인을 필요로 하는 통신을 취급하는 방송통신망에는 정당한 이용자임을 식별 확인할 수 있도록 등록 및 인증 기능 등을 구비하여야 한다.
- 방송통신설비의 접근영역이나 사용 가능한 범위에 대한 제한을 두는 기능을 설정하는 등 설비의 파괴 또는 타인의 데이터 절취 등을 방지하는 조치를 강구한다.
- 중요한 통신설비가 자체만으로 신뢰도를 충분히 유지할 수 없을 경우에는 설비의 중요도, 고장발생률, 복구소요시간 등을 고려하여 예비기기를 설치한다. 다만, 이에 준하는 조치를 강구하는 경우에는 그러하지 아니하다.
- 예비기기를 설치한 경우에는 운용중인 설비에 장애가 발생했을 때 이를 예비기기로 신속히 전환되도록 한다.
- 방송통신설비를 시공, 관리 또는 운용하는 사업장에는 그 설비를 점검 또는 검사하는데 필요한 시험기기를 확보하거나 이에 준하는 조치를 한다.
- 교환설비(회선교환, 패킷교환, ATM교환 등)는 이용자 회선별로 이용한 통신량, 횟수 또는 요금 등을 산정하기 위한 각종 자료를 상세히 기록하는 기능을 구비한다.
- 통신장비, 전원설비, 부대설비 등은 표의 지진대책 기준에 적합하게 설치하여야 한다.
- 방송통신망을 구축하기 위한 시설물로서 건축물 외부에 설치되는 선로설비, 전송장치, 안테나시설 등(이하「옥외설비」라 한다)을 강한 풍압을 받을 우려가 있는 곳에 설치할 경우 강풍으로 인한 고장 등이 발생하지 않도록 조치를 강구한다.
- 수해를 입을 우려가 있는 장소에 중요한 옥외설비를 설치하는 경우, 다음과 같은 수해방지 조치를 하여야 한다.

III. 방송통신설비의 내진대책
(1) 지진대책을 하여야 하는 방송통신설비의 범위

구분		세부 항목
통신국사		o 건축법시행령 제32조에 의한 내진대상 통신국사 o 통신장비를 수용하기 위하여 건축하는 통신국사
통신장비		o 교환기, 전송단국장치, 중계장치(단순중계기는 제외), 다중화장치, 분배장치 o 기지국 송수신 장치 o 고객정보 저장장치, 단문메시지 저장 장치
전원설비		o 통신장비의 운용을 위하여 설치하는 수변전장치, 정류기, 예비전원설비(축전지, 비상용 발전기)
부대설비		o 지진대책 대상 통신장비를 설치하기 위하여 시설하는 바닥시설
옥외설비	철탑시설	o 대지에 직접 시설하는 철탑(강관등에 의하여 구성된 것) 및 철주(원통, 삼각 및 사각주, 강관에 의한 각주 등) o 옥상에 시설되는 철탑 및 건축법시행령 제118조 규정에 의해 신고하는 철주
	선로구조물	o 통신구, 관로, 맨홀, 통신용 전주

(2) 내진대책

가. 일반기준

　1) 대체접속 계통의 설정
　2) 복수 전송로의 구성
　3) 분산 수용
　4) 전송로 설비의 동작 감시
　5) 이상폭주 등의 감시 및 통지
　6) 통신의 접속규제
　7) 방송통신설비의 종합적 관리
　8) 통신망의 비밀보로 및 신뢰성 제고 등
　9) 예비기기 등의 설치
　10) 시험기기의 확보
　11) 통신량 측정자료의 기록
　12) 통신설비 등 지진대책

나. 옥외설비

　1) 풍해 대책
　2) 낙뢰 대책
　3) 진동 대책
　4) 지진 대책
　5) 화재 대책
　6) 내수 등의 대책
　7) 수해 대책
　8) 동결 대책
　9) 염해 등 대책
　10) 고온·저온 대책
　11) 다습도 대책
　12) 고신뢰도
　13) 제3자의 접촉방지

문제04) 마이크로파의 특징과 이에 대한 안테나의 종류를 설명하시오.

Ⅰ. 마이크로파 통신의 개요
- 마이크로파(M/W ; Micro-Wave)통신은 300[MHz]~30[GHz]의 UHF와 SHF대의 전파를 사용하므로 예리한 지향성, 직진성, 반사성 등을 가지며 광대역성을 얻기 쉬우므로 초다중 통신, TV중계, 위성중계, Radar 및 고속 Data 통신에 사용됨.

Ⅱ. 마이크로파 통신의 특징
- 가시거리 내 통신방식이기 때문에 중계가 필요함.
- 안정된 전파 특성, 예민한 지향성과 고이득 안테나를 소형으로 얻을 수 있어서 전파손실이 적어 작은 출력으로 통신이 가능함.
- 광대역성을 갖고 있으며, 회선건설기간이 짧고, 그 경비가 저렴하며, 재해 등의 영향이 적음.
- Point To Point(점 대 점)통신에 적합함.
- 단점은 기상 상태(비, 구름, 안개 등)에 따라 전송품질이 변동
- 능동형 중계방식은 직접중계방식, Heterodyne 중계방식, 직접중계방식 등이 있고 수동형은 무급전 중계방식이 있음.
- 단점은 기상 상태(비, 구름, 안개 등)에 따라 전송품질 변동함.
- 마이크로파용 안테나로는 전자나팔(Horn), 파라볼라 안테나, 카세그레인 안테나, 그레고리 안테나, 혼 리플렉터 안테나, 전파렌즈, 마이크로스트립 안테나, slot 안테나, 유전체 안테나 등이 있음.

Ⅲ. **안테나의 종류**
(1) 전파 나팔
1) 원리
- 도파관의 끝 부분에 그림과 같은 나팔을 붙여서 임피던스 정합 효과와 개구면적을 넓히는 효과를 갖도록 한 안테나임.
- 이때 방사되는 전자파는 거의 평면파로 간주되어 사용됨.
2) 구조

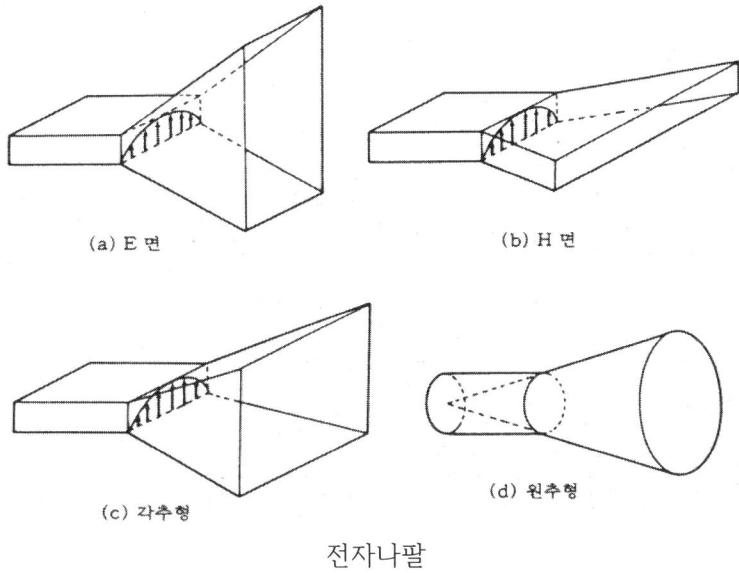

(a) E 면 (b) H 면 (c) 각추형 (d) 원추형

전자나팔

2) 특성
 - 지향성이 예민함.
 - 나팔의 길이를 일정하게 하고 벌어지는 각을 변화시키면 어떤 각에서 이득이 최대 값이 됨.
 - 개구면적이 클수록 이득이 커진다.
 - 이득은 $G = \frac{4\pi A}{\lambda^2}\eta$ 인데, η의 이론적 최대 값은 $\frac{8}{\pi^2}$(약 0.8)이나 실제로는 0.5 ~ 0.6 정도이고 이득은 20 ~ 30[dB] 정도임.
 - 구조가 간단하고, 광대역성임.
 - 이득 측정에서 표준 안테나로 사용할 수 있음.
 - 포물면 반사기나 전파 렌즈 따위와 조합시켜 여진용으로 쓰임.

(2) 파라볼라 안테나(Parabolic Antenna)
1) 원리
 - 광학에서 포물면경의 초점에서 빛은 반사경에 반사된 후 평면파가 되는 원리를 이용
2) 구조
- 초점 F에 설치된 1차 복사기에서 나온 전파가 포물면경에서 반사되면 평면파가 되어 예민한 지향성을 얻을 수 있도록 구성
- 파라볼라의 초점에 1차 복사기로서 전자나팔, $\frac{\lambda}{2}$dipole, slot 등을 설치하여 여진함.
- 평면파가 되는 이유는 포물선 원리에 의하여
 $FA = FB + BB^{'} = FC + CC^{'} = ...$의 관계가 성립하기 때문임

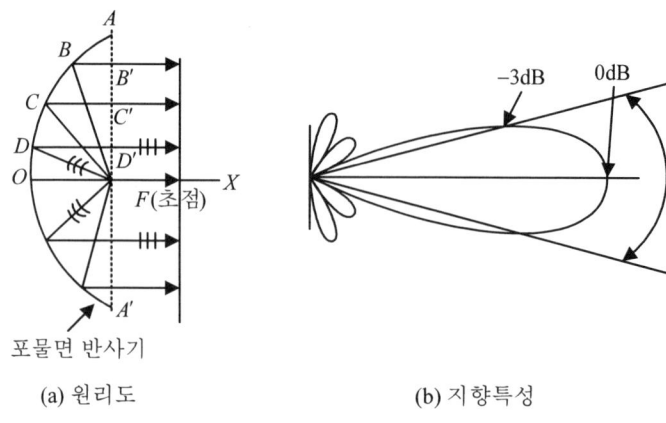

(a) 원리도　　　　　　(b) 지향특성

파라볼라 안테나

3) 특성
- 구조가 간단하고 소형임.
- 지향성이 예민하고 이득이 큼.
- 부엽이 많음.
- 안테나 이득 $G = \dfrac{4\pi A_e}{\lambda^2} = \dfrac{4\pi \eta A}{\lambda^2}$ (A_e : 실효 개구면적　η : 개구효율)
- 반치각 (HPBW) $\theta = k\dfrac{\lambda}{D} \cong 70\dfrac{\lambda}{D}$　(D : 개구직경 K : 상수)
- 광대역의 임피던스 정합이 어렵고 대역폭이 좁음.
- 반사파로 인한 임피던스 부정합, 급전선에 의한 손실, 대지반사파의 인입현상 이 발생하는데 Cassegrain 안테나를 사용하면 해결됨.

(3) 카세그레인 안테나와 그레고리 안테나
1) 원리
- 파라볼라안테나의 단점인 임피던스 부정합, 급전선에 의한 손실, 대지 반사파 인입 현상 등을 보완한 입체 개구면 안테나로 2개의 반사기를 이용하여 예민한 평면파 빔을 생성함.

2) 구조

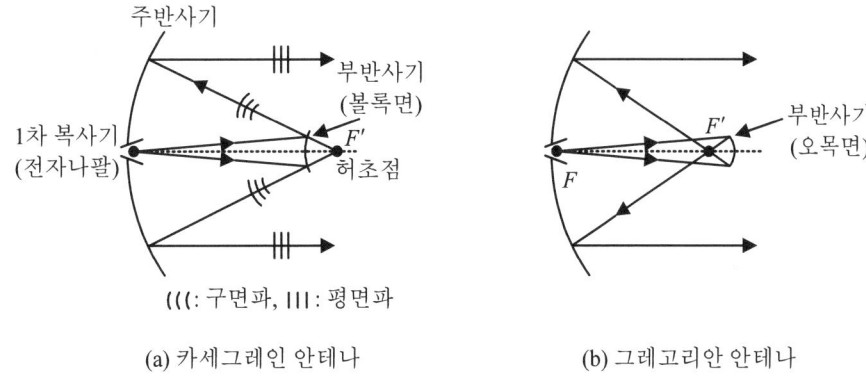

(a) 카세그레인 안테나   (b) 그레고리안 안테나

Cassegrain 안테나 / Gregorian 안테나

- 반사기(주: 파라볼라, 부: 곡면) 2개, 1차 복사기(Dipole 또는 전자혼) 1개로 구성됨.
- 1차 복사기는 주반사기 쪽에 설치하고, 부반사기는 초점보다 조금 앞에 볼록 쌍곡면을 설치함.
- 부반사기를 오목쌍곡면을 사용하면 그레고리(Gregorian)안테나임.
- 주 반사경과 부 반사경이 동일한 허 초점을 갖고 반사시키므로 평행하게 방사됨.

3) 특성
- 1차 복사기와 송수신기 직결되어 급전선의 손실이 작음.
- 대지 반사파 영향이 작아 저잡음용 안테나로 사용
- 부방사(Side Lobe)가 작음
- 초점거리가 짧고 반사기에서 높은 이득이 얻어짐.
- 축대칭이 좋고 제작이 비교적 용이함

(4) Horn Reflector 안테나
1) 원리
- 나팔에서 전송된 구면파를 반사기에서 평면파로 바꾸어 자유공간에 방사함.
2) 구조
- 원추형 혹은 각추형 나팔과 파라볼라 반사기를 조합한 구조의 안테나로 1차 복사기의 정점과 반사기의 초점을 일치시킴.
3) 특성
- Offset feed type으로 반사파가 급전점으로 돌아오는 양이 적어 임피던스 부정합이 일어나지 않음.
- 초광대역 특성을 가짐.
- 개구효율이 높고 이득도 45[dB] 이상으로 매우 높음.
- 저잡음 특성이 있음.

- 부엽이 적어 전후방비, 전측방비가 좋음.
- 수평, 수직 편파 모두 사용할 수 있음.
- 결점으로는 구조가 크고, 기계적 강도, 정밀도에 문제가 있다. 그러나 전파 렌즈보다는 저렴하고 다주파(多周波) 공용이 가능하기 때문에 다주파대의 동일 방향 병렬회선용으로는 가장 경제적이다.

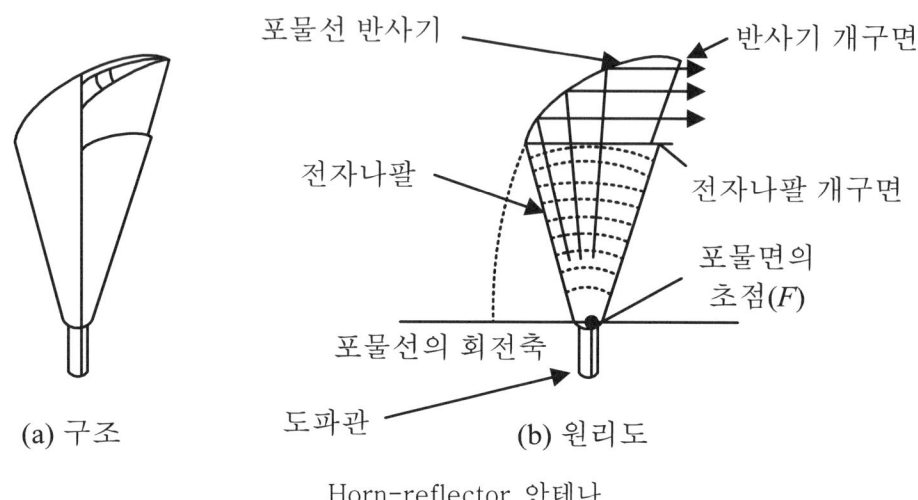

Horn-reflector 안테나

(5) 마이크로스트립 안테나

1) 원리
- 마이크로스트립 패치 안테나는 유전체를 사이에 두고 한 면에는 접지도체가 있고, 다른 한 면에는 평면 구조의 복사 소자가 있는 구조임.
- 패치의 형태는 정방형, 직사각형, 원형, 타원형, 마름모꼴, 삼각형 등 제한이 없다.
- 직선편파, 원편파 모두 가능함.

2) 구조

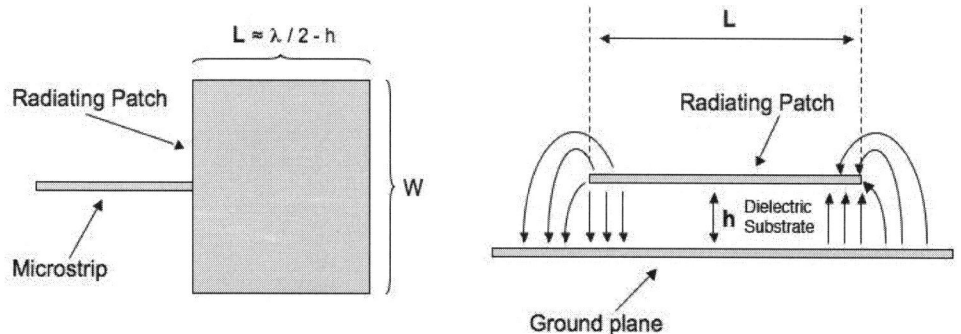

- 패치의 가장자리에서 전계가 바로 잘리지 않고 약간 퍼져 나가는 모양을 fringing 효과라 함.
- fringing 효과는 물리적 크기보다 전기적으로 더 크게 보이게 됨.

- 패치의 실효길이는 $L_{eff} = L + 2\Delta L$ 따라서 L 값은 $\lambda/2$보다 작게 만들어야 함.

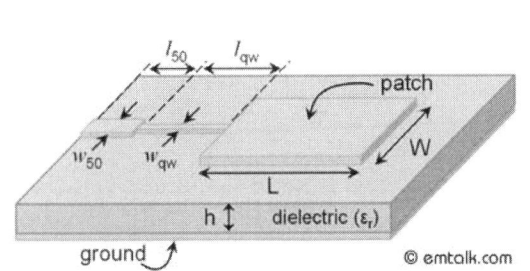 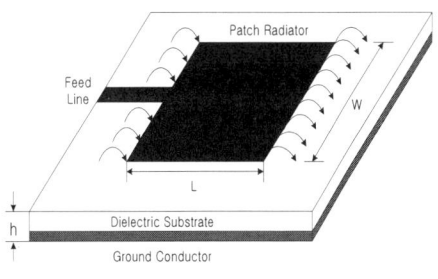

3) 특성

장 점	단 점
- 작고 가벼움. - 대량 생산이 용이함. - 집적화가 쉬움. - 어레이 안테나 구현이 쉬움. - 기판 크기를 조절할 수 있음. - 박막형태로 만들 수 있기 때문에 미사일이나 비행물체에 부착할 수 있음 - 직선 편파, 원편파의 구현이 용이 - 급전선과 정합회로망을 동시에 제작 가능 - 증폭기, 발진기 등과 같은 능동회로의 부착이 용이	- 높은 전력을 다룰 수 없음.(저전력) - 상대적으로 기판 값이 비쌈. - surface wave coupling이 있어서 지향성과 편파 특성이 저하할 가능성. - 전송 가능한 대역폭이 좁음. - 초고주파에서 fringing field가 늘어남. - 이득이 낮다. - 급전부분과 복사 소자 사이의 분리가 어렵다 - array를 하는 경우 side lobe를 줄이기 힘들다

(6) 전파 렌즈
- 전자나팔에서 방사되는 전파는 구면파이다. 이 구면파를 파라볼라 반사기나 전파 렌즈를 사용하여 평면파로 바꿀수 있음.
- 이렇게 평면파로 바꾸면 더욱 첨예한 지향성과 높은 이득을 얻을 수 있음.
- 유전체 렌즈(dielectric lens)와 메탈 렌즈(metal lens)가 있고, 메탈 렌즈는 도파관형과 통로장 렌즈(path length lens)가 있음.
- 개구효율이 35 ~ 45[%] 정도로 낮고 부방사가 크다는 등 단점이 많아 현재는 거의 사용되지 않고 있음.

(7) Slot 안테나
- 도파관의 관벽전류를 방해하는 방향으로 slot을 두면 전파가 방사함.
- 단일 slot를 여러 개 배열(array)하여 필요한 지향성과 이득을 얻는 안테나를 slot array 안테나하고, 표면 탐지용 레이더 안테나가 대표적임.

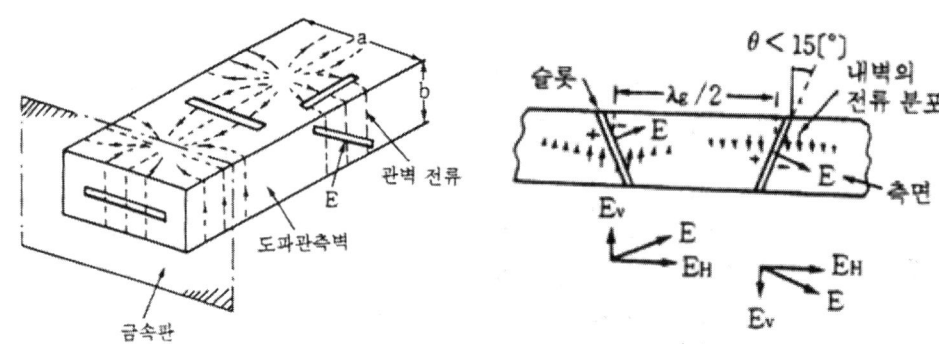

- 그림과 같이 구형 도파관의 측면에 slot을 팔자(八字)형으로 배치하면 전계 벡터의 수직성분과 수평성분의 크기는 경사각 θ에 따라 달라짐.
- 도파관 측면의 내벽전류는 $\frac{\lambda_g}{2}$마다 반대이고, 서로 경사각이 반대이므로 합성 전계는 수평성분은 동위상으로 합성되고 수직성분은 서로 상쇄됨.
- 따라서 수평면 지향성은 예민하고 수직면 지향성은 둔해져서 fan beam이 얻어짐. => 표면 탐지용 레이더에 사용
- 급전점의 반대측은 무반사 종단기로 종단하여 반사파를 적게 함.

다. 유전체 안테나

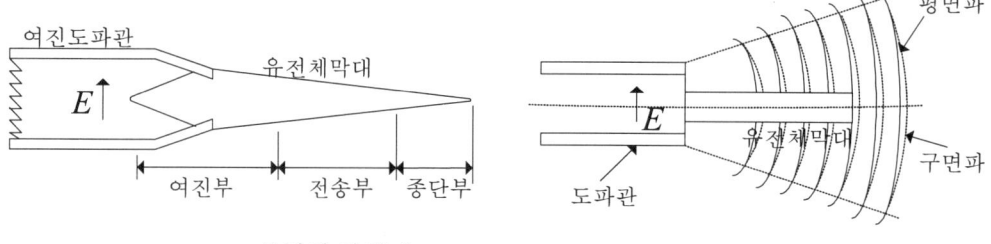

유전체 안테나

- 표면파를 이용한 대표적인 안테나로 도파관 선단에 위치한 유전체를 여진하여 유전체로부터 전파가 복사되는 원리를 이용한 안테나
- 도파관 개구면에 유전체 막대를 연결하면 개구면 자체에서 복사되는 구면파는 평면파로 교정되어 유전체 막대 방향으로 예리한 빔 특성이 얻어짐.
- 여진부, 전송부, 종단부는 각각 테이터를 가지고 있음.
- 특수 RADAR 등에 사용

문제05) LBS(Location Based Service)의 위치 측위 기술을 실내와 실외로 구분하여 설명하시오.

Ⅰ. LBS 개요
- 최근 스마트폰 확산되면서 위치기반 서비스(LBS)가 부상하고 있음.
- LBS(Location Based Service:위치기반서비스)란 GPS, WiFi망 등을 통해 위치정보를 활용하여 업무생산성 개선 및 다양한 생활 편의를 제공하는 서비스임.

Ⅱ. 실내 측위기술
- 유비쿼터스 컴퓨팅 환경은 더욱 다양한 측위 기술을 제공할 수 있는데, RFID, 무선랜 등을 이용한 측위기술이 있음.
- 현재 국내·외적으로 실내에서의 측위기술에 대해 많은 연구를 진행하고 있음.

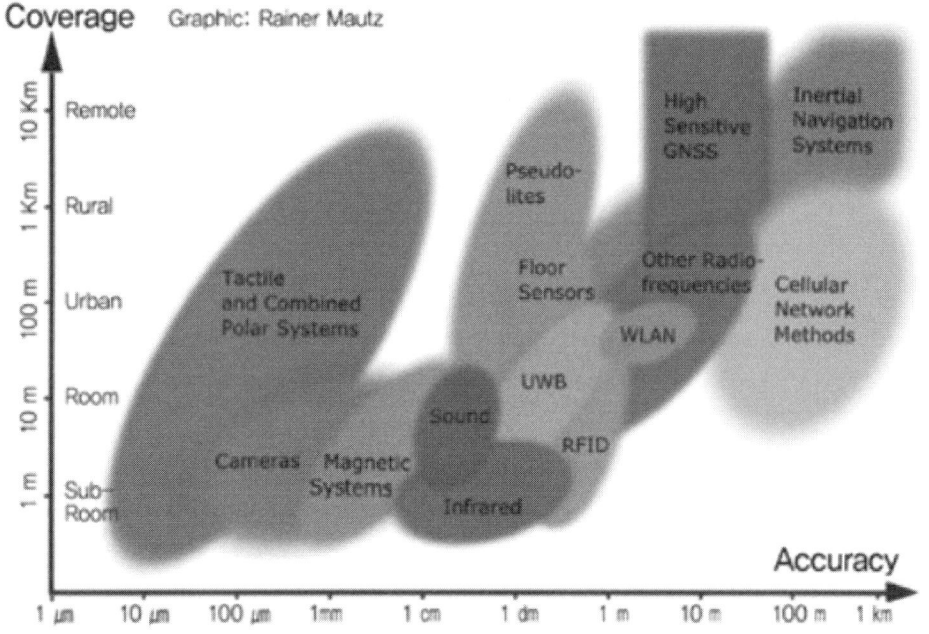

(1) WiFi 기반 측위 방식의 종류
 - WiFi 기반 측위기술에는 기준점 측위, 지문인식 측위, 다변측위, 삼각측량법 등이 있음.
가. 기준점 측위(Cell ID)
 - 무선 통신 기반 측위방식에서 모두 적용 가능한 측위방식
 - 수신된 신호들 중 가장 신호가 센 WiFi 접속점의 위치로 단말 위치 결정
 - 위치 정확도가 떨어짐.

나. 지문인식방식(Fingerprinting)
 - 특정위치에서 측정되는 모든 AP의 신호세기정보들을 비교하여 위치를 추정하는 방식
 - 높은 정확도 제공
 - 사전수집 단계로 인한 수집비용 증가
 - Fingerprint 위치 측위 과정

다. 다변측위 기법
 - 다변측위기법으로는 수신신호세기 기반, 도착시간 기반, 왕복이동시간 다변측위 기법 등이 있음.

기법	내용
수신신호세기	-WiFi 수신신호의 세기를 신호 전파 모델링을 이용하여 다수의 WiFi 접속점의 거리 정보로부터 단말 위치를 계산 -간단한 수학적 모델링으로 계산가능하나, 실제 실내 환경내 예측이 어려운 factor들이 존재하므로 측정오차가 큼
도착시간(ToA)	-위치가 알려진 다수의 AP와 단말 사이의 신호 전송시간을 측정함으로서 단말의 위치를 계산 -수신신호세기 기반에 비해 측정값이 안정됨 -WiFi 인터페이스상 제공되는 분해능의 한계로 측정오차 발생
왕복이동시간	-WiFi 접속점으로의 펄스 요청시간과 왕복 후 단말에서 펄스 도착시간의 시간 차이값으로 거리를 환산 -가시거리 확보시 3~5m의 위치 정확도 제공 -가기거리 미확보시, 지연시간의 가변성으로 정확도 제공의 한계

라. 삼각 측량법
 - 알려진 위치에 존재하는 최소 3개의 AP들로부터 RSSI를 수신받아 삼각 측량한 값을 거리로 변환하는 방법
 - 각 AP들을 기준으로의 거리를 반지름으로 하여 원형으로 그린 다음, 서로 만나는 3개의 지점을 수신기의 추정위치로 결정
 - 채널이 서로 다른 주파수를 사용할 경우, 거리에 따른 RSSI의 차이가 발생하지 않아 거리 오차가 적음.
 - 같은 주파수를 사용하는 AP가 근접할 경우, RSSI 세기가 더해져 거리 오차가 커짐.

마. WiFi 실내측위 기술의 장·단점 비교

구분	Cell ID	Fingerprinting	다변측위(ToA)	삼각측량
방식	수신된 신호들 중 가장 신호가 센 WiFi 접속점의 위치로 단말 위치 결정	특정위치에서 측정되는 모든 AP의 신호세기정보들을 비교하여 위치를 추정하는 방식	위치가 알려진 다수의 AP와 단말 사이의 신호 전송시간을 측정함으로서 단말의 위치를 계산	알려진 위치에 존재하는 최소 3개의 AP들로부터 RSSI를 수신 받아 삼각 측량한 값을 거리로 변환하는 방법
장점	구성이 간단	정확도가 높음	안정된 측정값	AP 주파수가 다를 경우, RSSI가 안정적임
단점	정확도가 떨어짐	사전수집 단계로 인한 수집비용 증가	WiFi 분해능의 한계 극복 필요	동일 주파수의 AP가 근접할 경우, 오차가 커짐

(2) 기타 방식

가. Beacon 기반 측위 기술 : BLE Beacon, ZigBee, UWB를 이용하는 WPAN(Wireless Personal Area Network) 방법
- Beacon : Bluetooth, ZigBee 등을 이용하여 근거리에 있는 스마트 기기를 자동으로 인식하여 필요한 데이터를 전송하는 장치
- 단말 근처의 Beacon에서 전송하는 패킷을 수신하여 측위
- BLE Beacon은 50m 거리에서 작동

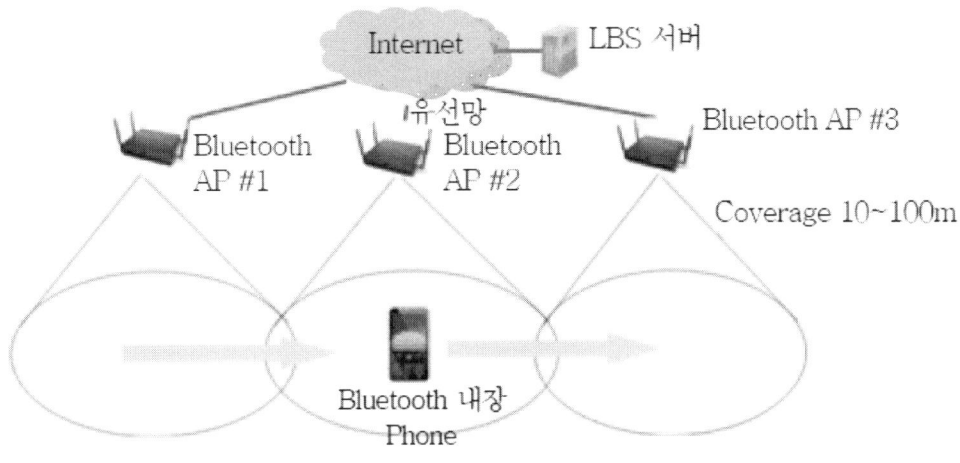

그림 Beacon 기반 측위 기술

나. UWB를 이용하는 방식
- IR-UWB Radar : 임펄스 신호가 목표물에 반사되어 돌아오는 시간(ToA) 측정으로 거리, 속도 등을 측정하여 정밀 위치 인식 => 고정된 물체에서 반사된 clutter 신호를 제거하여 목표물의 위치 추적
- One-way raging : 단말 A가 단말 B에 메시지를 전송하면 단말 B가 이를 측정하여 측위에 사용
- Two-way ranging : 단말 A가 단말 B에 메시지를 보내면 다시 단말 B가 A에게 메시지를 보내는 방식

다. 관성 센서를 이용하는 방법
- MEMS기반 관성센서를 이용하여 보행자 추측항법(PDR : Pedestrian Dead Reckoning)을 이용함.
- 가속도와 방향 센서를 이용하여 이동 궤적을 추정함.
- 인프라가 없는 환경에서도 단독 측위가 가능.
- PDR은 크게 보행수 인식, 보폭 길이 추정, 보행 방향 추정의 3단계로 구성
- 추가적으로 3차원 측위를 위한 고도(또는 층) 정보를 제공하기 위해 기압계를 사용

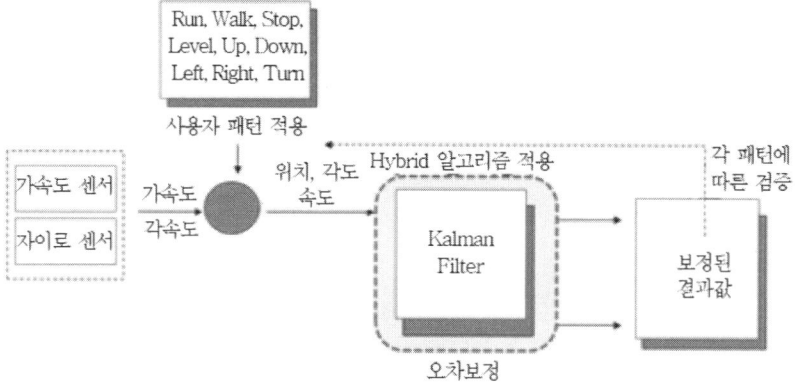

라. Geo-Magnetic(지자계)을 이용하는 방법
- 지자기장은 위치에 따라 다르게 나타남.
- 미리 측정한 데이터와 비교하여 위치를 구함.

마. RFID
- 수신된 RF 신호의 수신 강도를 측정하여 거리 측정함.
- 또는 빌딩 내부에 RFID 태그를 설치하고 RFID 리더를 통해 위치를 파악함. 태그에 위치 정보가 포함되어 있음.
- 또는 반대로 RFID 리더를 빌딩에 설치하고 태그에 해당 위치정보를 쓰는 방식도 가능.

바. NFC
- Tag에 접촉하면 위치 인식할 수 있음. RFID방식과 같음.

사. 기타
- 초음파, 적외선 등을 이용하는 방법이 개발되고 있음.

표 실내측위기술 비교

구분	방식	정확도	비용	특징
관성센서기반 하이브리드 방식	1) 단말기내 관성센서를 이용한 측위 알고리즘으로 위치 결정 2) 실내의 reference point를 위한 기술 필요	20m (층단위 구분)	거의없음	1) 단말기에 별도의 부품 불필요 2) Drift Error를 보완할 수 있는 기법 적용 필요
기지국 기반	1) 기지국들로부터 위상(phase), 전계강도 정보를 받아 측위 서버(PDE)로 전송 2) 도심지를 약 50m×50m 격자구조로 전파를 측정하여 구축한 DB에서 가장 적합한 패턴값을 찾아 위치 파악	200~300m (층구분 못함)	전파 패턴 DB 구축 비용	1) 도심지역에는 Cell ID 방식 대비 위치 정확도가 높지만, 외곽지역에서는 기지국 커버리지가 넓고, 다수의 기지국 정보 수신 불가
ZigBee	1) ZB 탑재 단말이 ZB AP를 통해 단말의 위치를 주기적으로 ZB 위치 서버로 등록 2) 이동망 LBS 서버에서 ZB 위치 서버와 연동하여 위치정보를 공하는 방식	10~30m (층단위 구분)	ZB AP 및 전파 맵 구축비용	1) 건물의 층 단위까지 정확한 위치정보를 제공 2) 모든 건물에 ZigBee AP를 구축하고, 정확한 위치를 위해 서버와 연동 필요
UWB	1) UWB 단말기에 자신의 고유 ID를 32Bit로 송출하면 2) 건물 내에 설치된 여러 UWB AP가 이를 수신하여 TDoA 방식으로 UWB 단말기 위치를 계산	10Cm (층단위 구분)	UWB AP 구축 비용	1) 투과성이 좋아 건물 내의 벽이나 칸막이 등을 통과하여 음영지역에서도 위치 파악 가능 2) 건물 내 다수의 AP 설치 필요
WiFi	1) WiFi 단말이 자신의 위치를 요청할 경우, 단말은 주변에 설치된 WiFi AP의 MAC과 전계강도를 검색하여 서버로 전송 2) 사전에 구축한 WiFi AP의 위치정보 DB에서 해당 AP의 MAC 주소를 찾아 위치파악	10~30m (층단위 구분)	AP에 대한 전파 DB 구축 비용	1) WiFi AP를 이용하므로 도심지역에서 낮은 비용으로 비교적 정확한 측위는 가능 2) 전파 맵 작성 및 지속적인 업데이트가 필요

Ⅲ. 실외 측위기술(Location Detection Technology: LDT)

(1) 개요
- 모바일 단말의 위치를 측정하기 위한 기술로서 통신망의 기지국 수신신호를 이용하는 네트워크기반(network-based)방식과 단말기에 장착된 GPS수신기 등을 이용하는 단말기기반 (handset-based)방식으로 구분할 수 있으며, 이들을 혼합하여 사용하는 hybrid방식으로 분류할 수 있음.
- 네트워크기반 방식은 위치 정확도가 통신망의 기지국 셀 크기와 측정방식에 따라 차이가 많으며, 일반적으로 500미터에서 수 킬로미터의 측정오차가 발생함
- 단말기기반 방식은 단말기에 GPS 수신기 등을 추가로 장착하여야 하며, 네트워크기반 방식에 비해 위치 정확도는 높으나 높은 빌딩이 많은 도심지역, 산림 숲, 실내에서는 정확한 GPS 신호를 수신하지 못하여 위치를 결정하지 못하는 문제가 있음.
- 이 두 방식의 문제를 해결하기 위하여 각 기술을 혼합하여 사용하는 혼합방식인 A-GPS와 DGPS 기술이 있음.

- 단말의 위치를 결정하기 위한 측위기술은 LBS의 기반 기술로서 기술개발의 두 축으로 위치측정에 소요되는 시간과 위치 정확도를 높이기 위한 다양한 방법들을 위주로 연구되고 있음.

가. GPS 기반
- GNSS는 GPS를 비롯하여 GLONASS 등 모든 위성 측위방식을 말함.
- 사용하기 쉽고 정확도가 높아 이동통신을 위한 무선측위에 적합
- 전력소모량과 워밍업 시간이 김.
- 다중경로(multipath)와 가시 위성 부족으로 인하여 도심에서의 위치 결정 능력이 제한을 받을 수 있음.

1) A-GPS
- A-GPS(Assisted-GPS)는 인공위성에서 보내는 위치정보를 단말기 내에 내장된 칩이 읽어 기지국에 알려주는 방법
- GPS 위성을 사용할 경우라도 도심지역이나 실내에서는 정확도와 사용성이 떨어지기 때문에 이러한 단점을 보완하기 위하여, 기존의 네트워크 방식과 결합한 방식
- 단말기는 위성과 무선 네트워크 기지국으로부터 측위를 위한 측정치를 수집하여 위치를 측정하거나 수집된 정보를 위치측위시스템인 PDE에 보내고 PDE에서는 단말기에서 보낸 정보와 기지국에서 생성된 정보를 혼합하여 단말기 위치를 측정함.

2) DGPS
- DGPS(Differential GPS) 방식은 기존의 GPS가 갖는 위성의 위치에 따른 오차를 보정하여 정확도를 높이기 위한 것으로, 지상에 위치를 정확히 알고 있는 기준 수신기를 설치하고 이 수신기로부터 보정신호를 받아 위성으로부터 수신된 위치신호의 오차를 보정하는 방식
- 지역 보정 위성항법 시스템(LADGPS: Local Area Differential Global Position System)과 지역 보정 위성항법 시스템(LADGPS: Local Area Differential Global Position System)이 있다. 광역 보정시스템이 SBASdlek.

3) E-OTD
- E-OTD(Enhanced Observed Time Difference)는 네트워크와 단말기 기반 측위기술을 혼합한 기술로서 2개 이상의 기지국에서 단말기로 전파를 보내고 다시 이 전파가 되돌아오는 시간의 차이를 측정하는 방식
- 거리가 먼 교외나 거리가 짧은 도심이나 정확도의 편차가 크지 않다. GPS를 지원하는 단말기가 필요하며 약 75~150m의 위치 정확도를 제공함.

나. Cell ID 방식
- 이용자가 속한 기지국의 서비스 셀 ID를 통해 이용자의 위치를 3초 이내에 파악하는 장점
- 네트워크의 수정 없이도 휴대폰 위치를 알아 낼 수 있는 장점이 있으나 셀 반경에 따라 측위 결과의 정확도가 달라지므로 정확도 수준에 많은 오차가 발생하는 단점이 있음.
- 별도의 단말기 및 네트워크의 변경이 필요 없는 가장 단순한 네트워크기반의 위치측위 기술

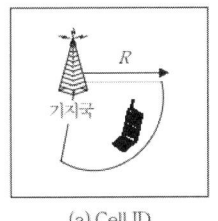 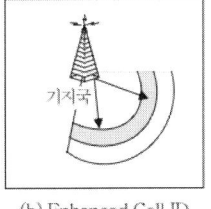 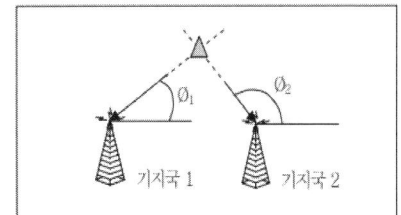

   Cell ID와 Enhanced Cell ID   AoA 개념도

1) AoA
- AoA(Angle of Arrival)기술은 단말기의 신호를 수신한 3개의 기지국에서 신호 수신 각도의 차이를 이용하여 위치정보를 제공
- 이론상으로는 50~150m의 정확도를 보장하지만, 실제로는 150~200m의 정확도를 보장하는 것으로 알려져 있음.

2) ToA
- ToA(Time of Arrival)기술은 단말기의 신호를 수신한 한 개의 서비스 기지국과 2개의 주변 기지국들 사이의 신호 도달시간의 차이를 이용하여 위치정보를 획득하는 기술
- 각 기지국에서는 신호도달 시간 값에 따른 원이 생기게 되고, 이 원들의 교점을 단말기의 위치로 추정하는 방식이며, 약125m의 정확도를 보임.

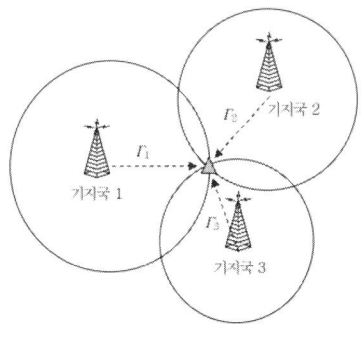 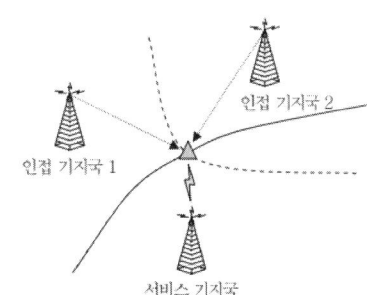

    TOA 개념도   TDoA 개념도

3) TDoA
- TDoA(Time Difference of Arrival)의 측정 원리는 서비스 기지국 신호를 기준으로 인접 기지국들의 신호지연을 측정
- 서비스 기지국 신호와 인접 기지국 신호의 신호 도달 시각차를 측정한 값으로 여러 개의 쌍곡선이 생기게 되고, 이 쌍곡선들의 교점을 단말기의 위치로 추정하는 원리
- 일반적으로 50~200m 위치 정확도를 보장하는 것으로 알려져 있음.

표 측위기술의 장단점 및 정확도 비교

번호	기술	정확도(m)	장점	단점
1	GPS	5-10	·높은 정확도 ·통신 네트워크 공급자에 대한 비의존성	·고전력 필요 ·시골 지역에서 늦은 속도
2	A-GPS	5-10	·GPS보다 빠름 ·높은 정확도 ·GPS신호가 낮은 시골지역에서도 동작	·모바일 네트워크 공급자에 대한 의존성 ·모바일 네트워크가 가능할 때만 작동
3	Cell-ID	150-1000	·경제적임 ·설치가 용이 ·추가 장비 불필요	·매우 낮은 정확도 ·추가적인 전력 소모
4	Angle of arrival	50-150	·Cell-ID기술보다 정확 ·GPS 수신기 불필요	·모바일서비스공급자에 대한 높은 의존성 ·개인정보문제
5	Time of arrival	50-150	·Cell-ID기술보다 정확	·모바일서비스공급자에 대한 높은 의존성 ·모바일네트워크 필요
6	Wi-Fi	10-20	·다른 기술보다 빠름 ·높은 정확도 ·전력소모가 낮음	·Wi-Fi 핫스팟 접근도에 대한 의존성

출처:Technavio Research(2015)

문제06) 콘볼루션 코드(Convoultion Code)

Ⅰ. 개요
- 컨볼루션 코드(Convoultion Code)는 블록 코드와 달리 기억장치를 가지고 있어 구조가 복잡하지만 연집 오류에 대한 정정 능력이 우수함.
- 컨볼루션 코드(Convolution code)는 에러 정정 효율이 우수해 IS-95(CDMA)등의 이동 통신분야에 사용되고 있음.

Ⅱ. 회로 설계
- 컨볼루션 부호기는 Shift Register와 modulo-2 연산기로 구성됨
- 컨볼루션 부호기는 블록 단위로 부호화는 실행되지만 n비트로 구성된 부호어가 k 비트로 구성된 현재 정보 블록뿐만 아니라 과거의 정보 블록의 영향을 받음.

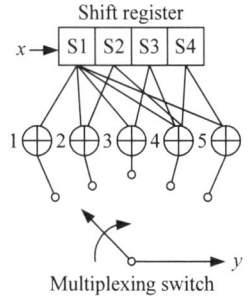

y1=S1
y2=S1 ⊕S2
y3=S1⊕S3
y4=S1⊕S2⊕S3 S4
y5=S1⊕S4

콘볼루션 인코더의 예

Ⅲ. 부호화(Encoding)동작과정
- 정보비트 $x = (1, 1, 0, 1)$이 쉬프트 레지스터에 입력된다고 하면 엔코딩 과정은 다음과 같음.
- 초기 쉬프트 레지스터의 값이 모두 0이므로 입력 1이 들어가면 $s = (1, 0, 0, 0)$이 됨.
- 가산기는 각 s의 값을 계산하고, $y = (1, 1, 1, 1, 1)$이 출력됨.
- 위와 같은 과정을 x의 4비트 값에 대해 모두 수행하면 통해 전송되는 y값은 다음과 같이 됨.
$y = (11111\ 10101\ 01100\ 11010)$

Ⅲ. 복호화(Decoding)동작과정
- 기본개념은 인코딩 룰(rule)을 적용하여 디코딩 트리(Decoding Tree)를 만들어 놓고 이것을 따라 가면서 가능성이 높은 코드단어를 찾아내는 것임.

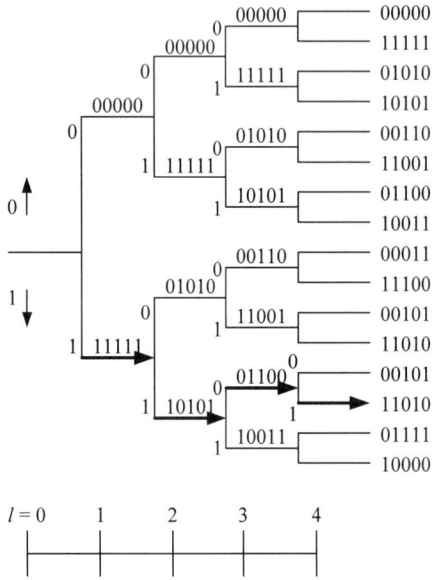

디코딩 트리($k = 4$, $v = 5$)

(1) 오류가 없는 경우
- 오류없이 $y = (11111\ 10101\ 01100\ 11010)$가 복호화기에 들어 올 경우
- 디코딩 트리에서 아래로 내려가면 1의 값이고, 위로 올라가면 0의 값을 갖게 됨.
- 처음의 11111이 입력되면 아래쪽으로 이동함.
- 다음 값 10101이 입력되면 다시 아래쪽으로 이동함.
- 이렇게 y의 각 값을 따라 가면 최종 정보비트가 나옴.
- 이렇게 나온 값은 (1, 1, 0, 1) 즉, 최초 전송된 정보비트 $x = (1, 1, 0, 1)$ 값을 얻게 됨.

(2) 오류가 있는 경우
- 컨볼루션 부호기 출력 $y = (11111\ 10101\ 01100\ 11010)$가 전송 중 잡음에 의해
  $r = (01101\ 10110\ 01100\ 11110)$로 변형된 경우
- r이 디코딩 트리를 통과하게 되면 각 노드에서 어느 패스(Path)로 갈 것인가는 해밍거리(Hamming Distance)를 보아서 결정하게 됨.
- r의 처음 5비트가 1과 0에 따라 나뉘어 지는 00000과 11111의 각각의 해밍거리를 비교하여 작은 쪽으로 패스를 결정함.
- 00000과는 3비트 차이가, 11111과는 2비트의 차이가 있으므로 11111쪽으로 내려감.
- 두 번째 비트열 10110은 01010과 3비트, 10101과는 2비트이므로 내려감.
- 위와 같은 방법을 되풀이하면 마지막에 11111 10101 01100 11010을 거쳐 에러가 정정된 정보비트 $x = (1, 1, 0, 1)$ 값을 얻게 됨.

국가기술자격 기술사시험문제

기술사 제 119 회   제 3 교시 (시험시간: 100분)

| 분야 | 통신 | 자격종목 | 정보통신기술사 | 수험번호 | | 성명 | |

※ 다음 문제 중 4문제를 선택하여 설명하시오. (각10점)

문제01) IP 주소관리 방식(서브네팅, 슈퍼네팅, CIDR)에 대하여 설명하시오.

I. 개요
- IP 주소 체계(IPv4)는 42억 개의 네트워크 장치에 IP 주소를 부여가능함
- IP 주소 체계(IPv4)는 주소관리의 편의성을 위해 클래스(A,B,C)로 나누고, 서브넷 마스크 개념을 이용해 네트워크를 구분할 수 있음.

II. IP 주소 체계(IPv4)
(1) IPv4 주소형태

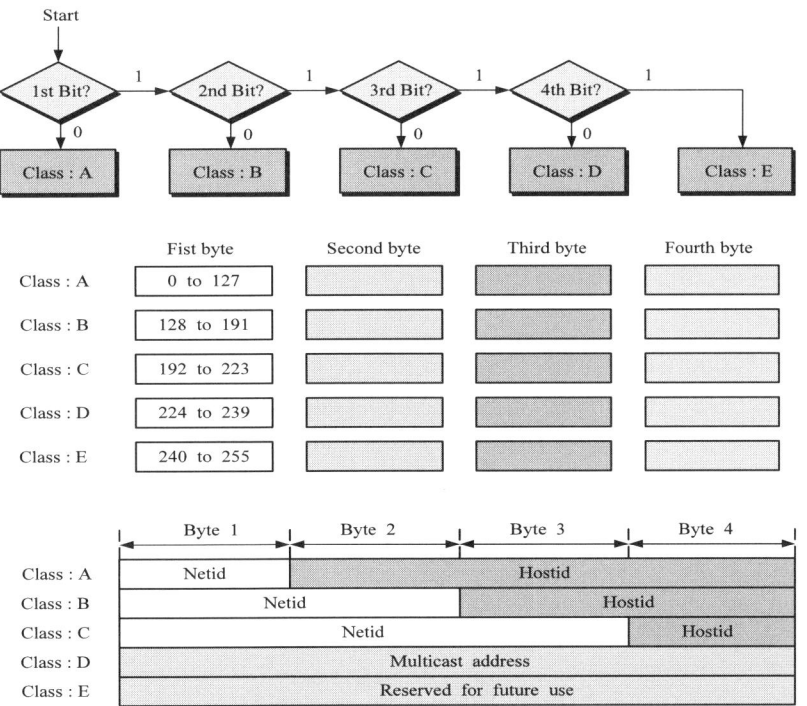

- Class별로 NetID 와 Host ID로 구분되며, Net ID 영역은 서브넷 마스크로 구분할 수 있음.
- A-Class 의 서브넷 마스크는 10진수로 255.0.0.0 으로 표현되고, 2진수 11111111 00000000 00000000 00000000 으로, 앞자리 8비트 (2^8)영역은 Net ID 영역임을 알 수 있음

(2) 문제점 과 개선점
- Class단위로 되어 있어 IP주소의 손실이 많이 발생됨
- 이를 해결하기 위한 방법으로 서브네팅, 슈퍼네팅, CIDR 등이 있음

III. 서브넷팅 (Subnetting)
- 브로드캐스트 영역(네트워크)를 분할해, C-Class (Host 255개)를 영역을 좀더 세분화 하는 방법임.
- 한 네트워크에 수 많은 호스트가 있을 경우 원활한 통신이 어려워, 이를 해결하기 위해서 네트워크를 적절하게 나누는 역할
- 서브넷팅을 통해 구분된 네트워크 단위를 서브넷이라 함

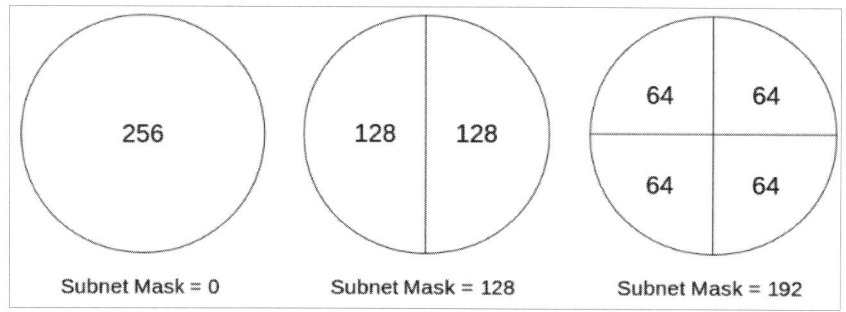

- C-Class IP : 194.139.10.0 일 때, 서브넷마스크 : 255.255.255.192 로 서브네팅 하면,
  > 194.139.10.0 ~ 64 ,   192.139.10.65~127,
  > 192.139.10.128~191,   192.139.10.192~255 로 분리됨
- 하지만, 서브넷팅을 하면 GateWay를 통해 연동해야하고, 외부 네트워크와 연결되는 라우터의 라우팅 Table의 개수가 많아짐

IV. 슈퍼넷팅 (SuperNetting)
- 여러개의 네트워크를 하나의 네트워크로 합친 네트워크를 슈퍼넷 이라함
- 서브넷의 수가 많을 경우 라우터 테이블의 규모가 커지고 이는 라우터 장비에 부담을 증가 시킴.
- 따라서 슈퍼네팅을 이용하여 서브넷의 수를 줄인다면 라우터 장비의 부담을 덜어줄 수 있음.

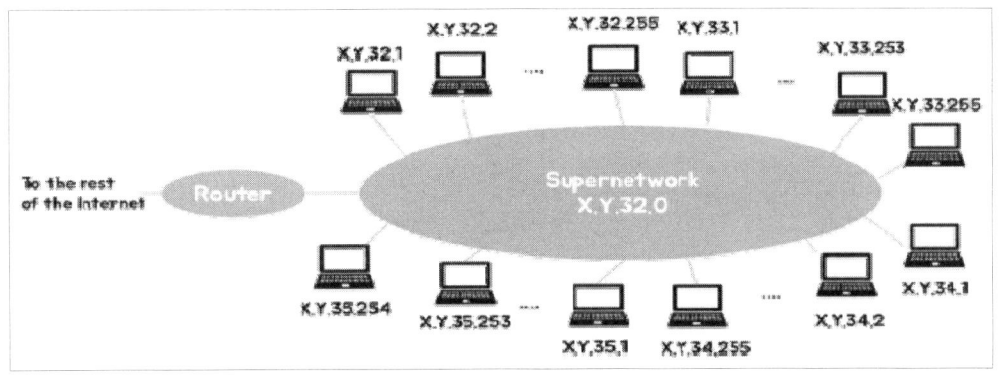

- C-Class IP 4개를 각각 X.Y.32.x , X.Y.33.x, X.Y.34.x, X.Y.35.x를 하나의 네트워크로 슈퍼넷팅 하면, 서브넷 마스크는 10진수로 255.255.252.0 2진수로 11111111 11111111 11111100 00000000 로 구분할 수 있음.
- 하나의 네트워크(브로드캐스트 도메인)이 너무 커지는 문제가 있고, 단말의 속도 저하가 생길 수 있음

V. CIDR (Class Less Domain Routing)
- 도메인간의 라우팅에 사용되는 인터넷 주소를, 원래 IP주소 클래스 체계를 쓰는 것보다 더욱 능동적으로 할 수 잇도록 할당하여 지정하는 방식중 하나
- CIDR를 사용시에 각 IP 주소들은 네트워크 게이트웨이 혹은 개별 게이트웨이를 확인하는 데 네트워크 접두어를 사용함.

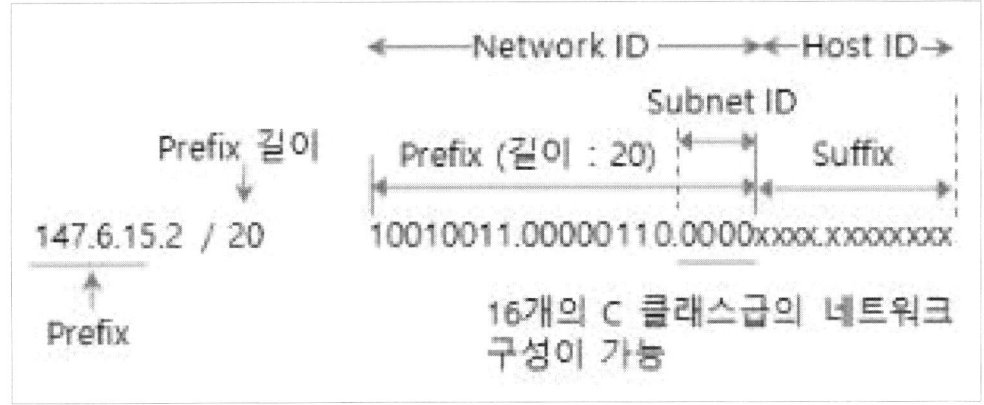

CIDR 접두어 형태

- 네트워크 접두어의 길이도 또한 IP주소의 일부로서 지정이 가능하며, 필요한 비트 수에 따라 가변적으로 할 수 있음.
- BGP-4 등에서 대단위 라우팅정보를 하나로 압축해서 라우팅 할 수 있음.

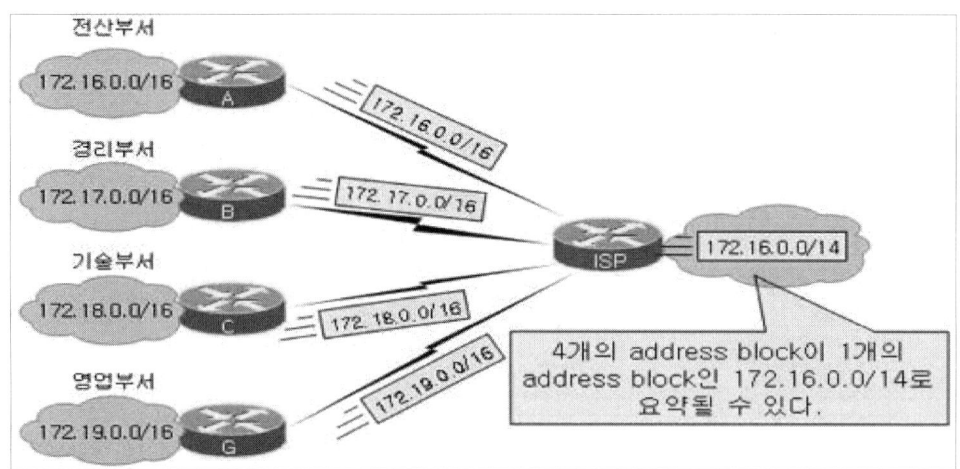

- 전산부서 172.16.0.0 / 16 , 경리부서 172.17.0.0 / 16
  기술부서 172.18.0.0 / 16 , 영업부서 172.19.0.0 / 16 각각 서브넷을 CIDR라우팅을 하게되면 172.16.0.0 / 14로 요약될 수 있음
- 슈퍼넷팅도 일종의 CIDR형태로 볼 수 있음 (접두어 사용유무로 판단)

문제02) 지상파 UHD기반 재난재해 경보방송서비스 제공방안에 대하여 설명하시오.

Ⅰ. 개요
- 재난방송이란 재난이 발생하거나 발생할 우려가 있는 경우 그 발생을 예방하거나 피해를 줄일 수 있는 역할을 하는 방송임.
- 헌법(제34조제6항), 재난안전기본법 및 방송통신발전기본법 제40조에 근거하여 시행
- 재난방송 의무 매체로는 지상파TV, FM 방송, DMB 방송 등이 규정
- '지상파 방송 재난경보 서비스'는 재난경보 특화 기술을 다수 탑재한 지상파 초고화질(UHD) 방송을 이용하여 재난정보를 문자·이미지·음향 등의 형태로 전광판·대중교통·다중이용시설 등에 전송하는 서비스

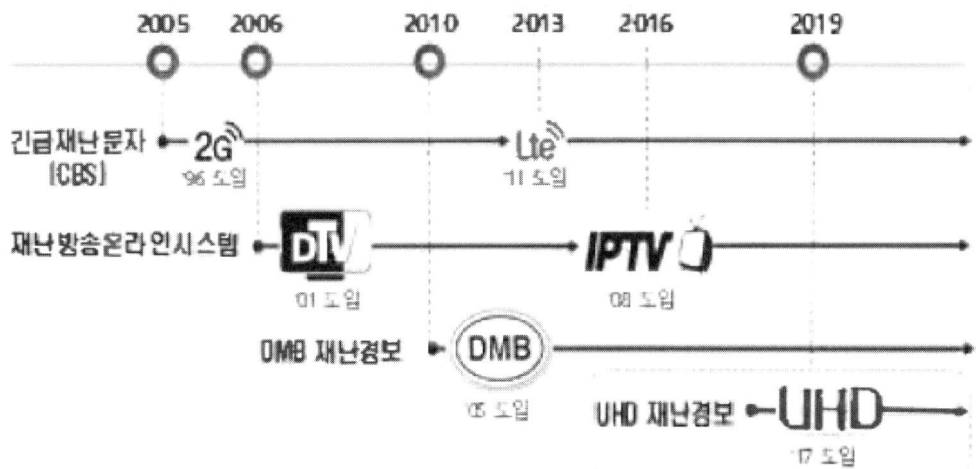

Ⅱ. 국내 재난재해경보방송의 현황
1) 운용부처 : 과기정보통신부, 방송통신위원회
2) 운용방법 : 전국 또는 해당지역에 방송 및 TV자막 등을 송출
- 재난방송 온라인시스템: 20초 이내 TV화면에 재난방송 자막 표출 시스템 운용
3) 재난정보 전달체계
- 자연·사회재난: 요청기관→DITS(국민안전처)→재난방송시스템(과기정통부/방통위)→방송 송출
- 지진·해일: 지진통보(기상청)→재난방송시스템(과기정통부/방통위)→방송 송출

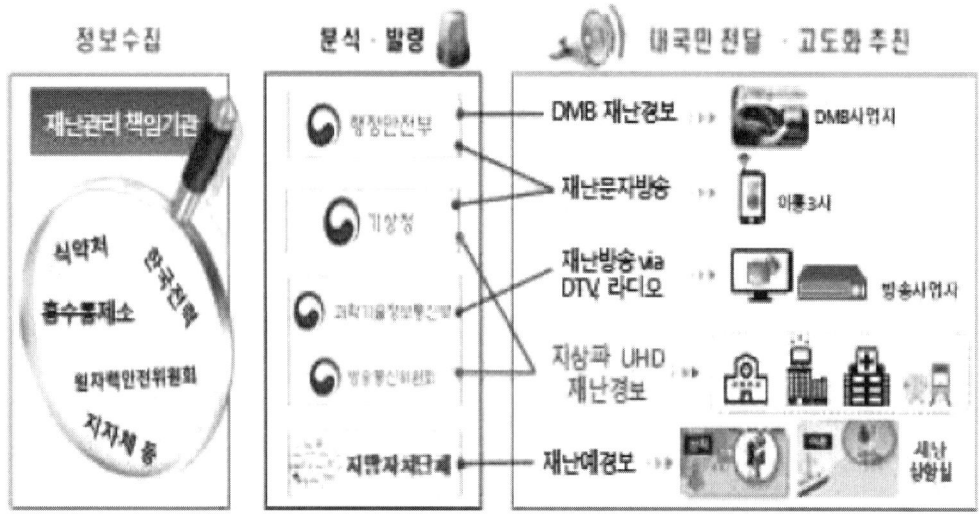

Ⅲ. ATSC3.0 국내표준의 재난경보 기술
1) 지상파 초고화질 방송(UHD)은 대기상태 수신기를 깨우고(Wakeup), 맞춤형 재난경보가 가능한 재난표준(AEAT), 이동수신 등 재난경보 특화 기술 다수 탑재
- Wakeup: 대기상태인 수신기를 전파를 통해 강제로 활성화 시켜 TV, 휴대폰, 전광판 등에서 재난경보가 언제든 수신 가능
- AEAT(Advanced Emergency Alert Table): 고도화된 재난정보 전달 표준으로 재난유형별, 지역별, 언어별 다양한 정보를 전달 가능해 맞춤형 재난경보 가능

2) 가능한 서비스
- 이미지·음향 등 멀티미디어와 함께 고용량 데이터(피난 대응정보 등), 다국어, 양방향 등 개인맞춤형 서비스 가능

단문수신	이미지·음성	다국어	양방향	지역성
재난문자수신	사진 등 데이터	수신자 맞춤 언어	재난상황 수집	지역 맞춤 정보

Ⅳ. UHD방송 기반 재난재해경보방송서비스의 제공 방안
1) 지상파 UHD 재난경보를 수신하는 서비스를 도입
- 지상파 UHD 방송 도입 일정에 맞춰 UHD 기반 재난경보망도 수도권('19)→광역권→전국 시군 단위로 단계적으로 구축

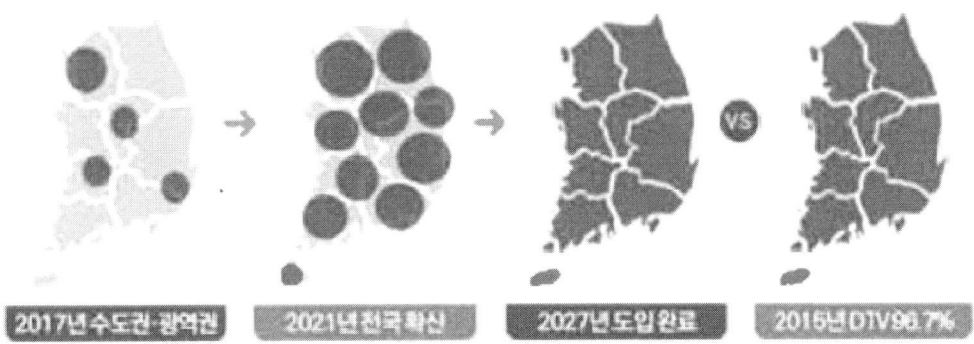

2) 지상파 UHD 재난경보 서비스 도입
- 국민 체감도가 높고 기존 통신망의 사각지대를 보완할 수 있는 공공미디어를 중심으로 지상파 UHD 재난경보 서비스 도입
- 전광판, 대중교통(버스·지하철), 다중이용시설, 병원·요양원 등 국민체감도 및 전달효과가 높은 지역을 중심으로 재난경보 수신기를 설치하여 많은 사람들이 통신망 장애 등 비상상황에서도 안정적으로 재난경보를 받을 수 있는 환경을 조성

3) 서비스 고도화를 위한 기술개발, 개방적 생태계를 위한 표준화를 추진
- 전송속도 향상, 지능형 재난경보 플랫폼 등을 위한 기술개발을 지원하고, 누구나 쉽게 재난경보 서비스를 개발·도입할 수 있도록 핵심기술 표준화 및 수신기 모듈화를 추진

4) 지상파 UHD 재난경보 기업 지원 및 제도개선을 추진
- 국내 실증단지 구축, 해외 진출 중소기업 지원, 글로벌 표준화 대응 등 국내 재난경보 기업을 지원하고, 안정적 재난경보를 위해 관련 기술 기준, 가이드라인 등의 제·개정

5) 통합 플랫폼 개발
- 기존 재난정보 수집·발령 체계를 통합하고 차세대 방송·통신 환경에 맞는 멀티미디어 정보 수집·생성·발령 시스템 연구 필요

V. ATSC3.0의 해결 과제
1) 누구나 쉽게 재난경보 사업에 참여할 수 있는 생태계를 조성하여 서비스가 지속 발전할 수 있도록 표준화 및 수신기 모듈화 추진이 필요
2) 지상파 UHD 재난방송 서비스를 다채널·모바일 방송 등과 연계한 신서비스로 육성하기 위한 기업지원 및 글로벌 확대를 위한 산업성장의 지원 정책이 필요
3) 지상파 UHD 서비스의 안정적 제공을 위한 방송표준·기술기준 개정 및 "재난방송 등 종합 매뉴얼"에 관련 내용이 반영되도록 추진이 필요

문제03) 기존 이동통신망의 구조적 문제점과 5G 네트워크 구조의 진화방향에 대하여 설명하시오.

Ⅰ. 개요
- 이동통신시스템은 2G(CDMA), 3G(WCDMA), 4G(LTE-A), 5G방식으로 표준화가 진행됨.
- 5G는 4G LTE-A Pro(Rel.13/14) 이후의 이동통신시스템(Rel. 15 ~)임.
- 4G 네트워크는 과금을 위하여 사용자별 별도의 터널링 구조를 지원하여 5G에서는 다양한 문제점이 발생함.

Ⅱ. 5G서비스
(1) 5G의 3가지 서비스 Use case
- ITU에서 5G 통신의 속성을 정의하기 위해서 네트워크의 유연성을 기반으로 세가지 Use Case를 정리
1) Enhanced Mobile Broadband(eMBB)
2) Massive Machine type Communication(mMTC)
3) Ultra-reliability and Low Latency Communicatin(URLLC)
(2) 5G의 세부 서비스 종류

5G로 실현될 다섯 가지 서비스

서비스명	세부 서비스
몰입형(Immersive ness)	AR, VR 서비스, 원격화상회의 서비스
지능형(Intelligence)	개인맞춤형 인공지능비서, 밀집공간 서비스
편재형(Omnipresence)	스마트홈, 도시, 빌딩기반 서비스
자율형(Autonomy)	자율주행 서비스, 드론기반 무인자동화 서비스
공공형(Public ness)	개인보안, 공공안전, 원격진료, 의료 서비스, 재난대응

ETRI 5G 사업전략실, 5G 시대가 온다, 콘텐츠하다. 2017. 11.

Ⅲ. 4G LTE 설명
(1) 구조도

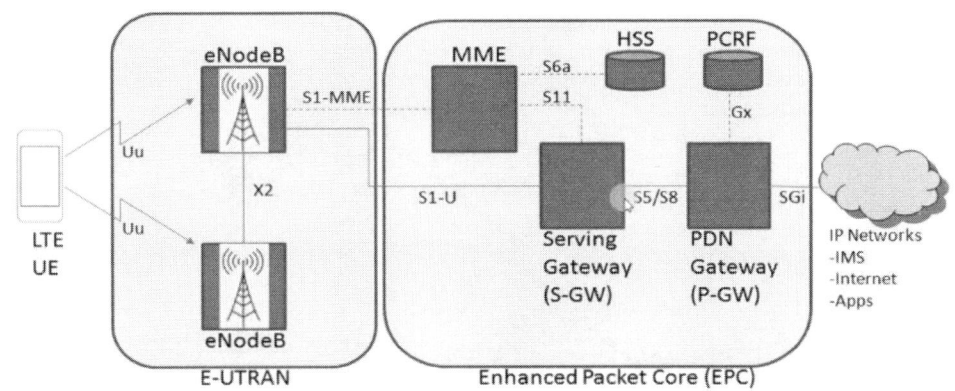

4G LTE Archetecture

- 4G에서는 eNB에서 P-GW까지 터널링 구조를 사용하여 모든 트래픽이 P-GW에 집중됨.

(2) 4G 이동통신망의 구조적 문제점

문제점	내 용
트래픽 폭증	• 데이터가 터널링을 통해 P-GW에 집중됨 • 트래픽 폭증에 대응이 어려움
신호체계 복잡	• 4G는 터널링 제공으로 시그널링 절차가 복잡 • 서비스 개시 이전에 지연이 발생함
저지연 서비스제공의 어려움	• Cloud 및 컨텐츠 서버의 전진 배치가 필요하나 4G N/W에서는 LGW(Local G/W)등 별도장비가 필요함. (구조적 한계가 존재함)
이종 네트워크 연동의 한계	• LAA/LWA등 비면허 대역 네트워크 연계에 대한 4G N/W의 한계가 존재함.

- 4G의 한계점을 극복하기 위해 5G N/W 도입이 필요함.

Ⅳ. 5G Network

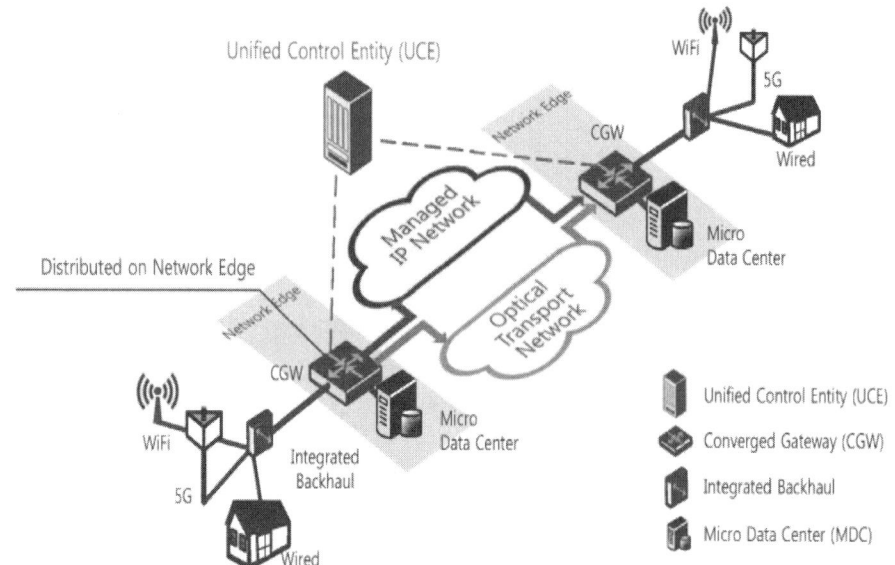

5G 네트워크의 기술전개 방향성

1) 무선기술의 세대별 진화와 무관하게 네트워크 운영설치
- 2G/3G/4G등 무선기술의 세대별 진화에 따라 네트워크 또한 반복적으로 신설되어야 하는 구조에서 탈피, 무선기술의 세대별 진화와 무관하게(최소한의 변경 만으로) 네트워크의 운용유지가 되어야 함.
2) 5G/Wi-Fi/유선을 동시에 수용가능한 단일 N/W
- 사용자에게 다양한 액세스를 통한 유연한 서비스 경험의 제공을 위하여 액세스 기술(5G Radio, WiFi, 유선 등) 특성에 무관한 공통의 이동성 제공구조, QoS 제공구조, 트래픽 제어구조가 확보되어야 함. 이를 위하여 5G, WiFi, 유선가입자를 동시에 수용할 수 있는 Access Agnostic한 단일 네트워크가 구축되어야 함.
3) 트래픽 집중화에서 탈피, 트래픽을 분산 수용할 수 있는 구조
- 5G 시대에 1,000배 이상의 트래픽 폭증이 예상되어지는 바, 이의 수용을 위하여 트래픽 집중화 구조에서 탈피 트래픽을 분산수용 할 수 있는 구조로 변경되어야 하며, 불필요한네트워크 자원의 소모를 막기 위하여 Local Routing이 유연하게 이루어지는 네트워크 구조로의 변경이 필요함.
4) 모든 서비스/컨텐츠가 분산된 N/W Edge에서 제공
- 모든 서비스 및 콘텐츠가 분산된 네트워크Edge에서 제공될 수 있는 구조가 확보되어야 함.
5) 이종 네트워크간 끊임없는 이동성 제공
- 사용자가 이종의 액세스 간을 이동 시에도 원활한 서비스가 유지되도록 이종 네트워크 간의 끊김없는 이동성이 제공되어야 하며 사용자에게 언제 어디서나 최적의 네트워크 자원 이용권을 보장할 수 있어야 함.

6) 고정적인 Mobility Anchor Point가 없는 새로운 이동성 제공 구조
- Mobility Anchor Point로 인하여 트래픽 경로가 최적화 되지 못하고, 불필요한 네트워크 자원을 소모하는 비효율적 구조에서 탈피, 고정적인 Mobility Anchor Point가 없는 새로운 이동성 제공구조가 확보되어야 함.

7) 네트워크 시그널링 오버헤드 최소화
- 기존 이동통신 네트워크의 시그널링 오버헤드를 최대한 제거하여 m-MTC(massive Machine Type Communication), IoT등 Connection-less Service 수용이 용이한 경량 신호체계가 적용되어야 하며, 액세스(5G Radio, WiFi, 유선 등) 특성에 무관한 공통의 신호체계가 확보되어야 함.

8) 가상화/슬라이싱 구조 적용
- 네트워크의 효율적 운용, 다양한 서비스의 빠른 제공, 물리적으로 단일한 네트워크를 통한 다양한 서비스의 종단간 제공 등을 위하여 가상화 및 슬라이싱 구조가 적용되어야 함.

V. 4G와 5G의 기술 비교

[표 3] 4G와 5G 기술 비교

구분	4G(IMT-Advanced 기준)	5G
최고전송속도	1Gbps	20Gbps
이용자 체감 전송속도	10Mbps	100~1,000Mbps
고속이동성	350km/h	500km/h
전송지연(반응속도)	10ms	1ms
최대연결기기	100,000/km^2	1,000,000/km^2
면적당 데이터처리 용량	0.1Mbps/m^2	10Mbps/m^2
전력 효율성	1배	100배

〈자료〉 오기환, 홍범석, 이슈앤트랜드, 디지에코보고서(KT 경제경영연구소), 5G 시대 새롭게 주목받는 B2B 시장, 2017. 10, p.2

VI. 맺음말
- 기존 4G 네트워크의 한계점으로 인해 5G의 다양한 서비스 제공을 기존 네트워크로 제공하기에는 무리가 있음.
- 5G에서는 4G LTE에서의 한계점을 제거하기위한 방향성을 제시하여 다양하고 대용량, 저지연 특성을 가지는 서비스제공이 가능함.

문제04) OFDMA와 SC-FDMA파형기술의 성능한계를 발생시키는 요인들을 열거하고 해결방안을 설명하시오.

Ⅰ. 개요
- 4세대부터 하향링크 광대역 전송을 위해 반송다중파 변복조 기반 OFDM(TDMA와 FDMA가 결합된 형태)이 도입됨.
- LTE 하향 링크에서는 OFDM 방식이 사용이 되었으나 높은 PAPR에 의한 전력소모 문제로 인해 LTE 상향에서는 SC-FDMA(Single Carrier FDMA)방식을 사용함.
- 5세대에서는 4세대 파형 기술에 추가적으로 대역/단말 특정하게 설정 가능한 부반송파 간격(또는 심볼길이)을 다양하게 제공하는 다중 뉴멀로지(Numology)를 지원함.

Ⅱ. OFDM
(1) 송수신기 구성도

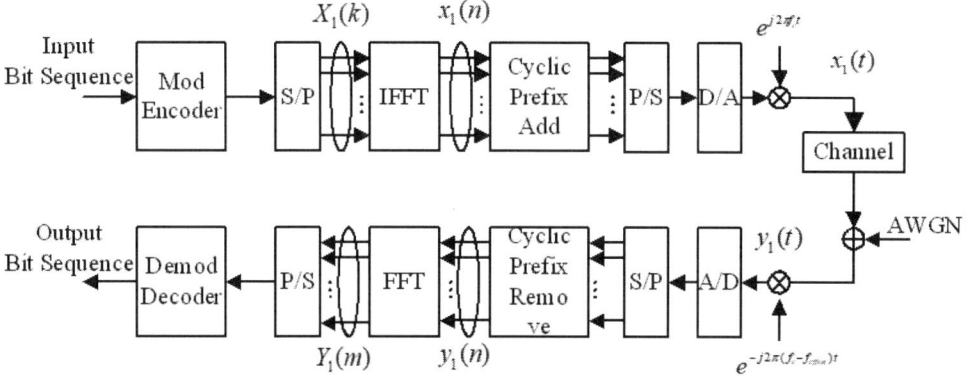

- 입력비트열은 encoder에 의해 QPSK, QAM심볼로 변환
- 직렬/병렬 변환기(S/P)에 의하여 병렬화
- 병렬 데이터 SYMBOL들은 저속의 부반송파에 의하여 변조 후더해져서 하나의 OFDM symbol을 만듬
- 수신은 송신과정의 역으로 동작하여 정보비트열을 생성

(2) 특징
1) 장점
- 높은 주파수 효율과 대용량(FDM 대비)
- 단일 반송파 방식에비해 ISI(Inter Symbol Interference)에 강함
- 멀티패스가 증가해도 전송특성의 열화가 적음(Guard Interval로 해결)
- 멀티패스에 강한 특성이 있으므로 비교적 소전력의 다수송신국을 이용하여 단일주파수로 서비스영역을커버하는SFN(Single frequency Network)을 구성할 수 있음
- Sub 채널별 AMC 적용 유리

2) 단점
- 상대적으로 큰 PAR(Peak to Average Ratio : 최대 평균전력비)을 가지며 RF증폭기의 전력효율을 감소시킴.
- 반송파가 같은 주파수간격으로 정렬된 멀티캐리어 방식이므로전송로에 비선형특성이존재하면, 상호변조에 의한 특성열화가 발생하기 쉬움.
- OFDM 전송방식은 단일반송파 전송방식에 비해 송,수신단간의 반송파 주파수옵셋(Carrier Frequency Offset)이 존재할 경우 주파수 스펙트럼상에서 수신 신호의 부반송파간의 직교성(Orthogonality)이 상실되어 신호 대 잡음비(Signal-to-Noise Ratio; SNR)가 크게 감소하는 단점이 있음

Ⅲ. SC-FDMA
(1) 송수신기 구성도

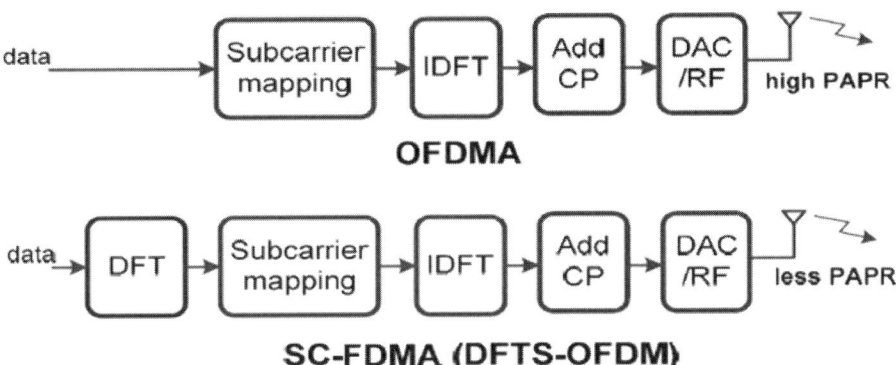

- SC-FDMA방식은 DFT연산으로 PAPR이 증가된 신호를 부반송파에 매핑 후 다시 IFFT과정을 거쳐 PAPR이 감소된 OFDM신호를 얻을 수 있음.
- LTE 상향링크 시스템에서 SC-FDMA방식을 사용하면 PAPR이 약 3dB정도 감소되어 휴대단말의 전력 증폭기를 효율적으로 사용할 수 있게 해주고 배터리 수명을 연장시켜 줌.

(2) SC-FDMA 특성

항목	OFDM대비 장점
PAPR	2~3dB 낮음
복잡도	DFT적용으로 다소 증가됨
전류소모	낮음
성능	주파수선택적 페이딩에 더 민감해짐 (2~3dB 낮음)
커버리지	QPSK기준으로 약 3dB 넓어짐

(3) OFDM과 SC-FDMA 파형

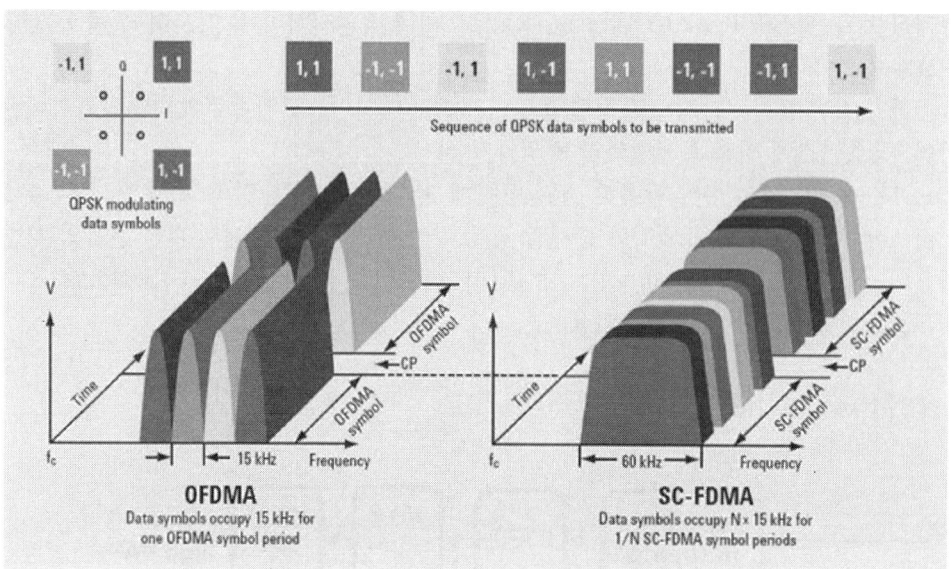

Ⅳ. 성능한계발생 요인
1) 원 신호의 진폭 및 위상 왜곡
- 채널지연, 도플러 확산, 반송파 주파수, 심볼 타이밍, 샘플링 클락 오프셋, 반송파 위상 잡음 등에 의해 발생
- 채널 추정과 추정된 채널을 이용한 등화 과정을 통해 보상가능.
2) 사용자 내 심볼 간 간섭 및 반송파간 간섭
- 다중 경로에 의한 채널 지연 확산과 심볼 타이밍 오프셋에 의해 발생. 즉 채널 지연 확산으로 인해 이전 심볼의 일부 샘플들이 현재 심볼에 중첩되거나, 송수신기 사이 타이밍 동기 오차로 인해 수신 구간 외 심볼에 속한 샘플들을 포함시켜 복조함으로써 타 심볼로부터 간섭을 받음.
- 완화를 위한 보호구간 삽입(CP-OFDM)이나 오버 샘플링과 펄스 성형(PS-OFDM/FBMC)을 통해 시간적으로 잘 국소화된 파형을 설계
3) 사용자 간 심볼 간 간섭 및 반송파 간 간섭
- 송신기/수신기의 이동성 또는 채널 경로상 반사체/산란체의 이동성에 의한 채널 도플러 확산과 반송파 주파수 동기 오차에 의한 반송파 주파수 오프셋, 송수신기 사이의 샘플링 클락 오프셋, 반송파 주파수의 주변 주파수들에서 나타나는 방송파 위상 잡음에 의해 발생
- 반송파 간 간섭을 완화하기 위해서는 부반송파 간격을 증대시키거나 주어진 부반송파 간격에 대해 주파수 상에 잘 국소화된 파형을 사용하여 개선
- W-OFDM, PS-OFDM 및 FBMC 기술들은 주파수 상에 잘 국소화된 파형을 적용하여 부반송파 간격의 증가 없이 반송파 간 간섭을 줄임.
4) 기타 성능한계 발생요인에는 파형의 비직교성으로 인한 내재 간섭, 인접채널 간섭, PAPR, 구현 복잡도 등이 있음.

V. 성능한계 대책
(1) CP-OFDM

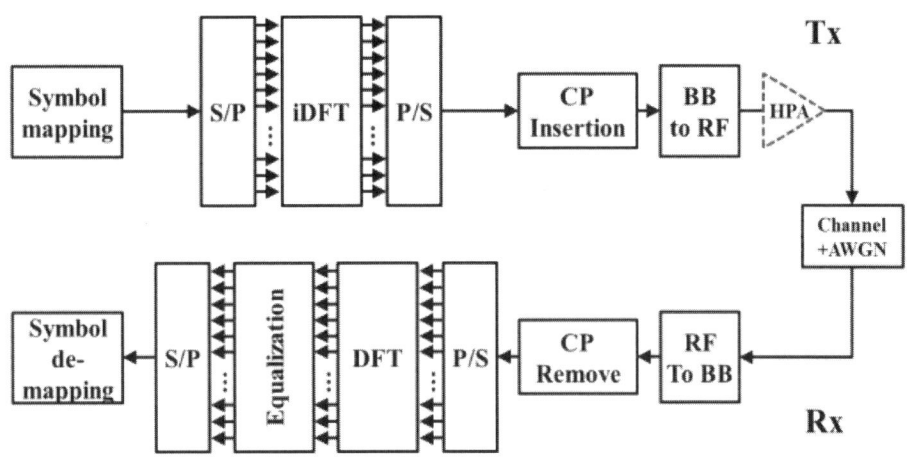

CP-OFDM 송수신기

- OFDM 송신기에서는 CP(Cyclic Prefix)를 추가하여 다중경로에 의한 ISI(Inter Symbol Interference)를 완화하여 수신기에서 저복잡도의 단일 탭 등화기를 사용할 수 있게 함.
- 4G의 핵심기술로 선정되었으나, 기본적인 CP-OFDM 시스템은 각 부반송파에 Rectangular Window가 사용되기 때문에 주파수 스펙트럼에서 OOB(Out of Band)전력이 높은 단점을 가지고 있음.
- 이러한 높은 OOB전력으로 인하여, CP-OFDM은 양 끝단에 많은 부반송파를 사용하지 못하여 스펙트럼 효율이 저하됨.

(2) UFMC

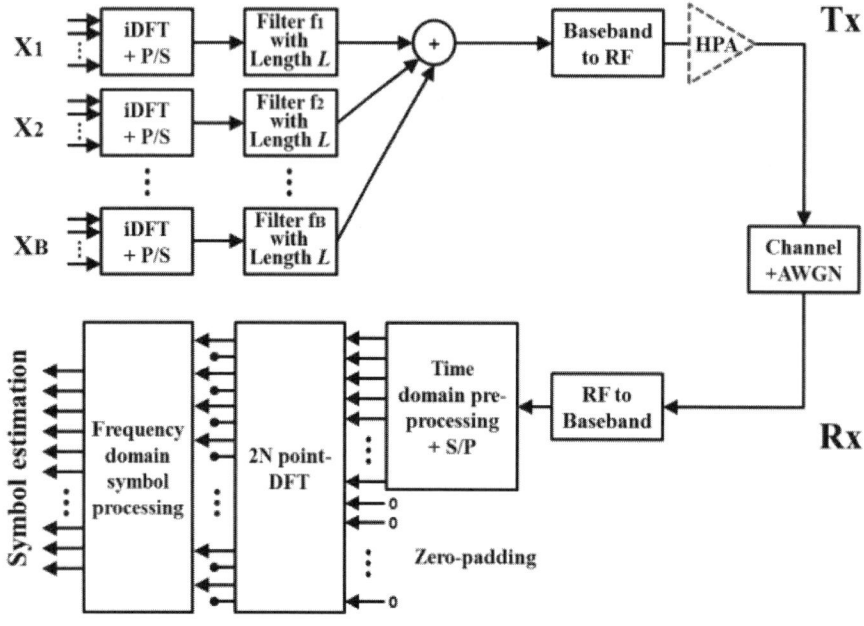

UFMC 송수신기 구성도

- UFMC는 기존의 OFDM의 부반송파를 서브밴드로 나눈다음, 시간영역 필터링 기법을 사용하여 전송 신호의 OOB 전력을 감소시킴.
- 필터링 전에 기존 CP-OFDM에서 CP에 해당하는 부분에 ZP(Zero-Padding)을 추가항 다음, 시간영역 필터링을 수행함.
- UFMC 시스템에서 시간영역 필터링을 통해 저감시킨 OOB 전력은 실제 시스템 구성에서 발생할 수 있는 HPA 비선형 특성에 의해 열화될 수 있음.

(3) FBMC(Filter Bank Multi Carrier)

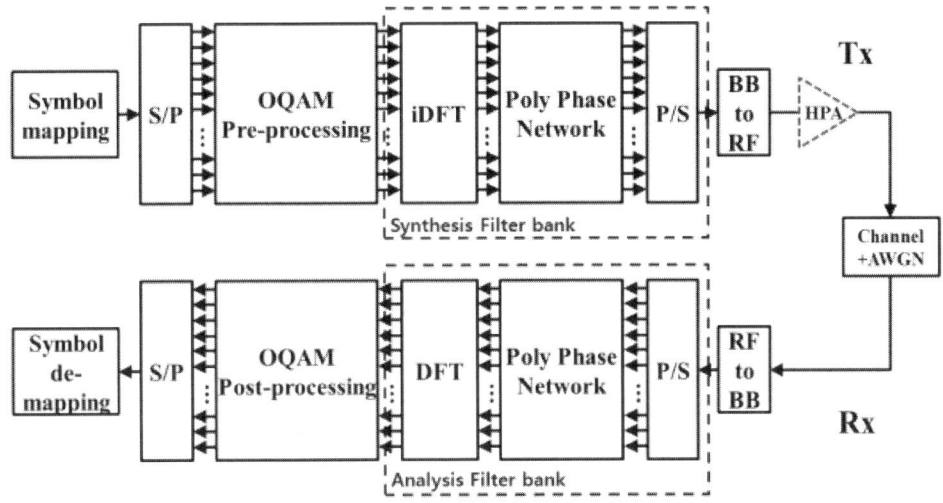

FBMC송수신기 구성도

- FBMC 시스템은 Synthesis Filter Bank에서 시간영역 윈도우 기법을 사용하여 OOB전력을 저감시킴.
- 선형 조건에서 FBMC는 가장 좋은 OOB 특성을 보임. 즉, 스펙트럼의 OOB가 매우 작아서 낭비되는 스펙트럼 영역이 줄고, 이로 인해 높은 스펙트럼 효율을 갖게 됨.
- FBMC 역시 HPA 비선형성에 의해 OOB 저감성능이 열화됨.
- FBMC는 OQAM(Offset Quadrature Amplitude Modulation) 변조를 사용하기 때문에 시스템 복잡도가 향상되며, MIMO (Multiple Input Multiple Out-put)기술과 같은 기존 기술과의 결합이 쉽지 않은 단점이 있음.

(4) W-OFDM

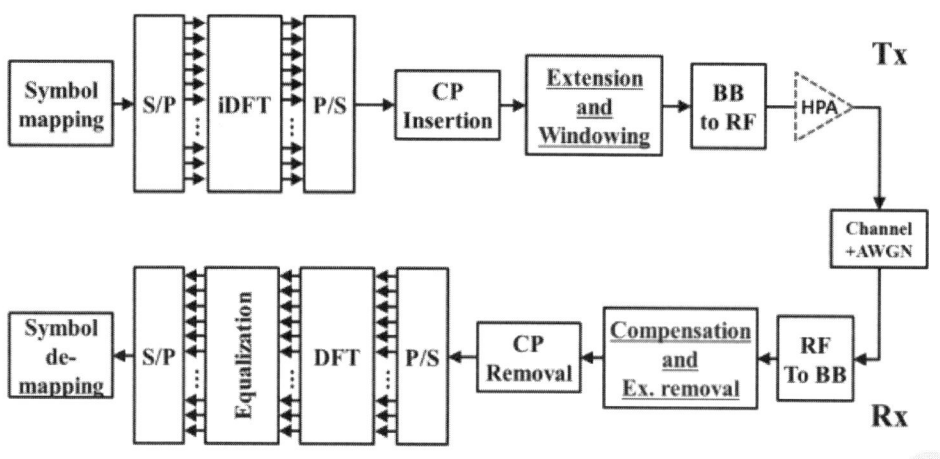

W-OFDM 송수신기 구성도

- W-OFDM 시스템은 시간영역 윈도우 기법을 사용하여 송신신호 스펙트럼의 OOB 전력을 저감시킴.
- W-OFDM 시스템은 기존의 CP-OFDM 시스템과 동일한 방법으로 신호를 생성한 후, 신호의 시작과 끝을 일부 확장한 뒤 시간영역 윈도우 기법을 수행함.
- W-OFDM시스템의 송신신호 OOB 특성도 HPA 비선형 특성에 의해 열화될 수 있음.

Ⅵ. 파형비교

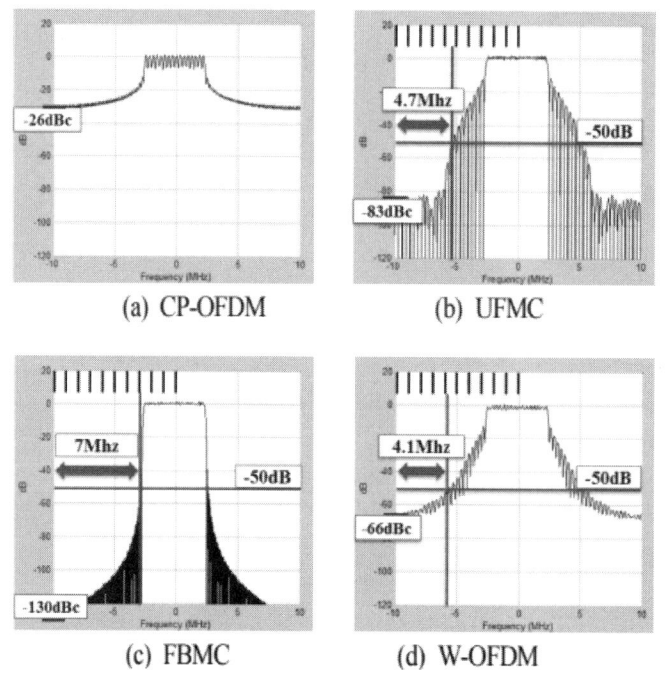

각 시스템의 Spectrum 특성

Ⅶ. 맺음말
- 5세대 이동통신에 이르기까지 표준에 채택된 파형 외에도 다양한 파형들이 연구되어 왔으나, 이들의 실제적인 적용에 있어 높은 PAPR, 높은 구현/계산 복잡도, 다중안테나 기술과 같이 타 기술의 확장 용이성 등에 의해 그 이용이 제한되거나 표준에 채택되지 않았음.
- 하지만, 시스템 집적도가 증가되어 기저대역의 처리 속도가 개선되고 아날로그/RF 소자의 가격이 저렴해짐에 따라, 다양한 파형기술이 차후 이동통신 표준에 채택될 수 있을 것으로 기대됨.

문제05) ICT융합 환경에서 콘텐츠, 플랫폼, 네트워크, 디바이스의 보안위협과 융합보안의 필요성을 설명하시오.

Ⅰ. 개요
- 4차 산업혁명으로 인해 예전에는 각각 다른 네트워크에서 운영되던 정보기수(IT)·물리보안(Physical Security)·제조운영(OT)·사물인터넷(IoT) 시스템이 서로 연결되면서, 사이버 위협의 범위가 점차 확대되고 있음.
- 실제 2016년 미국 본토 인터넷을 3시간 동안 마비시켰던 미라이봇넷 디도스 공격이나, 작년에 발생한 대만 반도체 공장의 랜섬웨어 감염 사건 등 해마다 이종 시스템을 넘나드는 공격이 발생하고 있음.
- 이 같은 복합 위협 상황에 대응하기 위해 '융합보안'이 필요함.
- 융합보안(Convergence Security)이란 물리적 보안과 정보 보안을 융합한 보안 개념으로, 각종 내·외부적 정보 침해에 따른 대응은 물론 물리적 보안 장비 및 각종 재난·재해 상황에 대한 관제까지를 포함함.

Ⅱ. ICT융합 환경
1) 개념
- 융합(Convergence)이란 서로 다른 것이 하나로 합쳐지는 것임. 즉 두 개 이상이 모여 구별 없이 녹아 하나로 만들어지는 것임.
- ICT 융합은 ICT가 상품과 서비스의 본질에 영향을 미쳐 새로운 유형의 상품과 서비스를 창출하는 것을 의미하며 고객이 요구하는 새로운 가치 창출을 위한 것임.
2) ICT 융합 환경
- 과거에는 물리보안 네트워크와 IT 인프라는 별개의 네트워크로 구성되어 운영되었으나, 최근 TCP/IP의 개방형 네트워크를 수용해 운영효율성 및 원가절감의 목적으로 네트워크가 컨버전스 되기 시작했음.
3) ICT 융합 환경에 따른 새로운 도전
- 네트워크가 융합됨에 따라 운영효율성 제고 및 원가절감은 달성할 수 있으나, 네트워크 융합에 따른 통신 대역폭, 네트워크 안정성 및 해킹, DDoS 취약점 등의 문제가 더욱 확대되었음.
- 과거 별도의 네트워크로 구성되어 폐쇄적으로 운영되던 물리보안 시스템이 네트워크가 컨버전스되면서 개방형 네트워크에 노출되고 이에 따라 해킹, DDoS에 더욱 취약하게 되었음.

Ⅲ. 보안위협
1) 콘텐츠 보안위협
- 디지털 콘텐츠는 무한히 반복하여 사용해도 품질 저하가 발생하지 않고, 수정과 복사가 용이하며, 통신망을 통해 대용량의 콘텐츠를 순식간에 전송할 수 있는 기술적 특성을 지니고 있음.
- 멀티미디어 콘텐츠 자산에 대한 권리를 안전하게 보호하고 체계적으로 관리하기 위한 콘텐츠 보호기술이 필요하게 되어 DRM(Digital Rights Management, 디지털 저작권 관리), CAS(Conditional Access System, 제한 수신 시스템), CP(Copy Protection, 복제 방지), 워터마킹(Watermarking) 등과 같은 디지털 콘텐츠 보안기술이 제안되었음.

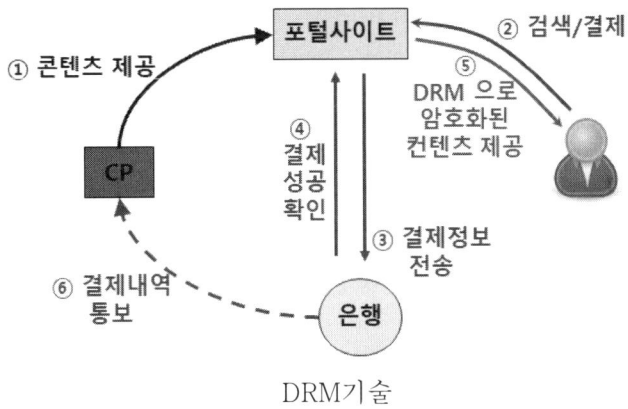

DRM기술

(2) 플랫폼 보안위협
- 플랫폼은 공통의 활용 요소를 바탕으로 본연의 역할도 수행하지만, 보완적인 파생 제품이나 서비스를 개발·제조할 수 있는 기반임.
- 페이스북, 트위터는 하나의 소셜 네트워크 서비스가 아니라 플랫폼이 되었음.
- 플랫폼 보안위협에는 SNS를 이용한 허위사실유포, 악성코드 유포, 스팸광고 유포, 개인정보 탈취 등이 있음.

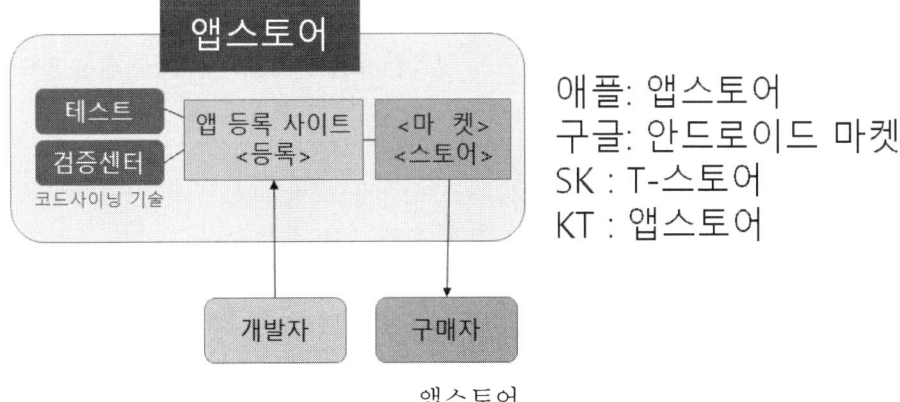

앱스토어

(3) 네트워크 보안위협
- 초연결 시대는 초고속 이동통신, 고신뢰/초저지연 통신, 대량 연결이 가능해지는 사회이다. 무엇보다 빠른 속도를 기반으로 신뢰도가 담보되어 수많은 IoT기기들의 연결이 가능해짐.
- 따라서 이런 초연결성으로 인해 위협은 과거보다 더 빠르게 퍼져나갈 수 있음.
- 암호화폐, 블록체인, 클라우드 등 새로운 기술들 모두 초고속 네트워크를 기반으로 하고 있으며, 네트워크가 초고속화, 컨버전스, 통합화 되면서 보안위협의 핵심으로 인식되고 있음.

1) 무선 접속 구간의 보안 위협
 - 무선 재밍 공격을 통한 단말의 데이터 수신 방해
- 대규모 감염된 IoT 단말의 과도한 접속 요청으로 인한 5G RAN DDos 공격
- 과도한 서비스 요청에 의한 무선 공유 자원 고갈
- 가짜 중계기를 이용한 통신 속도 방해 및 사용자 정보 탈취의 중간자 공격

2) 클라우드 보안 위협
- 엣지 클라우드 저장 정보(인증 등)의 보안 위협
- 엣지-코어 간 전송되는 인증정보 도청 등 해킹
- 감염된 MEC 서버 및 외부 응용서버와의 인증 시 중간자 공격을 통한 중요정보 유출
- 로밍 시 과거 인증정보 네트워크 캐싱의 보안성 약화 등

3) SDN/NFV 네트워크 가상화 기술의 보안위협
- 가상화 소프트웨어 공격으로 불법접근 및 데이터 유출
- SDN 컨트롤러/스위치 공격으로 트래픽 경로 조작
- 채널 공격으로 다른 슬라이스의 암호키 취득 및 중요정보 유출
- 서로 다른 네트워크 슬라이스간 불완전한 격리 우회로 불법 접근
- 공개 소프트웨어(오픈소스) 취약점을 악용한 공격 등

(4) 디바이스 보안위협
- 최근 디바이스의 폭발적인 증가와 사용자의 사용 단말기기가 PC에서 스마트폰, 태블릿PC에서 스마트밴드, 스마트워치등 웨어러블 디바이스로 넘어오고 있음.
- 웨어러블 디바이스들이 사생활 침해 등 심각한 보안 위협을 일으킬 수 있는 것으로 나타났음.

IV. 융합보안의 필요성
- 기존 1차적으로 개인정보나 기밀보안의 필요성을 느끼고 대두된 개념이 정보보안임.
- 시간이 좀 더 지나고 나니 단순히 "보안"이 아닌 법률, 정책, 사용 환경을 고려해야 하는 상황이 생겨났음.
- 이러한 다양한 상황을 고려해서 판단하고 결정해야하는 "융합보안"의 필요성이 커지게 되었음.
- 즉, 융합보안은 정보보안보다 큰 개념이며 컴퓨터 속 보안보다 실 생활에 가까운 보안이라 할 수 있음.

- 4차산업혁명은 초연결로 이루어진 사회로, 빅데이터, AI, 자율주행, U-City, 스마트 시티, 공장자동화, 5G, 원격의료, IoT, 사물인터넷 등이 확대됨에 따라 위협에 대한 노출도 증가하게 되었음.
- 복합 위협 상황을 대응하기 위해서 융합보안이 필요함.

Ⅴ. 결론
- 사이버 공격이 국가 안보를 위협하고 있는 현실을 엄중히 바라보면서 융합보안을 적극적으로 고려해야 하는 시대에 와 있음.
- 정부에서 시행하고 있는 IoT 융합보안 실증사업의 7대 분야(스마트카 서비스 모델, 공급 기관 연계형 헬스케어, 스마트그리드 에너지 관리 시스템, 스마트 홈 관리 시스템, 지능형 스마트 공장, 개방형 스마트 시티 플랫폼, 스마트 클린-워터 정수장)에서 산·학·연이 협동하여 융합보안에 대한 실증서비스를 개발해야 함.
- 또한 연구개발, 서비스, 인프라 구축, 개인 정보보안 대책, 법·제도 그리고 평가 체계 마련 등의 행동 지침을 제시해야 하며 보안이 내재화된 기반 조성해야 하며, 글로벌 융합보안 시장을 선도하는 9대 보안 핵심 기술 개발하고, IoT 보안 산업 경쟁력을 강화해야 함.

문제06) Cross Modulation과 Intermodulation을 비교하고 억제방안에 대해서 설명하시오

Ⅰ. 개요
- Intermodulation(상호변조)이란, 비선형 소자를 통한 RF신호처리 과정에서, 두 개의 다른 입력 주파수 신호의 고조파(harmonics)들 끼리의 합과 차로 조합된 출력주파수 성분이 나오는 현상을 말함.

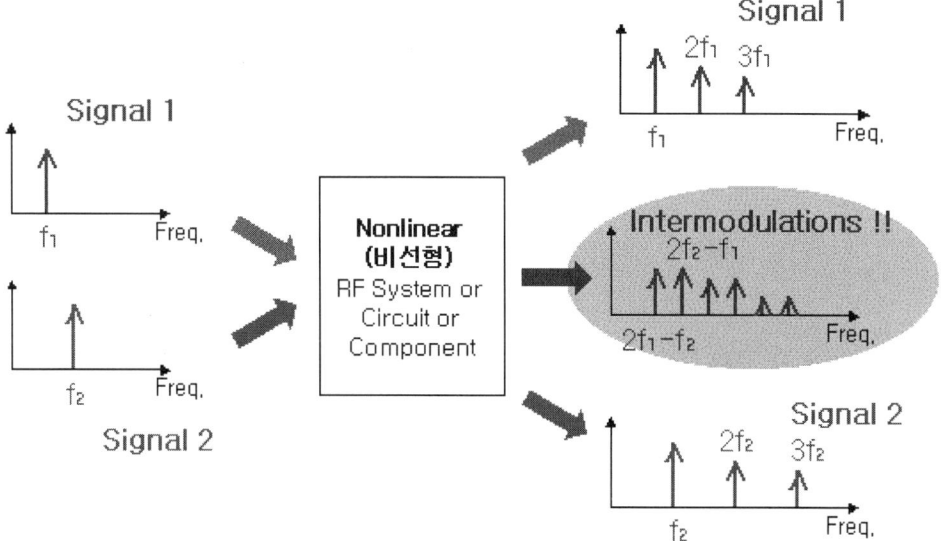

- Cross Modulation(혼변조)과 Intermodulation(상호변조)은 발생 원리가 기본적으로 같다. 즉, 비선형시스템에서의 고조파 생성과 그 조합에 의해 불필요한 신호가 잡음원으로 작용하는 것임.
- 잡음 신호를 발생 시키는 신호의 source(잡음원)에 따라 분류함.
- 하나의 입력주파수가 다시 입력부에 feed back되어 새로운 주파수가 발생하는 경우를 Cross Modulation이라 하고, 하나의 신호가 처리되면서 나타나는 것이 아니라 2개 이상의 주파수 신호가 동시에 처리될 때 나타나는 현상을 Intermodulation이라 구분 함.

Ⅱ. Cross Modulation

- 희망파가 무변조일 때 통과 대역 밖에 있는 강력한 방해파가 들어와 희망파가 방해파의 신호파에 의하여 변조방해를 받는 경우
- RF amp. 또는 mixer의 비직선성에 의한 3차, 5차, … 등의 기수 차 intermodulation에 의하여 발생
- 우수차 intermodulation은 희망파에서 상당히 떨어져 있기 때문에 방해로 되지 않음.
- 대표적인 경우로 duplexer를 사용하는 단말기에서 송신신호의 일부가 수신단으로 흘러 들어가 실제 수신신호와 intermodulation을 일으키게 됨.
- 이외에도 외부에서 잠입 가능한 주파수 잡음원에 의한 변조현상 일체를 지칭함.
- Single tone Test 등을 통해 그 정도를 가늠하기도 함.
- Super Heterodyne 수신기에서는

  $nf_{LO} \pm mf_{RF}$, f_{LO} : 수신기 국부발진 주파수, f_{RF} : 수신 주파수

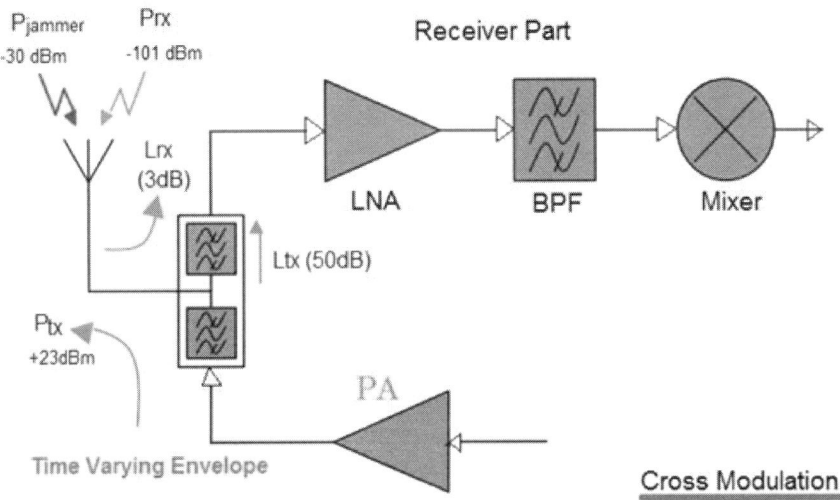

Ⅲ. Intermodulation

- 통과대역 밖에 있는 2개 이상의 강력한 방해파가 들어오는 경우 방해파 상호간에 변조적이 발생되고, 이것이 희망파 또는 IF와 일치하게 되어 방해를 발생 시키는 현상
- 비선형 소자를 통한 신호처리 과정에서 2개의 다른 입력 주파수신호의 주파수들끼리의 합과 차로 조합된 출력주파수 성분이 원래 원하는 신호의 주파수대역 안에서 나오는 현상을 말함.
- 발생 원인은 RF amp. 또는 mixer의 비직선성이며, Cross Modulation과 마찬가지로 3차, 5차, … 등의 기수차 intermodulation이 문제로 되는 경우가 많다.
- 즉, 하나의 RF신호가 처리 되면서 나타나는 게 아님.
- 이는 원래의 신호에 방해되는 왜곡요소로서, 그 결과물을 IMD (Intermodulation Distortion)라고 함.

Ⅳ. 억제 방안
- 기본적으로 비선형 특성에 의하여 발생하는 고조파를 억제하기 위하여 선형성이 강한 소자를 사용하고 발생한 고조파를 BPF(Bandpass filter)를 통해 걸러 냄.

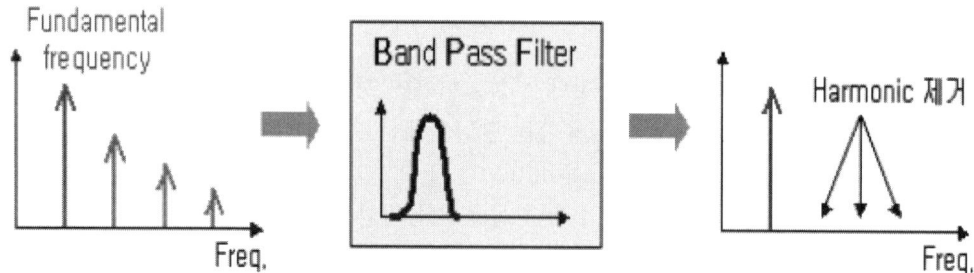

- 실제는 조금씩 다른 주파수 채널을 같이 쓰게 되는 경우 BPF로 고조파를 제거했음에도 불구하고 3rd IMD(IM3)가 나타남.
- 빨강색 표시가 3rd IMD(IM3)

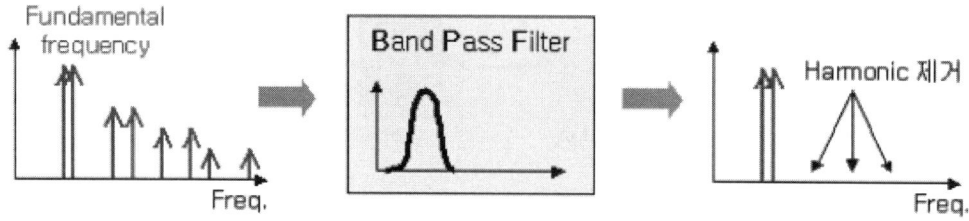

- 3rd IMD(IM3)란 비선형 출력단의 3승항에서 나왔다는 의미임
- $2f_1 \sim f_2$, $2f_2 \sim f_1$의 IMD 성분을 말함.
- 결국 이 IMD 신호들은 원래 신호를 교란하고 통신을 방해하기 때문에 주요 제거 대상임.
- IMD를 방지하기 위해서는 선형적인 주파수(방정식이 차수가 없어야함)를 얻을 수 있도록 Pre-distortion 방식, Feed forward방식, DPD(Digital Pre-Distorter)방식을 채택하여야 하며, 신호레벨도 적절히 조절하면 방지가 가능함.
- 또는 BSF(Band Stop Filter, Notch Filter라고도 하며 특정대역에서 급격한 감쇄)를 이용하여 특정 고조파를 차단함.
- 송신장비에서 발생하는 IMD는 주로 앰프에서 발생되는데, ACLR과 같은 시스템 규격으로 간섭을 일으키지 않도록 제한하고 있음.
- 일반적으로 IF를 사용하는 super heterodyne 방식의 통신에서는 주파수 변환 특성상 3차 IMD 항이 중요하고, IF를 사용하지 않는 direct conversion의 경우에는 2차 IMD 항의 영향이 더 큼.
- 반면 혼변조는 발진부 또는 RF부를 차폐함으로써 방지할 수 있음.

국가기술자격 기술사시험문제

기술사 제 119 회 제 4 교시 (시험시간: 100분)

분야	통신	자격종목	정보통신기술사	수험번호		성명	

※ 다음 문제 중 4문제를 선택하여 설명하시오. (각10점)

문제01) Wireless LAN의 보안 취약점과 대응기술을 설명하시오.

Ⅰ. 개요
- 최근 휴대폰 환경에서의 인터넷 서비스 증가로 일반 가정, 소규모 단독 사무실, 대학 등 일반 PC 네트워크 환경에서 무선 LAN의 사용이 급증하고 있음.
- 무선 LAN에서 송수신 되는 자료는 전파를 사용하여 공중으로 브로드 캐스트 되기 때문에 전송과정에서 보안문제, 사생활 문제가 대두되고 있음.
- 무선랜 초기 보안 규격인 WEP(Wirelss equivalent Privacy)알고리즘의 취약성 발표되었음.
- 무선랜을 액세스 제어와 무선랜을 이용한 안전한 통신 환경 보장을 위함임.
- 사용자 인증, 접근제어, 권한 검증, 데이터 기밀성, 데이터 무결성, 부인방지 및 안전한 핸드오프를 전반적으로 만족하였을 경우 무선랜 보안 시스템이라 함.

Ⅱ. 무선랜의 취약점 및 보안정책 수립
(1) 물리적 특성에 의한 취약점
- AP의 전파는 손쉽게 건물 외부에 까지 출력되므로 외부에서 내부 네트워크에 접속이 가능함.
- 무선은 유선에 비해 장비 이동이 용이하다. 따라서 사용자 인증이 없는 경우 장비를 훔쳐 네트워크에 손쉽게 접속이 가능함.
- 물리적으로 케이블을 연결할 필요가 없기 때문에 관리자의 눈을 피해 불법 침입자의 접속이 용이함.

(2) 인증 및 암호화 매커니즘 취약점
- 단말기 인증과 무선 구간의 암호화를 위해 AP와 단말기에 설정하는 WEP가 있으나 보안기능이 미약함.
- WEP 인증방법은 상호인증 기능을 제공하지 않아, AP는 단말기를 인증하나, 단말기는 AP를 인증할 수 없어 단말기 입장에서 정당한 AP와 통신하는지 확인이 어려움.
- IEE802.11i 표준은 무선랜 사용자 보호를 위하여 사용자 인증 방식, 키교환방식, 무선구간 암호화 알고리즘을 정의하고 있음.

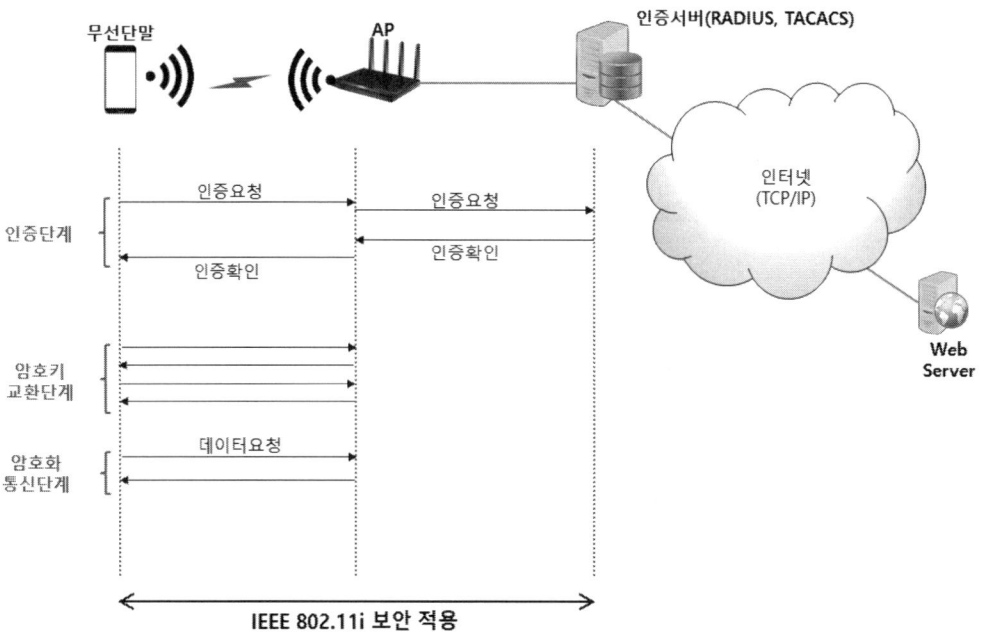

IEEE 802.11i 사용자 인증 개념도

(3) AP 및 인증 데이터 보호를 위한 조치
- AP의 전하가 건물 내로 한정되도록 전파 출력을 조정하고, 외부에 접한 벽이나 창 쪽에서 먼 곳에 설치함.
- AP 관리용 소프트웨어의 IP, 패스워드 주기적 변경함.
- AP와 단말기의 SSID를 변경 AP에 MAC 주소 필터링 기능을 설정하고, 무선랜 카드의 주소를 AP에 등록함.

Ⅲ. Wireless LAN의 보안취약점
- 물리적 취약점, 기술적 취약점, 관리적 취약점으로 구분할 수 있음.

구 분	유 형	내 용
기술적 취약점	• 도청 • 서비스 거부(DoS) • 불법 AP(Rouge AP) • 무선 암호화 방식 • 비인가 접근	• 무선 AP 전파의 강도와 지형에 따라 필요 범위 이상 전달 • 무선 AP에 대량 무선 패킷 전송하여 서비스 거부 공격 • 불법적 무선 AP 설치하여 사용자들의 전송 데이터를 수집 • WEP < WPA/WPA2 사용하여 긴 길이의 비밀키 설정 및 운영 • SSID 노출 / MAC 주소 노출
관리적 취약점	• 무선랜 장비 관리 미흡 • 무선랜 사용자의 보안의식 결여 • 전파관리 미흡	• 기관에서 사용하는 무선랜 장비인 AP와 무선랜 카드 운영/사용자관리 • 보안 정책 및 장비를 관리자뿐만 아니라 사용자 보안 의식이 중요 • 기관 내부와 외부에서 전파 출력을 측정하여, 적절한 서비스 영역 제공
물리적 취약점	• 도난 및 파손 • 구성설정 초기화 • 전원 차단 • LAN 차단	• 외부 노출된 무선 AP의 도난 및 파손 • 무선 AP의 리셋버튼을 통한 초기화 장애 • 무선 AP의 전원 케이블의 분리로 인한 장애 • 무선 AP에 연결된 내부 케이블 절체 장애

Ⅳ. 기술적 대응기술
(1) WEP(Wired Equivalent Privacy)
- WEP(Wired Equivalent Privacy)는 무선 랜 통신을 암호화하는 가장 기본적인 방법으로 802.11b 프로토콜에서부터 적용됐음.
- IEEE WI-FI 표준 802.11b에 기술되어 있음.
- WEP 방식은 RC4암호화 방식을 사용함.
- WEP 방식은 일정한 양의 데이터를 분석하면 이로부터 키(key)를 추출할 수 있는 단점이 발견되어 공격에 취약하며 보안성이 약하여 WPA, WPA2가 제안되었음.

(2) WPA(Wi-Fi Protected Access)
- Wi-Fi에서 제정한 무선 랜(WLAN) 인증 및 암호화 관련 표준.
- WPA는 IEEE 802.11i 표준의 TKIP(Temporal Key Integrity Protocol: 임시 키 무결성 프로토콜)알고리즘을 사용함.
- WPA는 48비트 길이의 초기벡터(IV)를 사용함.
- WPA는 인증 부문에서 802.1x 및 확장 가능 인증 프로토콜(EAP)을 사용하여 인증 기능을 높였음.

(3) WPA2
- WPA2방식은 AES 암호화 방법을 사용하여 액세스 포인트에 연결할 브라더 무선 시스템을 가능하게 하여 좀 더 강력한 보안을 제공함.
- TKIP (Temporal Key Integrity Protocol) 암호화 방법임.
- TKIP는 메시지 무결성 및 재 입력 메커니즘을 혼합 패킷 당 키를 제공함.
- AES(Advanced Encryption Standard)는 강력한 Wi-Fi® 암호 표준화임.

구분	WEP	WPA	WPA2
인증 방식	WEP-PSK	WPA-PSK, WPA-EAP	WPA2-PSK, WPA2-EAP
암호화 방식	RC4	TKIP	AES-CCMP

표 기술적 대응방식

V. 물리적 보안취약점 대책
- AP를 잘못된 설치한 경우에는 합법적인 사용자의 하이재킹에 의해 서비스 거부 공격이 발생할 수 있음
- 클라이언트와 인증 서버간의 상호 인증 방식 필요
- 장비 분실 시 반드시 관리자에게 통보
- 서비스를 제공하는 관제세터의 보안관리를 고도화 함
- WEP키와 MAC 주소를 더 이상 사용하지 못하도록 보안 정책을 수정해야 함

VI. 무선랜의 보안을 강화하기 위한 대책
- 무선랜 AP 접속 시 데이터 암호화와 사용자 인증 기능을 제공하도록 설정함.
- 무선랜 안테나는 무선 전파를 더 멀리 송수신하기 위해서 사용함.
- 따라서 무선랜 안테나를 사용하면 무선랜 전파를 더 멀리까지 전송할 수 있지만 늘어난 전파 전송범위 안에서 무선랜 데이터에 대한 도청과 감청의 위험이 더 높아질 수 있다. 그러므로 AP에 지향성 안테나를 사용해서 실제로 사용하는 이용자에게만 무선랜 전파가 도달하게 하는 것이 좋다.
- 무선랜 AP에 MAC 주소를 필터링하여 등록된 MAC 주소만 허용하는 정책을 설정함.
- 무선 장비 관련 패스워드의 주기적인 변경함.
- 무선랜 AP의 이름인 SSID를 브로드캐스팅 하지 않고 숨김으로 설정해 폐쇄적으로 운영하면 SSID를 모르는 사용자의 접속 시도를 현저하게 줄일 수 있음.

문제02) MPEG-DASH와 MMT(MPEG Media Transport)를 비교 설명하시오.

Ⅰ. 개요
- 국내 UHD 방송 전송 표준은 방송망은 DASH/ROUTE 및 MMT 통신망은 TCP/IP 기반으로 하는 DASH를 채택함.
- DASH는 스트리밍를 위한 기술 표준으로, 최근 스트리밍 서비스 이용이 증가하면서 가변적인 망 상황에 따른 서비스를 위해 제정된 기술 표준
- MMT는 MPEG-H의 방송표준으로 멀티미디어 데이터 전송을 위한 시그널링, 전달 프로토콜, 난일 포맷을 포함하며 전송 방법으로는 양방항, 단방항 모두 지원함.

Ⅱ. DASH(Dynamic Adaptive Streaming over HTIP)
(1) DASH의 개요
- MPEG에서 IP 기반 고화질 영상을 Seamless하게 서비스하기 위해 기존 적응형 스트리밍 기술의 문제점을 보완한 DASH 기술을 표준화하였음
- DASH 기술은 부호화 방식과 별도로 사용이 가능해 부호화 기술로 AVC방식 대신 SVC방식을 사용 시 제한된 캐시 저장 공간에서 더 많은 콘텐츠를 저장, 제공할 수 있고 캐시 트래픽을 감소시킬 수 있음.
- DASH 기술은 기존 적응형 스트리밍 기술 및 HTML-5 기술 등을 수용해 N-SCREEN 등의 서비스에 유연하게 적용이 가능

(2) 개념도

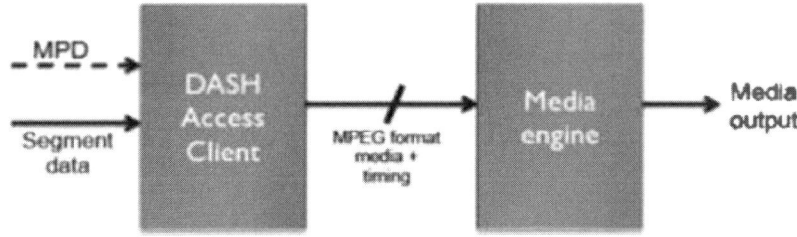

(3) DASH의 (Dynamic Adaptive Streaming over HTTP) 특징
- Apple HTTP Live Streaming과 동일 사양
- 콘텐츠를 Segment 분할해서 복수의 Bit rate로 부호화
- Client가 통신품질에 따라 적절하게 Bitrate를 선택해서 사용
- 네트워크 환경 번화에 대응하는 전송시스템
- QoE QoS의 향상 기대
- MPD(MPEG Presentation Description)의 메타데이터를 이용하여 영상 전송

Ⅲ. MMT(Mpeg Media Transport)
(1) MMT의 개요
- 이종 표준이 혼재되어 있는 환경에 대응하는 Bit Stream 전송기술(MPEG-H의 Part 1 으로 표준화 되었음)
- IP 기반 네트워크를 중심으로 미디어를 네트워크에 잘 적응하면서 효율적으로 전달하기 위한 미디어 전송규격

(2) MMT의 개념도

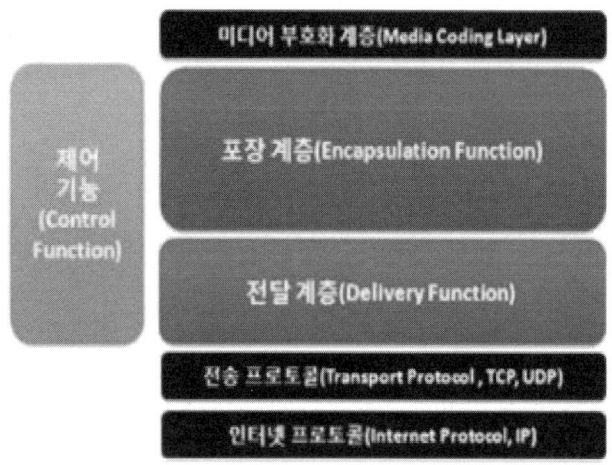

(3) MMT의 구성요소
- Encapsulation은 부호화된 미디어 데이터를 저장매체에 저장하거나 전송 프로토콜과 네트워크의 페이로드로 실어 보내기 위해 포장하는 포맷을 정의하는 것으로 컨테이너 포맷과 MPEG-2 PES와 유사
- Delivery는 네트워크 패킷화. QoS 등을 포함 콘텐츠를 Segment 분할해서 복수의 Bitrate 로 부호화
- Control은 세션초기화, 제어 및 관리 등의 기능을 담당하며 RTSP가 제공하는 기능과 유사한 기능

(4) MMT의 특징
- 가변길이 Packet 복수 Media를 다중화
- Hybrid, Multi Ch, Layered 전송에 대응 가능
- 적용범위가 넓고 강력한 오류정정 부호 사용

Ⅳ. DASH와 MMT의 비교

방식	MPEG-DASH	MMT
구성	(송신 3개 → 수신 1개)	(송신 2개 → 수신 3개, 교차연결)
표준화	ISO/IEC 23009-1	ISO/IEC DIS 23008-1
주요 특징	- 3GPP Adaptive Streaming 방식을 기반으로 MPEG에서 규격화 - 내역 변동이 있는 환경에서 Streaming 전송 가능 - 기존 HTTP 서버 등 기존 인프라를 활용하는 방식 - 제어신호로 여러 개의 Segment 정보를 배포하고, Clirnt Segment를 선택하여 수신하는 Adaptive 수신이 가능 - 파일 전송은 HTTP을 이용함 - MPEG-2 TS를 기본으로 Media를 부호화하여 처리함 - Seamless한 영상 재생에 사용	- 방송을 포함한 다양한 전송로에서 Media 전송이 목적 - 여러개의 Network를 사용하는 Hydrid 전송이 가능 - 제어신호에 의해 복수의 전송로에서 영상, 음성신호를 조합할 수 있는 콘텐츠 구성이 가능 - 콘텐츠를 구성하는 신호를 하나로 다중화 가능 - AL-FEC등의 전송품질보증 기술의 적용이 가능 - UTC 기반의 Media동기화 가능
사용 영역	- OTT에서 영상 전송 - HbbTV 통신회선에 전송방식으로 채택	- 4K, 8K 디지털 방송 - 입장감 있는 통신 서비스

V. 차세대방송 다중화 방식의 요구조건
- UHDTV 서비스의 전송방식에 적합한 방식
- 다양한 서비스의 유연한 편성이 가능한 방식
- 기존 통신관련 서비스와 연계를 고려한 기능의 필요
- 다른 서비스와의 상호 운용성을 지원할 것
- UTC(세계공통시간)기준의 Time Clock을 가져 호환성 확보 필요
- 유료방송의 지상파 재전송 서비스와 같은 타 방송 네트워크에 전송하기에 용이성을 가질 것
- 인증된 다양한 기간방송사업자의 송출 신호의 독립성이 확보할 수 있을 것
 다양한 서비스의 복수 사업자에 대응이 가능할 것

VI. 맺음말
- 방송과 통신이 융합되는 환경에서 미디어 전송을 위한 다중화방식의 요구조건에 적합한 방식의 기술표준들이 점진적으로 적용이 늘어날 것임.

문제03) OFDM시스템을 사용하는 평균 반사파 시간 100[ns]인 셀 환경에서 10[Mbps]를 전송하고자 한다. 이때 요구되는 대역폭과 Sub-Carrier개수를 구하시오.
(단. 16QAM 변조기법과 1/4 채널코딩 사용)

Ⅰ. 개요
- OFDM방식은 높은 주파수 이용 효율과 이동 환경에서 다중 경로 간섭에 의해 발생하는 주파수 선택적 페이딩 등을 효과적으로 극복할 수 있어 4G의 핵심 무선 전송기술로 주목 받고 있음
- OFDM방식은 고속 전송률(high-rate)을 갖는 직렬 데이터열(data stream)을 낮은 전송률을 갖는 병렬 데이터열로 나누고 이들을 다수의 협대역 부반송파(Subcarrier)를 사용하여 동시에 심볼 단위로 전송하는 방식이므로 광대역 전송 시 나타나는 주파수 선택적 채널이 심볼간 간섭이 없는 주파수 비선택적 채널로 근사화되기 때문에 간단한 단일 탭 등화기로 보상이 가능함.
- 다중경로 페이딩을 갖는 무선통신 채널에서 고속 데이터 전송 시 단일반송파(Single Carrier) 전송방식을 사용하는 기존의 CDMA방식을 사용하게 되면 심볼간 간섭이 더욱 심해지기 때문에 수신단의 수많은 레이크 수신기와 등화기의 복잡도가 급격히 증가함

Ⅱ. OFDM방식의 기본원리
- OFDM 방식에서는 상호 직교성을 갖는 복수의 반송파를 사용하므로 기존의 주파수 분할 다중화 방식에 비해 대역폭 효율이 높아지고, 송/수신단에서 이러한 복수의 반송파를 변/복조하는 과정은 각각 IFFT와 FFT를 사용하여 간단하게 고속으로 구현할 수 있음.
- 인접 carrier간의 간섭을 최소화하기위해 인접 carrier간에 peak와 null이 교차되도록 주파수 배치
- OFDM방식은 송신부에서 고속의 데이터를 반사파에 강한 저속으로 변환하여 병렬전송하고 수신부에서 저속의 병렬 데이터를 합해서 고속의 데이터로 복원하는 전송방식임.

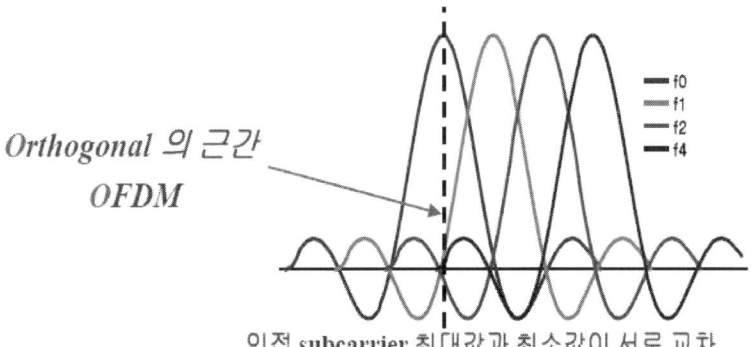

인접 subcarrier 최대값과 최소값이 서로 교차

Ⅲ. 대역폭과 Sub-Carrier 개수 계산

조건 ; Bit Rate: 10Mbps, 평균 반송파 시간(Delay Spread) : 100nS

1) Guard Time = 400nS (ISI 제거를 위하여 Guard Time을 Delay Spread의 4배로 가정함)
2) OFDM Symbol Duration: 6 × 400nS = 2.4us
3) FFT Time = (2.4-0.4)us = 2.0us
4) Sub-Carrier Spacing =1/2us = 500kHz
5) Symbol Rate = 1/T = 1/2.4us
6) Bit rate/OFDM symbol rate = 10Mbps/(1/2.4us)
   $\quad\quad\quad\quad\quad\quad\quad\quad\quad$ = 24bits/OFDM symbol
7) 조건에서 16QAM과 1/4 채널코딩을 적용하면,
   4bits/sub-carrier × 1/4 = 1 information bit/sub-carrier
8) sub-carrier당 1bit를 전송하므로 24bit를 전송하기 위해서는 24 cub-carrier가 필요
9) 요구대역폭 : 24 × 500kHz = 12MHz

문제04) 5G Dual Connectivity와 4G Carrier Aggregation을 비교 설명하시오.

Ⅰ. 개요
- Carrier Aggregation은 3GPP에서 소개된 기술로 UE가 한 개의 eNB에서 여러개의 Carrier를 통해 송수신을 진행하는 기술임.
- CA는 대역폭 확장을 통해서 Throughput 개선이 가능함.
- Dual Connectivity는 두 개의 eNB를 사용한 여러 Carrier를 통해서 서비스를 제공, Throughput증가와 Mobility의 robustness 그리고 eNB간의 로드 발란싱이 가능함.

Ⅱ. Carrier Aggregation 기술
(1) Carrier Aggregation(4G)
- 한개의 Component Carrier 주파수 대역폭 : 20MHz
- 최대 CC 수 : 5개
- 최대 전체 대역폭 : 100MHz

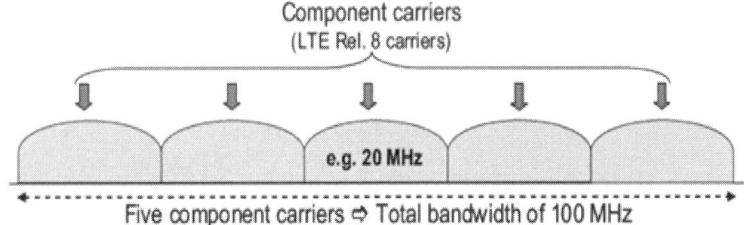

(2) Carrer Aggregation의 종류
1) Inter-Bnad Contiguous: 동일 밴드에 주파수가 서로 인접한 경우 사용되는 CA 방식
2) Inter-Band non Contiguous: 동일 밴드에서 주파수가 인접하지 않는 경우 사용되는 CA 방식
3) Inter-Band: 동일하지 않은 밴드에서 사용하는 방식의 CA
(3) Carrier Aggregation의 특징
- Bandwidth확장을 통해서 Data rate 개선이 가능
- LTE-A에서는 5개 Carrier(100MHz)를 LTE-A pro에서는 32개 Carrier(640MHz)의 Carrier Aggregation 제공

III. Dual Connectivity
(1) Dual Connectivity(5G/NSA)
- 5G NR에서는 Stand Alone(SA)와 Non Stand Alone(NSA) 구조를 사용함
- NSA의 경우 LTE를 Control Plane, NR을 User Plane으로 사용함.

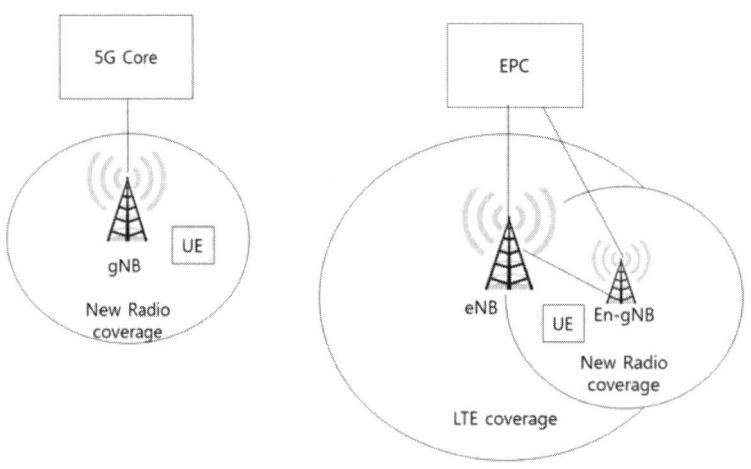

1-1 Standalone 5G시스템   1-2 Non Standalone (EN-DC) 5G시스템

5G NR 사용을 지원하는 SA와 NSA(EN-DC) 시스템 구조

(2) SA와 NSA 시스템상 기지국의 종류
1) eNB : LTE Radio 기술과 EPC와의 연동을 지원하는 LTE 시스템에서 사용되는 기지국
2) gNB : New Radio 기술과 5G Core와의 연동을 지원하는 next generation NodeB인 새로운 기지국
3) en-gNB : New Radio 기술과 5G Core와의 연동을 지원하면서 동시에 LTE시스템의 코어인 EPC와 기지국인 eNodeB와 연동되는 새로운 기지국

(3) 특징
- SA 구조에서는 gNB만를 사용하여 구성함.
- 5G NSA 구조에서 단말은 LTE Radio 기술을 지원하는 eNB의 리소스뿐만 아니라 eNB와 EPC와 연동하면서 New Radio 기술을 지원하는 en-gNB의 리소스도 사용함.
- 하나 이상의 RX/TX를 지원하는 단말이 하나 이상의 기지국들이 제어하는 리소스를 동시에 사용하는 기술을 Dual Connectivity (DC)라고 부르며, 5G NSA 구조는 3GPP 표준 단체에서 정의한 EN- DC 기술에 기반하고 있음.
- 5G NSA구조의 기반이 되는 Dual Connectivity 기술은 5G New Radio가 정의되기 전 3GPP Release-12에서 처음 등장하였음.

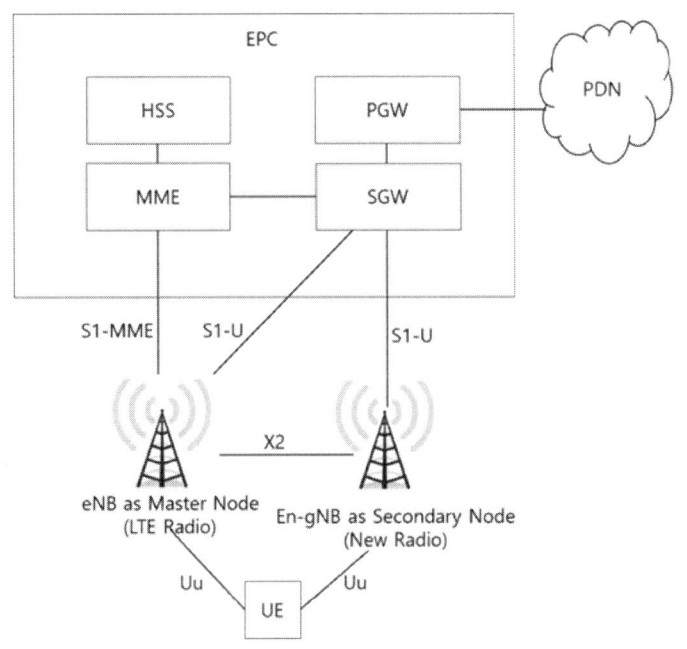

EN-DC: E-UTRA New Radio Dual Connectivity

Ⅳ. 비교

항목	Carrier Aggregation	Dual Connectivity
기지국	1개	2개
전송속도	증가	증가
로드 발란싱	불가	가능
LTE 활용	5 Carriers	Rel.12
5G 활용	16 Carriers	NSA

- LTE의 DC는 3GPP Rel.12에서 매크로와 스몰셀이 혼재하는 상황에서 효율적으로 네트워크를 사용하는 방안으로 고려.
- DC에서는 단일접속구조와는 다르게 서로 다른 기지국이 제공하는 무선링크를 하나의 단말에서 사용

Ⅴ. 맺음말
- LTE에서 전송속도 증가를 위해서 여러개의 반송파(Carrier)를 묶어서 사용하는 Carrier Aggregation기술을 사용하였음.
- LTE Rel-12에서 Dual Connectivity가 처음 소개되었으며, 높은 용량의 통신을 제공하기 위해 두 개의 기지국에서 하나의 단말로 리소스를 제공하는 서비스의 개념을 적용
- 이렇게 3GPP Re.12에서 적용한 Dual Connectivity에서 Master Node(MN) 또는 Secondary Node(SN)가 LTE Radio외에 New Radio도 지원하도록 확장한 것이 5G NAS 임.

문제05) 자율 주행차의 주행환경 인지장치인 LIDAR와 RADAR를 비교 설명하시오

I. 개 념
- 자율주행자동차(Autonomous Vehicle)란 운전자 또는 승객의 조작 없이 자동차 스스로 운행이 가능한 자동차를 말함(자동차관리법 제2조)
- 고성능/고신뢰 자동주행 기능이 탑재된 차량이 인프라 및 통신 기술 등과 유기적으로 결합되어 운전자의 개입 없이 스스로 운행하는 개념으로 센서 등으로부터 획득한 다양한 정보를 활용하여 차량의 정밀한 위치와 주변환경을 인식하고 이를 기반으로 충돌없이 안전한 운행이 가능한 지동치임

Ⅱ. 자율주행자동차
(1) 자율주행자동차기술 개요도 및 기술 5단계 (SAE 기준)
1) 자율주행자동차기술 개요도

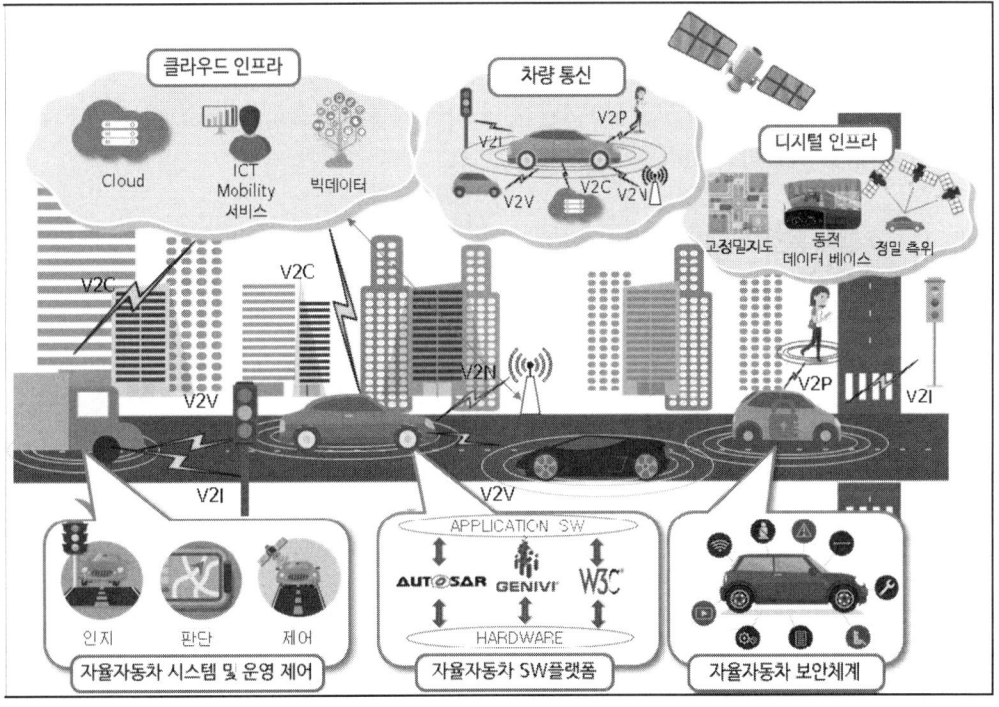

2) 자율주행자동차 기술 5단계

단계	정의	주요내용
Level 0	비자동화 (No Automation)	운전자가 전적으로 모든 조작을 제어하고, 모든 동적 주행을 조장하는 단계
Level 1	운전자보조 (Driver Assistance)	자동차가 조향 지원시스템 또는 가속/감속 지원시스템에 의해 실행되지만 사람이 자동차의 동적 주행에 대한 모든 기능을 수행하는 단계
Level 2	부분자동화 (Partial Automation)	자동차가 조향 지원시스템 또는 가속/감속 지원시스템에 의해 실행되지만, 주행환경의 모니터링은 사람이 하며 안전운전 책임도 운전자가 부담
Level 3	조건부자동화 (Conditional Automation)	시스템이 운전 조작의 모든 측면을 제어하지만, 시스템이 운전자의 개입을 요청하면 운전자가 적절하게 자동차를 제어해야 하며, 그에 따른 책임도 운전자가 부담
Level 4	고도자동화 (Hight Automation)	주행에 대한 핵심제어, 주행환경 모니터링 및 비상시의 대처 등을 모두 시스템이 수행하지만, 시스템이 전적으로 항상 제어하는 것은 아님
Level 5	완전자동화 (Full Automation)	모든 도로조건과 환경에서 시스템이 항상 주행 담당

(2) 기술 단계
- 자율주행 기술은 아직 국제 표준이 정해져 있지 않지만, 미국 도로교통안전국(NHTSA)에서 구분한 자율주행 기술 5단계(0~4단계)와 미국 자동차기술학회(SAE)에서 구분한 6단계(0~5단계)를 사용하고 있음

Ⅲ. 자율주행자동차의 주요 구성기술
(1) 주요 구성기술
1) 환경인식 기술 : LIDAR, RADAR, 카메라, 도로표식, 신호등 인식 등
2) 위치인식 및 맵핑 기술 : GPS 기술, 자동차의 절대/상대 위치추정 등
3) 판단 및 제어 기술 : 차선유지, 차선변경, 추월, 유턴, 액추에이터 제어 등
4) 인터렉션(HCI) : 사람-컴퓨터 간 상호작용을 돕는 작동시스템 설계 기술 및 학문분야
(2) LIDAR (Light Detection And Ranging)
- 라이다의 기본 원리로 특정 패턴으로 빛을 쏘아 수신 쪽의 반사광들을 바탕으로 정보를 추출하는 것
- 펄스 전력, 왕복 시간, 위상 변이, 펄스폭은 빛 신호에서 정보를 추출하는데 쓰이는 일반적인 파라미터 임
- 라이다는 자율주행차 외에도 3D 항공지도, 지리지도, 공장 안전시스템, 스마트 무기, 가스 분석 등에 쓰임

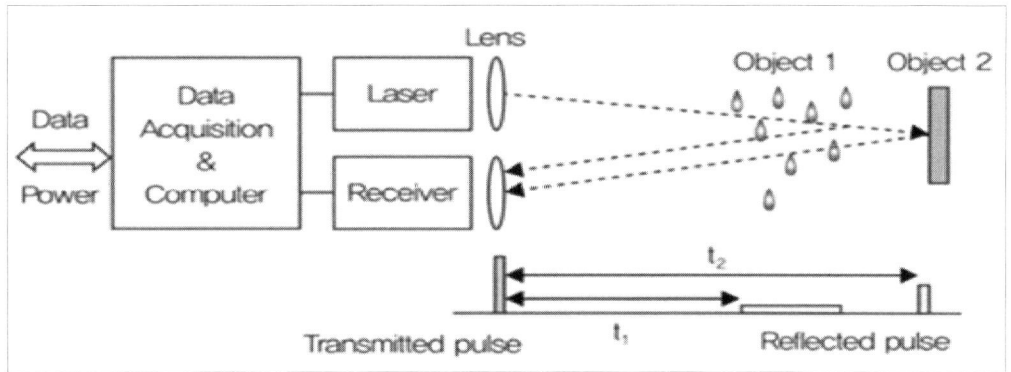

(3) RADAR (RAdio Detection And Ranging)
- 전파(Radio wave)를 이용하여 표적을 탐지하고 거리를 측정하는 장치
- 목표물을 향해 전파를 발사해서 목표물로부터 되돌아오는 전파의 강도와 목표물까지의 거리를 측정하는 장치
- 탐지거리 (Detection range)는 송신 최대 전력, 안테나 이득, 시스템 잡음 지수 등 펄스 방식 레이다의 경우 펄스 폭, 펄스 송출주기에 따라 달라짐.
- 해상도 (Resolution)는 사용 주파수가 높을수록 해상도는 높아지지만 감쇠로 인한 전파 탐지거리가 짧아지는 단점이 있음.

Ⅳ. LIDAR 와 RADAR 의 비교

	LIDAR	RADAR
소 스	빛	전파
거 리	원거리 물체 감지	근거리, 중거리, 장거리 다양하게 구현 가능
공간분해능	0.1도 단위	거리가 멀수록 공간분해 능력저하
Field Of View (방위각)	매우 우수	우수
날 씨	비, 안개에 취약	비, 안개에 매우 우수
야 간	매우 우수	우수
비 용	중형	소형

- 세계는 이미 자율주행 차의 상용화라는 흥미롭고 새로운 여정을 시작하고 있으며, 이 분야를 선도할 기술들과 아키텍처들은 끊임없이 변하고 있음
- 라이다는 이 분야에서 비교적 후발주자이지만, 라이다 기술의 장점들로 기존의 감지 시스템들을 따라잡으려 노력하면서 빠른 혁신을 꾀하고 있음

문제06) 위성지구국 시설구축을 위한 엔지니어링 설계용역을 수행하고자 할 때, 설계시 고려사항과 전파 간섭에 대한 대책에 대하여 설명하시오.

I. 개요
- 위성통신은 지구국으로부터 발사된 전파를 수신 증폭하여 지상으로 중계하여 통신하는 형태임.
- 위성통신 시스템은 통신위성, 관제 제어국, 지구국으로 구성되어 있음.

II. 지구국
- 구성은 통신설비, 제어설비, 전원설비, 지구국 국사 설비로 구성됨.

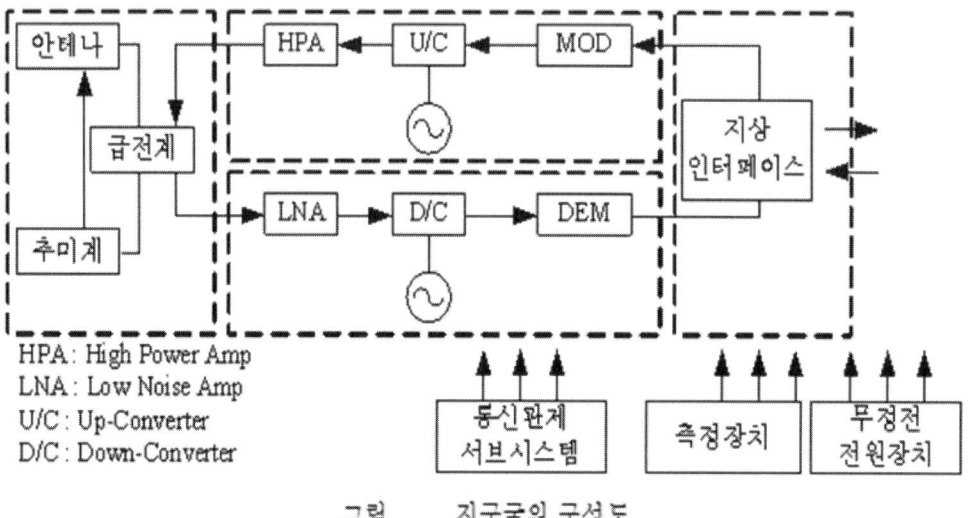

그림   지구국의 구성도

(1) 안테나 서브 시스템
- 대형 지구국인 경우는 주로 카세그레인 또는 그레고리 안테나가 이용되고 소형인 경우는 파라볼라 안테나, 마이크로스트립 안테나 등이 사용됨.
- 정지위성을 사용하는 대형 지국국이나 이동국 또는 HEO, MEO/LEO 위성의 지구국에서는 안테나가 위성을 추적(tracking)하는 기능이 필요함.
- 궤도, 주파수, 용도, 방식에 따라 다양하게 분류할 수 있음.
- 보통 송수신 겸용 (다이플렉서로 송수신 분리)
- 주파수를 효율적으로 사용하기 위해(주파수재사용)하기 위하여 직교 편파(직교 선형편파, 직교 원편파 등)를 이용함.
- 안테나가 위성을 추적(tracking)하기 위한 시스템이 필요

(2) RF 서브시스템
- 저잡음 수신기(LNA)를 사용하여 미약한 신호를 저잡음으로 증폭하여 높은 신호대 잡음비 (S/N)를 얻음.
- 대전력 증폭장치(HPA)는 진행파관이나 클라이스트론 등을 사용하거나 GaN 등의 반도체 증폭기(SSPA)를 사용하여 송신에 필요한 대출력을 얻음.
- 송수신 주파수 변환 장치는 위성통신용 마이크로파대와 중간 주파수(IF)대와의 사이에서 주파수 변환을 하는 장치

(3) 통신관제 서브시스템
- 각 설비의 동작상태나 회선감시, 예비 절체 제어 등을 수행하는 장치
- 표준 시각 공급장치
- 회선 운용에 관한 기술적 서비스 회선 등

(4) GCE 등
- 고정 통신용 대형 지구국에서는 그 밖에 GCE(Ground Communication Equipment), 단국 서브시스템, 통신관제 서브시스템 등을 갖추고 있음.
- 위성 통신 지구국에서 안테나, 대전력 증폭 장치(HPA), 저잡음 증폭 장치(LNA) 이외의 통신 장치의 총칭. 지구국 설비 중 위성 통신 특유의 것은 안테나, HPA 및 LNA이며, 그 외의 주파수 변환 장치, 변복조 장치 등은 지상의 마이크로 고정국 설비와 유사하여 지상 통신 장치(GCE)라 부른다.

(5) 무정전 전원장치 등
- 안정적이고 정전에 대비할 수 있는 전원 장치
- 무정전으로 전원을 공급할 수 있는 전원시시스템

(6) 각종 측정 장치 등
- 성능 점검과 감시를 위한 측정장치

Ⅲ. 설계 고려사항
(1) 포괄적 사양
- 안테나와 센터를 분리할 것인지 같이 설치할 것인지 선택
- 분리하는 경우에는 안테나와 센터간의 신호전송방식 선택
- 위성 시스템 간섭이 있는 경우에 간섭 조정 필요
- 지구국의 가용율(availability) : 위성통신에서 Ku-band는 99.60%, C-band 는 99.96% 범위에서 동작하여 위성과 지구국 사이의 높은 신뢰도를 보여줌.
- Link Budget에서 fade margin 결정

(2) 구성 시스템의 성능 파라미터
1) RF 서브 시스템 : Link Budget에 의한 송신기 성능을 만족하는 HPA의 출력 등 성능 및 수신기 성능(LNA) 결정
2) 안테나 서브 시스템 :
- 안테나 파라미터 결정 : 이득, 잡음온도, side lobe, beam 폭, Off beam angle(대기 굴절

에 따른 앙각의 변화), G/T, XPD 등
- 안테나의 tracking 시스템 선택
3) 통신관제 서브시스템
4) GCE : 필요한 사양
5) 전원시스템 : 무정전시스템

IV. 전파간섭과 대책

(1) 지상 통신망과의 전파간섭
- 지상 마이크로웨이브 통신망과의 간섭을 피하기 위해서는 위성통신 지구국의 위치를 선정할 때 사방이 산으로 둘러싸인 분지가 적합함(산이 차폐 역할을 함.)
- Radio Duct가 발생하는 경우에 먼 곳의 지상 무선 중계국과의 간섭을 일으키는 경우가 있음

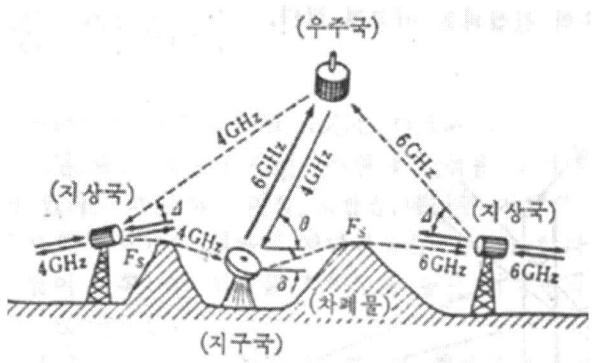

(2) 대지 반사파의 간섭
- 카세그레인 안테나 또는 그레고리 안테나와 같은 저잡음 안테나를 사용하여 대지에서 발생한 잡음이 안테나로 수신되지 않도록 함.

(3) 대기 굴절율의 영향
- 위성을 바라본 앙각은 실제의 앙각보다 Δθ 만큼 높은 쪽으로 편이 됨.
- 대기층을 관통하는 전파에 대하여 오목렌즈와 같은 작용으로 아주 작지만 발산감쇠가 있음.
- 설계에서 미리 계산하여 대비함.

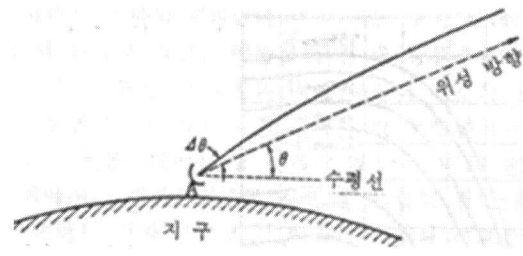

(4) 강우의 영향
1) 빗방울에 의한 흡수와 산란 때문에 감쇠를 받음.
- 측정법 => 태양전파의 수신, 라디오 미터에 의한 잡음전파의 수신, 레이더 관측, 위성전파의 수신 등
- 위성통신 회선설계에서는 강우감쇠에 대한 margin을 설정하고 site diversity를 채택하여 방지함.
- 흡수감쇠는 열잡음을 발생하여 강우잡음을 일으킴.
2) 낙하중인 빗방울은 납작한 모양이 되어 교차편파를 발생하여 교차편파식별도(cross polarization discrimination)를 열화 시킴.
=> 직교편파를 사용하는 경우에는 최소 강우 시에도 최소 20[dB] 정도가 필요
=> 그 이하면 보상장치를 사용하여야 함.
3) 강우에 의한 산란
=> 두 국으로부터의 안테나 빔이 교차하는 영역에서 강우산란이 발생하여 서로 간섭을 일으키는 경우가 있음
=> 15GHz 이상의 주파수에서는 산란파 강도보다 강우나 대기에 의한 흡수감쇠가 더 큼

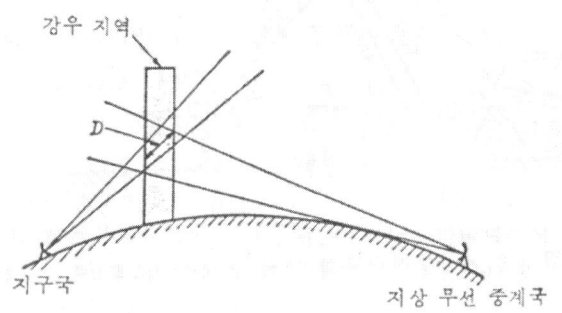

(5) 전리층의 영향
1) 파라데이 회전
- 전리층에서 발생
- 진행방향과 일치한 자계에서 편파면이 회전하는 현상을 파라데이 회전이라 함.
- 10GHz이상에서는 거의 문제가 없으나 직선편파를 이용한 직교편파를 공용하는 경우에는 교차편파식별도(XPD)가 나빠짐.
- 방지대책은 원편파 사용하거나 수신 안테나에 추미의 기능을 부가
2) 전리층 scintillation
- Spread F층의 출현이나 Sporadic E층에서의 전자밀도의 변동에 의하여 진폭, 위상, 도래각, 편파상태 등에 짧은 주기의 불규칙한 변동이 발생함.
3) 기타현상
- 태양활동이 활발할 때 전리층의 전자밀도 증가하는데 이를 오로라대 흡수라 함.
- 흑점수가 가장 클 때 극관대에서의 전자밀도 증가하는 것을 극관대 흡수라 함.

(6) 위성시스템간의 간섭
- 이웃 통신위성과의 간섭 = 간섭 조정
- 인접한 위성시스템이 같은 영역을 비추는 지구국 안테나를 사용하는 경우에는 시스템사이의 간섭은 지구국 안테나의 사이드 로브 특성에 의해 저감 시키지 않으면 안됨.
- 지구국의 수신 안테나의 지향성을 예민하게 하면 받는 간섭량을 적게 할 수 있고, 송신 안테나의 지향성을 개선하면 인접 위성 시스템으로의 간섭을 경감 시킬 수 있음.
- 변경 가능한 파라미터를 인접 위성 시스템과 함께 조정하여 간섭을 경감할 수 있음.
- CCIR의 간섭규격을 적용함.

(7) 태양 잡음
- 위성 통신장애는 태양, 정지궤도위성, 지구가 일직선상에 위치하는 춘·추분 기간의 낮 시간대에 반복되어 나타나는 것으로, 태양전파가 위성 안테나에 유입되면서 위성신호 수신을 방해하면서 발생하는 현상임.
- 태양전파간섭 시간대에 다른 위치의 위성을 이용하거나 해저 케이블로 우회 소통하는 등의 대처가 필요함.

www.ucampus.ac

제5장

2020년 1회

120회

국가기술자격 기술사시험문제

기술사   제 120 회   제 1 교시   (시험시간: 100분)

| 분야 | 통신 | 자격종목 | 정보통신기술사 | 수험번호 | | 성명 | |

※ 다음 문제 중 10문제를 선택하여 설명하시오. (각10점)

문제01) 밀리미터파 전파의 특성

Ⅰ. 개요
- 밀리미터파 대역이란 전파의 파장이 1mm에서 10mm인 주파수 대역인 30GHz에서 300GHz사이의 주파수 대역을 말함.
- 밀리미터파는 자유공간 전파손실 외에 대기 중의 가스나 강우 감쇠가 추가적으로 발생함에 따라, 이에 대한 전파전파 특성이 고려되어야 함.
- 밀리미터파는 수 마일 정도 전파할 수 있으며, 고체 매질을 잘 투과하지 못하며, 대기 가스 흡수나 강우감쇠가 커 장거리 전송에 적합하지 못함.
- 그러나 이러한 단점의 전파특성을 이용, 근거리에서 주파수 재사용으로 주파수 이용효율과 통신 보안성을 높일 수 있음.

Ⅱ. 밀리미터파 전파의 특징
- 밀리미터파는 기존 무선주파수대역에 비해 광대역 정보전송이 가능함
- 지향성이 예민해 전파 가시거리가 확보되어야 함
- 파장이 짧기 때문에 전송시스템을 구성하는 회로의 크기가 감소되어 소형 경량화가 가능함
- 대기중 전파손실이 크므로 장거리통신보다는 단거리 중계 통신에 적합함.

Ⅲ. 밀리미터파의 전파전파 특성
1) 가스흡수
 - 영향을 미치는 것은 수증기와 산소가스이며, 가스감쇠는 가스의 압력, 온도, 밀도에 따라 변화
2) 강우 및 강설의 영향
 - 주파수가 높을수록 강우 및 강설의 영향으로 감쇠가 크게 나타남.
3) 안개와 구름의 영향
 - 안개와 구름은 지름이 0.1 mm 보다 작은 물방울로 이루어져 있으며, 밀리미터파대에서

감쇠계수 g(dB/Km)는 단위 체적당 수분의 질량에 비례함.

4) 나뭇잎에 의한 손실
- 밀리미터파 대역에서는 나뭇잎의 손실이 중요 요소로 작용함.

5) 산란에 의한 손실
- 밀리미터파는 파장이 짧아 회절효과가 미미하며 산란의 영향을 받기 쉬움.

6) 신틸레이션 페이딩
- 낮은 대기층을 통해 전파하는 동안 대류권 난류에 기인하며 수신된 신호의 진폭과 위상의 흔들림이 발생, 이러한 현상을 신틸레이션 페이딩이라 함.

Ⅳ. 밀리미터파의 응용 시스템

1) 간이무선 시스템
- 케이블 매설공사 불필요하고, 광대역 대용량전송이 가능해 고정, 이동, 임시회선용으로 사용이 가능하고, 기업 내 네트워크, 공사현장, CATV 방송에 응용

2) 밀리미터파 위성통신
- 위성통신용으로 할당한 밀리미터파 영역은 고정통신용으로 약 65GHZ, 이동통신용으로 약 53 GHz, 위성간 중계통신에 42 GHz가 할당되어 있음.

3) 무선랜
- 60㎓ 무선랜 표준(802.11ad)인 WiGig에 비면허대역인 60GHz대역이 활용되고 있음.

4) 근거리 센싱 시스템
- 밀리미터파의 광대역성, 장치의 소형 경량성, 간섭 억압성을 살려서 근거리에서 고분해 센싱 시스템으로 장해물검지, 충돌방지 등의 목적으로 차량탑재용 레이더, 대지속도센서, 고정밀도의 위치인식 시스템, 침입 시스템, 비접촉 카드시스템 등에 사용가능.

5) 첨단차량 및 도로시스템
- 차량과 차량 간의 무선통신 방법으로 많이 이용되고 있는 것은 적외선 통신과 밀리미터 통신인데, 밀리미터파 경우에 차간거리 측정용으로 적합함.

Ⅴ. 맺음말
- 멀티미디어 정보를 고품질로 전송할 수 있는 광대역 밀리미터파 주파수 시스템 개발은 한정된 주파수 자원을 보다 효율적으로 사용하여 고도정보사회에 사용할 수 있을 것으로 기대됨.
- 자율주행자동차를 비롯한 AR/VR, 홀로그램, 몰입형통신, IoT, 빅데이터 기반 서비스를 위해서는 초광대역, 고신뢰/초저지연 및 대량 연결 등의 기능이 필요한데 ITU에서는 5G를 위한 권고안으로 IMT-2020을 승인함.
- 기타 이동멀티미디어 서비스, 마이크로파 영상분배서비스(MVDS), 전자뉴스수집(ENG : Electronic News Gathering)또는 방송중계기 등과 같은 광대역 정보 전송분야에 도입이 확대될 것으로 예상됨.

문제02) PSK와 QAM

Ⅰ. 개요
- 변조란 전송할 신호를 전송매체의 특성에 맞도록 보다 높은 주파수대역의 반송신호에 싣는 과정임

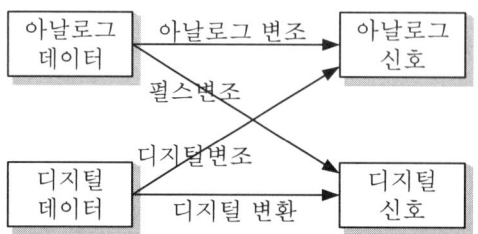

- 디지털변조란 디지털 데이터에 따라 반송파의 진폭, 주파수, 위상을 변화시키거나 진폭과 위상을 동시에 변화시키는 방식임.
- 종류로는 ASK(Amplitude Shift Keying), FSK(Frequency Shift Keying), PSK(Phase Shift Keying), QAM(Quadrature Amplitude Modulation)방식 등이 있음

Ⅱ. PSK (Phase Shift Keying)
1) 개요
- 입력 디지털 데이터에 따라 반송파의 위상을 변화시키는 변조방식
- $M = 2^n$개의 위상으로 분할시킨 위상 변조 방식을 M진 PSK(Mary PSK)라 함

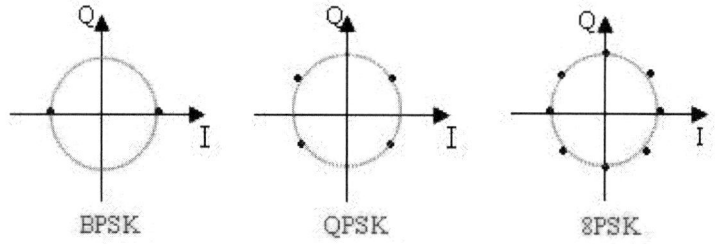

- M진 PSK의 경우 M의 증가에 따라 스펙트럼 효율 증가해 고속 데이터 전송이 가능함

2) 특징
- 점유대역폭은 ASK와 같으나 전송로 등의 잡음, 레벨 변동 영향에 강해 심볼 오류확률이 적음
- 비동기식 포락선 검파방식은 사용이 불가능하며 동기 검파 방식만 사용이 가능해 구성이 비교적 복잡함
- 이동통신시스템 변조방식으로 널리 사용되고 있음

Ⅲ. QAM
1) 개요
 - PSK와 ASK의 변조의 장점만 합쳐 놓은 방식으로 입력 디지털 데이터에 따라 반송파의 진폭과 위상을 동시에 변화시키는 방식
 - 디지털 변조방식 중 심볼당 전송 비트수($n = \log_2 M\,[bit/symbol]$)를 크게 할 수 있어 고속 정보 전송분야에 널리 사용되고 있음.

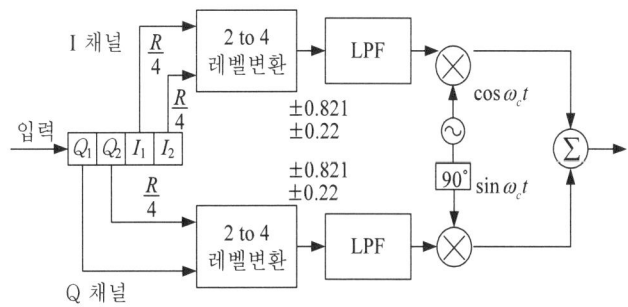

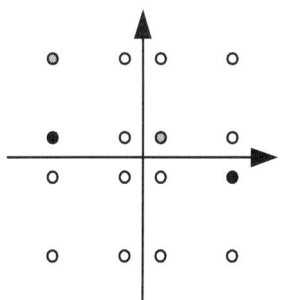

그림 16진 QAM 변조기 구성도

2) QAM 특징
- 2개의 직교성 DSB-SC 신호를 선형적으로 합성한 방식으로 전송대역이 정보신호 대역폭의 2배인 DSB-SC 방식과 동일함
- 동기 검파 방식만 사용 가능해 시스템 구성이 복잡함
- M진 QAM의 대역폭 효율은 $\log_2 M\,[bps/Hz]$으로 동일 심볼을 갖는 M진 PSK와 대역폭 효율은 동일하지만, 오율특성이 우수해 고속 정보전송분야에 널리 사용되고 있음.

Ⅳ. 맺음말
- 최근 모바일 광대역 트래픽의 급증을 지원하기 위한 네트워크 업그레이드 시, 모바일 백홀은 전 세계 캐리어에게 결정적인 설비투자(CAPEX)의 중요한 영역으로 부상하고 있음.
- 최근 통신장비 제조업체들은 확장 가능하며 유연한 고성능 백홀 플랫폼을 시장에 신속하게 출시해 개발 주기를 단축할 수 있는 장비로 QPSK에서 최대 1024QAM까지 변조 지원하는 시스템을 출시하고 있음.

문제03) WPT(Wireless Power Transfer)와 PoE(Power over Ethernet)

Ⅰ. 개요
- 전자응용기기를 작동시키는데 필요한 전원은 건전지 등과 같이 자체적으로 얻는 방법과 상용전원 등에서 공급 받는 방식이 있음.
- 전력을 공급하는데 전원선을 사용하는 방식이 가장 기본적이나 이를 사용하지 않고 사용이 편리한 방식으로 무선전력전송기술이 연구 및 실용화 되고 있음.
- 비록 무선은 아니나 별도로 전력선을 사용하지 않고 데이터통신선을 이용하여 전력을 공급함으로써 설비를 간략화하는 방식이 PoE방식임.

Ⅱ. WPT
- WTP(Wireless Power Transfer : 무선전력전송)은 전기 에너지를 무선으로 떨어져있는 장소나 기기에 전달하는 기술.
- 현재 자기유도방식, 저기공명방식, 전자파 복사방식 등이 대표적인 기술방식임.

1) 자기유도방식
- 자기유도방식은 코일의 상호 인덕턴스를 이용하는 방식으로, 수 mm 내외로 인접한 두 개의 코일에 유도전류를 일으켜 배터리를 충전하는 방식이다.
- 3W 이하의 소형기기에 적용 가능하고 공급 전력 대비 60~90%의 효율을 보이나, 충전기와 수신기 간 거리가 수 mm로 매우 짧고, 발열이 많으며, 충전 위치에 따라 충전 효율이 크게 달라진다는 것이 단점이다.

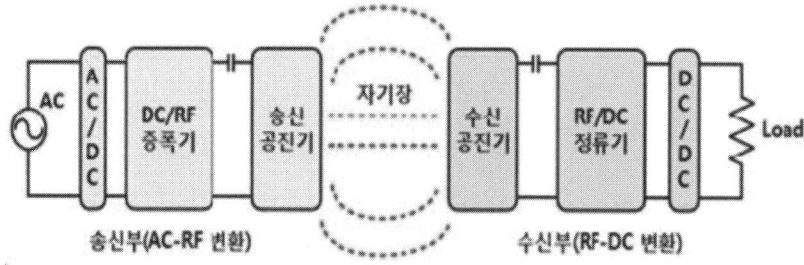

2) 자기공명방식
- 자기공명 방식은 두 매체가 같은 주파수로 공진할 경우 전자파가 근거리 자기장을 통해 한 매체에서 다른 매체로 이동하는 자기장 결합 현상을 이용하는 기술.
- 이 기술은 기존의 원거리 전자파 방사와는 달리 사용되는 주파수/파장에 비해 짧은 거리에서의 전달로 자기장 효과를 이용하고 기존의 자기 유도에서 나아가 송/수신부의 공진 주파수를 일치시켜 매우 높은 효율로 '비방사형 중거리 무선 에너지 전송(Nonradiative mid-range energy transfer)' 기술을 개발하였음.
- 전자기유도보다 먼 거리에서, 전자기방사보다는 더 높은 효율로 에너지를 전달할 수 있음.

3) 전자파 복사방식
- 전자파 방식은 안테나의 방사전자계의 방사전력을 이용하여 원거리에 전력을 전송하는 방식
- 문제점은 직진성 및 인체영향 등으로 근거리 또는 특수 목적용으로만 이용 가능함.
- 현재 기술은 UHF RFID, 마이크로파 ID 등에서 사용함.

4) 기타 방식
- 현재 대부분의 상용 무선전력전송 기기들은 자기유도 및 자기공명방식을 채택하고 있지만 적외선방식, 초음파방식 등 다양한 기술들이 연구되고 있음.
- 적외선방식 : 이스라엘의 Wi-Charge사는 적외선 빔을 통해 10m거리에서 10W의 전력을 공급하는 제품을 개발. 적외선 방식은 비교적 인체에 무해한 것으로 알려져 있음.
- 초음파방식 : uBeam사는 실내 벽에 설치된 송신기가 에너지와 데이터를 초음파로 변환하여 전송하고, 수신기는 초음파 transducer를 이용하여 수신된 초음파 에너지를 전기 에너지와 데이터로 복원하는 방식
  - 초음파는 인체에서 반사되어 인체에 무해하며, 가시선 위에 있어야 에너지 전송이 가능

< 표 무선전력 전송방식 비교 >

구 분	근거리		원거리	
	자기유도 방식	자기공명 방식	마이크로파 방식	레이저 방식
개 념	가까운 코일에 유도 전류를 일으켜 전송	송신부와 수신부의 공진 주파수를 일치시켜 전송	전력을 마이크로파로 바꿔 전송	전력을 광선(적외선)으로 바꾸어 전송
주파수	〈수십 kHz	수십 kHz ~ 수 MHz	수 GHz	가시광선, 적외선
송수신 수단	자기 코일	코일, 공진기	패러볼릭, 위상배열 안테나	레이저, 광(PV)전지
전송전력	수십 W	~수십 kW	고출력	고출력
전송거리/ 전송효율	수mm 내외 (~85%, ~mm)	~수m (~90%, ~0.2m)	~km (낮음)	〉km (낮음)
인체 유해성	거의 무해	일부 유해하나, 회피*가능		
기술 성숙도	상용화	개발초기	기초연구	기초연구
응용분야	휴대폰, 면도기, 가전기기	가전 조명기기, EV충전	UAV, 우주 태양광 발전	UAV, 우주 태양광 발전
Player	LG, 삼성전자, Powermat, Qi 등	Witricity, Qualcomm, Toyota, A4WP 등	NASA(JPL), JAXA(일)	NASA(JPL), JAXA(일), Lasermotive

※ 방사 전자기파의 밀도에 관계되므로 유해수준 이하로 조절(회피) 가능

Ⅲ. PoE
1) 정의
- PoE는 Power Over Ethernet의 약자로 네트워크 장비에 따로 전원은 연결하지 않고, UTP케이블을 이용해서 데이터와 전력을 전송 하는 기술
- UTP 케이블에 통합된 전력과 데이터는 Category 5/5e 규격에서 최대 100m 까지 전송이 가능함
- PoE는 IEEE 802.3af 및 802.3at 표준에 의해 정의된 네트워킹 기능임.
- IEEE 802.3af는 PoE라고 부르며 각 Port당 15.4w의 전력을 제공하며 약 350mA의 전류를 제공함.
- PoE에서 사용하는 Cabling TIA규격의 CAT5/5e 24AWG UTP 케이블을 사용함.
- IEEE는 802.3af 표준규격에서 지원하는 15.4W보다 더 높은 전력의 공급 요구에 대응하기 위해 30W의 전력을 공급할 수 있도록 하는 표준규격 IEEE 802.at를 제정하였음.
- IEEE 802.3at는 PoE+라고 부르며 802.11n 지원 무선 AP 및 팬틸트 감시 카메라 등 PoE 디바이스들의 성능이 향상됨에 따리 기존 PoE 규격의 최대 전력인 15.4W 이상을 요구하게 되어 보완된 규격임.

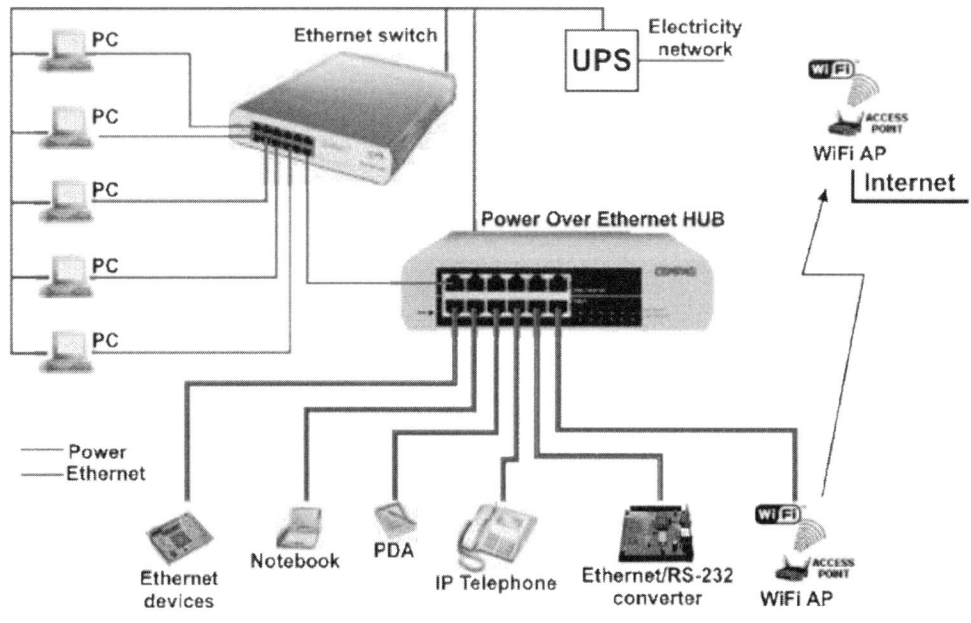

그림 PoE 설치 예

2) PoE의 장점
  - 전력과 데이터 전송에 1개의 케이블만 사용하므로 장비비용절감
  - 전원을 설치하기에 부적합한 곳에 장치를 장착할 수 있다.
  - 필요한 케이블과 전기 콘센트 수가 줄어든다.

Ⅳ. 맺음말
- WPT와 PoE는 전원선을 별도로 사용하지 않기 위한 목적은 같으나 WPT는 무선이고 PoE는 데이터 케이블을 같이 사용하는 유선인 점이 다르다.
- WPT는 가정에서 사용하는 전동칫솔부터 스마트폰의 무선충전, 전기자동차의 충전까지 실용화 및 발전과정에 있으며 표준화와 응용범위가 매우 넓어지고 있다.
- PoE에서 active방식은 양쪽 전력송수신모듈이 서로 정보를 교환하며 케이블의 길이에 상관없이 최적의 전압을 유지하는 방식으로서 장거리 전송에 유리하며, passive방식은 양쪽 모듈의 정보교환 없이 일방적으로 전력을 전송함.

문제04) 5G NSA(Non-Standalone)와 SA(Standalone)방식

I. 개요
- 2016년 초 많은 이동통신 사업자들은 2019년 5G 상용화를 선언
- 이에 따라 3GPP는 5G표준을 앞당기고자 2016년 6월부터 시작되는 Rel.15에서 5G NR 표준화 방향을 단독(SA)과 비단독(NSA) 모드로 구분하여 진행하기로 결정
- NSA: 기존 LTE 코어 네트워크를 컨트롤 플레인 앵커로 활용하면서 그 위에 새로운 5G 기술을 더하는 형식
- SA: 완전히 새로운 5G 코어 네트워크를 기반으로 하는 규격으로 eMBB와 일부 URLLC 지원을 목표로 함.

II. 구성 및 특징
1) Release15 표준
- 3GPP Release15는 5G 네트워크 구축 시나리오 옵션별로 구분하여 완료
- Release15 표준이 5G 최초 상용화를 위한 표준으로 다양한 업계의 요구사항을 받아들이기 위한 불가피한 선택임

2) NSA 모드
- 4G 코어 네트워크에 5G 엑세스망 장비를 연결하여 서비스 하는 방식
- SA 모드 진화 이전에 일시적이 네트워크 구성 형태
- 통신사간 마케팅 경쟁으로 인하여 최초 5G상용화는 비단독 모드 구현
- 단 NSA단말을 SA단말로 Upgrade 하여야 하는 문제 발생

3) SA 모드
- 완전히 새로운 5G 코어 네트워크를 기반으로 하는 규격
- 초고속 eMBB, 초저지연 URLLC, 초연결 mMTC 지원을 목표로 함.

III 상호 비교

구 분	5G NSA 표준	5G SA 표준
3GPP 릴리즈	릴리즈 15	릴리즈 15
완료시기	'17.12월	'18.6월
무선망	LTE + NR	NR
핵심망	EPC	5GC
5G 서비스 시나리오	eMBB (VR/AR, 3D UHD 등)	eMBB+ URLLC+ mMTC (자율주행, 스마트공장, 스마트시티 등)

문제05) Bluetooth 5

Ⅰ. 정의
- Bluetooth 란 단거리에 대한 데이터 교환을 위한 유무선 장치 및 근거리 무선통신망 구축 기술로 IEEE802.15.1 표준
- 2.4GHz의 ISM 대역을 사용하며 현재 IoT 지원의 5.0버전까지 릴리즈 됨.

Ⅱ. Bluetooth
1) 특징
- BT의 무신 시스템은 ISM 주파수 대역인 2400~2483.5MHz를 사용함
- 간섭을 막기위해 실제로는 2402~2480MHz중 총 79개 채널을 사용
- 주파수 호핑 방식을 사용하여 초당 1600번 호핑하며 데이터 전송
- 버전이 높아질수록, 대역폭 향상과 저전력 및 보안성이 향상됨

2) 버전별 주요 특징

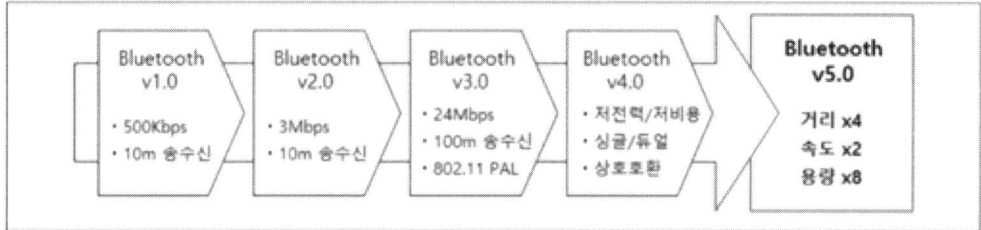

구분	v3.0	v4.0	v5.0
특징	High Speed	Low Energy	Speed + Energy
주파수 대역	ISM 밴드(2.4 GHz)	ISM 밴드(2.4 GHz)	ISM 밴드(2.4 GHz)
커버리지	100 m	100 m	400 m
속도	24 Mbps	1 Mbps	2 Mbps
전력	15~20 mW	1.5~2 mW	1.5~2 mW
활용분야	휴대폰, 헤드셋, PC	센서, 헬스케어	데이터 전송 플랫폼

III. Bluetooth 5.0

그림 BT5.0 특징

1) BT 4.0 대비 주요 특징
- 2배 빠른 속도
- 4배 넓은 통신범위
- 브로드캐스팅 용량 8배 증가
- 저전력 전송
- 향상된 보안기능
- 동일 대역을 사용하는 기기간 간섭을 제거기술 SAM(Slot Availability Mask) 적용

2) 비교

표 BT 4.2 vs 5.0

	4.2	5.0
데이터 용량	31 byte	255 byte
스피드	1 Mbps	2 Mbps
범위	야외 50m 실내 10m	야외 200m 실내 40m
SAM 기능	없음	있음
보안	보통	뛰어남

문제06) IEEE 802.11 MAC

I. 개요
- IEEE 802.11은 LAN/WAN표준인 802 시리즈 중 11번째 워킹 그룹에서 제정한 무선랜에 관한 규격을 의미
- 해당 표준은 물리계층, MAC 계층 등에 대해 반송파 감지, 송수신 등에 대한 상호 연동에 관한 규격을 포함하고 있음

II. IEEE 802.11 MAC
- 물리계층(PHY), MAC 부계층, MAC 관련 서비스 및 프로토콜

1) 계층 구조

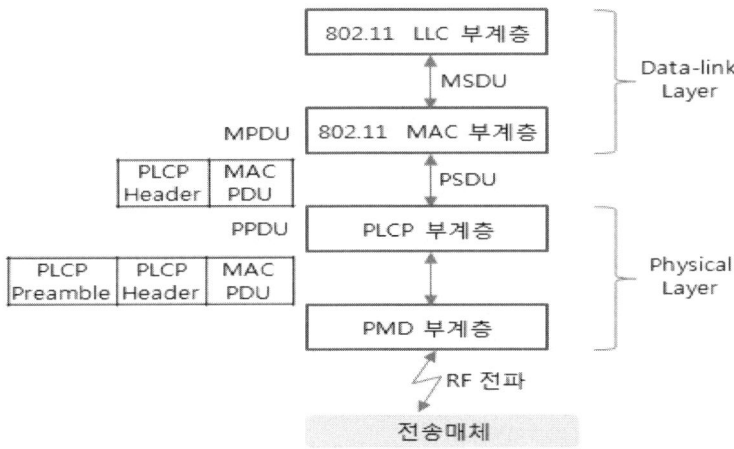

2) 주요 역할

가. 반송파 감지 (Carrier Sense)
- 들어오는 신호 검출 (Detection of incoming signal)
- 빈 채널 평가 (Clear Channel Assessment, CCA) : 무선매체가 사용중인지 여부(busy 또는 idle)를 MAC 부계층에게 알려줌

나. 송신 (Transmit) 및 수신 (Receive)
- 데이터 프레임의 개별 옥텟을 송신 및 수신

3) CSMA/CA

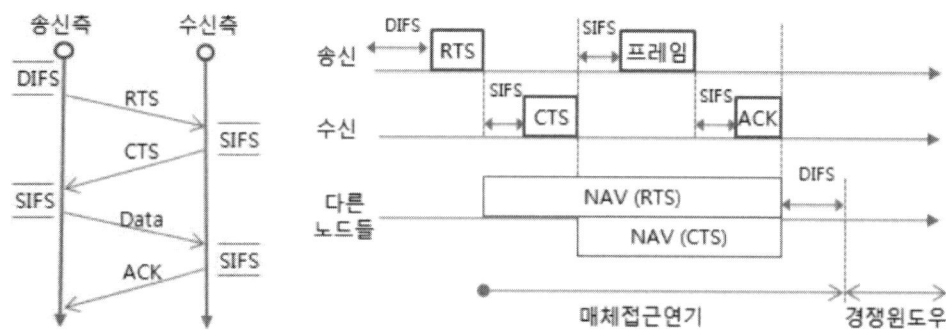

Ⅲ. 관련 표준 규격 비교

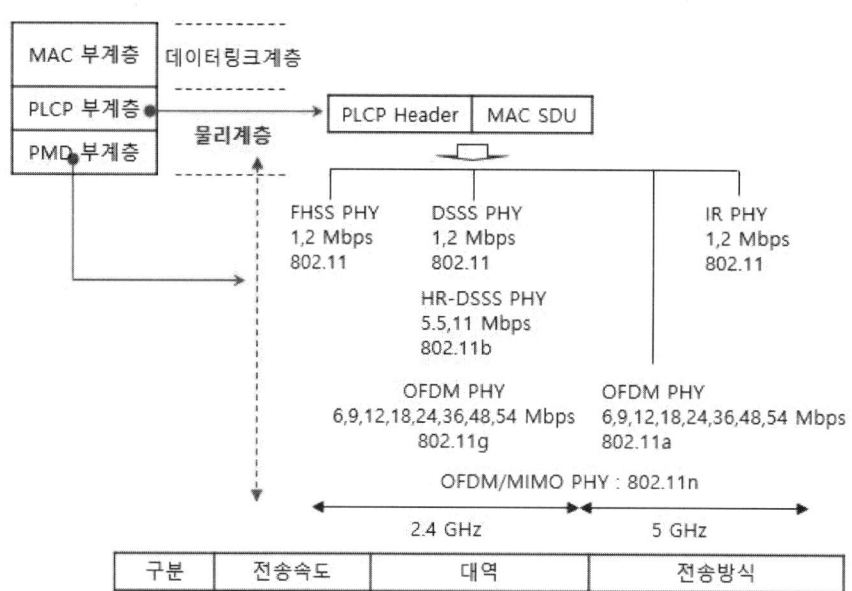

구분	전송속도	대역	전송방식
802.11	1,2 Mbps	2.4 GHz/(850~950 nm)	FHSS/DSSS/IR
802.11b	5.5,11 Mbps	2.4 GHz	DSSS(CCK)
802.11a	~54 Mbps	5 GHz	OFDM
802.11g	54 Mbps	2.4 GHz	OFDM
802.11n	~600 Mbps	2.4/5 GHz	OFDM/MIMO

문제07) 빅데이터 처리 과정

Ⅰ. 개요
- 빅데이터의 속성은 3V(규모, 다양성, 속도)를 가진 정보자산으로 볼 수 있음
- 빅데이터 속성을 이해하고 최적화된 프로세스를 통해 새로운 형태의 처리 방식이 요구됨

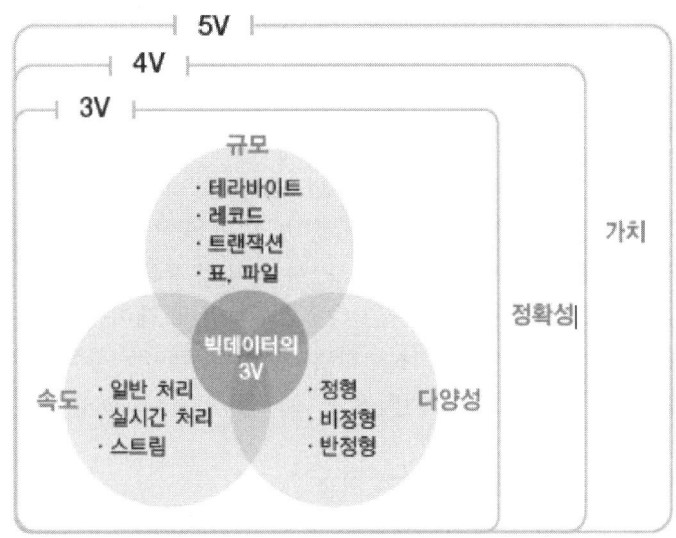

Ⅱ. 빅데이터 데이터의 종류

구 분	수 행 사 항
정형 데이터	고정 필드에 저장된 데이터 (데이터베이스)
반정형 데이터	메타데이터나 스키마 등을 포함하는 데이터(XML)
비정형 데이터	고정 필드에 저장되어 있지 않은 데이터(Text,영상)

- 빅데이터는 비정형데이터 특성을 가지고 있으며, 빠르게 증가하고 있음

III. 빅데이터 처리과정

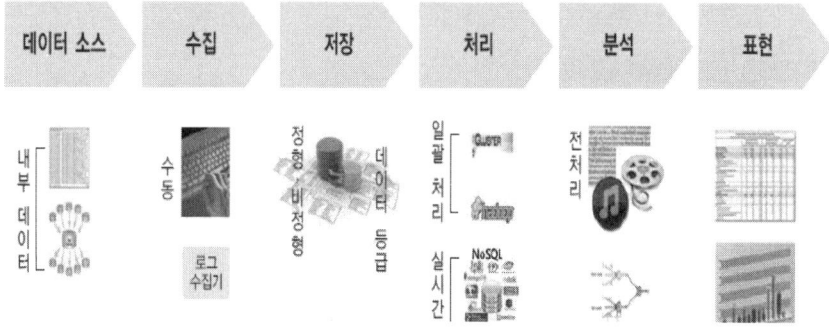

그림 빅데이터 처리과정

1) 생성 - 내부 및 외부데이터(온라인/오프라인을 통해) 다양한 데이터 생성됨
2) 수집 - 검색엔진이나 소스데이타의 추출, 전송, 변환을 이용해 수집됨
3) 저장 - NoSQL(비정형데이터 관리), 스토리지, 서버를 통해 저장됨
4) 처리 - 맵리듀스(데이터추출), 프로세싱(다중업무처리)로 데이터 추출함
5) 분석 - 기계학습, 직렬화(순서화), NLP(자연어처리)로 데이터 분석(마이닝)
6) 표현 - 분석된데이터를 기반으로 의미 있는 수치를 그래프로 표현

IV. 빅데이터 처리의 핵심기술 분석단계 기술
- 텍스트 마이닝, 웹 마이닝, 오피니언 마이닝, 리얼리티 마이닝 기술이 있으며, 의미있는 데이터를 추론 또는 찾아내는 기술임
- 데이터를 분류, 데이터를 군집화 후 학습을 통해 데이터를 분석함
- 기계학습(인공지능분야, 인간의 학습을 모델링)을 통해 데이터를 분석함

V. 전통적 데이터와 빅데이터 비교

구분	전통적데이터	빅데이터
데이터원천	전통적 정보	일상화된 정보
목적	업무	사회소통, 자기표현
생성주체	정부, 기업	개인, 시스템
데이터유형	정형데이터 비공개 데이터 고객 정보	비디오스트림 이미지, 텍스트 조직의 공개데이터
데이터특징	신뢰성 높은 핵심데이터	기하급수적 증가 Garbage 비중 높음 분석을 통해 데이터마이닝

문제08) 폐쇄자막(Closed Caption)

I. 개요
- 영상에서 영상의 이해를 돕기 위해 텍스트로 표기 되는 것을 자막(Caption)또는 Subtitle 이라고도 함.
- 보통 자막은 특정 타 언어 자막 (예를 들면 영어로 상영되는 영상을 한국어 등의 자막으로 보여주는 것)과 동일 언어 자막 자막으로 보여주는 것이 있음.
- 타 언어 자막은 보통 번역 과정을 거쳐 특정 언어로 상영되는 영상을 다른 언어권을 가진 사람도 이해할 수 있도록 하기 위함이며, 동일 언어 자막은 청각 장애인 등을 돕기 위한 용도로 제작됨.
- 자막의 표시 여부를 설정할 수 있는 자막을 폐쇄자막(Closed Caption)이라 하며, 자막의 표시 여부를 설정할 수 없는 자막을 열린 자막(Open Caption)이라 함.

II. 폐쇄자막(Closed Caption)
- Closed Caption은 자막의 표시 여부를 설정할 수 있는 자막을 뜻함
- 즉, 자막을 영상 위에 보이게 할 수도 있고, 보이지 않게 할 수도 있는 자막으로 영상과 자막 데이터가 분리되어 관리되는 형태임.
- 보통 요즘 사용하는 DVD나 Blueray 등의 미디어를 통해 제공되는 자막이나 인터넷 스트리밍 등의 자막 포맷들은 모두 CC라고 볼 수 있음.
- 반대로 Open Caption (열린 자막) 이란 개념도 존재하는데, 이는 영상 자체에 자막을 입힌 자막을 말함.
- 자막이 영상 자체에 덧씌워진 형태이기 때문에 자막의 표시 여부를 선택할 수 없음
- Closed Caption은 또 다시 2가지 형태로 분류할 수 있음.
영상에 미리 자막이 만들어져 삽입된 형태로 이를 미리 준비된 자막(Pre-recorded Closed Caption)과 실시간으로 작성되어 영상에 입혀지는 실시간 자막(Real-time Closed Caption)이 있음.
- Pre-recorded Closed Caption은 보통 DVD, Blueray, LD 등에 영화, 상영물 등에 제작되어 함께 배포되는 자막이며, Real-time Closed Caption은 보통 실시간 속보나 스포츠 생중계 등 방송의 중계에서 사용되는 자막임.

III. 상호비교

Closed Caption	Open Caption
닫힌 자막 (폐쇄 캡션)	열린 자막
영상 데이터와 자막 데이터가 분리되어 관리	영상 데이터에 자막 텍스트를 입힌 형태
자막의 표시 유무를 선택할 수 있음	자막의 표시 유무를 선택할 수 없으며, 항상 표시됨
Blueray, DVD 등	VHS

문제09) 메세지인증코드와 전자서명

Ⅰ. 메시지 인증코드
1) MAC(Massage Authentication Code: 메시지인증코드)
- MAC은 해시함수 + 대칭키(비밀키)로 메시지 무결성을 인증하고 거짓행세를 검출한다.
- 임의 길이의 메시지와 송신자 및 수신자가 공유하는 키, 두개를 입력으로 하여 고정 비트길이의 출력을 만드는 함수이다.
- MAC(메시지인증코드)은 송신하려는 메시지와 송/수신자가 공유하는 대칭키(비밀키)를 이용해서 출력을 만든다. 이 출력을 MAC값이라 부른다.
- MAC를 이용한 것이 SSH, SSL, IPSec, TLS, VPN 이다.
- 해시함수와 비슷한데 메시지 인증코드는 key를 미리 교환하는 불편이 있다.(안전한 대신 불편, 복제여부를 판별할 수 없다)

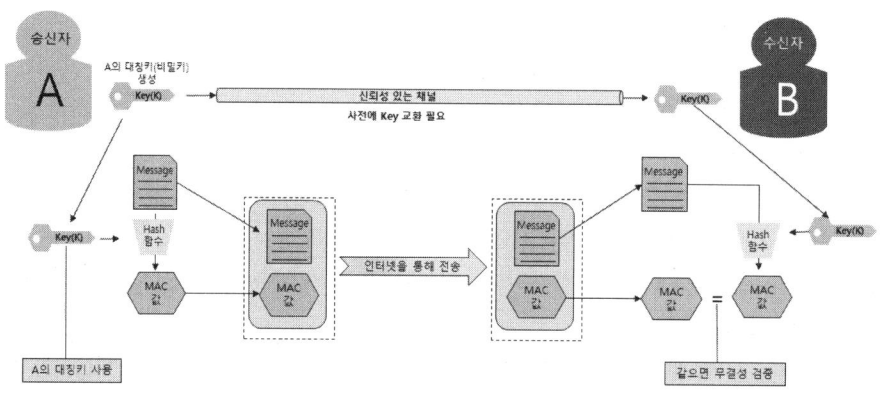

그림 MAC을 이용한 무결성 확인

2) 메시지 인증코드의 특징
- MAC 검증을 통하여 메시지의 위조 여부를 판별할 수 있다.
- MAC을 이용하여 송신자 인증이 가능하다.
- MAC 검증을 위해서는 메시지와 비밀키가 필요하다.
- 해시함수를 이용하여 MAC을 생성할 수 있다.
- MAC 생성자와 검증자는 동일한 키를 사용한다.

Ⅱ. 전자서명
1) 개념
- 서명이란 서명한 사람의 신분을 집약적으로 증명하는 도구로 전자서명도 이와 비슷하다.
- 전자상거래 지불시스템에서 송신자가 일정금액을 보냈는데 수신자가 금액을 받지 않았다고 부인하는 경우도 있고, 송신자가 보내고 수신자가 이를 받았는데 나중에 송신자가 보내

지 않았다고 부인하는 경우가 있다. 이를 방지하기 위해 디지털서명을 이용한다.
- 전자서명은 원본의 해시값을 구한 뒤, 원본과 해시값을 같이 전송한다.
- 전자서명이란 전자문서에 서명한 사람의 신원을 확인하고 서명된 전자문서가 위조되지 않았는지 여부를 확인할 수 있도록 전자문서에 부착된 특수한 디지털정보를 의미한다.

2) 개발배경
- 정보를 암호화하여 상대편에게 전송하면 부당한 사용자로부터 도청을 막을 수는 있다.
- 하지만, 그 전송 데이터의 위조나 변조 그리고 부인 등을 막을 수는 없다.
- 이러한 문제점들을 방지하고자 전자서명 기술이 개발되었다.

3) 전자서명 서비스
가. 메시지인증
- 변경여부 확인(해시함수이용)해 무결성 기능을 제공한다.
나. 발신자(사용자)인증
- 발신자 인증 기능을 제공한다. 즉 전자서명은 발신자(서명 생성자)를 인증하는 기능이 있다.
다. 부인방지
- 송신자의 개인키로 메시지다이제스트를 암호화 후 송신한다.
- 수신자가 받은 암호화된 메시지다이제스트를 송신자의 공개키로 복호화가 된다는 것은 송신자만이 가지고 있는 송신자의 개인키로 메시지를 암호화 했다는 것이다.

4) 전자서명의 주요기능

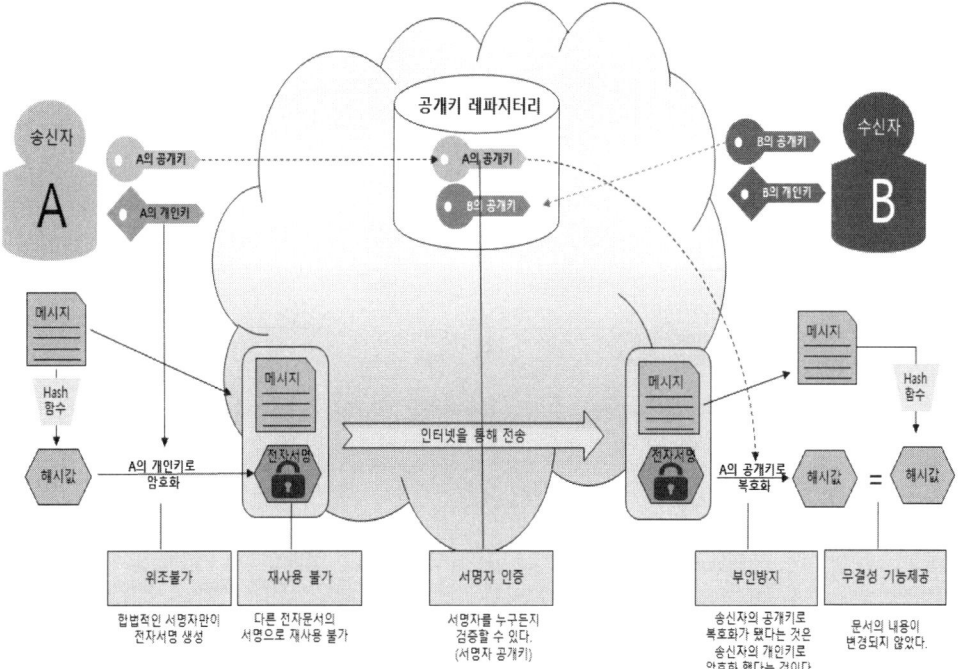

그림 전자서명 구비조건

가. 위조불가(Unforgeable):
- 합법적인 서명자만이 전자서명을 생성하는 것이 가능해야 한다. 즉 위조가 불가능해야 한다.
- 서명된 문서가 변형되지 않았다는 무결성(Integrity)을 보장한다.

나. 서명자 인증(User authentication)
- 전자서명은 서명 생성자를 인증하는 기능이 있다.
- 전자서명의 서명자를 불특정 다수가 검증할 수 있어야 한다.
- 전자서명 된 문서를 타인이 검증해야 하므로 전자서명 알고리즘은 공개해야 한다.

다. 부인방지(Non-repudiation) = 부인봉쇄
- 서명자는 서명행위 이후에 서명한 사실을 부인할 수 없어야 한다.
- 전자서명에서 부인방지는 송신자의 개인키로 해시값을 암호화 한 후(해시 후 서명방식), 송신자의 공개키로 복호화(서명 검증)하여 부인방지서비스를 제공한다.

라. 변경불가(Unalterable)
- 서명한 문서의 내용을 변경할 수 없어야 한다.

마. 재사용 불가(Not reusable)
- 전자문서의 서명을 다른 전자문서의 서명으로 사용할 수 없어야 한다.(수신자가 문서를 재사용 할 수 없다.)
- 전자서명에서 송신자와 수신자의 메시지 전송 도중에 갈취되어 복사되거나 도용되지 않도록 해주는 특징이다.

문제10) 안티드론

I. 개요
- 드론은 원격 조정이나 자율비행으로 시계 밖 비행이 가능하며, 승객이나 승무원을 이동하지 않는 이동체임.
- 드론 기술이 발전함에 따라 악용하는 사례 또한 늘고 있어, 저고도에서 침입하는 드론을 탐지하고 무력화시키기 위하여, 여러 기술을 종합한 안티드론 기술이 여러 나라에서 개발되고 있음
- 드론 해킹 기술로 인해 드론 기반 서비스 시장이 위축될 우려가 있으므로 이를 극복하는 보안 기술이 필요함.

II. Drone의 시스템 구성

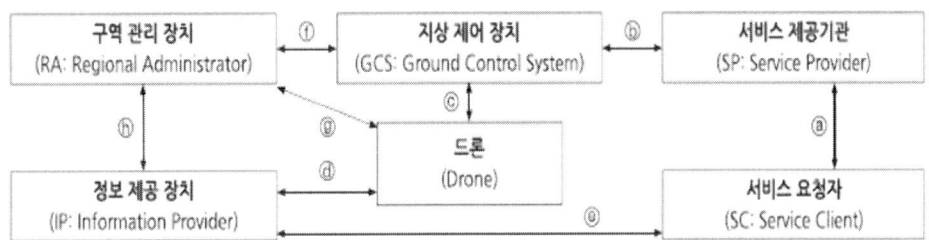

그림 드론 기반 서비스 시스템 구성요소

구성요소	정의 및 역할
서비스 요청자	○ 드론 기반 서비스의 요청자
서비스 제공기관	○ 드론 기반 서비스의 제공자
지상 제어 장치	○ 드론에게 병령을 전달하거나 직접 드론을 원격 제어하는 장치
드론	○ 실질 임무를 수행하는 드론
구역 관리 장치	○ 특정 지역 내에 비행중인 드론을 관리하는 별도의 관리 장치
정보 제공 장치	○ 드론 기반 서비스 관련 정보를 제공해 주는 장치

표 Drone의 구성요소

III. Drone의 통신 방식
- Drone의 통신방식으로는 블루투스, 위성통신, 셀룰러시스템 등이 사용되어 왔음.
- 대다수 드론은 저전력 통신을 제공하는 블루투스를 사용했음.
- Wi-Fi와 위성통신, 셀룰러시스템은 장점보다 문제점이 많아 사용에 제약이 많았음.

- 최근들어 LTE와 5G 이동통신이 부각되고 있으며, LTE 통신은 비행거리가 늘어나고 실시간 영상 스트리밍과 고용량 데이터 송수신이 가능하나 규제가 많아 법안을 개정해야 상용화를 할 수 있음.
- 5G 이동통신은 빠른 통신과 주변의 여러 사물과의 실시간 통신이 가능하나 아직 5G 이동통신 표준이 확정되지 않아 상용화에 상당한 시일이 소요될 전망임.

Ⅳ. Anti-Drone 기술

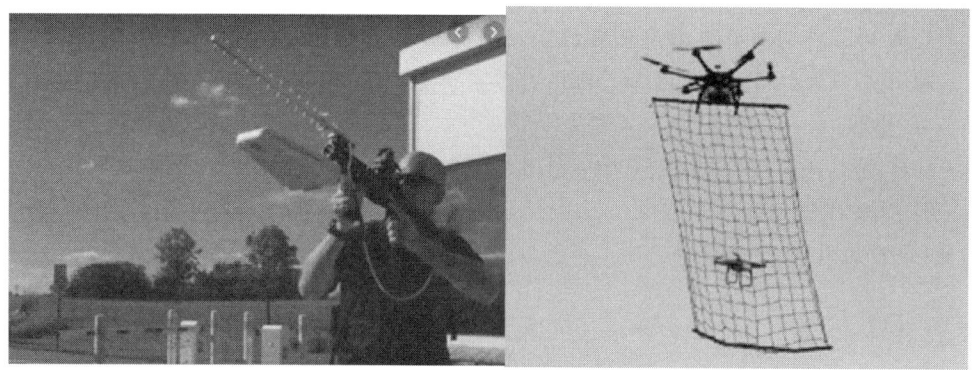

그림 Anti Drone 기술

- 안티 드론 시스템은 무인 비행체의 접근을 탐지하는 무인 비행체 탐지 기술과 드론의 비행을 무력화 시키는 무력화 기술로 구성
- Drone을 이용한 사생활 침입 및 테러에 준하는 위협사례들이 전세계적으로 문제가 됨.

Ⅴ. 센서에 따른 탐지기술

1) 음향 탐지 센서
- 드론의 소음 탐지 기술
- 소음이 많은 곳에서는 탐지가 어려움
- 최대 탐지 거리는 짧으나 가격이 쌈

2) 방향 탐지 센서
- Wi-Fi 대역을 Drone에서 사용 시 Wi-Fi 대역의 신호방향 탐지 센서를 이용하여 사용자 및 드론의 위치 추정이 가능.
- 도심에서는 Wi-Fi 신호가 많아 탐지가 어려운 점이 단점.
- 다른 센서와 달리 조종사의 위치까지 추정할 수 있음.

3) 영상 센서
- 가시광선/적외선 영역의 영상 정보를 활용.
- 먼 거리에서는 망원렌즈 사용->시야각 좁음
- 위협체의 형상을 운용자가 직접 확인 가능.
- 밤과 낮에 모두 활용하기 위해 Electro Optic 및 Infrared 장비를 동시에 운용
- 열화상 센서 관련 광학계의 비용이 매우 비쌈.

4) 레이더 센서
- 레이더를 이용한 비행체의 탐지
- 날씨, 온도, 낮/밤에 무관하게 안정적 탐지 성능 가짐.
- 탐지 거리가 다른센서 보다 김.
- 제작/구매/도입 비용이 매우 높음.
- 스스로 신호를 송출 -> 다른시스템과의 간섭 고려가 필요
- 운용주파수 대역 할당 등 정부의 제도적 승인 필요.

Ⅵ. 무력화 기술
1) 전파교란 기술
- 전파 교란을 통해 무인 비행체를 무력화
- 경로 계획에 의한 자율비행 무인 비행체의 경우 전파 교란에도 계속 목적지를 향해 비행가능.
- 두 개 이상의 GNSS 시스템 사용에 대한 고려가 필요
- 높은 출력의 교란신호 방사시 민간에 피해가 가능.
- 송출시간, 신호의 출력, 운용장소 등 정부의 제도적 지원이 필요
2) 파괴 기술
- 무인비행체의 직접 물리력을 가해서 파괴하는 기술
- 산탄총 발사 및 레이져 빔을 조사하는 방식
- 전파 교란 방식보다 확실히 무인 비행체를 추락시킴.
- 추락하는 무인비행체와 파편들오 인한 2차 사고 가능.
- 먼 거리에서 빠른 속도로 비행하는 물체는 격추가 어려움.
3) 포획 기술
- 무인비행체를 직접 독수리를 이용하여 포획하거나 무인 비행체에 장착된 그물망, 혹은 지상에서 발사하는 그물망을 이용하여 포획함.
- 추락하는 비행체 및 파편에 의한 2차 사고 예방이 가능
- 중량이 무거운 비행체는 독수리가 포획하기 어려우며 프로펠러에 부상을 당할 수 있음.
- 무인비행체 밑에 그물망 설치 -> 고속 비행체에는 부적합.
- 지상에서 그물망 발사 -> 매우 근접한 거리에서만 가능.

Ⅶ. 맺음말
- 안티 드론 기술의 활용을 위해서는 레이다와 같은 능동형 장비를 사용할 수 있는 민간용 레이다 주파수 할당이 필요함.
- 무인비행체의 무력화 추락에 의한 2차 피해 보상, 비행금지 구역비행시 처벌 등 제도적 장치가 필요함.
- 안티드론 기술은 공공성이 매우 높기 때문에 정부 차원의 제도적 지원(주파수 할당, 전자파 인체 보호 기준 마련, 무인비행체 요격기준 등)이 필요함.

문제11) IP-LPRS (Internet Protocol-License Plate Recognition System)

Ⅰ. 개요
- LPR은 차량번호인식에 사용되는 카메라로 독립형(SA) LPR시스템 과 IP형 LPR시스템이 있음
- 독립형 LPR은 "LPR+차번인식H/W,S/W 일체형" 으로 되어 있고, IP-LPR 시스템은 LPR만 현장에 설치되고 나머지 H/W와 S/W는 서버에서 구동됨

Ⅱ. IP-LPRS 시스템
1) 시스템 구성도

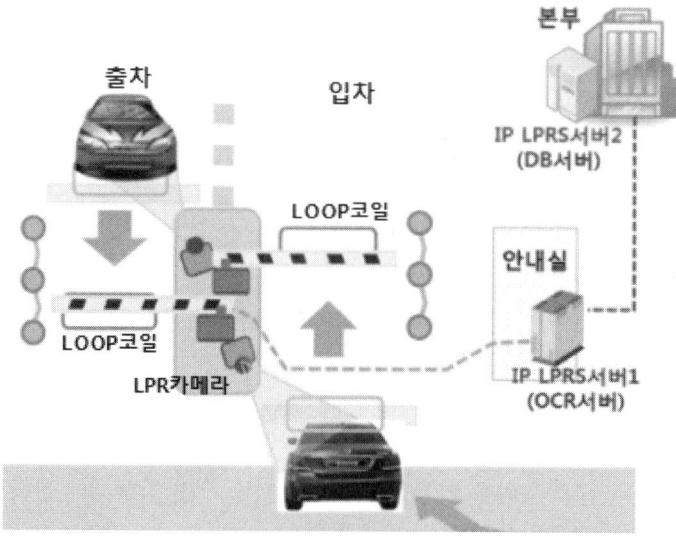

IP-LPRS 시스템 구성 사례

- 안내실과 서버로 통신방식은 IP 방식을 이용함
- Loop코일은 카메라 인식 또는 차단기 닫기용 으로 사용함
- OCR서버 와 DB서버는 다수의 LPR카메라에서 전송된 영상을 분석하고 관리하는 기능을 수행함
- IP-LPR시스템은 LPR카메라의 설치와 이동이 용이함

2) IP-LPRS의 특징
가. 실시간 차량영상 확인 등 관제 가능
- 원격지 다수에 설치되어 있는 LPR카메라로부터 실시간으로 영상정보를 획득하여 차량정보를 즉시 확인할 수 있음
나. 차량정보 등록 및 관리 편리성 확보
- IP방식으로 되어 있어 원격지에서 차량정보를 등록/삭제/편집이 가능함
다. 차량출입통제 편리성 확보
- 입차와 출차에 대한 차량 출입통제를 즉각적으로 반영할 수 있음
라. 무인운영 및 원격정산가능
- IP방식으로 되어 있어 유지보수 및 원격관리가 가능해 무인운영 및 원격정산 시스템 구축이 수월함

Ⅲ. LPR시스템 비교

연번	항 목	SA LPRS	IP LPRS
1	카메라	◇ 2Line-아날로그 카메라 (130만화소) ◇ LPRS용도외 기능구현 불가 ◇ 음성코덱 없음, 음성송수신불가	◆ Ethernet IP카메라 (Full HD 210만화소) ◆ 실시간 영상감시카메라 동시 운영 ◆ 음성코덱, 마이크, 스피커 연결운영
2	번호인식 엔진 (OCR S/W)	◇ LPRS함체에 내장된 컴퓨터 마다 각각 설치됨. (카메라 : 컴퓨터&S/W = 1 : 1) ◇ pc급 컴퓨터에 1대 카메라만 연결	◆ 센터 혹은 관리실의 서버에 설치 여러대의 현장 카메라 연결 운영 (카메라 : 컴퓨터&S/W = n : 1) ◆ pc급 컴퓨터에 최대 16대 카메라 성공
3	설치환경 차량번호 인식률 인식속도	◇ 설치환경 제약 받음 루프코일 앞 4.5m 전후에 설치 도로중앙부 아일랜드에 설치 ◇ 최적설치환경에서 : 95% 이상 ◇ 번호인식속도 : 500ms 이내	◆ 설치환경 제약 없음. 루프코일 위치와 무관함 도로외 천정, 벽부에 설치가능 ◆ 일반설치환경에서도 : 95% 이상 ◆ 번호인식속도 : 500ms 이내

문제12) DMR(Digital Mobile Radio)

Ⅰ 정의
- 디지털 무전기의 기본 개념은 아날로그 음성신호를 디지털 데이터로 바꾸어 이를 주파수나 위상 변조를 이용하여 전송하는 것.
- DMR은 2005년 유럽 전기통신 표준협회(ETSI)에서 개발되어 상용화 된 국제 표준.
- 세계적으로 모토로라 솔루션(주)이 DMR의 국제적인 표준과 기술을 주도.

Ⅱ. DMR
1) DMR의 음질 특성

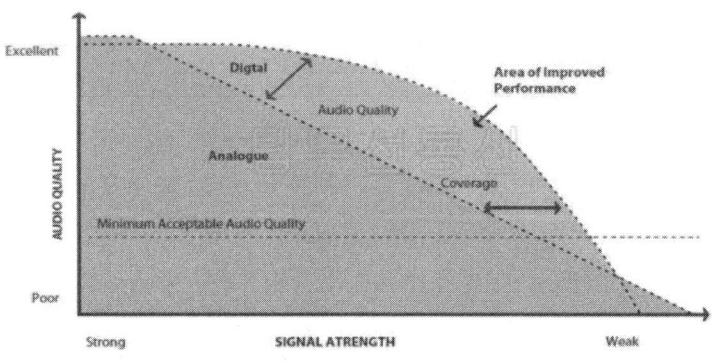

그림 Analog 대비 DMR의 Audio 품질 특성

- 거리가 멀어짐에 따라 아날로그는 오디오 품질이 꾸준히 떨어지지만 디지털은 오디오 품질이 유지됨.
- 일반 가청영역에서 디지털 무전기의 가청영역에 품질이 안정적이고 더 먼거리까지 유지됨.
- 12.5KHz의 대역폭을 이용하여 TDMA 2 slot 방식으로 통신을 하며 동시에 2개의 그룹이 무전기 통화가 가능 -> 아날로그 무전기보다 채널 효율이 좋음.

2) 디지털 무전기의 장점
- 잡음 및 소음 제거 기능을 통해 더욱 명확한 음성 통신을 제공함.
- 아날로그 무전기는 음성신호만 전달이 가능하지만 디지털 무전기는 음성 신호외에 데이터 전송이 가능함.
- 아날로그방식에 비해 배터리 수명이 연장.
- TDMA 방식 사용으로 주파수 효율성 개선.

III. DMR 디지털 무전기의 Tier 종류
1) Tier1:
  - 유럽과 미국에서 446Mhz 대역 사용(License free band 사용)
  - TDMA 사용에 따라 12.5KHz 대역폭 1채널에 2개의 Time Slot을 사용
  - Low power transmission 기기에 사용 (Max. power: 0.5Watt)
2) Tier2:
  - 66에서 960MHz 주파수 밴드 사용(Licensed band 사용)
  - Repeater를 사용하여 사용 커버리지 확대 가능
  - High Power transmission 기기에 사용.
3) Tier3:
  - 66~960MHz 주파수 밴드 사용(Licensed band 사용)
 - 음성과 데이터 전송이 가능.(단문의 메시지 전송 가능)
  - Trunked Mode사용하며 Packet data service를 지원(IPv4/6)
  - 다양한 Application에 사용가능: SCADA, Remote Monitoring/Control, automation

IV. 디지털 무전기 방식 비교 (dPMR vs. DMR)

구분	dPMR	DMR	비고
무선 접속	FDMA	2slot TDMA	
주파수 대역폭	6.25KHz	12.5KHz	
25KHz 채널당 통화로 수	4	4	
음성 보코더	AMBE+2 또는 ASELP*	AMBE+2	*TTA 추가 표준
기술 표준	ETSI/TTA	ETSI/TTA	
트렁킹 방식	있음	있음*	*전국망 가능
암호화	가능*	가능	
통화 가로채기	불가능	가능*	*TTA에서 표준화 추진 중
단말기 위치 보고	가능	가능*	*TTA에서 표준화 추진 중
단문서비스	지원	지원	
휴대형 제품의 RF 출력	5W 이하	5W 이하	
고정/차량형 제품의 RF 출력	45W 이하	45W 이하	
중계기 제품의 RF 출력	100W 이하	100W 이하	

- 단순 그룹 통화에서는 dPMR 방식이 유리하고, 대형사업장에 여러 그룹이 동시에 사용할 겨우 주파수 효율과 활용성 측면에서 DMR 방식 유리.

문제13) 실험국과 실용화 시험국

I. 개요
- 무선국 개념은 송/수신기 및 부가설비 등의 무선설비와 무선설비를 조작하는 자의 총체를 의미하므로 방송수신만을 목적으로 하는 라디오수신기, TV수상기 등은 제외함
- 무선국 개설은 물적 요소로서 무선설비를 설치하고 인적 요소로서 이를 조작할 수 있는 사람이 있어야 한다는 의미
- 무선국이 하는 업무는 지상무선통신 또는 우주무선통신 업무로 대별되고 실험국, 실용화 시험국, 간이무선국은 업무분류 체계에 속하지 않는 무선국임

II. 실험국
1) 정의
- 과학 또는 기술의 발전 또는 과학지식의 보급을 위한 실험을 목적으로 개선한 무선국

2) 운용사례
- 실험 연구용, 학교 및 교육기관의 교육용, 박물관/전시회 등의 전시용 등

3) 주요 시설자 및 이용 주파수 대역
- 과학기술 발전을 위한 실험에 전용하는 무선국

III. 실용화 실험국
1) 정의
- 해당 무선통신업무를 실용에 옮길 목적으로 시험적으로 개설하는 무선국

2) 운용사례
- 차세대지능형교통시스템(C-ITS), LTE 등 신기술의 실용화에 앞서 시험

IV. 상호 비교

구분	실험국	실용화 시험국
정의	과학 또는 기술의 발전 또는 과학지식의 보급을 위한 실험을 목적으로 개선한 무선국	해당 무선통신업무를 실용에 옮길 목적으로 시험적으로 개설하는 무선국
운용사례	실험 연구용, 학교 및 교육기관의 교육용, 박물관/전시회 등의 전시용 등	차세대지능형교통시스템(C-ITS), LTE 등 신기술의 실용화에 앞서 시험
주요 시설자	철도시설공단, 전파진흥협회 등	지자체, 한국도로공사 등
기타	실험국, 실용화시험국, 간이무선국은 업무분류 체계에 속하지 않는 무선국임	

국가기술자격 기술사시험문제

기술사   제 120 회   제 2 교시 (시험시간: 100분)

분야	통신	자격종목	정보통신기술사	수험번호		성명	

※ 다음 문제 중 4문제를 선택하여 설명하시오. (각10점)

문제01) 5G망의 eMBB, mMTC, URLLC특징을 설명하고, 이를 구현하는 방법을 기술하시오.

Ⅰ. 정의
- 이동통신시스템은 2G(CDMA), 3G(WCDMA), 4G(LTE-A), 5G 방식으로 표준화가 진행됨.
- 5G는 4G LTE-A Pro(Rel.13/14) 이후의 이동통신시스템(Rel. 15 ~)임.
- 다양한 서비스 eMBB, URLLC, mMTC를 지원할 예정이며, NSA 방식 및 SA 방식으로 망 구축이 진행되고 있음

Ⅱ. 5G의 세가지 Use Case
- ITU에서 5G 통신의 속성을 정의하기 위해서 네트워크의 유연성을 기반으로 세가지 Use Case를 정리
① Enhanced Mobile Broadband(eMBB)
② Massive Machine type Communication(mMTC)
③ Ultra-reliability and Low Latency Communicatin(URLLC)

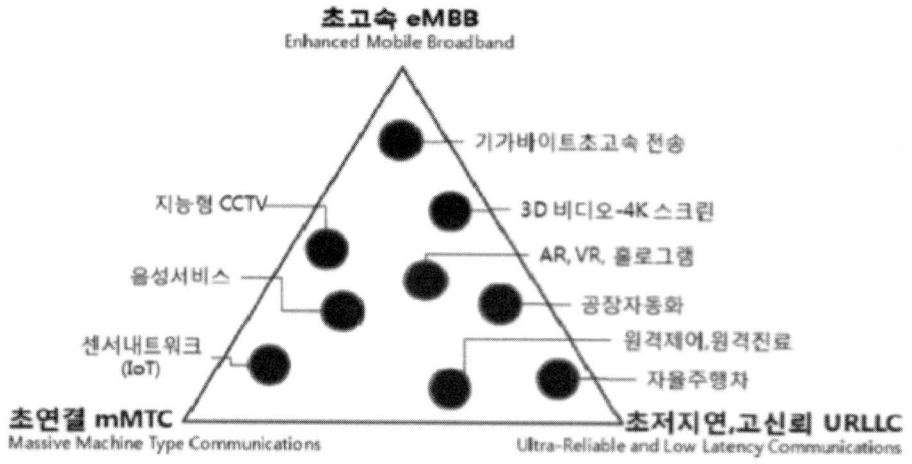

III. 5G의 세부 서비스 종류

[표 4] 5G로 실현될 다섯 가지 서비스

서비스명	세부 서비스
몰입형(Immersiveness)	AR, VR 서비스, 원격화상회의 서비스
지능형(Intelligence)	개인맞춤형 인공지능비서, 밀집공간 서비스
편재형(Omnipresence)	스마트홈, 도시, 빌딩기반 서비스
자율형(Autonomy)	자율주행 서비스, 드론기반 무인자동화 서비스
공공형(Publicness)	개인보안, 공공안전, 원격진료, 의료 서비스, 재난대응

〈자료〉 ETRI 5G 사업전략실, 5G 시대가 온다, 콘텐츠하다, 2017. 11. p.33.

IV. 5G 서비스의 주요특징

특성	설명	유스케이스	4G	5G	비고
초고속 대용량 통신 (eMBB)	최대 20Gpbs 및 일상적으로 100Mbps 속도가 가능한 '고속성(High Speed)'과 기존보다 1만 배 이상 더 많은 트래픽을 수용하는 '대용량(High Capacity)'	4K, 8K, 홀로그램, AR/VR 등	최대전송속도		20배
			(1Gbps)	(20Gbps)	
고신뢰 초저지연 통신 (uRLLC)	1ms 이하의 "낮은 지연시간(Low Latency)", 이동 간 제로 중단을 실현하는 "높은 안정성(High Reliability)"	자율주행차, 공장자동화, 원격의료 등	전송지연		1/10
			10ms (0.01초)	1ms (0.001초)	
대량연결통신 (mMTC)	1평방 km 당 100만 개 기기가 가능한 '고밀집(High Density)', 배터리 하나로 10년간 구동 가능한 '고에너지 효율(High Energy Efficiency)'	스마트시티, 스마트빌딩, 물류 등	$1km^2$ 당 기기 연결 수		10배
			10만 개	100만 개	

표 5G 서비스의 주요 특징 및 비교

- ITU-R에서 5G 이동통신 기술의 3대 서비스로 표1과 같이 속도, 대역폭, 지연시간 등 각 서비스 요구사항에 따라 서비스를 구분함.

구성요소		현재 4G 기술	5G 기술 진화 방향(SA 구조 기준)	특징
UE(사용자장치)		스마트폰, 태블릿 등 개인용 기기 (음성, 문자, 영상, 인터넷 등)	B2B 비즈니스용 IoT 수용 (스마트폰, AR·VR, 드론, 의료센서 등)	연결 기기 확대
무선 액세스 네트워크	접속 방식	단일 무선 RAT 액세스 (2G, 3G, 4G 별도 구조)	다중 액세스(Multi-RAT Access) (WiFi 등 Non-3GPP Access 수용)	다양한 유·무선 액세스 기술을 동일한 인터페이스(One-connectivity)로 통합 제어
	기지국	매크로셀, 펨토셀 등	초고밀도 소형 셀 구축 증가	
	구현 기술	Centralized RAN	Cloud RAN 구조 (기능 분할, 가상화 기술 사용)	
코어 네트워크	배치	중앙 집중형 단일 코어망(EPC)	분산 클라우드 기반 코어 네트워크 (코어 기능의 지역적 분산화)	분산 에지 클라우드 및 네트워크 슬라이싱 서비스 제공과 MEC 지원이 용이하도록 소프트웨어 기반 구조(SDI)를 채택하여 유연한 코어 네트워킹 기능을 제공하고 3rd Party NF 연동과 애플리케이션을 개방
	전송망	물리적 공유. 단일 네트워크 제공	종단간 네트워크 슬라이싱 (논리적 망 분리)	
	장비 형태	물리적 장비(PNF) 중심 (Physical Network Function)	가상화NF(SDN/NFV 기술 적용) (Visualization Network Function)	
	인터 페이스	Peer-to-Peer I/F Architecture (multiple 인터페이스)	SOA(Service-based I/F Architecture(HTTP2/RESTful))	
	제어 신호	CUPS (UP 기능과 CP 기능의 분리)	SDN/NFV 기반 CUPS 가속화 (UPF 기능 분산 및 에지 재배치)	
	기능 모듈화	네트워크 컴퓨팅 기능과 데이터 저장 기능이 한군데 처리	무상태(Stateless) 네트워크 기능 (네트워크 기능과 데이터 저장소 분리)	
외부 연동 및 애플리케이션		통신사의 코어망과 외부 GW(SGi 등)를 거쳐 연결	MEC(내부 에지 네트워크 전진 배치)	API 개방화

표 4G 대비 5G 네트워크의 기술적 특성과 진화 방향

V. 5G 서비스 구현 방법

1) eMBB 가능 기술

① 넓어진 주파수 대역폭
 - 5G는 3.5GHz 대역과 28GHz대역을 사용함.
 - 통신사별로 3.5GHz대역에서는 80~100MHz, 28GHz대역에서는 800MHz씩의 주파수 대역폭을 이용함.

② 주파수 이용 방식의 변화
 - 4G 서비스에서는 상하향 같은 대역폭을 사용하는 FDD사용 위주였으나 5G에서는 전체 대역을 아주 작은 Time-slot으로 구성하여 TDD 방식을 사용

③ 다중 경로 전송제어 프로토콜(MP-TCP)의 사용
 - 5G는 초기 통신 속도를 높이기 위해서 5G망과 4G망을 동시에 사용함.(SA/NSA)
 - 통신 속도를 올리기 위해 5G와 4G 네트워크 뿐만이 아니라 Wi-Fi혹은 유선 네트워크를 함께 사용 가능함.
 - 이런 서로 다른 여러 네트워크를 통한 제어할 때 다중 경로 전송 제어 프로토콜(MP-TCP)을 사용함.

④ Massive MIMO와 빔포밍
- 5G에서는 주파수가 전파되는 공간을 분할하여 여러 사용자가 동시에 같은 주파수 자원을 사용가능하게 함.
- 동일한 전파 자원을 동시에 여러 사용자 그룹을 대상으로 서비스할 수 있도록 하는 것이 Massive MIMO이며, 이를 가능하게 하는 것이 Beam-Forming 기술임.

2) mMTC 가능 기술
① 가변적 채널 대용폭 할당
- 5G에서는 채널 대용폭을 가변적으로 이용하여 다양한 서비스를 수용함과 동시에 주파수 자원을 효율적으로 활용.
- 이를 가변적 채널 대역폭 할당(Scalable Numerology)라고 함.
- 15KHz로 고정된 OFDM 부반송파를 2^n 비율로 확장하여 다양한 통신 속도를 필요로 하는 서비스를 지원.

3) URLLC를 가능 기술
① 네트워크 슬라이싱
- 네트워크 슬라이싱을 이용하여 5G의 다양한 서비스를 지원, 하나의 물리적인 5G 네트워크를 서비스 특성에 따라 여러 개의 가상 네트워크로 만들어서 이용.
- 네트워크 슬라이싱 기술을 위해서 NFV 및 SDN 기술이 필요.

② 에지 클라우드
- 기존의 이동통신 시스템에서는 코어장치에서 모든 통신을 제어.
- 물리적으로 코어에서 멀리 떨어져 있는 사용자들은 전송 및 처리에 따른 지연을 수반함.
- 5G 에지 클라우드는 이런 문제를 해결하기 위해 지준의 중앙 통신센터에 존재하던 CU(Central Unit)나 UP(User Plane)같은 기능들을 각 지역의 광역국사에 있는 클라우드에 가상화.
- 이를 통해 통신 경로 단축 및 데이터 처리를 효율화 하여 통신지연을 최소화 함.

VI 맺음말
- 5G는 다양한 구현기술들과 이들이 제공하는 고속, 저지연, 대용량 특성은 On-demand형 네트워크 서비스를 제공하여 응용 서비스별로 요구되는 차별화된 품질을 만족시킬 수 있을 것으로 기대.
- 하지만 표준화가 완성되지 않은 요소 기술들도 있어서 이상적이 5G 서비스를 만끽하기에는 다소 시간이 걸릴 것으로 예상.
- 이는 당장의 5G 서비스 생태계에는 걸림돌이 되지만, 제대로 된 서비스 생태계을 만들기 위한 준비 시간으로 활용.

문제02) TCP 혼잡제어 과정을 설명하고, TCP Tahoe기법과 TCP Reno기법을 비교하여 기술하시오

I. 개요
- 혼잡 제어란 네트워크의 혼잡 상태를 파악하고 그 상태를 해결하기 위해 데이터 전송을 제어하는 것을 말함.
- 즉, 송신측에서 Ack 수신 여부로 네트워크 상황을 판단하여 송신 데이터 크기 조절하여 혼잡상황 제어 기법임.

II. TCP 혼잡제어 메커니즘

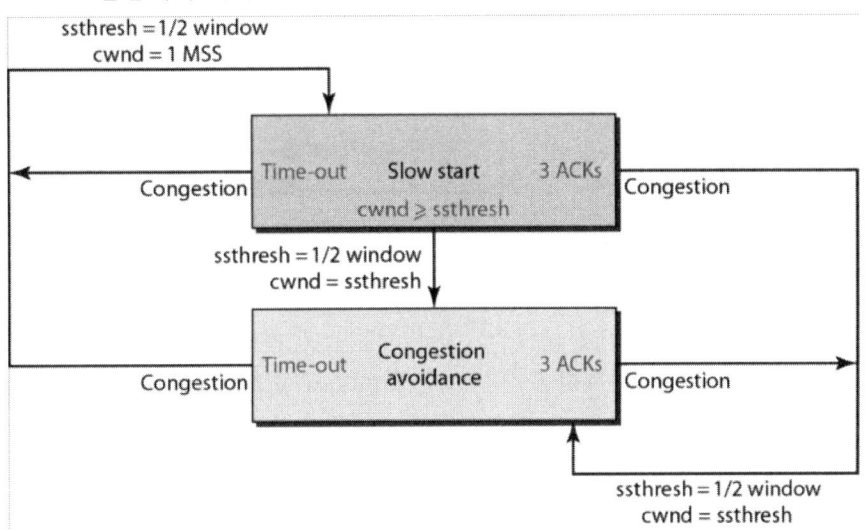

방안	설명
송신자 전송률 제한	- 혼잡 윈도우인 cwnd(Congestion Window) 값 조정하여 데이터 전송 비율 조절
혼잡 감지	-TCP 송신자는 이벤트 발생 시 송신률↓ 손실이벤트 = Timeout 또는 Duplicate ACK
Slow Start	- cwnd < ssthresh 일 때 cwnd는 지수적 증가 (cwnd = cwnd * 2)
Congestion Avoidance	- cwnd > ssthresh 일 때 cwnd는 선형적 증가 (cwnd = cwnd + 1)

II. 기본적인 TCP 혼잡제어 기법
가. Slow Start(느린 출발) 혼잡제어 기법

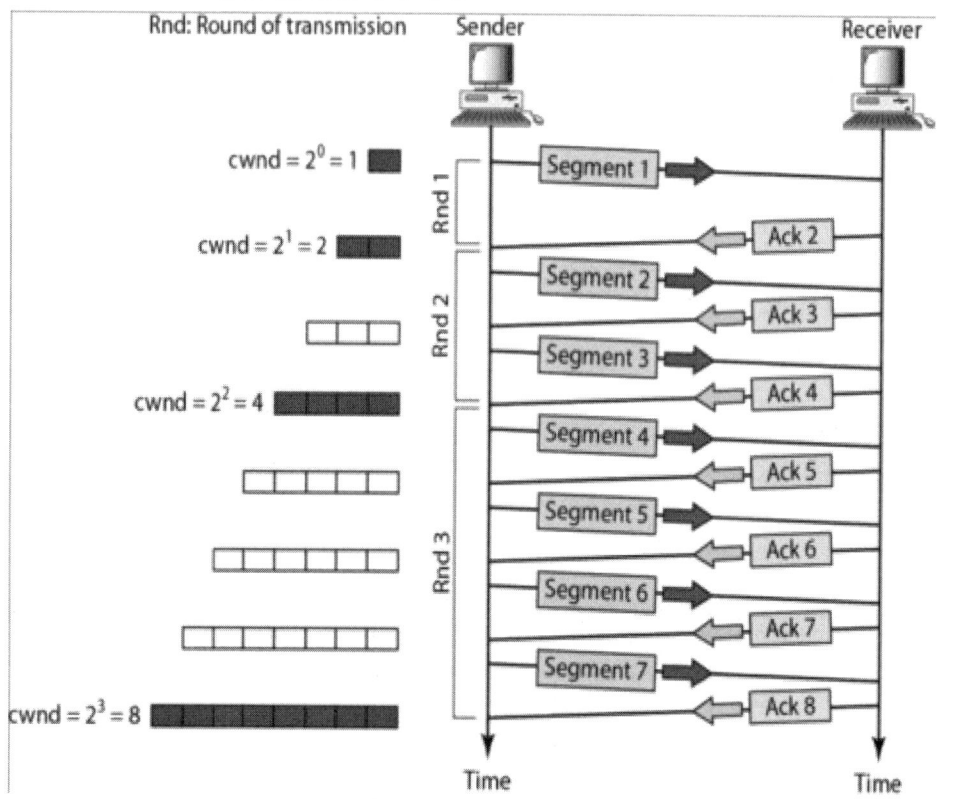

- 새로운 TCP 연결이 생성되거나 재전송 시간 초과(Timeout)로 패킷 손실 발생 시 수행
- ACK 수신 시 혼잡 윈도우(cwnd) 크기를 세그먼트 크기만큼 증가 (X2)
- 한계(ssthresh, Slow Start Threshold)까지 지속적으로 증가
- 혼잡상태 발생 시 윈도우 크기 원래대로 복귀
- Timeout 발생 시: cwnd = 1 MSS(Maximum Segment Size)
- 3 Duplication ACK 발생 시: ssthresh = 1/2 window, cwnd=ssthtresh 및 Congestion Avoidance 상태로 천이

나. Congestion Avoidance(혼잡 회피) 혼잡제어 기법

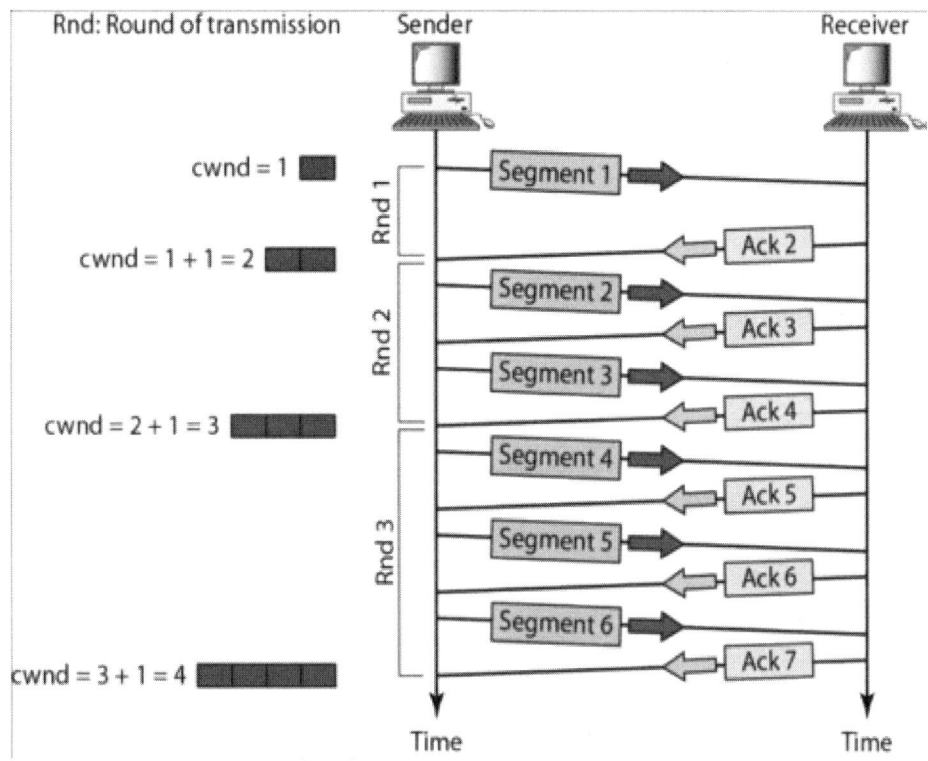

- Slow Start 지수적 증가가 임계치(ssthresh)에 도달하게 되면 혼잡으로 간주하고 회피를 위해 cwnd 크기가 선형적으로 증가하여 혼잡 예방
- Slow Start에 비해 훨씬 느린 속도로 증가되므로 혼잡 회피 기능 수행

III. 개선된 TCP 혼잡제어 기법

- Fast Retransmit로 구현한 TCP를 TCP Tahoe라고 하고, Fast Recovery로 구현한 TCP를 TCP Reno라고 함.
- TCP에는 Tahoe, Reno, New Reno, Cubic, 최근 나온 Elastic-TCP까지 다양한 혼잡 제어 정책이 존재함.
- 혼잡 제어 정책들은 공통적으로 혼잡이 발생하면 윈도우 크기를 줄이거나, 혹은 증가시키지 않으며 혼잡을 회피함.
- Tahoe와 Reno는 기본적으로 처음에는 Slow Start 방식을 사용하다가 네트워크가 혼잡하다고 느껴졌을 때는 AIMD 방식으로 전환하는 방법을 사용함.

가. TCP Tachoe
- 송신측에서 Duplicate ACK를 받게 되면 패킷 손실로 간주하고 즉시 재전송
- Fast Retransmit 미사용 시 손실 발생 시 재전송 Timeout 만료 후 재전송

나. TCP Reno
- Fast Retransmit은 1988년 Van Jacobson에 의해서 제안되고 이를 구현한 TCP를 흔히 TCP Tahoe라고 함.
- Fast Retransmit 후 Slow Start 아닌 Congestion Avoidance 상태에서 전송하는 기법
- 여러 패킷 손실 시 패킷 하나 식 복구 되므로 모든 패킷 ACK 수신까지 대기
- ACK 중복 수신이 3회 발생하면 리노는 혼잡 창의 크기를 반으로 줄이고 느린 시작 한계 또한 줄어든 혼잡 창의 크기와 같게 설정한 후, 빠른 회복을 수행하고, 빠른 회복에 진입한다.
- ACK 시간 초과 시에는 타호에서와 똑같은 방법으로 느린 시작을 한다.

다. Fast Retransmit와 Fast Recovery 윈도우 변화에 따른 그래프

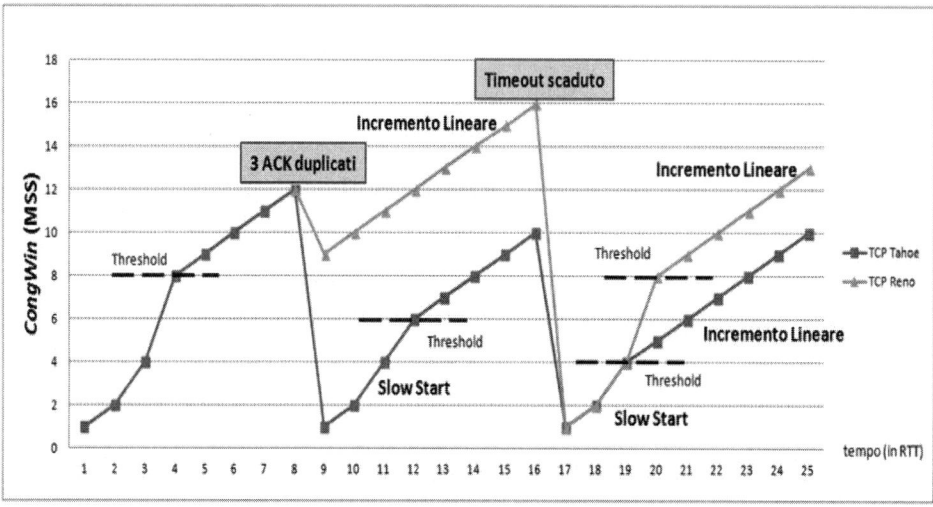

IV. 결론
- 네트워크 상의 손실에 따른 복구의 성능은 TCP의 성능에 전반적인 영향을 미치기 때문에 이 기능은 거듭 수정되어 왔고, 흔히 TCP Reno, TCP NewReno, TCP SACK 등으로 불리고 있다.
- 네트워크 혼잡으로 인한 붕괴 상황(congestive collapse)를 방지하기 위해서, TCP는 다양한 혼잡 제어 방법을 활용한다.
- TCP는 각 연결마다 혼잡 창을 관리하는데, 혼잡 창은 ACK 패킷이 수신되지 않은 패킷의 최대 개수를 제한하게 된다.

문제03) ATSC 1.0과 ATSC 3.0전송기술에 대해서 기술하시오

Ⅰ. 개요
- 우리나라는 2016년 6월 미국식 ATSC 3.0(Advanced Television Systems Committee)을 국내 지상파 UHDTV 방송 표준으로 채택하였음.
- 기존 지상파 DTV 방송(ATSC 1.0)송수신 정합규격인 MPEG-TS 대신 IP 기반 UHD 방송 시스템 구축하여 IP망간의 이종 서비스(Hybrid Service), 고정 및 이동 단말에서의 방송 수신 제공이 가능함.
- HEVC 비디오 코덱과 실감 오디오, IP 기반 다중화, OFDM 및 LDPC방식 채택을 통해 고화질 프리미엄 UHDTV 방송을 제공하기 위한 송수신 정합 규격을 정의

Ⅱ. ATSC 1.0 vs ATSC 3.0

1) 주요 ATSC 1.0 기술
 - 비디오 압축 방식 : MPEG-2 MP@HL(HDTV)
 - 오디오 압축 방식 : Dolby AC-3
 - 다중화 방식 : MPEG-2 Systems(TS)
 - 오류정정부호 : 리드 솔로몬(T=10,RS(207,187))+Trellis 코딩(2/3)
 - 변조 및 전송 방식 : 8-VSB(Vestigial Side Band)
 - 전송용량 : 19.39 Mbps (6MHz)

2) 주요 ATSC 3.0 기술
- 비디오 압축 방식 : HEVC, SHVC
- 오디오 압축 방식 : MPEG-H
- 다중화 방식 : IP/UDP 위에 ROUTE/DASH 또는 MMTP
- 오류정정부호 : BCH, CRC + LDPC
- 변조 및 전송 방식 : OFDM
- 전송 다중화 : FDM, TDM, LDM
- 전송용량 : ~ 52.2 Mbps (6MHz)

3) ATSC 1.0과 ATSC 3.0방송 규격 비교

구분	ATSC 1.0 (DTV)	ATSC 3.0 (UHD 방송)
변조방식	8-VSB	OFDM
제공 서비스	고정HD	고정UHD 및 이동HD 방통융합서비스 긴급경보서비스
영상압축	MPEG-2	HEVC, SHVC
음성압축	AC-3	AC-4, MPEG-H
전송 다중화	-	LDM, TDM, FDM
오류정정	TCM + RS	LDPC + BCH
전송용량 (DTV 방송망 기준)	19.4 Mbps	약 26 ~ 27 Mbps
프로토콜	TS	IP

자료 : 한국전자통신연구원(2018), '지상파 UHD 모바일 방송 시범서비스 현황'

Ⅲ. ATSC 3.0에서 향상된 기능
- 국내 지상파 UHD 표준(ATSC 3.0)은 '올(All)-IP' 기반으로 실시간 방송의 모든 서비스를 인터넷과 연동하여 다양한 부가 서비스 제공 가능
- HEVC 코덱 도입하여 초고화질 입체음향 실감방송 가능
- LDM기술 적용으로 고정된 공간에서는 UHD 방송, 이동 중에는 HD 방송으로 바꿔 볼 수 있고, 긴급 재난방송과 라디오방송 등에도 활용할 수 있어 한정된 주파수 효율적 활용 가능
- SFN 도입으로 주파수 효율 향상 및 실내수신 가능 영역 확대
- 지상파 방송망과 인터넷망과의 연동을 통해서 웹서비스를 기본으로 VOD, 하이라이트 등 다양한 하이브리드 서비스 지원 가능
- 시청자 청취 선호에 따른 최적화된 방송 서비스 환경 제공 및 다양한 시청 단말을 통한 방송 프로그램과 연동된 부가 정보 및 관련 콘텐츠 제공
- UHD 방송에서는 기존 전자프로그램가이드(EPG)가 Advanced-ESG (En-hanced Service Guide) 기능 구현으로 양방향 서비스 가능

- TV자동 켜짐, 긴급 알림 기능 등 재난 알림 기술을 통해 재난재해 시 큰 역할 수행 가능
- UHD 콘텐츠 보호 기술(스크램블+워터마크+DRM 등) 적용

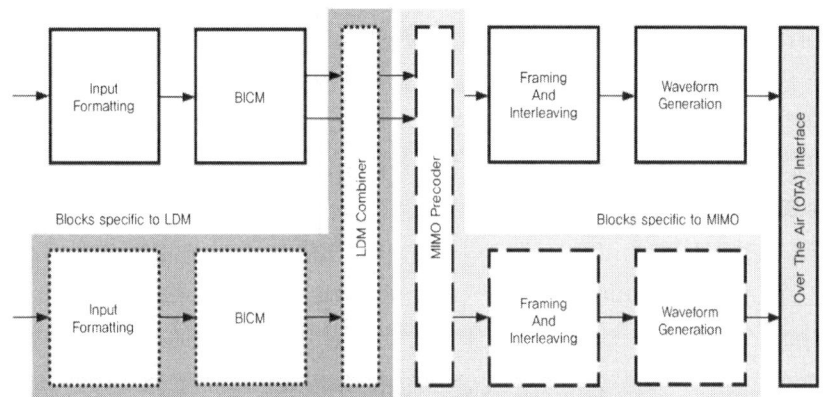

ATSC 3.0 전송시스템 블록도

Ⅳ. 주요 방식 비교 설명

1) 압축방식
- ATSC 1.0 방식의 비디오 압축은 MPEG-2, 오디오는 Dolby AC-3방식을, 시스템은 MPEG-2 시스템 규격을 채택하였음.
- ATSC 3.0 방식의 비디오 압축은 MPEG-2 보다 평균 4배의 압축률이 향상된 HEVC를 적용하고 있음.

2) 변조 및 오류정정방식
- DTV 방송은 HD급의 비디오 서비스 제공에 맞추어진 방송 규격으로서 8-VSB)의 변조방식과 오류정정부호로 Reed solemon 부호와 TCM방식을 적용하여 고정된 수신 환경에서 서비스가 가능하다.
- 이에 반해 ATSC 3.0기반 UHD 방송은 다중경로 채널에 강인한 OFDM 변조방식과 고성능의 오류정정부호인 LDPC, BCH를 적용하여 고정환경 및 이동환경에서도 직접 수신이 가능하다.

3) 전송 다중화 기술
- 기존 ATSC 1.0 지상파 방송에서는 DTV를 통해 고정 HD 서비스, DMB를 통해 이동 방송 서비스를 서로 다른 RF 채널로 제공하고 있다.
- 이에 비해 ATSC 3.0 UHD 방송은 고정 UHD 및 이동 HD 서비스를 동시에 제공 가능하다.
- UHD 표준에는 시간 자원을 분할하는 시간분할다중화 (TDM, Time Division Multiplexing), 주파수 자원을 분할하는 주파수분할다중화(TDM, Frequency Division Multiplexing), 신호의 전력을 분할하는 계층분할다중화(LDM, Layered Division Multiplexing) 등이 포함되어 있어 한 개의 RF 채널 내에서 고정 UHD와 이동 HD의 동시 서비스 제공이 가능하다.

4) 프로토콜
- 지상파 UHD 방송은 방송·통신 융합서비스의 제공이 가능한데, 그 이유는 DTV와 UHD의 전송 프로토콜 차이에 있다.
- ATSC 1.0 기반 DTV 방송은 전송 단계 (Physical Layer)와 어플리케이션 단계 (Application Layer) 및 재현 단계(Presentation Layer) 사이의 프로토콜인 MPEG-2 TS (Transport Stream)를 적용한다.
- 이에 비해 ATSC 3.0 기반 UHD 방송에서는 IP (Internet Protocol) 기반의 전송 프로토콜을 채택함으로써 방송망(Broadcast) 및 통신망(Broadband)에 모두 적용 가능한 범용성을 가지게 되었다.
- 따라서, UHD 방송 콘텐츠를 브로드밴드(인터넷)망과의 연동을 지원하고, 웹서비스, 향상된 전자프로그램안내(EPG, Electronic Program Guide) 또는 ESG(Electronic Service Guide) 서비스, 그리고 콘텐츠 보호 기능을 포함한 다양한 부가서비스 지원이 가능하다.

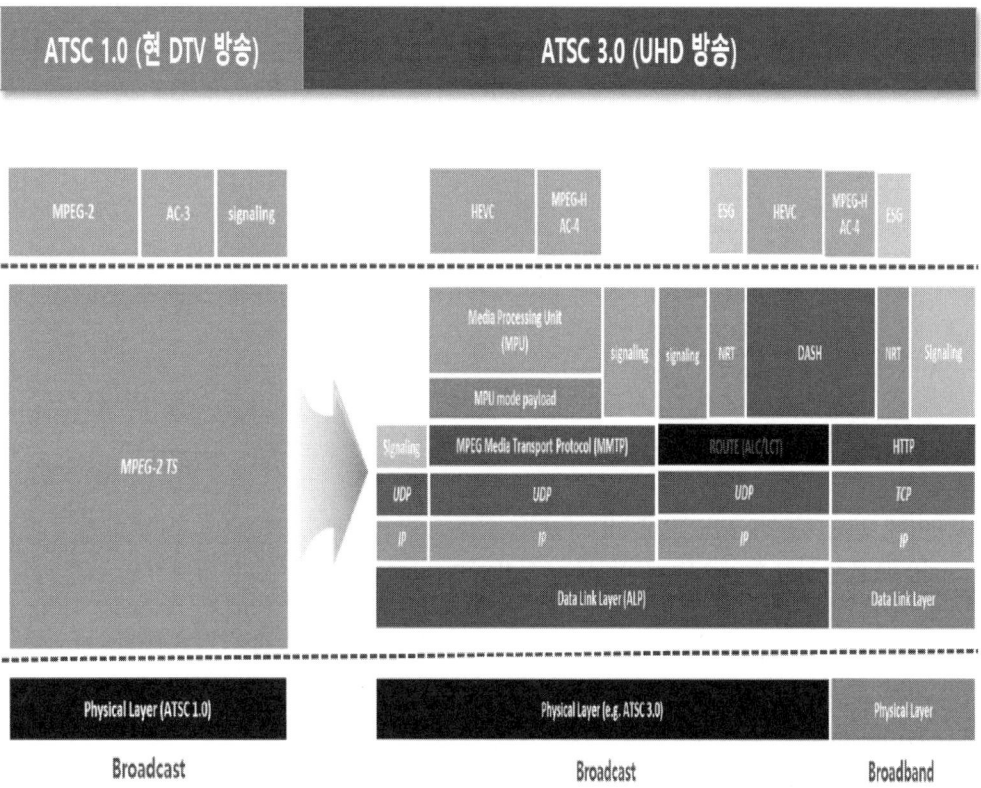

5) 방송망 기술
- ATSC 1.0 에서는 MFN 방식을 적용하여 방송망을 운영하였으나 ATSC 3.0 에서는 SFN 방식을 도입하여 주파수 효율 향상 및 유연한 방송망 설계가 가능해짐.

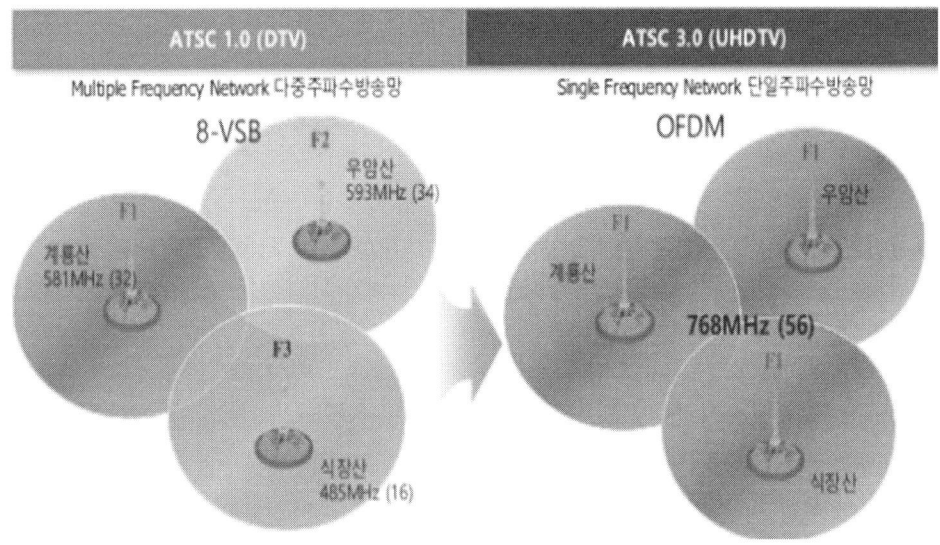

Ⅳ. 향후전망
- 우리나라는 2016년 6월 지상파 UHDTV 방식 결정 후 2017년 5월 지상파 UHDTV 본방송을 실시하고 2021년까지 전국 시·군에 순차적으로 도입할 예정임.
- 전국적으로 UHD 방송 도입 10년 후인 2027년에 HD 방송 종료 추진
- UHD방송은 TV 수상기 분야뿐만 아니라 방송장비와 전송망 등 전방 산업 시장은 물론, 카메라, UHD 콘텐츠 기록, 재생장치 등 후방산업까지 포함하면 천문학적인 시장이 형성될 것으로 전망됨.

문제04) VR, AR, MR에 대해서 기술하고, 적용분야를 설명하시오.

Ⅰ. 개요
- 가상현실, 증강현실, 혼합현실은 컴퓨터그래픽(Computer Graphics: CG)을 기반으로 구현되며, 사용자의 시야에 펼쳐지는 영상에서 CG 영상이 차지하는 비율에 따라 구분이 가능
- 일반적으로 CG만으로 사용자의 전체 시야에 콘텐츠가 출력되어 몰입감, 현장감을 제공하면 가상현실로 구분할 수 있고, 사용자가 위치하는 현실과 CG 영상일부가 합성되어 출력되면 증강현실 또는 혼합현실로 구분할 수 있음

Ⅱ. VR, AR, MR 기술
(1) VR, AR, MR 개념

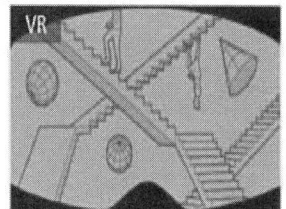  

VR	AR	MR
가상세계	현실세계	가상+현실세계

(2) VR, AR, MR 관련기술

구분	내용
디스플레이 기술 (Display Technology)	가상/증강현실 속 몰입콘텐츠를 사용자가 감각적으로 경험할 수 있도록 제공하는 표시장치 기술
트래킹 기술 (Tracking Technology)	몰입 콘텐츠에서 사용자의 생체데이터를 실시간으로 추적하는 기술
랜더링 기술 (Rendering Technology)	표시장치에 보여지는 몰입 콘텐츠를 고해상도/고화질로 구현하는데 필요한 하드웨어 및 소프트웨어 기술
인터랙션 및 사용자 인터페이스 기술 (Interaction & UI Technology)	몰입 콘텐츠를 지각, 인지, 조작, 입력할 수 있도록 돕는 상호작용 및 인터페이스 기술

① 디스플레이 기술
- 인간의 오감에 대한 감각적 정보를 표현하는 기술로, 가상현실 전용 디스플레이 장치로 HMD가 주로 쓰이고 있음
- 증강현실 전용 디스플레이는 마이크, 비디오 레코더, 헤드업 디스플레이 장치를 내장한 안경형태가 있음

② 트래킹 기술
- HMD의 전면부에 부착되어 가상현실 콘텐츠에서 사용자의 손동작 추적에 많이 활용되고 있음
- 사용자의 하체 움직임을 트래킹하여 가상현실 내에서 안전한 공간 이동을 구현할 수 있음

③ 랜더링 기술
- 사실적인 컨텐츠의 표현과 관련된 기술로 3D모바일 게임등에 활용됨
- 게임분야 뿐 아니라 건축, 항공, 산업분야에서도 활용도가 높음

④ 사용자 인터페이스 기술
- HMD를 이용한 콘텐츠 제어를 목적으로 전용 컨트롤러를 개발하고 있음
- 가상현실 콘텐츠 내용에 따라 적외선 센서나 자이로 센서를 이용해 총(Gun), 패들(Paddle), 검(Sword) 등 커스텀 컨트롤러를 별도 제작하기도 하며, 모션 플랫폼 연동을 통한 라이딩(Riding) 효과를 구현하기도 하는 등 HMD를 이용한 시각적 몰입감과 더불어 인터페이스 장치를 통한 체감효과를 높이고 있음

Ⅲ. VR, AR, MR 적용 분야

구분	적용분야
VR	- 비행기 조정하는 훈련 - 스킨수쿠버 훈련 - 패러글라이딩의 운전 훈련 - 게임
AR	- 상점 및 길 안내 시스템 - 네비게이션 카메라의 촬영 영상의 건물 정보 표시 - 스마트폰의 게임 앱
MR	- 자동차 디자인의 변경 - 3D BIM을 적용하여 공정간 간섭 상황의 확인 - 지진, 쓰나미 등 건물 내부의 문제점의 분석 - 관광 체험의 만족도 향상

(1) 가상현실 - 게임분야 주목

(2) 증강현실 간섭 - 산업분야 주목

(3) 혼합현실 - 교육/설계분야 주목

Ⅳ. 결론 및 최근동향
- 가상현실, 증강현실, 혼합현실 분야는 2012년부터 꾸준히 성장하고 있으며, 단순 기술이 아니라 현재 포화상태에 이른 모바일 시장을 대체할 차세대 컴퓨팅 플랫폼으로 활용 가능함
- 하지만, 현재 국내 관련기술 수준은 미국, 유럽, 일본보다 1~2년 늦은 수준으로 보고 되고 있으며, 중국은 급성장세를 유지하고 있어 국내 기술을 위협
- 많은 전문가들은 2020년을 기점으로 증강현실 시장이 가상현실 시장을 추월하고, 더욱 확대될 것으로 예상
- 향후 혼합현실 기술이 적용된 인터페이스가 현재의 인터페이스 환경을 대체할 것으로 예상
- 다행히 가상현실과 비교하여 현재의 증강현실 시장은 상대적으로 하드웨어 의존률이 낮고, 콘텐츠보다 서비스 위주로 시장이 형성되어 있어, 5G 이동통신기술, IT 제조기술, S/W 제작기술 등 국내 IT 기술의 강점을 살려 향후 이들 분야에서 주요제품, 서비스가 국내기술로 채워지기를 기대됨

문제05) 공공건축물 BIM(Building Information Modeling) 설계 의무기준에 대해서 설명하고, BIM 설계 장점과 건축 공정별 BIM도입 효과에 대해서 기술하시오

I. 개요
- 기존의 건설, 건축분야에서는 2차원 기반의 CAD로 정보체계를 구축하여 작업을 하였으나 BIM은 3차원 기반의 정보체계를 구축하여 필요한 모든 정보를 데이터베이스화 해 표현하여 초기 개념설계에서 유지관리 단계까지 모든 정보를 생산하고 관리하는 기술 위치오차를 감소시킴
- BIM 설계방식을 적용하면 복잡한 건물 외관과 구조를 설계도면이 아닌 모니터를 통해 쉽게 확인하고 통신 배선, 설비 배관 등의 겹침 현상도 일일이 확인해 막을 수 있어 시간, 자재, 에너지 사용을 대폭 절감할 수 있고 초기개념설계에서 유지관리 단계까지 모든 정보를 생산하고 관리할 수 있음

II. BIM설계기법

가. BIM 정의
- BIM(Building Information Modeling)은 설계·시공·유지관리의 효율성을 극대화하기 위해 건축, 토목, 구조, 설비, 전기, 통신 등의 설계를 2D(평면설계)에서 3D(입체설계)로 전환해 건설하는 건축기법을 말함.

나. 3D와 BIM 차이
- 일반 3D모델은 단순한 이미지 정보인데 반해, BIM이란 것은 하나의 객체가 그것에 관한 다양한 정보와 함께 프로그래밍 되어 있는 것이라 할 수 있음.
- 또한 파라메트릭 모델링 기술이 적용됨으로써 한번의 작업이 모든 도면에 적용되는 효과를 낼 수 있기 때문에 도면간의 불일치 및 설계 오류를 최소화 할 수 있음.

다. 건축 프로세스(2D와 BIM기반)
- 기획단계 → 기본설계 → 계획설계 → 실시설계 → 시공 → 유지관리로 구분.

라. 건축 단계별 BIM 설계기법

① 기획 단계
- 대상지 현장상황의 분석과 발주자 요구사항의 분석을 통한 모델링된 설계도면을 2D로 작성.

② 설계 단계
- 2D로 작성한 모델링의 계획, 구조, 설비 등 모든 기본설계정보를 종합하여 3D모델로 작성.
- 기본적인 3차원 형상을 만들고 필요한 시뮬레이션에 그 정보를 사용하고 건축, 구조, 기계, 전기통신, 소방, 토목, 조경 등의 건축정보를 더해 BIM을 완성.
- BIM은 2D와 3D를 동시에 가지고 있는 작업으로 작업자가 편한 방식(2D 또는 3D)으로 설계가 가능하다. 3차원 공간을 만들 때 2차원으로 생각하는 방식이 효율적인 경우가 종종 있음.
- 3차원 설계는 2차원 설계에 비해 더 많은 노력과 작업시간이 필요.
- 이 때 모델링에 필요한 시공물량요소들을 정확히 분석하고 산출하여 그래픽정보로 전환시켜야 하며, 시공물량 요소의 특성별로 이들 그래픽정보를 분류하여 체계적으로 레이어를 정리함으로써 패밀리(Family)를 구축해야 함.

③ 시공 단계
- 시공순서가 계획된 공정정보를 작성하고 3D 모델에 반영함으로써 4D 공정 시뮬레이션 모델을 작성한다. 분류된 시공요소별 그래픽 정보에 공정정보를 연계시켜 시뮬레이션 함으로써 보다 정확하고 구체적인 공정표 및 시뮬레이션을 산출해낼 수 있게 됨.
- 현장 레이아웃, 가설공사 시뮬레이션, 디지털 목업(Digital Mock up), 현장 Activity 관리, 4D 시공 시뮬레이션 공정관리, 공정회의 및 작업지시 자료 제공 등 다양한 활용이 가능.
- 공사 시뮬레이션을 통해 시공 이전에 공사과정을 시각적으로 파악할 수 있어 공사 중 발생하던 수많은 시공오류를 확연히 줄일 수 있을 것이며, 체계적인 사전시공계획을 통한 공사 일정의 단축이 가능해 지는 등 공사의 효율성이 극대화될 것임.

④ 유지관리 단계
- 유지관리(FM : Facility Management)분야에서 BIM의 활용이 가능하다. 임대관리, 장비관리, 도면관리, 에너지관리 등 BIM의 기본 정보를 활용하여 FMS(Facility Management System)와 연계된 IT개발을 통해 더욱 활용성이 넓어질 수 있음.
- 개보수시에는 BIM에 의해 원활한 개보수 계획을 세워 BIM을 유지보수에 이용하고 기록을 BIM에 남겨 정보를 실제 건물과 동일하게 지속적으로 이력관리하며 추후 건물의 리모델링 또는 폐기에 활용.

Ⅲ. 정보통신분야 적용방안

구분	적용 내용
수량산출 및 공사비 분석	-실 별, 부위별, 층별 자재산출과 단계별, 공종 별 개략 공사비의 산출 및 분석.
공종간 간섭체크	-건축 및 기계 분야 등 타 공종 과의 간섭체크. -건축 분야와의 벽체 통과와 통신용 TRAY 등의 간섭 체크. -기계 분야의 Duct, 파이프 등과 통신용 TRAY, 노출전선관 간섭 체크. -인테리어 분야와의 전기 시설물 간섭 체크.
각 분야별 및 내부 공종 별 협업	-통신내부적 통신, 전기, 소방의 연계 및 간섭체크 그리고 협업을 통한 설계.
방범 CCTV 카메라	-CCTV 카메라의 VIEW를 통하여 한층 가시화된 CCTV설비 설계 및 설치위치와 수량의 적정성 검토.
각종 시공상세도 추출	-부위별, 필요부분의 2D 또는 3D 시공상세도 자동 추출가능.
각종 일람표 추출	-도면목록, 방송장비일람표(상세도), 기타 각종 기기류 등의 일람표 추출.

Ⅳ. 기대효과
 - BIM기법이 도입되면 설계단계에서는 신뢰성 있는 설계 계산, 도면 변경 및 수정사항이 관련도서에 자동 적용, 공종간 협업이 용이, 초기 단계에서의 분석 등이 가능해 짐.
 - 시공단계에서는 각종 시공 상세도의 추출, Zone별, 공종별, 공사비의 분석과 자재투입의 관리가 용이, 설계 단계에서의 개략 공사비 추출 등을 할 수가 있음.

문제06) 방송 공동 수신설비에서 종합 유선방송 구내 전송선로 설비에 사용되는 설비와 기술기준을 기술하시오

Ⅰ. 방송공동수신설비 중 유선방송 구내선로 설비
- 방송공동수신설비는 방송공동수신안테나시설과 종합유선방송(CATV) 구내전송선로설비로 구성된다.
- 방송공동수신설비는 SMATV와 CATV(종합 유선방송)부분으로 구성된다.

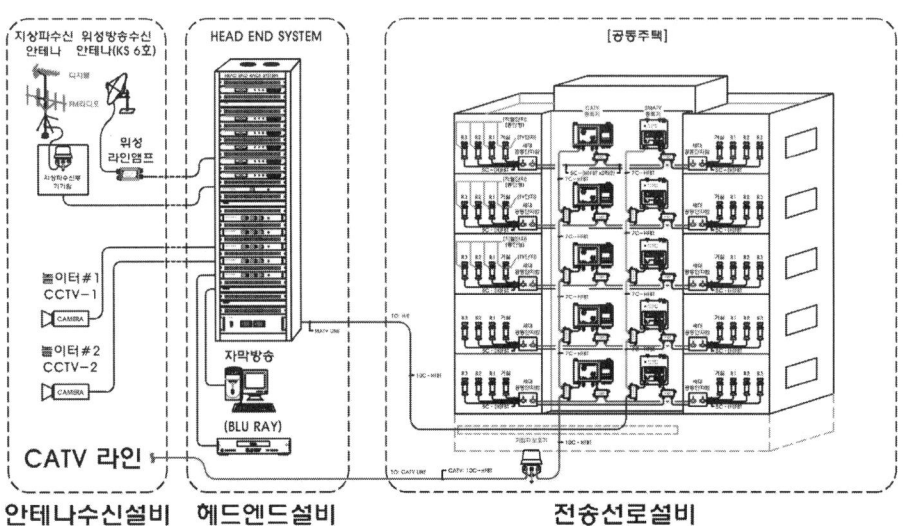

- 방송공동수신설비를 통하여 매체별 방송을 수신하여 전송할 수 있어야 한다. 지상파방송(54~806MHz) 및 위성방송(950~2,150MHz)신호를 수신하여 SMATV 전송선로를 이용하여 전송할 수 있어야 하며, 종합유선방송(5.75~864MHz)을 수신하여 분리된 CATV 전송선로를 통하여 세대단자함의 분배기까지 전송한다.

Ⅱ. SMATV 전송설비

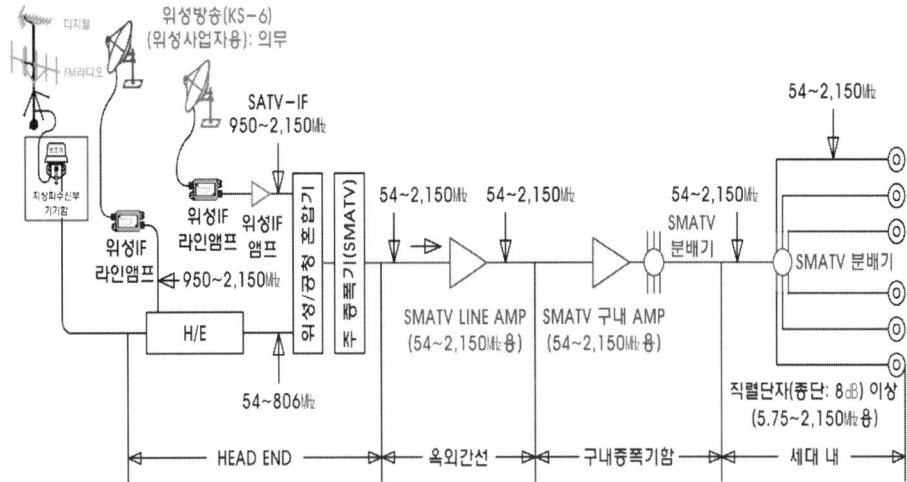

Ⅲ. 종합유선방송(CATV) 전송설비
① CATV구내 증폭기
② CATV분배기
③ CATV분기기

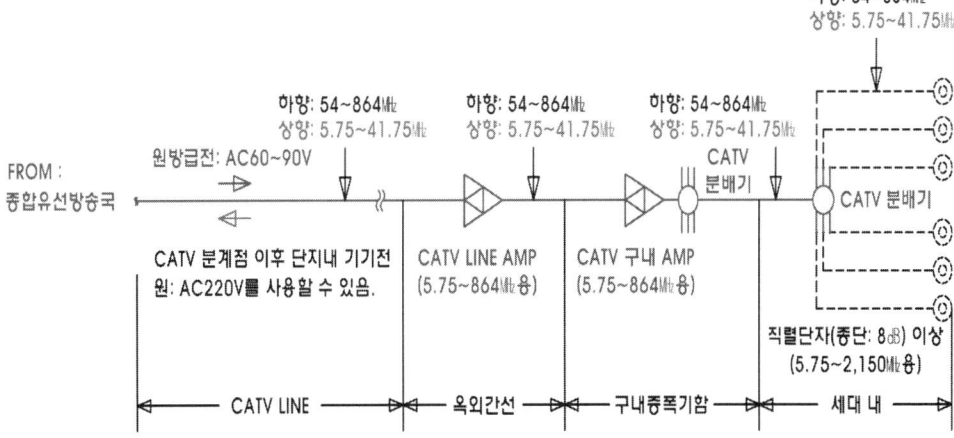

IV. 종합유선방송(CATV) 구내선로설비 기술 기준
1) CATV 구내증폭기(5.75~864MHz) 특성(방통위 기술기준)

구 분		단 위	기 준 값	비 고
하향특성	주파수대역	MHz	54 ~ 864	
	대역 내 이득편차	dB 이내	±1.25	
	정격출력레벨	dBµV 이상	105	
	최대이득	dB 이상	20/25/30/35/40	상한주파수 기준
	이득조정범위	dB 이상	10	
	경사조정범위	dB 이상	10	
	3차 상호변조(CTB)	dB 이하	-55	정격출력 기준, 750MHz기준(110개 채널 평탄)
	2차 상호변조(CSO)	dB 이하	-55	정격출력 기준, 750MHz기준(110개 채널 평탄)
	혼변조	dB 이하	-55	정격출력 기준, 750MHz기준(110개 채널 평탄)
	잡음지수	dB 이하	10	
	험 변조	dB 이하	-63	
	반사손실	dB 이상	14	
상향특성	주파수대역	MHz	5.75 ~ 41.75	
	대역 내 이득편차	dB이내	±0.75	
	정격출력레벨	dBµV 이상	97	
	최대이득	dB 이상	20	상한주파수 기준
	이득조정범위	dB 이상	10	
	경사조정범위	dB 이상	4	
	상호변조	dB 이하	-63	정격출력 기준
	혼변조	dB 이하	-63	정격출력 기준
	잡음지수	dB 이하	10	
	험 변조	dB 이하	-63	
	반사손실	dB 이상	15	
전원	전송망전원 사용시	V	AC 60 ~ 90	
	상용전원 사용시	V	AC 110/220±10%	

2) CATV분배기(5.75~864㎒)의 특성(방통위 기술기준)

구 분	단위	기 준 값								비 고
주파수 대역	㎒	5.75 ~ 864								
분 배 수		2	3 균등	3 불균등	4	5/6	8	12	16	
분 배 손 실	dB 이하	4.6	7.8	4.6/8.2	8.2	11.0	13.0	16.0	17.0	
단자간결합손실	dB 이상	20								
반 사 손 실	dB 이상	15								
주파수응답	dB 이내	±0.75								
험 변 조	dB 이하	-65(전류통과 형에 한하여 적용)								
전류통과용량	A 이상	3(전류통과 형에 한하여 적용)								

3) CATV분기기(5.75~864㎒) 특성(방통위 기술기준)

구 분		단 위	기 준 값									비 고
주파수 대역		㎒	5.75 ~ 864									
분기손실		dB	8	11	14	17	20	23	26	29	32	35	
삽입손실	1분기	dB 이하	3.2	2.3	1.7	1.5	1.3	1.3	1.2	1.2	1.2	-	
	2분기	dB 이하	4.6	3.0	2.0	1.6	1.3	1.3	1.2	1.2	1.2	-	
	4분기	dB 이하	-	4.6	3.0	2.0	1.6	1.3	1.3	1.2	1.2	1.2	
	8분기	dB 이하	-	-	4.8	3.2	2.0	1.6	1.6	1.3	1.2	1.2	
역결합손실	1분기	dB 이상	22	24	27	28	31	34	36	38	40	-	
	2분기	dB 이상	22	24	26	28	31	34	35	37	40	-	
	4분기	dB 이상	-	22	25	27	30	33	33	35	38	41	
	8분기	dB 이상	-	-	23	26	27	30	33	36	37	38	
분기손실오차		dB 이하	±1.5										공칭손실
단자간결합손실		dB 이상	20										
반사손실		dB 이상	15										
주파수응답		dB 이내	±0.75 (분기손실오차범위 내)										
험 변 조		dB 이하	-65 (전류통과형에 한하여 적용)										
전류통과용량		A 이상	3 (전류통과형에 한하여 적용)										

국가기술자격 기술사시험문제

기술사 제 120 회   제 3 교시 (시험시간: 100분)

분야	통신	자격종목	정보통신기술사	수험번호		성명	

※ 다음 문제 중 4문제를 선택하여 설명하시오. (각10점)

문제01) 정보통신설비에 사용되는 전송매체의 종류별 장,단점과 활용분야에 대해서 설명하시오

I. 개요
- 통신에서의 전송매체란 통신 상대방 사이에서 실제적인 정보를 전송하는 물리적인 통로를 말한다.
- 전송매체는 크게 유선 전송 매체와 무선 전송 매체로 분류할 수 있으며 매체 특성에 따라 변조방식, 부호화 방식 등을 달리하여 통신 환경, 요구 특성에 따라 전송매체를 선정하여 운용한다.

II. 유선 전송 매체의 종류별 특성

가. 유선 전송 매체

1) 나선(Open wire)
- 철에 구리를 입혀 표면을 그대로 사용한 것
- 전신주를 이용해 가설된 두 줄의 동선에 의해 이루어진 전송 매체
- 전자 유도에 의한 혼선의 영향이 큼
- 현재는 거의 사용하지 않음

2) 평형 케이블 (Twisted pair cable)

- 2선의 구리선이 한 쌍을 이루어 서로 감겨 있는 형태, 이러한 쌍이 다발로 묶어져 절연체(주로 종이, 펄프, 합성수지 등이 사용)로 피복된 것
- 묶여져 있는 쌍이 많을수록 장거리 통신이 가능
- 나선의 대체용으로 이용
- 다른 매체에 비해 대역폭, 통신 거리, 데이터 전송률에서 효율이 떨어짐

3) 동축 케이블(Coaxial cable)
- 중심의 구리 심선을 폴리에틸렌의 절연물로 감싸고 이를 다시 그물 모양의 외선으로 싼 다음 전체에 피복을 입힌 구조
- 평형 케이블처럼 두 개의 구리선이 서로 감겨 있는 형태이나 더 넓은 주파수를 허용
- 초고주파(MHz)대의 전송로에 적합
- 혼선, 감쇠, 전송 지연이 적음
- 광 케이블에 비해 가격이 저렴
- 이용 분야는 TV 급전선, 유선 방송(CATV), 근거리 네트워크 등 현재 가장 많이 사용되는 매체

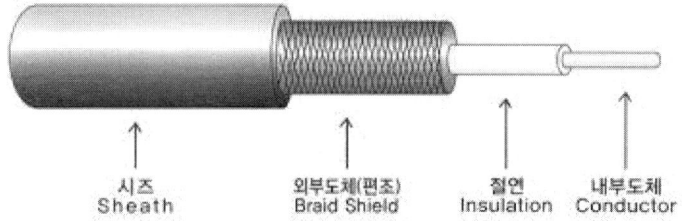

4) 광 케이블(optical cable)
- 규소를 주재료로 하는 광섬유를 여러 가닥 심선으로 조합하여 제작
- 전력 유도나 전자 유도에 영향을 받지 않아 잡음이나 누화가 없음
- 광 대역 전송이 가능하여 다중화에 유리하고 선로의 수를 줄일 수 있음
- 광파을 이용하므로 전송 속도가 빠르고 전송 손실이 적음
- 온도 변화에 안정적, 신뢰성이 높고, 에러 발생률이 적음
- 이용 분야는 항공기나 군사 시설, 컴퓨터의 배선, 근거리 통신망
- 가볍고 강도가 부드러워서 설치 및 취급이 용이
- 너무 구부리면 부러질 수 있으며 접착 및 접속이 어렵다
- 전송 거리가 길어지는 경우 중계 필요

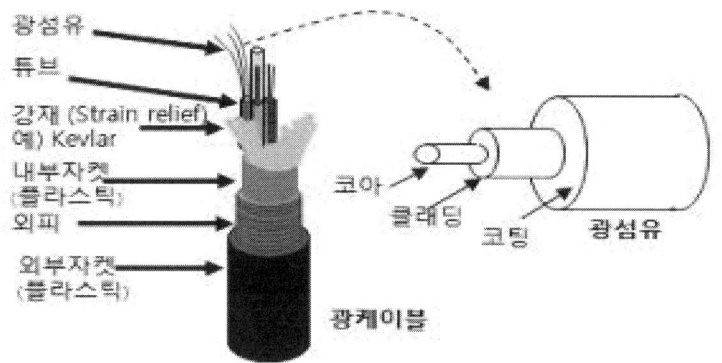

5) 유선매체의 비교

구 분	장 점	단 점
꼬임선	·저렴하다. ·비교적 안정적인 편이다. ·광케이블에 비해 설치가 쉬운 편이다.	·고속전송에 부적합하다. ·높은 비율의 감쇠현상이 있다. ·전자기적 간섭과 도청에 약하다.
동축 케이블	·설치가 쉬운 편이다. ·트위스티드페어 케이블보다는 큰 대역폭을 지원한다. ·트위스티드페어 보다 최대전송속도가 빠르다.	·Category 3의 UTP 보다 비싸다. ·설치 기술에 따라 관리, 재구성이 어렵다. ·광 케이블에 비해 높은 감쇠를 보인다. ·경우에 따라 전자기적 간섭과 도청에 민감하다.
광섬유 케이블	·100Mbps에서 2Gbps를 넘는 높은 대역폭을 지원한다. ·감쇠율이 낮다. ·외부의 간섭이나 도청에 강하다.	·구축비가 비싸다. ·연결 시 매우 정밀한 작업을 요하며, 설치가 복잡하다.

전송매체	데이터 전송률	전송 거리
꼬임선	10 ~ 100 Mbps	100 m ~ 100 km
동축 케이블	10 ~ 500 Mbps	1 ~ 10 km
광섬유 케이블	2 ~ 200 Gbps	10 ~ 100 km

나. 무선 전송 매체
- 무선 통신에서 전자파를 실어 나르는 공간
- 주파수에 따라 장파에서 밀리미터까지 구분하여 다양하게 사용

1) 지상 마이크로 웨이브 (terrestrial microwave)
- 포물선 모양의 접시형 안테나인 마이크로 웨이브파를 이용하여 정보를 전송하는 무선 선로
- 광 대역 통신, 다중 통신, 특히 장거리 통신이 가능
- 대용량, 고속 통신이 가능

- 외부 영향을 적게 받음
- TV, 레이더 탐지, 인공위성에 이용

2) 위성 마이크로 웨이브 (satellite microwave)
- 마이크로 웨이브의 중계국인 통신 위성을 이용하여 정보를 전송하는 무선 회선
- 광역 통신이 가능
- 다수의 지역에 공동 정보를 제공
- 대용량, 고품질의 정보 전송이 가능
- 전파 지연과 폭우로 감쇠 현상이 나타날 수도 있음
- 국제 전화, 전신, TV 등의 통신에 적합

3) 라디오 웨이브
- 고정된 선로 전송지점과 분산 컴퓨터 사이에 무선링크를 제공
- 기지국 중심으로 사용자들의 밀도가 높은 곳이나 광범위한 적용 지역 서비스에 적합

표 무선 주파수 대역별 명칭

등급	약어	주파수대역	자유공간 파장
초장파(Very Low Frequency)	VLF	9KHz –30KHz	33km-10km
장파(Low Frequency)	LF	30KHz –300KHz	10km-1km
중파(Medium Frequency)	MF	300KHz –3MHz	1km-100m
단파(High Frequency)	HF	3MHz –30MHz	100m-10m
초단파(Very High Frequency)	VHF	30MHz –300MHz	10m-1m
극초단파(Ultra High Frequency)	UHF	300MHz –3GHz	1m-100mm
초고주파(Super High Frequency)	SHF	3GHz –30GHz	100mm-10mm
마이크로파(Extremely High Frequency)	EHF	30GHz –300GHz	10mm-1mm

문제02) OADM(Optical Add Drop Multiplexer) 과 ROADM(Reconfigurable Optical Add Drop Multiplexer)의 구조와 동작원리에 대해서 비교 설명하시오.

I. 개요
- 통신망은 초기 장거리 전송기반의 점대점 방식에서 도시간 통신을 주축으로 하는 메트로망에는 링구조가 도입되고 있음
- 효율적인 망운용을 위해 메쉬(mesh)형태의 네트워크 구조로 망구성이 되고 있음
- 메트로망에서는 전송 대역폭을 늘리기 위해 다채널의 신호를 하나의 광섬유를 통해 전달하는 DWDM(Dense Wavelength Division Multiplexing)방식을 채택하고 있음

II. 광 전달망 구조
(1) WDM 광 전달망 구조

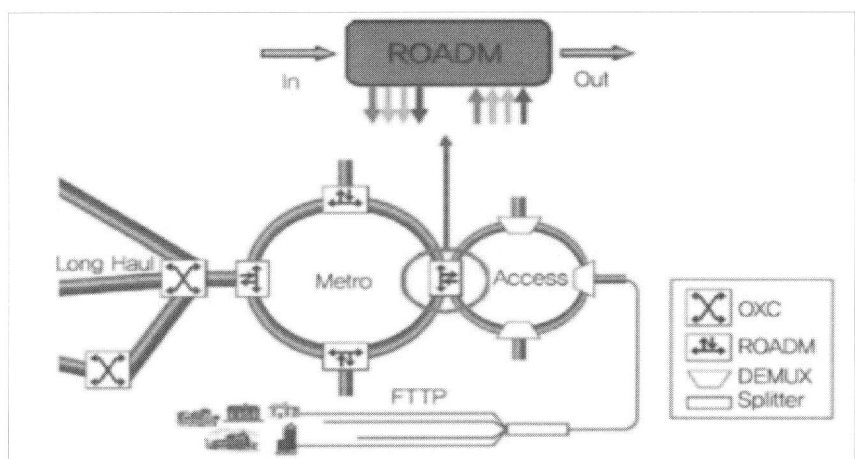

- 각 노드에서 필요한 신호를 추출(Drop)해 내고 노드에서 생산된 신호를 삽입(Add)하는 기능을 수행하는 장치를 OADM(Optical Add/Drop Multiplexer)또는 Reconfigurable OADM 이라함

III. OADM 과 ROADM의 구조 및 동작
(1) OADM 구도 및 동작

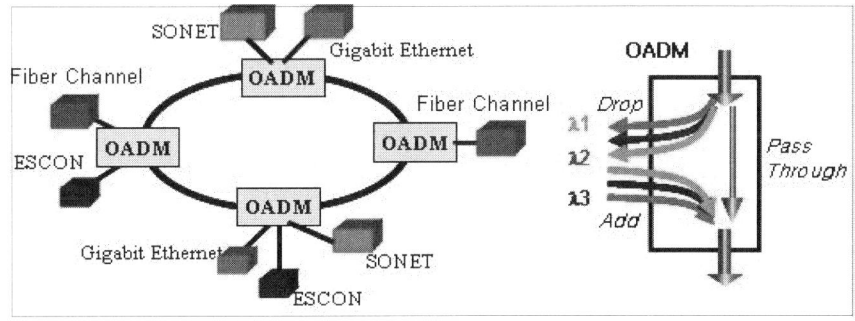

① 광전/전관 변환 없이도 각동 속도(계위)의 광 신포 파장 자체를 광학적으로 분기결합 할 수 있음
② 정해진 파장만 Add/Drop 가능 하며 Add/Drop하는 파장과 파장의 수가 정해져 있음
③ 새로운 파장이 추가되거나 삭제될 때 기존 서비스에 영향을 주지 않기 위해 숙련된 기술자가 직접 국사를 방문해 수작업으로 파장을 추가 또는 삭제해야 하므로 시간과 비용이 상승하는 단점이 있음
④ FBG를 이용한 OADM 동작

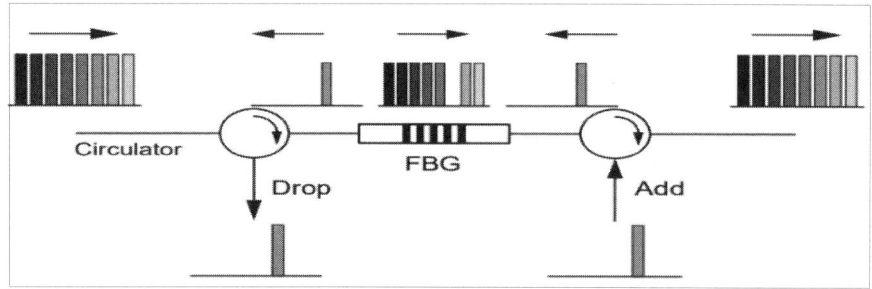

- FBG는 광섬유 격자소자로 광섬유를 측정할 수 있는 고해상도 부품임

(2) R-OADM 구도 및 동작
① 물리계층에서부터 소프트웨어에 의해 자유롭게 경로설정, 망관리 등이 가능한 광전송 장치임
② 통신망 관리의 편리성과 유연성을 제공하고, 회선조절을 자동화 할 수 있음
③ 여러 광채널을 광신호로 추가/추출 할 수 있어, 유지보수 비용이 절감됨
④ WSS를 이용한 동작
- 하나의 포트로 다채널 광원의 입력 시 여러 개의 출력포트로 자유로이 파장과경로를 선택하여 출력할 수 있는 기능
⑤ 메쉬형태의 매트로망 도입이 가능해짐

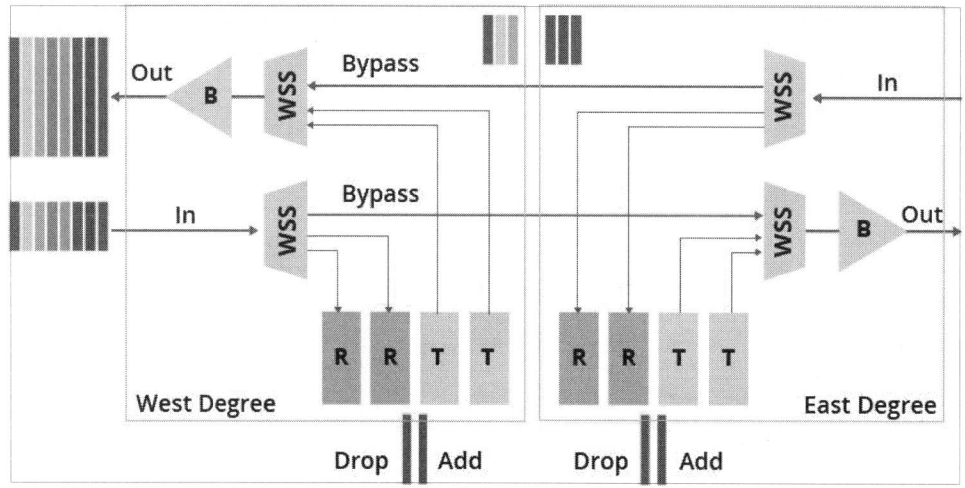

Ⅳ. OADM 과 ROADM 비교

구분	OADM	ROADM
시스템구성	하드웨어	하드웨어+소프트웨어
통신망재구성	수동	자동
유지보수비용	높음	낮음
신규서비스적용	느림	빠름
유연성	낮음	높음

문제03) 디지털 텔레비전 방송 프로그램 표준음량(Loudness)에 대해서 설명하시오

Ⅰ. 서 론
- 최근 방송사들의 불필요한 시청률 경쟁에서 촉발된 방송 채널 및 동일한 채널 내 방송 프로그램 사이의 급격한 음량 변화로 방송을 시청하는 도중에 수시로 볼륨을 조정해야 하는 시청자의 불편이 발생하고 있다.
- 디지털 텔레비전 방송프로그램의 음량 기준은 편안한 방송 시청뿐만 아니라 일상 생활에서의 소음을 줄여 국민 건강에도 기여할 수 있도록 국가적인 차원에서 반드시 해결해야 할 사안이다.
- 이와 같은 문제 해결을 위해 국내에서도 방송법 개정을 통해 디지털 방송 프로그램의 음량을 제한할 수 있는 근거가 2014년 방송법에 관련 고시 제정을 통해 마련되었다.

Ⅱ. 방송 음량
1) 음량(Loudness)의 정의
- 소리는 크기, 높이, 음색의 세 가지 요소를 갖는데 이 중 소리의 크기는 물리적인 소리의 크기가 아닌 인간이 심리적으로 느끼는 음량(loudness)으로 "사람이 실제로 느끼는 소리의 감각적 크기를 표시하는 척도"를 의미한다.

2) 음량 기준
- 주관적 특성을 가지는 음량을 정확하게 측정하기 어려워 오디오 신호 레벨의 최대값에 대한 한계 설정에 중점을 두고 음량의 범위를 조정하고 있다.
- 이러한 문제를 해결하기 위해 ITU-R 에서는 방송 프로그램에서 주관적으로 인지하게 되는 음량을 객관적으로 표시할 수 있는 방송 음량 측정 방법과 국제간 교환되는 디지털 방송 프로그램의 음량 레벨에 대한 지침을 제정하여 발표하였다.
- 음량이 갖는 특성을 바탕으로 ITU-R에서는 사람의 청각 특성을 반영하여 방송 프로그램 음량측정을 위한 표준화 기준으로 LKFS(Loudness K-weighted relative to Full Scale)를 제정하였고, 세계 각국에서는 LKFS에 근거하여 디지털 방송 음량을 일정하게 유지하기 위한 제도를 확립하고 있다.

3) 음량 특성

그림은 사람이 같은 크기로 느끼는음의 음압 레벨과 주파수의 관계를 표시한 것으로, 같은 음압의 소리라도 주파수에 따라 크기를 다르게 인식하고 저주파 대역의 감도가 많이 떨어지는 것을 알 수 있다.

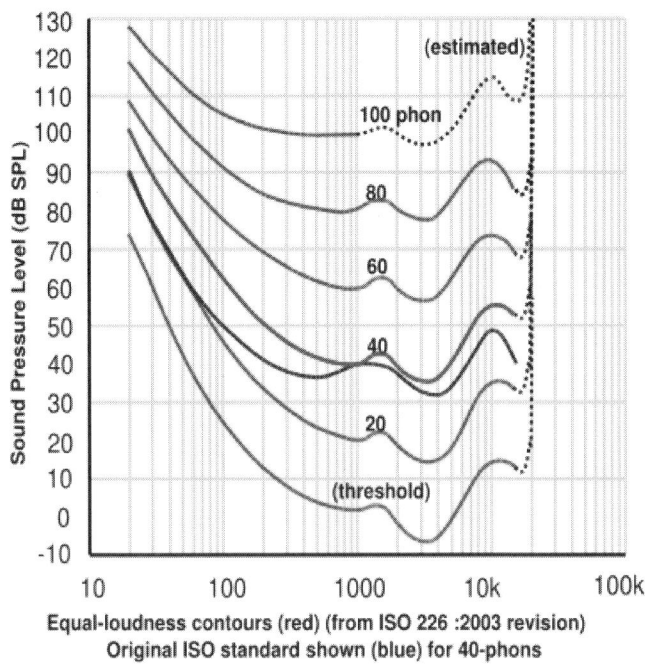

그림 ISO 226-2003 등(等)라우드니스 곡선

Ⅲ. 국제 표준화 및 방송 음량 규제 현황
- ITU-R 에서는 그림과 같은 사람의 청각 특성을 고려하여 사람이 실제 느끼는 소리의 크기를 정확하게 측정할 수 있는 방법 및 LKFS(Loudness K-weighted relative to Full Scale)라는 측정 단위로 방송 프로그램의 음량을 측정하도록 하는 권고 문서와 함께 국제간 교환되는 방송 프로그램의 음량 레벨을 -24LKFS 로 할 것을 권고하는 문서를 발표하였다. 이에 따라, 주요 국가들도 ITU-R 권고를 기초로 한 규정을 제정하여 방송 음량 규제를 시행하고 있다.
- 미국, 일본, 유럽 등 주요 국가들도 ITU 권고를 근거로 법률과 표준 등을 제정하여 음량 관련 규제를 시행하고 있으며, 국내에서도 2014 년부터 방송법에 관련 고시 제정을 통해 음량 규제를 시행하고 있다.

[표] 주요 국가들의 방송 음량 규제 현황(유럽 기준인-23 LUFS 는 ITU 권고 기준값과 등가임)

	미국	유럽	일본
음량 표준	ATSC A/85 (ITU 권고 기반)	EBU R128 (ITU 권고 기반)	ARIB TR-B32 (ITU 권고 기반)
음량 기준	- 24 LKFS ±2dB	±2dB -23 LUFS	-23LKFS ±1dB
시행 일자	2012.12.13	대부분의 국가가 2012 년부터 시행	2013.4.1

IV. 국내 현황 및 디지털 방송 음량 기준
- 국내에서도 방송 음량과 관련한 민원은 방송매체의 종류와 관계없이 지속적으로 발생하고 있다.
- 국내 방송사의 음량 레벨이 국제 기준에 비해 상당히 높은 수준일 뿐 아니라 올림픽이나 월드컵 경기 등과 같이 시청자의 관심이 높은 국제 경기 중계의 경우는 방송 음량의 상승이 두드러지는 경향을 보이고 있다.
- 이와 같은 문제 해결을 위해 국내에서도 방송법 개정을 통해 디지털 방송 프로그램의 음량을 제한할 수 있는 근거가 2014년 방송법에 관련 고시 제정을 통해 마련되었다.

표 디지털 텔레비전 방송 음량 기준 주요 내용

조항	세부내용
표준 음량 기준	- -24LKFS±2dB LKFS - 클래식, 국악 등 전문 음악프로그램을 생방송으로 제공하는 경우는 표준 음량 기준을 적용하지 않음
적용 대상 사업자	- 지상파, 종합유선, 위성방송 및 방송채널사용사업자
음량 측정 방법	- 디지털 방송 음량 레벨 운용 기준(TTAK.KO-07.0114)
기타	- 지상파 재송신 프로그램은 음량변경을 가하지 않고 그대로 재송신해야 함 - 2014년 11월 29일부터 시행

- 국내 기술 기준의 표준 음량 기준은 국제적인 수준과 동일한 -24LKFS 이며, 사전 제작이 부족한 국내 현실을 감안하여 시스템 운용상의 오차를 ±2dB 로 규정 하였다.
- 음량 측정 방식은 ITU-R 권고를 기반으로 작성된 TTA표준 문서를 준용하도록 규정하였다.
- 현행 기술 기준에 따른 적용 대상 사업자는 방송법의 적용을 받는 사업자로만 제한되어 있지만, 향후, 통합 방송법이 제정되면 IPTV 방송사업자까지 확대될 수 있을 것으로 전망된다.

Ⅳ. 맺음말
- 최근 고품질 오디오와 결합된 디지털 방송 시청이 보편화되고 있는 환경에서, 디지털 방송 음량기준 준수는 국제 기준과 부합하는 콘텐츠 품질확보와도 밀접한 관련이 있다.
- 국내에서도 2014년 11월 29일부터 방송사업자는 신설된 디지털 텔레비전 방송프로그램의 음량 기준에 따라 디지털 텔레비전 방송 프로그램을 송출해야 한다.
- 향후 우리나라가 방송 콘텐츠시장에서 우위를 선점하기 위하여 방송 음량 기준 정착과 국제 기준을 준수하는 방송 프로그램의 제작과 송출이 더욱 중요해지고 있다.
- 국제적으로 인정되는 음량기준에 따라 해외 수출 프로그램을 제작하여 품질을 확보한다면, 우리나라에서 제작되는 방송 프로그램의 부가가치와 상품가치도 더욱 높아질 것이다.
- 더불어 국내에 수입되는 해외 방송 프로그램에 대해서도 국내 수준의 방송 음량기준을 요구함으로써 음량기준 준수가 미비한 경우 유통에 제한을 가하는 등 수입 프로그램에 대한 품질 장벽을 강화할 수 있어 국내 방송 프로그램 시장을 보호하는 효과가 예상된다.

문제04) 집적 정보통신시설물의 가용성과 효율성을 확보하기 위한 TIA-942 등급에 대해서 설명하시오.

Ⅰ.개요
- 해외에서는 데이터센터의 질적 수준을 평가하는 하나의 잣대로 '미국통신산업협회(TIA)'에서 만든 TIA-942 가이드북을 활용하고 있다.
- TIA-942에 있는 전산센터 등급은 1999년 Uptime Institute가 연구를 통해 안정성, 가용성, 무중단 유지보수성 면에서 4개의 Tier 등급으로 내어놓은 것을 2005년 공식적으로 받아들여 TIA가 자신들만의 안으로 재가공한 것이다.
- TIA는 통신산업협회에 소속된 엔지니어와 제조사들이 참여해 만든 기준이므로 제조사들이 공급하는 물량이 많이 반영이 되면 좋은 등급이 나오는 경향이 있다.
- TIA-942는 법적 효력이 있는 국제 표준과 같은 강제 사항은 아니지만 데이터센터에서 갖춰야할 제반 요소들의 기준을 규정하는 준거들을 명시해 세계 주요 데이터센터들이 이를 기준점으로 삼고 있다.
- 데이터센터의 건물구조나 주차장, 출입문 크기까지 포함된 건물 구조, 전기, 공조, 소방, 보안시설, 각종 부대시설 등에 대한 규격을 단계별로 규정해 점수를 매기게 되는데, 최고 등급은 4등급(Tier 4)이다.

표 TIA-942 Tier 등급

	Tier I	Tier II	Tier III	Tier IV
데이터센터 가용성	99.671%	99.749%	99.982%	99.995%
연간 장애발생 시간	28.8	22.0	1.6	0.4
전력 및 냉방시설 이중화	N	N+1	N+1 동시활성화	2(N+1) or S+S 무정지 상태
운영센터	필요치 않음	필요치 않음	필요함	필요함
보안시설 (로비에서 전산실까지)	일반 장금장치	카드인식	생체인식	생체인식
백본 이중화	필요치 않음	필요치 않음	필요함	필요함
수평케이블링 이중화	No	No	No	(선택사항)
라우터 및 스위치 이중화	No	No	Yes	Yes
이중화된 엑세스 프로바이더	No	No	Yes	Yes
2차 출입 통제소	No	Yes	Yes	Yes
패치코드 꼬리표 장착	No	Yes	Yes	Yes
랙/케비넷의 지지대	No	바닥지지대	풀지지대	풀지지대
데이터센터 기반 인프라	필요치 않음	필요치 않음	Yes	Yes

Ⅱ. 가용성과 효율성 확보
- 정보통신 설비의 가용성(Availability)는 전체 운용기간 중 운용이 중단되는 시간 비율을 의미한다.
- 설계의 지표로서 사용되는 고유 가용도는 MTBF(Mean Time Between Failure)와 MTTR(Mean Time To Repair)로써 MTBF/(MTBF+MTTR)로 나타낸다.
- 시스템의 실제적 운용을 고려한 지표인 운용 가용도는, 평균 동작 가능시간/(평균 동작 가능 시간+평균 동작 불가능시간)으로 나타낸다.
- 운용 가용도는 계획된 운용 중단(Planned Outage)는 제외한다.

Ⅲ. 가용성 확보방법
- 정보통신설비의 신뢰도(Reliability)를 높여 MTBF를 감소시킨다.
- 이중화 등 정보통신설비의 Redundancy를 통해 신뢰도(Reliability)를 개선한다.
- 정보통신설비의 운용 상태의 실시간 모니터링 및 감시체계 구축으로 고장을 신속하게 검출하고, 유지보수 운영인력의 기술력 향상으로 MTTR을 감소시킨다.

Ⅳ. 맺음말
- 정보통신설비의 효율성은 투자비용(CAPEX: Capital Expenditure), 운용비용(OPEX: Operation Expenditure)가 중요한 요소이다.
- 정보통신설비의 효율성, 주로 경제적인 관점에서 달성하기 위한 방안으로 초기 투자비에 신경을 쓰기 보다는 운용비용에 더 신경을 쓴다.
- 투자비용과 운용비용을 포괄해서 정보통신설비를 구축하는 총소유비용(TCO: Total Cost of Ownership)전략을 반영한다.

문제05) 개인 신원 확인을 위한 생체인식기술의 종류를 설명하고, 장단점을 기술하시오.

답)

I. 사용자 인증기술(user authentication) 개념
- 네트워크, 시스템에 접근하려는 사용자가 정당한 사용자인지를 판별하는 것을 말한다.
- 사용자 인증기술은 지식기반, 소유기반, 존재기반(생체기반, 특징기반) 으로 분류가 된다.
- Type3와 Type4를 묶어 Type3 생체인증이라고 한다.

유형	설명	예
Type1 (지식기반 인증)	주체가 알고 있는 것 (what you know)	패스워드, 핀(PIn)
Type2 (소유기반 인증)	주체가 가지고 있는 것 (what you have)	토큰, 스마트카드, ID카드, OTP, 공인인증서
Type3 (존재기반 인증)	주체를 나타내는 것 (what you are)	생체인증(지문, 홍채, 얼굴)
Type4 (행위기반 인증)	주체가 하는 것 (what you do)	서명, 움직임, 음성
Two Factor	위 타입 중 2가지	예) ID/PW 입력 후 SMS인증 확인하는 것.
Multi Factor	가장 강한 인증으로 세 가지 이상의 인증 메커니즘	

II. 생체인식기술의 종류

1) 개념
- 신체의 특성을 이용한 지문인식, 홍채인식, 망막인식, 손모양, 안면인식 등이 있고 행위 특성으로는 음성인식과 서명이 있다.
- 생체인식은 사람의 생체적 특징과 행동적 특징을 통한 보편성, 유일성, 영속성, 획득성을 요구한다.
- 존재기반(생체기반)인증의 가장 큰 문제는 오인식(False Acceptance), 오거부(False Rejection)가 존재한다는 것이다.

2) 지문인식
- 지문인식은 가장 보편화된 방식으로 영구적이고 간편하며 비용이 저렴하고 안정성과 신뢰성이 높다는 장점을 가지고 있다.
- 지문인식은 휴대폰, 출입문, 장금장치, 노트북등에 이용되고 있다.
- 지문인식은 에러율이 0.5% 이내로 높은 인식률을 가지고 있으며 작은 공간에서 최대의 효과를 얻을 수 있다는 장점을 지니고 있으나 지문이 상처 등으로 손상되거나 손에 물기에 묻으면 인식률이 떨어지는 단점이 있다.

- 또한 스캐너에 묻은 지문의 추출이 가능하다는 문제점도 가지고 있다.

3) 정맥인식(vein recognition)
- 정맥인식(vein recognition)은 손등이나 손목 혈관의 형태를 인식하는 기법으로, 적외선을 사용하여 혈관을 투시한 후 잔영을 이용해 신분 확인을 하는 것이다.
- 이는 복제가 거의 불가능하여 높은 보안성을 갖는다. 우리나라 기업에서 최초로 개발한 손등정맥인식기술은 1999년 국방부의 전산소출입통제시스템에 도입되기도 하였다.
- 이후 손등 정맥패턴이 복잡하고 손의 위치로 인해 오인식 문제가 생김에 따라 손가락 정맥을 인식하는 기술이 개발되었다.
- 손가락이 손등에 비해 정맥패턴이 단순하고 크기가 작아 손가락 정맥 인식이 편리하게 쓰이는 편이다.

4) 안면인식
- 안면인식은 얼굴 전체가 아닌 눈, 코, 입, 턱 등 얼굴 골격이 변하는 50여 곳을 분석하여 인식하는 방법이다.
- 비 접속 방법으로 자연스러운 식별이 가능하다는 장점이 있으나 변장이나 노화, 머리카락 길이, 표정, 조명의 방향등에 따라 변화가 심하여 인식이 어렵다는 단점을 지니고 있다.

5) 홍채 및 망막인식
- 홍채 및 망막은 일란성 쌍둥이라도 다르고 질병이 걸리지 않는 이상 영구적이며 생후 6개월 이내 형성되어 2~3세쯤에 완성이 된다.
- 동일인의 경우도 양쪽이 다르다고 하며 지문보다 약 7배의 식별 특징을 가지고 있어 그만큼 홍채나 망막인식은 복잡하고 정교하다.
- 이러한 특징 때문에 정확도는 우수하나 대용량 정보가 필요하다는 단점이 있다.

6) 음성인식
- 음성인식은 비접속식으로 사용자의 거부감이 적으나 음성 흉내, 감기. 후드염 등 음성의 변화에는 대처할 수 없다.

(4) 생체인증의 정확성
1) FRR(False Reject Rate: 오거부률, 허위불일치비율) FRR이 너무 높으면 아무도 들어감
2) FAR(False Acceptance Rate: 오인식률, 허위일치비율) FAR이 너무 높으면 아무나 들어감

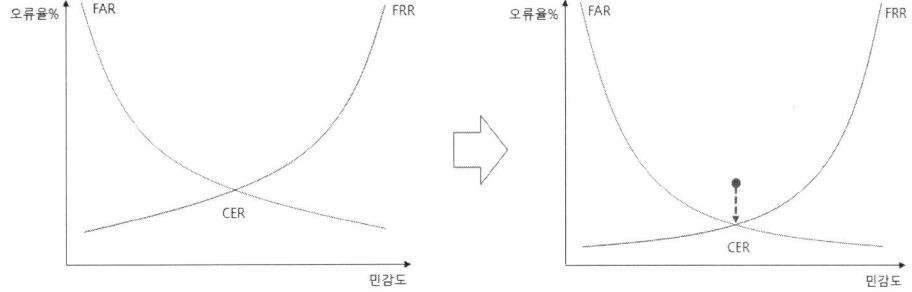

그림 CER(Crossover Error Rate)

- FRR(False Reject Rate): 오거부율로 시스템에 등록된 사용자가 본인임을 확인하지 못하고 인증을 거부하는 오류로 FRR 0.1%는 1000회 인증 시 1회 오규가 발생할 가능성을 의미한다.
- FAR(False Acceptance Rate): 오인식율(오수락율)로 부정한 사람을 등록자로 오인하고 인증을 수행하는 오류로 FAR 0.001%는 10만회 인증시 1회 오류 가능성을 의미한다.
- ERR(Equal Error Rate 또는 CER: Crossover Error Rate: FRR과 FAR의 교차점): 동일 오류율로 생체 인식 시스템 성능 지표로서 오수락율(FAR)과 오거부율(FRR)이 일치하는 시점의 오인식률이다.
- 모든 생체 인식 시스템은 임계값으로 정합 여부를 판단하게 된다. FAR와 FRR 값은 반비례로 나타나며, 이 두 값이 서로 같아지는 점이 CER(ERR)이다.
- CER(ERR)이 밑으로 떨어지는 것이 생체인증의 발전 방향이다.
- 응용: 생체인증, 법정, 의료, IDS, 스팸메일 관리 시스템등에 응용되고 있다.

Ⅲ. 생체인식기술의 장점과 단점

(1) 장점

1) 쉽고 편리하다
- 생체정보로 본인임을 인증하기 때문에 따로 키 등을 들고 다닐 필요가 없어 편리하다.

2) 분실 위험이 없다
- 키 등과 달리 신체의 일부로 인증하는 것이기에 분실 위험이 없다.

3) 위 · 변조될 가능성이 없다.
- 신체 일부를 인증정보로 사용하기에 위·변조될 가능성이 없다는 장점이 있다.

(2) 단점
- 생체정보는 암호와 달리 바꿀 수 없어 한번 유출되면 암호와 달리 타격이 크다.

IV. 주요 생체인식 기술의 장단점 비교

생체 구분	얼굴	지문	홍채·망막
작동 방식	눈썹 간 간격, 얼굴 뼈 돌출 정도 등을 판별하여 본인 인증	사람의 손가락에 있는 지문의 고유패턴을 판별하여 본인을 인증	홍채 및 망막의 고유 이미지 패턴을 판별하여 본인 인증
장점	대다수 사용자에게 적용 가능 기계와 직접 접촉하지 않음 원격 인증이 가능	다양한 장치에 적용 가능 정확도가 우수한 편임 인증 절차가 비교적 간단함	대다수 사용자에게 적용 가능 기계와 직접 접촉하지 않음 인증 절차가 비교적 간단함
단점	안경, 가발, 조명의 영향을 받음 인증시간이 비교적 오래 걸림	지문의 위조 가능성이 있음 지문이 없는 경우 적용 불가	인증장비가 고가임 사용자의 심리적 저항이 큼
본인 거부율 (FRR)	1%	0.1%	1%
타인 허용률 (FAR)	1%	0.01%	1%

표 주요 생체인식 기술의 장단점 비교

문제06) 정보통신 공사 시 설계 변경에 따른 계약금액 조정업무에 대해서 설명하시오

I. 개요
- 공사의 시공도중 예기치 못했던 사태의 발생이나 공사물량의 증감, 계획의 변경 등으로 당초의 설계내용을 변경시키는 것으로 설계변경은 성격상 당초계약의 목적, 본질을 바꿀 만큼의 변경이 되어서는 아니 되며, 이러한 경우에는 설계변경이 아니라 오히려 새로운 계약으로 보는 것이 타당함

II. 설계 변경의 사유
1) 사업계획의 변경
- 규모의 변경: 당초 사업물량을 증가 또는 감소시키는 것
- 사용 재료의 변경
- 구조의 변경
2) 설계서의 부적합
- 설계서의 오류, 누락, 상호모순
- 설계서와 현장상태의 불일치
3) 기술개발비 보상성격의 경우
- 정부설계화 동등 정도의 기능, 효과 등을 가진 새로운 기술, 공법, 기자재 등을 사용함으로써, 공사비의 절감, 시공기간의 단축 등에 효과가 현저할 경우(신기술 개발의욕 고취목적으로 도입)
4) 기타 발주기관이 설계서를 변경할 필요가 있다고 인정한 경우

III. 설계변경 절차 및 방법
1) 설계서의 내용이 불분명한 경우
- 설계서만으로는 시공방법, 투입자재 등을 정확히 알 수 없는 경우에는 설계자의 의견 및 발주기관이 작성한 단가산출서 또는 수량산출서 등을 검토하여 시공방법 등을 확인한 후 이를 기준으로 설계변경여부를 결정
2) 설계서에 누락, 오류가 있는 경우
- 설계서에 누락 또는 오류가 있는 사실을 조사, 확인한 후 계약 목적물의 기능 및 안전을 확보할 수 있도록 함
3) 『설계도면 = 공사시방서 ≠ 물량내역서』인 경우
- 설계도면 및 공사 시방서에 물량내역서를 일치시킨 후 필요시 계약금액 조정
4) 『설계도면 ≠ 공사시방서』인 경우
- 설계도면 및 공사 시방서를 확정하여 일치시킨 후 그 확정된 내용으로 다시 물량 내역서를 일치시킴

5) 신기술, 신공법 사용 등 기술개발의 보상성격의 경우(절감액의 50%감액)
- 발주기관이 설계한 내용에 대하여 계약상대자가 제시하는 신기술, 신공법 등을 적용하여 동등 이상의 기능을 만족하면서 공사비 절감과 시공기간의 단축 등의 효과가 현저할 경우 계약당사자가 다음의 서류를 첨부하여 서면으로 요청
- 제안사항에 대한 구체적인 설명서
- 제안사항에 대한 산출내역서
- 당초 공사공정예정표에 대한 수정공정예정표
- 공사비의 절감 및 시공기간의 단축효과
- 기타 참고사항

Ⅳ. 계약금액 조정업무
- 설계변경요청서(FCR: Field Change Request), 설계요약서, 설계변경내역서, 변경도면, 시방서 등을 첨부하여 건설사업관리자(감리단)을 경유하여 발주처에 문서로 제출함
- 발주처에서 승인된 설계변경요청서를 근거로 하여 계약변경(계약서 날인)을 추진함

국가기술자격 기술사시험문제

기술사	제 120 회			제 4 교시 (시험시간: 100분)		
분야	통신	자격종목	정보통신기술사	수험번호		성명

※ 다음 문제 중 4문제를 선택하여 설명하시오. (각10점)

문제01) 무선전력전송기술에서 자기유도방식과 자기공명방식을 비교하여 기술하시오.

I. 개요
- WTP(Wireless Power Transfer : 무선전력전송)기술이란 전기에너지를 무선으로 전달하여 이격된 전자기기의 배터리를 무접점으로 충전하는 기술
- 무선전력전송기술은 자기장 및 전자파 공진 원리를 응용하여, 휴대폰, 전기자동차 등의 전기제품/시스템에 무선으로 에너지를 전송하여 충전하는 기술로써 국제적인 이용방안 마련이 중요함.
- 인체에 미치는 영향분석, 주파수 간섭문제, 소형화, 전송효율 극대화 등 제도적/기술적인 다수의 난제 해결을 위한 노력도 활발히 진행 중임.

II. WPT 기술

(1) 유도결합방식(Inductive Coupling)
1) 정의 : 코일의 상호유도결합을 이용
2) 문제점 : 거리가 가까워야 함
3) 현재 기술 : 125kHz, 135kHz에서 많이 상용화

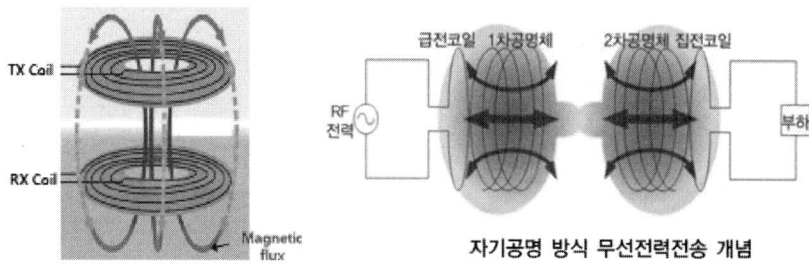

자기공명 방식 무선전력전송 개념

(2) 자기공명방식(Non-Radiative)
1) 정의
- 두 매체가 같은 주파수로 공진하는 것을 이용
- 송수신 안테나간에 자기장 공진을 발생시켜 자기장 터널링효과를 이용하여 에너지를 전송
- 송신부 코일에서 공진주파수로 진동하는 자기장을 생성해 동일한 공진주파수로 설계된 수신부 코일에만 에너지가 집중적으로 전달
- 자기유도방식에 비해 약 10^6배 가량 효율 향상
- 비접촉 상태로 1 : N 충전, 모든 제품에 호환 가능
2) 문제점 : Q값이 커야 가능(코일의 크기가 커짐)
3) 현재기술 : 2007년 MIT에서 2m / 60W전송한 것이 최초

(3) 복사방식(Radiative)
1) 정의 : 안테나의 방사전자계의 방사전력을 이용하여 원거리에 전력을 전송
2) 문제점 : 직진성 및 인체영향 등으로 근거리 또는 특수 목적용으로만 이용 가능
3) 현재 기술 : UHF RFID, 마이크로파 ID 등

Ⅲ. 비교

구분	자기유도방식	자기공명방식	복사방식
동작원리	코일 간 전자기 유도현상	공진주파수가 동일한 코일 간 자기공명현상	안테나의 원역장 방사현상
전송거리	수 mm	수 m	수 km
주파수	110~205KHz(125 kHz, 135kHz)	수십 ~ 수백 MHz(6.78MHz)	수 GHz
전송전력	저출력	저출력	고출력
효 율	76% 이상	40~60%	매우 낮음
상용화	고	중	중
표준화	빠름	중간	느림
장 점	수cm이내 전송에 유리 코일 소형화에 유리	1m이내 전송에 유리 코일 간 정렬 자유도가 높음	1m이상의 원거리 에너지 전송이 가능함
단 점	전송거리가 짧음 코일 간 정렬에 민감	코일 설계가 어려움 전자파환경 극복 필요	전송효율이 매우 낮음 전자파환경 문제 발생
인체유해성	적음	중간	높음
적용 분야	휴대기기, 전기자동차	휴대기기, 전기자동차, 공공서비스 등	우주 태양광발전 무선전력전송 등
표준화	WPC 규격, PMA 규격	A4WP 규격	

Ⅳ. 표준화 동향
- 자기유도방식의 표준화는 일부 완성되었으나 계속 진행 중이며, 자기공명방식과 전자기파 방식은 기술 완성도를 높이기 위한 연구를 활발히 수행 중
- 11년 6월 삼성전자, 필립스 등 전자제품 제조사 위주 86개 회원사로 구성된 WPC(Wireless Power Consortium, 무선전력위원회)는 자기유도방식을 저전력 휴대 전자기기의 국제기술표준으로 선정, 무선충전 기술표준 WPC1.0을 제정 발표
- 자기장통신에 의한 무선충전방식은 2009년 6월 일본에서 열린 ISO/JTC1 WG1에 MFN(Magnetic Field Area Network)이란 주제로 NP(New -work-item proposal)를 제안하여 2009년 12월에 NP로 채택되었음.
- 국내 자기장통신에 의한 무선충전 방식의 연구는 전자부품연구원/한국건설기술연구원이 기술 표준원/TTA등의 국가표준기관과 포럼을 조직하여 기술표준화를 진행 중에 있음.
- 2008년 10월에 자기장통신포럼은 운영 위원회와 3개의 분과위원회(기술/표준/응용)로 구성되어 2009년 1월 자기장통신관련 PHY계층 요구사항과 MAC 계층 요구사항에 대한 표준기술개발을 완료하고 2009년 12월에 KS 표준2건이 제정함.

Ⅳ. 최근 동향
- 10W이하의 소전력분야는 스마트폰 무선 충전기에 집중하여 개발되고 있음.
- 무선 충전방식은 전기에너지를 자기유도, 전자기 공명 또는 전자기파의 형태로 변환하여 공간적으로 떨어진 전자기기의 배터리를 충전하는 기술임.
- 전기자동차 등에 사용할 3.3kW이상의 전력을 송신하는 대전력 무선전력전송분야도 자기유도방식과 자기공명방식이 경쟁하여 개발되고 있다.
- 그 밖에 적외선방식, 초음파방식 등 다양한 기술들이 연구되고 있음.

문제02) 스마트시티 통합 관제센터의 CCTV 시스템 구성에 대해서 설명하고, 옥외 장치의 IP 인증제도와 TTA 카메라 보안 인증제도에 대해서 기술하시오

Ⅰ. 개요
- 스마트시티(smart city)란 사물 인터넷(IoT: Internet of Things), 사이버 물리 시스템(CPS: Cyber Physical Systems), 빅데이터 솔루션 등 최신 정보통신기술(ICT)을 적용한 스마트 플랫폼을 구축하여 도시의 자산을 효율적으로 운영하고 시민에게 안전하고 윤택한 삶을 제공하는 도시를 말한다.
- 도로, 항만, 수도, 전기, 학교 등 도시의 인프라를 효율적으로 관리하고 공공 데이터를 수집·활용하여 교통, 에너지 등 다양한 도시 문제를 해결하고 새로운 가치를 창출하는 데 목적이 있다. 스마트 시티는 기존 유 시티(u-City)와 유사하지만, 사물 인터넷(IoT)과 인공지능(AI) 기술이 결합된 차세대 개념이다.

Ⅱ. 스마트시티 통합 관제센터
(1) 개념
- 통합 관제센터란 첨단 유비쿼터스 기술을 활용해 교통, 환경, 미디어 방재 등의 시스템을 통합 관리하는 기관을 말한다.

(2) 통합관제센터의 CCTV 시스템 구성
1) 개념
- 공공 목적을 위해 설치된 폐쇄 회로 텔레비전(CCTV)에 대한 통합 관리를 통하여 영상 표출·처리·저장 등을 하면서 각종 사건 사고 등을 예방할 수 있도록 통합 관제 및 적절한 대응 조치를 하기 위해 구성된 장소이다.

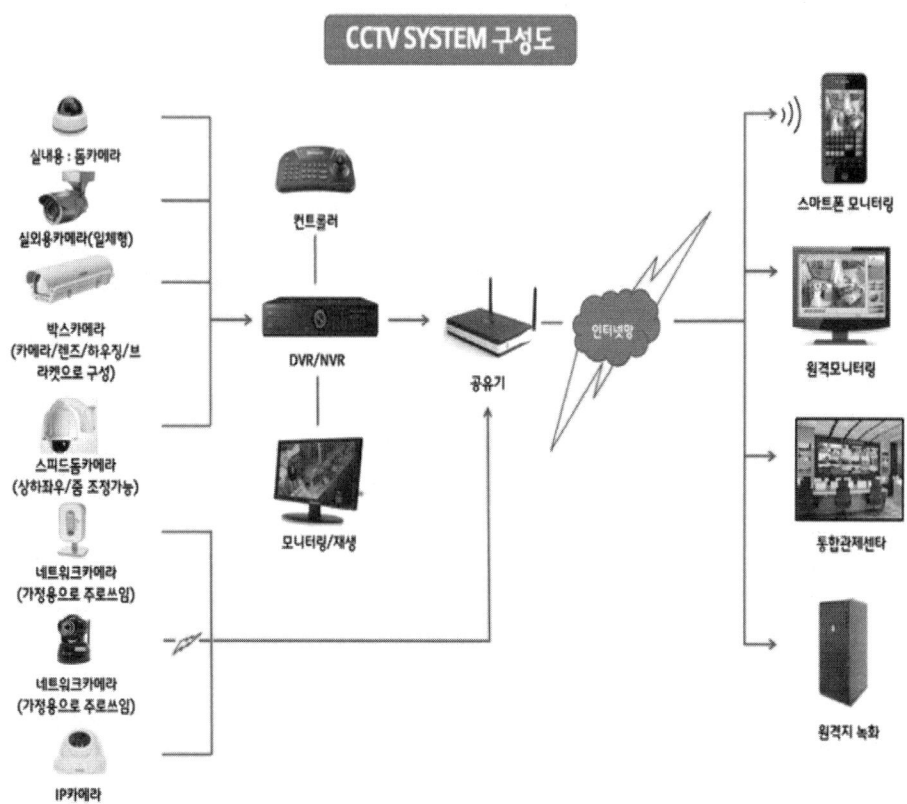

그림 CCTV 시스템 구성도

(3) CCTV 시스템 구성

1) IP 카메라
- IP 카메라는 다양한 기능을 갖추고 있는데 일단 카메라 1대를 설치할 경우 카메라는 서버로 작동해 카메라의 영상을 실시간으로 외부에 전송할 수 있다.
- 또한 대다수의 IP 카메라는 자체 저장소를 탑재할 수가 있으며 여기에 CF 카드나 SD 카드를 꼽아 자체적으로 영상을 저장할 수 있다.
- IP 카메라를 이용할 경우 반드시 주의할 점이 있는데, 대다수의 IP 카메라에는 공장 초기 비밀번호가 설정되어 있으며, 이 비밀번호는 기종마다 다르지 않다.
- DVR 이나 NVR 역시 공장 초기 비밀번호가 있으므로 이것을 상용 네트워크에 연결하기 전에 반드시 자신이 사용할 비밀번호로 변경해두어야 한다.
- 대부분 사람들이 기본 비번을 바꾸지 않는점을 이용해 전세계의 IP카메라중 기본 비번인 카메라를 연결해서 볼수있게 해주는 사이트도 있다.

2) DVR/NVR
- DVR 및 NVR은 CCTV 시스템의 핵심이라 불리는 장비로서 카메라로부터 전송된 영상을 분석, 인코드 및 저장하고 실시간 영상을 재송출해 주며 여러 시스템으로 부터 온 알람신호를 처리 및 카메라로부터 들어올 알람신호를 중앙 감시시스템에 전달하며 필요한 경우 과거에 촬영된 영상을 다시 볼 수 있도록해 주는 가장 중요한 장비다.
- DVR(digital video recorder) 디지털 영상저장장치로 아날로그 영상 감시 장비인 CCTV를 대체하는 디지털 방식의 영상 감시 장비임.
- DVR은 CCTV에 비해 화질이 뛰어난 점 외에도 컴퓨터의 하드디스크를 저장 매체로 사용하기 때문에 녹화테이프를 교체할 필요가 없고 인터넷을 통한 실시간 영상 전송 및 원격지 감시 기능이 있어 네트워크로 통합화하고 있는 정부 및 기관, 기업체들에게 가장 적절한 영상 감시 시스템으로 평가받고 있다.
- NVR(network video recorder)은 IP 기반의 카메라를 통한 영상 모니터링, 저장 및 분석 등이 네트워크를 통하여 이루어지는 것이다.
- NVR은 기존의 독립형 디지털 비디오 녹화기의 대체품이다.

Ⅲ. 옥외 장치의 IP 인증제도
(1) 개념
- 옥외장치들이 IP를 이용하여 통신을 함에 따라 유선 또는 무선으로 인테넷에 연결이 되어 있어 PC나 모바일, 스마트폰 등의 기기로 원격에서 무단 접속하는 보안사고가 발생하고 있다.
- IP 인증제도란 IP주소를 식별자로 하여 등록된 IP에서만 관리자 로그인을 가능하게 한다.

(2) 옥외 장치의 IP 인증제도
- 안전한 초기 보안 설정 방안 제공
- 보안 프로토콜 준수 및 안전한 파라미터 설정
- 안전한 소프트웨어 및 하드웨어 개발 기술 적용 및 검증

Ⅳ. TTA 카메라 보안 인증제도
(1) 개념
- 근래 IP카메라에 무단 접속해 영상을 불법 촬영·유포하는 사례가 수차례 발생해 사생활 유출 등에 대한 국민 불안이 확산되었다.
- 정부에서 이에 대한 대책으로 IP 카메라 제조·유통업체와 통신사업자, 학계 등 다양한 전문가 의견을 수렴해 제조·수입 단계부터 유통·이용 등에 이르기까지 IP 카메라 해킹사고를 예방하고 관련 영상보안 및 안전산업 육성을 병행하기 위한 개선과제를 마련하였다.

(2) TTA 카메라 보안 인증제도 배경
- 공공기관용 보안인증이 탄생하게 된 배경은 중국산 CCTV의 백도어 문제와 국내 CCTV 영상이 유출된 러시아 인세캠 사건 등이 정보 유출과 사생활 침해라는 관점에서 사회적 이슈가 됐기 때문이다.
- 백도어는 선의적(A/S)이거나 악의적인(감시 또는 스파이) 목적을 가진 문제이자 제조사의 보안의식 부재로 일어났고, 인세캠 사건은 비밀번호 미설정 또는 기본 비밀번호 사용 등에

따른 사용자의 보안의식 부재에서 출발한 사건이었지만, 공공기관용 영상장비가 해킹당할 경우 민간에서 사용하는 CCTV보다 파급효과가 엄청날 수 있다. 국가안보와 국민의 안전이 위협받을 수도 있기 때문이다.
- 정부는 이같은 문제를 예방하기 위해 과기정통부와 TTA를 통해 지난 2년간 보안인증 마련을 위한 산학연 시험규격개발위원회를 통해 의견을 수렴하고 시험 규격을 만들어 2017년 말부터 '영상보안 시스템용 IP 카메라/NVR 보안'으로 시험·인증 서비스'를 시작했다.
- 이후 국정원도 여기에 참여하면서 보다 높은 수준의 보안인증인 '공공기관용 보안인증'을 도입하게 됐다.
- 해당 인증은 아직 권고사항이지만 국정원에서 연초 권장 공문을 발송함에 따라 지방자치단체와 공공기관의 해당 인증 제품 도입 결정에 적지 않은 영향을 미칠 것으로 업계는 예상하고 있다.

(3) 인증제도 핵심 심사
- 보안성, 호환성, 성능을 중점 심사한다.
- 보안 인증은 정부 차원에서 보안 카메라 품질을 검증하고, 우수한 품질을 갖춘 제품 사용을 권고하기 위해 TTA가 시행하고 있는 제도임.
- 영상보안 산업이 IP 기반의 네트워크 영상보안으로 변경됨에 따라 지능형 CCTV 솔루션의 성능을 높여 기술경쟁력을 제고하기 위한 인증 제도이다.

Ⅴ. 맺음말
- 지능형 CCTV의 등장으로 도시민들은 더욱 다양한 서비스를 제공받게 되었다.
- 그러나 보안에 취약한 IP망의 특징으로 인해 적절한 보안성이 제공되지 않으면 민감한 정보가 외부로 유출되어 피해를 볼 수 있다.
- 따라서 제조사와 발주처, 그리고 운영사는 강화된 보안기준을 만족하는 제품을 생산, 도입, 운영하는데 더 많은 노력을 해야 한다.

문제03) 저궤도 위성을 이용한 인터넷 서비스를 설명하고, 저궤도 위성통신에서 해결해야 할 문제점에 대해서 기술하시오.

I. 개요
- 위성통신은 지구국으로부터 발사된 전파를 수신 증폭하여 지상으로 중계하는 통신하는 형태임.
- 위성통신 시스템은 위성, 관제 제어국, 지구국으로 구성되어 있고, 고도, 궤도, 주파수, 용도, 방식에 따라 다양하게 분류할 수 있음.
- 위성의 고도에 따라 저궤도 위성(LEO), 중궤도 위성(MEO), 타원형 고궤도 위성(HEO), 정지궤도 위성(GEO) 및 극궤도 위성 등으로 구분함.

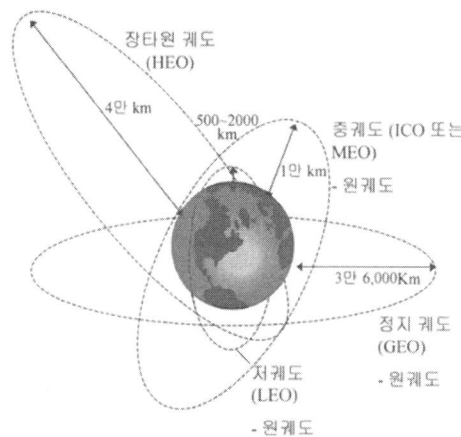

	저궤도(LEO)	중궤도(MEO)	정지궤도(GEO)
위성 고도(km)	160~2,000	2,000~36,000	36,000
평균 통신 지연율(ms)	25	140	500
공전 주기(분)	88~127	127~1,440	1,440(24시간)
위성 수(2019년 3월 기준)	1,338	125	554
대표 사업자	OneWeb, SpaceX 등	SES Networks	NASA 등 정부기관
위성 무게(kg)	150	700	3,500
대표 위성	⟨OneWeb 위성⟩	⟨SES O3b 위성⟩	⟨천리안 2-A⟩

Ⅱ. 저궤도 위성(Low Earth Orbit)

- 고도 약 160~2,000km 상에 위치하며 주로 측위, 이동통신, 원격탐사에 이용되는 위성
- 주기는 고도1,000km에서 1시간 45분정도이고, 12분간 가시범위에 있음.
- 서비스를 계속하기 위해서는 18 ~ 66개의 위성이 필요함.
- 기본전파손실(傳波損失)이 적기 때문에 위성이나 단말기의 송신전력이 작아도 되기 때문에 단말기를 소형·경량화 할 수 있다.
- 또한 위성이소형이므로 소형 발사체로 위성발사가 가능하여 발사비용이 적다.
- 저궤도 위성 장단점

장점	단점
- 통화지연시간 감소 - 이동국의 낮은 전력 소모 - 이동전화 및 위성전화 사용 가능 - 신뢰도 증가 및 주파수 사용효율 극대화	- 국가 간의 주파수 분배 문제 대두 - 위성 간 신호 전송 난이 - 안테나 크기 제어 난이 - 지상망과의 연결방식 난이

Ⅲ. 위성 인터넷 서비스

- 지구의 인터넷 음영지역 해소를 위한 저궤도 위성통신사업이 현실화되고 있음.
- 인터넷의전세계보급률은51%에 불과하고, 해상과 하늘은 아직 미개척영역임.
- 저궤도 위성통신은 낮은 통신 지연율로 전지구에 광대역 인터넷을 보급하게 됨.
- 기술발전에 따른 인공위성의 소형화와 로켓 발사비용의 급격한 감소가 저궤도위성사업의 촉매로 작용하고 있음.
- 저궤도에서의 통신서비스에 따라 Big LEO와 Little LEO로 구분할 수 있음.
- Big LEO는 L-band를 사용하여 음성과 데이터 서비를 제공하는 위성이고, Little LEO는 VHF대를 사용하여 저속 데이터 서비스를 제공하는 방식임.
- 현재는 음성 서비스보다 데이터 서비스 즉, 인터넷 서비스가 중요함.
- 전 세계를 대상으로 광대역 이동통신서비스를 제공하기위하여 기존 저궤도 위성군 통신시스템의 업그레이드와 신규제안 저궤도 위성군 통신시스템이 있음.

(1) 기존 저궤도 위성군 통신시스템의 업그레이드

(가) Iridium Next :
- 대표적인 기존 시스템의 업그레이드
- 2017년 ~ 2020년 사이 신형 위성발사, 통신속도 최대 8Mbps 목표로 함,
- 66개의 새로운 위성을 사용, 네크웍의 성능 향상을 기반으로 해상, 항공, 육상통신용 새로운 단말기를 통해 L 대역으로는 상향 최대 512kbps, 하향 최대 1.5Mbps를, Ka 대역을 통해서는 8Mbps를 제공한다는 계획이다.
- 아울러 회선교환 데이터 전송속도를 기존 2.4kbps에서 최대 64kbps로, 오픈 포트 서비스를 132kbps에서 최대 512kbps로 증대하고, 추가적으로 64kbps 방송 기능도 제공할 계획

(나) Globalstar
- 2010년 10월부터 2013년 2월까지 4번에 걸쳐 24개의 새로운 위성을 발사하여 2세대 위성군을 완성
- 전체 위성의 수는 32개로, 2007년에 발사한 1세대 위성과 함께 2세대 위성군을 이루고 있으며, 주파수는 상향 L 대역, 하향 S대역으로 동일하다.
- 지상용 스마트폰에서의 통화 및 앱 사용을 가능하게 하는 위성기반 WiFi 공유 솔루션인 Sat-Fi가 있음.
- ADS-B링크를 보조하는 시스템인 ADS-B Link Augmentation System(ALAS)을 추가하여 우주기반의 항공트래픽 관리시스템을 준비

(다) Orbcomm :
- Orbcomm G2(OG2)는 2008년부터 17개의 위성을 제작하여 2014년까지 고도 750km의 52도 경사궤도면에 설치
- 위성의 수명은 최소 5년임.
- 1세대 위성 대비 OG2 위성에서는 데이터 전송속도와 데이터 패킷의 크기가 증가되었음.
- 최대 12배까지 통신용량이 증가된 137~153MHz 대역의 VHF 통신 탑재체와 헬리컬 안테나, 자동식별시스템(Automatic Identification System:AIS) 탑재체를 갖고 있음.
- 탑재체 데이터의 다운로드는 최대 310Mbps, 통신은 상하향 모두 최대 4Mbps까지 가능

표 대표적인 저궤도 위성통신 시스템

위성	Iridium	Globalstar	Orbcomm
국가	미국	미국	미국
궤도/고도	저궤도/780km	저궤도/1,410km	저궤도/825km
위성수/궤도면	66/6	48/8	27/3
서비스지역	global	global	global
주파수 대역	L(1610~1626.5MHz)	상향 L(1610~1626.5MHz), 하향 S(2483.5~2495MHz)	상향VHF(148-150MHz) 하향VHF(137-138MHz), UHF 400MHz
상용서비스개시	1998년(2001년 재개)	2000년(2004년 재개)	1995년
빔 수	48	16	1
서비스 속도(kbps)	음성 2.4, 데이터 2.4	음성 2.4~9.6, 데이터 7.2	상향 2.4, 하향 4.8
위성버스 중량/전력	680kg, 1.4kW	450-700kg, 1500-1700W	43kg, 200W
통신방식	TDMA/FDMA	CDMA	FDMA
중계기방식	재생중계방식	bent pipe	bent pipe
안테나방식		91소자 능동위상배열	VHF/UHF 안테나(3.28m)

(2) 신규제안 저궤도 위성군 통신시스템
- SpaceX(Space Exploration Technologies), OneWeb, Leosat 등.

(가) Space-X의 Starlink 위성
- 2019년 5월 23일 550km 고도에 60기 발사. 곧 6차에 걸쳐 위성 60기를 추가 발사하고, 총 420기로 시범서비스를 시작할 예정
- 2027년까지 330~1300km 고도에 걸쳐서 1만 1927대의 위성을 배치하여 지구 전역을 위성 인터넷으로 연결한다는 계획
- 속도는 20Gbps로 전체 배치가 완료되면 233Tbps의 통신 대역폭을 확보
- 이용자는 최대 1Gbps 수준의 서비스를 제공
  서비스 요금은 아직 공개되지 않았으나 기존의 값비싼 위성 인터넷망보다 저렴하고, 지상파 인터넷 망과 비교해도 경쟁력이 있을 것으로 예상

(나) OneWeb
- 648개의 저궤도 마이크로샛 위성을 1,200km상공에 띄워 Ku 대역에서의 글로벌 인터넷을 제공
- Ku 대역을 확보하고 있던 WorldVu를 활용할 수 있다는 장점
- Ku 대역은 정지궤도 위성이 위성방송 및 위성인터넷에 주로 사용하는 주파수이기 때문에 상호 간에 주파수 간섭문제가 복잡해질 수 있음.

(다) Leosat
- 80~120개의 소형위성을 이용하여 1,800km 상공에 비정지궤도 Ka 대역 브로드밴드 위성 네트워크를 구축하고, 개인이 아닌 전 세계 옥외 비지니스 및 정부 고객을 상대로 1.2Gbps의 인터넷 서비스를 제공함.

IV. 저궤도 위성통신에서 해결해야 할 문제점
1) 여러 개의 위성이 있어야 계속통신이 가능하기 때문에 스윗칭할 때 회선이 절단되지 않도록 대책이 필요하다.
2) 도플러효과에 의한 주파수편이의 영향에 대한 보상대책이 필요한데 특히 저앙각인 때 도플러 편이와 안테나 지향방향이 크게 변화한다.
3) 제어기지국에는 추적속도가 빠른 최소한 2개의 안테나가 필요하며, 위성망간의 조정이 어렵고, 제어가 복잡하다.
4) 다수의 위성을 발사하는데서 발생하는 위성간의 충돌,
5) 위성사업자의 증가로 인한 주파수 간섭,
6) 수명을 다한 위성의 우주쓰레기 문제.
7) 위성 군집의 우주 발사로켓 진로 방해, 위성의 태양광 반사로인한 생태계교란 등

V. 맺음말
- 저궤도(LEO) 위성의 최대 강점은 통신지연율이 낮다는 점이다.
- 정지궤도 위성통신은 평균 500ms의 지연율이 발생하지만 저궤도 위성통신을 사용할 경

우, 지연율은 20분의1 수준인 25ms까지 낮아진다.
- 해저 광케이블을 사용하는 통신지연율 70~100ms와 비교해도 현저히 낮다.
- 저궤도 위성통신사업자인 OneWeb이 Full HD 동영상 스트리밍 테스트에서 통신지연율 40ms 미만, 통신속도 400Mbps를 확인함.
- 정지궤도 위성은 240ms의 시차가 발생한다.
- 스타링크는 지상에서 저궤도 위성까지 전파를 보내고, 다시 5개의 위성을 레이저 신호로 연결하기 때문에 런던-뉴욕 간 통신 지연시간을 43ms까지 단축할 수 있다.
- 현재 런던에서 싱가포르까지의 평균 지연시간은 159ms이지만, 스타링크를 사용하면 90ms까지 줄어든다.
- 저궤도 위성을 사용하면 지연시간이 짧지만, 한 지역의 사용자가 위성과 접촉하는 시간도 매우 짧다. 이 때문에 수천 대의 위성을 띄워야 계속 연결이 가능하다.
- 블루오리진도 최근에 위성 3000대를 띄우는 '프로젝트 카이퍼'를 발표했다. 향후 저궤도 광대역 인터넷 분야에 경쟁이 예고되면서 전 세계 소비자들은 더욱 저렴하고 빠른 글로벌 인터넷 서비스를 기대할 수 있을 것으로 예상됨.

문제04) 남북 통일 시 유,무선 통신망 연동 방법에 대해서 논하시오.

I. 개요
- 통일에 있어서의 정보통신의 의미는 반세기 넘게 단절되어온 민족과 문화의 동질성을 회복하는데 가장 중요한 요소가 되고 통일을 앞당기는 선도적 역할을 할 수 있다는데 큰 의미가 있다.
- 남북한간에 충분한 교류협력이 전제되지 않은 상황에서 통일이 이루어질 경우, 남북한간의 사회적, 문화적 이질감을 해소하는 데는 엄청난 사회적 비용이 소요될 것이다.
- 따라서 통일 이전에 이루어지는 남북한간의 교류협력은 이로 인한 경제적 이익을 얻을 수 있을 뿐만 아니라 통일 후 예견되는 남북한간 동질성 회복 문제를 사전적으로 경감시킬 수 있다는 점에서 그 의의가 크다고 할 수 있다.

II. 북한의 통신 현황

가. 통신망의 구성
- 북한의 통신망은 음성통신에서 정보통신으로, 유선통신에서 무선통신으로 변화하는 세계적인 조류와는 상관없이 전화망 위주로 구성되어 있음
- 현재 통신망은 경제성, 안정성을 무시하고, 정부의 행정 계위와 일치시킴으로써 관리의 편리성을 위주로 구성하였으며, 평양을 중심으로 한 성형(Star)망으로 구성됨

나. 통신시설 및 단말기 보급
- 북한에서 통신의 역할은 "사회주의적 이상 즉, 주체사상이나 혁명 이념을 전달하고 경제계획을 수행하기 위한수단"으로 보기 때문에 일반 개인용 전화는 거의 없음
- 초급 당비서 이상의 당 정 고위간부와 특급기업소 지배인 또는 재력이 있는 화교나 북송 일본인 동포 등 특정 계층에게 수동식 교환대로 연결되는 가정용 전화가 제한적으로 허용되고 있음

다. 국제전화망
- 현재 북한의 국제통신시설은 북한 발신의 경우 호텔, 외국인 기업, 및 몇몇 기관에서 가능하지만, 모든 착신은 교환수를 통하는 수동접속을 원칙으로 함.
- 국제통화는 원칙적으로 국가보위부 도청국을 거쳐, 통신센터의 교환원을 통해 수동으로 해외로 연결됨.

라. 데이터 통신
- 현재 북한에서의 인터넷 사용은 공식적으로 불가능하지만, 미국 국방성에 가장 많은 접속을 하고 있다는 보고를 근거로 하면 일부 연구진이나, 정보부서에 근무하는 사람들의 인터넷 활용은 매우 활발한 것으로 파악됨.
- 현재 공식적으로 북한의 인터넷 국가 주소인 .kp를 사용하고 있는 것은 없으나, 호텔, 외국 공관, 국제기구사무소 등에서 사용하고 있는 것으로 추정됨

마. 인터넷 분야
- 북한은 이미 호주와 인터넷 연결시험을 성공적으로 마쳤지만 아직도 국가적으로 인터넷 활용을 막고 있으며 '03년 국가식별 도메인 kp를 활용한 사이트 개설 및 국제인터넷망과의 연결계획을 표명했으나 웹상의 도메인 네임에서 북한의 국가기호 kp를 사용하여 등록한 웹사이트는 한 곳도 없음

III. 남북한 정보화 교류협력 방안

가. 비전
- 정보화를 통한 남북한간의 교류가 가져다줄 수 있는 최고 성과는 민족 동질성의 빠른 회복과 물리적 분단의 장벽을 뛰어 넘는 것임.
- 그러나 남한과 북한은 한민족이지만 정치, 경제 체제가 상이해 합리적이며 실리적인 교류를 추진해야 함.

나. 정보통신 중심 단계별 교류협력 시나리오

(1) 남북한 정보통신 교류협력을 위한 시나리오

단계 구분	협력 단계	단계의 구분	정보통신분야의 가능한 사업내용
1	기반구축 단계	북한의 경계심을 완화하고 북한으로 하여금 정보통신 교류에 나서도록 하는 단계	공중망과는 분리된 남북한간의 연결, 북한과의 신뢰성 구축
2	협력증진 단계	북한과의 직접연결, 투자가 가능해지고 남북한간에 자유로운 정보통신의 소통이 가능한 단계	북한의 공중망과 연동을 추진하며, 남북한간의 정보통신망 교류를 사업적으로 추진
3	공동사업 단계	남북한간의 정보통신교류가 활성화 되고 남북한에서의 공동사업이 가능해지는 단계	남북한간의 정보통신망 연동 및 정보통신사업의 공동추진

(2) 단계별 정보통신분야 추진 내용

1) 1단계에서의 정보통신교류 추진 내역

추진범위	추진내용	추진주체
교역전용 정보통신	남북한간의 교역을 위한 전용회선 구축, 북한에 진출한 남한기업의 연결	정부
정보통신망 개선사업	북한지역에 대한 일부지역 정보통신망 현대화 사업 참가	통신사업자
정보통신 기술교육	북한의 기술자들에게 정보통신 관련 기술교육 및 장비 제공	통신사업자

2) 2단계에서의 정보통신교류 추진 내역

추진범위	추진내용	추진주체
교역망의 공중망 접속 추진	남북한 교역전용망을 북한의 공중망과 접속을 추진	정부
지역적인 정보통신사업 참여	북한 일부지역에서의 정보통신사업 직접참여	통신사업자
남북한 정보통신망 연결	무궁화 위성, 광케이블을 이용한 남북한 연결 전송망 구축	통신사업자

3) 3단계에서의 정보통신교류 추진 내역

추진범위	추진내용	추진주체
정보통신망 개선사업	통일에 대비한 정보통신망 구축사업을 전개하고, 정보통신망 접속의 고도화를 추진	통신사업자
정보통신 서비스 제공	북한 주민들에게 정보통신서비스의 공급을 위한 준비	통신사업자

(3) 정보통신표준화 교류 단계별 추진 내용

협력단계	경제분야	가능사업 내용
표준화 통합을 위한 탐색단계	현재	표준화통일을 위한 국내준비(연구, 정책 수립 등)
		양국의 표준 관련 자료 교환
		남북한 당국간 회담에서 통신, 표준화 거론
		추진체계 정비(표준 기관간 협력 채널 확보)
표준화 통합기반 구축단계	기반구축 단계	표준 관련 국제기구에서의 공동 협력
		남북한간의 정보통신 분야 표준 비교
		남북한간 정보통신 용어의 비교 공동 연구
		표준화 통합을 위한 공동 연구 추진
표준화 통합 협력단계	협력증진 단계	통신표준의 공동 DB 구축 추진
		남북한간의 통신망 연결 추진
		부분적인 권고성 공동 표준안 설정
		국제 표준과의 연계에 의한 공동 표준안 수립
		양국의 표준안에 대한 상호 인증
표준안 통일 완성 단계	공동사업 단계	통신표준의 공동 DB 구축 완료
		남북한간의 정보통신 표준안 완성 및 적용
		남북한 정보통신 분야의 표준화 조직 통합

IV. 결론
- 남북한 정보화 교류는 단순한 정보통신망 가설이 아니라 정보화를 통한 남북한 교류의 활성화와 이에 따른 남북한 그리고 해외 한민족의 민족동질성 회복으로 이루어져야 함.
- 동북아의 경제 및 물류 중심으로서 한반도가 부상하도록 필요한 장기적 청사진을 마련해 두고 이에 따라 통신을 비롯한 각종 구체적 사업을 실천해야 함.
- 그 축에서 한반도가 동북아의 국가들에 대하여 통신 거점 역할을 수행하며, 이를 추진하기 위해서 해저 케이블을 이용한 통신망의 다원화를 이루어야 함
- 향후 동북아의 진정한 교두보 역할을 하기 위해서 정보통신이 가능하도록 루트 용량을 증설하여야 하며, SOC 기반 구축과 연계하여 대륙으로의 광케이블 건설도 해야 함.

문제05) RF 튜너가 내장된 UHD 수상기에 대해 개념도를 그려 설명하시오

I. 개요
- ATSC 3.0은 UHD 방송서비스 뿐만 아니라 이동방송, 방송통신 융합 서비스, 개인맞춤형 서비스, 긴급 경보방송 및 실감 미디어방송 등 새로운 서비스의 구현이 가능한 표준임.
- 기존의 디지털방송 규격과 달리 ATSC 3.0 규격은 통신서비스와의 상호 작용 및 연동을 위한 기능을 포함하고 있음.
- 이에 따라 ATSC 3.0 수신기는 기존의 비디오와 오디오 중심의 방송 수신 기능뿐만 아니라 다양한 서비스를 지원하기 위한 미디어 플랫폼 기기가 되어야 하고 지원이 가능한 서비스의 종류에 따라 다양한 형태의 수신기가 가능함.
- 단순 수신기능의 ATSC 3.0 수신기의 경우 기존의 일반적인 디지털방송 수신기와 같이 RTOS(Real Time Operating System)나 리눅스(Linux)와 같은 성능 중심의 OS를 사용하여 구현할 수도 있으나, 통신서비스와의 연동 및 애플리케이션 기반의 서비스 등을 지원하기 위해서는 보다 다양한 기능을 지원하는 OS가 필요하게 됨

II. UHD 수상기 기본 개념도
- T-UHD 수상기가 방송신호를 RF 튜너로 수신해서 TV 수상기 화면과 음성을 재현하는 기본 개념도의 구성은 다음과 같음.

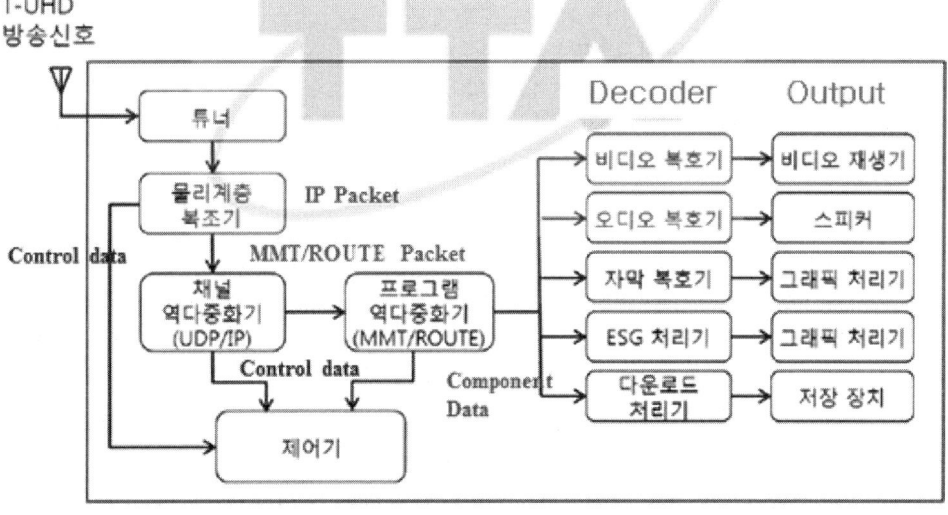

그림 RF 튜너가 내장된 UHD 수상기 구성도

1) Tuner
- 수신을 희망하는 UHD 지상파 RF 방송 주파수를 선택한다.
2) Physical Demodulator :
- 튜너로 수신된 UHD 지상파 RF 신호를 처리하여 IP Packet과 Control Data를 출력한다.
3) Channel De-multiplexer
- 입력된 IP Packet을 처리하여 LLS (Low Level Signaling)를 포함하지 않는 IP 패킷들은 처리결과를 프로그램 역다중화기로 전달하고, LLS (Low Level Signaling)를 포함하는 IP 패킷들은 처리 결과를 제어기에 전달한다.
4) Program De-multiplexer
- 입력된 MMTP 패킷 혹은 ROUTE 패킷 중 서비스 시그널링을 포함하는 패킷들은 처리 결과를 제어기에 전달하고, 컴포넌트를 구성하는 MMTP 패킷 혹은 ROUTE 패킷들은 처리 결과를 해당 컴포넌트를 처리하는 모듈로 전달한다. 이 때 프로그램 역다중화기의 출력 데이터 형식은 컴포넌트에 따라 달라질 수 있다.
5) Controller
- 각종 제어 데이터를 처리한다.
6) Decoder
- 비디오/오디오 데이터를 Decoding 후 output 장치로 보낸다.
7) Output
- A/V를 TV에 출력한다.

> LLS (Low Level Signaling)
> - UDP에 캡슐화되어 미리 정해진 IP 주소/포트 번호를
> 가지는 IP 패킷으로 전송되는 시그널링을 의미함.
> - 신속한 채널 스캔을 지원하고 수신기에 의해 획득한 부트스트랩 서비스의 정보신호,
> SLT(Service List Table), RRT(Regional Ratings Table), ST(System Time), CAP(Common Alerting Protocol)와 SLS(Service Layer Signaling) 테이블을 포함한다.

Ⅲ. 물리계층 복조기의 기본 구성
- T-UHD 수신기를 구성하는 물리계층 복조기의 기본적인 구성은 다음과 같음
- 먼저 Bootstrap Processor블럭은 부트스트랩 검출 과정을 수행하여 튜너에서 선택된 RF 신호가 T-UHD 방송 신호인지 여부를 판단한다.
- 부트스트랩 뒤에 따라오는 프리앰블 심볼 및 데이터 심볼은 FFT 블록에서 주파수 영역으로 변환되고 Channel Eaqulizer 블록에서 전송 채널 왜곡을 보상한다.
- Frequency Deinterleaver 블록을 통과한 신호 중에서 프리앰블 심볼은 L1 시그널링 정보를 얻기 위해서 L1 Processor 블록을 수행하고, 데이터 심볼은 Demapper 및 FEC Decoder, Output formatting Processor 블록을 수행하여 IP 데이터로 변환된다.
- 이 때 L1 시그널링에 포함된 정보와 L2 시그널링 정보 중 일부는 제어신호로 제어기에 전달된다.

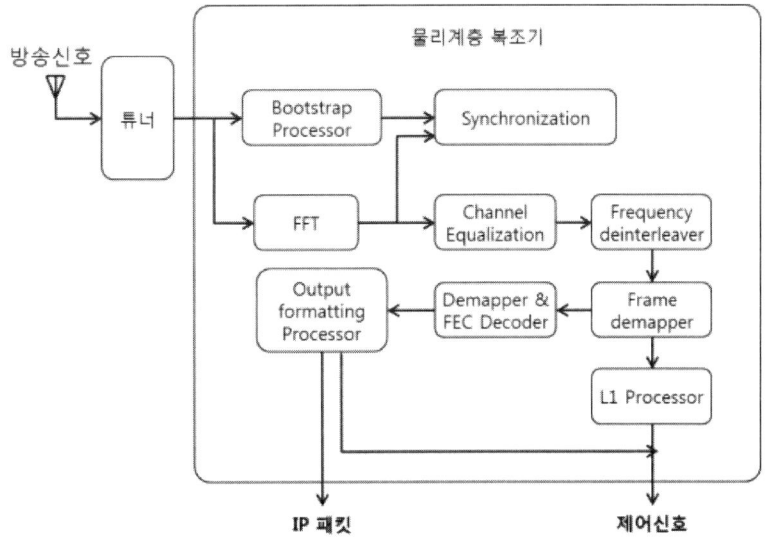

그림 물리계층 복조기 구성도

IV. 맺음말
- 수상기를 구성하는 각 기능 요소들은 별도의 하드웨어나 전용 칩으로 구현되거나, CPU(Central Processing Unit)에 의해 소프트웨어로 처리된다.
- 따라서 하드웨어를 제어하여 디지털 데이터를 처리하기 위한 소프트웨어가 필요하고 이러한 소프트웨어는 실시간 처리가 가능해야 한다.
- 이러한 드라이버 소프트웨어는 하드웨어의 각 구성요소를 제어하고 디지털 데이터를 버퍼에 저장하거나 다른 구성 요소로 전달하는 역할을 한다.
- 현재 UHD 수상기 시스템은 RF 신호 입력으로부터 복호기를 거친 출력까지 1.5초 이내에 처리가 가능하고 실제 복호기의 처리 시간을 제외한 프로토콜의 처리 시간은 0.5초 이내이다.
- 최종 출력 단에서의 AV 싱크 및 지터(jitter) 수준은 사용자가 인식이 불가능한 수준의 수신 조건을 만족하고 있다.

문제06) 스마트 팩토리 보안위협 및 대응방안을 설명하시오.

Ⅰ. 개념
- 스마트공장은 기존의 생산 시스템과 ICT기술이 융합한 지능형 생산체계라고 할 수 있다.
- 스마트공장을 위해서는 4차 산업혁명의 핵심인 사물인터넷(IoT), 빅데이터 분석, 로봇공학, 인공지능, 5세대
- 이동통신기술 등의 기술이 요구된다. 스마트공장은 기존의 공장과 IT기술이 융합됨에 따라 IT 환경에서의 보안
- 문제뿐 아니라 비 IT환경 또는 융합 환경에서의 보안문제를 고려해야 한다.

Ⅱ. 스마트팩토리 보안 위협

(1) 개념
- 스마트팩토리는 IT영역과 OT(Operational Technology)영역이 융합되어 효율을 높인 시설인 만큼 기존의 IT 보안 위협과 해당 보안 위협에 의해 야기된 OT영역 보안 위협, 그리고 외부 인터넷망과 직접 연결됨으로 발생되는 OT영역에 대한 다양한 해킹사고가 있을 수 있다.
- 대표적으로 보안 솔루션이 적용되기 어려운 산업용 설비가 외부 인터넷망에 직접 연결되어 바이러스에 감염되거나, 설비관리자가 악의적인 목적으로 펌웨어 업그레이드 또는 단순 점검을 위한 방문 시 USB를 활용하여 악성코드를 심는 방법 등을 통한 공격을 들 수 있다.
- 그리고 이러한 해킹을 통해 스마트팩토리 내 생산 공정 정보, 원료 배합 정보 등의 기밀정보 유출이 발생할 수 있으며, 이외에도 악의적인 생산 중단을 통한 매출 손실, 작업자 인명피해 사고를 유발할 수 있다.
- 스마트팩토리의 보안의 우선순위를 데이터 유출, 위변조보다 설비 시스템의 가용성과 작업자의 안전이 최우선으로 하고 있기 때문에 설비 제조사별 전용 OS와 상이한 통신 프로토콜이 결합되어 있는 복잡한 환경에 노출될 수 밖에 없다.
- 이는 IT 보안 위협과 같은 보안 위협에 노출될 수 밖에 없는 환경으로 많은 취약성을 야기할 수 있다

(2) 스마트 팩토리 보안위협 사항
- 스마트팩토리에 취약성을 발생시킬 수 있는 보안 위협 사항은 다음과 같다.

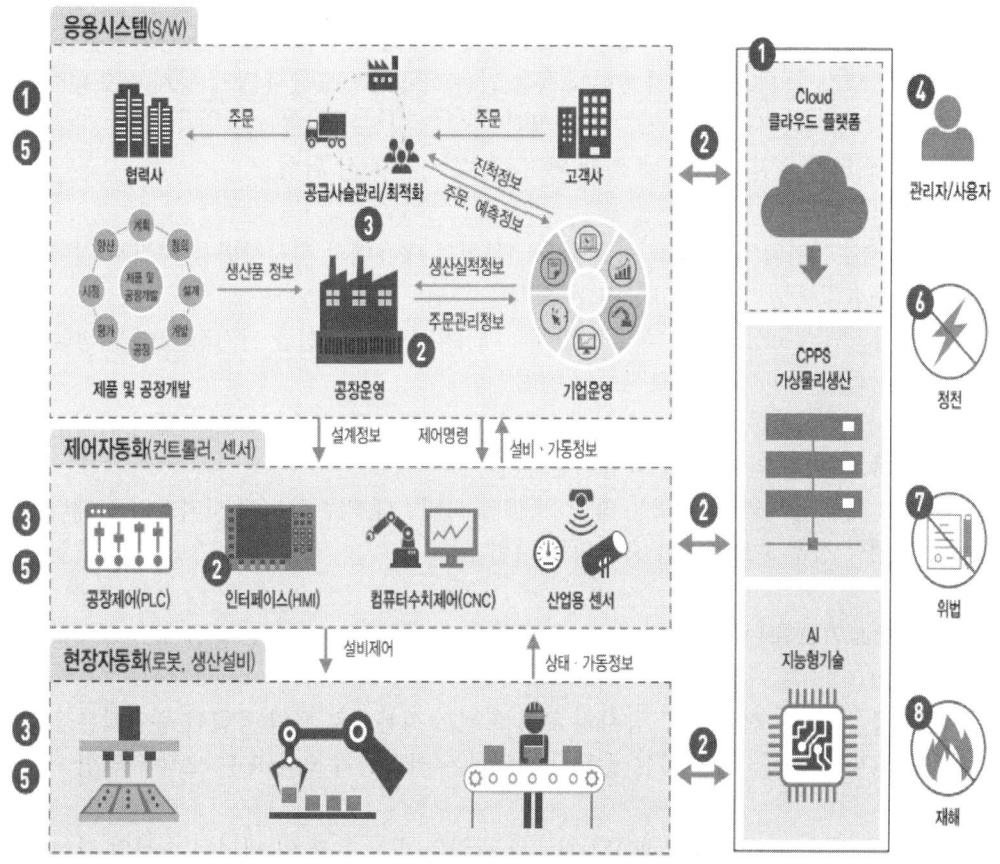

그림 스마트팩토리 보안위협 사항

① 악의적인 활동
- 서비스 거부 : IoT 시스템을 목표로 대량의 데이터 전송으로 야기되는 요청을 통해 시스템을 사용할 수 없도록 만드는 위협

② 도청
- 중간자 공격 : 통신으로 주고받는 정보가 공격자에 의해 유출 또는 노출되는 위협
- IoT 통신 프로토콜 하이재킹 : 공격자가 두 네트워크 구성요소 사이의 기존 통신 세션을 제어하는 위협
- 네트워크 정보 노출 : 네트워크를 수동적으로 검색하는 공격자에게 내부 네트워크 정보가 노출되는 위협

③ 물리적 공격
- 직간접적인 시설 파괴 : OT 환경에 물리적으로 접근할 수 있는 공격자에 의해 기기에 물리적 손상이 발생될 수 있는 위협

④ 사고
- 의도하지 않은 데이터 또는 구성 변경 : 불충분한 교육을 받은 직원에 의해 수행된 OT 시스템에 의해 의도하지 않은 데이터나 구성이 변경되어 운영 프로세스가 중단되는 위협
- 장치 및 시스템의 오용 : 불충분한 교육을 받은 직원이 의도하지 않게 장치를 오용하여 운영 프로세스를 중단시키거나 기기에 물리적 손상을 입히는 위협
- 제3자에 의한 손실 : 제3자에 의해 야기된 OT 자산 손상 위협

⑤ 고장/오작동
- 센서, 액추에이터의 고장 또는 오작동 : 장치의 매뉴얼과 지시사항을 지키지 않아 발생할 수 있는 IoT 종단 장치의 고장 또는 오작동 위협
- 제어 시스템의 고장 또는 오작동 : 장치의 매뉴얼과 지시사항을 지키지 않아 발생할 수 있는 제어 시스템의 고장 또는 오작동의 위협
- 소프트웨어 취약점 악용 : 공격자가 IoT 종단 장치 펌웨어 또는 소프트웨어 취약성(업데이트 부족, 취약한 암호 등)을 악용하는 위협
- 서비스 제동 업체의 실수 또는 중단 : 제3자 서비스에 의존하는데 서비스의 장애나 오작동이 발생할 경우 프로세스가 중단되는 위협

⑥ 정전
- 통신 네트워크 중단 : 케이블, 무선, 모바일 네트워크 등의 문제로 통신 링크의 사용 불가능한 위협
- 전원 공급 중단 : 전원 공급 장치의 고장 또는 오작동으로 전원 공급이 중단되는 위협
- 지원 서비스 손실 : 생산 또는 물류를 지원하는 시스템의 오류 또는 오작동 위협

⑦ 위법
- 개인정보보호 위반 : 개인 데이터 처리와 관련된 법적 문제 및 재정적 손실의 위협
- 계약 사항 미이행 : 구성요소 제조업체 및 소프트웨어 제공자가 필요한 보안 조치를 보장하는 것을 불이행하여 계약상 요건을 위반하는 위협

⑧ 재해
- 자연 재해 : 홍수, 낙뢰, 강풍, 비, 강설 등의 자연재해의 위협
- 환경 재해 : 화재, 오염, 먼지, 부식, 폭발과 같은 사고 및 부정적인 조건의 위협

Ⅲ. 대응방안
(1) 보안 요구사항 및 대응방안
- 스마트공장의 보안항목에 대한 대응방안은 다음과 같다.

보안 요구사항	세부 대응 방안
접근 통제	① 사용자 식별 및 인증 ② 계정 관리 ③ 패스워드 관리 ④ 패스워드 정책 설정 ⑤ 인증 실패 ⑥ 권한 분리 ⑦ 접근 제어 ⑧ 무선 접근 통제 ⑨ 물리적 영역분리 ⑩ 물리적 접근 모니터링 ⑪ 네트워크 영역분리
데이터 보호	① 전송 데이터 보호 ② 저장 데이터 보호 ③ 잔여 정보 삭제 ④ 안전한 암호 연산 ⑤ 암호키 관리
안전한 상태	① 불필요한 서비스 차단 ② 이동식 미디어 관리 ③ 소프트웨어 통제 ④ 악성코드 차단·격리
정보보안 운영 정책 및 절차	① 보안 정책 ② 스마트팩토리 시스템 운영 절차 ③ 외부 서비스 계약 및 입찰 시 보안 요구사항 ④ 보안 전담 조직 ⑤ 보안 책임자 지정 ⑥ 역할 및 책임 ⑦ 보안 의식 교육 및 훈련 ⑧ 외부 인력 보안
자산 관리	① 중요 자산 관리 ② 중요 정보 관리
보안사고 예방 및 대응	① 보안사고 훈련 및 교육 ② 시스템 이상 징후 탐지 ③ 취약점 분석·평가 ④ 감사 로그 관리

표 보안요구사항

(2) 접근통제
- 스마트공장 내 각 시설 및 주요 보안 구역에 대해 권한 별, 사용자(또는 기기) 별 권한 분리 및 접근제어를 통해 비인가 접근 및 불법접근으로부터 시설을 보호해야 한다.
1) 망분리

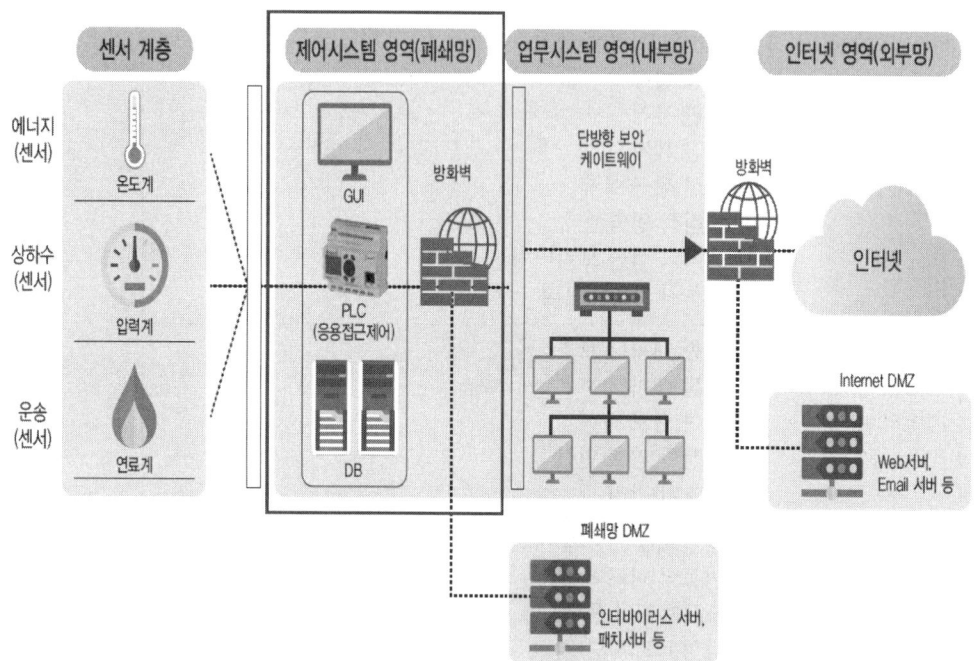

그림 제어시스템 영역의 망분리

- 일반적으로 기업 업무 네트워크에서는 인터넷 접속, E-mail 등의 사용이 가능하지만 공장 내부 시스템인 ICS(Industrial Control System) 네트워크에서는 허용되지 않는다.
- 그러므로 기업 업무 네트워크의 보안위협이 ICS 네트워크에 영향을 미치지 않도록 업무 네트워크와 ICS네트워크를 분리하여 구성할 것을 권고한다.

(3) 데이터 보호
- 스마트공장 내 사용되는 저장 및 송수신 데이터에는 공장을 제어할 수 있는 데이터와 설비정보 등 다양한 데이터가 포함되어 있다.
- 이러한 데이터 보호하기 위해 안전한 저장 정책을 마련하여 접근, 열람, 변조 등을 통제해야 하며, 기밀성 무결성을 보장하기 위해 암복호화를 수행해야 한다.

(4) 안전한 상태
- 스마트공장의 안정적인 운영을 위하여 시스템 도입 시 및 운영 시 주기적으로 인가되지 않은 프로그램 실행을 차단해야 하며, 시스템 정상 동작 여부를 확인하여야 한다.

(5) 정보보안 운영 정책 및 절차
- 스마트공장의 정보 및 정보자산을 보호하기 위하여 필수적인 사항에 대한 보안 정책 및 운영 절차 수립, 보안 전담조직 구성, 내외부 직원 관리를 통해 안정적인 스마트공장을 운영

하여야 한다.

(6) 자산관리
- 스마트공장은 보호해야 할 정보자산을 식별하고 자산의 중요도에 따라 보안등급화하고 자산의 종류와 등급에 따라 보안 통제함으로써 효율적인 보안 관리체계를 운영해야 한다.

(7) 보안사고 예방 및 대응
- 스마트공장의 보안 사고에 대한 신속하고 효율적인 처리 및 피해 복구를 위하여 보안사고 대응 절차, 대응 훈련체계를 구축하고 정기적인 훈련을 실시해야 한다.

IV. 맺음말

- 스마트 팩토리는 앞으로 발전된 IT기술과 자동화 기술을 접목하여 더욱 발전하게 될 것이다.
- 기술이 발전하여 전산화, 자동화, 지능화가 진행되면 그만큼 외부 공격에 의한 피해가 커지게 된다.
- 따라서 앞으로 증가할 스마트 팩토리 보안위협에 대한 기술개발과 인식개선 그리고 산학연의 지속적인 연구개발이 필요할 것으로 보인다.

www.ucampus.ac

제6장

2020년 2회
122회

국가기술자격 기술사시험문제

기술사   제 122 회   제 1 교시 (시험시간: 100분)

| 분야 | 통신 | 자격종목 | 정보통신기술사 | 수험번호 | | 성명 | |

※ 다음 문제 중 10문제를 선택하여 설명하시오. (각10점)

문제01) dB 전송량 단위(dB, dBm, dBi)

Ⅰ. 개요
- 감쇄나 이득을 직접비로 표현할 수 있으나 표현의 용이성과 계산의 편리성을 고려하여 [dB] 등의 단위를 사용함.

Ⅱ. dB
- 전송량 단위 dB는 신호전송 시 신호의 감쇠나 이득을 표현하는 단위임.
- 감쇠나 이득을 직접비로 표현할 수 있으나 표현의 용이성과 계산의 편리성을 고려하여 [dB] 등의 단위를 사용함.

$$전송량단위\ dB = 10\log_{10}\left(\frac{P_2}{P_1}\right) = 20\log_{10}\left(\frac{E_2}{E_1}\right) - 10\log_{10}\left(\frac{R_2}{R_1}\right)$$
$$= 20\log_{10}\left(\frac{I_2}{I_1}\right) + 10\log_{10}\left(\frac{R_2}{R_1}\right)\ [dB]$$

- dB의 값이 (+)이면 이득을 표시하는 증폭기이고 (-)이면 손실을 표시하는 감쇠가 됨.

Ⅲ. dBm
- dBm은 특정값(1[mW])의 전력을 기준으로 해 전송계의 각 점에서의 신호 전력의 값을 표시한 절대레벨임.
- 전력 P [W]를 dBm으로 표시하면 $dB_m = 10\log_{10}\frac{P[W]}{1[mW]}$ 이 됨.
- 예를 들어 10[mW]는 10[dBm]이고, 100[mW]는 20[dBm]이다.
- dBm은 전력을 단위로 사용하는 Impedance계에 따라 전압치가 다르다.
  $dBm(600\Omega) = 20\log(V_{rms}/0.775)$
  $dBm(50\Omega) = 20\log(V_{rms}/0.224)$
  $dBm(75\Omega) = 20\log(V_{rms}/0.274)$

Ⅳ. dBi

- 이득은 안테나의 효율을 나타내는 한 가지 방법으로서 안테나는 증폭소자가 아니기 때문에 기준으로 삼은 안테나와 최대 방사전력을 비교하여 나타낸다. 즉, 기준 안테나와 피측정 안테나에 동일 전력을 공급했을 때 최대 방사방향 동일 지점에서의 포인팅 전력비로 된다.

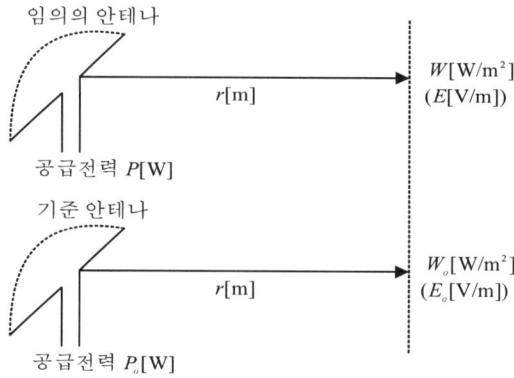

안테나의 이득

$$G\,[\text{dBi}] = 10\log_{10}G = 10\log_{10}\frac{P_o}{P} = 20\log_{10}\frac{E}{E_o}$$

- dBi는 무손실 등방성 안테나(isotropic antenna)를 기준으로 하는 안테나 이득으로서 주로 1[GHz]이상의 마이크로파용 입체 안테나 이득 표시에 사용함.

문제02) OTT(Over the Top)

Ⅰ. OTT 개요
- 최근 OTT 선두주자인 미국의 Netflix가 한국에 서비스를 제공하면서 OTT(Over the Top)동영상 서비스가 새로운 방송 서비스 형태로 주목받고 있음.
- OTT(Over The Top) 서비스란, 기존의 통신 및 방송 사업자와 더불어 제 3사업자들이 인터넷을 통해 드라마나 영화 등의 다양한 미디어 콘텐츠를 제공하는 서비스
- OTT는 콘텐츠의 생산, 유통, 소비의 세 측면 모두에서 기존의 방송방식과 다른 방송 서비스임.

Ⅱ. OTT 서비스 등장 배경
1) 비교적 저렴한 가격으로 자신이 선호하는 미디어 콘텐츠만을 시청하려는 TV시청자들의 수요 증가
- 매월 일정액의 시청료를 지불하는 케이블 TV는 제한된 채널로 인해 시청자들의 각기 다른 선호 콘텐츠 수요를 모두 만족 시킬 수 없다는 한계가 있었음.
- 방송사들의 TV 방영 프로그램의 인터넷 유통을 시작으로 시청자들이 시간의 제약을 받지 않고도 다양한 동영상 서비스 시청 가능
2) IT 기술 발전으로 인한 OTT 서비스 제공 단말기 범위의 확대
- 과거 PC로 국한되었던 동영상 서비스가 스마트폰, 태블릿PC, 게임기, TV 등과 같은 다양한 단말기에서 제공 가능

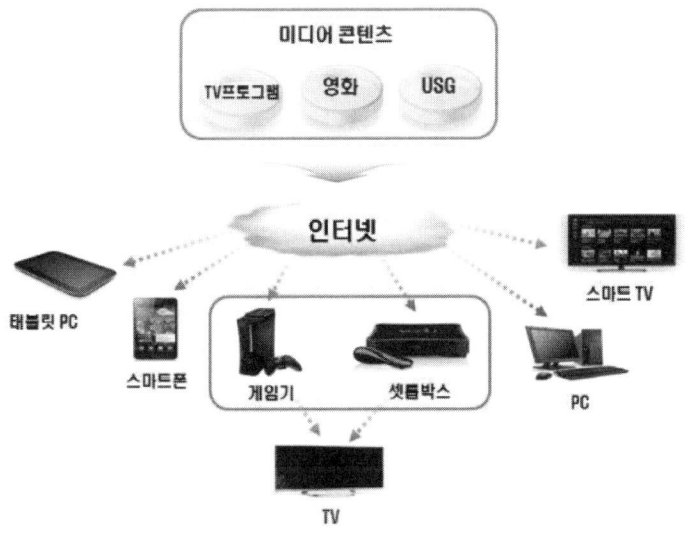

OTT 서비스 개요

Ⅲ. OTT 서비스 요소기술
1) 호스팅
- OTT 플랫폼 자체 서버 또는 클라우드기반 서버에서 호스팅이 필요하다.
- 맞춤형 비디오 aggregator(여러 회사의 상품이나 서비스에 대한 정보를 모아 하나의 플랫폼에서 제공 하는 것)플랫폼은 지연 시간 문제의 영향을 받지 않는 스토리지 필요하다.
2) CDN
- 코어 네트워크의 트래픽을 줄이고 대기 지연 시간을 단축하여 고품질 스트리밍 제공하기 위하여 CDN이 필요하다
- CDN 네트워크를 모니터링하여 대역폭과 대기 시간을 측정하고 사용자에게 문제가 발생하기 전에 사전 조치가 필요하므로 지속적인 비디오 품질 데이터 측정이 요구된다.
3) 스트리밍 프로토콜(다 채널 비디오 스트리밍)
- 플랫폼을 통해 콘텐츠를 스트리밍하기 위해 OTT 비디오 전송을 위한 스트리밍 프로토콜이 필요하다.

Ⅳ. 주요 OTT사업자 현황

구 분	주요 사업자
플랫폼과 단말기 중심	Apple, MS 등
플랫폼 중심	Netflix, Amazon, Google 등
단말기 중심	Roku, Boxee 등
콘텐츠 중심	Hulu

출처: 인터넷 진흥원

문제03) 데이터 댐(Data Dam)

Ⅰ. 개요
- 정부가 코로나19 사태로 인한 경제 위기 대응책으로 한국판 뉴딜 종합계획을 발표
- 2025년까지 58조2천억원을 투입해, 디지털 경제의 기반이 되는 데이터댐 구축 등 디지털뉴딜을 추진
- 디지털 전환은 D.N.A.(데이터-네트워크-인공지능) 등 기술로 산업 혁신을 견인하는 요소로 자리매김하고 있음
- 데이터 댐은 이러한 광범위한 데이터를 '댐'에 가둬두고 필요한 곳에 사용할 수 있도록 하는 것. 이를 위해 '수로'에 해당되는 속도가 빠른 5G 네트워크가 필요하며 데이터를 수집하거나 데이터가 소비되는 끝단에서 최적의 활용을 위해 인공지능(AI)과 융합 필요함

Ⅱ. 데이터댐의 정의
1) 한국판 뉴딜 중 하나인 디지털 뉴딜을 실현하기 위한 수단 중 하나로 고안된 개념
   각종 데이터가 모여 결합·가공되는 유무형의 공간임
2) 정부의 대표 10대 과제 중의 하나임

> 과거 미국 대공황 시 '후버댐' 건설이 뉴딜의 대표사업으로 일자리 창출과 경기부양 효과뿐 아니라 댐에서 만들어진 전력생산과 관광산업, 도시 개발까지 다양한 연관 산업과 부가가치를 만들었다.
> 데이터 댐 사업의 개념은 미국 대공황 시 후버댐이 부가가치를 만든 것과 유사하다.
> 인공지능 학습용 데이터 수집·가공하는 사업 등을 통해 신규 일자리를 창출함은 물론 이를 활용하여 의료, 교육, 제조 등 연관 분야에서 새로운 비즈니스와 산업을 만들 수 있다.
> 이 때 5G 이동통신을 이용하면 데이터 수집과 활용 시 부가가치가 더욱 높아지고 데이터가 많아질수록 인공지능이 똑똑해 져서 우리의 당면 문제를 해결하는데 도움을 줄 것으로 기대된다.

3) 데이터댐 개념도

< 데이터 댐 개념도 >

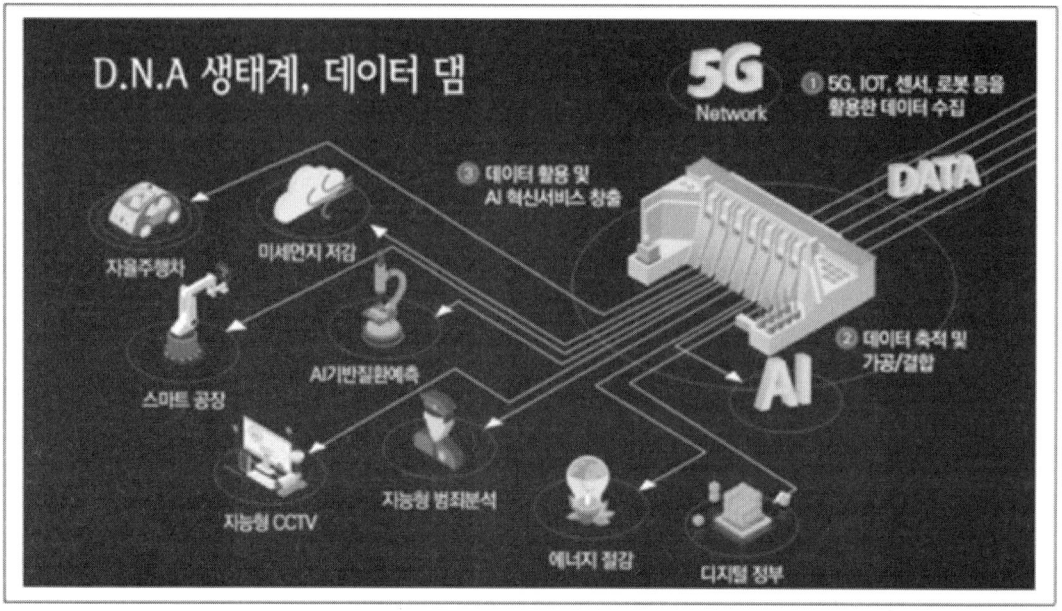

Ⅲ. 데이터댐의 필요조건
1) 데이터의 개방이 필요함, 정밀도로지도, 안전/취약 시설물 관리 정보 등 공공기관이나 정부가 갖고 있는 데이터 개방필요
2) 데이터 수집과 활용, 데이터 거래까지 원활하게 이뤄지기 위한 규제 완화 필요
3) 기반 서비스들은 5G 이동통신망
4) 서비스 고도화를 위해서는 인공지능 융합

Ⅳ. 데이터댐의 활용 방안
- 데이터를 가지고 할 수 있는 모든 부가서비스이며, 중요한 것은 개념적인 포장보다도 정책실현 능력 및 추진이 관건이 될 것임
1) 신종감염병 예후·예측
2) 의료영상 판독 및 진료
3) 국민 안전망 확보
4) 기타 불법복제품 판독 등 사회 전 분야에 적용이 가능

출처: 과기정통부 홈페이지 & 신문기사

문제04) Plenoptic

I. 플렌옵틱 영상기술 개요
- 깊이감, 시점 등의 3차원 영상정보를 제공하는 방법에는 양안시차에의한 스테레오방식, 다시점 기반의 스테레오방식, 라이트필드기반의 스테레오방식, 빛의 간섭과 회절현상을 이용해 실제 물체의 파면을 재현하는 홀로그래피방식이 존재함
- 이중 플렌옵틱방식은 3차원 물체 표면의 각각의 점은 모든 방향으로 해당되는 광선을 내보내는데, 이러한 3차원 물체에 해당하는 광선의 분포로써 임의의 기준면에서 위치별/방향별 분포로 나타냄.
- 라이트필드(Light field)와 동일한 의미로써 사용됨
- 라이트필드 영상처리는 이러한 3차원 각점에서의 빛의 세기를 디지털화하여 수학적으로 해석하는 것에서 출발

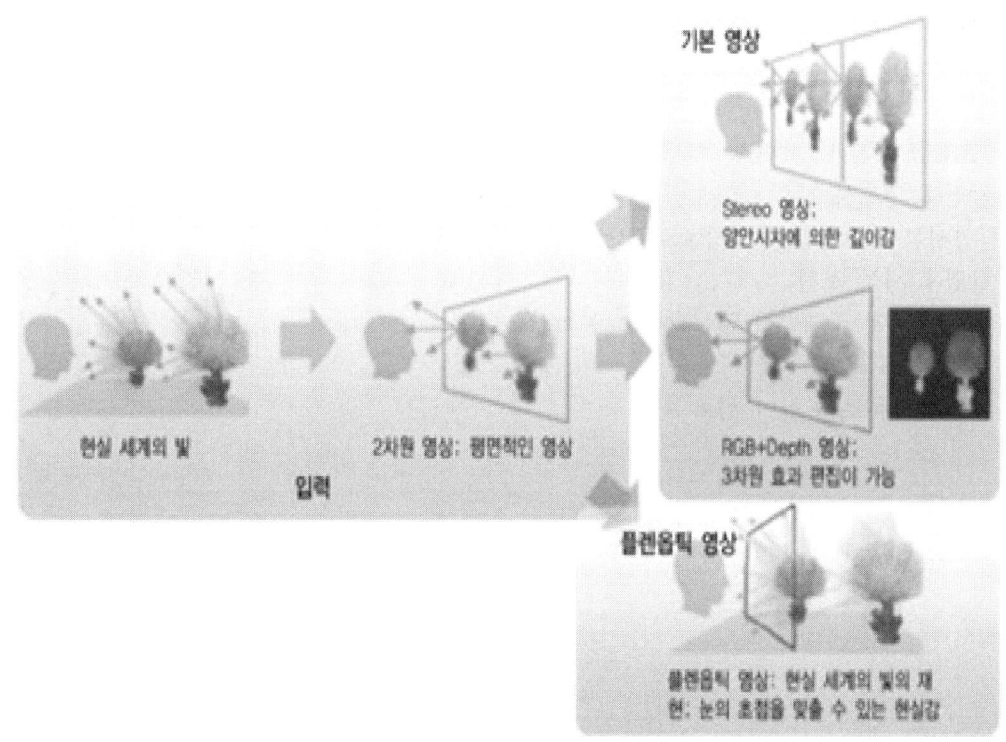

(그림 1) 플렌옵틱 영상의 개념

Ⅱ. 플렌옵틱 영상처리 기술
1) 플렌옵틱 영상 획득 및 저장 기술
- 플렌옵틱카메라를 사용하여 기존 카메라와 달리 여러 방향에서 들어오는 광선의 방향, 빛 거리와 같은 정보를 모두 기록
  예)'리트로(Lytro)사, 애플사의 카메라 특허
- 기존 단초점 기반 영상에 비해서 평균적으로 10배 이상의 데이터 용량이 필요함, ISO/IEC MPEG에서는 다양한 시점을 가지는 자유시점 비디오 서비스를 위한 표준화를 FreeViewpoint Television(FTV)의 명칭으로 진행 중임
2) 플렌옵틱 영상 처리 알고리즘
- 사용자가 원하는 위치에 초점을 맞추는 재초점 기술 및 초해상도(superresolution) 기술등이 연구 중
- 시점이동 영상은 부조리개(sub-aperture) 영상을 통하여 획득, 부조리개란 각 조리개를 통하여 획득되는 영상이 서로다른 시점의 영상
- 플렌옵틱 영상에서는 깊이 맵을 이용하여 좀더 정확하게 사용자가 원하는 객체를 분할
3) 플렌옵틱 영상 응용 기술
- 동영상 내의 각 영상 프레임에서 특정 객체의 위치를 검출하고, 3차원 객체 추적
- 영상재생으로 Head-Mounted Display(HMD) 방식으로 연구 중

Ⅲ. 플렌옵틱 영상 서비스
1) 촬영후 재조정
- 촬영시점과 상관없는 위치별로 자유로운 시점제공
2) 촬영후 시점 조정
- 각도/개수에 구애받지 않는 자유로운 시점 이동
3) 실외환경 깊이값 계산
- 실내외 자유로운 깊이 정보 획득

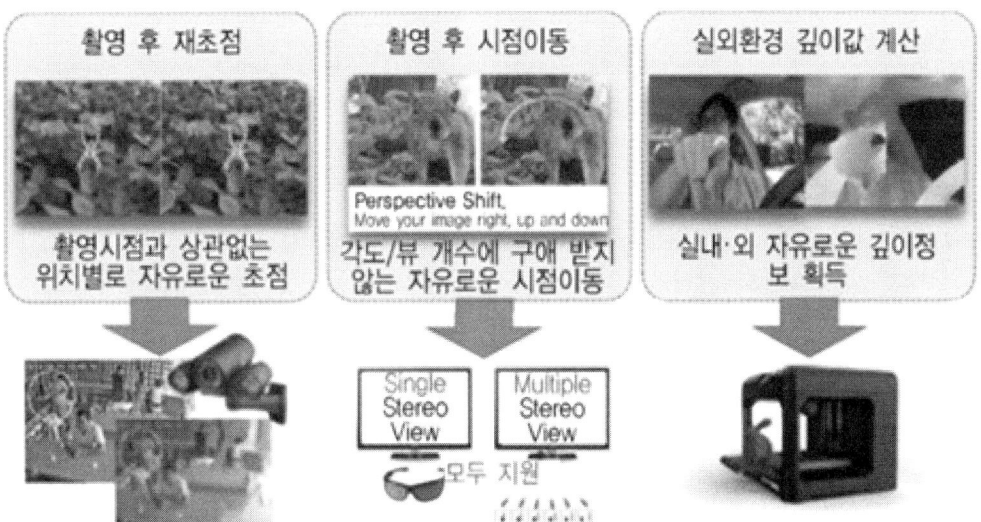

응용 서비스	활용처
'크로스 플랫폼 플렌옵틱 영상처리 엔진'	모바일 디바이스 제조사, 이동통신사
스마트 디바이스용 정지영상/동영상 프리로드 앱	스마트앱 개발사
플렌옵틱 정지영상/동영상 공유 및 전송 웹 서비스	모바일웹 개발사
다시점 디스플레이 재생용 영상 재생기	디스플레이 제조사
앱스토어용 플렌옵틱 정지영상/동영상 프리로드 앱	스마트앱 개발사
'크로스 플랫폼 플렌옵틱 영상처리 엔진'을 3D프린팅용 저작도구	3D 프린터 제조사

출처: ettrend 플렌옵틱 영상처리기술 동향, 손욱호님외

문제05) 전자파 흡수율(SAR:Specific Absorption Ratio)

I. 개요
- 최근 전자파로 인한 암 유발 가능성을 발표해 국민들이 막연한 공포감으로 불안해하고 있음.
- 주파수가 낮은 전자파가 인체에 노출되면 인체에 유도되는 전류 때문에 신경을 자극하게 되고, 주파수가 100kHz이상 높은 전자파에 인체가 노출되면 체온을 상승시키는 열적작용을 하게 됨
- 이러한 열적작용을 정량적으로 나타낸 것이 전자파가 인체 흡수율 (SAR:Specific Absorption Rate)임.
- SAR(Specific Absorption Rate)이란 단위시간, 질량에 흡수되는 에너지양으로, 인체가 특정 전파를 발생시키는 기기로부터 일정 시간에 어느 정도의 열 에너지를 흡수하는지를 나타내는 파라미터임.
- 단위는 W/kg으로, kg당 몇 W의 열에너지를 흡수하는가를 나타내는가를 나타내며 이 SAR값이 크면 클수록 인체에 미치는 영향이 큼.

II. SAR 측정
- 인체의 전자파 흡수율은 실제로 인체를 대상으로 직접적인 측정이 곤란하기 때문에 인체조직과 유사한 전기정수를 갖는 소위 '인체팬텀(Phantom)'을 만들어 측정 평가함.

$$SAR = \frac{\sigma}{2\rho} |E|^2 \ [w/kg]$$

여기서, $|E|$; 전계의 세기[V/m], σ ; 인체의 질량밀도[kg/m³],
ρ ; 인체의 도전율 [s/m]

- 이 측정치가 크면 인체에 나쁜 영향을 줄 수 있으므로 각국에서는 인체, 머리부분에 대한 SAR가 기준치를 넘지 못하도록 규제하고 있음.
- WHO 산하의 국제 비이온화방사선방호협회(ICNIRP)에서는 SAR값이 인체 1kg당 평균 2W/kg을 넘어서는 안된다고 규정하고 있음.
- 우리나라는 2000년 '전자파(SAR) 측정대상 기기 및 측정방법에 관한 고시'에 따라 전자파 인체보호기준을 머리를 기준으로 SAR 1.6W/kg으로 정하고 있음.

구분	허용량
국제기준(유럽,일본 등의 대부분 국가)	2.0 W/kg
한국,미국, 카나다	1.6 W/kg

표 전자파 흡수율(SAR) 기준

Ⅲ. 강화된 전자파 흡수율 정책
- 최근 방통위에서 2013년부터 다음과 같은 강화된 전자파 흡수율 정책을 시행하기로 발표함

가. 대상기기의 확대
- 방송통신위원회에서는 전자파흡수율(SAR) 측정 대상기기를 핸드폰에서 인체 근접사용 무선기기로 확대할 예정임.

나. 측정부위의 세분화
- 미국 등 일부 선진국에서는 머리 외에 몸통과 팔, 다리에도 SAR을 적용하고 있는데 비해 우리나라의 경우 머리로 한정하고 있어서, 머리, 몸통 등으로 적용부위를 세분화할 방침임.

다. 측정결과의 공개
- 기존 제조업체에서 전자파 흡수율 측정결과를 자율적으로 공개하던 것을 방송통신위원회 홈페이지에 일괄적으로 공개하기로 함.
  ITU에서는 3GPP에서 발표한 5G 기술 로드맵을 바탕으로 무선설비의 인체 노출량 평가에 관한 최신의 기술 표준을 준비중임.

문제06) 이동통신에서 핸드오프와 로밍

I. 이동통신 핸드오프와 로밍
(1) 개요
- 핸드오프란 통화중인 단말기 가입자가 서비스 영역을 벗어나 다른 셀이나 섹터로 이동하더라도 통화가 계속 유지될 수 있도록 통화 채널을 자동적으로 변경시켜 주는 기술임
(2) 핸드오프 발생 원인
  ① 기지국과 이동국 사이의 신호 수신 강도
  ② 비트 에러 율(bit error rate)
  ③ 기지국과 이동국 사이의 거리
  ④ 기지국의 서비스 반경
(3) 핸드오프의 종류
1) 소프트 핸드오프(Soft Hand off)
- 통화중인 단말기가 동일한 교환국의 기지국에서 다른 기지국으로 이동할 경우에 수행
- make and break 방식(이동 셀에 접속하고 이동전의 셀을 끊는 방식)의 핸드오프로 주로 CDMA 시스템에서 이용
2) 소프터 핸드오프(Softer Hand off)
- 단말기가 섹터 간 이동시에 수행하는 핸드오프
- 일반적으로 도심의 기지국은 3섹터로 구성되며 각 섹터의 안테나는 120°씩 커버
- 소프터 핸드오프는 Rake receiver에 의해 수행되는 기지국 내의 핸드오프
3) 하드 핸드오프(Hard Hand off)
- FDMA,TDMA 또는 CDMA 방식 등과 같이 서로 다른 교환국 사이를 이동하는 경우에 수행하는 break and make 방식의 핸드오프

Ⅱ. 로밍(Roaming)
(1) 개요
- 로밍은 자신이 속한 홈 교환기를 벗어나 다른 교환기의 서비스 영역으로 넘어가더라도 통화를 지속시켜주는 서비스임
- 최초로 가입자가 등록한 교환국을 가입자의 홈 교환국이라 함
- 홈 교환국은 등록된 가입자에 대한 각종 정보를 교환기내에 있는 HLR(Home Location register)라는 데이터베이스에 저장
- 이동전화 가입자가 타 지역에 들어갈 경우에도 자신의 위치를 그 타 지역의 VLR(Visitor Location register)에 등록하여 자신의 위치를 알리는 작업 수행하므로 서비스의 끊김이 없음

(2) 로밍 절차
① 이동, 로밍
② 위치등록, 인증
③ 가입자데이터 요구
④ 로밍등록, 루팅 정보관리
⑤ 로밍허가
⑥ 데이터 작성(위치정보관리, 가입자데이터, 인증데이터)
⑦ 완료통지

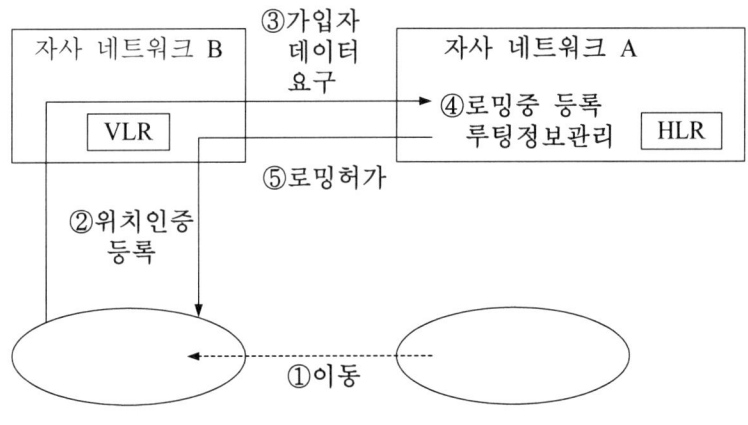

그림 로밍(Roaming) 절차

III. 핸드오프와 로밍의 차이점
- 핸드오프는 2계층 수준의 자사 네트워크 시설 간 공유로서 기지국(BS)간의 MS 제어권 교환임.
- 로밍은 3계층 수준의 자사 혹은 타사 네트워크 시설간 공유로서 MSC 제어권 교환임.

구분	핸드오프	로밍
계층 수준	2계층 (데이터 링크)	3계층(네트워크 계층)
사업자간 공유	현실적으로 불가능	국내 뿐 아니라 국제 글로벌 수준 까지도 가능
서비스간 공유	동종 서비스간만 가능	동종, 이종 모두 가능
제어권 교환위치	BSC	MSC-MSC
라우팅	지원 불가능	지원 가능
판단 기준	단말 전계강도	로밍 요청 신호 및 협약

문제07) 전파의 회절이 무선통신에 미치는 영향

Ⅰ. 개요
- 전파는 빛의 진행성질과 같이 직진성을 가지고 있으나 주파수가 낮을수록 대지의 융기부나 지상에 있는 전파 장애물을 넘어 음영지역의 수신점에 도달하는 전파의 현상을 회절현상이라 함
- 즉, 전자파의 임의의 파면은 무수히 많은 점 파원으로 구성되어 있으며, 이들 점파원에서는 소파를 복사하고, 소파의 파면은 구면파가 되어 장애물의 뒤쪽에서도 전파가 진행됨.(호이겐스의 원리)
- 장중파대의 원거리의 주성분으로 회절파 성분을 활용하며 마이크로파대에서는 산악회절이득을 응용하여 경제적인 망구성이 가능함.

Ⅱ. 회절파 특성

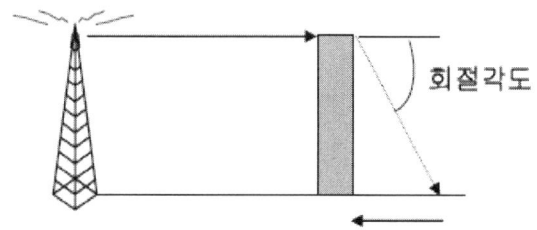

주파수가 낮을수록 각도가 커짐

- 장애물이 가지고 있는 고유파장보다 신호 파장이 큰 경우에는 회절이 일어나며 작은 경우에는 반사가 일어남
- 사용주파수가 낮을수록 사용파장이 길수록 회절 효과가 높음
- 회절의 각도는 주파수의 제곱근에 반비례함 ($\theta \propto \frac{1}{\sqrt{f}}$)
- 회절의 각도가 클수록 전파 음영지역이 줄어듦 (주파수 효율성이 높음)
- 장애물이 뾰족할수록 회절효과와 이득이 높아짐
- 회절계수(S)

$$S = \frac{회절이 있을 때 전계강도}{회절이 없을 때 전계강도} = \left| \frac{1}{2\pi\mu} \right| \quad (\mu: 클리어런스 계수)$$

- 회절손실(L)

$$L = \frac{1}{S^2} \Rightarrow 10\log\frac{1}{S^2} \, [dB] \Rightarrow -20\log S \, [dB]$$

Ⅲ. 회절로 일어나는 현상
(1) 프레넬 존
- 끝이 뾰족한 장애물(산 정상)이 있는 경우, 전파통로와 장애물 사이 장애물이 가리지 않아도 직접파와 회절파의 간섭에 의해 자유공간의 전계강도와 다르게 나타나는 가시선(T-P)위의 진동영역을 말함.
- 직접파와 회절파가 통로차에 따라 위상차가 발생하여 $\lambda/2$ 마다 반복하여 크기가 변화하는 영역을 Fresnel Zone이라고 한다.
- clearance : knife edge와 전파통로의 간격을 말함.
- 제1 Fresnel zone 이상을 무장애 전파로 간주함.

(2) 산악회절파
- 초단파대 초 가시거리 통신을 수행, 페이딩이 적고 안정적, 지리적 제한을 받음

(3) 구면회절
- 산악이 없는 경우, 지구의 구면에 의한 회절손실.

Ⅳ. 무선통신에 미치는 영향
(1) 이득 증가의 효과
- 일반적으로 장애물이 없어야 수신감도가 크지만 산악에 의한 회절 이득으로 수신감도가 오히려 커지는 현상을 산악회절 이득이라 함
- 산악회절이득은 산악이 송수신점의 중앙에 있을 때 최대가 됨
- 산악회절파는 초단파대에서 페이딩이 적고 안정적인 초가시거리 통신이 가능함

(2) 경제적인 망 구축
- 초단파대에서 전파가 직진 성분만 있다면 모든 송수신기가 가시거리(Line of Sight)를 확보해야 하므로 가시거리 확보를 위한 중계기를 많이 설치해야 하는 문제가 발생되므로 이동통신의 대중화는 힘들었을 것임
- 전파의 회절 특성으로 기지국 및 중계기수를 줄일 수 있어 경제적인 망 구축을 할 수 있게 되었음

(3) 전파 혼신의 문제 발생
- 회절은 간섭현상이므로 회절현상으로 인한 전파 혼신의 문제가 발생할 수 있으므로 이를 고려해야 함

문제08) 댁내 Wi-Fi 음영지역 해결 방안

Ⅰ. 개요
- 와이파이(Wi-Fi) 무선 인터넷은 도달 범위 어디서든 인터넷을 연결할 수 있어 편리하지만, 공유기와 멀어질수록 수신 감도와 속도가 떨어지는 단점 있음
- IEEE802.11는 와이파이 표준으로 초기 11Mbps에서 시작하여, 최근에는 10Gbps속도를 지원함.

Ⅱ. Wi-Fi 구성 및 문제점
(1) Wi-Fi 구성

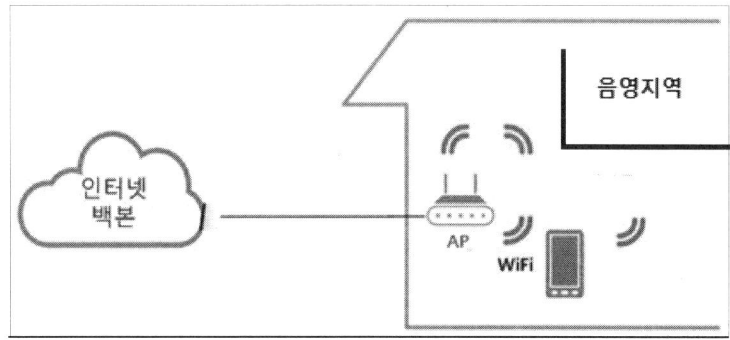

(2) Wi-Fi의 문제점
- 사용주파수가 높아 회절 능력이 현저하게 떨어져, 실내에서 벽과 같은 간섭에 손실이 높아 음영지역 발생 사용채널이 다양하여 사용자간 채널이 중복되는 현상이 발생할 수 있어 채널 간섭으로 에러율이 높아 전송속도가 저하되는 문제 발생

Ⅲ. Wi-Fi 음영지역 해결방안
(1) 중간증폭기 사용 (Extender)

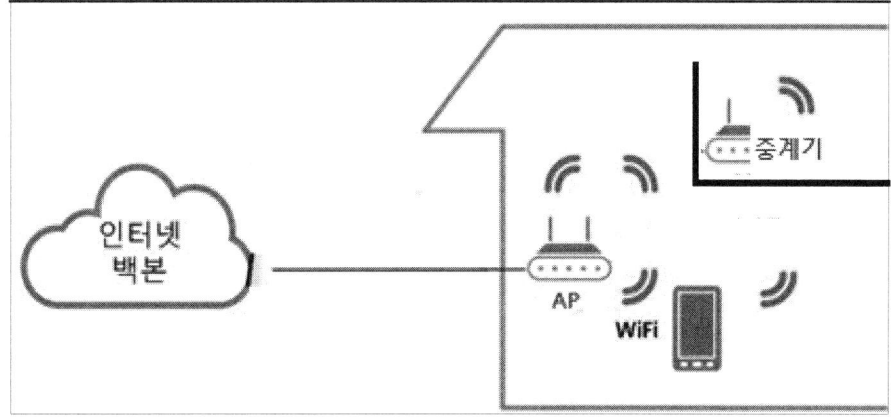

- 중계중폭기가 연결되면 인터넷에 연결되어 있는 AP로부터 무선 신호를 받아 인터넷이 연결되어 있지 않은 AP가 다시 신호를 뿌려주는 역할 WDS(Wireless distribution system)이라고도 함

(2) 채널간 간섭 제어 (2.4GHz 대역)

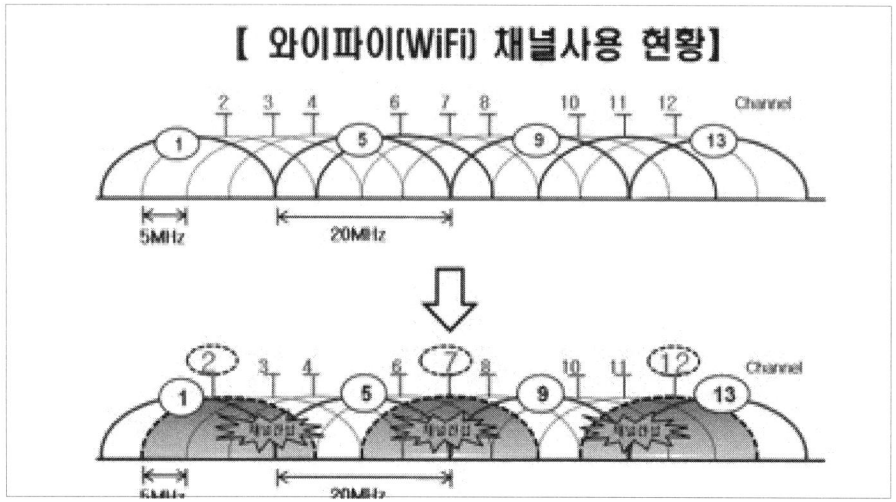

- Wi-Fi채널은 5MHz 단위로 13개 채널로 구성되어, 채널간 간섭을 최소화 하기 위해 채널간섭이 적은 1,5,9,13번 채널을 사용하는 것이 좋음.

문제09) 대칭키와 공개키 암호화방식 비교

Ⅰ. 암호의 의의
- 암호란 평문을 해독 불가능한 암호문으로 변형하거나, 암호화된 통신문을 원래의 해독 가능한 평문으로 변환하기 위한 모든 수학적인 원리, 수단, 방법 등을 취급하는 기술 또는 과학을 말한다.
- 즉 중요한 정보를 다른 사람들이 보지 못하도록 하는 방법이다.

Ⅱ. 대칭키 암호화와 공개키 암호화
1) 대칭키 암호화
- 대칭키 암호는 암호화할 때 사용하는 키와 복호화할 때 사용하는 키가 동일한 암호 알고리즘 방식이다.
- 송신자가 키를 통하여 평문을 암호화하여 암호문을 보내면 수신자는 동일한 키를 이용하여 암호문을 복호화하여 평문을 만드는 원리이다.
- 대칭키 암호는 비밀키를 이용한다고 하여 비밀키방식 또는 관용키방식이라고도 한다.

2) 공개키 암호화
- 공개키는 비대칭키 암호시스템이라고도 하며, 암호화와 복호화에 서로 다른 키가 사용된다.(비대칭 구조)
- 암호화키와 복호화키가 서로 다른 키를 사용하며, 이들 중 복호화키만 비밀로 간직해야 하는 암호 방식으로 송신자가 수신자의 공개키를 이용하여 암호화하면 수신자는 자신의 개인키를 이용하여 복호화하는 원리이다.
- 대칭키 암호시스템에서 발생하는 키 관리의 어려움 및 키 배송문제를 해결하기 위해 개발되었다.

III. 대칭키와 공개키 암호화방식 비교

	대칭키(비밀키) 암호화 방식	공개키(비대칭키)암호화방식
개념	암호키(비밀키)=복호키(비밀키) 대칭구조를 가진다.	암호키(공개키)와 복호키(개인키)가 다르며, 이들 중 복호화키만 비밀로 간직해야 한다. 비대칭구조를 가진다.
특징	대량 Data 암호화유리	전자서명, 공인인증서등 다양한 이용
장점	. 연산속도 빠르고 구현 용이하다. . 일반적으로 같은 양의 데이터를 암호화하기 위한 연산이 공개키 암호보다 현저히 빠르다. . 손쉽게 기밀성을 제공한다. . 암호화 할 수 있는 평문의 길이가 제한 없다.	. 키분배/키관리 용이하다. . 사용자의 증가에 따라 관리할 키의 개수가 상대적으로 적다. . 키 변화의 빈도가 적다(공개키의 복호화 키는 길고 복잡해서 잘 바뀌지 않는다.) . 기밀성, 인증, 무결성을 지원하고, 특히 부인방지 기능을 제공한다.
단점	키관리의 어려움. 인증, 무결성 지원이 부분적으로만 가능하며, 부인방지기능을 제공하지 못한다.	키의 길이가 길고 연산속도가 느림 암호화 할 수 있는 평문의 길이가 제한 있다.
알고리즘	DES, AES, SEED, HIGHT, IDEA, RC5, ARIA	Diff-Hellman(디프헬만), RSA(대표적), DSA(공인인증서에 사용), ECC, Rabin, ElGamal
키의 개수	n(n-1)/2	2n

문제10) MQTT(Message Queuing Telemetry Transport) 프로토콜

Ⅰ. 사물인터넷 프로토콜 개요
- 사물인터넷의 디바이스들을 위해 제한적인 환경을 위해 HTTP와 유사한 목적으로 사용하도록 만들어진 기술
- HTTP는 클라이언트와 서버가 동시에 온라인 상태여야만 데이터가 성공적으로 전달되는 불편함이 있었고, 네트워크와 강력하게 연결되지 않는 공장, 농장 등의 경우에는 이 프로토콜이 적합하지 않음
- 그래서 만들어진 것이 MQTT이며 이는 사막의 송유관에서 데이터를 전송하도록 설계되었으며, 대역폭이 효율적이고 가벼우며 배터리 소모가 적다는 장점을 가지고 있음
- 대표적인 것이 CoAP(Constrained Application Protocol), MQTT(Message Queueing Telemetry Transport)이 있음.

Ⅱ. MQTT의 개념
- CoAP와 유사하게 모바일 기기나 낮은 대역폭의 소형 디바이스들에 최적화된 메시징 프로토콜
- 느리고 품질이 낮은 네트워크에서도 메시지를 안정적으로 전송할 수 있도록 설계됨
- 프로토콜이 차지하는 여러 관점의 리소스를 최소화했는데 특히 저전력에 방점을 두었고, 가장 작은 메시지는 2byte까지 가능함
- Publish/Subscribe 형태를 취하여 세 가지의 QoS(Quality of Service)레벨을 제공. IBM이 주도하여 개발하였고 OASIS란 민간 표준화 기구에서 표준화가 되었음

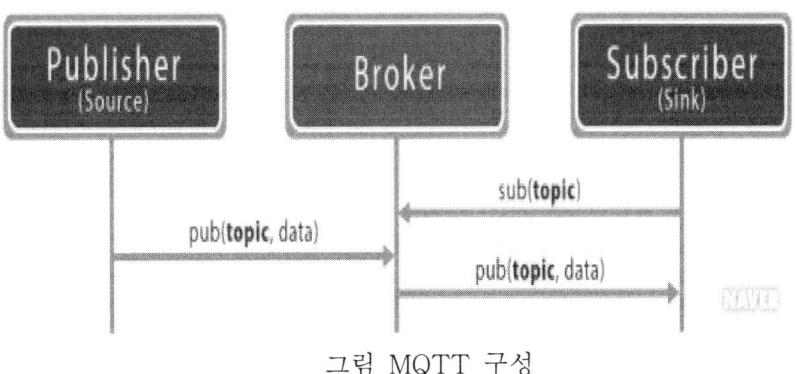

그림 MQTT 구성

Ⅲ. MQTT의 특징
1) 이벤트 중심
 - MQTT 클라이언트는 특정 조건이 충족될 때만 데이터를 브로커에게 제시
   예) 특정 장치의 온도가 너무 높을 경우에만 경고 신호를 보냄
2) 커뮤니케이션 비용, 시간 절약
 - 기계끼리의 직접 연결 없이 가운데 브로커와 연결만 하면 되기 때문에 데이터를 집약적으로 모으고 활용하는 데 있어 비용과 시간 절감 가능
3) 우수한 보안
 - 한 중개인이 모든 기계 간의 통신을 전담하기 때문에 데이터 전송을 좀 더 신뢰 가능
 - 클라이언트에게 계정 이름, 비밀번호를 부여하여 권한이 없는 클라이언트가 정보에 접근차단
 - 데이터 전송 과정에서 TLS 암호화를 지원으로 보안강화
 - MQTT는 TCP/UDP 1883번 포트를, CoAP는 UDP 5683포트를 사용함

Ⅳ. MQTT의 활용
- 현재로 Facebook 메신저가 이것을 사용. 특히 PUSH 메시징 서비스에 많이 적용됨
- IBM은 자사의 WebSphere MQTelemetry를 중심으로 일본의 기타큐슈 스마트 전력 관리 시스템에 MQTT를 적용
- 향후 edge Cloud등에 활용될 것으로 예상됨

출처: 국립중앙과학관 - 사물인터넷, CoAP와 MQTT

문제11) MQTT(Message Queuing Telemetry Transport) 프로토콜

Ⅰ. 개요
- 네트워크에서 패킷의 전달 시 지연이 발생할 수 밖에 없는데 이는 전파 지연, 전송지연, 처리지연, 큐잉지연 등이 있음
- 큐잉지연은 혼잡도가 증가할수록 급격히 증가하여 전송용량을 초과하기 때문에 트래픽 강도가 1이 넘지 않도록 설계되어야 함

Ⅱ. 네트워크 지연과 큐잉지연
1) Propagation delay (전파 지연) : 물리적인 통신 선로를 통하여 전기 신호가 송신자로부터 수신자까지 도달하는 시간 전파 지연 = 거리 / 전파 속도
2) Transmission delay (전송 지연) : 한 노드에서 데이터를 전송하는데 걸리는 시간전송 지연 = 데이터의 크기 / 대역폭 전송하려는 데이터의 크기에 비례하고 link의 대역폭에 반비례
3) Processing delay (처리 지연) : 노드에 들어온 데이터를 처리하기 위해 걸리는 시간 경로 정하기, 패킷 오류 검사하기, 스위칭 등
4) Queuing delay (큐잉 지연) : 패킷이 큐에서 출력 링크로 전송될 때까지 기다리는 시간 라우터에 패킷이 들어오는 속도와 라우터가 처리할 수 있는 속도에 차이가 있을 때, 큐에 저장 큐가 비어있다면 delay = 0 큐가 꽉 차있다면 (패킷을 더 저장할 수 없는 경우) 패킷을 잃어버릴 수 있음 -> queuing loss

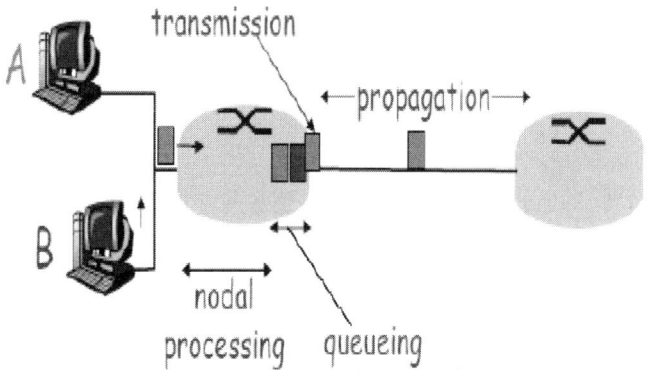

III. 큐잉을 사용하는 이유
- 트래픽이 몰려서 빠져나갈 때 병목 현상이 일어남.
- 이때 처리하지 못한 패킷이 Drop 되는 것을 조금이나마 완화하기 위해 임시 저장공간인 Queue를 사용

IV. 큐잉 지연과 플로우 용량
- 네트워크에서 전체노드간의 지연은 전파 지연과 처리지연, 전송지연(광대역이면 무시)이면 무시가 가능하지만, 큐잉지연은 혼잡도에 따라 달라질 수 있음

$$d_{nodal} = d_{proc} + d_{queue} + d_{trans} + d_{prop}$$

- 트래픽 강도(혼잡도)과 전송용량의 관계는 다음과 같음
    R = Link의 bandwidth (bps)
    L = 패킷의 길이 (bits)
    a = 패킷이 큐에 도착하는 평균 속도 (패킷/초 단위)

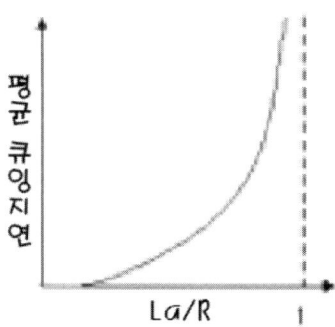

- 트래픽 강도가 0에 가까울 때 : 패킷도착이 드물고 간격이 멀어서 다음에 도착하는 패킷이 큐에서 다른 패킷을 발견하는 경우가 없을 것임. 그래서 평균 큐잉 지연은 0에 가까워짐
- 트래픽 강도가 1에 가까울 때 : 패킷도착이 전송용량을 초과하여 큐가 생성됨. 트래픽 강도가 1에 접근할수록 평균 큐 길이는 점점 증가
- 트래픽 강도가 1에 접근할수록 평균 큐잉 지연이 급속히 증가

출처: 컴퓨터네트워크와 인터넷-패킷교환 네트워크에서 지연과 손실

문제12) 네트워크 Untrust, DMZ, Trust 보안영역

Ⅰ. 개요
- 네트워크에서 Untrust, DMZ, Trust 이란 Untrust(외부, WAN)영역, DMZ(서비스, Service)영역, Trust(내부, Ethernet)영역을 말한다.
- 방화벽은 물리적인 여러 인터페이스가 있고, 각각의 인터페이스를 Untrust(WAN), DMZ(Service), Trust(ethernet) 등으로 분리한다.

Ⅱ. 네트워크, Untrust, DMZ, Trust 보안영역
1) 개념

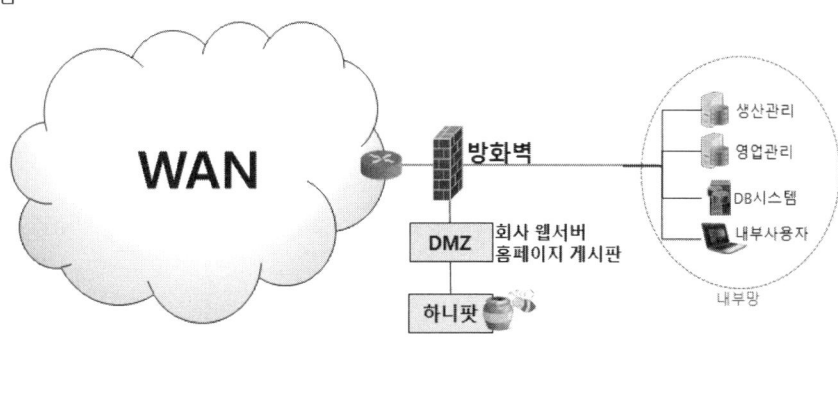

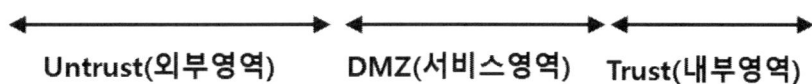

그림 네트워크, Untrust, DMZ, Trust 보안영역

2) Untrust Network
- 외부 네트워크로 신뢰수준이 낮은 네트워크이다.
- 다수의 사용자 및 다양한 어플리케이션이 존재하는 네트워크로, 불법 사용자들과 악성 소프트웨어들이 존재하는 네트워크이다.

3) DMZ
- DMZ는 인프라 네트워크의 구성중에서 외부 인터넷망과 내부 인프라넷망의 사이에 위치하는 중간지대를 지칭한다. 즉, 인프라네트워크의 보안영역의 일부이다.
- 외부(Untrust) 네트워크와 내부(trust) 네트워크 사이에 위치하여 외부에서의 침입을 1차로 방어하는 방화벽이 위치하고 있다.
- DMZ란 외부에 공개해야만 하는 시스템(웹서버, 메일서버, 회사 게시판)을 내부의 시스템과 분리하여, 외부로부터 내부 시스템을 보호하기 위한 것이다.

4) Trust 보안영역
- Trust 보안영역은 내부 네트워크로 신뢰 수준이 높은 네트워크이다.
- 보호해야 할 주요 Data와 어플리케이션이 있으며, 내부 영역은 외부와 격리되어 보호되어야 한다.

Ⅲ. 네트워크 방화벽
1) 개념
- 방화벽으로 Untrust(외부)와 DMZ(서비스) 그리고 Trust(사무실)를 나눈다.
- Untrust(외부)와 DMZ(서비스)에는 공인 IP를 할당하고, Trust(사무실)존에는 사설 IP를 할당한다.
- Trust(사무실)존에서 인터넷을 나갈 때는 방화벽이 공인 IP로 변환하여 Untrust(외부) 영역으로 전달된다.

2) 네트워크 주소 변환
- IP 패킷의 TCP/UDP 포트 숫자와 소스 및 목적지의 IP 주소 등을 재기록하면서 라우터를 통해 네트워크 트래픽을 주고 받는 기술을 말한다.

문제13) 정보통신장비의 물리적 구성 시 End of Row, Top of Rack 방식비교

Ⅰ. 개요
- 일반적으로 데이터센터에는 랙(Rack)이라는 규격화된 서버장비들이 설치됨.
- 보통 가로 19인치 길이를 기준으로 하고, 세로는 1.75인치를 기준으로 유닛(Unit) 단위로 장비가 제작됨
- 1U랙 장비이면 가로 19인치x세로1.75인치 크기로 랙에 설치 가능한 장비임

Ⅱ. End of Row 및 Top of Rack
1) Top of Rack 스위치
 - 서버들이 설치되어 있는 서버 Rack 상단에 배치되어 있는 스위치로서 해당 Rack에 설치된 서버들에 대한 트래픽을 수용하기 위해서 배치된 스위치임.
 - 각 Rack마다 위 공간에 Distribution 스위치가 존재함
2) End of Row
 - 여러개의 서버 Rack들이 있다고 가정하면 네트워크 Rack을 별도로 위치시키는 경우 해당 네트워크 Rack에 TOR 스위치들에 대한 트래픽을 허용하는 고급 네트워크 장비들이 설치되기 때문에 해당 네크워크 장비들의 한 줄의 끝부분에 있다고 하여 EOR(End of Row) 장비라고 함.
 - 끝 쪽 Rack을 네트워크 Rack으로 사용하고 나머지를 서버 Rack으로 활용하여 서버와 네트워크를 분리하여 사용하는 구성임

Ⅲ. 방식비교

항목	TOR	EOR
Cable(서버와 N/W)	적음	많음
Cable 관리	상대적 쉬움	상대적 어려움
Rack 공간	많이 차지함	적게 차지함
L2 트래픽 효율	상대적 높음	상대적 낮음

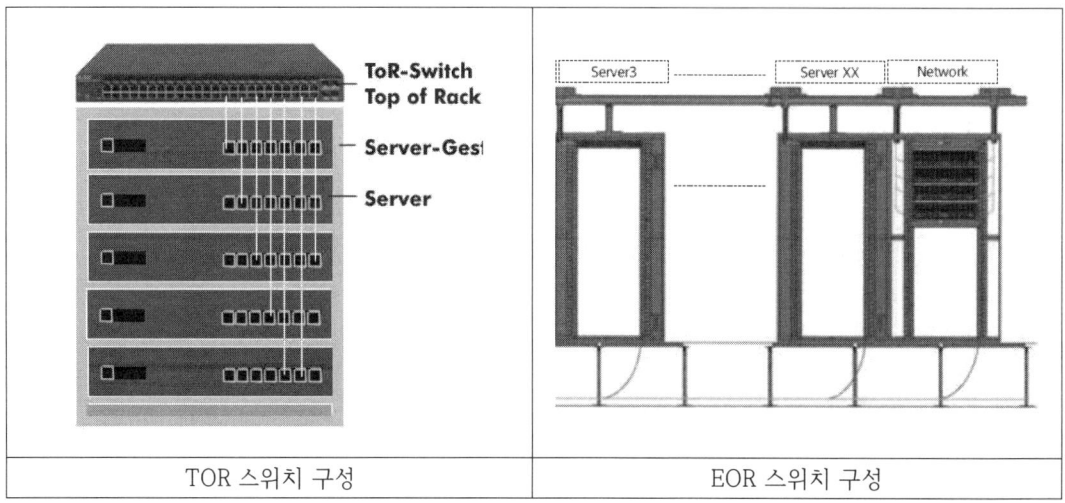

TOR 스위치 구성	EOR 스위치 구성

국가기술자격 기술사시험문제

기술사 제 122 회 제 2 교시 (시험시간: 100분)

분야	통신	자격종목	정보통신기술사	수험번호		성명	

※ 다음 문제 중 4문제를 선택하여 설명하시오. (각10점)

문제01) 전자기파를 맥스웰방정식으로 설명하시오.

Ⅰ. 개요
- 전기장과 자기장이 공간상으로 방사되는 파동을 전자기파(電磁氣波 : Electromagnetic wave)라 함.
- 1865년 Maxwell이 변위전류의 개념을 도입하고, 변위전류도 도전류와 같이 Faraday의 전자유도 법칙과 Ampere의 주회적분법칙 및 전자계에 관한 Gauss 정리를 기초로 하여 Maxwell의 방정식을 유도하여 전자기파의 존재를 예견함.
- 1888년 Hertz가 실험으로 전자기파의 존재를 증명함.
- 맥스웰 방정식은 전계와 자계의 관계를 나타내는 방정식으로 전자파 해석의 기본이 되는 방정식임

Ⅱ. 자유공간에서의 맥스웰방정식

(1) 제1방정식

- 암페어의 주회적분의 법칙 적분형은 $\oint H \, dl = \int_s (J + \frac{dD}{dt}) \, ds$ 임.

- 이것을 미분형으로 표시하면 $\nabla \times H = rot \ H = J + \frac{\partial D}{\partial t}$ 임.

- 자유공간에서 적분형으로 표시하면 $\oint H \, dl = \int_s \frac{dD}{dt} \cdot ds$ 임.

- 자유공간($J = 0$)에서 미분형으로 표시하면
$$\nabla \times \boldsymbol{H} = rot \, H = \frac{\partial \boldsymbol{D}}{\partial t} = \epsilon_0 \frac{\partial \boldsymbol{E}}{\partial t}$$

- Maxwell의 제 1방정식은 공간 어느 점에 있어서 전계가 시간적으로 변화할 때 그 주위에는 자계의 회전을 발생시킨다는 것을 나타낸 방정식임

(2) 제2 방정식

- Faraday의 전자유도법칙을 보면 적분형은 $\oint_l E\, dl = -\mu_0 \int_s \frac{dH}{dt} ds\,[V]$ 임.

- 자유공간($J=0$)에서 미분형으로 표시하면 $\nabla \times \boldsymbol{E} = rot\, \boldsymbol{E} = -\frac{\partial \boldsymbol{B}}{\partial t}$

- 자유공간에서 적분형으로 표시하면 $\int_s (\nabla \times \boldsymbol{E})\, d\boldsymbol{S} = -\int_s \frac{\partial \boldsymbol{B}}{\partial t} d\boldsymbol{S}$

- Maxwell의 제 2방정식은 공간내의 한 점에 대한 자속밀도의 시간적 변화는 그 변화를 방해하는 방향으로 전계의 회전을 발생시킨다는 것을 나타낸 방정식임

(3) 맥스웰의 보조 방정식

1) 전속에 관한 Gauss 법칙
- 미분형 $\nabla \cdot \boldsymbol{D} = \rho$
- 전속에 관한 Gauss 법칙은 어떤 작은 체적에서 발산되는 전속의 원천이 전하밀도임을 나타냄
- 즉, 어느 한 점에 전하밀도가 존재하면 그 점에서 전속이 발산이 존재함

2) 자속에 관한 Gauss 법칙
- 미분형 $\nabla \cdot \boldsymbol{B} = 0$
- 자속에 관한 Gauss 법칙은 자속은 발산이 없으며 항상 연속적이 된다는 것을 보여줌

이들을 정리하면

미분형은 $\begin{pmatrix} \nabla \times \boldsymbol{E} = -\frac{\partial \boldsymbol{B}}{\partial t} \\ \nabla \times \boldsymbol{H} = J + \frac{\partial \boldsymbol{D}}{\partial t} \\ \nabla \cdot \boldsymbol{D} = \rho \\ \nabla \cdot \boldsymbol{B} = 0 \end{pmatrix}$ 적분형은 $\begin{pmatrix} \oint_c E \cdot dl = -\frac{\partial}{\partial t} \int_s B \cdot ds \\ \oint_c H \cdot dl = \int_s (J + \frac{\partial D}{\partial t}) \cdot ds \\ \oint_s D \cdot ds = \int_v \rho \cdot dl \\ \oint_s B \cdot ds = 0 \end{pmatrix}$

- 이 식들은 어떤 장소의 전계와 자계를 나타내는 관계식이기는 하나 구체적으로 전계와 자계의 현상이나 모양은 나타내지 못한다.

Ⅲ. 결론

- 이 방정식으로부터 얻는 중요한 사실은 『변화하고 있는 전계는 자계를 발생시키고, 또한 반대로 변화하고 있는 자계는 전계를 발생시킨다』는 것으로서 전자파를 나타내고 있다. 즉, 전자기파가 존재함을 나타내는 수식이다.
- 이 식을 기초로 파동방정식을 유도하여 자유공간에서의 전파의 속도가 $3 \times 10^8\,[m/sec]$ 이고, 자유공간의 고유 임피던스는 $120\pi\,[\Omega]$ 등을 유도함.

문제02) 정보통신 측정기인 오실로스코프와 스펙트럼 아날라이저, 광섬유 시험기 (OTDR)에 대하여 기본 기능, 공통점과 차이점에 대하여 설명하시오.

Ⅰ. 개요
오실로스코프와 스펙트럼 아날라이저는 고주파 시스템에서 주로 사용하는 측정 장비이고, 광섬유시험기는 광통신 시스템에서 케이블 상태를 측정하는데 사용하는 장비이다.

Ⅱ. 오실로스코프

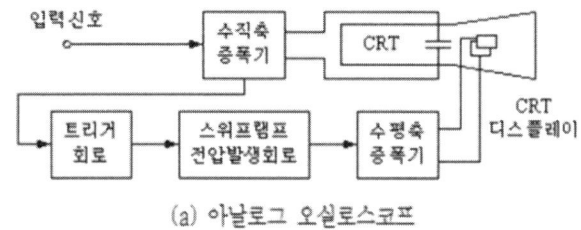

(a) 아날로그 오실로스코프

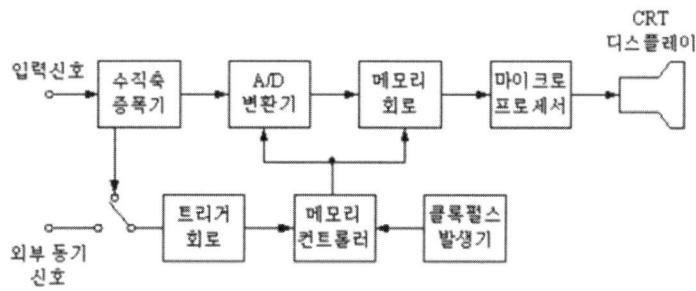

(b) 디지털 오실로스코프

오실로 스코프 구성

- 오실로스코프는 시간에 따른 입력전압의 변화를 화면에 출력하는 장치로 전기진동이나 펄스처럼 시간적 변화가 빠른 신호를 관측함.
- 오실로스코프로는 관측하는 신호가 시간에 대하여 어떻게 변화하는가를 조사하는 것이 주목적인데, 보통 브라운관의 수직축에 신호의 크기를, 수평축은 시간을 나타냄.
- 아날로그방식과 디지털방식이 있으며 아날로그방식은 입력 신호를 증폭하여 CRT의 수직 편향판에 전달하고, 그 전압에 따라 화면의 휘점을 편향 시킨다.
- 신호에 따라 트리거 신호를 만들어 동기된 스위프 신호를 만들어 수평 편향판에 인가한다.
- 수평 스위프와 수직편향이 합해져서 화면에 신호가 그려지게 되는데 이 때 동기는 계속되는 신호를 안정화시키는데 필요하다.

- 디지털방식은 대부분 아날로그방식과 같고 데이터 처리시스템이 추가되어 여기에서 전체 파형의 데이터를 모아서 화면에 나타낸다.
- A/D 변환기에서 클럭 신호에 따라 신호를 샘플링한 후, 디지털로 변환하고, 얻어진 샘플점들은 메모리에 파형점으로 저장되고, 파형점들이 모여서 한 개의 파형 레코드를 구성한다.
- 파형 레코드를 구성하는 파형점들의 수를 레코드 길이라고 하고, 동기 시스템은 이 레코드의 시작과 끝의 점을 결정하는 것이며, 레코드 점들은 메모리에 저장된 후에 화면에 표시된다.

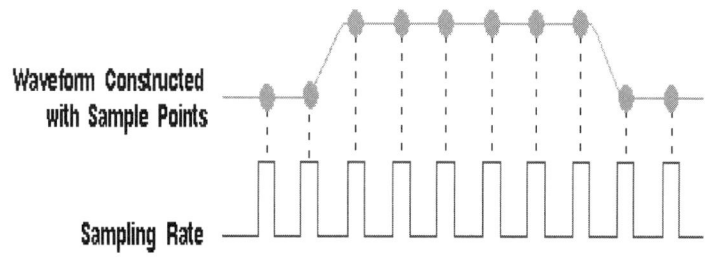

Ⅲ. 스펙트럼 분석기
(1) Sweep Tuned 방식

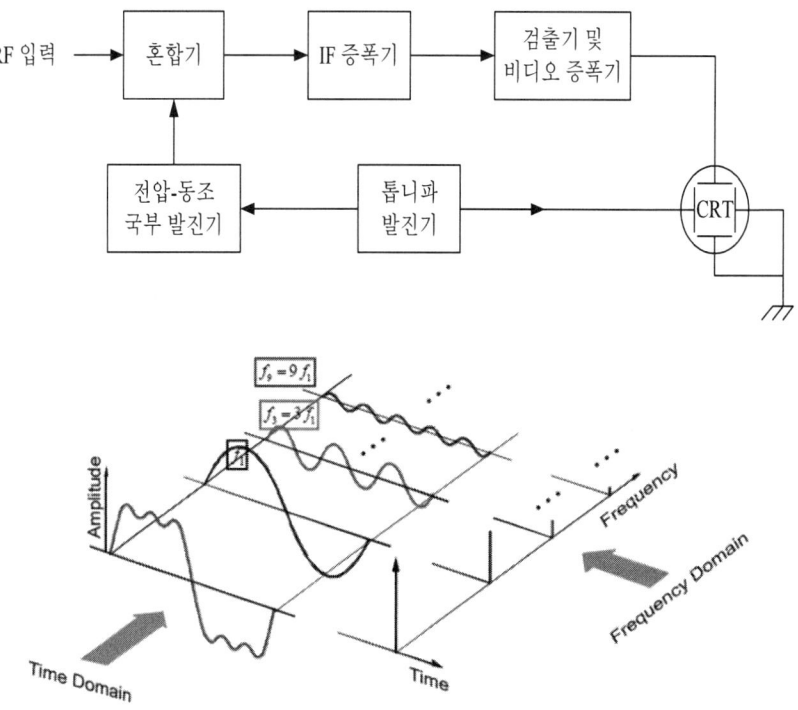

- 스펙트럼 아날라이저는 주파수 스펙트럼의 선정된 부분에 대해서 주파수에 대한 진폭의 크기를 화면에 출력하는 장치임

- 스펙트럼 아날라이저는 수신된 신호크기는 y축에, 주파수는 x축에 표시
- 시간영역에서 측정이 곤란한 매우 복잡한 파형의 해석이 가능하고, 넓은 다이나믹 레인지를 가지고 있어 미약한 신호의 측정이 가능함.
- 디지털 변조까지 측정이 가능한 스펙트럼분석기를 Signal Analyzer이라고 함
- 동작 원리는 발진기의 톱니파가 전압 동조 국부 발진기의 발진 주파수를 시간에 따라 변화시켜 주면 국부 발진기는 소인 발진기(Sweep Generator)로서 동작함.
- 여기에 관찰할 피측정 RF 신호가 Mixer의 입력단에 인가되면 국부 발진주파수와 입력 신호가 Beat된 중간 주파수(IF)를 만들게 함.
- IF 필터의 중심 주파수 f_o는 고정이기 때문에 발생된 중간 주파수 f_o가 일치할 때의 중간 주파수만이 검출기에 나타나게 됨
- 앞의 그림에서 믹싱(Mixer) 후의 동작을 CRT상 표시(display)를 중심으로 해석하면 램프 전압을 전압 동조형 국부 발진기를 인가하여 주파수 스위프 신호를 만들고, 이 신호와 입력 신호를 믹서로 혼합시켜 중간 주파수를 만듦.
- 즉 IF 신호는 그에 해당되는 성분이 RF 입력 신호에 나타날 때만 생기며, 그 결과로 생긴 IF 신호는 증폭 및 검파된 후 CRT의 수직 편향판에 인가됨.
- 한편, 스위프 램프 전압은 CRT 수평축의 편향판에도 동시에 가해지고 있기 때문에, 수평축은 국부 발진기의 스위프 주파수와 대응한 값으로 눈금 표시됨. 그 결과, CRT상에는 주파수에 대한 진폭이 표시됨.
- LO를 변화시켜 입력 신호를 Sweep하는 방식으로 좌측 신호와 우측 신호의 시간 차이가 발생하여 Frequency Hopping 방식과 같이 주파수가 빠르게 변하는 신호는 측정하기 쉽지 않음.

(2) FFT 방식
- FFT 알고리즘은 시간영역의 신호를 주파수영역의 신호로 표현하는 데 사용
- 적절한 입력 신호 레벨을 조정하기 위해 가변 감쇄기 통과

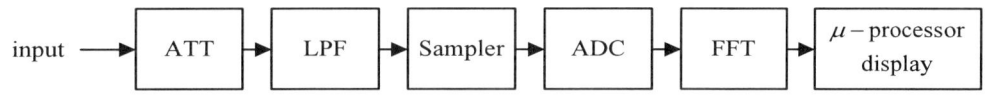

- 신호를 LPF를 통과시켜 고주파성분을 제거함.
- 시간 축에서 입력되는 신호를 고속 Sampling 후 ADC를 거쳐 디지털화 된 데이터를 FFT 하여 주파수 영역의 데이터를 Display함.
- 입력신호를 샘플링 하여 한번에 FFT하므로 화면의 왼쪽 영역과 오른 쪽 영역이 시간차이가 없어 Frequency Hopping 방식과 같이 주파수가 빠르게 변하는 신호는 측정하기 용이하나 DSP 관련 비용 및 속도 문제로 광대역으로 제작하기 어려움.

IV. OTDR (Optical Time Domain Reflectometer)
- 광선로의 무결성을 테스트하는 데 사용함.
- 광선로에 광 펄스(5ns ~ 10μs)들을 입사시켜 되돌아온 파형에 대해 시간영역에서 측정

- 광선로의 특성, 접점 손실, 손실 발생지점, 색 분산 등을 측정하고 고장 지점을 찾는 장비" 후방산란광"을 사용하여 커넥터 또는 절단된 섬유 끝에서 반사된 빛과 함께 측정

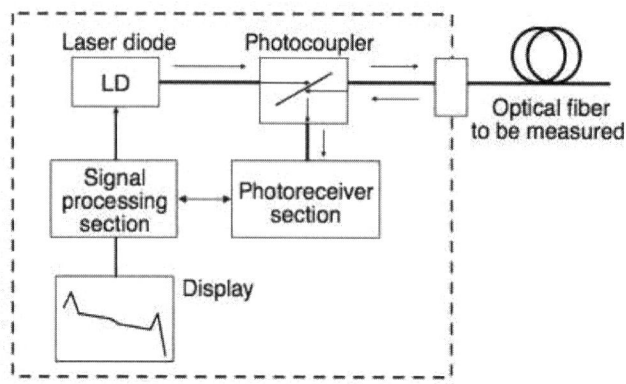

- 접합, 광커넥터, 밴딩 손실(Bending Loss) 등 접속부까지의 거리, 손실값을 측정
- 광섬유 결점의 종류, 위치(거리), 크기
- 광섬유 특성의 균질성 여부 등

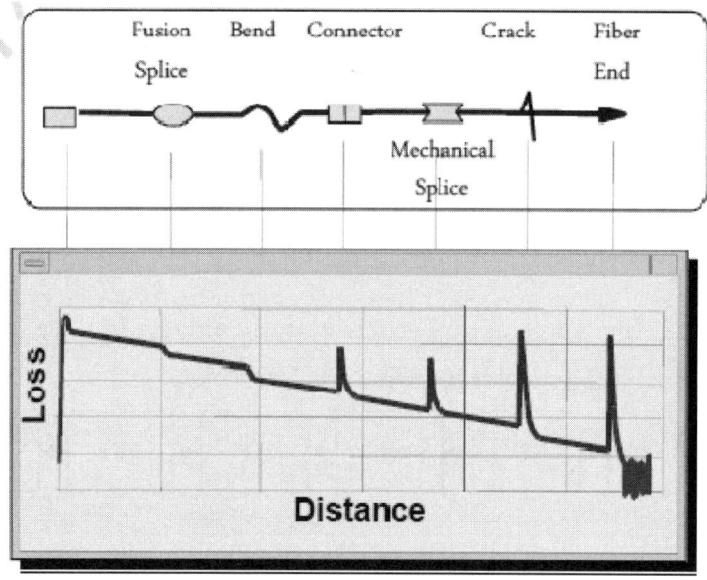

- Dynamic Range : 일반적으로, SMF 약 42~45 [dB], MMF 약 25 [dB]
- 거리 분해능(Range Resolution 또는 Data Resolution)

$$\Delta = \frac{1}{2} \times \frac{1}{r} \times \left(\frac{c}{n}\right)$$

   Δ : 거리분해능 [m]
   r : 광 수신 신호에 대한 샘플링율 [Hz/s]
   c : 진공 중 광 속도 3 x 10⁸ [m/s]
   n : 광섬유 코어 굴절률 (약 1.443)

V. 계측기 비교

구분	오실로스코프	스펙트럼분서기	OTDR
측정 영역	시간영역	주파수 영역	시간영역
측정 형태	RF/Digital 신호분석(절대치 측정)	RF 신호 분석 (절대치 측정)	광 선로의 특성
측정 값	시간에 대한 크기 값	주파수별 크기 값	선로의 위치에 따른 손실 값
특징	입력측에 인가되는 신호의 파형 및 진폭 측정	입력측에 인가되는 신호를 주파수 영역으로 분해하여 각 주파수에 대한 레벨측정	광선로에 입사한 펄스가 반사되어 돌아온 파형 측정
측정 활용	-입력파형의 진폭, 주기, 위상 측정 - Duty Cycle, Rising Time - Eye Pattern/Jitter	-Modulation 특성, Noise, EMI, EMC - C/N 및 S/N 측정 - Spurious 특성 측정 - 펄스폭 및 반복율 측정 - 송수신기의 교정	-접점 손실 - 손실 발생 지점 - 색 분산 등을 측정 - 고장 점 탐색

문제03) 위성기반 보강 시스템(SBAS)의 필요성과 기술을 3가지 이상 설명하시오.

I. 필요성
- SBAS는 실시간 1m 이내의 정밀 위치정보를 제공해 주는 "초정밀 GPS 보정시스템" 이다.
- GPS는 17~37m까지 오차가 발생하고 있어 항공기와 같이 정밀한 위치정보가 필요한 분야에서는 활용에 제한이 많고, 자동차 네비게이터 등 위치기반서비스의 이용에도 많은 오류가 발생되고 있다.
- 자율주행 자동차에서는 정확한 위치 측정이 중요하다.
- 국방과 해양 분야에서도 정밀한 위치 측정이 필요하다.
- SBAS는 GPS가 가지고 있는 위치오차 발생의 문제점을 해소하고, 실시간 1m이하 정밀 위치정보를 제공함으로써 항공기가 운항하는 空域 수용능력을 증대하고 항공안전 향상을 위해 개발된 ICAO(국제민간항공기구)가 정한 국제표준시스템이다.
- 운영 중인 미국, 유럽 등에서는 이용이 편리하고 성능도 우수하여 항공, 해양, 교통, 정보통신, 물류, 응급구조 등 모든 분야에서 이를 보편적으로 활용하고 있다.

II. 구성

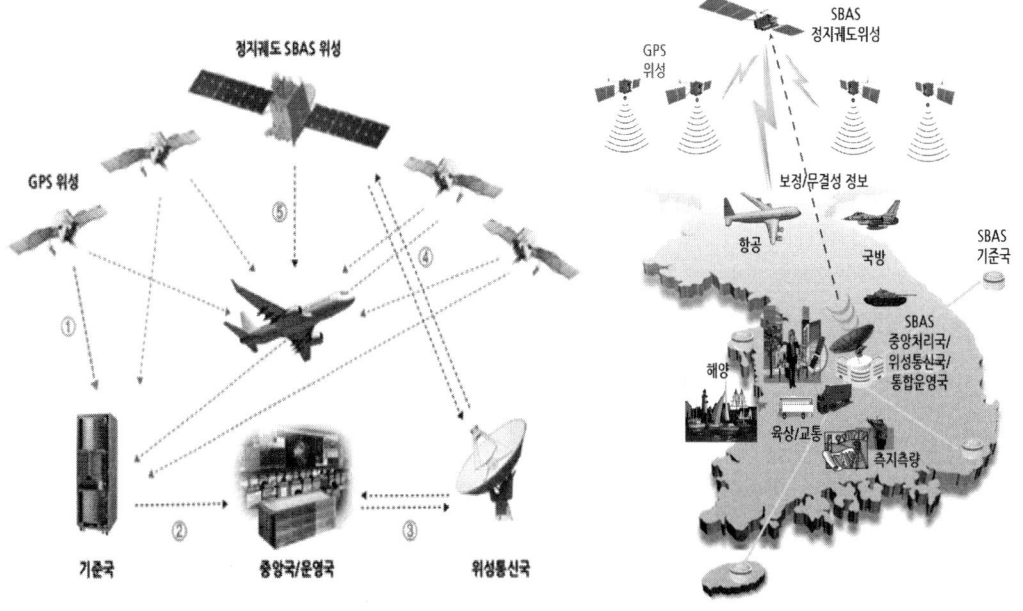

- 기준국, 중앙처리국, 위성통신국, 정지위성으로 구성한다.
- 우리나라의 계획은 기준국 5개소, 중앙처리국 2개소, 위성통신국 2개소, 정지위성 2기로 구성한다.

   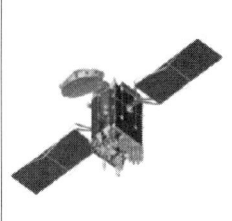

| 기준국(5개소) | 중앙처리국(2개소) | 위성통신국(2개소) | SABS 위성(2기) |

(2) 동작원리

1) 기준국: GPS신호 수집·전달
- 자신의 위치를 정밀하게 알고 있는 전국 5개 기준국은 GPS신호(통상 8~10개 위성 관측)를 수집 => 수신된 각 GPS위성의 오차 값을 실시간으로 계산하여 중앙처리국으로 송신

2) 중앙처리국 : 보정신호 생성
- 기준국으로 부터 수신된 GPS신호를 가공하여 ICAO 표준에 부합하는 3차원 GPS 보정신호 계산 => GPS신호의 이상 여부를 판단하기 위한 무결성 정보 생성 => 국제 표준 SBAS 메시지에 포함되어 위성통신국으로 전송한다.

3) 위성통신국·SBAS위성 : 보정신호 전국 송신
- 보정신호를 GPS신호와 유사한 특성을 지닌 SBAS메시지에 실어 정지궤도위성으로 보내서 전국으로 일괄 송신

4) 정지궤도 위성
- 수신된 SBAS 신호를 서비스 영역내의 사용자들에게 방송한다.
- 정지궤도위성은 항상 적도상공(35,800km)에 위치하여 지구와 같이 자전함으로써 24시간 보정정보 송신 가능

5) 사용자
- GPS신호와 정지궤도 위성에서 수신한 SBAS 보정 및 무결성 정보들을 이용하여 신뢰할 수 있는 정확한 위치를 계산한다.

6) 보정신호 활용
- 항공기·자동차 등에 설치된 GPS 수신기는 GPS신호와 SBAS 신호를 동시에 수신하여 정확한 자기 위치 확인
- GPS신호 및 SBAS신호에 오류가 있을 경우에는, 6초 이내 경보신호를 제공하여 사용 금지를 자동권고
- GPS신호와 SBAS신호는 사용주파수 대역이 같아 사용중인 수신기 교체 없이 소프트웨어 변경만으로도 사용 가능

Ⅲ. 특징과 활용
(1) 특성

구분	정확성	신뢰성	경고
GPS	37m 이내	없음	없음
SBAS	1m 이내	500만번 착륙시 1회 이하 오류	6초 이내

(2) 활용
- SBAS는 GPS를 이용하는 모든 분야에서 단순 소프트웨어 업데이트만으로도 무료 이용이 가능하므로 위치기반산업 모든 분야에서 널리 사용될 것으로 전망된다.
- 항공, 자동차, 철도, 선박 등 교통수단에서는 정확한 위치를 파악함으로써 안전도 향상 및 수용능력 향상
- 공간정보 등 LBS(위치기반서비스)와 ITS에 적용하면 실내 위치추적, 맞춤형 쇼핑, 빠른 길 찾기, 응급구조 등 국민 생활에 필요한 정보의 공개와 공유로 국민 중심의 맞춤형 서비스를 제공.
- 정확성과 신뢰성이 확보된 국가 위치정보 기반시설을 제공, 항공안전 향상과 위치기반산업 발전
- GPS 교란 발생 시, 시스템에 의한 10초 이내 자동경보 제공으로 즉시 대응체계 확보

Ⅳ. 결론
- 기준국에서 측정한 오차 값을 구하여 보정신호를 생성하여야 한다.
- 중앙처리국에서는 3차원 GPS 보정신호를 계산하고, GPS신호의 이상 여부를 판단하기 위한 무결성 정보를 생성하여 위성통신국으로 전송한다.
- 정지궤도에 있는 위성은 이를 L-밴드의 반송주파수에 실어서 지상으로 전송한다.
- 사용자는 GPS신호와 정지궤도 위성에서 수신한 SBAS 보정 및 무결성 정보들을 이용하여 신뢰할 수 있는 정확한 위치를 계산한다.
- 시스템이 완성되면 그 활용분야는 항공과 자동차, 선박 등 매우 다양한 분야일 것으로 기대
- 사용중인 GPS 수신기 교체 없이 소프트웨어 변경만으로도 사용 가능하여 편리하다.
- 한국형 위성항법보정시스템은 KASS(Korea Augmentation Satellite System)라고 명명하고, 2021년 하반기에 발사하고, 2022년에 시범서비스를 목표로 진행중인 사업이다.

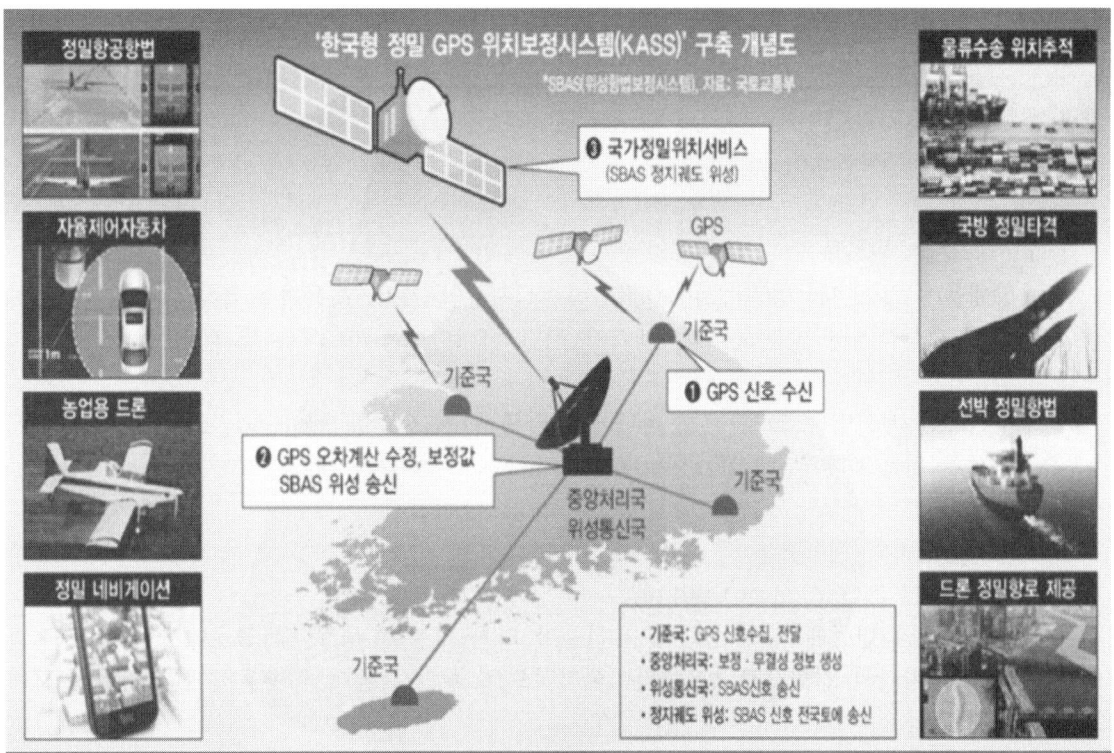

- 또한, 우리나라 독자적인 위성항법 시스템인 KPS는 2022년에 사업에 착수하여 2027년에 첫 위성을 발사하고 2034년에 마지막 위성을 발사하여 시스템구축을 완료할 계획이다.

문제04) 무선, 이동통신에서 발생하는 페이딩에 대하여 설명하고, 극복기술인 다이버시티에 대하여 설명하시오.

Ⅰ. 개요
- 장애물이 없는 자유공간에서 전파는 송수신측간의 거리, 사용하는 주파수, 전파 매질에 따라 수신측에서 받는 신호의 세기가 시간적으로 변동하는데 이를 페이딩(fading)이라 함.
- 무선통신 페이딩은 크게 장중파대에서 발생 되는 전리층 페이딩과 초단파대 이상에서 문제가 되는 대류권 페이딩으로 대별됨

Ⅱ. 페이딩
(1) 대류권파의 페이딩
1) 신틸레이션(Scintillation) fading
- 대기상태의 변동에 의해 공간에 유전율이 다른 부분이 생길 때 그곳에서 산란한 전파와 직접파와의 간섭으로 발생하는 페이딩으로 주기가 짧아 실용통신에선 거의 문제가 되지 않음.
- AGC (AVC)로 해소할 수 있음.
2) 라디오 덕트(Radio duct)형 fading
- Radio duct가 직접파의 전파통로나 송수신점 근처에 생성될 때 발생하는 페이딩
- 전계강도 변동이 심해 통신에 가장 치명적인 페이딩으로 diversity로 해소
3) K형 fading
- 대기의 높이에 대한 등가지구반경의 변화에 기인하는 fading.
- AGC (AVC)로 해소

4) 산란형 fading

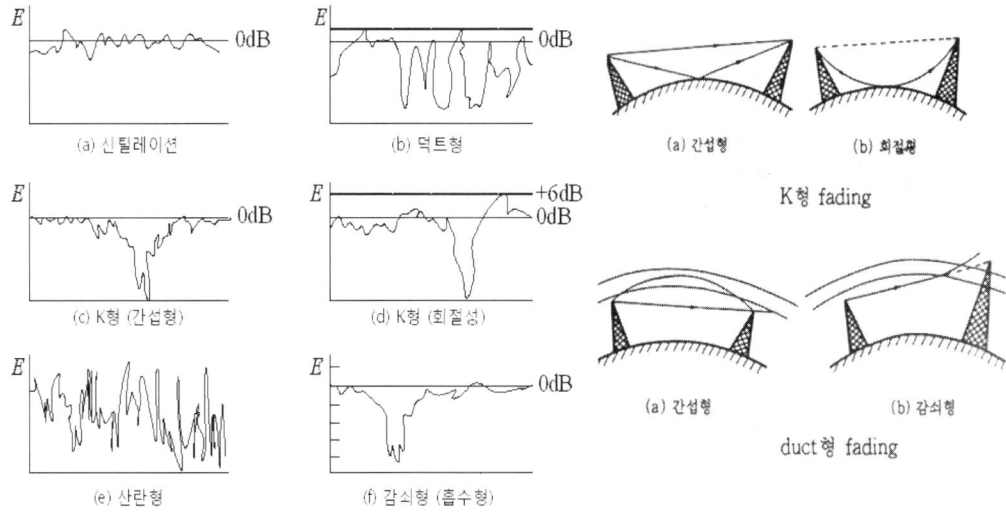

- 다수 산란파의 간섭으로 진폭이 시시각각 변하는 짧은 주기의 fading임.
- diversity로 해소

5) 감쇠형 fading
- 비, 구름, 안개 등의 흡수 또는 산란의 상태나 대지에서의 흡수, 감쇠 등의 상태가 변화하면서 발생하는 fading으로 주로 10GHz이상에서 문제가 됨.
- AGC(AVC)로 해소

(2) 전리층 페이딩
1) 간섭성 fading
- 송신측에서 발사된 전파가 2개 이상의 다른 경로를 거쳐 수신되는 경우, 전리층을 거쳐 수신된 전파는 전리층 밀도의 시간적 변동 영향으로 전파의 간섭 상태가 변화되어 발생하는 fading
- 공간 diversity 또는 주파수 diversity로 해소
- 중파(방송파대)에서 지상파와 E층 반사파의 간섭에 의한 근거리 fading과 단파대 전리층파 상호간의 간섭에 의한 원거리 fading으로 분류됨

2) 편파성 fading
- 전리층에서 전파가 반사될 때 지구자계의 영향으로 편파면이 시간적으로 회전하는 타원편파로 되어 수신 안테나에 유기될 때 발생하는 빠른 주기의 불규칙한 fading이 발생
- 서로 수직으로 놓인 안테나를 합성하는 편파 diversity로 경감할 수 있음.

3) 흡수성 페이딩
- 전파가 전리층을 통과하거나 반사할 때 전자와 공기분자와의 충돌로 그 세력의 일부가 흡수되어 생기는 fading으로 주기는 비교적 완만함.
- 수신기에 AVC 또는 AGC 회로를 추가하여 방지함.

4) 도약성 페이딩
- 도약거리 근처에서 전자밀도의 시간적 변화율이 큰 일출, 일몰시에 많이 발생하는 페이딩
- 주파수 diversity로 경감시킬 수 있음.
5) 선택성페이딩
- 전리층에서의 전파가 받는 감쇠는 주파수에 밀접한 관계를 가지고 있어 반송파와 측파대가 받는 전리층내에서 받는 감쇠의 정도가 달라져서 발생하는 페이딩.
- 방지책으로는 주파수 diversity나 SSB통신방식을 사용하여 경감할 수 있음

(3) 이동통신 페이딩
- 육상 이동통신환경에서 주로 발생하는 페이딩
- 이동통신서비스에서 단말기는 기지국으로부터 다중경로를 통해 수신 받으며 도심에서는 다중경로가 심함.
- RF신호를 다중경로로 받을 때는 서로 진폭과 위상이 다르고 특히 경로지연특성이 다르므로 이로 인해 합성된 신호는 왜곡을 가져오고 신호 품질에 영향을 미침
- 전계강도의 변동 : 중앙값 변동과 순시값 변동으로 구분할 수 있다.
- 이동국의 안테나 높이가 주변 지물보다 낮고 사용 파장이 지물의 크기보다 작을수록 심하게 발생한다.

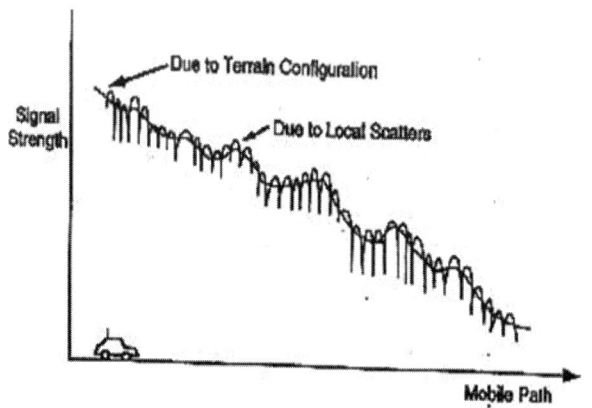

1) long term fading(Shadowing : 음영효과)
- 표본구간내의 중앙값 변동 분포형 페이딩이다.
- 시가지 중에서도 대상구역이 넓지 않은 경우 좁은 구간의 중앙값이 변동한다.
- 신호강도는 log normal 분포함수로 되고, 기지국과 이동국 사이의 신호 감쇠에 의한 것이다.
- 동일 분류의 지형, 지물내의 어떤 주행거리(1-2 km)를 표본구간으로 해서 그 중에서의 좁은 구간(40λ) 마다의 중앙값을 구하고, 그 누적분포에서 구하는 50% 값(표본구간 중앙 값 또는 긴 구간 중앙값)과 변동량(표준편차)을 해석의 대상으로 한다.

2) short term fading
- 좁은 구간의 순시값 변동 분포형 페이딩이다.
- 불규칙 정재파성인 전자계내를 이동체가 고속으로 주행하기 때문에 발생한다.
- 신호강도는 Rayleigh분포로 나타나고, 다중경로에 의한 페이딩이다.
- 좁은 구간내의 누적밀도를 구해서 변동 분포형을 조사한다.

Ⅲ. 다이버시티
- 페이딩 방지책으로는 다이버시티가 많이 사용되고 있다.
- 수신파의 상대진폭 및 위상은 수신하는 위치, 편파, 주파수 등에 따라서 달라진다. 따라서 각 도래파의 합성 수신파의 포락선은 각각 다르기 때문에 위치, 편파, 주파수 등의 다이버시티를 사용하여 수신하고 이들을 선택하거나 합성하면 페이딩에 따른 품질의 열화를 줄일 수 있다.
- 비교적 협대역 혹은 저속신호일 때는 수신레벨이 높은 쪽을 선택하고, 고속 디지털 신호일 때는 다중파 지연의 영향이 작은 쪽을 선택하면 부호에러를 줄일 수 있다.

(1) 다이버시티(Diversity) 방식의 종류

1) Frequency diversity
- 서로 다른 두 주파수의 페이딩 상태가 다르게 되는 것을 이용한 것으로 주파수에 따라서 전리층과 같은 반사물질에서 반사되어 수신기에 도달하는 시간이나, 반사되는 위치의 차이가 있으므로 두개의 주파수로 동일 신호를 전송하여 수신기에서 합성시키는 방법임.
- 즉, 서로 다른 두 주파수의 경우 심한 페이딩의 상태가 동시에는 일어나지 않는 점을 이용한 것으로 두개의 수신전력을 적당하게 합성하거나 선택할 수 있다면 전송내용이 손상되지 않고 페이딩을 개선할 수 있음.
- 장점으로는 이동체 등과 같이 공간이 좁은 곳에서도 사용이 가능하다는 점이며. 단점은 2개이상의 주파수가 필요하다는 점임.

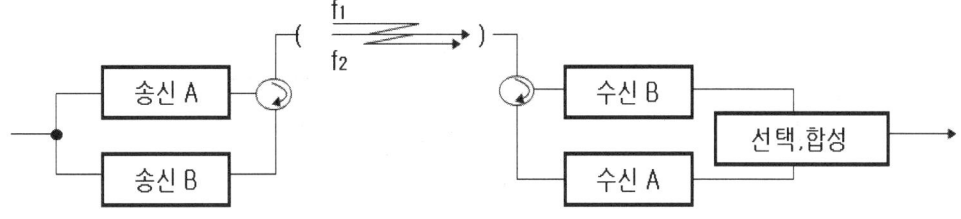

2) Space diversity
- 동일 전파를 서로 충분히 떨어진 두 지점에서 수신하면 공간파는 산악, 건물 등의 반사체에서 반사되어 도달하는 통로의 차이에 의하여 서로 간섭을 일으켜서 페이딩이 발생함.
- 수신 위치를 달리하면 수신 전계강도의 페이딩 상태가 다르므로 두개의 수신출력을 적당히 합성하거나 선택하여 페이딩의 영향을 경감할 수 있음.
- 단파통신에서는 수신안테나의 위치가 서로 어느 정도 이상 떨어져야 하므로 설치장소의 측면에서 불리함.
- M/W에서는 6~23m 정도가 가장 적당하며 위상지연에 대한 대책이 있어야 함.(Equalization)

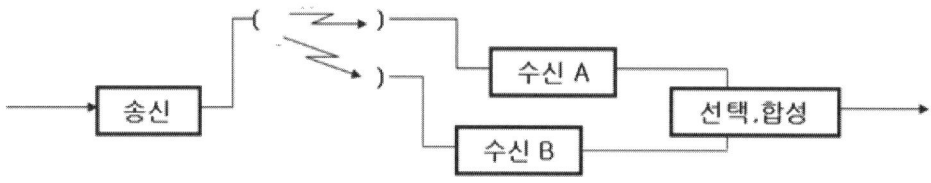

3) Polarity diversity
- 전파의 수직편파와 수평편파에 따라 페이딩을 받는 방식이 다르므로 수평편파용과 수직편파용의 두개의 안테나를 설치하여 그 출력을 합성함으로써 페이딩을 방지하도록 한 방식임.
- 단파 전파는 전리층에서 반사할 때 지구자계의 영향으로 파라데이회전을 일으켜 타원편파가 되며, 마이크로파대에서는 빗방울을 통과하면서 편파면이 회전하게 됨.
- 또한 이동통신에서는 지형, 건물 등에서 산란되면서 편파면이 흐트러지게 됨.
- 도시내에서는 공간다이버시티에 가까운 효과를 기대할 수 있으나 교외에서는 효과가 적음.

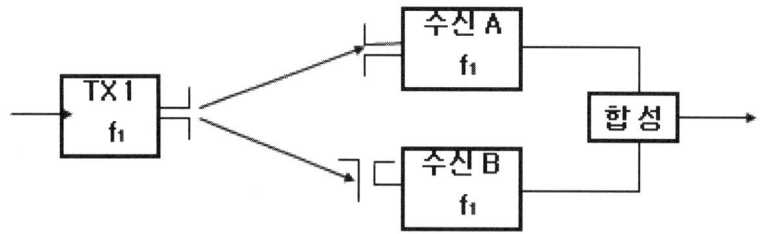

4) Angle diversity(지향성 diversity)
- 다른 지향성의 안테나를 사용하여 출력에서 선택하거나 합성함.
- 다중파를 수신할 때 지향성의 영향으로 각 수신파의 진폭·위상이 안테나 간에 차이가 있음.
- 안테나의 수를 여러 개로 하고 각각의 지향성을 예민하게 함으로써 도래파의 수나 지연분산을 제한하는 것으로서 특히 고속 디지털 전송일 때 다른 방식에 비하여 다중지

연에 의한 오율을 개선할 수 있음.
- Multipath fading에 대한 대책의 하나로 공간다이버시티 보다는 효과가 적음.

5) Time diversity
- 수신국 혹은 송신국이 이동한다는 것을 전제로 한 것으로 그 특성은 공간다이버시티에 대응함.
- 이동국의 경우에 이동 중에 수신레벨이 시시각각으로 변화하므로 시간 간격을 다르게 하여 수신하면 수신레벨의 상관계수가 낮아짐.
- 상관관계가 충분히 낮은 시간간격으로 재전송하여 수신레벨이 높은 쪽을 선택하는 방식으로 전송용량을 희생하는 대신에 신뢰도를 높일 수 있음.

6) Route diversity
- 위치적으로 상당한 간격을 두고 route를 선정하는 것으로 회선의 신뢰도를 매우 중요시하는데 이용되나 많은 site가 2중으로 설치되어야 하는 단점이 있음.
- 일반적으로 강우감쇠와 같이 강우의 영향에 따른 경우 이격거리는 10km이상이어야 함.
- 마이크로파통신이나 원거리 고정국 간의 단파통신, 이동통신 등에서 페이딩에 대한 방지대책으로 활용됨.

7) Site Diversity
- 수신 안테나의 설치장소가 다르면 수신 전계의 페이딩이나 강우감쇠의 발생시간, 크기, 빈도 등이 달라지는 것을 이용하는 방식임.
- 2개 이상의 수신소 또는 송신소의 장소를 달리하여 설치하고, 각 전파로의 수신 출력을 합성 또는 절체하여 그 영향을 경감시키는 것으로 위성통신 지구국이 대표적임.
▶ 공간, 편파, 각도 diversity는 2개 이상의 안테나를 설치하여야 하고, 시간, 주파수 diversity는 1개의 안테나로서 가능하지만 복수의 시간 또는 주파수를 사용하기 때문에 그 효과는 주파수 이용율을 고려하여 평가할 필요가 있음.

(2) 합성수신법
- 다이버시티 branch로부터 서로 상관이 없이 페이딩의 영향을 받은 신호를 합성하기 위하여, 실현이 용이하고 효과가 크도록 여러 가지 방식이 제안되어 있음.

1) 선택합성법
- 어느 주어진 시간에 서로 다른 branch에서 수신된 모든 신호를 비교하여 가장 좋은 신호를 선택하는 방식임.

2) 등이득 합성법
- 각각의 branch신호를 모두 합하기 위하여 위상이 고정된 합성회로를 사용함.
3) 최대비 합성법
- 여러 개의 branch로 부터 입력된 신호를 최적의 성능을 얻기 위해서 중첩하고, 합성 전에 동기를 취하는 방식임.

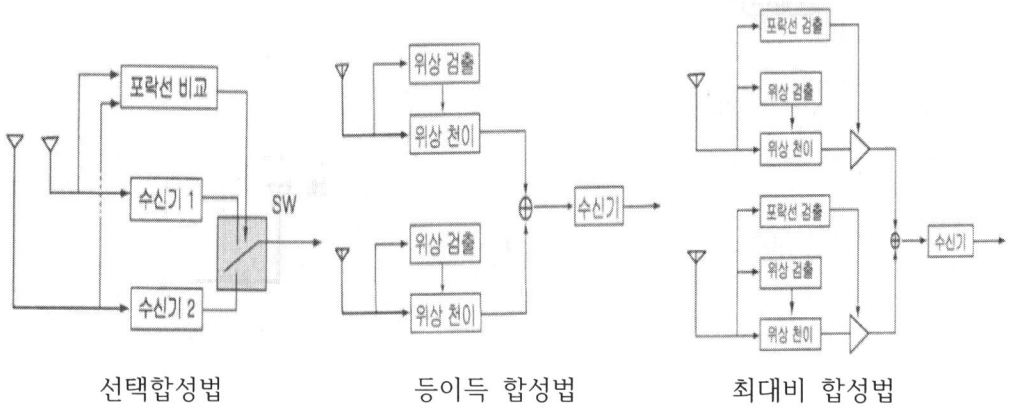

선택합성법   등이득 합성법   최대비 합성법

4) 안테나 절환
- 상태가 좋은 안테나로 절환하여 수신함.

Ⅳ. 맺음말
- 마이크로파통신이나 원거리 고정국 간의 단파통신, 이동통신 등에서 페이딩에 대한 방지대책으로 다이버시티 수신방식이 활용되고 있음.
- 특히 이동통신에서는 페이딩 수신파의 포락선 레벨이 열잡음 레벨까지 빈번하게 하강되기 때문에 고품질 전송을 실현할 수 없으며 위상도 시간과 함께 불규칙하게 변화하게 되므로 페이딩이 신호품질의 주요 열화 요인이 됨.
- 그밖에 페이딩 방지를 위하여
- 수신기에 AGC회로를 부가하여 흡수성 페이딩을 방지할 수 있다.
- 단파대 통신에서는 지향성이 예민한 안테나를 사용하여 일정한 입사각의 전파만 수신하여 fading을 경감시키는 MUSA(multiple unit steerable antenna system)방식이 있다.
- 기타 적당한 변조방식을 사용하거나 리미터를 사용할 수도 있다.

문제05) 국내 지상파 UHD 방송(ATSC 3.0)과 난시청 최소화 방안에 대해 설명하시오

참조답안

I. 지상파 UHD방송 개요
- 우리나라의 지상파 UHD 방송은 2016년 11월 11일 방송통신위원회(이하 방통위)의 KBS, MBC, SBS에 대한 UHD 방송 허가를 의결하면서 공식화
- 수도권에 대한 1단계 방송은 이듬해인 2017년 5월 31일 KBS 1TV, 2TV, MBC, SBS 의 4개 채널로 700MHz 대역에서 공식 지상파 UHD 방송 서비스를 시작
- 12월, 부산, 대구, 대전, 광주, 울산 등 5대 광역시와 2018년도 평창 동계올림픽 활성화를 위해 강원권 일부를 포함해 UHD 방송을 개국
- 1단계로 2017년 수도권부터 본방송을 개시하고 2단계로 광역시권, 3단계로 2020년부터 시군 지역에 순차적으로 도입해 2021년까지 전국 지상파 UHD 방송 도입을 완료한다는 계획

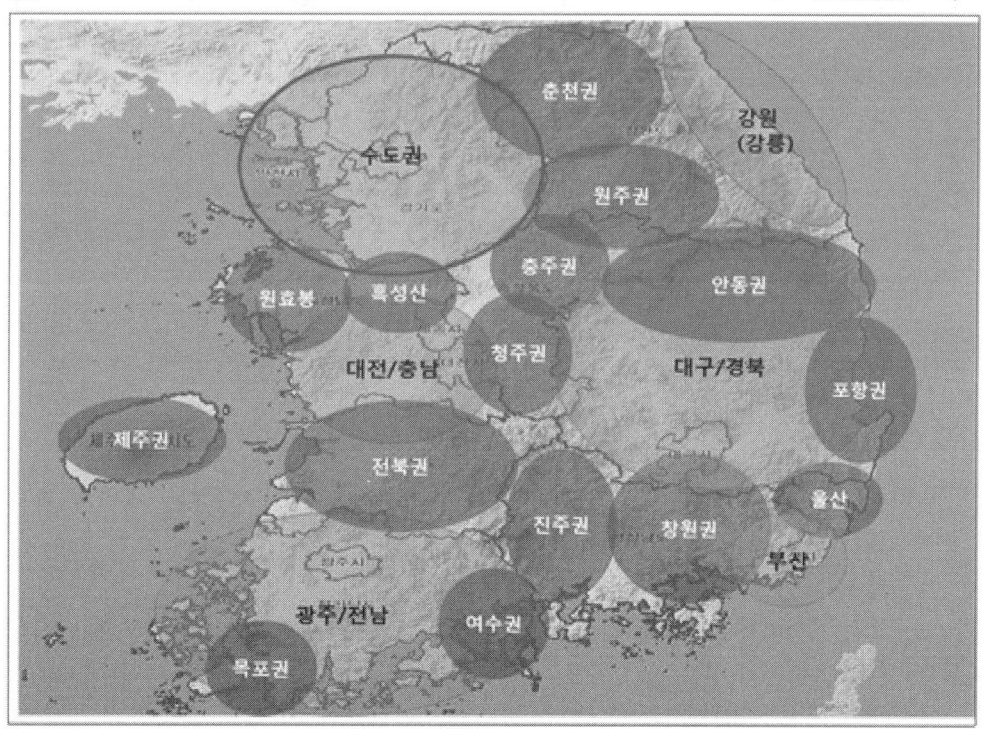

※ 기타 음영지역은 중장기적으로 방송사와 협의하여 해소 추진

Ⅱ. ATSC 3.0
　1) 지상파 방송은 HD보다 훨씬 생생한 현장감과 몰입감이 증강된 서비스가 가능
　- ATSC 3.0 방송기술로 OFDM 다중변조기술을 적용하여 단일주파수방송망(SFN : Single Frequency Network), 국내 UHDTV의 표준인 ATSC3.0에서는 전국을 단일망으로 구축할 수 있는 SFN이 가능
　- 3,840×2,160의 가로세로 고화질 해상도, 초당 60장의 화면, 오디오는 최대 16채널까지 편성이 가능
　2) UHD서비스의 확대
　- 지상파 UHD 방송사는 1단계와 2단계 방송시설을 구축하여 수도권 및 광역시권까지 방송망을 확장하여 인구의 약 75%가 UHD 가시청권에 해당
　- 하지만 현실적으로 현재 지상파 방송 직접수신은 3% 내외로 추산됨

Ⅲ. 난시청 지역
　- 산간 도서지역 등 지상파 방송 송신시설로부터 원거리에 위치하여 TV 방송 전파가 도달하지 못하는 경우 또는 지상파 방송 송신시절로부터 비교적 근거리에 위치하나 산간 또는 구릉 등 자연적인 지형
　차폐로 인해 방송전파가 도달하지 못한 경우 난시청 지역에 해당
　- 난시청 지역은 방송통신위원회에서 승인한 전파의 강도와 화질을 기준으로 조사를 하고 현장 주민들의 확인을 받아 난시청 여부를 판정
　- 방송법 시행령 44조 1항 6호에 의거하여 자연적 난시청일 경우 TV 수신료를 면제하며 정부와 방송사가 마을공시청 사업, 위성방송을 통한 난시청 지역 해소를 위해 노력

Ⅳ. 지상파 UHD와 모바일UHD의 난시청 최소화방안
　1) TV중계소(TVR) 구축
　　- 난시청지역 내 TV중계소 구축하여 방송서비스 (지상파방송사 자체)
　2) 마을 공시청 개선 / 신설사업
　　- 기존 아날로그 마을 공시청 시설을 디지털 시설로 전환 및 새롭게 발생되는 난시청 지역에 농어촌 마을 공시청 시설 신설 (정부 방송사 또는 주민/자자체 단독 추진)
　3) 소출력 중계기 구축사업
　　- 소규모 전파음영지역에 디지털 동일채널 소출력 중계기 구축을 통한 난시청 해소 (정부, 방송사 등)
　4) 위성이용 난시청해소 사업
　　- 지상파를 토한 난시청해소의 한계를 극복하기 위해 위성을 활용 (지자체, 방송사 등 공동추진)
　5) UHD 컨버터 보급 및 직접수신 안테나 보급 지원

6) 고정 UHD 방송과 동일한 편성, 즉 수중계 편성이라면 해당 채널은 음영지역에서 상당히 높은 수신 성능을 보여 난시청 해소
7) 휴대폰에 수신칩이 내장되어 국내에서 보급(지상파 방송사 입장의 요구사항)
 - ATSC 3.0의 강력한 SFN 기능, 음영지역에 대해서도 IP 핸드오버 기술 가능
8) 정부의 UHD 모바일서비스에 대한 정책을 수립(개시 시기, 타 매체 및 다국적 매체와의 균형, 편성 및 투자 규제 여부, 수신기 보급, 부가가치 서비스 개발 등)
9) ATSC3.0 송신시설 구축 완료 후 필드테스트를 통해 광역권 커버리지를 고려한 전송 파라미터의 최적화가 필요함

V. 결론

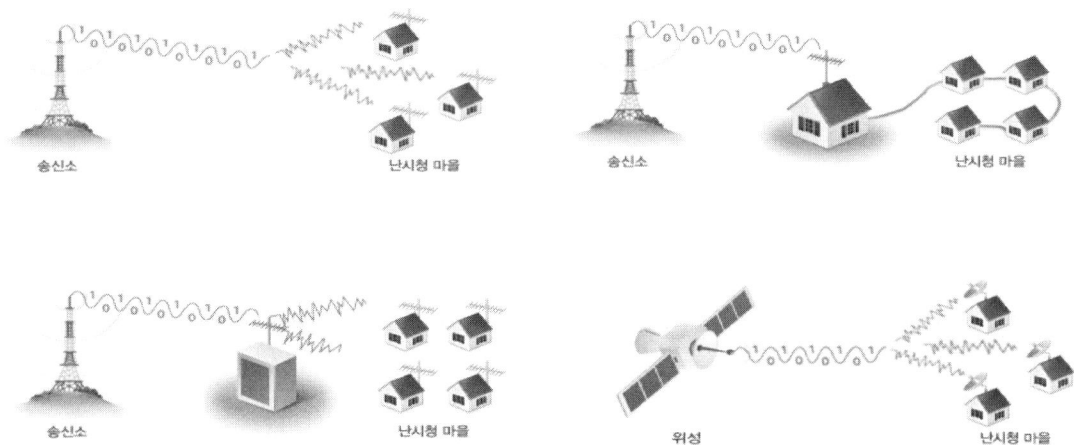

- 미디어 생태계 확장을 위해 지상파 UDH방송활성화가 필요함
- ATSC 3.0 표준 제정에 있어 우리나라의 기여도는 높게 평가되고 있으며, 향후 관련 표준방식 결정 및 기술기준 제정에서의 주도권이 지속할 수 있도록 관련 활동에 대한 정부의 지원 필요
- 지상파 UHD 본방송의 시행에 따라 효과적인 난시청 해소를 통해 전국적인 방송망의 원활한 구축과
  주파수 이용효율 극대화를 위해 SFN망의 활용이 필요
- UHDTV가 직접 수신 외에는 시청할 수 있는 방법이 제한되어 있는 만큼 원활한 방송의 보급을 위하여 공동주택 내 재전송 설비에 대한 정책적인 방안이 마련되어야 UHDTV 방송망의 난시청 문제가 해결될 것으로 사료됨
- 지상파 방송사는 2016~2027년 6조 7900억을 투자키로 하였지만 현재 방송사의 경영문제로 투자가 현실적으로 어려움, 이에 따라 정부는 지상파 방송사들의 투자완화 방향으로 현실적인 정책 수정이 필요한 상황임

출처: 『월간 방송과기술』 6월호, UHD Korea 홈페이지, 디지털데일리 기사 참고

문제06) 통합 공공망용 주파수 대역을 설명하고, 전파 간섭 이슈와 해결방안을 기술하시오

Ⅰ. 개요
- 통합공공망은 700MHz대역에서 20MHz폭 (718~728, 773~783)을 사용하는 재난안전통신망, 초고속해상무선통신망, 철도통합무선망을 말함
- 지역 분할 원칙에 의해 3개 방식의 독립망으로 구축됨에 따라 일부 중첩되는 지역에서 간섭해소와 동시에 서비스 연결보장을 위한 상호연동이 필수로 요구됨

Ⅱ. 통합공공망 주파수 할당 내역

698	710	718	728	748	753	771	773	783	803	806
방송2CH (12MHz)	보호 (8MHz)	재난↑ (10MHz)	통신↑ (20MHz)	보호 무선MIC 740 752		방송3CH (18MHz)	보호	재난↓ (10MHz)	통신↓ (20MHz)	보호

(1) 통합공공망의 정의
- "통합공공망"이란 재난안전통신망, 철도통합무선통신망 및 초고속해상무선 통신망 등 재난상황에 대응하기 위하여 재난안전관계기관에서 구축·운영하는 무선통신망으로 718㎒~728㎒, 773㎒~783㎒ 주파수 대역을 이용하는 것을 말한다. (재난·안전 관련 무선국 허가·신고에 관한 업무처리 규정)
- 재난안전통신망(PS-LTE)은 국가재난통합무선통신망으로 재난발생시 부처 간연동을 위한 무선통신망임
- 철도통합무선통신망(LTE-R)은 철도망으로 데이터통신 및 무선음성통신용으로 구축되고 있음
- 초고속해상무선통신망(LTE-M)은 해상 100km이내 선박에 데이터통신 과 무선음성통신용으로 구축되고 있음

Ⅲ. 통합공공망의 전파간섭 이슈
(1) 동일채널간섭 (PS-LTE 와 LTE-R 예시)

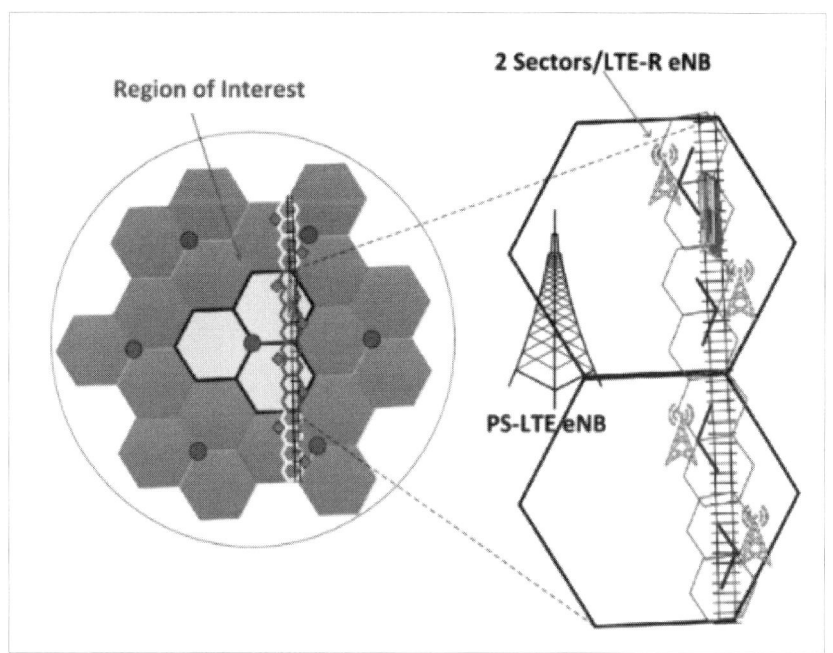

- PS-LTE 네트워크는 전국망구축이 되어야 하며, Cell의 크기도 매우 넓음 LTE-R은 철로를 따라 구축되는 망으로, PS-LTE망과 겹치는 부분이 다수 발생할 수 있어, 상호 간섭신호로 동작될 수 있음

Ⅳ. 전파간섭이슈 해결방안
- RAN Sharing기술은 하나의 eNB로 통합공공시스템을 모두 운영할 수 있도록 구축하는 방식
- IcIc 와 CoMP기술은 eNB안테나의 배치 또는 주파수재배치를 이용해 채널간 간섭을 최소화 하는 방식

(1) RAN Sharing기술
- RAN Sharing기술은 네트워크의 접속망을 공유하는 방식임
- 부지, 안테나, 철탑뿐만 아니라, 코어망 접속지점 직전의 무선접속설비(Radio Access Equipment)인 eNB까지 공유
- 코어망 EPC로부터 서비스 네트워크 까지는 각 사업자 별로 별도로 보유 하고, 동일한 주파수 대역, 운영 파라미터의 일치, 표준규격의 채택, 공동 셀 플래닝, 망간 전송로 확보가 필요함
- MOCN 방식과 GWCN 방식이 있음

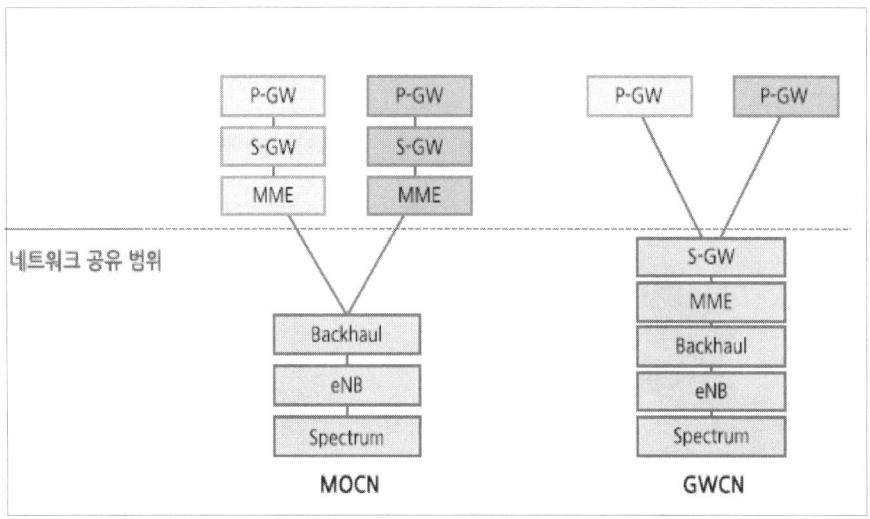

1) MOCN ((Multi Operator Core Network) 방식

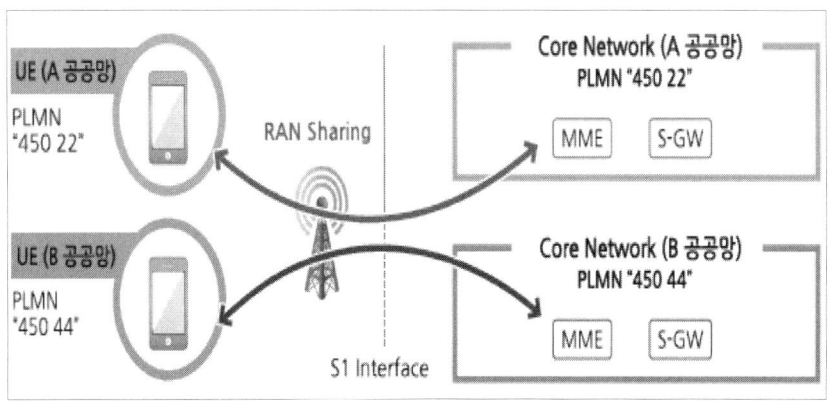

- MME를 개별 구축 방법으로 상용망과 연동 시 응용 가능함
2) GWCN ((Gateway Core Network) 방식
- MME를 하나로 구축하는 방법 으로, 사용자 정보를 공유할 수 있을 때 가능
- 비용은 줄어들지만, 보안적 측면에서 취약

(2) 네트워크 핸드오버 요구사항
- 액티브상태에서도 타 공공망 네트워크의 무선망 신호세기가 3dB이상일 경우 핸드오버
  Idle상태시 타 공공망에서 Power ON되어도 핸드오버
(3) 무선망 셀 설계 요구사항
- 3개 공공망별 기지국 식별자 PCI((Physical Cell Identifier)의 충돌회피 회피방안으로
  Iclc기준을 적용하여 운용기관 간 협약 필요

(4) 기타 요구사항
- QOS정책 (MCPTT 등 , PCRF (Policy and Charging Rule Function)
보안확보 , PLMN ID부여 , IP공동관리 등

V. 최근 동향

- 한편 재난망은 700㎒ 대역의 PS-LTE 기술방식을 적용, 전국 단일망으로 구축된다.
- 재난유형과 관계없이 재난 대응 및 지원활동을 수행하는 8대 분야 333개 기관은 재난망을 필수적으로 이용하게 된다.
- 한국철도시설공단은 철도무선통신망을 LTE-R로 순차적으로 교체할 계획이며, 한국형 철도신호시스템(KRTCS)과의 연동도 추진키로 했다.
- LTE-M은 최대 100km 해상까지 초고속으로 데이터 통신이 가능한 통신망으로, 항해 중인 선박에 한국형 이(e)-내비게이션 서비스를 제공하는 역할을 한다.
- 또 해양사고 발생 시 수색·구조 대응 및 골든타임 확보를 위한 해상재난망의 기능도 담당하게 된다.

국가기술자격 기술사시험문제

기술사 제 122 회   제 3 교시 (시험시간: 100분)

분야	통신	자격종목	정보통신기술사	수험번호		성명	

※ 다음 문제 중 4문제를 선택하여 설명하시오. (각10점)

문제01) 1차 다중화 계위에서 프레임, 타임슬롯, 채널, 속도, 시그널링에 대하여 유럽방식(E1)과 북미 방식(T1)을 비교 설명하시오

Ⅰ. 개요
- 여러 개의 서로 다른 신호가 전송로를 점유하는 시간을 분할해 줌으로써 한 개의 전송로에 다수의 통화로를 구성하는 방식으로 의사 디지털 다중화 계위 방식(PDH ; Plesiochrous Digital Hierarchy)과 동기식 디지털 다중화 계위 방식 (SDH ; Synchronous Digital Hierarchy)가 있음
- 서로 다른 클럭원에 의하여 발생되는 입력신호들을 결합시키는 방식을 비동기식 디지털 계위(PDH)라하며 PDH 방식은 24채널을 다중화시켜 전송하는 북미 PCM방식(NAS : North American Standard)과 32채널의 유럽 PCM 방식(CEPT : Conference of European Posts and Telecommunication Administration)으로 구분할 수 있음

Ⅱ. 유럽방식(E1)
1) 프레임

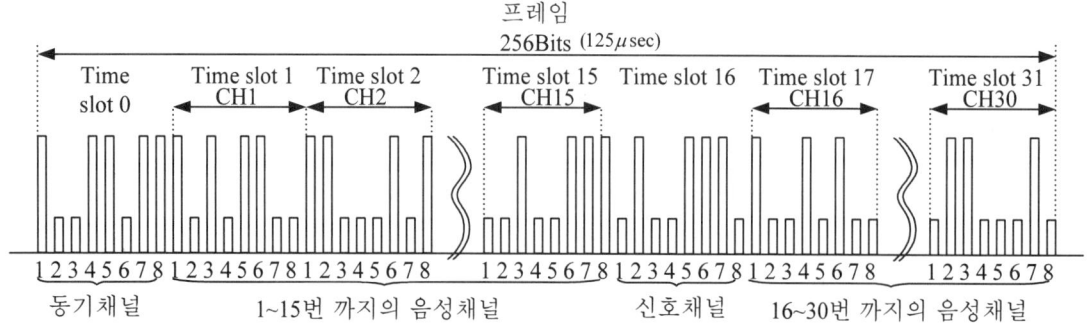

유럽방식 E1 프레임 구성

2) 타임 슬롯 - 32개
3) 채널 - 30채널
4) 전송속도
   1frame 비트수 = 32ch×8bit=256bit
   E1 =256bit × 8KHz=2.048Mbps
5) 시그널링
- 동기신호(0번째 time slot)와 제어신호(16번째 time slot)제공을 위한 별도의 전용 채널을 가지고 있는 공통선 신호방식(common channel signaling)으로 채널에 투명성을 가지고 있음.

Ⅲ. 북미방식 (T1)

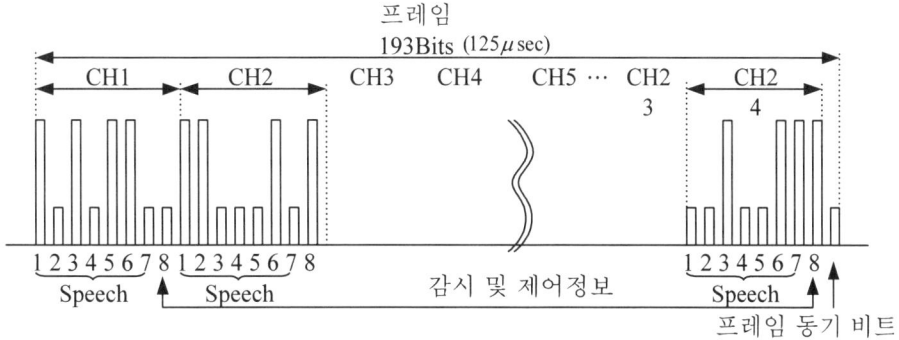

북미방식 T1 프레임 구성

2) 타임 슬롯 - 24개
3) 채널 - 24채널
4) 전송속도
   1frame 비트수 = 24ch × 8bit + 1bit (동기비트) = 193bit
   T1 = 193bit × 8 kHz = 1.544 Mbps
5) 시그널링
- 6번, 12번 프레임이 56 kbps로 음성통신에는 별 지장 없으나 Data 통신 다중화시 치명적임.

Ⅳ. T1과 E1 비교

	T1(NAS)	E1(CEPT)
Channel 수	24개	32개
음성 Channel 수	24개	30개
Frame 당 비트 수	193(8bit×24ch+1bit)	256(8bit×32ch)
Multi Frame 수	12개	16개
동기신호 제공	frame의 첫 bit	0번째 time slot
제어신호 제공	6, 12번 Frame의 CH당 1bit	16번째 time slot
Frame 전송 속도	1.544 Mbps	2.048 Mbps
압신 방식	μ법칙(15절선)	A법칙(13절선)
정보전송량	56/64 kbps	64 kbps
Line Code	AMI, B6ZS	HDB3, CMI
계위 구성	4, 7, 6, 2	4, 4, 4, 4

문제02) LTE와 5G 3GPP 표준 주요 기술을 비교 설명하시오.

Ⅰ. 개 요
- LTE는 3G 이동통신 표준에서 진화하여 3GPP에서 규정 및 개발하고 있는 차세대 이동통신 기술로 3.9G로 분류됨
- LTE의 진화된 기술인 LTE-Advanced가 4G 기술로 규정되고 있음
- LTE는 3G 이동통신 기술에 비해 전송속도 및 효율성이 대폭 증가되어 네트워크 성능이 개선되었고 전송 지연을 최소화한 것이 강점임 5G는 NR(New Radio)이라는 새로운 주파수를 활용하여, eMBB(초광대역), URLLS(초저지연), mMTC(초IoT) 등 새로운 서비스를 목적으로 함

Ⅱ. LTE와 5G 비교
(1) 사용주파수 비교

LTE	850MHz, 900MHz, 1.8GHz, 2.1GHz, 2.6GHz
5G(SA 기준)	3.5GHz, 28GHz

- LTE 시스템은 각 사업자별 100MHz 대역을 할당받아 사용하고 있음
- 5G시스템은 NR의 새로운 주파수를 할당받아 각 사업자별로 900MHz 대역을 할당받아 사용하고 있음

(2) 성능비교

4G(IMT-Advanced)		5G(IMT-2020)
1Gbps	최대 전송속도	20Gbps
10Mbps	이용자 체감 전송속도	100~1000Mbps
	주파수 효율성	4G대비 3배
350km/h	고속 이동성	500km/h
10ms	전송지연	1ms
10만/㎢	최대 기기 연결수	100만/㎢
	에너지 효율성	4G대비 100배
0.1Mbps/㎡	면적당 데이터 처리용량	10Mbps/㎡

- 5G는 초고속성, 초저지연, 고속이동성, 초IoT등 다양한 서비스를 구축할 수 있음

(3) 망 구성도 비교

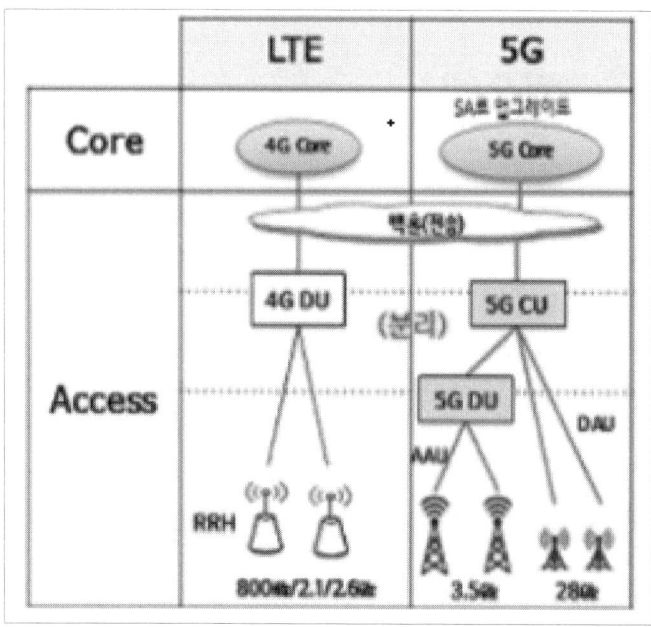

- LTE망 과 5G망은 ACCESS(eNB, RU + DU)-Core(EPC(MME+GW)구조로 매우 심플한 구조를 가지고 있음
- 무선 Access의 사용주파수와 대역폭, 물리계층표준 에 차이가 있음 또한, 5G는 NSA(Non StandAlone) 방식과 SA(StandAlone)으로 구분되며 2020년 현재 SA방식으로 구축진행 중임

(4) 주요기술 비교
1) 고속데이터전송을 위한 물리계층기술

	LTE	5G
다중화 기술	OFDMA	NOMA
채널간섭 제어기술	ICIC, eICIC	Fe-ICIC
대역폭 확장기술	Carrier Aggregation	BWA(BandWidth Part)
안테나 확장기술	Advanced MIMO	빔포밍 및 빔추적
채널코딩 기술	터보코딩	LDPC

2) 핵심서비스

	LTE	5G
고속서비스	IMT-Advanced 1Gbps 서비스	eMBB 20Gbps 서비스
	VoIP, 인터넷, 멀티미디어 서비스	AR, VR, UHD서비스
저지연 서비스	10ms 이내 접속	1ms 이내 접속
	VoD 동영상서비스	자율주행, 공장자동화 서비스
IoT 서비스	100,000 디바이스 연결 /1㎢	1,000,000 디바이스 연결 /1㎢

3) 3GPP표준화 동향

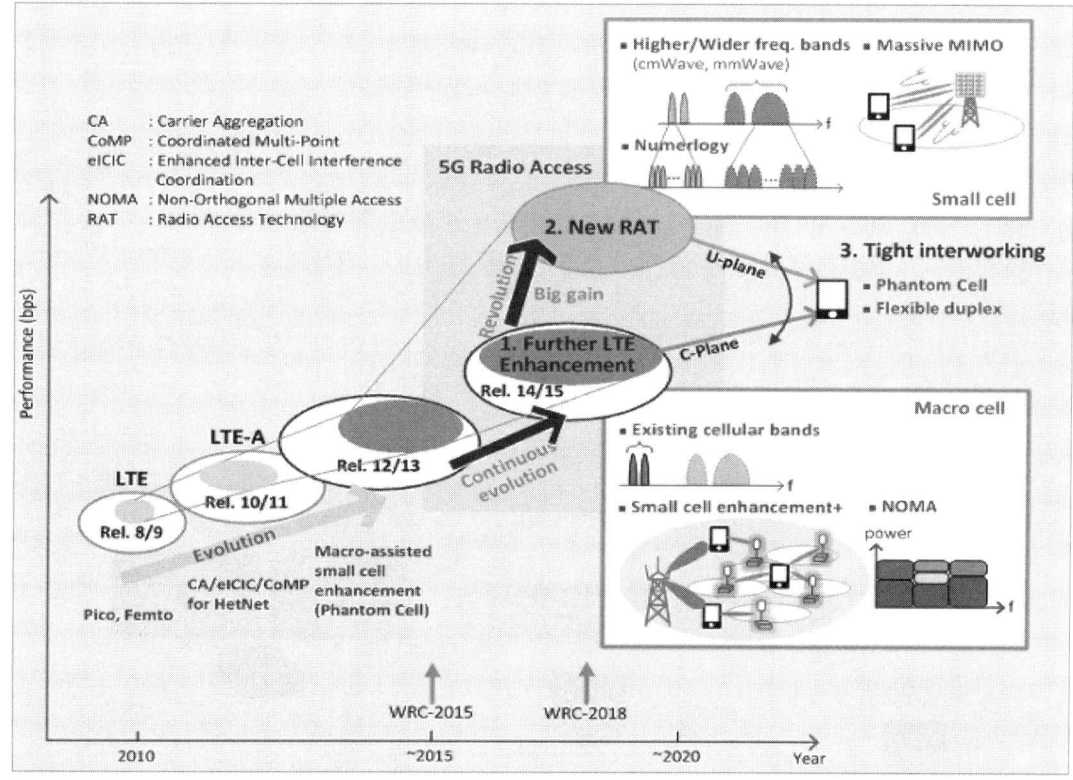

- LTE기술은 3GPP표준 Rel 8 ~ Rel 13에 다양한 무선표준이 발표되었으며, CA/CoMP/eICIC/MIMO기술이 대표적임
- 5G 3GPP표준은 Rel 14~Rel 16이상에 다양한 무선표준이 발표되었으며, NOMA/Massive MIMO/mmWAVE 기술이 대표적임

Ⅳ. 최근동향
- 5G는 기존 사람간 이동통신(음성, 데이터)을 넘어 모든 사물을 연결하고 산업의 디지털 혁신을 촉발하는 핵심 인프라로 자리매김 하고 있음
- 5G의 '초고속·초저지연·초연결' 특성과 AI·클라우드의 결합 등 산업현장 데이터 활용 및 생산성 제고를 통해 산업구조를 혁신적으로 지원가능

문제03) 텔레프레전스(Telepresence)에 대하여 설명하시오.

Ⅰ. 개요
- 텔레프레전스(Telepresence)는 tele와 presence의 합성어로 실물크기의 대화면으로 원격지 상대방의 모습을 보며 화상회의를 할 수 있는 솔루션임.
- 참가자들이 실제로 같은 방에 있는 것처럼 느낄 수 있는 가상현실(디지털 디스플레이) 기술과 인터넷 기술이 결합된 시스템으로 화상회의(video conferencing)를 다음 단계로 끌어 올린 차세대 솔루션임.
- 최근 코로나의 영향으로 비대면 시장(Untact)이 커지면서 더불어 활성화되고 있으며, 2024년까지 원격 근무와 변화하는 인력 통계는 기업 회의 직접대면이 60%-> 25%로 줄어들 것으로 전망

Ⅱ. 텔레프레전스(Telepresence)
- 시스템은 하드웨어 방식과 소프트웨어방식으로 구성할 수 있음
- 하드웨어 방식은 영상 및 음성 처리 전송장비를 활용하기 때문에 회의실 형태의 시스템에 주로 사용
- 소프트웨어방식은 SW기반의 영상 및 음성 처리 압축방식 기술을 활용하기 때문에 PC기반 시스템에 주로 적용

(1) 하드웨어 방식

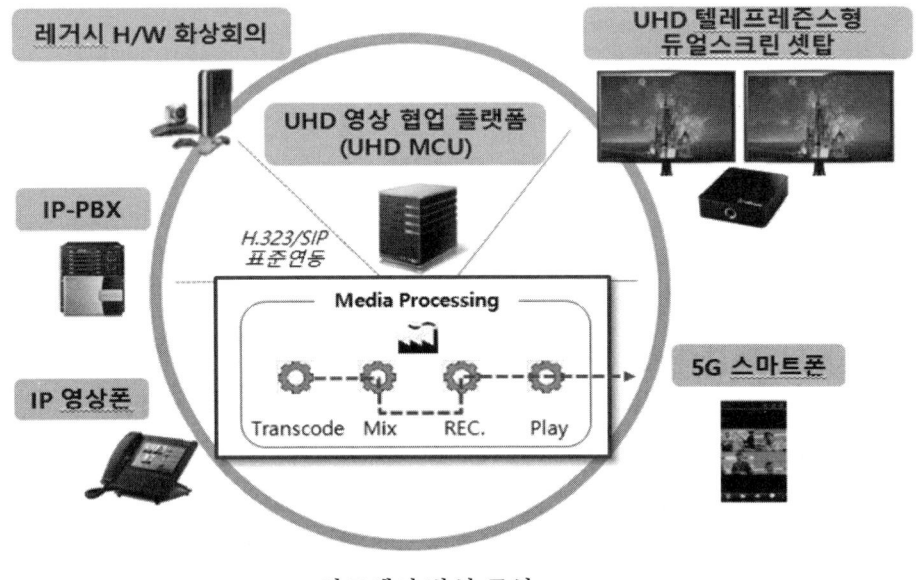

하드웨어 방식 구성

- 여러 지역에서 접속된 개별 터미널의 비디오/오디오 정보스트림을 동시에 하나의 가상그룹으로 접속하여 처리하여 MCU(Multipoint Control Unit)을 통하여 연결됨.
- MCU는 다지점 접속장비로 다자간 화상회의 시에 여러지점에서 들어오는 영상 및 음성정보를 실시간으로 디코딩, 비디오/오디오 믹싱, 인코딩하는 장비

영상회의에 사용되는 프로토콜은 H.323, SIP등이 사용되고 있음

(2) SW방식
- SW방식 영상회의 시스템은 HW장비없이 웹 캠,헤드셋,SW단말,서버 게이트웨이 등으로 구성되며, 최근 PC기반의 개인형 이외에 중소규모의 시스템으로도 활용되고 있음.

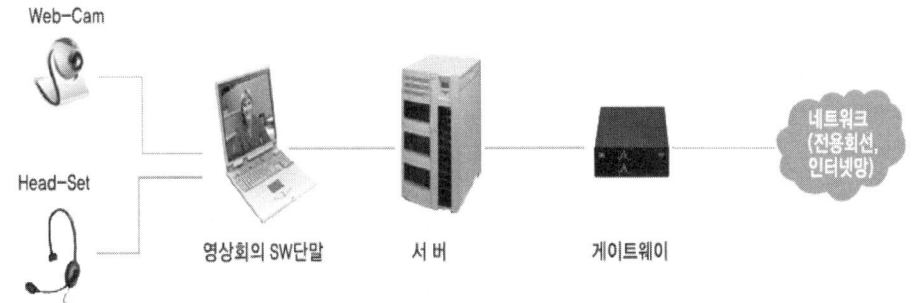

소프트웨어 방식 구성

- SW단말은 영상 및 음성 HW코덱 기능을 SW적으로 구현할 수 있는 프로그램이 탑재되어 있어 멀티미디어(영상,음성,데이터 등)정보를 압축하여 상대방에게 전달
- 다만 client-sever환경에서의 영상회의 SW단말은 통신 프로토콜 스텍과 영상, 음성 코덱 기능을 SW적으로 구현하기 때문에 게이트웨이(GW)를 대신하여 압축된 멀티미디어 정보를 전송하는 역활 수행
- 서버는 MCU(Multipoint Control Unit)기능을 SW적으로 구현할 수 있는 프로그램이 탑재되어 있어 다자간 중계회의 기능 수행
- GW는 통신 프로토콜 스텍 기능과 멀티미디어(영상,음성,데이터 등) 정보를 상대방의 시스템에 맞게 프로토콜 등을 변환하여 전송하는 기능을 수행

Ⅲ. 시스템 요구기능
(1) 독립성
- 플랫폼의 독립적 운영환경 지원
(2) 개방성
- 다양한 하드웨어, 소프트웨어 및 OS 지원
(3) 확장성
- 사용자 증가에 따른 분산서버 운영을 통한 지역별 독립운영 지원 중앙시스템의 통합관리 체계 구축
(4) 경제성
- 중앙시스템 통합관리 환경에서의 단일 운영체계 환경
(5) 안정성
- 안정적인 화상회의 통신환경 제공
(6) 편리성
- 사용자 지향의 인터넷 기반 제품
- 사용, 설치 및 업그레이드 용이

Ⅳ. 기대 효과
(1) 비용점감
- 출장 비용과 시간의 감소
(2) 생산성 증대
- 관련 담당자 및 고객과 즉시 연결 가능
(3) 친환경 솔루션
- 탄소 배출 감소로 환경에 긍정적인 영향
(4) 사회 간접 비용 절감
- 재택 근무로 인한 교통체증 해소

Ⅴ. 향후 전망
- 텔레프레즌스는 고실감형 영상회의를 의미하며, 마치 상대가 앞에 있는 듯한 경험("Being-There")을 제공해주는 서비스임
- 최근 코로나19사태와 텔레프레즌스 제품의 가격 하락과 비즈니스 여행경비 절감, 사업의 공급망 확장, 랩톱 및 스마트폰의 업무활용 등으로 텔레프레즌스 시장은 계속 성장할 것으로 전망
- 특히 환경에 대한 관심이 높아지면서 녹색성장의 개념이 등장하게 되고 출장으로 인한 불필요한 시간낭비, 교통체증 방지 및 탄소배출량 억제를 통한 사회간접자본 비용을 절감할 수 있는 대안으로 스마트워크의 중요성이 부상하면서 텔레프레즌스 시장은 급속하게 성장할 것으로 예측됨.

문제04) 지능형 초연결망의 정의, 필요성, 구성, 구성별 기술에 대해 설명하시오.

Ⅰ. 개요
- 초연결망은 네트워크 전체에 소프트웨어 정의 기술(SDx)을 적용하는 차세대 국가망임
- 이는 미래의 지능형 사회에 적합한 망을 선도하여 구축하고자 함
- 지능형 초연결망의 대표적인 구성은 중앙 관리형 업무통신망 모델, 맞춤형 내부통신망 모델, Edge 네트워크 서비스 모델, IoT 기반 스마트 모델 등을 고려해 볼 수 있음
- 지능형 초연결망의 대표 기술로는 SDN, NFV, SD-WAN/LAN, AI, IoT, Edge 기술 등이 적용됨

Ⅱ. 지능형 초연결망의 정의
- 네트워크 전체에 소프트웨어 정의 기술(SDx)을 적용하는 차세대 국가망
- 초연결 기술의 성숙성을 고려해 5개 모델을 발굴
① 소프트웨어 정의 근거리통신망(SDLAN)
② 소프트웨어 정의 사물인터넷(SDIoT)
③ 소프트웨어 정의 데이터센터(SDDC)
④ 소프트웨어 정의 장거리통신망(SDWAN)
⑤ 소프트웨어 기반 가상화 고객내장치(SDvCPE)
- 전국 어디서나 사물과 사람을 연결하고 유,무선 기가급 이상의 속도를 제공하는 네트워크를 이름
- 초고속정보통신망('95~'05년), 광대역통합망(BcN, '04~'10년), 광대역 융합망(UBcN, '09~'14년)을 잇는 중장기 네트워크 발전 전략임

Ⅲ. 지능형 초연결망의 필요성
- 4차 산업혁명과 스마트시티의 핵심 인프라인 5G이동통신, IoT망, SW기반 네트워크 기술 등 지능형 초연결 네트워크 신기술을 선도하고, 활성화 촉진하기 위함
- 더 빠르고 네트워크, 네트워크의 지속적인 고도화추진
- 더 경쟁력 있는 네트워크 산업, 네트워크산업 활성화 기반 조성
- 더 혁신적인 네트워크, 네트워크 신기술선도
- 더 다양하고 새로운 서비스, 네트워크기반의 서비스 활성화

IV. 지능형 초연결망의 구성 및 구성별 기술
(1) 중앙 관리형 업무통신망 모델
1) 구성
 - SW기반 DataCenter 등 본사 + 소속기관 + 지사(산하기관) 등과 SDN을 연결하고, 수집된 Data를 중앙(SDDC)에서 서비스를 제공하거나, 인공지능 등의 분석을 통해 관리하는 모델
 - 적용예시 : ① 운영효율화를 위한 데이터센터 구축·확대 및 지사간 SDN 연동,
    ② 자원의 동적확장과 보안강화를 위한 지사망(vCPE) 구축 및 중앙관리
    ③ 중앙 또는 지점에서 수집된(5G/IOT 등) 실시간 데이터를 중앙에서 AI분석(Deep-Learning)하여 장애 감지 및 대응기능 구현 등
2) 구성기술 : SDDC + SD-WAN + vCPE

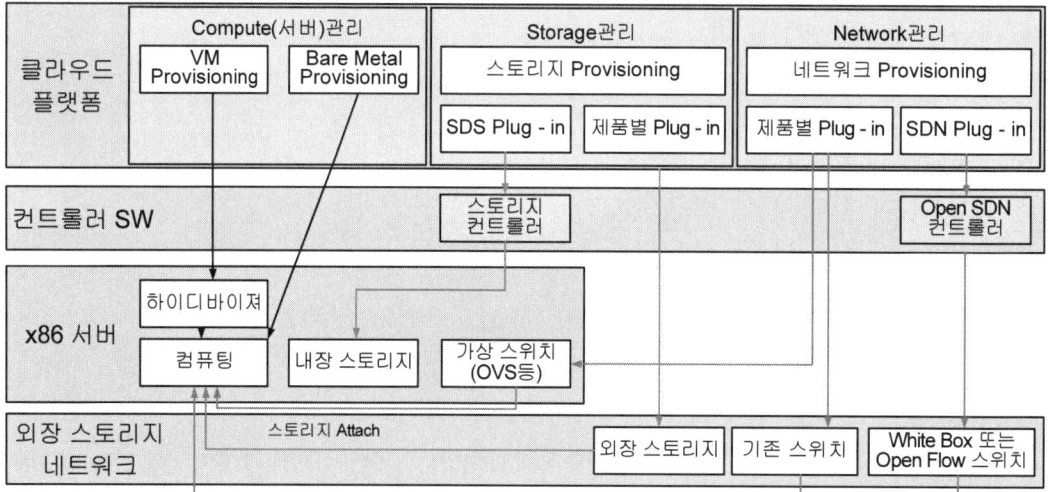

(2) 맞춤형 내부통신망 모델
1) 구성
 - 사무실, 학교 등의 LAN 환경에 Software 기반 네트워크 기술을 적용하여 수행 업무에 최적화된 네트워크를 자동으로 구성하고 스스로 관리하는 확장성과 관리 편의성을 강화하는 모델
 - 적용예시 : ① 정부기관·기업 사무실 또는 학교망 LAN을 SDn기반으로 환경 구축
    ② 떨어져 있는 사무실의 전용망 구간을 한 개의 망으로 관리하는 LAN구축
    ③ 기업사무실-지사의 Public망 WAN구간을 자율네트워크 구성
    ④ 아파트와 같은 독립망에 비전문가도 운영할 수 있는 SDN망 구축 등

2) 구성기술 : SD-LAN + SD-WAN

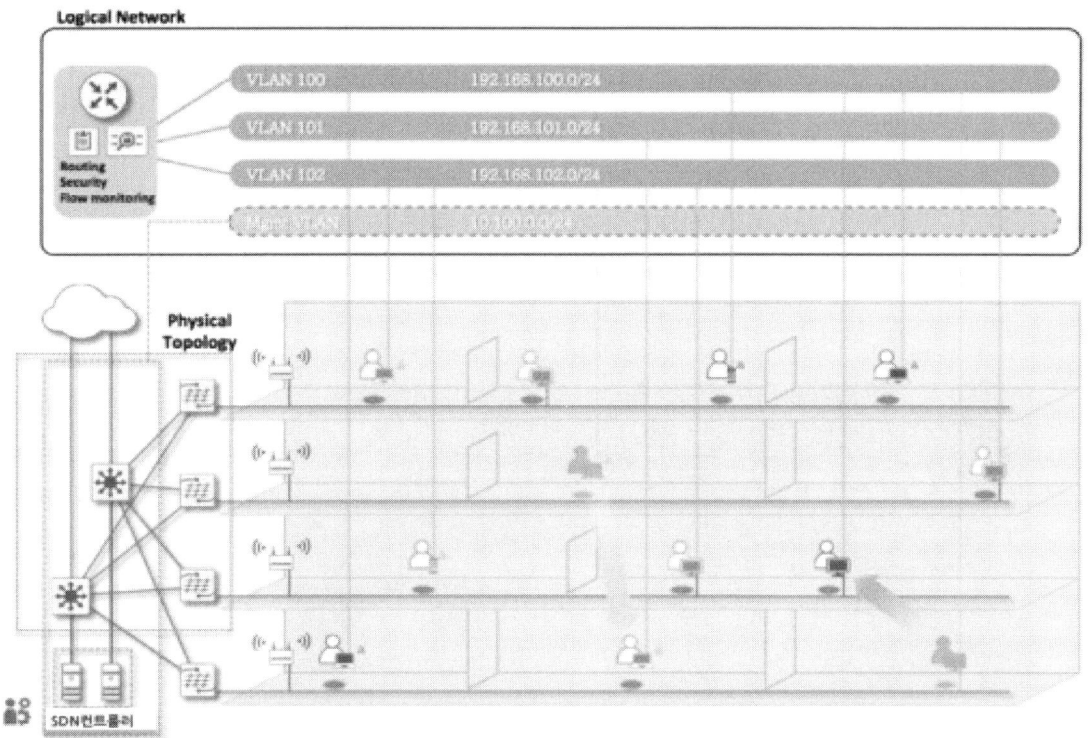

(3) Edge 네트워크 서비스 모델
1) 구성
 - 지역적으로 널리 분포된 네트워크에서 지능화 기능이 포함된 Edge 컴퓨팅과 SDN기술을 조합하여 저지연, 고가용성 서비스를 구현하는 모델
 - 적용예시 : ① 엣지 컴퓨팅과 SDN기술을 활용한 자율협력주행 및 지역적 분산 처리
   ② 학교·관광지·산업단지 등 특정구역 CCTV의 Edge 컴퓨팅 기능구현 및 중앙 SDDC 연동기반 구축
2) 구성기술 : EDGE + SD-WAN + SDDC + AI

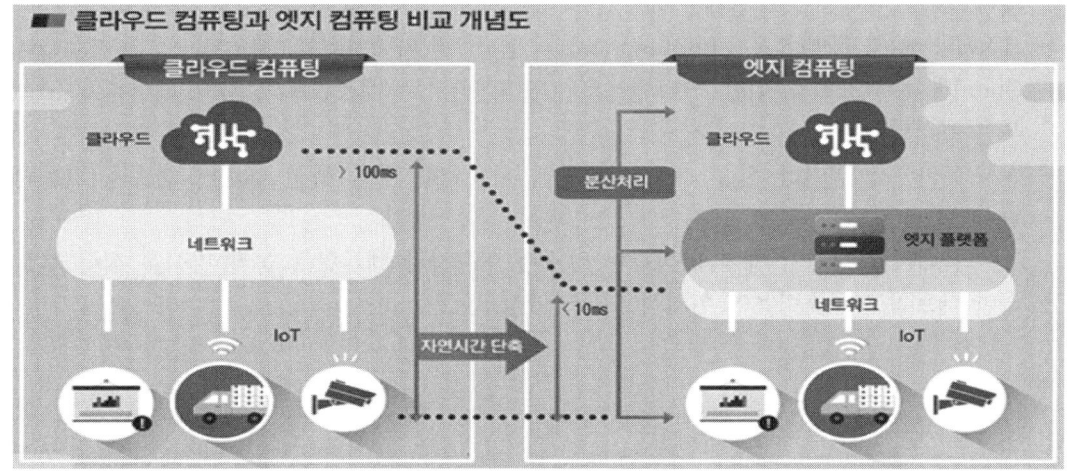

(4) IoT 기반 스마트 모델
1) 구성
 - 사물 인터넷 기술인 IoT를 SDN/NFV 인프라와 연동하여 공장·농원·화원 등 IoT 제어 분야 서비스와 물·전력·온도·공기질 등의 환경제어가 필요한 서비스에 적용하는 모델
 - 적용예시 : ① 디지털 계량기 검침, 온도 자동설정 등 에너지 관리
            ② 노약자 위치추적·소외시설 위급상황 관제 등 긴급서비스 구현
            ③ 상·하수도 시설물과 설비관리를 통한 스마트워터 서비스
            ④ 공용주차 및 거주자 우선주차 활용을 위한 주차 관리서비스 등
2) 구성기술 :IoT + SD-LAN + SD-WiFi

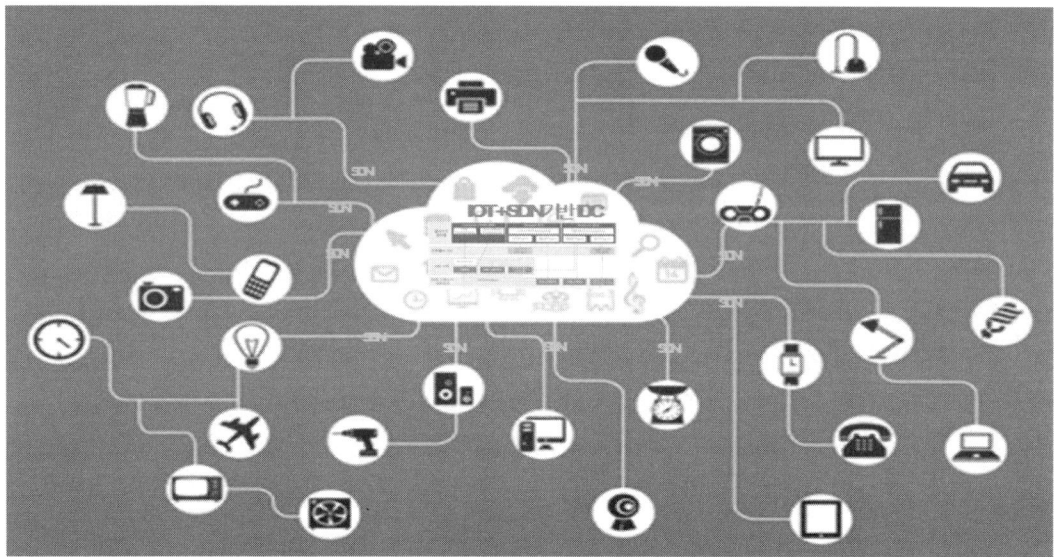

Ⅴ. 지능형 초연결망의 대표 기술 (SDN, NFV)
1) SDN (Software-Defiend Networking, 소프트웨어 정의 네트워킹)
 - NV 또는 NFV의 진화모델로서, NV1)가 디바이스를 제어하고 NFV가 애플리케이션을 제어, SDN은 네트워크 전체를 제어
 - SDN은 제어 평면(지능, intelligence)과 전달 평면(데이터의 전달)을 분리·사용하며 OpenFlow는 SDN을 위한 인터페이스 기술의 하나로 네트워크 장치의 제어부와 전송부를 분리함
 - WAN분야에서 데이터 전송 경로 최적화에 사용되며 더욱 빠른 데이터 전송을 가능케 함
 - 기존의 레거시 장비의 제어 방식과는 다르게 이용자가 네트워크 동작 방식을 직접 결정하여 네트워크 구축비용이 획기적으로 낮아짐

2) NFV(Network Functions Virtualization, 네트워크 기능 가상화)
- NV보다 강력한 네트워크 가상화라고 볼 수 있는데, NFV는 하드웨어 플랫폼을 제어하는 것 보다는 네트워크 주소 변환, 방화벽, 침입 탐지 등과 같은 네트워크 기능을 제어함
- 더 나아가 표준화된 가상화 기술을 사용하여 가상서버, 스토리지 및 다른 네트워크를 포함한 전체 가상 인프라를 구현하는 데 필요한 네트워크 구성 요소들을 통합하고 전달함
- 가상화 기술을 통해 소프트웨어(네트워크 기능)와 하드웨어(네트워크 장비)를 분리해 비용 절감을 얻을 수 있음

VI. 결론

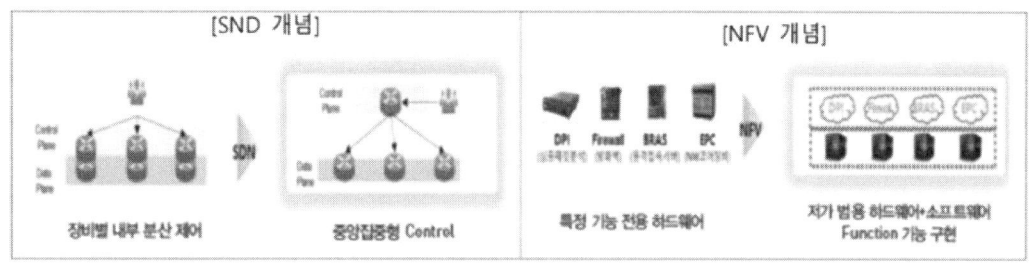

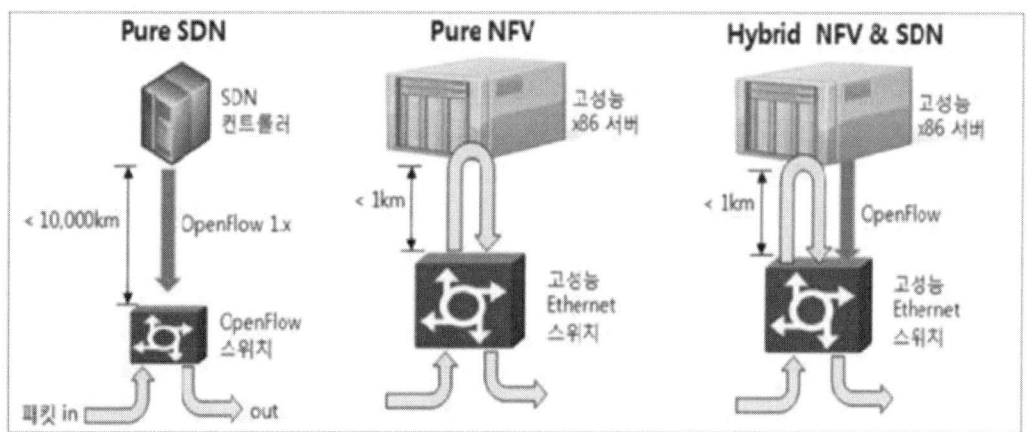

구분	SDN	NFV
필요성	네트워크 제어의 중앙집중화와 유연성 확보	네트워크 기능을 특정 기기로부터 일반 서버로의 재배치
위치	캠퍼스, 데이터센터, 클라우드	서비스 사업자 네트워크
디바이스	상용서버 스위치	상용서버 스위치
응용	클라우드 오케스트레이션과 네트워킹	라우터, 방화벽, 게이트웨이, CDN, WAN가속기, SLA assurance 등
프로토콜	OpenFlow, OVSDB, NETCONF 등	-
표준화 기구	Open Networking Forum(ONF), OpenDaylight	ETSI NFV Worrking

※ 자료 : NFV and SDN : What's the Different, 2013.

- 기존의 네트워크 인프라 한계를 극복하고 효율적인 트래픽 관리를 위해 표준화된 플랫폼이 필요함, 이를 위해 제시된것은 지능형 초연결망이며 이의 표준화 및 기술력을 위해 힘써야 할 것임
- 단순히 하나의 제품이 아니라 ICT 시장 전체를 혁신하는 하나의 큰패러다임이기에 국내 인프라 현황, 글로벌 시장의 구조, 표준 및 기술 수준 등 현황을 좀 더 냉정하게 들여다보고 실현 가능성을 기반으로 한 전략을 수립해야 할 필요가 있음
- 기술 자체의 발전도 중요하지만 이와 연계되는 산업들의 제도를 정비할 필요가 있음
  기술이 연계된 빠르고 혁신적, 경제적인 지능형 초연결망을 통하여 다양한 서비스를 리딩해 나가야 할 것임

출처: 지능형 초연결망 선도확산사업, NIA, TTA, 2018년 파주 지능형 초연결망 선도사업 산업활성화

문제05) 정보통신공사업법 시행령 제2조 공사의 범위와 종류에 대해서 설명하시오

Ⅰ. 개요
- 정보통신설비란 유선,무선,광선 그 밖의 전자적 방식으로 부호, 문자, 음향 또는 영상 등의 정보를 저장, 제어, 처리하거나 송·수신하기 위한 기계, 기구, 선로 및 그 밖에 필요한 설비를 말함
- 정보통신공사란 정보통신설비의 설치 및 유지·보수에 관한 공사와 이에 따른 부대공사로서 대통령으로 정하는 공사를 말함.

Ⅱ. 정보통신공사의 범위
1) 전기통신관계법령 및 전파관계법령에 따른 방송설비공사
2) 방송법 등 방송관계법령에 따른 방송설비공사
3) 정보통신관계법령에 따라 정보통신설비를 이용하여 정보를 제어·저장 및 처리하는 정보설비공사
4) 수전설비를 제외한 정보통신전용 전기시설설비공사 등 그 밖의 설비공사
5) 제1호부터 제4호까지의 규정에 따른 부대설비공사
6) 제1호부터 제5호까지의 규정에 따른 공사의 유지·보수공사

Ⅲ. 정보통신설비의 종류
1) 통신설비 공사
   - 통신선로공사: 통신구설비, 통신관로설비, 통신케이블 설비 등의 공사
   - 교환설비공사: 전자식교환, 자동식 교환, 비동기식 교환설비, 지능망설비 등의 공사
   - 전송설비공사: 전송단국설비, 중계설비, 다중화설비, 분배설비 등
   - 구내통신설비공사: 구내통신선로, 방범설비, 배관 및 배선설비, 키폰전화설비 등의 공사
   - 이동통신 설비공사: 개인이동통신(PCS) 설비, 주파수 공용통신(TRS) 설비 등의 공사
   - 위성통신 설비공사: 위성 송·수신국 설비, 위성체 설비, 지상관제소 설비 등의 공사
   - 고정무선통신설비 공사: 마이크로웨이브설비, 무선적외선 설비 등의 공사
2) 방송설비공사
   - 방송국 설비 공사: 영상,음향설비, 송출설비, 방송관리시스템설비 등의 공사
   - 방송전송, 선로설비 공사: 방송관로설비, 방송케이블 설비, 전송단국 설비 등의 공사

3) 정보설비 공사
   - 정보제어, 보안설비 공사: 인공지능빌딩 시스템설비, 정보시스템관리설비, 경비보안설비 등
   - 정보망 설비공사: LAN,VAN,WAN설비, 유비쿼터스설비 등의 공사
   - 정보매체 설비공사: 화상회의시스템 설비, 홈뱅킹시스템 설비 등의 공사
   - 항공, 항만 통신설비공사: 로란 및 레이더 설비, 위성항행 설비, 위성항법시스템 설비 등
   - 선박의 통신, 항해, 어로설비공사: 선박통신설비, 선박항해설비, 선박어로설비 등의 공사
   - 철도통신, 신호설비공사: 역무자동화설비, 열차무선설비, 사령전화설비 등의 공사
4) 기타설비공사(정보통신 전용 전기시설설비 공사)

IV. 감리대상 공사의 범위

- 용역업자에게 감리를 발주하여야 하는 공사는 다음 각 호의 어느 하나에 해당하는 공사를 제외한 공사로 함.
1) 통신사업자가 전기통신역무를 제공하기 위한 공사로서 총공사 금액이 1억원 미만인 공사
2) 철도, 도시철도, 도로, 방송, 항만, 항공, 송유관, 가스관, 상·하수도 설비의 정보제어 등 안전·재해예방 및 운용·관리를 위한 공사로서 총공사 금액이 1억원 미만인 공사
3) 3층 미만으로서 연면적 5천 제곱미터 미만의 건축물에 설치되는 정보통신설비의 설치공사. 다만, 「전기통신사업법」에 따른 전기통신사업자가 전기통신역무를 제공하기 위한 공사 또는 철도·도시철도·도로·방송·항만·항공·송한 공사로서 총 공사금액이 1억원이상인 공사는 제외
4) 대·개체되는 기존 설비 외의 신설 부분이 경미한 공사의 범위에 해당되는 공사
5) 그 밖에 공중의 통신에 영향을 미치지 아니하는 정보통신설비의 설치공사로서 미래창조과학부장관이 정하여 고시하는 공사

문제06) 섹터 안테나, 야기 안테나, 옴니 안테나, 패치 안테나를 비교 설명하시오.

I. 개요
- 안테나는 구조, 동작원리, 지향특성, 주파수대, 주파수 특성 등에 따라 분류할 수 있다.

II. 섹터 안테나(Sector Antenna)
셀룰러방식 육상 이동통신 기지국에서 기지국을 몇 개의 섹터로 나누어 사용할 때 사용하는 안테나를 말한다.

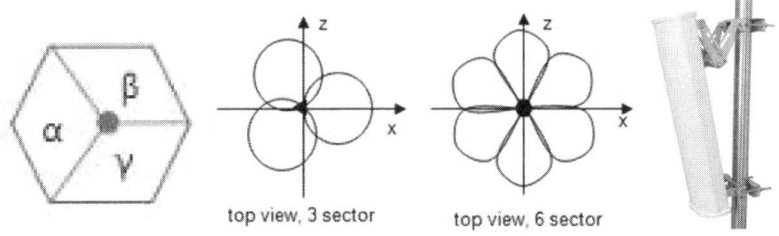

- 이 때 사용하는 안테나는 지향성을 갖는다. 즉, 120°(3 sector) 또는 60°(6 sector) 영역만을 담당하는 지향성 안테나를 사용한다.
- 각 기지국 내 인접 섹터 간의 간섭 최소화 및 기지국 용량 증대 등을 위해 사용한다.
- 특정 방향 각도로부터 오는 신호에 대해서는 안테나 이득을 크게 주고, 다른 방향에서 오는 간섭신호에 대해서는 수신이 잘 되지 않도록 설계한다.
- 보통 이득을 높이기 위하여 반파장 다이폴을 수직으로 stack하고, 반사판을 두어 지향성을 얻는다.
- 보통, 송신용 1개 안테나와 수신용은 공간다이버시티를 위하여 2개 사용하는 경우가 많다.
- 간섭을 줄이기 위하여 tilting을 사용한다.

III. 야기 안테나
(1) 구조
- 반사기, 투사기, 도파기로 구성된 안테나
- 투사기 : 전파를 직접 방사하거나 수신하는 급전소자로서 $\frac{\lambda}{2}$ 다이폴, folded 다이폴, 동축 다이폴 등이 많이 사용된다.

- 반사기 : 무급전소자(기생소자)로서 투사기 보다 약간 길어서(5% 정도) 유도성 리액턴스를 갖도록 하여 전파를 반사시킴. 투사기보다 위상이 90° 뒤짐. 한 개만 사용함.
- 도파기 : 무급전소자(기생소자)로서 투사기 보다 약간 짧게 만들어(5% 정도) 용량성 리액턴스를 갖도록하여 전파를 유도함. 투사기 보다 위상이 90° 앞섬. 여러 개를 사용할 수 있음.
- 투사기, 반사기, 도파기 사이의 거리는 대략 $\frac{\lambda}{4}$ 정도로서 가장 적합한 간격이 되도록 설계한다.

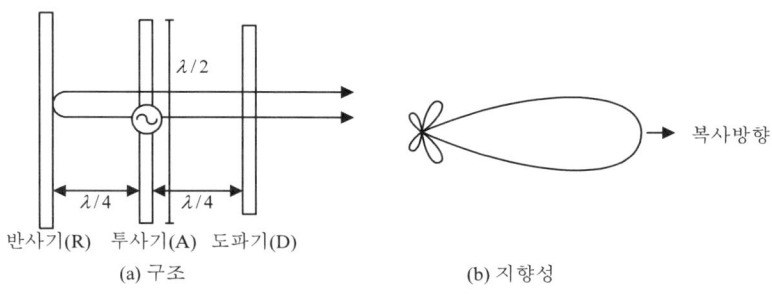

야기 안테나

(2) 특징
- 단향성으로 예민한 지향성을 가짐.
- 이득 $G = \cong \frac{10L}{\lambda}$ (L : 안테나 소자간의 거리)
- 소자수가 증가하면 이득과 지향성 증가함.
- 각 소자의 길이, 굵기, 간격에 따라 이득, 지향성에 변화함.
- 구조는 간단하나 이득이 큼.
- 협대역 특성을 가짐.

(3) 용도
  TV 수신용에 협대역 특성을 보상한 Yagi 안테나 사용 VHF 대 고정통신용

(4) 이득
- 소자의 수 즉, 도파기의 수를 증가시키면 이득이 증가됨
  $$G = \frac{10L}{\lambda}$$
  여기서 L은 안테나 소자 배열 축 사이의 거리
- 3소자의 경우
  축간거리 L = λ/4 + λ/4 = λ/2 (실제로는 λ/2 보다 조금 작음)
  이득 $G = \frac{10}{\lambda} \times \frac{\lambda}{2} = 5$ (7 dB)

- 4소자의 경우

$$L = L = \lambda/4 + \lambda/4 + \lambda/4 = \frac{3}{4}\lambda$$

$$G = \frac{10}{\lambda} \times \frac{3}{4}\lambda = 7.5 \ (8.75 \text{ dB})$$

Ⅳ. 옴니 안테나(omnidirectional antenna)

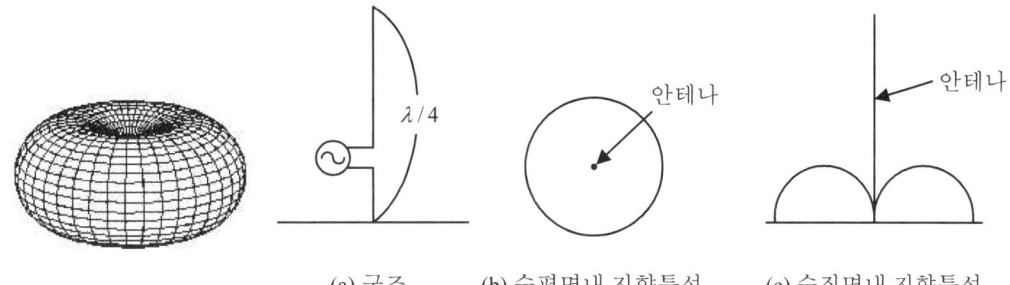

(a) 구조   (b) 수평면내 지향특성   (c) 수직면내 지향특성

안테나의 지향특성 패턴은 수직면내 지향성과 수평면내 지향성, E면 지향성과 H면 지향성, 전계 패턴과 전력 패턴 등으로 구분할 수 있다.
보통은 수평면내 지향특성이 무지향성인 안테나를 옴니 안테나라고 한다.
기지국에서는 무지향성 안테나를 사용하는 경우가 많다.
수평면내 무지향성인 안테나는 수직 다이폴, λ/4 수직 접지 안테나, GP형 안테나로는 브라운 안테나, whip안테나, 수직 동축안테나, 디스콘 안테나 등이 있다.
옴니 안테나는 이득이 낮기 때문에 이득을 높이기 위해서는 수직 stack(적립)하여 사용한다. 대표적인 안테나는 collinear array 안테나가 있다.

Ⅴ. 패치 안테나

- 마이크로스트립 패치 안테나는 유전체를 사이에 두고 한 면에는 접지도체가 있고, 다른 한면에는 평면 구조의 복사 소자가 있는 구조이다.
- 패치의 형태는 정방형, 직사각형, 원형, 타원형, 마름모꼴, 삼각형 등 제한이 없다.
- 직선편파, 원편파 모두 가능하다.

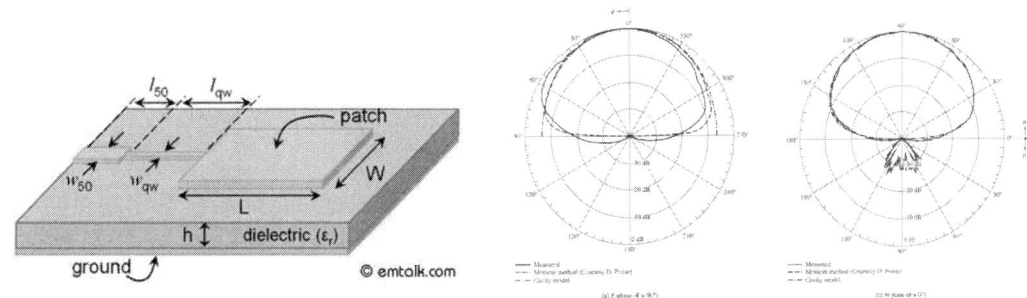

- 급전방식은 마이크로스트립 선로, 동축선로(프루브 급전), 개구면 결합, 근접결합 방식이 있다.

- 사각형 패치

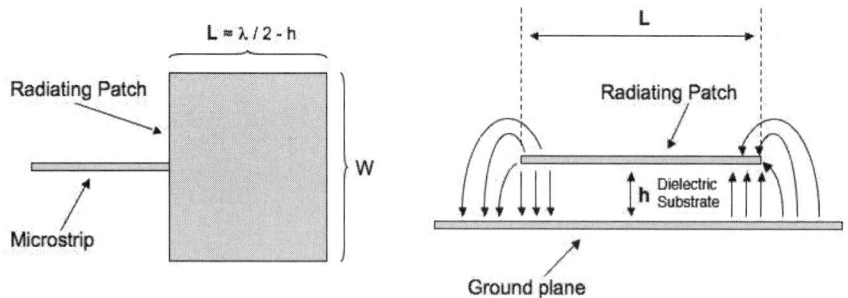

- fringing 효과 => 패치의 가장자리에서 전계가 바로 잘리지 않고 약간 퍼져 나가는 모양
- fringing 효과는 물리적 크기보다 전기적으로 더 크게 보이게 된다.
- 패치의 실효길이는 $L_{eff} = L + 2\Delta L$ 따라서 L 값은 $\lambda/2$보다 작게 만들어야 한다.

- 장단점

장 점	단 점
- 작고 가벼움. - 대량 생산이 용이함. - 집적화가 쉬움. - 어레이 안테나 구현이 쉬움. - 기판 크기를 조절할 수 있음. - 박막형태로 만들 수 있기 때문에 미사일이나 비행물체에 부착할 수 있음 - 직선 편파, 원편파의 구현이 용이 - 급전선과 정합회로망을 동시에 제작 가능 - 증폭기, 발진기 등과 같은 능동회로의 부착이 용이	- 높은 전력을 다룰 수 없음.(저전력) - 상대적으로 기판 값이 비쌈. - surface wave coupling이 있어서 지향성과 편파 특성이 저하할 가능성. - 전송 가능한 대역폭이 좁음. - 초고주파에서 fringing field가 늘어남. - 이득이 낮다. - 급전부분과 복사 소자 사이의 분리가 어렵다 - array를 하는 경우 side lobe를 줄이기 힘들다

VI. 결론

섹터 안테나는 지향성 안테나로서 담당하는 섹터에만 전파를 집중 시키고, 옴니 안테나는 수평면내 무지향성이 필요한 경우에 사용한다. 이동통신 기지국용 안테나를 설명할 때 많이 사용하는 용어이다.

야기 안테나는 무급전 소자를 이용하여 지향특성을 얻는 대표적인 안테나로서 주로 VHF 및 UHF대에서 구조에 비하여 큰 이득을 얻기 때문에 고정국 간의 통신이나 TV 수신용 등 매우 다양하게 활용되는 안테나이다.

마이크로스트립 패치 안테나는 주로 마이크로파대에서 array하여 필요한 특성을 얻는다. 능동형 안테나에 적합하고, 기지국용, 중계기용, 레이더용 등 매우 다양하게 활용되는 안테나이다.

국가기술자격 기술사시험문제

기술사 제 122 회   제 4 교시 (시험시간: 100분)

분야	통신	자격종목	정보통신기술사	수험번호		성명	

※ 다음 문제 중 4문제를 선택하여 설명하시오. (각10점)

문제01) DHCP의 IP할당 방식을 설명하시오

I. DHCP 프로토콜 정의
- 단말의 IP주소, 서브넷 마스크, DNS주소, G/W주소를 동적으로 할당하는 응용계층 프로토콜
- 단말의 IP주소를 중앙에서 효율적으로 할당 및 관리하는 것이 가능함

II. DHCP 구성요소
- DHCP 서버: IP 주소 및 관련 설정 정보를 보유한 DCHP 서버를 작동하는 네트워크 디바이스. 일반적으로 DHCP 서버는 서버 또는 라우터를 의미하지만, 호스트로 작동할 수 있다면 별도의 제한이 없음.
- DHCP 클라이언트: DHCP 서버에서 설정 정보를 전송 받는 엔드포인트. 컴퓨터, 모바일 디바이스, IoT 엔드포인트 및 네트워크 연결 장비 등이 있음
- IP 주소 풀: DHCP 클라이언트에서 이용할 수 있는 IP 주소의 범위.
- 서브넷: IP 네트워크를 서브넷으로 알려진 세그먼트로 나눌 수 있음.
- 대여(Lease): DHCP 클라이언트가 IP 주소 정보를 보유할 수 있는 시간. IP 주소 대여가 만료되면 클라이언트가 갱신
- DHCP 릴레이: 네트워크에서 브로드캐스트 된 클라이언트 메시지를 수신 받은 뒤, 설정된 서버로 전달하는 라우터 또는 호스트

Ⅲ. IP 절차별 할당방식
 - DHCP서버로부터 IP임대사용
 - 임대기간의 50%시간 이내 재 임대요청을 시도해야 하며, 그렇지 않을 경우는 IP주소가 회수됨
 - DHCP포트는 서버 UDP 67 클라이언트 UDP 68

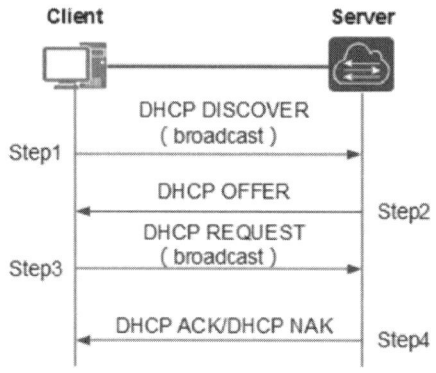

1) DHCP Discover
- 메시지 방향: 단말 -> DHCP 서버
- 브로드캐스트 메시지 (Destination MAC = FF:FF:FF:FF:FF:FF)
- 의미: 단말이 DHCP 서버를 찾기 위한 메시지. LAN상에(동일 subent상에) 브로드캐스팅을 하여 " DHCP 서버 응답요청
2) DHCP Offer
- 메시지 방향: DHCP 서버 -> 단말
- 브로드캐스트 메시지 (Destination MAC = FF:FF:FF:FF:FF:FF)또는 유니캐스트
- 의미: DHCP 서버가 존재유무를 응답하는 메시지, 단순히 DHCP 서버의 존재만을 알리지 않고, 단말에 할당할 IP 주소 정보를 포함한 다양한 "네트워크 정보"를 함께 실어서 단말에 전달
3) DHCP Request
- 메시지 방향: 단말 -> DHCP 서버
- 브로드캐스트 메시지 (Destination MAC = FF:FF:FF:FF:FF:FF)
- 의미: 단말은 DHCP 서버(들)의 존재를 확인하였고, DHCP 서버가 단말에 제공할 네트워크 정보(IP 주소, subnet mask, default gateway등)를 확인. 단말은 DHCP Request 메시지를 통해 하나의 DHCP 서버를 선택하고 해당 서버에게 "단말이 사용할 네트워크 정보"를 요청

Ⅳ. IP 종류별 할당방식
- 수동할당 : BOOTP프로토콜처럼 MAC주소에 기반을 두고 IP고정 할당하는 방식, 컴퓨터나 장치에 고정, IP를 재활용하지 않음
- 자동할당 : 클라이언트의 요청에 따라 할당된 ip주소가 그 클라이언트에게 영구적으로 사용됨
- 동적할당 : IP를 일시적으로 임대하며 IP를 재활용

Ⅴ. DHCP와 BOOTP의 차이
- DHCP와 호환성 유지를 위해 동일 port 사용
- BOOTP는 고정 IP를 알려줌
- RARP는 Host에게 IP만 알려줌 (DHCP는 IP,GW,SM을 알려줌)

Ⅵ. DHCP의 특징
- 적은 수의 IP로 많은 가입자 수용
- DHCP메세지를 이용한 다양한 부가서비스 제공(인증)
- 다중 DHCP서버 구성으로 IP할당 안정성 확보
- Host의 손쉬운 관리, Host의 이동성 보장

Ⅶ. 결론
- DHCP는 자동/수동으로 IP를 할당할수 있는 편리한 프로토콜임
- 하지만 DHCP 프로토콜은 인증 과정이 없으므로, 어떤 클라이언트도 빠르게 네트워크에 접속할 수 있음. 바로 이 점 때문에 다양한 보안 문제를 수반할수 있음.
- 예를 들어 비인증 서버를 통한 클라이언트 유해 정보 배포, 비인증 클라이언트에 IP 주소 전달, 비인증 또는 유해 클라이언트로 인한 IP 주소 고갈 등이 있음
- 또 이로 인해, 서비스 거부 공격(DoS) 또는 중간자 공격이 발생할 수 있어, 가짜 서버가 악의적인 용도로 사용될 수 있는 자료를 중간에서 가로챌 가능성이 있음
- 이를 방지하기 위해 릴레이 에이전트 정보 옵션(Relay Agent Information Option)등을 통해 엔지니어가 DHCP 메시지가 네트워크에 도착했을 때 태그화를 지원하고, 이 태그를 통해서 네트워크 접속을 관리하는 용도로 사용하여 보안성을 높일수 있음, 또는 802.1x 인증방식(NAC)을 사용하는 것을 고려해볼 수 있음

문제02) 데이터 네트워크 설계 시 장비용량 규모 산정과 장비 선정 시 고려해야 할 사항을 기술하고, 웹 방화벽의 TCP Throughput을 계산하기 위한 공식을 서술하시오

I. 개요
- 정부부처 및 공공기관에서는 매년 다양한 네트워크 인프라 사업을 추진하고 있다.
- 정보통신 서비스 제공을 위한 인프라는 일반적으로 네트워크 장비(스위치, 라우터, 전송장비 등)와 컴퓨팅 장비(서버, 스토리지 등)로 구성된다.
- 네트워크 장비는 그동안 객관적인 장비 규모산정 기준의 부재로 인해 실제 요구되는 네트워크 사양이 과도하게 산정되는 경우가 많이 발생하고 있으며, 이로 인해 불필요한 예산 낭비의 우려가 제기되어 왔다.

II. 장비용량 규모 산정과 장비 선정 시 고려사항
1) 개념적 장비용량 규모산정 절차

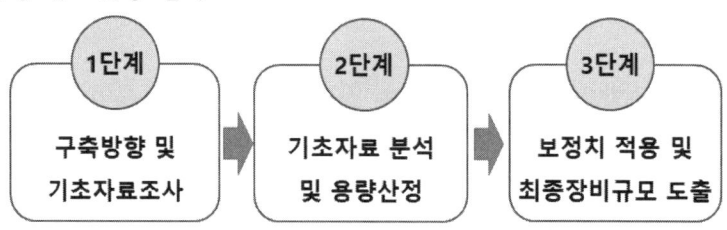

그림 개념적 규모산정 절차

2) 1단계 고려사항
- 1단계인 네트워크 구축방향 및 기초자료조사 단계에서는 ISP(Informattion Strategy Planning)나 네트워크 구축에 대한 기본계획을 토대로 트래픽 흐름을 파악한다.
- 그 후 향후 구축/확장되어질 네트워크 구조와 산정 용량의 적합성에 대한 재검토를 바탕으로 장비규모 산정에 필요한 기초자료를 수집한다.

3) 2단계 고려사항
- 2단계에서는 1단계에서 수집된 기초자료를 바탕으로 장비별 접속, 분배, 백본 계층별 용량(필요 포트 수량)을 결정한다.
- 현재의 네트워크 규모와 향후 업그레이드 없이 사용할 기간을 감안하여 필요 규모를 사전 확보해야 한다.
- 계층별 스위칭 용량 등을 고려하여 기존 장비의 교체 및 확장 여부, 신규 장비의 설치 계획을 수립해야 한다.
- 확장 시기, 사용자 수, 예상 트래픽 증가량 등을 전체적으로 고려하여 확장 방안을 수립해야 한다.

- 전송 장비의 경우는 과거 3년간 트래픽 평균증가율과 시스템 확장 상수를 성능 지표로 반영한다.
4) 3단계 고려사항
- 3단계에서는 2단계에서 도출된 계층별 필요 포트 수량과 네트워크 형태에 따라 보정치를 적용하여 최종적으로 장비 규모를 확정한다.

Ⅲ. 웹 방화벽의 TCP Throughput 계산공식
1) 웹 방화벽

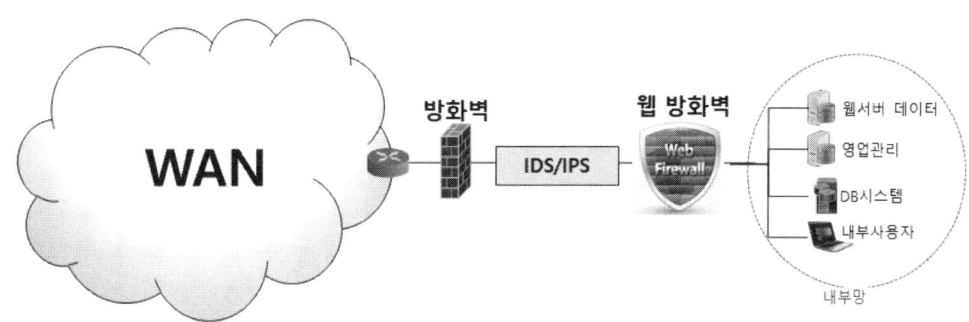

그림 웹 방화벽

- 일반 방화벽은 IP와 PORT 기반으로 네트워크 상의 접근통제를 한다.
- 이 때 일반 방화벽 내부에 위치한 웹 서버들이 외부접속자들에게 접속을 허용하려면, 필연적으로 80번 포트(HTTP)를 오픈해 주어야 한다.
- 80번 포트를 닫아버리면 웹 서버의 서비스가 동작되지 못하므로, 원활한 웹 서비스를 위해 80번 포트를 열어놔야 한다.
- 바로 웹 방화벽이 80번 포트를 타고 유입되는 정상적인 요소들을 구분해서 접근통제 하게 된다.
- 웹방화벽은 SQL Injection, Cross-Site Scripting(XSS)등과 같은 웹 공격을 탐지하고 차단할 수 있으며, 직접적인 웹 공격 대응 이 외에도, 정보유출 방지솔루션, 부정로그인 방지솔루션, 웹사이트 위변조방지솔루션 등으로 활용이 가능하다.
- 정보유출방지솔루션으로 웹방화벽을 이용할 경우, 개인정보가 웹 게시판에 게시되거나 개인 정보가 포함된 파일 등이 웹을 통해 업로드 및 다운로드 되는 경우에 대해서 탐지하고 이에 대응하는 것이 가능하다.

2) 웹 방화벽의 TCP Throughput 계산공식
   - 네트워크에서 패킷 유실이 없는 경우 TCP Throughput 계산공식
   - Throughput = Window Size / RTT
     Throughput : 처리량
     Window Size : TCP maximum receive window size
     RTT(Round Trip Time) : 패킷의 왕복 시간

IV. 맺음말
 - 장비용량 규모산정은 정부 부처 및 공공기관의 네트워크 구축 사업 추진을 과도한 용량으로 추진하는 것을 방지할 수 있다.
 - 즉 과도한 장비구축으로 인한 낭비성 예산 지출을 방지할 수 것으로 기대할 수 있다.
 - 현재의 사용량, 서비스의 특성 등을 최대한 고려할 뿐만 아니라 향후 업무 증가, 신규 서비스 증가를 충분히 고려하여 어떠한 경우에도 끊김 없이 네트워크 서비스를 제공할 수 있도록 설계되는 것이 무엇 보다고 우선되어야 할 것이다.
 - 웹 방화벽은 기존의 보안 솔루션을 통과했을 가능성이 있는 웹사이트 트래픽에 악의적인 공격을 탐지하고 차단할 수 있으며, 물리적 네트워크 구조나 공간 제약 없이 설치가 가능하다.
 - 또한 웹 방화벽은 직접적인 웹 공격 대응외에도 정보유출방지솔루션, 부정로그인방지솔루션, 웹사이트위조변조방지솔루션 등으로 활용이 가능하다.

문제03) 블록체인 기술과 블록체인 미들웨어를 통한 장점 및 구현 시 고려사항에 대하여 기술하시오

Ⅰ. 개요
- 인공지능 기술과 함께 4차 산업혁명 기술 중 혜성처럼 나타난 블록체인 기술은 분산 원장 기술을 기반으로 거래 데이터에 대한 위·변조가 어려워 데이터의 신뢰성과 안전성, 거래의 투명성을 보장할 수 있는 핵심 기술로 인정받고 있다.
- 블록체인의 장점과 성장성에도 불구하고 일반 기업에서 블록체인 기술을 도입한다는 것은 기업 입장에서 보면 모든 것이 새롭게 진행되어야 함을 의미한다.
- 따라서 블록체인 기술 개발 시 시간과 비용, 시행착오를 줄일 수 있는 블록체인 미들 웨어의 필요성커지고 있다.

Ⅱ. 블록체인 이란
1) 블록체인 개념
- 블록체인은 분산원장 기술을 기반으로 거래 데이터에 대한 위·변조가 어려워 데이터의 신뢰성과 안전성, 거래의 투명성을 보장할 수 있는 기술이다.

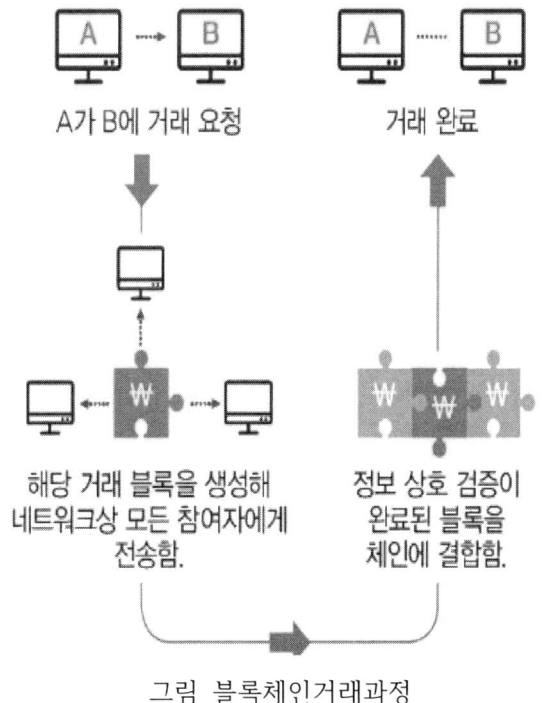

그림 블록체인거래과정

- 거래가 발생할 때마다 분산 저장된 데이터를 대조하기 때문에 안전성이 더 높아짐.
- 블록체인은 공공거래장부(원장)을 서로 비교하여 동일한 내용만 공공거래장부(원장)로 인정한다.
- 즉 네트워크 참여 인원이 전부 보안에 조금씩 기여하게 된다.

II. 블록체인을 상징하는 5가지 요소

1) 분산형 데이터베이스 (Distributed database)
- 블록체인에 연결된 각각의 참여자들은 블록체인의 전체 데이터베이스와 이력에 접근할 수 있다.
- 단일 참여자가 블록체인의 데이터나 정보를 독점적으로 통제할 수 없는 구조이다.

2) 1 대 1 전송 (Peer to Peer transmission)
- 블록체인 구조에서는 중앙통제기관이 없기 때문에 개인간에 직접적인 거래가 일어나게 된다.
- 각각의 노드는 다른 정보를 저장하고 필요 시에 다른 노드들에게 그 정보를 전송할 수 있다.

3) 투명성 (Transparency)
- 블록체인에서 일어나는 모든 트랜잭션 및 관련 값들은 시스템에 액세스할 수 있는 모든 참여자들이 볼 수 있다.

4) 레코드의 수정 불가 (Irreversibility of Records)
- 일단 트랜잭션이 일어나서 데이터베이스에 해당 내용이 입력되고 계정이 업데이트되면, 해당 레코드의 수정은 불가능하다.

5) 계산 로직
- 블록체인이 사용하는 정보 기입 방식의 특성으로 인해 블록체인 트랜잭션은 계산 로직에 깊게 연계되거나 프로그램으로 만들 수 있다.
- 그래서 사용자들이 노드간에 자동적으로 트랜잭션을 발생시키는 알고리즘이나 규칙을 설정할 수 있다.

Ⅳ. 블록체인 미들웨어를 통한 장점
1) 개념
- 블록체인 기술을 적용하여 개발하기 위해서는 블록체인 기술을 대부분 이해해야만 하지만 그러한 개발 인력을 구하는 것이 쉽지 않고, 기존 개발인력은 실제 업무 진행 시 상당한 시행착오를 경험하게 된다.
- 이런 어려움을 해결하기 위한 좋은 방법 중 하나는 복잡하고 익숙하지 않은 블록체인 네트워크에 직접 관련되는 하위 수준(Low Level) 작업은 이 기능을 전문적으로 수행하는 미들웨어를 사용하고, 개발인력은 실제 적용하고자 하는 응용 업무 분야 관련 기능에 집중하는 것이다.
- 미들웨어란 통신, 네트워크, DBMS 등 물리적인 영역의 제어를 쉽게 할 수 있도록 미리 만들어 놓은 기능 컴포넌트라 볼 수 있다. 블록체인 개발 환경에서도 블록체인 네트워크의 제어를 쉽게 하기 위해 미들웨어를 만들어 사용할 수 있다.
2) 블록체인 미들웨어를 통한 장점
- 블록체인 기능을 보다 적은 노력으로 쉽게 활용
- 활용을 위한 직관적인 API(Application Program Interface)와 샘플, 사례
- 필요한 기능만을 선택적으로 사용
- 사용한 만큼의 비용 지불
- 설치 없이, 필요한 기능을 RPC(Remote Procedure Call)로 호출하여 사용
- 익숙한 개발 환경을 그대로 이용
- 보편적인 개발 환경 JAVA, C#, C++, Javascript 등
- 소요비용을 예상
- 가변하는 블록체인 수수료가 아닌 미들웨어에서 지정한 수수료 방식
3) 블록체인 미들웨어 구현 시 고려사항
- 특별한 지식 없이 블록체인의 기능을 활용할 수 있어야 한다.
- 단편적인 기능만을 이용하는데 전체를 설치할 필요가 없어야 한다.
- 대량의 작업이 필요한 경우별도 설치하는 형태를 지원해야 한다.
- 다양한 퍼블릭 블록체인에 접근 가능해야 한다.
- 구축 또는 사용 비용이 가상화폐가 아닌 세금계산서가 되어야 한다.
- 가장 자주 쓰이는 인터페이스 환경과 개발 언어 지원이 있어야 한다.
- 손쉬운 구축과 비즈니스 확장성에 용이해야 한다.
- 운영 및 관리가 편리한 모니터링 툴 및 백업복구 기능을 제공할 수 있어야 한다.
- 스마트컨트랙트(Smart Contract, 조건에 부합하면 사람의 개입 없이 계약이 이행되는 디지털 자동화 계약 방식)에 대한 보안 취약점을 관리할 수 있어야 한다.
- 블록체인 기술 습득 및 구축을 위한 교육 지원이 가능해야 한다.

Ⅴ. 맺음말
- 기존의 시스템 개발에 익숙한 개발자들이 블록체인 기능을 요구하는 프로젝트에 투입되는 것은 어렵고 힘든 일이다.
- 따라서 익숙해지기까지 상당한 시행착오와 실수를 겪을 수 밖에 없을 것이며 기업이나 기관에서 블록체인 기술을 도입하여 융합 개발을 한다는 것은 어려울 수밖에 없다.
- 블록체인 기술 개발을 전문으로 하지 않는 대부분의 기업에서 블록체인 융합을 가속화고 개발 시 시간·비용과 시행착오를 줄일 수 있는 하나의 방법은 블록체인 기술을 자신의 업무에 쉽게 적용할 수 있도록 도와주는 블록체인 미들웨어를 사용하는 것이다.
- 블록체인 미들웨어를 활용한 개발 접근 방식은 블록체인 전체를 이해하지 않더라도 개발의 목적과 내용에 집중할 수 있도록 도와줄 수 있다.
- 블록체인 미들웨어는 생소한 블록체인의 기술적 문제에 발목 잡혀 본말이 전도되는 우를 범하여 상당한 실패 비용을 지불하지 않아도 블록체인 기술을 충분히 쉽게 활용할 수 있게 만드는 하나의 대안이 될 수 있다.

문제04) 무선통신기술인 Wi-SUN에 대하여 기술하고, Zigbee와 비교하시오

I. 개요
- IEEE 표준 802.15.4는 무선 개인 통신망(WPAN)의 기본적인 하위 네트워크 계층을 제공하기 위해 제정되었다.
- 저속, 저전력, 저가형 WPAN(LR-WPAN) 규격 제안을 위해 2000년 12월 결성 되었으며 주로, Zigbee Alliance를 주축으로 응용 개발되었다.
- IEEE 802.15.4는 저속도 유비쿼터스 통신을 위해 만들었고, IEEE 802.15 워킹그룹이 관리하고 있으며, 저전력, 저렴한 제조단가를 추구하고, 기술적으로는 단순함과 유연함을 추구한다.

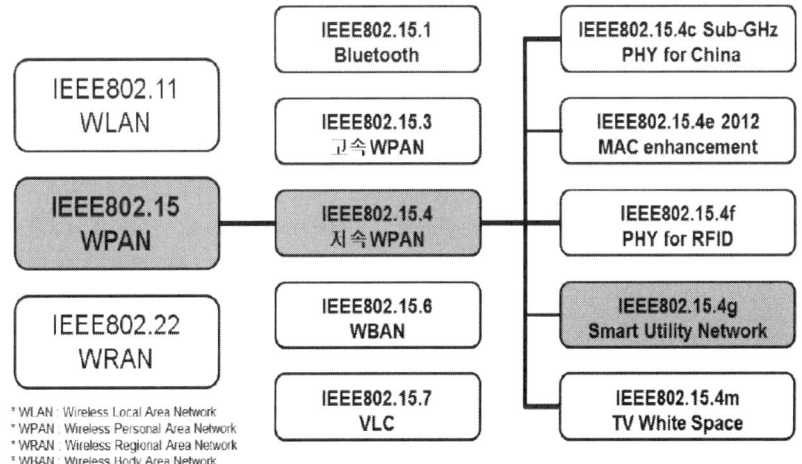

II. Wi-SUN
- Wireless Smart Utility Network의 약자로, 최대 약 1km 정도의 거리에서 상호 통신을 실행하는 저전력 무선- 일본에서는 특정 소출력 무선인 920MHz 대에서 사용된다.
- Wi-SUN을 위한 다양한 PHY규격들이 IEEE 802.15.4g에 제안되어 있다.
- Wi-Fi에 비해 통신 속도는 느리지만, 통신 거리가 길고 장해물에도 강하며 저소비전력이라는 장점이 있다.
- IEEE 802.15.4g를 최하층의 프로토콜 베이스로 하였으며, 그 상위층은 어플리케이션에 따라 Profile이 정해져 있다.

- 900MHz 비면허대역을 사용하고, 최고 300kbps, 최고 약 5km, 낮은 지연속도, Mesh network 기반 확장성, 펌웨어 업그레이드 용이성을 추구한다.
- 자가망 구축형태로 서비스하며, Profile의 작성 및 상호 접속성을 확보하기 위한 인증과, 그 보급 활동은 Wi-SUN 얼라이언스에서 실시하고 있다.
- Wi-SUN은 디지털 미터, 첨단 검침 인프라, 발전·배전은 물론 대규모 스마트시티 인프라와 IoT 애플리케이션에 적합하다.

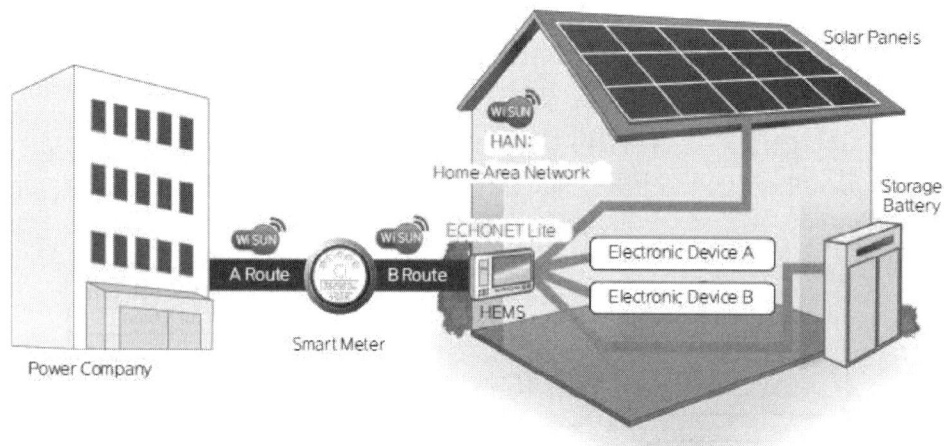

- 일본에서는 특정 소출력 무선인 920MHz 대에서 사용되며, 일본을 대표하는 전력회사의 원격검침에 사용되고 있다.

III. Zigbee
- 소형, 저전력의 WPAN을 구성하기 위한 기술 표준으로, IEEE 802.15 표준을 기반으로 만들어졌다.
- WMN(Wireless Mesh Network)방식을 이용, 여러 중간 노드를 거쳐 목적지까지 데이터를 전송함으로써 저전력임에도 불구하고 넓은 범위의 통신이 가능하다.
- Ad-hoc 네트워크적인 특성으로 인해 중심 노드가 따로 존재하지 않는 응용 분야에 적합하다.
- 저속, 긴 배터리 수명, 보안성이 필요한 분야에 적합하다.
- 250kbps, 주기적 또는 간헐적 데이터 전송, 센서 및 입력 장치 등의 단순 신호 전달을 위한 데이터 전송에 가장 적합하다.
- 응용 분야는 무선 조명 스위치, 가내 전력량계, 교통 관리 시스템, 그 밖에 근거리 저속 통신을 필요로 하는 개인 및 산업용 장치 등이 있다.
- Zigbee 표준은 다른 WPAN 기술에 비해 상대적으로 더 단순하고 저렴한 기술을 목표로 만들어졌다.
- Home Automation, Smart Energy, Commercial Building Automation 등에 활용

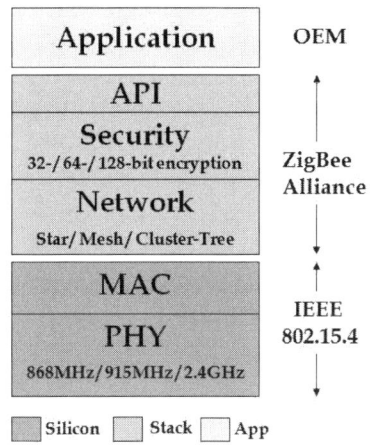

Ⅳ. 결론
- IEEE 802.15.4 디바이스는 세 가지 가능한 무선 주파수 대역 중 하나를 골라 작동한다.
- PHY는 2,450MHz(2400 ~ 2483.5), 868MHz(868 ~ 868.6), 915MHz(902 ~ 928)에서 동작한다.
- Wi-SUN이나 Zigbee는 모두 이 규격을 사용한다. 근거리용 LR-WPAN용으로는 Zigbee가 유리하지만, 원격검침(AMI)과 같은 스마트그리드 분야에서는 Wi-SUN이 관심을 받고 있다.

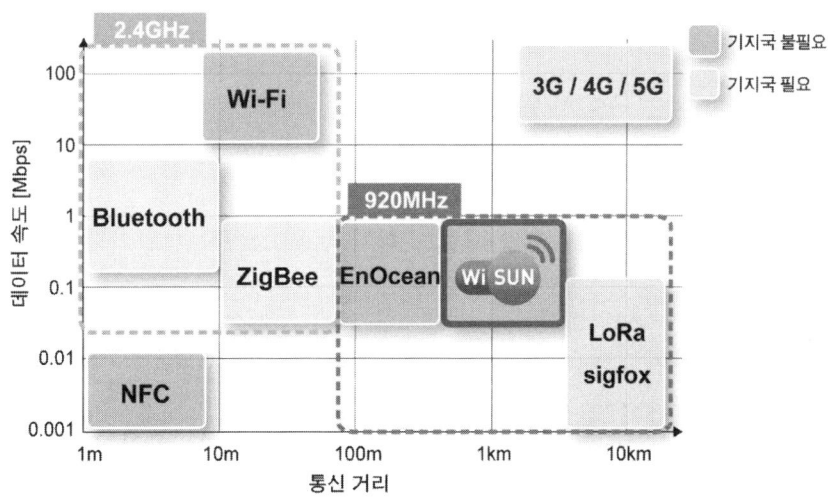

- IoT에 사용되는 무선 규격에서 보면 Wi-SUN은 LoRa 및 Sigfox보다 빠르고 Wi-Fi보다 통신거리가 길어 유리하다.

문제05) Network구성을 위한 인라인(In-Line)과 원암(One-Arm)구성에 대하여 기술하시오

I. 개요
- 서버 사이트의 네트워크 구축은 '요구 사항 정의' → '기본 설계' → '상세 설계' → '구축' → '시험' → '운용' 등의 6개 단계로 구성되어 있음
- 기본 설계는 다시 '물리 설계', '논리 설계', '보안 설계 및 부하 분산 설계', '고가용성 설계', '관리 설계'라는 다섯 개의 설계 항목으로 구성
- 이중의 물리설계는 물리적인 모든 것에 대한 모든 규칙을 정의함. 케이블에서 랙(rack), 전원에 이르는 것과 구성패턴(인라인과 원암)등을 말함

II. Network 구성
- 어떤 기기를 어떻게 배치하고 어떻게 접속할지에 대한 물리적인 구성을 설계함.
- 일단 서비스가 가동하면 나중에 크게 구성을 변경하는 것은 매우 어렵기 때문에 더 관리하기 쉽고, 더 확장하기 쉬운, 미래 지향적인 물리 구성을 설계해 나갈 필요가 있음
- 서버 사이트에서 일반적으로 사용되고 있는 물리적 구성은 인라인(In-line) 구성과 원암(One-arm)구성의 두 가지임
- 중소 규모의 시스템 환경에서는 인라인 구성, 대규모 시스템 환경에서는 원암구성을 채용하고 있음

III. 인라인 구성
 1) 인라인 구성의 특징
  - 통신 경로상에 기기를 배치하기 때문에 인라인 구성이라고 함
  - 현재 서버 사이트에서 가장 많이 채용되고 있는 구성
  - 구성이 간단해서 알기 쉽고, 문제 해결도 하기 쉬우므로 작업 관리자들도 선호
 2) 인라인 구성의 패턴

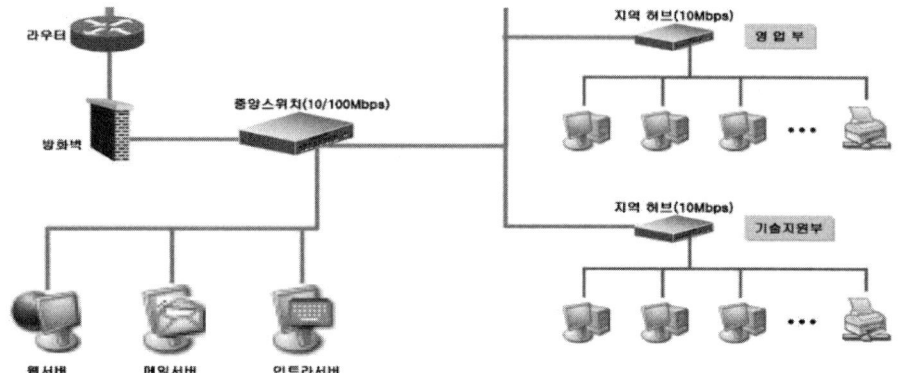

IV. 원암 구성
 1) 원암 구성의 특징
  - 코어 스위치의 팔 같은 식으로 기기를 배치하기 때문에, 원암 구성이라고 함.
  - 사이트 중심부에 위치한 코어 스위치가 여러 역할을 갖게 되므로 인라인 구성보다 구성을 이해하기 어려움
  - 다양한 요구 사항에 부응할 수 있는 유연성과 확장성을 가지고 있어 데이터 센터와 멀티 테넌트(multi-tenant) 환경 등 비교적 큰 사이트에서 채용하고 있음
 2) 원암 구성의 패턴

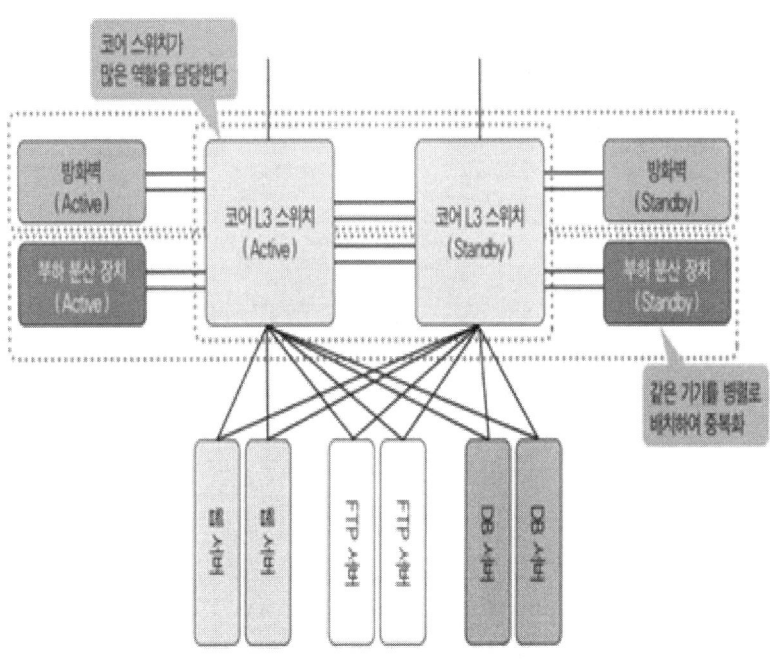

원암 구성의 구성패턴 1

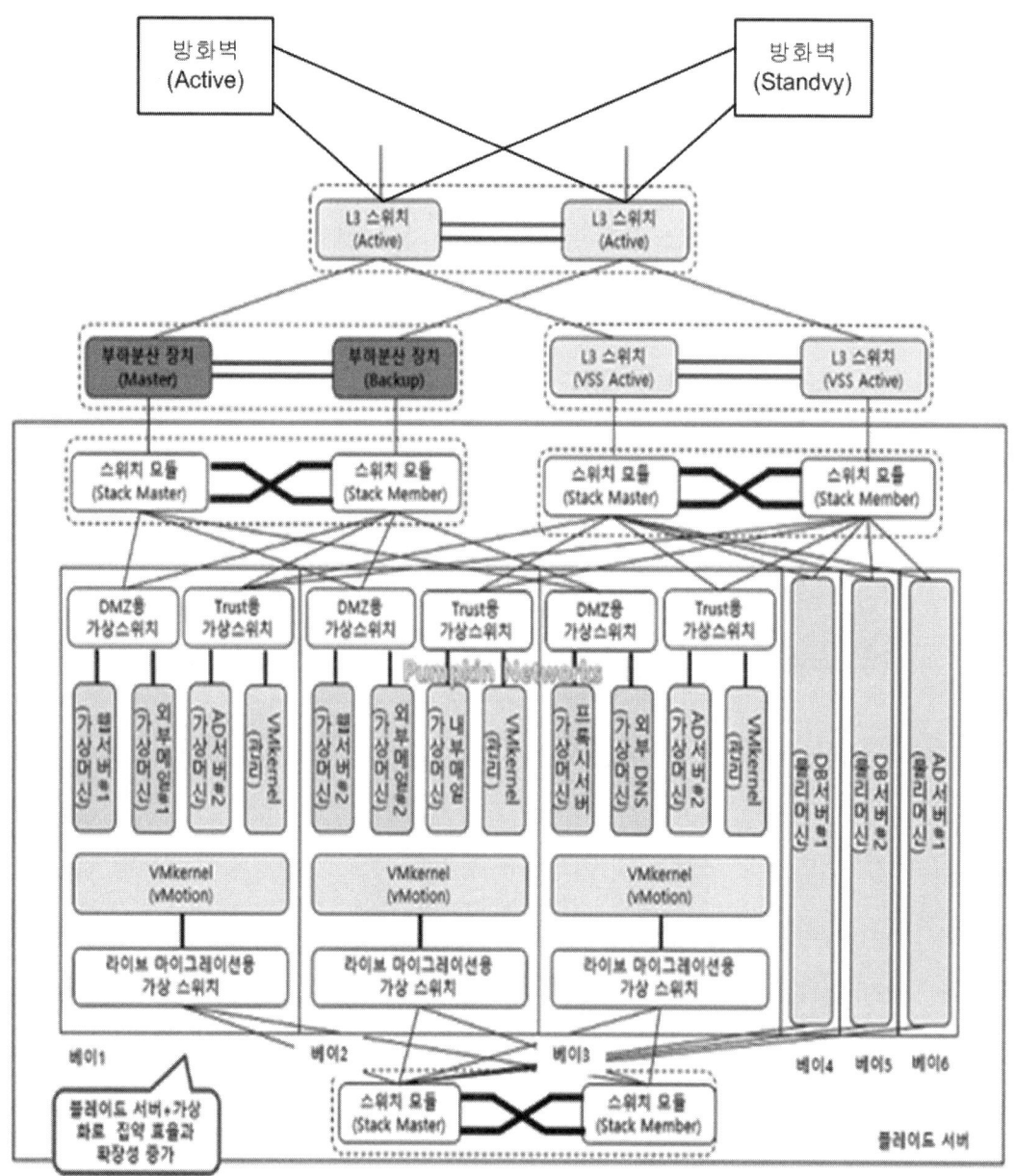

원암 구성의 구성패턴 2

Ⅴ. 인라인과 원암 구성 비교
- 중소 규모의 시스템 환경에서는 인라인 구성, 대규모 시스템 환경에서는 원암구성을 채용함
- 두 개의 포인트를 대략적으로 비교하면 다음의 표와 같음

비교 항목	인라인 구성	원암 구성
구성 이해의 용이성	○	△
트러블 슈팅의 용이성	○	△
구성의 유연성	△	○
확장성	△	○
중복성 및 가용성	○	○
채용의 규모	소규모~중규모	대규모

Ⅵ. 결론
- 네트워크 구축에 있어서 가장 중요한 단계가 기본 설계임
- 기본설계 수준은 고객에 따라 다양하며 어디 정도까지의 수준을 요구하는지 먼저 확인하고 그에 따라 기본 설계를 실시해 나가야 할 것임
- 기본설계 중 물리설계는 가장 먼저만나는 설계로 "각 기기를 어떻게 접속할 것인가?"에 대한 기본이 되는 설계임
- 이는 고객의 니즈에 맞추어서 관리하기 쉽고, 확장하기 쉬운, 미래 지향적인 물리 구성을 설계해 나갈 필요가 있음.

출처: 인프라/네트워크 엔지니어를 위한 네트워크 이해 및 설계가이드, 미야타 히로시,옮긴이:정인식

문제06) 디지털 헬스케어에 대해 설명하고, 보안 취약성과 이에 대한 대책에 대해 설명하시오

Ⅰ. 개요
- 디지털 헬스케어(혹은 스마트 헬스케어)는 개인의 건강과 의료에 관한 정보, 기기, 시스템, 플랫폼을 다루는 산업분야로서 건강관련서비스와 의료 IT가 융합된 종합의료서비스
- 디지털 헬스케어는 개인맞춤형 건강관리서비스를 제공, 개인이 소유한 휴대형, 착용형 기기나 클라우드 병원정보시스템 등에서 확보된 생활습관, 신체검진, 의료이용정보, 인공지능, 가상현실, 유전체정보 등의 분석을 바탕으로 제공되는 개인중심의 건강관리 생태계임.
- 디지털 헬스케어는 개인 건강/의료 정보를 포함한 극히 개인적인 정보를 주로 다루고 있고 유무선 네트워크와 절대적으로 밀접한 연관을 맺고 있으며, 의료 정보 권한과 관련된 다양한 이해 당사자가 존재할 수 있다는 점에서 보안 및 프라이버시 측면에서 다양한 취약점과 위협이 존재할 수 있음

Ⅱ. 디지털 헬스케어
1) 기존 헬스케어
- 기존 헬스케어는 의사와 병원을 중심으로 이끌어져 왔음.
- 의사는 헬스케어 분야에서 전통적으로 정보를 생성하고 이러한 정보를 바탕으로 환자를 치료하는 역할을 담당하였음.
- 의료기관은 의사가 환자를 치료할 수 있는 공간을 제공하고, 생성되는 정보들을 저장, 관리하려는 역할을 수행하였음.
- 환자는 수동적이었으며, 생성된 정보는 의료기관에서만 확인 가능하였음.

2) 현재 디지털 헬스케어
- 기존 대응적, 사후적 헬스케어에서 미래 예측(redictive), 예방(Preventive)의학으로 변화하고 있음.
- 환자 개개인의 고유한 특성에 적합한 맞춤의학(Personalized), 환자가 적극적으로 참여하는 참여의학(Particpatory)으로 발전되고 있음.
- 현재 디지털 헬스케어 서비스는 모바일 의료서비스의 진화된 모델로서 공간적, 시간적 제약을 없애고 환자가 생활공간 속에서 다양한 의료 센서 및 기기를 통해 수집된 생체 정보와 환경 정보를 기반으로 중앙의 원격 의료 서비스 시스템을 통해 언제 어디서나 의료 피드백을 받을 수 있는 서비스를 총칭함.

3) 미래 디지털 헬스케어
- 미래 헬스케어의 핵심기술로는 빅데이터, 인공지능, 가상현실, 정밀의료, 유전체분석, 재생의료 등이 거론되고 있음.
- 아직까지는 다양한 분야에서 기존의 규제, 기술 문제로 인해 활용이 더디지만, 가까운 미래에는 규제가 개선되고 기술이 보다 발전함으로써 앞에서 언급한 예측의학, 맞춤의학이 의료의 핵심영역으로 자리 잡게 될 것으로 보임.

Ⅲ. 디지털 헬스케어 보안 취약점

1) 개념

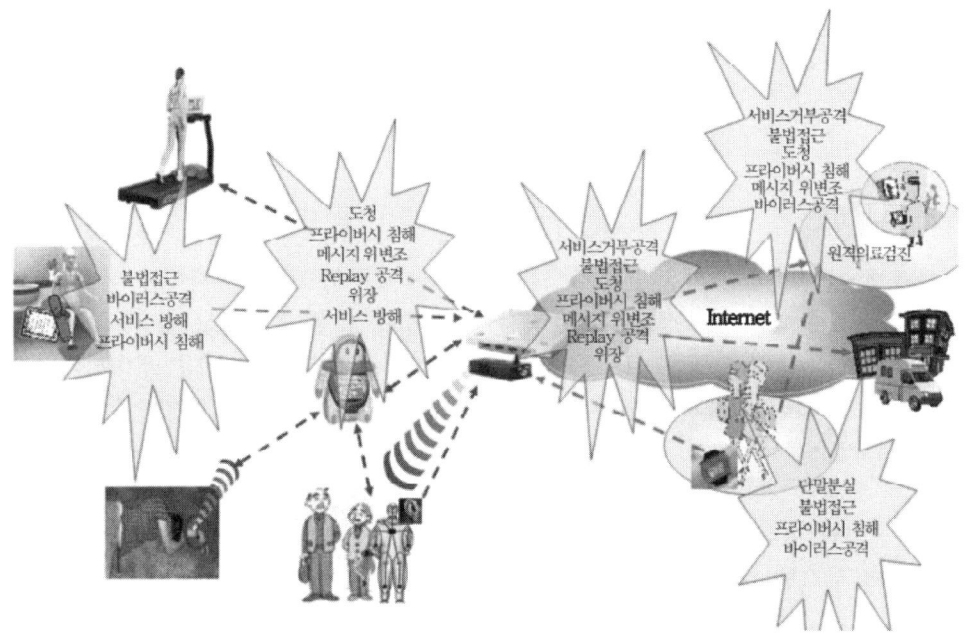

그림 디지털 헬스케어 보안 위협

- 유무선 네트워크 기반 서비스에서 발생 가능한 보안상 취약점 및 공격이 디지털 헬스케어 환경에서도 유사하게 전이되는 형태를 보임.
- 따라서, 기반 네트워크 및 시스템에 대한 안전성, 신뢰성 보장 및 데이터 보호를 위한 기술적 대안이 기본적으로 요구됨.

2) 디지털 헬스케어 보안 취약점
- 불법접근 바이러스공격 서비스 방해, 프라이버시 침해
- 도청, 메시지 위변조 Replay 공격, 위장, 서비스 방해, 바이러스공격, 단말분실, 바이러스공격

Ⅳ. 디지털 헬스케어 보안 취약점 대책
1) 건강/의료 정보에 대한 프라이버시 보호기술
 - 개인정보보호 방법으로는 개인정보를 자신의 통제 영역 안에 포함시켜 개인정보의 유통을 개인이 관리하도록 하는 개인정보 자기통제권 확보 기술과 개인 정보를 전송하고자 하는 대상자만이 해석할 수 있도록 암호화하는 방법 및 정보 활용 시 개인 정보를 통해 개인을 식별하지 못하도록 하는 익명화 방법을 들 수 있음.
2) 전자 의무 기록의 안전한 교환 및 공유 기술
 - 의료 데이터의 공유를 동의한 의료 도메인(clinical affinity domain) 간에 데이터 교환 상호환성을 보장하고 데이터의 안전한 접근 및 활용을 보장하기 위해서 교환할 환자/의료 데이터 식별 방법과 메타 데이터 문서 구조 및 포맷, 인코딩/디코딩 규칙 등에 관한 내용뿐 아니라 데이터에 대한 접근 통제, 보안 감사 방법 등의 보안 기술이 요구됨.
3) 멀티 도메인 간 인증 및 ID 관리 기술
 - 멀티 도메인 간 사용자 인증을 지원하기 위한 통합 프로파일로서 도메인 간 교환되는 트랜잭션에 대해 사용자(XDS actor) ID를 부여하고 접근 제어를 수행하기 위해 요구되는 인증 및 속성 정보, 보안 감사 속성 정보 등을 포함하고 있음.
 - 다중 도메인 간 교환되는 트랜잭션에 대해 책임(accountability)을 부여하기 위해 피요청기관이 접근 결정과 보안 감사를 수행하는 데 사용 가능한 방법으로 요청자를 식별할 수 있어야 함.
 - 그러나 도메인 간 서로 다른 인증 방법과 사용자 정보 디렉터리를 사용하고 있으므로 인증 방법의 협상, 상호환 가능한 인증 및 속성 정보 교환 방법 등이 요구됨.
4) 헬스케어 시스템 위험 평가 및 보안 관리 기술
 - 헬스케어 시스템의 오류 및 결함, 사용 부주의 등으로 인한 의료 사고 등으로부터 환자의 건강 및 생명에 대한 악영향을 최소화하기 위하여 헬스케어 시스템에 대한 안전성 평가 및 위험 관리 기술이 요구됨.

Ⅴ. 맺음말
 - 디지털 헬스케어 서비스 환경에서는 다양한 의료 센서 및 기기의 이용과 건강 정보에 대한 연계 및 공유로 인하여 개인의 생체 정보, 헬스케어 서비스 정보, 행동특성, 생활습관 등 개인에 관한 방대한 정보수집이 가능해질 수 있음.
 - 이는 개인의 사생활 침해를 초래할 수 있을 뿐 아니라 서비스 과정에서 정보가 왜곡 및 악의적으로 이용될 경우, 신뢰성 있고 정확한 헬스케어 서비스가 불가능해짐.
 - 이와 같은 특성을 반영하여 현재 디지털 헬스케어 서비스에서는 프라이버시 보호와 멀티 도메인 간 안전한 정보 공유 및 인증 방법이 가장 큰 난제로 거론되고 있음.
 - 디지털 헬스케어에서의 정보보호 문제는 시스템 설계 단계에서부터 충분히 고려되어 적용되지 않는다면 그 편리성에도 불구하고 디지털 헬스케어 서비스 자체의 활성화를 저해할 것임.

- 따라서 이러한 정보보호 우려를 해소하기 위해서는 컴퓨팅 환경의 변화에 맞춰 현재의 법제도 및 기술에 있어 지속적인 보완이 필요할 것으로 보임.